高等院校土木工程专业规划教材

U0289736

土木工程材料

（第2版）

陈德鹏　阎　利　主　编

邓初首　张恒龙　何智海　副主编

清华大学出版社
北　京

内 容 简 介

本书以材料在当代土木工程中的应用为背景,根据土木工程领域技术发展和人才培养的需求,阐述了土木工程材料的基本知识,分析了常用土木工程材料的性能及其在工程中的应用等重点问题;结合近年来国内外土木工程材料新发展以及我国现行最新相关标准、规范,介绍了工程应用中工程质量检验的相关内容,从而强化土木工程材料教学对培养学生工程技术应用能力的促进作用。

本书内容涉及土木工程材料的基本性质、无机气硬性胶凝材料、水泥、混凝土、建筑砂浆、沥青与沥青混合料、建筑金属材料、墙体材料和屋面材料、土工合成材料、木材、建筑功能材料、土木工程材料试验等。

本书可作为土木工程、工程管理、工程造价、建筑学等专业及其他相近专业的教学用书,也可供从事土木工程及相关专业的工程设计、施工和管理等技术人员学习参考。

图书在版编目(CIP)数据

土木工程材料/陈德鹏,阎利主编.—2版.—北京:清华大学出版社,2020.12(2024.1重印)
高等院校土木工程专业规划教材
ISBN 978-7-302-56449-2

Ⅰ.①土… Ⅱ.①陈… ②阎… Ⅲ.①土木工程—建筑材料—高等学校—教材 Ⅳ.①TU5

中国版本图书馆 CIP 数据核字(2020)第 178384 号

责任编辑:秦　娜
封面设计:陈国熙
责任校对:刘玉霞
责任印制:沈　露

出版发行:清华大学出版社
　　　网　　　址:https://www.tup.com.cn,https://www.wqxuetang.com
　　　地　　　址:北京清华大学学研大厦 A 座　　　　邮　　编:100084
　　　社　总　机:010-83470000　　　　邮　　购:010-62786544
　　　投稿与读者服务:010-62776969,c-service@tup.tsinghua.edu.cn
　　　质量反馈:010-62772015,zhiliang@tup.tsinghua.edu.cn
印　装　者:三河市人民印务有限公司
经　　销:全国新华书店
开　　本:185mm×260mm　　印　张:26　　　　字　　数:632 千字
版　　次:2014 年 10 月第 1 版　2020 年 12 月第 2 版　印　次:2024 年 1 月第 4 次印刷
定　　价:78.00 元

产品编号:086248-01

前　言

本书以高等学校土木工程学科专业指导委员会编写的"土木工程材料教学大纲"为指导,内容重点面向教学(应用)型大学和教学研究型大学对土木工程相关专业的教学要求,力图全面反映土木工程材料及其应用技术的发展现状与趋势。本书选用当前最新标准、规范和规程,并充分考虑土木工程材料课程与先修课程和后续课程的衔接,以便满足现代土木工程材料的知识需求和教学要求。本书内容全面,介绍了常用土木工程材料性能相关的基本知识、工程应用及工程质量检验的有关内容,尽可能满足土木工程类、建筑类和工程管理类相关专业的教学要求,可作为高等学校土木工程、工程管理、工程造价、建筑学及相关专业的教学用书,也可供从事土木工程及相关专业工程设计、施工和管理等方面技术人员学习参考。

本书由安徽工业大学陈德鹏、安阳工学院阎利担任主编,安徽工业大学邓初首、湖南大学张恒龙、绍兴文理学院何智海担任副主编,安徽工业大学吕忠、武萍、项腾飞,安阳工学院王海龙、张艺霞等参与编写。本书由中国民航大学赵方冉担任主审。

本书编写分工为:陈德鹏负责编写绪论、第3章及全书统稿工作;张恒龙负责编写第1、6章;何智海负责编写第2章和第4.1~4.2节;吕忠负责编写第4.3~4.5节;阎利负责编写第4.6~4.8节并参与全书统稿工作;王海龙负责编写第5、10章和第7.1~7.4节;项腾飞负责编写第7.5~7.7节;张艺霞负责编写第8章和第9章;武萍负责编写第11章;邓初首负责编写第12章。

本书的编写和出版,得到清华大学出版社的大力支持与帮助,并得到安徽省高等教育振兴计划(专业改造与新专业建设项目)和安徽省质量工程[省级规划教材、省一流教材(修订)]支持和资助,谨在此致以衷心的感谢。同时,感谢中国民航大学的赵方冉教授对本书进行了审阅,并提出了很多宝贵建议。

由于编者水平有限,书中难免有不足之处,敬请广大师生和读者不吝指正。

编　者

2020 年 6 月

目　录

绪论 ……………………………………………………………………………… 1

　0.1　土木工程材料在工程建设中的地位 ……………………………………… 1

　0.2　土木工程材料的分类 ……………………………………………………… 2

　0.3　土木工程材料的发展趋势 ………………………………………………… 3

　0.4　土木工程材料的技术标准 ………………………………………………… 4

　0.5　土木工程材料课程的性质与任务 ………………………………………… 6

　知识归纳 ………………………………………………………………………… 7

　课后习题 ………………………………………………………………………… 7

第1章　土木工程材料的基本性质 …………………………………………… 8

　1.1　材料的基本物理性质 ……………………………………………………… 8

　1.2　材料的力学性质 …………………………………………………………… 17

　1.3　材料的耐久性 ……………………………………………………………… 22

　1.4　材料的组成、结构与构造 ………………………………………………… 23

　知识归纳 ………………………………………………………………………… 26

　课后习题 ………………………………………………………………………… 26

第2章　无机气硬性胶凝材料 ………………………………………………… 28

　2.1　石灰 ………………………………………………………………………… 28

　2.2　石膏 ………………………………………………………………………… 33

　2.3　水玻璃 ……………………………………………………………………… 38

　2.4　菱苦土 ……………………………………………………………………… 40

　知识归纳 ………………………………………………………………………… 41

　课后习题 ………………………………………………………………………… 41

第3章　水泥 …………………………………………………………………… 42

　3.1　通用硅酸盐水泥 …………………………………………………………… 42

　3.2　其他品种的硅酸盐水泥 …………………………………………………… 61

　3.3　铝酸盐系水泥 ……………………………………………………………… 65

　3.4　硫铝酸盐水泥 ……………………………………………………………… 68

　3.5　其他品种水泥 ……………………………………………………………… 69

3.6 新型胶凝材料及其在土木工程中的应用 ……………………… 70
知识归纳 …………………………………………………………… 75
课后习题 …………………………………………………………… 76

第4章 混凝土 ……………………………………………………… 78

4.1 普通混凝土的基本组成材料 ……………………………… 80
4.2 普通混凝土拌和物的性能 ………………………………… 90
4.3 普通混凝土硬化后的性能 ………………………………… 97
4.4 普通混凝土外加剂与掺和料 ……………………………… 113
4.5 普通混凝土配合比设计 …………………………………… 124
4.6 普通混凝土的质量控制与强度评定 ……………………… 136
4.7 高性能混凝土 ……………………………………………… 150
4.8 特种混凝土及其应用与发展 ……………………………… 156
知识归纳 …………………………………………………………… 170
课后习题 …………………………………………………………… 171

第5章 建筑砂浆 …………………………………………………… 173

5.1 建筑砂浆的组成材料 ……………………………………… 173
5.2 砂浆的技术要求 …………………………………………… 175
5.3 砌筑砂浆的配合比设计 …………………………………… 177
5.4 其他砂浆 …………………………………………………… 180
知识归纳 …………………………………………………………… 187
课后习题 …………………………………………………………… 187

第6章 沥青与沥青混合料 ………………………………………… 188

6.1 沥青材料 …………………………………………………… 188
6.2 沥青基防水材料 …………………………………………… 205
6.3 沥青混合料 ………………………………………………… 207
知识归纳 …………………………………………………………… 224
课后习题 …………………………………………………………… 224

第7章 建筑金属材料 ……………………………………………… 226

7.1 钢材的冶炼及分类 ………………………………………… 226
7.2 钢材的主要技术性能 ……………………………………… 228
7.3 钢材的组织和化学成分对性能的影响 …………………… 233
7.4 钢材的冷加工与热处理 …………………………………… 235
7.5 土木工程用钢材的技术标准及选用 ……………………… 237
7.6 钢材的锈蚀与防护 ………………………………………… 246
7.7 其他建筑金属材料 ………………………………………… 249

知识归纳 ・・・ 250

课后习题 ・・・ 251

第 8 章　墙体材料和屋面材料 ・・・・・・・・・・・・・・・・・・・・・・・・・・・・・・・・・ 252

8.1　砌筑石材 ・・・ 252

8.2　墙用块材、板材及新型墙体材料 ・・・・・・・・・・・・・・・・・・・・・・・・・ 257

8.3　屋面材料 ・・・ 276

知识归纳 ・・・ 278

课后习题 ・・・ 279

第 9 章　土工合成材料 ・・・ 280

9.1　土工合成材料概述 ・・ 280

9.2　土工合成材料的种类 ・・・・・・・・・・・・・・・・・・・・・・・・・・・・・・・・・・・・ 282

9.3　土工合成材料的性能 ・・・・・・・・・・・・・・・・・・・・・・・・・・・・・・・・・・・・ 283

9.4　土工合成材料的工程应用 ・・・・・・・・・・・・・・・・・・・・・・・・・・・・・・ 292

知识归纳 ・・・ 297

课后习题 ・・・ 297

第 10 章　木材 ・・・ 298

10.1　木材的分类和构造 ・・・・・・・・・・・・・・・・・・・・・・・・・・・・・・・・・・・・・ 298

10.2　木材的物理和力学性质 ・・・・・・・・・・・・・・・・・・・・・・・・・・・・・・・ 300

10.3　木材的防护 ・・・ 304

10.4　木材的应用 ・・・ 305

知识归纳 ・・・ 307

课后习题 ・・・ 307

第 11 章　建筑功能材料 ・・・・・・・・・・・・・・・・・・・・・・・・・・・・・・・・・・・・・・・ 309

11.1　建筑防水材料 ・・ 309

11.2　建筑绝热材料 ・・ 316

11.3　建筑吸声隔声材料 ・・・・・・・・・・・・・・・・・・・・・・・・・・・・・・・・・・・・・ 321

11.4　建筑防火材料 ・・ 324

11.5　建筑装饰材料 ・・ 330

知识归纳 ・・・ 338

课后习题 ・・・ 339

第 12 章　土木工程材料试验 ・・・・・・・・・・・・・・・・・・・・・・・・・・・・・・・・・ 340

12.1　土木工程材料的基本性质试验 ・・・・・・・・・・・・・・・・・・・・・・・ 340

12.2　水泥试验 ・・ 346

12.3　建筑钢筋试验 ・・ 357

12.4 混凝土用骨料试验 …………………………………………………… 361

12.5 普通混凝土试验 …………………………………………………… 370

12.6 建筑砂浆试验 …………………………………………………… 376

12.7 沥青及沥青混合料试验 …………………………………………………… 381

12.8 土工合成材料试验 …………………………………………………… 393

参考文献 …………………………………………………… 406

绪　　论

【主要内容】

本部分主要介绍土木工程材料在工程建设中的地位、分类、发展趋势及技术标准等。

【重点难点】

本部分的教学重点为土木工程材料的分类、应用及其发展趋势、技术标准及表示方法等；难点在于如何使学生充分理解课程内容的工程意义，并正确认识材料在土木工程建设活动和建设科技发展中的重要作用。

各项建设项目无一例外都是从土木工程基本建设开始的，任何一种建筑物或构筑物，包括房屋、道路、桥梁、隧道、大坝、港口和矿井等土木工程，都是由各种材料按照设计要求构筑的集成体。通常把土木工程建设中所使用的各种材料及其制品统称为土木工程材料，它既是土木工程建设的物质基础，也是体现土木工程建设质量指标的基础，在土木工程建设中具有重要地位。

0.1　土木工程材料在工程建设中的地位

土木工程建筑物和构筑物（简称建（构）筑物）的各种性质只能通过其所用材料来体现，因此，材料作为土木工程的基本载体，对工程的各类性质具有决定性作用。土木工程建设过程就是通过建筑、结构、建造和经济工程师的努力和智慧，将工程材料进行有机结合而形成各类建（构）筑物的过程。在土木工程建设中，材料的生产、选择使用、检验评定以及储存、保管等任何环节的失误都可能造成工程的质量缺陷，甚至导致重大质量事故。

优秀的建筑设计师会将精美的空间环境艺术与工程材料的性质科学合理地结合起来，实现建筑艺术与使用功能的完美统一；结构工程师应根据力学原理准确计算并确定工程构件的形状和尺寸，这样才能创造先进的工程结构形式；建造工程师则按照设计要求对材料实施正确的运输、存储、加工、安装等过程，从而建成质量合格的建（构）筑物。由于土木工程材料种类繁多、用量巨大，合理选择和使用土木工程材料，关系工程建设的安全、实用、美观和耐久性，因此，熟练掌握土木工程材料的有关知识成为土木工程技术人员的必备基础。

土木工程材料用量大的特点是决定土木工程造价诸多构成因素中的最主要因素，材料费用通常在工程总造价中占 50％～60％ 的比重，直接关系到工程建设的造价与成本。为提高工程建设的经济性，建筑经济师需要在满足材料各项性能的基础上最大限度地节约和合理使用材料，降低工程造价和建设投资，这就需要基于土木工程材料相关知识，合理选择和正确使用材料，充分利用材料的各种功能，并在各环节统筹考虑工程的技术经济效果。

土木工程技术的进步在很大程度上取决于新型材料的应用,以及传统土木工程材料的性能改进与完善,因此材料也是促进土木建筑工程结构设计和施工技术创新的主要因素。土木工程中许多技术问题的解决,往往依赖于工程材料性质的变革;新材料的出现,通常会促使建筑设计、结构设计和施工技术发生革命性的变化。比如,水泥和钢筋的出现,产生了钢筋混凝土结构;轻质高强材料的出现,推动了现代建筑向高层建筑和大跨度结构方向发展。轻质材料和保温材料的应用对减轻建筑物的自重,提高建筑物的抗震能力,促进建筑节能,改善工作与居住环境条件等发挥着重要作用。新型装饰材料的出现使建筑物室内外装饰效果不断推陈出新。显然,工程材料的不断改进对各类土木工程技术进步的促进作用贯穿于工程建设活动的全过程,使各类土木工程始终围绕材料的科学应用开展建设活动。

0.2　土木工程材料的分类

广义范畴的土木工程材料是指用于土木工程的所有材料,可包括三部分:①构成建(构)筑物实体的材料,如水泥、石灰、混凝土、钢材、砖、砌块、石材、沥青、瓷砖及其他装饰材料、功能材料等;②在工程使用功能方面发挥辅助作用的相关器材与材料,如给水排水设备、消防设备、网络通信设备与材料等;③在工程施工过程中发挥辅助作用的材料,如构成脚手架、模板、围墙、板桩等设施设备的材料。狭义范畴的土木工程材料是指直接构成土木工程实体的材料,本书重点介绍狭义范畴的土木工程材料。

土木工程材料种类繁多,可以进行多种方法的分类。按照工程性质,土木工程材料可分为建筑工程材料、道路桥梁工程材料、岩土工程材料等;按照材料来源,可分为天然材料和人工材料。最为常用的分类方法是根据材料的化学成分和物理构成进行分类,并且多分为无机材料、有机材料和复合材料三大类(表 0-1)。此外,按照使用功能和工程部位,还可分为结构材料、墙体材料和功能材料等(表 0-2)。

表 0-1　土木工程材料分类(按化学成分和物理构成)

分　类			材　料　举　例
无机材料	金属材料	黑色金属	钢、铁、不锈钢、合金钢等
		有色金属	铜、铝及其合金等
	非金属材料	天然石材	砂、石及石材制品等
		烧土制品	砖、瓦、陶瓷制品等
		胶凝材料及其制品	石灰、石膏及其制品,水泥及混凝土制品
		玻璃	普通平板玻璃、特种玻璃等
		无机纤维	玻璃纤维、玄武岩纤维、矿物棉等
有机材料	植物材料		木材、竹材、植物纤维及制品等
	沥青材料		石油沥青、煤沥青及沥青制品等
	合成高分子材料		塑料、涂料、胶黏剂、合成橡胶等
复合材料	无机非金属与有机材料复合		聚合物混凝土、沥青混合料、玻璃钢等
	金属材料与无机非金属材料复合		钢筋混凝土、钢纤维混凝土、钢管混凝土等
	金属材料与有机材料复合		PVC钢板、有机涂层铝合金板、轻质金属夹芯板等

表 0-2　土木工程材料分类（按使用功能和工程部位）

分　　类	材料举例
结构材料（建筑物受力构件和结构所用的材料）	水泥、砂、石、普通混凝土、钢筋混凝土、预应力钢筋混凝土、钢管混凝土、钢、轻钢、铝合金
墙体材料（建筑物内外墙及隔墙墙体所用的材料）	砌墙砖、各类砌块、轻质墙板、复合墙板
功能材料（发挥某些建筑功能的非承重材料）	防水材料、保温隔热材料、吸声隔声材料、装饰装修材料

0.3　土木工程材料的发展趋势

随着社会生产力和科学技术水平的发展,土木工程材料处于不断发展的状态。例如,土木工程用结构材料大致经历了天然土石和木材、烧土制品和钢筋混凝土三个发展阶段。随着科学技术的进步和土木工程的发展,经过 100 多年的发展,大批新型土木工程材料应运而生,出现了塑料、涂料、新型建筑陶瓷与玻璃、新型复合材料(如纤维增强材料、夹层材料)等。

由于土木工程材料消耗的巨量性特点,有限的地球物质资源难以满足土木工程持续发展的需求,迫使在土木工程材料生产和应用方面必须适应材料来源可持续、建筑工业化、环境保护和多功能化等方面的要求。因此,未来土木工程材料将向以下几个方向发展。

1. 轻质高强

发展轻质高强材料,以减轻建筑物自重,可解除自重对结构高度和宽度的限制;也可降低材料用量、运费和劳动强度,提高经济效益。例如,世界各国都在大力发展高强混凝土、加气混凝土、轻骨料混凝土、空心砖、石膏板等材料,以满足工业与民用建筑技术不断发展的需要。

2. 多功能化

为满足各类土木工程的功能需求,材料性能的多功能集成具有突出的优势。因此,发展多功能材料,使材料具有更多的功能,可以在节约材料的同时实现工程的多种功能;材料的多功能化不仅可减少材料用量,还可简化构造层次和施工工艺。借助现代材料复合加工与生产技术,多功能材料、特殊性能材料及高性能材料的不断出现,将显著提高建筑物的使用功能和经济性。

3. 智能化

所谓智能化材料,是指模仿生命系统,材料本身具有自感知、自反馈、自调节、自诊断或自修复能力的功能材料,如建筑工程中开始应用的自调光玻璃、自愈合混凝土、相变储能建筑材料等。智能化材料作为现代土木工程智能化发展的基础,对于土木工程的发展具有不可替代的作用。现代材料技术的发展也为土木工程材料的智能化奠定了科学基础,并成为未来土木工程材料发展的主要方向。

4. 绿色化

土木工程材料消耗的巨量性和使用过程中与环境的相互适应性特点,使其对人类资源与环境的影响不可忽视。因此,力图使土木工程材料获得环境友好的效果,成为现代材料生产与使用者未来的重要任务。材料的绿色化(也称生态化)是指材料生产与使用过程中具有降低环境污染、节约资源、维护生态平衡等显著效果,绿色建筑材料将是未来节能型、环保型和健康型建筑工程实现的基础。

绿色建筑材料是指采用清洁生产技术,不用或少用天然资源和能源,大量使用工农业或城市固态废物生产的无毒害、无污染、无放射性,达到使用周期后可回收利用,有利于环境保护和人体健康的建筑材料。绿色建筑材料的另一特征就是材料在工程全生命周期过程中各个阶段,以及在多因素、多属性等综合方面表现出良好的环境友好性。

5. 工业规模化

传统的土木工程技术多是基于大量手工操作与高强度劳动将材料集成为各类工程实体,随着科学技术的不断进步,各类自动化现代设备的使用成本不断降低,而劳动力的成本不断提高,迫使土木工程建设技术必须向机械化、自动化方向发展,为适应其发展的材料技术发展趋势就是工业规模化。土木工程材料的工业规模化的主要特征就是材料生产与应用的标准化、大型化、商品化等。土木工程材料的生产与使用工业化和规模化,将显著促进土木工程建设的成本降低、质量提高和施工效率不断提高。

0.4　土木工程材料的技术标准

土木工程材料技术标准是有关材料研究、生产、使用和管理等部门应该共同遵循的工作依据。目前,我国绝大多数土木工程材料有相应的技术标准(分为产品标准和试验标准),对其产品规格、分类、技术要求、检验方法、验收规则、运输与储存等作了明确规定。目前我国的技术标准分为四级,即国家标准、行业标准、地方标准和企业标准。

国家标准是国家标准局发布的全国性指导技术文件,包括强制性标准(代号 GB)和推荐性标准(代号 GB/T);强制性标准是全国必须执行的技术文件,产品的技术指标不得低于标准的规定,推荐性标准执行时也可采用其他标准的规定。

行业标准是为了规范本行业产品质量而制定的技术标准,也是全国性的指导技术文件,一般由各行业协会或主管部门发布。通常,行业标准的技术要求或指标应该高于国家标准,如建工行业标准(JG、JGJ)、建材行业标准(JC)、交通行业标准(JT、JTJ、JTG)、水利行业标准(SL)等。

地方标准(DB)是地方主管部门发布的地方性技术指导文件,仅适用于本地区;地方标准所制定的技术指标要求应高于国家标准要求。

企业标准(QB)是由企业制定发布的指导本企业生产的技术文件,仅适用于本企业。企业标准的技术指标要求必须高于地方、行业或国家标准才能得到认可。没有制定国家标准和行业标准的产品,均应制定企业标准,且技术要求要高于类似或相关产品的国家标准。

工程中使用的土木工程材料除了必须满足产品标准技术要求外,有时还必须与有关的设计规范、施工及验收规范或规程等规定的技术要求一致。这些规范或规程对土木工程材料的选用、使用、质量要求及验收等还有专门的规定(其中有些规范或规程的规定与土木工程材料产品标准的要求相同)。无论是国家标准或部门行业标准,都是全国通用标准,属国家指令性技术文件,均必须严格遵照执行,尤其是强制性标准。在学习有关标准时应注意到黑体字标志的条文为强制性条文。

世界各国政府及非政府组织非常重视土木工程材料的标准化,制定了各自的标准。随着涉外土建工程及国际合作项目的逐渐增多,工程技术人员和土建相关专业学生也应对国内外的有关技术标准有所了解,如国际标准化组织制定的国际通用标准(ISO)、美国材料试验协会标准(ASTM)、德国工业标准(DIN)、英国标准(BS)、日本工业标准(JIS)和法国标准(NF)等。

技术标准的表示方法由标准名称、部门代号、编号和批准年份四部分组成。例如,《通用硅酸盐水泥》(GB 175—2007),部门代号为 GB(表明是国家标准),编号为 175,批准年份为 2007 年,属于强制性标准。我国常用的土木工程材料标准和检验标准见表 0-3。

表 0-3 常用土木工程材料标准和检验标准(现行)

标 准 名 称	标 准 号	标 准 名 称	标 准 号
《建筑生石灰》	JC/T 479—2013	《普通混凝土长期性能和耐久性能试验方法标准》	GB/T 50082—2009
《建筑消石灰》	JC/T 481—2013		
《天然石膏》	GB/T 5483—2008	《塑性体改性沥青防水卷材》	GB 18243—2008
《建筑石膏》	GB/T 9776—2008	《弹性体改性沥青防水卷材》	GB 18242—2008
《通用硅酸盐水泥》	GB 175—2007	《聚氯乙烯(PVC)防水卷材》	GB 12952—2011
《水泥化学分析方法》	GB/T 176—2017	《石油沥青玻璃纤维胎防水卷材》	GB/T 14686—2008
《水泥标准稠度用水量、凝结时间、安定性检验方法》	GB/T 1346—2011	《硅酮和改性硅酮建筑密封胶》	GB/T 14683—2017
《水泥压蒸安定性试验方法》	GB/T 750—1992	《建筑材料及制品燃烧性能分级》	GB 8624—2012
《水泥胶砂强度检验方法(ISO 法)》	GB/T 17671—1999	《碳素结构钢》	GB/T 700—2006
《水泥胶砂流动度测定方法》	GB/T 2419—2005	《低合金高强度结构钢》	GB/T 1591—2018
《中热硅酸盐水泥、低热硅酸盐水泥》	GB/T 200—2017	《优质碳素结构钢》	GB/T 699—2015
		《金属材料 洛氏硬度试验 第1部分:试验方法》	GB/T 230.1—2018
《铝酸盐水泥》	GB/T 201—2015		
《硫铝酸盐水泥》	GB 20472—2006	《钢筋混凝土用钢 第1部分:热轧光圆钢筋》	GB/T 1499.1—2017
《混凝土用水标准(附条文说明)》	JGJ 63—2006		
《用于水泥和混凝土中的粉煤灰》	GB/T 1596—2017	《钢筋混凝土用钢 第2部分:热轧带肋钢筋》	GB/T 1499.2—2018
《用于水泥、砂浆和混凝土中的粒化高炉矿渣粉》	GB/T 18046—2017	《冷轧带肋钢筋》	GB/T 13788—2017
		《预应力混凝土用钢棒》	GB/T 5223.3—2017
《混凝土物理力学性能试验方法标准》	GB/T 50081—2019	《预应力混凝土用螺纹钢筋》	GB/T 20065—2016
		《预应力混凝土用钢丝》	GB/T 5223—2014
《建设用砂》	GB/T 14684—2011	《普通混凝土拌合物性能试验方法标准》	GB/T 50080—2006
《海砂混凝土应用技术规范》	JGJ 206—2010		

续表

标 准 名 称	标 准 号	标 准 名 称	标 准 号
《普通混凝土配合比设计规程》	JGJ 55—2011	《建筑用材料导热系数和热扩散系数瞬态平面热源测试法》	GB/T 32064—2015
《混凝土外加剂》	GB 8076—2008	《预应力混凝土用钢绞线》	GB/T 5224—2014
《混凝土外加剂应用技术规范》	GB 50119—2013	《耐候结构钢》	GB/T 4171—2008
《建筑用卵石、碎石》	GB/T 14685—2011	《砌体结构设计规范》	GB 50003—2011
《普通混凝土用砂、石质量及检验方法标准》	JGJ 52—2006	《墙体材料术语》	GB/T 18968—2019
		《烧结普通砖》	GB/T 5101—2017
《混凝土质量控制标准》	GB 50164—2011	《烧结多孔砖和多孔砌块》	GB 13544—2011
		《蒸压灰砂实心砖和实心砌块》	GB/T 11945—2019
《砌体结构工程施工质量验收规范》	GB 50203—2011	《蒸压粉煤灰砖》	JC/T 239—2014
《自密实混凝土应用技术规程》	JGJ/T 283—2012	《炉渣砖》	JC/T 525—2007
		《普通混凝土小型砌块》	GB 8239—2014
《混凝土泵送施工技术规程》	JGJ/T 10—2011	《轻集料混凝土小型空心砌块》	GB/T 15229—2011
《轻骨料混凝土应用技术标准》	JGJ/T 12—2019		
		《蒸压加气混凝土砌块》	GB 11968—2006
《砌筑砂浆配合比设计规程》	JGJ 98—2010	《公路工程土工合成材料试验规程》	JTG E50—2006
《预拌砂浆》	GB/T 25181—2019		
《建筑砂浆基本性能试验方法标准》	JGJ/T 70—2009	《公路土工合成材料应用技术规范》	JTG/T D32—2012
《防水沥青与防水卷材术语》	GB/T 18378—2008	《公路路基设计规范》	JTG D30—2015
《建筑石油沥青》	GB/T 494—2010	《木材物理力学试验方法总则》	GB/T 1928—2009
《煤沥青》	GB/T 2290—2012	《木材顺纹抗压强度试验方法》	GB/T 1935—2009
《公路沥青路面设计规范》	JTG D50—2017		
《公路工程沥青与沥青混合料试验规程》	JTG E20—2011	《木材抗弯强度试验方法》	GB/T 1936.1—2009
		《陶瓷砖》	GB/T 4100—2015
《建筑用混凝土复合聚苯板外墙外保温材料》	JG/T 228—2015	《卫生陶瓷》	GB 6952—2015
		《陶瓷马赛克》	JC/T 456—2015

0.5　土木工程材料课程的性质与任务

　　土木工程材料课程是土木工程、建筑学、道路桥梁、工程管理等土建类相关专业的一门重要的技术基础课,其本身既是一门应用技术,又是学习建筑构造、房屋建筑学、建筑结构、土木工程施工等课程的基础。由于土木工程材料各类性质的复杂性和多变性,必须将其置于相应的工程背景中才能充分体现其各种性质,因此,土木工程材料课程学习具有显著的实践性,学习时应注意理论联系实际,并利用一切机会观察周围已经建成的或正在施工的土木工程,在实践中理解和掌握相关知识。

　　本课程的教学任务主要是使学生获得有关土木工程材料的基本知识、基本理论和基本技能,掌握土木工程材料的技术性能、用途和选用原则,熟悉土木工程材料的生产过程、试验测试方法和质量控制方法,了解土木工程材料的发展趋势、工程材料性质与结构的关系,构建与大土建类学科专业相适应的土木工程材料知识体系,培养严谨认真的科学态度和综合分析解决问题的能力,并为后续课程的学习打下坚实基础。

本课程内容涉及土木工程材料的基本性质、天然石材、无机气硬性胶凝材料、水泥、水泥混凝土、建筑砂浆、建筑金属材料、木材、沥青及沥青混合料、合成高分子材料等。对于以教学(应用)为主的大学,教学重点在于材料技术性质及其选用,建议按照教学内容的"4+X"模式进行讲授,能够满足多专业的教学需要。所谓的教学内容"4+X"模式中,"4"为各专业都需要掌握的4方面主要内容,即"材料基本性质""水泥""混凝土""建筑钢材";"X"为可变化因素,可根据具体专业合理选择某些方面内容作为重点讲授内容。比如,对于土木工程专业建筑工程方向应增加砌体材料、砂浆作为重点内容(X取2),道路桥梁方向则应增加土工材料、沥青及沥青混合料作为重点内容(X取2);对于工程管理专业,其X可取3,即应增加防水材料、建筑装饰材料和建筑功能材料等内容,且重在材料性能测试方法、性能评价、检验批质量控制等内容;对于建筑学专业,X可取2,分别代表将装饰材料及功能材料(主要是保温、隔声等)作为重点内容;其他专业该课程的教学,亦可根据需要选择合适的内容进行讲授或学习。

知识归纳

1. 通常把土木工程建设中使用的各种材料及其制品统称为土木工程材料,它既是土木工程建设的物质基础,也是土木工程技术性质与功能的基本载体,从而成为工程建设的质量基础与保证。

2. 土木工程材料种类繁多,用量巨大,合理选择和使用土木工程材料,关系到工程建设的安全、实用、美观和耐久性。合格的土木工程技术人员必须熟练掌握土木工程材料的有关知识。

3. 狭义范畴的土木工程材料是指直接构成土木工程实体的材料,根据材料的化学成分和物质组成可分为无机材料、有机材料和复合材料三大类。

4. 随着社会和建设科学技术的发展,土木工程材料将朝着轻质高强、多功能化、智能化、绿色化和工业规模化方向发展。

5. 土木工程材料技术标准是有关材料研究、生产、使用和管理等部门应该共同遵循的工作依据,我国的技术标准分为四级,即国家标准、行业标准、地方标准和企业标准。

6. 土木工程材料是土建类专业的重要专业技术基础课,是学习多门后续专业课程的基础。使学生获得有关土木工程材料的基本知识、基本理论和基本技能,掌握土木工程材料的技术性能、用途和选用原则等是课程教学的主要任务。

课后习题

1. 土木工程材料与土木工程建设的关系如何?
2. 土木工程材料可以分为哪些种类?
3. 土木工程材料具有什么样的发展趋势?
4. 结合自己的专业,谈谈本课程的重点内容有哪些?

第 1 章

土木工程材料的基本性质

【主要内容】

本章主要介绍材料在土木工程及其建设过程中所表现的物理性质、力学性质和耐久性的概念,以及材料的组成、结构与构造。

【重点难点】

本章教学重点是材料密度、孔隙率、材料热工性质、材料性能的影响因素等;难点在于开口孔隙在表观密度、孔隙率计算过程中的影响,与水有关的各项性能指标容易混淆,表征材料的各项技术指标、测试方法及其原理等。

材料作为工程性质的载体,在一定程度上决定了工程结构的可靠性、耐久性和使用性能。因此,在工程建设中选择、应用、分析和评价材料通常以其性质为依据。

土木工程材料的基本性质是在实际使用过程中材料所表现出来的性质,通常也是必须考虑的最基本和共有的性质。材料在工程中所表现的性质有很多,根据不同的环境或使用要求,对其性质的要求会有所不同,在材料选择与使用中应考虑的性质也不尽相同。为在工程中科学合理地利用材料,必须掌握有关材料的基本性质,以及决定或影响这些性质的因素与规律,以便在实际使用中基于对这些性质含义的正确理解,以及对不同性质之间的相互关联的科学推理,掌握这些性质的影响因素与改进方法,在土木工程中充分利用材料的各项潜在功能。

1.1 材料的基本物理性质

1.1.1 材料的体积

体积是物体所占有的空间尺寸大小,其度量单位通常以 cm^3 或 m^3 表示。依据不同的结构状态,材料的体积可采用不同的参数来表示。

1. 材料的密实体积

材料的密实体积是指材料在绝对致密状态下的体积,或材料内不包括孔隙时的体积,以 V 表示。自然状态下,除玻璃等少数材料外,绝大多数材料并非绝对密实,其密实体积也难以直接测定。测定有孔隙材料的密实体积时,通常将材料磨成一定细度的粉末,干燥后用李氏比重瓶测定其体积。

2. 材料的表观体积

材料的表观体积指整体材料（包括内部孔隙）的外观体积，以 V_0 表示。外形规则且表面密实材料的表观体积，可直接以尺子度量后计算求得；外形不规则材料（图 1-1(a)）的表观体积，常用排水法（或排油法）来测定。

图 1-1　材料的孔隙与空隙结构示意
（a）整体材料；（b）颗粒堆积材料

3. 材料的堆积体积

材料的堆积体积是指颗粒材料堆积状态下的总体外观体积，以 V' 表示。颗粒材料的堆积体积中既包含颗粒内部的开口孔隙，也包含颗粒间的间隙体积（图 1-1(b)）。堆积体积的大小用其所占有容器中的容积大小来测量，或通过测量其规则堆积形状的几何尺寸计算求得。

根据上述定义可知，材料的密实体积仅取决于其微观或细观结构，而与其宏观结构无关；材料的表观体积则与其宏观组成结构有关；堆积体积不仅与材料内部的微观结构、细观结构、宏观结构有关，而且还与其颗粒间相互填充与接触的程度有关。

1.1.2　材料的密度、表观密度与堆积密度

1. 密度

密度是材料在绝对密实状态下单位体积的质量，即材料质量（m）与其密实体积（V）之比，通常以 ρ 表示，其计算公式为

$$\rho = \frac{m}{V} \tag{1-1}$$

式中，ρ 为材料的密度，g/cm^3；m 为材料的质量，g；V 为材料的绝对密实体积，cm^3。

其中，质量是指材料所含物质的多少，通常以重量的大小来近似衡量材料的质量。值得注意的是，重量是指材料所受重力的大小，它与质量的概念有本质的区别。

工程中可通过查表了解材料的密度值，几种土木工程材料的密度见表 1-1。

表 1-1   常用土木工程材料的密度、表观密度、堆积密度

材 料 名 称	密度/(g/cm³)	表观密度/(kg/m³)	堆积密度/(kg/m³)
钢材	7.85	7800～7850	—
石灰石(碎石)	2.48～2.76	2300～2700	1400～1700
砂	2.5～2.6	—	1500～1700
水泥	2.8～3.1	—	1600～1800
粉煤灰(气干)	1.95～2.40	—	550～800
烧结普通砖	2.6～2.7	1600～1900	—
普通水泥混凝土	—	2000～2800	—
红松木	1.55～1.60	400～600	—
普通玻璃	2.45～2.55	2450～2550	—
铝合金	2.7～2.9	2700～2900	—

2．表观密度

表观密度是材料在自然状态下单位体积的质量,即材料质量(m)与其表观体积(V_0)之比,通常以 ρ_0 表示,其计算公式为

$$\rho_0 = \frac{m}{V_0} \tag{1-2}$$

式中,ρ_0 为材料的表观密度,kg/m³;m 为材料的质量,kg;V_0 为材料的表观体积,m³。

表观密度是反映整体材料在自然状态下的物理参数,材料在不同的环境状态下,其表观密度的大小可能不同,通常测定材料表观密度时首先将材料在规定条件下干燥至恒重。由于表观体积中包含了材料内部孔隙的体积,其值通常小于密度值。

材料中的孔隙又可有封闭孔和开口孔之分(图 1-1(a)),通常又将材料质量与包括所有孔隙体积在内的体积之比称为体积密度,材料质量与其不含开口孔隙的体积之比则称为材料的视密度。显然,在用排水法或排油法测定材料表观体积用以确定体积密度时,应将材料表面封蜡后再测量。

几种常见土木工程材料的表观密度见表 1-1。

3．堆积密度

堆积密度是指散粒材料单位堆积体积的质量,即材料质量(m)与其堆积体积(V')之比,通常以 ρ' 表示,其计算公式为

$$\rho' = \frac{m}{V'} \tag{1-3}$$

式中,ρ' 为材料的堆积密度,kg/m³;m 为材料的质量,kg;V' 为材料的堆积体积,m³。

材料的堆积密度不仅与其颗粒的宏观结构、含水状态等有关,而且还与其颗粒间空隙或颗粒间被挤压实的程度等因素有关,因此有干堆积密度及湿堆积密度之分,亦有紧密堆积密度和松散堆积密度之别。常用土木工程材料的堆积密度见表 1-1。

1.1.3　材料的孔隙率与空隙率

1．孔隙率与密实度

材料中所含孔隙的多少常以孔隙率表示,它是指材料所含孔隙的体积占材料自然状态

下总体积的百分率,以 P 表示,其计算公式为

$$P = \frac{V_0 - V}{V_0} \times 100\% = \left(1 - \frac{\rho_0}{\rho}\right) \times 100\% \tag{1-4}$$

密实度是与孔隙率相对应的概念,指材料的单位体积内被固体物质充实的程度,用 D 表示,可用下式计算,显然 $P + D = 1$。

$$D = \frac{V}{V_0} \times 100\% = \frac{\rho_0}{\rho} \times 100\% \tag{1-5}$$

材料的许多性质都与其孔隙率有关,例如强度、热工性质、声学性质、吸水性、吸湿性、抗冻性及抗渗性等。除了孔隙率以外,材料中孔隙的种类、孔径大小、孔的分布状态也是影响其性质的重要因素之一,通常称之为孔特征。

2. 空隙率、填充率与压实度

散粒材料在堆积状态下颗粒间空隙体积占总堆积体积 (V') 的百分率称为空隙率,以 P' 表示,其计算公式为

$$P' = \frac{V' - V_0}{V'} \times 100\% = \left(1 - \frac{\rho'}{\rho_0}\right) \times 100\% \tag{1-6}$$

填充率是与空隙率对应的概念,指散粒材料在堆积状态下颗粒的填充程度,即颗粒体积占总堆积体积 (V') 的百分率,以 D' 表示,可用下式计算,显然 $P' + D' = 1$。

$$D' = \frac{V_0}{V'} \times 100\% = \frac{\rho'}{\rho_0} \times 100\% \tag{1-7}$$

空隙率反映了堆积材料中颗粒间空隙的多少,它对于研究堆积材料的结构稳定性、填充程度及颗粒间相互接触连接的状态具有实际意义。

工程实践表明,堆积材料的空隙率较小时,说明其颗粒间相互填充的程度较高或接触连接的状态较好,其堆积体的结构稳定性也较好。通常采用压实或振实的方法促使堆积材料形成更为稳定的状态,工程实际中常以压实度作为评定堆积材料结构稳定性的指标之一。

压实度是指颗粒堆积材料被压实的程度,并以经压实后材料实际堆积干密度 ρ' 与在标准条件下经充分压实所得的最大干密度 ρ'_m 之比表示。其计算公式为

$$K_y = \frac{\rho'}{\rho'_m} \times 100\% \tag{1-8}$$

式中,K_y 为材料的压实度,%;ρ' 为施工现场的材料经压实后的实测干堆积密度,kg/m³;ρ'_m 为在实验室内以标准方法将试样充分压实后所测得的最大干堆积密度,kg/m³。

1.1.4 材料与水有关的性质

1. 亲水性与憎水性

与水接触时,有些材料能被水润湿,而有些材料则不能被水润湿,对这两种现象来说,前者为亲水性,后者为憎水性。材料具有亲水性或憎水性的根本原因在于材料的分子结构(是极性分子或非极性分子),亲水性材料与水分子之间的分子亲和力大于水本身分子间的内聚力;反之,憎水性材料与水分子之间的亲和力小于水本身分子间的内聚力。

工程实际中,通常以润湿角的大小来划分亲水性或憎水性材料。润湿角是水与材料接

触时,在材料、水和空气三相交点处,沿水表面的切线与水和固体接触面所成的夹角 θ,其值越小,材料浸润性越好,越易被水润湿。当材料的润湿角 $\theta \leqslant 90°$ 时,为亲水性材料;当材料的润湿角 $\theta > 90°$ 时,为憎水性材料,见图 1-2。水在亲水性材料表面可以铺展开,且能通过毛细管作用自动将水吸入材料内部;水在憎水性材料表面不仅不能铺展开,而且水分不能渗入材料内部,降低了材料的吸水性。

图 1-2　材料润湿示意

(a) 亲水性材料;(b) 憎水性材料

常见土木工程材料中,水泥制品、玻璃、陶瓷、金属材料、石材等无机材料和部分木材等为亲水性材料,塑料、沥青、油漆、防水油膏、石蜡等为憎水性材料。

2．吸水性与吸湿性

1)吸水性

材料在水中吸收水分的性质称为材料的吸水性,并以吸水率表示该能力。材料吸水率的表达方式有两种,即质量吸水率和体积吸水率。

(1)质量吸水率是指材料在吸水饱和时所吸水量占材料干燥质量的百分比,以 W_m 表示。质量吸水率 W_m 的计算公式为

$$W_m = \frac{m_b - m}{m} \times 100\% \tag{1-9}$$

式中,W_m 为材料的质量吸水率,%;m_b 为材料吸水饱和状态下的质量,g 或 kg;m 为材料在干燥状态下的质量,g 或 kg。

(2)体积吸水率是指材料在吸水饱和时所吸水的体积占干燥材料自然状态下体积的百分率,以 W_V 表示。体积吸水率 W_V 的计算公式为

$$W_V = \frac{m_b - m}{V_0 \rho_w} \times 100\% \tag{1-10}$$

式中,W_V 为材料的体积吸水率,%;m_b 为材料吸水饱和状态下的质量,g 或 kg;m 为材料在干燥状态下的质量,g 或 kg;V_0 为材料在自然状态下的体积,cm^3 或 m^3;ρ_w 为水的密度,g/cm^3,常温下取 $\rho_w = 1.0 g/cm^3$。

材料的质量吸水率与体积吸水率之间的关系为

$$W_V = W_m \rho_0 \tag{1-11}$$

式中,ρ_0 为干燥材料在自然状态下的表观密度,g/cm^3。

材料的吸水率与其孔隙有关,更与其孔特征有关。水分通过材料的开口孔吸入,并经过连通孔渗入材料的内部,所以材料内与外界连通的孔隙越多,其吸水率就越大。对于孔特征相近的材料,一般孔隙率越大,吸水性越强。

2)吸湿性

材料的吸湿性是指材料吸收潮湿空气中水分的性质,用含水率表示。当较干燥的材料

处于较潮湿的空气中时，便会吸收空气中的水分；而当较潮湿的材料处在较干燥的空气中时，便会向空气中释放水分。前者是材料的吸湿过程，后者是材料的干燥过程(此性质也称为材料的还湿性)。在任一条件下材料内部所含水的质量占干燥材料质量的百分率称为材料的含水率，以 W_h 表示，其计算公式为

$$W_h = \frac{m_s - m}{m} \times 100\%$$ (1-12)

式中，W_h 为材料的含水率，%；m_s 为材料吸湿后的质量，g 或 kg；m 为材料在干燥状态下的质量，g 或 kg。

显然，材料的含水率受所处环境中空气湿度的影响，当空气中湿度在较长时间内稳定时，材料的吸湿和干燥过程处于平衡状态，此时材料的含水率则保持不变，其含水率称为材料的平衡含水率。当材料处于某一湿度稳定的环境中时，材料的平衡含水率只与其本身的性质有关。一般亲水性较强的材料，或含有开口孔隙较多的材料，其平衡含水率就较高，它在空气中的质量变化也较大。

材料吸水或吸湿后，除了本身的质量增加外，还会降低其绝热性、强度及耐久性，造成体积的增减和变形，这些多会对工程带来不利影响。

3. 耐水性

材料的耐水性是指材料长期在水作用下不破坏，强度也不显著降低的性质。衡量材料耐水性的指标是材料的软化系数，通常用下式计算：

$$K_R = \frac{f_b}{f_g}$$ (1-13)

式中，K_R 为材料的软化系数；f_b 为材料吸水饱和状态下的强度，MPa；f_g 为材料干燥状态下的强度，MPa。

软化系数可以反映材料吸水饱和后强度降低的程度，它是材料吸水后性质变化的重要特征之一。实际上，许多材料吸水(或吸湿)后，即使未达到饱和状态，其强度也会下降，原因在于材料吸水后，水分会分散在材料内微粒的表面，削弱了微粒间的结合力。当材料内含有可溶性物质时(石膏、石灰等)，吸入的水还可能使其内部的部分物质溶解，造成内部结构的解体及强度的严重降低。耐水性与材料的亲水性、可溶性、孔隙率、孔特征等均有关，工程中常从这几个方面改善材料的耐水性。

工程中通常将 $K_R > 0.85$ 的材料作为耐水性材料，其可用于水中或潮湿环境中的重要结构。用于受潮较轻或次要结构时，材料的 K_R 值也不得小于 0.75。

4. 抗渗性

材料的抗渗性通常是指材料抵抗压力水渗透的能力。长期处于有压力的水中时，材料的抗渗性就是决定其工程使用寿命的重要因素。表示材料抗渗性的指标有两个，即渗透系数和抗渗等级。

1) 渗透系数

按照达西定律，在一定的时间(t)内透过的水量(W)，与材料垂直于渗水方向的渗水面积(A)、材料两侧的水压差(H)成正比，与渗透距离(材料的厚度 d)成反比，其计算公式为

$$K_s = \frac{Wd}{AtH} \tag{1-14}$$

式中，K_s 为材料的渗透系数，cm/h；W 为时间 t 内的渗水总量，cm³；A 为材料垂直于渗水方向的渗水面积，cm²；H 为材料两侧的水压差，cm；t 为渗水时间，h；d 为材料的厚度，cm。

材料的 K_s 值越小，则说明其抗渗能力越强。工程中一些材料的防水能力可以用渗透系数表示。

2) 抗渗等级

土木工程中，一些常用材料（如混凝土、砂浆等）的抗渗（防水）能力常以抗渗等级表示。材料的抗渗等级是指材料用标准方法进行透水试验时，规定试件在透水前所能承受的最大水压力，并以符号"P"及可承受的水压力值（以 0.1MPa 为单位）表示抗渗等级。例如，防水混凝土的抗渗等级为 P6、P8、P12、P16、P20，表示分别能够承受 0.6MPa、0.8MPa、1.2MPa、1.6MPa、2.0MPa 的水压而不渗水。因此，材料的抗渗等级越高，其抗渗性越强。

材料的抗渗性与其亲水性、孔隙率、孔特征、裂缝等缺陷有关，在其内部孔隙中，开口孔、连通孔是材料渗水的主要通道。工程中一般采用降低孔隙率、改善孔特征（减少开口孔和连通孔）、减少裂缝及其他缺陷或对材料进行憎水处理等方法来提高其抗渗性。

5. 抗冻性

材料的抗冻性是指材料在吸水饱和状态下，能经受多次冻融循环作用而不破坏，强度降低也不严重的性质。

材料的抗冻性用抗冻等级来表示。土木工程中通常按规定的方法对材料的试件进行冻融循环试验，比如以试件强度下降不超过 25%、质量损失不超过 5% 时，所能承受的最大冻融循环次数来确定混凝土的抗冻性，并以抗冻等级表示。材料的抗冻等级，以字符"F"及材料可承受的最大冻融循环次数表示，如 F25、F50、F100 等，分别表示此材料可承受 25 次、50 次、100 次的冻融循环。通常根据工程的使用环境和要求，确定对材料抗冻等级的要求。

就材料本身来说，材料的抗冻性主要与其孔隙率、孔特征、吸水性、抵抗胀裂的强度以及内部对局部变形的缓冲能力等有关，工程中常从这些方面改善材料的抗冻性。

1.1.5　材料与热有关的性质

1. 导热性

导热性是指材料两侧有温差时将热量由温度高的一侧向温度低的一侧传递的能力，即传导热的能力。

材料的导热性以导热系数 λ 表示，其含义是当材料两侧的温差为 1K 时，在单位时间（1s）内，通过单位面积（1m²），并透过单位厚度（1m）的材料所传导的热量，其计算公式为

$$\lambda = \frac{Qa}{(t_1 - t_2)AZ} \tag{1-15}$$

式中，λ 为材料的导热系数，W/(m·K)；Q 为传导的热量，J；a 为材料的厚度，m；A 为材料的传热面积，m²；Z 为传热时间，s；$t_1 - t_2$ 为材料两侧的温度差，K。

材料的导热系数是建筑物围护结构（墙体、屋盖）热工计算时的重要参数，是评价材料保

温隔热性能的参数。材料的导热系数越大,其导热性越强,绝热性越差;土木工程材料的导热性差别很大,通常把 $\lambda < 0.23\text{W}/(\text{m}\cdot\text{K})$ 的材料称为绝热材料。

材料的导热性与其结构和组成、含水率、孔隙率及孔特征等有关,且与材料的表观密度有很好的相关性。一般非金属材料的绝热性优于金属材料;材料的表现密度小,孔隙率大,闭口孔多,孔分布均匀,孔尺寸小,含水率小时,其导热性差,则绝热性好。通常所说的材料导热系数是指干燥状态下的导热系数,当材料一旦吸水或受潮时,导热系数会显著增大,绝热性变差。

2. 热容量和比热容

热容量是指材料受热时吸收热量或冷却时放出热量的能力,可用以下公式表示:

$$Q = mc(t_1 - t_2) \tag{1-16}$$

式中,Q 为材料的热容量,kJ;m 为材料的质量,kg;$t_1 - t_2$ 为材料受热或冷却前后的温度差,K;c 为材料的比热容,kJ/(kg·K)。

其中,比热容(c)是真正反映不同材料间热容性差别的参数,其物理意义是指质量为 1kg 的材料,在温度改变 1K 时所吸收或放出热量的大小,它可由式(1-16)导出:

$$c = \frac{Q}{m(t_1 - t_2)} \tag{1-17}$$

材料的比热容值大小与其组成和结构有关,比热容值大的材料对缓冲建(构)筑物的温度变化有利,工程中常优先选择热容量大的材料。因为水的比热容值最大,当材料含水率高时,比热容值则大。通常所说材料的比热容值是指其干燥状态下的比热容值。

材料的热容量是建筑物围护结构(墙体、屋盖)热工计算的另一重要参数,设计计算时应选用热容量较大而导热系数较小的建筑材料,以使建筑物保持室内温度的稳定性。

3. 导温系数

在进行工程结构温度变形及温度场研究时,还会用到另外一个材料热物理参数——导温系数(或称热扩散系数),表示材料被加热或冷却时,其内部温度趋于一致的能力,是材料传播温度变化能力大小的指标。导温系数的定义式为

$$\alpha = \frac{\lambda}{\rho c} \tag{1-18}$$

式中,α 为材料的导温系数,又称热扩散率或热扩散系数,m^2/s;λ 为材料的导热系数,W/(m·K);c 为材料的比热容,kJ/(kg·K);ρ 为材料的密度,kg/m³。

导温系数越大,表明材料内部的温度分布趋于均匀越快。导温系数也可作为选用保温隔热材料的指标,导温系数越小,绝热性能越好,越易保持室内温度的稳定性。

4. 材料的温度变形性

材料的温度变形性是指温度升高或降低时材料体积变化的特性。除个别材料(如 277K 以下的水)以外,多数材料在温度升高时体积膨胀,温度下降时体积收缩。这种变化表现在单向尺寸时,为线膨胀或线收缩,相应的表征参数为线膨胀系数(α)。材料温度变化时的单向线膨胀量或线收缩量可用下式计算:

$$\Delta L = (t_2 - t_1)\alpha L \tag{1-19}$$

式中，ΔL 为线膨胀或线收缩量，mm 或 cm；$t_2 - t_1$ 为材料升（降）温前后的温度差，K；α 为材料在常温下的平均线膨胀系数，$1/K$；L 为材料原来的长度，mm 或 cm。

土木工程中，对材料的温度变形大多关注其某一单向尺寸的变化，因此，研究材料平均线膨胀系数具有实际意义。材料的线膨胀系数与材料的组成和结构有关，常通过选择合适的材料来满足工程对温度变形的要求。几种常见土木工程材料的热工参数见表 1-2。

表 1-2   几种常见土木工程材料的热工参数

材料名称	导热系数/(W/(m·K))	比热容/(J/(g·K))	线膨胀系数/(10^{-6}/K)
钢材	55	0.63	10～12
普通混凝土	1.28～1.51	0.48～1.0	5.8～15
烧结普通砖	0.4～0.7	0.84	5～7
木材（横纹）	0.17	2.51	—
水	0.6	4.187	—
花岗岩	2.91～3.08	0.716～0.787	5.5～8.5
玄武岩	1.71	0.766～0.854	5～75
石灰石	2.66～3.23	0.749～0.846	3.64～6.0
大理石	2.45	0.875	4.41
沥青混凝土	1.05	—	（负温下）20

5. 耐燃性

建筑物着火时，材料能经受高温与火的作用而不破坏，强度也不严重下降的性能，称为材料的耐燃性。根据耐燃性可将材料分为以下三大类。

（1）不燃烧类。遇火或遇高温不易起火，不燃烧且不炭化的材料称为不燃烧类材料。土木工程中常用的不燃烧类材料有普通石材、混凝土、砖、金属等各种无机类材料。

（2）难燃烧类。遇火或遇高温不易燃烧、不炭化，只有火源持续存在时才能继续燃烧，火焰熄灭燃烧即停止的材料。土木工程中常用的难燃烧类材料有沥青混凝土、经防火处理的木材、某些塑料等有机-无机复合材料。

（3）燃烧类。遇火或遇高温容易引燃而着火，在火源移去后，仍能继续燃烧的材料。土木工程中常用的燃烧类材料有木材、沥青、油漆、合成高分子黏结剂等有机类材料。

6. 耐火性

材料在长期高温作用下，保持其结构和工作性能的基本稳定而不损坏的性质称为材料的耐火性。某些工程部位的材料通常会要求其耐火性，如砌筑窑炉、锅炉炉衬、烟道等所用的材料。根据不同材料的耐火度（即耐火能力），通常可将其划分为以下 3 类。

（1）耐火材料。耐火度不低于 1580℃ 的材料，如硅砖、镁砖、铝砖、铬砖等耐火砖。

（2）难熔材料。耐火度为 1350～1580℃ 的材料，如难熔黏土砖、耐火混凝土等。

（3）易熔材料。耐火度低于 1350℃ 的材料，如普通黏土砖等。

1.1.6   材料的吸声性能

当声波遇到材料表面时，一部分被反射，另一部分穿透材料，其余的声能转化为热能而被吸收。声能穿透材料和被材料消耗的性质称为材料的吸声性，评定材料的吸声性能好坏

的主要指标称为吸声系数(α_s)。吸声系数是指声波遇到材料表面时，被吸收的声能与入射能之比，即

$$\alpha_s = \frac{E}{E_0} \tag{1-20}$$

式中，E 为材料吸收的声能；E_0 为入射到材料表面的全部声能。

假如入射声能的 70% 被吸收，30% 被反射，则该材料的吸声系数就等于 0.7。一般材料的吸声系数在 0～1 之间，当入射声能 100% 被吸收而无反射时，吸声系数等于 1。

任何材料都具有一定的吸声能力，只是吸收的程度有异，材料的吸声特性与声波的方向、频率，以及材料的表观密度、孔隙构造、厚度等有关。通常取 125Hz、250Hz、500Hz、1000Hz、2000Hz、4000Hz 六个频率的吸声系数来表示材料的吸声性能。凡六个频率的平均吸声系数大于 0.2 的材料，称为吸声材料。

吸声材料的基本特征是多孔、疏松、透气。对于多孔材料，声波能进入材料内相互连通的孔隙中，受到空气分子的摩擦阻滞，使其由声能转变为热能。对于纤维材料，使其由于引起细小纤维的机械振动而转变为热能，从而把声能吸收。

1.2 材料的力学性质

力学性质是指材料抵抗外力的能力及其在外力作用下的表现，通常以材料在外力作用下所表现的强度和变形特性来描述。

1.2.1 材料的强度与比强度

1. 强度

强度是指材料在外力作用下抵抗破坏的能力，并以单位面积上所能承受荷载的大小来表示。材料在受外力作用时，便产生内部应力，且应力随外力的增大而增大，当应力增大到材料内部质点间结合力所能承受的极限时，便会导致内部质点间的断开或错位，此极限应力值通常称为材料的强度。

在不同的土木工程结构中，材料可能承受不同形式的荷载，从而使材料表现出的强度类型不同。根据不同的外力作用形式，材料的强度可分为抗压强度、抗拉强度、抗弯（抗折）强度、抗剪强度等，各种材料在不同受力形式下的强度计算公式见表 1-3。

表 1-3　材料在不同受力形式下的强度计算公式

作用形式	强度计算公式	参数说明
抗压 抗拉 抗剪	$f = \dfrac{F}{A}$	f 为材料的抗压、抗拉或抗剪强度，MPa F 为材料能承受的最大荷载，N A 为材料的受力面积，mm^2
抗弯 （抗折）	$f_{tm} = \dfrac{3FL}{2bh^2}$ （两支点中央一点受集中荷载）	f_{tm} 为材料的抗弯（抗折）强度，MPa F 为最大荷载，N L 为两支点间距，mm $b、h$ 分别为材料截面的宽度和高度，mm

结构类型与状态不同的材料,对不同受力形式的抵抗能力可能不同,特别是材料的宏观构造不同时,其强度差别可能很大。对于内部构造非匀质的材料,其不同方向的强度,或不同外力作用形式下的强度表现会有明显的差别。例如,水泥混凝土、砂浆、砖、石材等非匀质材料的抗压强度较高,而抗拉、抗折强度却很低。土木工程常用结构材料的强度值范围见表1-4。

表1-4   土木工程常用结构材料的强度值范围   MPa

材料	抗压强度	抗拉强度	抗弯(折)强度	抗剪强度
钢材	215～1600	215～1600	—	200～355
普通混凝土	10～60	1～4	1～10	2.0～4.0
烧结普通砖	7.5～30	—	1.8～4.0	1.8～4.0
花岗岩	100～250	7～25	10～40	13～19
石灰岩	30～250	5～25	2～20	7～14
玄武岩	150～300	10～30	—	20～60
松木(顺纹)	30～50	80～120	60～100	6.3～6.9

材料的强度本质上就是其内部质点间结合力的表现。不同的宏观或细观结构,往往对材料内质点间结合力的特性具有决定性的作用,从而使材料表现出大小不同的宏观强度或变形特性。决定材料力学特性的因素有很多,如结晶体材料中质点的晶型结构、晶粒的排列方式、晶格中存在的缺陷情况等;非结晶体材料中的质点分布情况、存在的缺陷或内应力等;凝胶结构材料中凝胶粒子的物理化学性质、粒子间黏结的紧密程度、凝胶结构内部的缺陷等;宏观状态下材料的结构类型、颗粒间的接触程度、黏结性质、孔隙等缺陷的多少及分布情况等。通常,材料内质点间的结合力越强、孔隙率越小、孔隙分布得越均匀或内部缺陷越少时,材料的强度可能越高。

2. 比强度

比强度是指按单位体积质量计算的材料强度,即材料强度与其表观密度之比(f/ρ_0),它是衡量材料轻质、高强特性的参数。

结构材料在土木工程中的主要作用是承受结构荷载。对多数结构物来说,相当一部分的承载能力用于抵抗本身或其上部结构材料的自重荷载,只有剩余部分的承载能力才能用于抵抗外荷载。为此,提高材料承受外荷载的能力,不仅应提高其强度,还应减轻其本身的自重;材料必须具有较高的比强度值,才能满足高层建筑及大跨度结构工程的要求。几种土木工程结构材料的参考比强度值见表1-5。

表1-5   几种土木工程结构材料的参考比强度值

材料(受力状态)	强度/MPa	表观密度/(kg/m³)	比强度
玻璃钢(抗弯)	450	2000	0.225
低碳钢	420	7850	0.054
铝材	170	2700	0.063
铝合金	450	2800	0.160
花岗岩(抗压)	175	2550	0.069

续表

材料(受力状态)	强度/MPa	表观密度/(kg/m³)	比强度
石灰岩(抗压)	140	2500	0.056
松木(顺纹抗拉)	100	500	0.200
普通混凝土(抗压)	40	2400	0.017
烧结普通砖(抗压)	10	1700	0.006

1.2.2　材料的弹性与塑性

在土木工程中,外力作用下材料的断裂意味着工程结构的破坏,此时材料的极限强度就是确定工程结构承载能力的依据。但是,有些工程中即使材料本身并未断开,但在外力作用下质点间的相对位移或滑动过大,也可能使工程结构丧失承载能力或超出正常使用状态,这种质点间相对位移或滑动的宏观表现就是材料的变形。

微观或细观结构类型不同的材料在外力作用下所产生的变形特性不同,相同材料在承受外力的大小不同时所表现出的变形也可能不同。弹性变形和塑性变形通常是材料两种最基本的力学变形,此外还有黏性流动变形和徐变变形等。

1. 弹性与弹性变形

材料在外力作用下产生变形,外力去除后能恢复为原来形状和大小的性质称为弹性,这种可恢复的变形称为弹性变形。弹性变形的大小与其所受外力的大小成正比,其比例系数在一定范围内为一常数,如图 1-3 所示。这个常数被称为该材料的弹性模量,并以符号 E 表示,其计算公式为

$$E = \frac{\sigma}{\varepsilon} \tag{1-21}$$

式中,σ 为材料所承受的应力,MPa;ε 为材料在应力 σ 作用下的应变。

图 1-3　材料弹性变形曲线

弹性模量是反映材料抵抗变形能力的指标,其值越大,表明材料抵抗变形的能力越强,相同外力作用下的变形就越小。材料的弹性模量是土木工程结构设计和变形验算所依据的主要参数之一,几种常用土木工程材料的弹性模量见表 1-6。

表 1-6　几种常用土木工程材料的弹性模量　　　　　　　　　　10^4 MPa

材料	低碳钢	普通混凝土	烧结普通砖	木材	花岗岩	石灰岩	玄武岩
弹性模量	21	1.45~3.60	0.3~0.5	0.6~1.2	200~600	60~100	100~800

2. 材料的塑性与塑性变形

材料在外力作用下产生变形,外力去除后仍保持变形后形状和大小的性质就是塑性,这种不可恢复的变形称为塑性变形,或称永久变形,如图 1-4 所示。

图 1-4　材料的塑性变形曲线

一般认为,材料的塑性变形是因为内部的剪应力作用致使某些质点间相对滑移的结果。当所受外力很小时,材料几乎不产生塑性变形,只有当外力的大小足以使材料内质点间的剪应力超过其相对滑移所需要的应力时,才会产生明显的塑性变形;而且只要该外力不去除,塑性变形会继续发展。在土木工程中,当材料所产生的塑性变形过大时,就可能导致其丧失承载能力。

理想的弹性材料或塑性材料很少见,大多数材料在受力时的变形既有弹性变形,也有塑性变形。只是不同的材料,或同一材料的不同受力阶段,可能以弹性变形为主,或以塑性变形为主。

许多材料的塑性往往受温度的影响较明显,通常较高温度下更容易产生塑性变形。有时工程实际中也可利用材料的这一特性来获得某种塑性变形。例如,在土木工程材料的加工或施工过程中,经常利用塑性变形而使材料获得所需要的形状或使用性能。

3. 材料的弹塑性变形

实际中,完全弹性和完全塑性的材料是不存在的,大多数材料受力变形时既有弹性变形,又有塑性变形,在不同的受力阶段表现为不同的变形特征。例如,低碳钢在受力不大的情况下(小于弹性极限)表现为弹性变形,而在受力较大后(超过弹性极限)出现塑性变形。

混凝土材料在受力后弹性变形和塑性变形同时产生,撤去外力后,弹性变形可以恢复,而塑性变形则不能恢复,此类变形称为弹塑性变形,相应地,此类材料称为弹塑性材料,如图 1-5 所示。

图 1-5　弹塑性材料变形曲线

1.2.3　材料的脆性与韧性

1. 脆性

在外力作用下,材料未产生明显的变形而发生突然破坏的性质称为脆性,具有这种性质的材料称为脆性材料。一般脆性材料的抗静压强度较高,但抗冲击能力、抗振动能力、抗拉及抗折(弯)强度很差。土木工程中常用的无机非金属材料多为脆性材料,如天然石材、普通混凝土、砂浆、普通砖、玻璃及陶瓷等。

2. 韧性

材料在振动或冲击等荷载作用下,能吸收较多的能量,并产生较大的变形而不突然破坏的性质称为韧性。材料韧性的主要特征表现就是在荷载作用下能产生较明显的变形,破坏过程中能够吸收较多的能量。衡量材料韧性的指标是材料的冲击韧性值,即破坏时单位断

面所吸收的能量,并以符号 α_k 表示,其计算公式为

$$\alpha_k = \frac{A_k}{A} \qquad (1\text{-}22)$$

式中,α_k 为材料的冲击韧性值,J/mm^2;A_k 为材料破坏时所吸收的能量,J;A 为材料受力截面面积,mm^2。

对于韧性材料,在外力作用下会产生明显的变形,并且变形随着外力的增加而增大,在材料完全破坏之前,施加外力产生的功被转化为变形能而被材料所吸收。显然,材料在破坏之前所产生的变形越大,且所能承受的应力越大时,它所吸收的能量就越多,表现为材料的韧性就越强。

桥梁、路面、工业厂房等土木工程的受振结构部位应选用韧性较好的材料。常用的韧性材料有低碳钢、低合金钢、铝材、橡胶、塑料、木材、竹材等,玻璃钢等复合材料也具有优良的韧性。

1.2.4 材料的硬度与耐磨性

1. 硬度

硬度是指材料表面抵抗硬物压入或刻画的能力。土木工程中为保持建筑物的使用性能或外观,常要求材料具有一定的硬度,如部分装饰材料、预应力钢筋混凝土锚具等。

工程中用于表示材料硬度的指标有多种,对金属、木材等材料常以压入法检测其硬度,其方法分别有:洛氏硬度(HRA、HRB、HRC,它是以金刚石圆锥或圆球的压痕深度计算求得的硬度值)、布氏硬度(HB,它是以压痕直径计算求得的硬度值)等。天然矿物材料的硬度常用摩氏硬度表示,它是以两种矿物相互对刻的方法确定矿物的相对硬度,并非材料绝对硬度的等级。其硬度的对比标准分为 10 级,由软到硬依次分别为滑石、石膏、方解石、萤石、磷灰石、正长石、石英、黄玉、刚玉、金刚石。混凝土等材料的硬度常用肖氏硬度检测(以重锤下落回弹高度计算求得的硬度值)。

2. 耐磨性

材料的耐磨性是指材料表面抵抗磨损的能力。材料的耐磨性常以磨损率(G)表示,其计算公式为

$$G = \frac{m_1 - m_2}{A} \qquad (1\text{-}23)$$

式中,G 为材料的磨损率,g/cm^2;m_1、m_2 分别为材料磨损前后的质量,g;A 为材料试件受磨面积,cm^2。

材料的磨损率 G 值越低,表明该材料的耐磨性越好。一般硬度较高的材料,耐磨性也较好。土木工程中有些部位经常受到磨损的作用,如路面、地面等,选择这些部位的材料时,其耐磨性应满足工程的使用寿命要求。

材料的硬度和耐磨性均与其内部结构、组成、孔隙率、孔特征、表面缺陷等有关。

1.3　材料的耐久性

材料在使用过程中,除受到各种外力作用外,还要受到环境中各种自然因素的破坏作用。材料在使用过程中抵抗各种环境因素的长期作用,并保持其原有性能而不破坏、不变质的能力称为耐久性。耐久性是材料的一种综合性质,包括材料的抗冻性、耐热性、大气稳定性和耐腐蚀性等。环境因素的破坏作用可分为物理作用、化学作用和生物作用。

物理作用主要有干湿交替、温度变化、冻融循环等,这些变化会使材料体积产生膨胀或收缩,或导致内部裂缝的扩展,长期反复作用将使材料产生破坏。

化学作用主要是指酸、碱、盐等物质的水溶液或有害气体对材料产生的侵蚀作用,化学作用可使材料的组成成分发生质的变化,从而引起材料的破坏,如钢材的锈蚀等。

生物作用主要是指材料受到虫蛀或菌类的腐朽作用而产生的破坏。例如,木材等有机质材料常会受到这种破坏作用的影响。

耐久性是土木工程材料的一项重要技术性质,随着社会的发展人们对耐久性愈加重视,提高材料耐久性就是延长工程结构的使用寿命。工程实践中,要根据材料所处的结构部位和使用环境等因素综合考虑其耐久性,并根据材料的耐久性特点合理选用。土木工程中材料的耐久性与破坏因素的关系见表1-7。

表1-7　土木工程材料耐久性与破坏因素的关系

破坏因素分类	破坏原理	破坏因素	评定指标
渗透	物理	压力水、静水	渗透系数、抗渗等级
冻融	物理、化学	水、冻融作用	抗冻等级、耐久性系数
冲磨气蚀	物理	流水、泥沙	磨蚀率
碳化	化学	CO_2、H_2O	碳化深度
化学侵蚀	化学	酸、碱、盐及其溶液	＊
老化	化学	阳光、空气、水、温度交替	＊
钢筋锈蚀	物理、化学	H_2O、O_2、氯离子、电流	电位锈蚀率
碱-骨料反应	物理、化学	R_2O（R为碱金属）、H_2O、活性骨料	膨胀率
腐朽	生物	H_2O、O_2、菌	＊
虫蛀	生物	昆虫	＊
热环境	物理、化学	冷热交替、晶型转变	＊
火焰	物理	高温、火焰	＊

注：＊表示可参考强度变化率、开裂情况、变形情况、破坏情况等进行评定。

从上述导致材料耐久性不良的作用来看,影响材料耐久性的因素主要有外因与内因两个方面。影响材料耐久性的内在因素主要有:材料的组成与结构、强度、孔隙率、孔特征、表面状态等。当材料的组成和结构特点不能适应环境要求时便容易过早地产生破坏。

工程中改善材料耐久性的主要措施有:根据使用环境选择材料的品种;采取各种方法控制材料的孔隙率与孔特征;改善材料的表面状态,增强抵抗环境作用的能力。

1.4 材料的组成、结构与构造

材料是由原子、分子或分子团以不同结合形式构成的物质。材料的组成或构成方式不同,其性质可能有很大的差别;组成或构成方式相近的材料,其性质也具有相近之处。土木工程材料包括有机材料、金属材料、无机非金属材料等,由于其组成的不同,各自分别具有不同的特性。此外,即使属于相同类别的材料,由于其中原子或分子之间的结合方式及缺陷状态不同,其性质也可能有显著差别。

1.4.1 材料的组成

材料的组成是决定材料性质的最基本因素。材料的组成包括材料的化学组成、矿物组成和相组成。

1. 化学组成

化学组成是指材料的化学元素及化合物的种类与数量。当材料处于某一环境中,材料与环境中的物质间必然要按化学变化规律发生变化。例如,混凝土受到酸、盐类物质的侵蚀作用,木材遇到火焰时的耐燃、耐火性能,钢材和其他金属材料的锈蚀等都属于化学作用。材料在各种化学作用下表现出的性质都是由其化学组成所决定的。

2. 矿物组成

通常将无机非金属材料中具有特定的晶体结构、特定的物理力学性能的组织结构称为矿物。矿物组成是指构成材料的矿物的种类和数量。某些材料,如天然石材、无机胶凝材料,其矿物组成是决定其性质的主要因素。例如,硅酸盐水泥中,熟料矿物硅酸三钙含量高,则其硬化速度较快,强度较高。

从宏观组成层次讲,人工复合的材料,如混凝土、建筑涂料等是由各种原材料配合而成的,因此影响这类材料性质的主要因素是其原材料的品质及其配合比例。

3. 相组成

材料中结构相近、性质相同的均匀部分称为相。自然界中的物质可分为气相、液相、固相三种形态。同种物质在不同的温度、压力等环境条件下,也常常会转变其存在的状态,一般称为相变,如由气相转变为液相或固相。土木工程材料中,同种化学物质由于加工工艺的不同,温度、压力等环境条件的不同,可形成不同的相。例如,在铁碳合金中就有铁素体、渗碳体、珠光体。土木工程材料大多是多相固体材料,这种由两相或两相以上的物质组成的材料称为复合材料。例如,混凝土可认为是由骨料颗粒(骨料相)分散在水泥浆体(基相)中所组成的两相复合材料。

复合材料的性质与其构成材料的相组成和界面特性有密切关系。所谓界面是指多相材料中相与相之间的分界面。在实际材料中,界面是一个各种性能尤其是强度性能较薄弱的区域,它的成分和结构与相内的部分是不一样的,可作为"相界面"来处理。因此,对于土木工程材料,可通过改变和控制其相组成和界面特性来改善和提高材料的技术性能。

1.4.2   材料的结构与构造

材料的性质除与材料组成有关外,还与其结构和构造有密切关系。材料的结构和构造泛指材料各组成部分之间的结合方式及其在空间排列分布的规律。通常,按材料的结构和构造的尺度范围,可分为宏观结构、细观结构和微观结构。

1. 宏观结构

材料的宏观结构是指用裸眼或放大镜可直接观察到的结构和构造,其尺度范围在 10^{-3} m 以上。土木工程实际中,经常在这一层次上描述与评价材料的结构状态。按宏观结构的特征,材料分为致密、多孔、粒状、层状等结构,宏观结构不同的材料特性不同。例如,玻璃与泡沫玻璃的组成相同但宏观结构不同,前者为致密结构,后者为多孔结构,其性质截然不同,玻璃用作采光材料,泡沫玻璃用作绝热材料。

材料宏观结构和构造的分类及特征见表 1-8。

表 1-8   材料宏观结构和构造的分类及特征

宏 观 结 构		结 构 特 征	常用的土木工程材料举例
按孔隙特征分	致密结构	无宏观尺度的孔隙	钢铁、玻璃、塑料、沥青等
	微孔结构	主要具有微细孔隙	石膏制品、烧土制品等
	多孔结构	具有较多粗大孔隙	加气混凝土、泡沫玻璃、泡沫塑料等
按构造特征分	纤维结构	主要由纤维状材料构成	木材、玻璃钢、岩棉、GRC(glass-fiber reinforced concrete,玻璃纤维增强混凝土)等
	层状结构	由多层材料叠合构成	复合墙板、胶合板、纸面石膏板等
	散粒结构	由松散颗粒状材料构成	砂石材料、膨胀蛭石、膨胀珍珠岩等
	堆积结构	由骨料和胶结材料构成	各种混凝土、砂浆、陶瓷等

2. 细观结构

材料的细观结构(又称亚微观结构、介观结构)是指用光学显微镜和一般扫描透射电子显微镜所能观察到的结构,是介于宏观和微观之间的结构。其尺度范围为 $10^{-3} \sim 10^{-9}$ m。根据其尺度范围,材料的细观结构还可分为显微结构和纳米结构。

显微结构是指用光学显微镜所能观察到的结构,其尺度范围为 $10^{-3} \sim 10^{-7}$ m。土木工程材料的显微结构应针对具体材料分类研究。对于水泥混凝土,通常是研究水泥石的孔隙结构及界面特性等;对于金属材料,通常是研究其金相组织、晶界及晶粒尺寸等。材料在显微结构层次上的差异对材料的性能有显著的影响。例如,钢材的晶粒尺寸越小,强度越高。又如,混凝土中毛细孔的数量减少、孔径减小,强度和抗渗性等提高。因此,对土木工程材料而言,从显微结构层次上研究并改善材料的性能十分重要。

纳米结构是指一般扫描透射电子显微镜所能观察到的结构,其尺度范围为 $10^{-7} \sim 10^{-9}$ m,自20世纪80年代末期引起人们广泛关注。其基本结构单元有团簇、纳米微粒、人造原子等。由于纳米微粒和纳米固体有小尺寸效应、表面界面效应等基本特性,使由纳米微粒组成的纳米材料具有许多奇异的物理和化学性能,因而得到了迅速发展,在土木工程中也得到了应用,比如纳米涂料等。

3. 微观结构

材料的微观结构是指原子或分子层次的结构。材料按微观结构基本上可分为晶体、玻璃体和胶体。

1) 晶体

晶体是质点(原子、分子、离子)按一定规律在空间重复排列而成的结构,具有一定的几何形状和物理性质。晶体质点间键能的大小以及结合键的特性决定了晶体材料的特性,见表 1-9。

表 1-9 材料微观结构类型、常见材料及其主要特性

材料微观结构类型	常见材料	主要特性
原子晶体(以共价键结合)	金刚石、石英、刚玉	强度、硬度、熔点均高,密度较小
离子晶体(以离子键结合)	氧化钠、石膏、石灰岩	强度、硬度、熔点较高,但波动大,部分可溶,密度中等
分子晶体(以分子键结合)	蜡及有机化合物晶体	强度、硬度、熔点较低,大部分可溶,密度小
金属晶体(以金属键结合)	铁、钢、铜、铝及其合金	强度、硬度变化大,密度大

在金属材料中,晶粒的形状和大小也会影响材料性质,常采用热处理的方法使金属晶粒产生变化,以便调节金属材料的机械性能(强度、韧性、硬度等)。金属晶体在外力作用下具有弹性变形的特点,当外力变大到某一晶面上的剪应力达到一定限度时,晶粒沿该晶面发生相对滑动,材料产生塑性变形。

无机非金属材料中的晶体通常不是单一的结合键,而是既存在共价键又存在离子键。比如,硅酸盐材料的结构比较复杂,是由基本单元 SiO_4 与其他金属离子结合而成,可以组成链状结构、层状结构等硅酸盐晶体,硅酸盐晶体的基本结构单元是 SiO_4 四面体,硅离子在四个氧离子形成的四面体的正中。硅酸盐材料在土木工程材料中占有重要地位,它广泛应用在水泥、陶瓷、砖瓦、玻璃等材料中。

2) 玻璃体

玻璃体是熔融物在急冷时,质点来不及按一定规律排列而形成的内部质点无序排列的固体或固态液体。玻璃体结构的材料没有固定的熔点和几何形状,且各向同性。由于内部质点未达到能量最低位置,大量化学能储存在材料结构中,因此,其化学稳定性差,易与其他物质发生化学反应,如粉煤灰、粒化高炉矿渣、火山灰等玻璃体常被用作硅酸盐水泥的掺和料。

3) 胶体

胶体是指一些细小的固体粒子(直径为 $1 \sim 100 \mu m$)分散在介质中所组成的结构,一般属于非晶体。由于胶体的质点很微小,表面积很大,所以表面能很大,吸附能力很强,使胶体具有很强的黏结力。胶体由于脱水或质点凝聚作用,而逐渐产生凝胶。凝胶体具有固体性质,在长期应力作用下又具有黏性液体的流动性质。混凝土的强度及变形性质与水泥水化

形成的 C-S-H 凝胶体有很大的关系。

知识归纳

1. 土木工程材料的基本性质是在实际使用过程中材料所表现出来的,通常也是必须考虑的最基本的、共有的性质,必须掌握有关材料的基本性质以及决定或影响这些性质的因素与规律。

2. 土木工程材料的基本性质包括材料的基本物理性质、力学性质和耐久性等。

3. 材料的基本物理性质又可分为与质量有关的性质(密度、堆积密度、表观密度、孔隙率、空隙率、密实度、压实度等)、与水有关的性质(亲水性和憎水性、吸水性和吸湿性、耐水性、抗冻性、抗渗性)、与热有关的性质(导热性、比热容、温度变形性、耐燃性、耐火性等)、吸声隔声性能等。

4. 材料的力学性质主要有强度与比强度、弹性与塑性、脆性与韧性、硬度与耐磨性等。

5. 材料的耐久性是材料的一种综合性质,描述材料在使用过程中抵抗各种环境因素的长期作用,并保持其原有性能而不破坏、不变质的能力,可包括材料的抗冻性、耐热性、大气稳定性和耐腐蚀性等。

6. 材料的组成结构决定了其宏观的性能。材料的组成包括化学组成、矿物组成和相组成。材料的结构与构造按照尺度范围的不同,可分为宏观结构、细观结构和微观结构。

课后习题

1. 何谓材料的密实度、孔隙率?两者之间有何关系?如何计算?

2. 材料中的孔隙特征有哪些?材料体积密度与视密度的差别是什么?

3. 哪些参数或因素可影响颗粒堆积材料的堆积密度?如何提高其堆积密度?

4. 材料的吸水性和吸湿性有何区别与联系?材料含水后对材料性能有何影响?

5. 某工程施工中,填充墙材料由普通烧结黏土砖变更为表观密度为 600kg/m^3 的加气混凝土砌块。抹灰施工前,按照与原来同样的方式往墙上浇水时发现加气混凝土砌块表面浇水不少,但实则吸水不多。请解释原因。

6. 如何区分亲水材料与憎水材料?

7. 脆性材料和韧性材料有何区别?使用中应注意哪些问题?

8. 当某一建筑材料的孔隙率增大时,表 1-10 内的其他性质将如何变化?(用符号填写:↑增大,↓下降,—不变,? 不定)

表　1-10

孔隙率	密度	表观密度	强度	吸水率	抗冻性	导热性
↑						

9. 什么是材料的耐久性?在工程结构设计时应如何考虑材料的耐久性?

10. 某岩石的密度为 2.75g/cm^3,孔隙率为 1.5%。今将该岩石破碎为碎石,测得碎石的堆积密度为 1560kg/m³。试求此岩石的表观密度和碎石的空隙率。

11. 现有某石材干燥试样,称其质量为 253g,将其浸水饱和,测得排出水的体积为 114cm³;将其取出擦干表面并再次放入水中,排出水体积为 117cm³。若试样体积无膨胀,求此石材的体积密度、视密度、质量吸水率和体积吸水率。

12. 烧结普通砖进行抗压试验,测得浸水饱和后的破坏荷载为 185kN,干燥状态的破坏荷载为 207kN(受压截面尺寸为 115mm×120mm)。问:此砖的饱水抗压强度和干燥抗压强度各为多少? 是否适用于常与水接触的工程结构物?

第 2 章

无机气硬性胶凝材料

【主要内容】

本章主要介绍胶凝材料的分类及特性,常用无机气硬性胶凝材料(石灰、石膏、水玻璃和菱苦土)的生产、水化硬化机理、特性、技术要求及应用等。

【重点难点】

本章教学重点是石灰、石膏的生产、水化(熟化)硬化机理、特性和技术要求等;难点是无机气硬性胶凝材料的水化、凝结及硬化机理等。

胶凝材料是指经过自身的一系列物理作用和化学作用,能够将散粒状材料(如砂、石子等)或块状材料(如砖、石块、砌块等)黏结成整体,并具有一定强度的材料。

根据胶凝材料的化学组成,可将其分为两大类:一类是有机胶凝材料;一类是无机胶凝材料。有机胶凝材料是指以天然或人工合成高分子化合物为基本组成的一类胶凝材料,最常用的有沥青、树脂、橡胶等。无机胶凝材料是以无机化合物为基本成分的胶凝材料,根据其硬化条件的不同,无机胶凝材料又分为气硬性胶凝材料和水硬性胶凝材料。

气硬性胶凝材料是指只能在空气中凝结硬化,也只能在空气中保持或继续发展其强度的胶凝材料,常用的气硬性胶凝材料有石灰、石膏、水玻璃等。气硬性胶凝材料一般只适用于干燥环境中,而不宜用于潮湿环境,更不宜用于水中。

水硬性胶凝材料是指不仅能在空气中硬化,而且能更好地在水中硬化,并保持和继续发展其强度的胶凝材料,如各种水泥。水硬性胶凝材料既适用于干燥环境,又适用于潮湿环境或水下工程。

2.1 石灰

石灰一般是包含不同化学组成和物理形态的生石灰、熟(消)石灰、水硬性石灰的统称,它是建筑上最早使用的胶凝材料之一。因其原料分布广泛,生产工艺简单,成本低廉,使用方便,所以至今仍被广泛应用于建筑工程中。

水硬性石灰是用黏土含量较高或是二氧化硅含量较高的石灰石烧制的。石灰中除含有 CaO 外,还含有硅酸二钙($2CaO \cdot SiO_2$)水硬性成分。本节主要讨论气硬性石灰。

2.1.1 石灰的生产

石灰是用石灰石、白云石、白垩等碳酸钙含量较高的原料,在适当温度下煅烧,碳酸钙分解为 CaO,此即为生石灰,反应式如下:

$$CaCO_3 \xrightarrow{>900℃} CaO + CO_2 \uparrow$$

煅烧温度一般控制在 $900\sim1000℃$,在煅烧过程中,若温度过低或煅烧时间过短,会使生石灰中残留有未分解 $CaCO_3$,称为"欠火石灰",欠火石灰中有效成分 CaO 含量较低,降低了其质量等级和石灰利用率;若煅烧温度过高或煅烧时间过长,将生成"过火石灰",过火石灰内部结构致密,水化反应速度极慢。如果石灰膏(浆)中含有过火石灰,它将在石灰膏(浆)硬化后才开始慢慢水化,会因其水化过程中产生膨胀而引起墙面隆起、开裂等现象。

2.1.2 石灰的熟化与硬化

1. 石灰的熟化

工程上使用生石灰前要进行熟化,熟化是指生石灰与水作用生成 $Ca(OH)_2$ 的过程,又称石灰的消化或消解。反应式为

$$CaO + H_2O \longrightarrow Ca(OH)_2 + 64.9kJ$$

经熟化后所得的 $Ca(OH)_2$ 称为熟石灰(又称消石灰),生石灰熟化过程发出大量的热(1kg 生石灰熟化放热 1160kJ),反应速度快,同时体积增大 $1\sim2.5$ 倍。

欠火石灰不能熟化,过火石灰熟化极其缓慢,当石灰中含有过火石灰时,它在石灰浆体硬化后才开始发生水化反应,熟化产生膨胀而引起已经硬化的石灰体发生隆起、开裂等破坏。为消除过火石灰的危害,常常将熟化后的石灰膏(浆)在消化池里放置 14d 以上才使用,此过程称为"陈伏"。陈伏期间,石灰膏(浆)表面应保有一层水分,以隔绝空气,防止石灰膏和空气中的 CO_2 发生碳化反应。

2. 石灰的硬化

石灰浆体的硬化过程主要包括以下两个部分。

(1) 干燥硬化(结晶作用):石灰浆体在干燥过程中,游离水蒸发,形成孔隙网,留在孔隙内的自由水由于表面张力的作用,在孔隙最窄处形成弯月面而产生毛细管压力,使石灰颗粒更加紧密而获得强度。同时由于水分蒸发,使 $Ca(OH)_2$ 因过饱和而逐渐结晶析出。

(2) 碳化硬化:氢氧化钙与空气中的 CO_2 和水反应,生成难溶于水的 $CaCO_3$ 晶体,释放出水分的过程称为碳化,其反应如下:

$$Ca(OH)_2 + CO_2 + nH_2O \longrightarrow CaCO_3 + (n+1)H_2O$$

由于碳化生成的碳酸钙较为致密,尤其在材料表面形成的碳酸钙达到一定厚度后,阻碍了空气中 CO_2 的渗入,因此碳化过程极为缓慢,并且阻止了内部水分向外蒸发,使氢氧化钙的结晶速度减慢,造成石灰硬化的过程缓慢。

2.1.3 石灰的品种、特性及技术要求

1. 石灰的品种

1) 根据化学成分分类

(1) 建筑生石灰的分类。由于生产生石灰的原料中常含有碳酸镁,因此煅烧后生成的生石灰中也常含有 MgO 成分,根据我国建材行业标准《建筑生石灰》(JC/T 479—2013)规定,按化学成分,将建筑生石灰分为钙质石灰和镁质石灰两类,根据化学成分的含量,每类又

分成若干等级,见表 2-1 和表 2-2。

表 2-1　建筑生石灰的分类

类　别	名　称	代　号
钙质石灰	钙质石灰 90	CL90
	钙质石灰 85	CL85
	钙质石灰 75	CL75
镁质石灰	镁质石灰 85	ML85
	镁质石灰 80	ML80

表 2-2　建筑生石灰的化学成分　　　　　　　　　%

类　别	名　称	$CaO+MgO$	MgO	CO_2	SO_3
钙质石灰	CL90-Q① CL90-QP②	≥90	≤5	≤4	≤2
	CL85-Q CL85-QP	≥85	≤5	≤7	≤2
	CL75-Q CL75-QP	≥75	≤5	≤12	≤2
镁质石灰	ML85-Q ML85-QP	≥85	>5	≤7	≤2
	ML80-Q ML80-QP	≥80	>5	≤7	≤2

注:① 生石灰块在代号后面加 Q;
② 生石灰粉在代号后面加 QP。

(2) 建筑消石灰的分类。根据我国建材行业标准《建筑消石灰》(JC/T 481—2013)规定,建筑消石灰分类按扣除游离水和结合水后($CaO+MgO$)的百分含量分为钙质消石灰和镁质消石灰两类,见表 2-3 和表 2-4。

表 2-3　建筑消石灰的分类

类　别	名　称	代　号
钙质消石灰	钙质消石灰 90	HCL90
	钙质消石灰 85	HCL85
	钙质消石灰 75	HCL75
镁质消石灰	镁质消石灰 85	HML85
	镁质消石灰 80	HML80

表 2-4　建筑消石灰的化学成分　　　　　　　　　%

类　别	名　称	$CaO+MgO$	MgO	SO_3
钙质消石灰	HCL90	≥90	≤5	≤2
	HCL85	≥85		
	HCL75	≥75		
镁质消石灰	HML85	≥85	>5	≤2
	HML80	≥80		

注:表中数值以试样扣除游离水和化学结合水后的干基为基准。

2）根据加工方法分类

根据加工方法的不同，石灰又可分为以下几个品种。

（1）生石灰块：直接由石灰石煅烧而成的块状物。

（2）生石灰粉：由生石灰块磨细而成。

（3）熟石灰粉：由生石灰用适量水熟化并干燥而成的粉末，主要成分为 $Ca(OH)_2$，也称消石灰粉。

（4）石灰膏：将生石灰块用过量水（为生石灰体积的 $3\sim4$ 倍）熟化，或将熟石灰粉加水拌和，所得的一定稠度的膏状物，主要成分为 $Ca(OH)_2$ 和水。

（5）石灰乳：将石灰膏或消石灰粉用大量水稀释而成的乳状液体，主要成分为 $Ca(OH)_2$ 和水。

2．石灰的特性

（1）保水性和可塑性好。生石灰熟化为石灰浆时，能自动形成极微细的、呈胶体状态的氢氧化钙颗粒，表面吸附一层厚的水膜，因而保持水分不泌出，即保水性好。并且水膜使氢氧化钙颗粒间的摩擦力减小，故可塑性也好。在水泥砂浆中掺入石灰膏，配制成混合砂浆，能使其可塑性和保水性显著提高。

（2）硬化慢，强度低。从石灰浆体硬化过程可以看出，其碳化硬化极为缓慢，碳化后形成致密的 $CaCO_3$ 硬壳，不仅不利于 CO_2 向内部扩散，同时也阻止了水分向外蒸发，导致 $Ca(OH)_2$ 和 $CaCO_3$ 结晶体生成量减少且生成缓慢。另外，石灰熟化时需水量较大（为保证石灰浆的可塑性），多余的水分在硬化后蒸发，这样便在硬化后的石灰体内留下大量的孔隙，使其密实度小，强度低。通常按 $1:3$ 配合比（质量比）的石灰砂浆，其 28d 的抗压强度只有 $0.2\sim0.5MPa$。

（3）硬化时体积收缩大。石灰浆在硬化过程中，蒸发大量游离水，引起体积显著收缩，使其变形开裂，因此石灰膏（浆）不宜单独使用（作薄层涂刷用的石灰乳除外）。工程上应用时，常在其中掺入砂、麻刀、纸筋等，以抵抗收缩引起的开裂和增加抗拉强度。

（4）耐水性差。在石灰硬化体中，绝大部分仍是未碳化的 $Ca(OH)_2$，$Ca(OH)_2$ 易溶于水，所以已硬化的石灰体受潮时，耐水性较差，甚至遇水或受潮后会产生结构溃散，因此石灰不宜用于潮湿环境。

（5）吸湿性强。生石灰会吸收空气中的水分，可作为干燥剂。另外，由于生石灰吸湿熟化成熟石灰，再发生碳化反应生成 $CaCO_3$，失去胶凝能力，所以生石灰不宜储存过久，储存期间要防止受潮。最好将生石灰运到工地（或熟化场地）后立即熟化成石灰膏，将储存期变为陈伏期。

3．石灰的技术要求

1）建筑生石灰的技术要求

根据我国建材行业标准《建筑生石灰》（JC/T 479—2013）规定，建筑生石灰的化学成分应符合表 2-2 的要求，其物理性质应符合表 2-5 的要求。

表 2-5   建筑生石灰的物理性质

类　别	名　称	产浆量/ (dm³/(10kg))	细度	
			0.2mm 筛余量/%	90μm 筛余量/%
钙质石灰	CL90-Q CL90-QP	≥26	≤2	≤7
	CL85-Q CL85-QP	≥26	≤2	≤7
	CL75-Q CL75-QP	≥26	≤2	≤7
镁质石灰	ML85-Q ML85-QP		≤2	≤7
	ML80-Q ML80-QP		≤7	≤2

注：其他物理特性，根据用户要求，可按 JC/T 478.1—2013 的规定执行。

2) 建筑消石灰的技术要求

根据我国建材行业标准《建筑消石灰》(JC/T 481—2013)规定，建筑消石灰的化学成分应符合表 2-4 的要求，其物理性质应符合表 2-6 的要求。

表 2-6   建筑消石灰的物理性质

类　别	名　称	游离水/%	细度		安　定　性
			0.2mm 筛余量/%	90μm 筛余量/%	
钙质消石灰	HCL90	≤2	≤2	≤7	合格
	HCL85				
	HCL75				
镁质消石灰	HML85				
	HML80				

2.1.4　石灰的应用

1. 配制石灰乳涂料

将消石灰粉或消石灰浆掺大量水拌和，可调制成稠度合适的石灰乳。石灰乳是一种廉价涂料，施工方便，可用于建筑物室内墙面和顶棚粉刷。掺入少量佛青颜料，可使其呈纯白色，增加室内的亮度；掺入 107 胶或少量磨细的粒化高炉矿渣(或粉煤灰)，可提高粉刷层的防水性；掺入各种色彩的耐碱颜料，可获得更好的装饰效果。

2. 拌制砂浆

石灰膏和熟石灰粉可以单独或与水泥一起配制成砂浆，前者称石灰砂浆，后者称水泥混合砂浆，用于墙体的砌筑和抹面。为了克服石灰膏硬化时收缩大的缺点，配制时常要加入纸筋、麻刀等纤维质材料。由于石灰膏具有很好的保水性和可塑性，用其配制的混合砂浆的和易性较好。

3. 配制石灰土和三合土

消石灰粉与黏土按一定比例(一般是按体积比3:7,即三七灰土,二八灰土用得较少)拌和,即得石灰土,简称灰土,若再加入砂(或碎石、炉渣等)即成三合土,灰土和三合土在夯实或压实下,密实度大大提高,而且在潮湿环境中,黏土颗粒表面的少量活性二氧化硅和氧化铝与石灰水化产物 Ca(OH)$_2$ 发生反应,生成水硬性的水化硅酸钙和水化铝酸钙,具有较高的抗渗能力和一定的抗压强度与耐水性。所以灰土和三合土可以用于潮湿的环境,一般用于建筑物地基基础和道路工程的基层、垫层。

4. 制作硅酸盐制品

磨细生石灰粉(或消石灰粉)和砂(或粉煤灰、火山灰、粒化高炉矿渣、煤矸石)等硅质材料加水拌和,经成型、蒸养或蒸压等工序而成的制品,统称为硅酸盐制品。常用的有灰砂砖、粉煤灰砖、粉煤灰砌块、硅酸盐砌块等。

5. 制作碳化石灰板

碳化石灰板是指将磨细的生石灰、纤维状填料(如玻璃纤维)或轻质骨料(如矿渣)搅拌、成型,然后用 CO$_2$ 进行人工碳化(12~24h)而成的一种轻质板材。为减轻自重,提高碳化效果,多制为薄壁或空心板。碳化板能锯、刨、钉,适合做非承重内墙隔板、天花板等。

2.1.5　石灰的验收、储运及保管

建筑生石灰粉、建筑消石灰粉一般采用袋装,可以采用符合标准规定的牛皮纸袋、复合纸袋或塑料编织袋包装,袋上应标明厂名、产品名称、商标、净重、批量编号。运输、储存时不得受潮和混入杂物。

保管时应分类存放在干燥的仓库内,不宜长期存储。运输过程中要采取防水措施。由于生石灰遇水发生反应放出大量的热,所以生石灰不宜与易燃、易爆物品一起存储、运输,以免酿成火灾。

存放时,可制成石灰膏密封或在上面覆盖砂土等方式与空气隔绝,防止碳化。

2.2　石膏

石膏的应用有着悠久的历史,其主要化学成分为 CaSO$_4$。石膏与石灰、水泥并称为三大胶凝材料。我国石膏资源丰富且分布较广,由于其原料来源丰富,建筑性能优良,制作工艺简单,因而在建筑工程中得到广泛应用。

2.2.1　石膏的制备与品种

1. 制备石膏的原料

制备石膏的原料有天然二水石膏、天然硬石膏和工业副产石膏(化学石膏)。

1）天然二水石膏

天然二水石膏又称生石膏、软石膏，它是由含有两个结晶水的硫酸钙（$CaSO_4 \cdot 2H_2O$）复合组成的沉积岩。根据《天然石膏》（GB/T 5483—2008）规定，按其 $CaSO_4 \cdot 2H_2O$ 含量分为五个等级（表 2-7）。$CaSO_4 \cdot 2H_2O$ 含量高的二水石膏颜色白，质量好。

表 2-7　天然二水石膏的等级

等　级	特　级	一　级	二　级	三　级	四　级
$CaSO_4 \cdot 2H_2O$ 含量/%	≥95	≥85	≥75	≥65	≥55

2）天然硬石膏

天然硬石膏又称无水石膏，主要是由无水 $CaSO_4$ 组成的沉积岩，多呈现白色或无色透明体。根据《天然石膏》（GB/T 5483—2008）规定，按其 $CaSO_4$ 含量分为四个等级（表 2-8）。天然硬石膏掺入水泥作为调凝剂比二水石膏效果好。

表 2-8　天然硬石膏的等级

等　级	一　级	二　级	三　级	四　级
$CaSO_4$ 含量/%	≥85	≥75	≥65	≥55

3）工业副产石膏

工业副产石膏是指工业生产中因化学反应生成的以 $CaSO_4$ 为主要成分的副产品或废渣，也称化学石膏或工业废石膏，主要包括脱硫石膏、磷石膏、柠檬酸石膏、氟石膏、盐石膏、味精石膏、铜石膏、钛石膏等，其中脱硫石膏和磷石膏的产生量约占全部工业副产石膏总量的 85%。工业副产石膏经过适当处理，完全可以替代天然石膏。当前，工业副产石膏综合利用主要有两个途径：①用作水泥缓（调）凝剂，约占工业副产石膏综合利用量的 70%；②生产石膏建材制品，包括纸面石膏板、石膏砌块、石膏空心条板、干混砂浆、石膏砖等。

2．石膏的品种

石膏的生产工序主要是破碎、加热与磨细。将天然二水石膏在不同温度、压力下煅烧，可得到不同品种的石膏。

1）建筑石膏

在常压下，温度为 107～170℃ 的条件下，天然二水石膏脱去部分水分，即得 β 型半水石膏，即建筑石膏，也称熟石膏，其反应式如下：

$$CaSO_4 \cdot 2H_2O \xrightarrow{107\sim170℃} \beta\text{-}CaSO_4 \cdot \frac{1}{2}H_2O + 1\frac{1}{2}H_2O$$

2）高强石膏

将二水石膏在压蒸条件下（压力为 0.13MPa，温度为 124℃）加热，则生成 α 型半水石膏，即高强石膏，其反应式如下：

$$CaSO_4 \cdot 2H_2O \xrightarrow{0.13MPa,124℃} \alpha\text{-}CaSO_4 \cdot \frac{1}{2}H_2O + 1\frac{1}{2}H_2O$$

虽然 α 型半水石膏和 β 型半水石膏的化学成分相同，但其内部结构和宏观性能差别很大。与 β 型半水石膏相比,α 型半水石膏晶粒粗大且结构紧密,比表面积小,水化反应速度很慢,需水量少,硬化后结构密实,强度较高。由于生产成本较高,主要用于室内高级抹灰、装饰制品和石膏板等。

3) 可溶性硬石膏

当加热温度达到 170~200℃时,半水石膏继续脱水,生成可溶性硬石膏,与水调和后仍能很快凝结硬化。当温度升至 200~250℃时,石膏中仅残留很少的水,凝结硬化非常缓慢,但遇水后还能继续生成半水石膏直至二水石膏。

4) 不溶性硬石膏

当加热温度为 400~750℃时,天然石膏完全脱水,成为不溶性硬石膏(也存在天然硬石膏),又称"无水石膏",此时石膏失去凝结硬化能力,成为死烧石膏。但加入某些激发剂(如各种硫酸盐、石灰、煅烧白云石、粒化高炉矿渣等)混合磨细后,又重新具有水化硬化能力,成为无水石膏水泥,也称硬石膏水泥。

5) 高温煅烧石膏

当温度高于 800℃时,部分石膏分解为 CaO,经磨细后的产品称为高温煅烧石膏。此时由于 CaO 的激发催化作用,高温煅烧石膏又重新具有凝结硬化能力,硬化后有较高的强度和耐磨性,抗水性也较好,所以也称为地板石膏。

2.2.2　建筑石膏的凝结硬化

建筑石膏与水拌和后,最初是具有可塑性的石膏浆体,然后逐渐变稠失去可塑性,但尚无强度,这一过程称为凝结。以后浆体逐渐产生强度而变成坚硬的固体,这一过程称为硬化。

建筑石膏的凝结硬化过程实为 β 型半水石膏与水发生化学反应,生成二水石膏的过程。该反应称为石膏的水化反应,其反应式如下:

$$CaSO_4 \cdot \frac{1}{2}H_2O + 1\frac{1}{2}H_2O \longrightarrow CaSO_4 \cdot 2H_2O$$

建筑石膏加水,首先是溶解于水,然后发生上述反应,生成二水石膏。由于二水石膏的溶解度较半水石膏的溶解度小,因此半水石膏的水化产物二水石膏在过饱和溶液中沉淀并析出,促使上述反应不断向右进行,直至全部转变为二水石膏为止。

随着水化的不断进行,生成的二水石膏胶体微粒不断增多,这些微粒较原来的半水石膏更加细小,表面积很大,并吸附着很多水分;同时浆体中自由水分由于水化和蒸发而不断减少。浆体的稠度不断增加,胶体微粒间的搭接、黏结逐步增强,颗粒间产生摩擦力和黏结力,使得浆体逐渐失去可塑性,即浆体逐渐凝结。随着水化的不断进行,二水石膏胶体微粒凝聚并转变为晶体,彼此互相联结,使石膏具有强度,即浆体产生硬化。

2.2.3　建筑石膏的特性与技术要求

1. 建筑石膏的特性

与石灰、水泥等无机胶凝材料相比,石膏具有以下性质。

（1）凝结硬化快。建筑石膏的初凝时间和终凝时间都很短，加水拌和后，3～5min 内便开始失去塑性，不到 30min 便可完全凝结，一周左右完全硬化。由于凝结快使施工成型困难，为满足施工操作的需要，可加入缓凝剂，常用的缓凝剂有硼砂、亚硫酸盐、动物胶、酒精废液等。

（2）硬化时体积微膨胀。石膏在凝结硬化时不像石灰和水泥那样出现体积收缩，反而略有膨胀（膨胀率为 0.05%～0.15%），这一特性使石膏在硬化过程中不会产生裂缝，可以单独使用。利用其微膨胀性塑造的各种建筑装饰制品表面光滑细腻，造型棱角清晰，形体饱满，干燥时也不开裂，适宜制作建筑艺术配件及建筑装饰件等。

（3）孔隙率高、表观密度小、强度低。为使石膏满足施工要求的可塑性，通常加水量比理论需水量多得多（石膏水化理论需水量约为 18.6%，实际加水量 60%～80%），硬化后由于多余水分的蒸发，在内部形成大量的孔隙（孔隙率可达 50%～60%），所以其表观密度小，强度较低。

（4）有较好的功能性。由于石膏制品孔隙率高，因此导热系数小，隔热保温性好，吸湿性大，吸声性强，使其具有一定的调温调湿功能。当空气湿度过大时，石膏制品能通过毛细孔隙吸收水分；当空气湿度减小时，又能将孔隙中吸收的水分释放出来，以维持室内小气候的均衡。

（5）防火性好。由于石膏硬化后的主要成分是含有两个结晶水的二水石膏，遇火时，这些结晶水吸收热量蒸发，在石膏制品表面形成水蒸气幕，阻止了火势蔓延，同时脱水后生成的无水 $CaSO_4$ 又为良好的绝热体，也起到防火作用。

（6）耐水性和抗冻性差。建筑石膏硬化后有很强的吸水性和吸湿性，在潮湿条件下，晶粒间的结合力减弱，导致强度下降，其软化系数仅为 0.2～0.3。另外，若浸泡在水中，由于二水石膏微溶于水，导致强度下降。若石膏制品吸水后受冻，会因孔隙中的水分结冰膨胀而破坏。

2. 建筑石膏的技术要求

建筑石膏为白色粉末，密度为 2.60～2.75g/cm³，堆积密度为 800～1000kg/m³。其主要技术指标有强度、细度和凝结时间，根据《建筑石膏》(GB/T 9776—2008)规定，按 2h 抗折强度将石膏分为 3.0、2.0、1.6 三个等级，具体技术要求见表 2-9。

表 2-9　建筑石膏的技术要求

等　　级	细度(0.2mm 方孔筛筛余量)/%	凝结时间/min		2h 强度/MPa	
		初凝	终凝	抗折	抗压
3.0				≥3.0	≥6.0
2.0	≤10	≥3	≤30	≥2.0	≥4.0
1.6				≥1.6	≥3.0

建筑石膏产品的标记按产品名称、代号、等级及标准编号的顺序标记，如等级为 2.0 的天然建筑石膏(以天然石膏为原料制取)标记为：建筑石膏 N 2.0(GB/T 9776—2008)，其中 N 表示天然建筑石膏，S 表示脱硫建筑石膏(以烟气脱硫石膏为原料制取)，P 表示磷建筑石膏(以磷石膏为原料制取)。

2.2.4　建筑石膏的应用

建筑石膏常用于室内抹灰、粉刷、油漆打底层,也可制作各种建筑装饰物和石膏板等。

1.配制粉刷石膏

将建筑石膏加水调成石膏浆体可用作室内粉刷涂料,也可在建筑石膏中掺入外加剂、细骨料等配制成粉刷石膏,按用途分为面层粉刷石膏、底层粉刷石膏和保温层粉刷石膏。石膏粉刷层表面坚硬、光滑细腻、不起灰,便于进行再装饰,不仅建筑功能性好,施工功效也高。

2.制作石膏板

石膏板具有轻质、隔热保温、吸声、不燃及施工方便等性能,以建筑石膏为主要原料可制作各种石膏板。详情可参见8.2.3节"墙用板材"。

1)纸面石膏板

纸面石膏板以建筑石膏为主要原料,掺加纤维和外加剂(发泡剂、缓凝剂等)构成芯材,加水搅拌、浇筑、辊压成型。两面用纸作护面,经切断、烘干制成。

纸面石膏板具有质轻、保温、防火、吸声、抗冲击、调节室内温度和湿度等性能,可锯、可钉、可钻,并可用钉子、螺栓和以石膏为基材的胶黏剂黏结。纸面石膏板主要用于内墙、隔墙和天花板等,要求环境干燥。不适用于厨房、卫生间以及空气相对湿度大于70%的潮湿环境。

2)装饰石膏板

装饰石膏板是以建筑石膏为主要原料,掺入适量纤维增强材料和外加剂,加水搅拌成均匀的浆料,浇筑、干燥而成的不带护面纸的板材。装饰石膏板不需作饰面处理,主要用于公共建筑的墙面和吊顶装饰。

3)纤维石膏板

纤维石膏板是以建筑石膏为主要原料,掺入适量纤维增强材料(如玻璃纤维、纸筋等)制成,这种板的抗弯强度和弹性模量高,主要用于内墙和隔墙,也可用来代替木材制作家具。

4)石膏空心条板

石膏空心条板是以建筑石膏为主要原料,掺加适量纤维材料(如无碱玻璃纤维)和轻质填料(以提高板的抗折强度、减轻重量),加水搅拌、振动成型、抽芯、脱模烘干而成。这种板不用纸和黏结剂,也可不用龙骨,工艺简单,施工方便,主要用于隔墙板,并且对室内温度和湿度起一定的调节作用。

5)吸声用穿孔石膏板

吸声用穿孔石膏板是以穿孔的装饰石膏板或纸面石膏板为基板,与吸声材料或包覆透气性材料组合而成。吸声用穿孔石膏板主要用于音乐厅、会议室以及对音质要求高的或对噪声限制较严的场所,作为吊顶、墙面等的吸声装饰材料。使用时可根据建筑物的用途或功能及室内湿度的大小,来选择不同的基板,如干燥环境可选用普通基板,潮湿环境应选用防潮基板或耐水基板,防火等级要求高的应选用耐火基板。饰面不需处理的,其基板应选装饰石膏板,需进一步处理的,其基板可选用纸面石膏板。

3. 制作石膏砌块

石膏砌块是以建筑石膏为主要原料,经过加水搅拌、浇筑成型和干燥制成的轻质建筑石膏制品。生产中允许加入纤维增强材料或轻骨料,也可加入发泡剂。它具有隔声防火、施工便捷等多项优点,与砖相比,石膏砌块质量轻;与石膏板相比,它不需要用龙骨,是一种良好的隔墙材料。

2.2.5　建筑石膏的储存

建筑石膏在运输和储存时应注意防水防湿,储存期一般不超过三个月。超过三个月的石膏强度将下降 30% 左右,应重新复检,以确定其是否符合相关技术要求。

2.3　水玻璃

水玻璃俗称泡花碱,是由碱金属氧化物和二氧化硅组成的一种水溶性硅酸盐,其化学式为 $R_2O \cdot nSiO_2$(R 为碱金属)。建筑上常用的水玻璃是硅酸钠水玻璃($Na_2O \cdot nSiO_2$),因所含杂质的不同,液体水玻璃常呈青灰色或淡黄色,无色透明的液体水玻璃最好。

1. 水玻璃的制备

水玻璃的制备方法有湿法和干法两种。湿法制备时,将石英砂和苛性钠溶液在压蒸锅(0.2~0.3MPa)内用蒸汽加热,使其直接反应而成液体水玻璃。干法是将石英砂和碳酸钠磨细,按比例拌匀,在熔炉内于 1300~1400℃下熔融而成。冷却后得固态水玻璃,然后在水中加热溶解而成液体水玻璃。其化学反应式为

$$nSiO_2 + Na_2CO_3 \xrightarrow{1300\sim1400℃} Na_2O \cdot nSiO_2(s) + CO_2\uparrow$$

水玻璃分子式中 SiO_2 与 Na_2O 的物质的量之比 n 叫作水玻璃的模数。水玻璃的模数越大,黏结力越大,但越难溶于水。模数为 1 时,水玻璃在常温下即可溶解,模数增大,只能在热水中溶解,当模数大于 3 时,要在 4 个大气压(0.4MPa)以上的蒸汽中才能溶解。水玻璃的模数一般为 1.5~3.5。模数相同的水玻璃溶液,密度越大,则越稠,黏性越大,黏结力越好。在液体水玻璃中加入尿素,不改变黏度的情况下可提高黏结力 25% 左右。

2. 水玻璃的硬化

液体水玻璃与空气中的二氧化碳作用,析出无定形的硅酸凝胶,凝胶因干燥而逐渐硬化,其硬化过程可用下面两个反应式表示:

$$Na_2O \cdot nSiO_2 + CO_2 + mH_2O \longrightarrow Na_2CO_3 + nSiO_2 \cdot mH_2O$$

$$nSiO_2 \cdot mH_2O \xrightarrow{干燥脱水} nSiO_2 + mH_2O$$

由于空气中二氧化碳含量低,上述硬化过程很慢,为加速硬化,常在水玻璃中掺入适量的促硬剂氟硅酸钠(Na_2SiF_6),促使二氧化硅凝胶快速析出。氟硅酸钠的适宜掺量为水玻璃质量的 12%~15%。如果掺量太少,不但硬化速度缓慢,强度低,而且未经反应的水玻璃易

溶于水,使耐水性变差;如果掺量过多,则凝结硬化过快,使施工困难,而且渗透性大,强度也低。加入氟硅酸钠后,水玻璃的初凝时间可缩短到 $30\sim60\min$,终凝时间可缩短到 $240\sim360\min$,7d 基本达到最高强度。

3. 水玻璃的性质及其应用

1) 水玻璃的性质

(1) 黏结力强。水玻璃具有良好的黏结能力,硬化后也具有较高的强度。硬化析出的硅酸凝胶还可堵塞毛细孔隙而防止水渗透。

(2) 耐酸性好。硬化后的水玻璃主要成分是硅酸凝胶和二氧化硅,因而能抵抗大多数无机酸和有机酸的作用。

(3) 耐热性好。水玻璃硬化后在高温下脱水、干燥并形成二氧化硅空间网状骨架,具有良好的耐热性,水玻璃可用于配制水玻璃耐热混凝土、耐热砂浆、耐热胶泥等。

(4) 耐碱性和耐水性差。无论是水玻璃本身,还是其硬化干燥产物硅酸凝胶和二氧化硅均可溶于碱,所以水玻璃硬化后不耐碱。水玻璃在加入氟硅酸钠后仍不能完全硬化,仍有一定量的水玻璃。由于水玻璃可溶于水,所以水玻璃硬化后也不耐水。

2) 水玻璃的应用

(1) 涂刷或浸渍材料。直接将液体水玻璃涂刷在建筑材料表面,可提高材料的抗渗和抗风化能力,用水玻璃浸渍多孔材料时,可使其密实度、强度、抗渗性均得到提高,对黏土砖、硅酸盐制品、水泥混凝土等均有良好的效果,这是因为水玻璃硬化后产生硅酸凝胶,同时水玻璃也与材料中的 $Ca(OH)_2$ 反应生成硅酸钙凝胶,两者封堵和填充材料表面及内部孔隙,使材料致密。

水玻璃不能用以涂刷或浸渍石膏制品,因为硅酸钠与硫酸钙会发生化学反应生成硫酸钠,在制品孔隙中结晶,体积显著膨胀,从而导致制品的破坏。

(2) 加固土壤(地基)。将模数为 $2.5\sim3.0$ 的液体水玻璃和氯化钙溶液交替压入土壤,两者溶液反应生成的硅酸凝胶将土壤颗粒包裹并填实其空隙。硅酸胶体为一种吸水膨胀的冻状凝胶,因吸收地下水而经常处于膨胀状态,从而阻止水分的渗透,使土壤固结,提高了地基的承载力。

(3) 配制防水剂。以水玻璃为基料,加入两种、三种或四种矾,可配制成二矾、三矾或四矾快凝防水剂,如四矾防水剂是以蓝矾(胆矾即 $CuSO_4\cdot5H_2O$)、白矾(明矾即 $KAl(SO_4)_2\cdot12H_2O$)、绿矾($FeSO_4\cdot7H_2O$)、红矾($K_2Cr_2O_7$)各取一份溶于 60 份的沸水中,再降温至 50℃,加入 400 份水玻璃,搅拌均匀即成。这类防水剂凝结速度非常快,一般为几分钟(四矾防水剂凝结时间不超过 $1\min$),所以工地上使用时必须做到即配即用。工程上利用它的速凝作用,掺入水泥浆、砂浆或混凝土中,作修补、堵漏、抢修表面用。

(4) 配制耐酸砂浆和耐酸混凝土。水玻璃有很高的耐酸性,用水玻璃作胶结材料,加入促硬剂和耐酸骨料,可配制耐酸砂浆或耐酸混凝土,用于有酸侵蚀的工程,如水玻璃耐酸混凝土可用于储酸槽、酸洗槽、耐酸地坪及耐酸器材等。

(5) 配制耐热砂浆和混凝土。水玻璃耐热性好,能长期承受一定的高温作用,用它与促硬剂和耐热骨料等可配制耐热砂浆或耐热混凝土,用于高温环境中的非承重结构和构件。

水玻璃应在密闭条件下存放,以免水玻璃和空气中的二氧化碳反应而分解,并避免落进灰尘和杂质。长时间存放后,水玻璃会产生一定的沉淀,使用时应搅拌均匀。

2.4　菱苦土

菱苦土(也叫苛性苦土)是一种白色或浅黄色的粉末,是以 MgO 为主要成分的气硬性胶凝材料,属于镁质胶凝材料(苛性白云石也是镁质胶凝材料)范畴。

1. 菱苦土的制备

生产菱苦土的原材料有菱镁矿(主要成分 $MgCO_3$)、天然白云石(主要成分 $MgCO_3$ 和 $CaCO_3$ 复合盐)等矿物质,经煅烧再磨细而得,反应方程式如下:

$$MgCO_3 \xrightarrow{750\sim850℃} MgO + CO_2 \uparrow$$

煅烧温度对菱苦土的质量有重要影响,煅烧温度过低,$MgCO_3$ 分解不完全,降低了菱苦土的胶凝性能;温度过高,菱苦土因过火而烧结收缩,颗粒坚硬,胶凝性能很差。煅烧所得的菱苦土磨得越细,强度越高,相同细度时,MgO 含量越高,质量越好。

2. 菱苦土的水化硬化

菱苦土如果加水拌和,生成 $Mg(OH)_2$,凝结硬化慢且结构疏松,胶凝性差,强度也很低。所以与其他胶凝材料不同,菱苦土不能单独与水拌和,需用一定浓度的氯化镁($MgCl_2 \cdot 6H_2O$)溶液或硫酸镁($MgSO_4 \cdot 7H_2O$)溶液来调和,不仅凝结硬化块,强度也高。实际使用中,通常采用氯化镁($MgCl_2$)溶液作为调和剂,氯化镁($MgCl_2$)适宜掺量为菱苦土的 $50\%\sim 60\%$。硬化后的主要水化产物是氯氧化镁($xMgO \cdot yMgCl_2 \cdot zH_2O$)和氢氧化镁($Mg(OH)_2$),强度可达 $40\sim60MPa$,称为氯氧镁水泥或索瑞尔水泥,其缺点是吸湿性强,溶解度高,容易返潮和翘曲变形,所以菱苦土硬化后的产物耐水性差,菱苦土仅适用于干燥部位,是气硬性胶凝材料。

3. 菱苦土的性质及其应用

1) 菱苦土的性质

菱苦土碱性较低,胶凝性能好,强度也较高,与植物纤维的黏结良好,且对各种纤维和植物的腐蚀较弱。菱苦土在运输和储存时应注意防潮,也不可久存,以防其吸收空气中的水分而变成 $Mg(OH)_2$,再碳化成 $MgCO_3$,失去胶凝性能。

2) 菱苦土的应用

(1) 制作地板。用菱苦土与木屑及氯化镁溶液可制作菱苦土地板,它具有保温、隔热、防火、防爆(碰撞时不发火星)等性能,且具有一定的弹性。但不适用于经常受潮、遇水和遭受酸侵蚀的地方。

(2) 制作波瓦、平瓦。以玻璃纤维为增强材料,可制作抗折强度高和抗冲击性能好的菱苦土波瓦。可用于非受冻地区,一般仓库及临时建筑的屋面防水。掺加适量的粉煤灰、沸石粉等改性材料,并经防水处理,可制成氯氧镁水泥平瓦。

（3）压制刨花板。将刨花、木丝、亚麻或其他植物纤维掺入用菱苦土所制成的氯氧镁水泥中，经拌和、压制、硬化等工序可制成刨花板、木丝板等，主要用作内墙、隔墙、天花板等。

知识归纳

1. 经过自身的一系列物理作用、化学作用，能够将散粒状材料（如砂、石子等）或块状材料（如砖、石块、砌块等）黏结成整体的材料，统称为胶凝材料。

2. 根据其化学组成，胶凝材料可分为有机胶凝材料和无机胶凝材料两大类。无机胶凝材料根据其硬化条件的不同，又分为气硬性胶凝材料和水硬性胶凝材料。气硬性胶凝材料只能在空气中凝结硬化，也只能在空气中保持或继续发展其强度，所以气硬性胶凝材料一般只适用于干燥环境中，而不宜用于潮湿环境，更不宜用于水中。常用的气硬性胶凝材料有石灰、石膏、水玻璃、菱苦土等。

3. 以碳酸钙为主要成分的岩石（如石灰石、白云石）经适当温度煅烧后得到生石灰，工程中使用的石灰通常是熟石灰，为消除过火石灰的危害，生石灰在熟化时必须进行"陈伏"。石灰具有保水性和可塑性好、硬化慢、强度低、硬化时体积收缩大、耐水性差、吸湿性强等特性。

4. 建筑石膏是由天然二水石膏在常压下加热脱水后形成的 β 型半水石膏，具有凝结硬化快、硬化时体积微膨胀、孔隙率高、表观密度小、强度低、防火性好、隔热保温性好、耐水性和抗冻性差等特性。

5. 水玻璃是由碱金属氧化物和二氧化硅组成的一种水溶性硅酸盐，具有黏结力强、耐酸性好、耐热性好、耐碱性和耐水性差等特性。常用于涂刷或浸渍材料；配制防水剂；或配制耐酸混凝土、耐热混凝土等；也可用于加固地基。

6. 菱苦土（也叫苛性苦土）是以 MgO 为主要成分的气硬性胶凝材料。菱苦土不能单独与水拌和，需用一定浓度的氯化镁溶液或硫酸镁溶液来调制。菱苦土吸湿性强，溶解度高，容易返潮和翘曲变形，所以耐水性差。

课后习题

1. 何谓气硬性胶凝材料与水硬性胶凝材料，两者有何区别？

2. 石灰是气硬性胶凝材料，但为什么灰土能用于地基基础和道路基层、垫层等潮湿环境？

3. 欠火石灰和过火石灰各有何特点？石灰膏为什么要经过"陈伏"后才能使用？

4. 某建筑工地继续配制石灰砂浆，考虑价格因素，从现场可供选择的消石灰粉、生石灰粉和生石灰中选择了生石灰并马上加水配制石灰膏，再配制石灰砂浆，结果在使用数日后石灰砂浆出现众多凸出的膨胀性裂缝。请分析原因并建议如何正确选择。

5. 某学校教室的内墙使用了石灰砂浆抹面，数月后出现许多不规则网状裂纹，请分析其主要原因。

6. 为什么建筑石膏及其制品适用于室内，而不适用于室外？

7. 水玻璃可用于哪些方面？水玻璃的模数对其性能有何影响？

8. 为何菱苦土不能用水拌和？

9. 何谓氯氧镁水泥？

第 3 章

水　泥

【主要内容】

本章主要介绍通用硅酸盐水泥的分类、硅酸盐水泥熟料的矿物组成及其特性、水泥的水化和凝结硬化、性能及选用等。同时对其他品种硅酸盐水泥、非硅酸盐系水泥、新型胶凝材料的主要性能及其应用进行简要介绍。

【重点难点】

本章教学重点在于通用硅酸盐水泥的矿物组成、性能及选用原则,水泥性能指标及检测方法,水泥石的腐蚀及预防等。教学难点在于水泥熟料矿物的水化及凝结硬化、水泥性能与选用等。

水泥是能与水发生物理化学作用,使其由可塑性浆体硬化成坚硬的人造石材的一种粉末状水硬性胶凝材料。粉末状的水泥与水混合后,经过一系列物理化学过程,能够在空气中或水中凝结硬化,而由可塑性浆体逐渐变成坚硬的石状体,并可将砂石等散状材料胶结成整体。

水泥是目前土木工程建设中最重要的材料之一,它在各种工业与民用建筑、道路与桥梁、水利与水电、海洋与港口、矿山及国防等工程中广泛应用。水泥在这些工程中可用于制作各种混凝土与钢筋混凝土构件用于构筑物和建筑物,并可用于配制各种砂浆及其他各种胶结材料等。

土木工程中应用的水泥品种众多,按其化学成分可分为通用硅酸盐水泥、铝酸盐系水泥、硫铝酸盐系水泥、铁铝酸盐系水泥等,其中以通用硅酸盐水泥的应用最为广泛。

水泥按用途与性能也可划分为通用水泥、专用水泥及特性水泥三类。通用水泥是指一般土木工程中大量使用的水泥,如硅酸盐水泥、普通硅酸盐水泥、矿渣硅酸盐水泥、火山灰质硅酸盐水泥、粉煤灰硅酸盐水泥和复合硅酸盐水泥等。专用水泥是指专门用途的水泥,如砌筑水泥、道路硅酸盐水泥等。特性水泥则是指某种性能比较突出的水泥,如白色硅酸盐水泥、抗硫酸盐硅酸盐水泥、低热硅酸盐水泥、硅酸盐膨胀水泥等。通常又把专用水泥和特性水泥合称为特种水泥。

3.1　通用硅酸盐水泥

通用硅酸盐水泥(common Portland cement)是以硅酸盐水泥熟料和适量的石膏及规定的混合材料制成的水硬性胶凝材料。

3.1.1　通用硅酸盐水泥的种类及其生产

1. 通用硅酸盐水泥的种类

根据现行国家标准《通用硅酸盐水泥》(GB 175—2007)的规定,按照混合材料的品种和掺量的不同可分为硅酸盐水泥、普通硅酸盐水泥、矿渣硅酸盐水泥、火山灰质硅酸盐水泥、粉煤灰硅酸盐水泥和复合硅酸盐水泥六大品种。通用硅酸盐水泥的各品种水泥代号和组分应符合表 3-1 的规定。

表 3-1　通用硅酸盐水泥各品种代号及组分　　　　　　　　%

品　　种	代　　号	组分				
		熟料＋石膏	粒化高炉矿渣	火山灰质混合材料	粉煤灰	石灰石
硅酸盐水泥	P·Ⅰ	100				
	P·Ⅱ	≥95	≤5			
		≥95				≤5
普通硅酸盐水泥	P·O	≥80 且<95	>5 且≤20①			
矿渣硅酸盐水泥	P·S·A	≥50 且<80	>20 且≤50②			
	P·S·B	≥30 且<50	>50 且≤70②			
火山灰质硅酸盐水泥	P·P	≥60 且<80		>20 且≤40③		
粉煤灰硅酸盐水泥	P·F	≥60 且<80			>20 且≤40④	
复合硅酸盐水泥	P·C	≥50 且<80	>20 且≤50⑤			

注:① 本组分材料为符合标准的活性混合材料,其中允许用不超过水泥质量 8% 且符合标准的非活性混合材料或不超过水泥质量 5% 且符合标准的窑灰代替。

② 本组分材料为符合《用于水泥中的粒化高炉矿渣》(GB/T 203—2008)或《用于水泥、砂浆和混凝土中的粒化高炉矿渣粉》(GB/T 18046—2017)的活性混合材料,其中允许用不超过水泥质量 8% 且符合标准的活性混合材料或符合标准的非活性混合材料或符合标准的窑灰中的任一种材料代替。

③ 本组分材料为符合《用于水泥中的火山灰质混合材料》(GB/T 2847—2005)的活性混合材料。

④ 本组分材料为符合《用于水泥和混凝土中的粉煤灰》(GB/T 1596—2017)的活性混合材料。

⑤ 本组分材料为由两种(含)以上符合标准的活性混合材料或(和)符合标准的非活性混合材料组成,其中允许用不超过水泥质量 8% 且符合标准的窑灰代替。掺矿渣时混合材料掺量不得与矿渣硅酸盐水泥重复。

2. 通用硅酸盐水泥生产

通用硅酸盐水泥的生产有三大步骤:水泥生料的制备、水泥熟料的烧成和水泥成品的磨制,参见图 3-1。其生产过程可简称为"两磨一烧":①将石灰质原料、黏土质原料和少量铁质校正材料以适当比例混合,经粉磨得到水泥生料;②将水泥生料在熟料烧成窑进行约 1450℃ 高温煅烧,得到水泥熟料;③ 熟料中加入石膏和不同种类、不同比例的混合材料粉磨,可得到不同品种的通用硅酸盐水泥(Ⅰ型硅酸盐水泥生产时不需加入混合材料)。

水泥的生料成分在煅烧窑(主要有回转窑、立窑)中经过干燥、预热、分解、烧成和冷却等五个阶段,并产生一系列物理化学变化而形成所需要的熟料矿物成分,其中烧成阶段是水泥熟料矿物形成的关键,其煅烧温度(常控制在 1300～1450℃)、煅烧时间、煅烧过程中的混合均匀性等对于熟料的质量具有重要的影响。为了调节水泥的凝结时间,水泥中必须掺有适量石膏。

图 3-1 通用硅酸盐水泥生产工艺过程

水泥熟料各成分的大致比例为 CaO 占 62%～67%,SiO_2 占 20%～24%,Al_2O_3 占 4%～7%,Fe_3O_4 占 2.5%～5.0%。在生产水泥的各种原料中,石灰石主要提供形成水泥熟料主要矿物成分所需的 CaO,黏土主要提供 SiO_2、Al_2O_3、Fe_2O_3 等,不足的 Fe_3O_4 成分由校正原料如铁矿粉来补充。此外,为改善水泥的烧成性能或使用性能,有时还可掺加少量的添加剂(如萤石等)。不同的水泥化学成分构成是决定水泥产品性能的主要因素。

3.1.2 通用硅酸盐水泥的组成材料

1. 硅酸盐水泥熟料

硅酸盐水泥熟料是由主要含 CaO、SiO_2、Al_2O_3、Fe_2O_3 的原料,按适当比例磨成细粉烧至部分熔融所得,以硅酸钙为主要矿物成分的水硬性胶凝物质。其中硅酸钙矿物不小于66%,氧化钙和氧化硅质量比不小于 2.0。硅酸盐水泥熟料主要由四种矿物组成,其名称和含量范围见表 3-2。

表 3-2 水泥熟料的主要矿物组成

矿物成分	基本化学组成	矿物简称	一般含量范围
硅酸三钙	$3CaO \cdot SiO_2$	C_3S	36%～60%
硅酸二钙	$2CaO \cdot SiO_2$	C_2S	15%～37%
铝酸三钙	$3CaO \cdot Al_2O_3$	C_3A	7%～15%
铁铝酸四钙	$4CaO \cdot Al_2O_3 \cdot Fe_2O_3$	C_4AF	10%～18%

在这四种矿物中,C_3S、C_2S 称为硅酸盐矿物,一般占熟料总量的 75%～82%,C_3A、C_4AF 称为熔剂矿物,通常占熟料总量的 18%～25%。硅酸盐水泥熟料除上述主要组成外,尚含有少量以下成分。

(1) 游离态氧化镁(MgO)。原料中带入的杂质属有害成分,含量多时会使水泥体积安定性不良。为此,国家标准对通用硅酸盐水泥中的 MgO 最大含量加以规定,超过限值时任何工程中不得使用。

(2) 游离氧化钙(f-CaO)。在煅烧过程中未能化合而残存下来的呈游离态 CaO,如果它的含量较高,则由于其滞后的水化并产生结晶膨胀而导致水泥石开裂,甚至破坏,造成水泥体积安定性不良。通常熟料中其含量应严格控制在 2% 以下。

(3) 含碱矿物。含碱矿物是指含有 Na_2O 和 K_2O 及其盐类的物质,当其含量较高时,一旦遇有活性骨料就容易产生碱-骨料膨胀反应。

2. 石膏

(1) 天然石膏：应符合《天然石膏》(GB/T 5483—2008)中规定的 G 类或 M 类二级(含)以上的石膏或混合石膏。

(2) 工业副产石膏：以硫酸钙为主要成分的工业副产物。采用前应经过试验证明对水泥性能无害。

当水泥中石膏掺量适当时，可以调节水泥的凝结时间达到适当的时间而不影响其他性能；但当石膏掺入量过高时，就会使其在硬化过程产生体积不均匀的变化而使其结构破坏。为此，国家标准对通用硅酸盐水泥中 SO_3 的含量限值进行了规定，超过限值时不得在工程中使用。

3. 混合材料

混合材料是生产水泥时为改善水泥的性能、调节水泥的强度等级而掺入的人工或天然矿物材料。除 P·I 型硅酸盐水泥之外，其他通用硅酸盐水泥品种都掺有适量的混合材料，这些混合材料与水泥熟料共同磨细后，可使水泥获得不同的技术性能。硅酸盐水泥熟料中掺入大量混合材料制成的水泥，不仅可调节水泥强度等级、增加产量、降低成本，还可调整水泥的性能，扩大水泥品种，满足不同工程的需要。

按照混合材料在水泥中的性能表现不同，可分为活性混合材料、非活性混合材料和窑灰，其中活性混合材料用量最大。

1) 活性混合材料

磨细的混合材料与石灰、石膏或硅酸盐水泥混合后，其混合物加水拌和后可产生某些化学反应，生成有一定胶凝性的物质，且具有水硬性，这种混合材料称为活性混合材料。符合《用于水泥中的粒化高炉矿渣》(GB/T 203—2008)、《用于水泥、砂浆和混凝土中的粒化高炉矿渣粉》(GB/T 18046—2017)、《用于水泥和混凝土中的粉煤灰》(GB/T 1596—2017)、《用于水泥中的火山灰质混合材料》(GB/T 2847—2005)等标准要求的粒化高炉矿渣、粒化高炉矿渣粉、粉煤灰、火山灰质混合材料都属于活性混合材料，通常可采用石灰、石膏等作为激发剂来促使活性混合材料的潜在反应能力。

(1) 粒化高炉矿渣。在高炉冶炼生铁时，将浮在铁水表面的熔融物，经急冷处理而成的粒径为 0.5~5mm 的疏松颗粒材料称为粒化高炉矿渣。由于多采用水淬方法进行急冷处理，故又称水淬矿渣。水淬矿渣为以玻璃体为主的矿物，其中玻璃体含量达 80% 以上，因此储有较大的化学潜能，其主要化学成分为 CaO、SiO_2 和 Al_2O_3 等，另外还含有少量的 MgO、Fe_2O_3 及其他杂质。

(2) 火山灰质混合材料。火山灰质混合材料按其成因可分为天然的和人工的两类。天然的火山灰质混合材料包括火山灰(火山喷发形成的碎屑)、凝灰岩(由火山灰沉积而成的岩石)、浮石(火山喷出时形成的玻璃质多孔岩石)、沸石(凝灰岩经环境介质作用而形成的一种以含水铝硅酸盐矿物为主的多孔岩石)、硅藻土(由极细的硅藻介壳聚集、沉积而成)等。人工的火山灰质混合材料包括燃烧过的煤矸石、烧页岩、烧黏土和炉渣等。火山灰质混合材料的活性成分主要是活性 SiO_2 和活性 Al_2O_3，国家标准《用于水泥中的火山灰质混合材料》(GB/T 2847—2005)规定，其活性经试验检验必须合格，即掺加 30% 火山灰质混合材料的硅酸盐水泥与该硅酸盐水泥的 28d 抗压强度比(据《用于水泥混合材的工业废渣活性试验方法》(GB/T 12957—2005))不得低于 65%。为防止有害杂质对水泥性能的影响,水泥用火山灰质混合材料中的 SO_3 含量不得超过 3%;对于人工的火山灰质混合材料还要求其烧失量不得超过 10%。此外,火山灰质混合材料的放射性物质含量也必须符合相应的规定。

(3) 粉煤灰。粉煤灰是火力发电厂等以煤粉为燃料的燃煤炉烟道气体中所收集的粉末。根据国家标准《用于水泥和混凝土中的粉煤灰》(GB/T 1596—2017)的规定,粉煤灰按煤种可分为两类:由无烟煤或烟煤煅烧收集的粉煤灰为 F 类粉煤灰;由褐煤或次烟煤煅烧收集的粉煤灰为 C 类粉煤灰,其氧化钙含量一般大于 10%。根据上述主要质量指标,用作水泥混合材料的粉煤灰的理化性能应满足表 3-3 的要求。

表 3-3　水泥活性混合材料用粉煤灰理化性能

项　　目		技术要求
烧失量/%	F 类粉煤灰	≤8.0
	C 类粉煤灰	
含水量/%	F 类粉煤灰	≤1.0
	C 类粉煤灰	
三氧化硫质量分数/%	F 类粉煤灰	≤3.5
	C 类粉煤灰	
游离氧化钙质量分数/%	F 类粉煤灰	≤1.0
	C 类粉煤灰	≤4.0
安定性雷氏夹沸煮后增加距离/mm	C 类粉煤灰	≤5.0
强度活性指数/%	F 类粉煤灰	≤70.0
	C 类粉煤灰	
密度/(g/cm³)	F 类粉煤灰	≤2.6
	C 类粉煤灰	
三氧化硫、三氧化二铝和三氧化二铁总质量分数/%	F 类粉煤灰	≥70
	C 类粉煤灰	≥50

2) 非活性混合材料

凡不具有活性或活性很低的人工或天然的矿质材料经粉磨而成的细粉,掺入水泥中无不利影响的材料称为非活性混合材料。水泥中掺加非活性混合材料后可调节水泥的性能和强度等级、降低水化热,并增加水泥产量。常用的非活性混合材料有石灰岩、砂岩经磨细而成的细粉,其中石灰石中的 Al_2O_3 含量应不大于 2.5%。此外,凡活性指标未达到规定要求的粒化高炉矿渣、火山灰质混合材料及粉煤灰等均可作为非活性混合材料使用。

3) 窑灰

窑灰是从水泥回转窑窑尾废气中收集的粉尘,使用时须符合《掺入水泥中的回转窑窑灰》(JC/T 742—2009)的相关规定。

4. 助磨剂

水泥粉磨时允许加入助磨剂提高粉磨效率,其加入量不超过水泥质量的 0.5%,性能符合《水泥助磨剂》(JC/T 667—2011)的规定。助磨剂的使用会将一定量的氯盐带入水泥,影响水泥的性能。

3.1.3　通用硅酸盐水泥的技术要求

1. 化学指标

为保证水泥的使用质量,需要控制水泥中有害的化学成分,要求有害化学成分不超过一定的限量。如果超过最大允许限值,则意味着对水泥性能和质量可能产生有害或潜在的影响。按照现行标准《通用硅酸盐水泥》(GB 175—2007)的要求,通用硅酸盐水泥的化学指标应按照《水泥化学分析方法》(GB/T 176—2017)进行试验,检验结果应符合表 3-4 的规定,不符合其中任何一项技术要求的为不合格品。

表 3-4　通用硅酸盐水泥的化学指标　　　　　　　　　　　　　　　　%

品　　种	代号	不溶物	烧失量	三氧化硫	氧化镁	氯离子
硅酸盐水泥	P·Ⅰ	≤0.75	≤3.0	≤3.5	≤5.0[①]	≤0.06[③]
	P·Ⅱ	≤1.50	≤3.5			
普通硅酸盐水泥	P·O		≤5.0			
矿渣硅酸盐水泥	P·S·A			≤4.0	≤6.0[②]	
	P·S·B					
火山灰质硅酸盐水泥	P·P			≤3.5	≤6.0[②]	
粉煤灰硅酸盐水泥	P·F					
复合硅酸盐水泥	P·C					

注:① 如果水泥压蒸试验合格,则水泥中氧化镁的含量(质量分数)允许放宽至 6.0%;
　　② 如果水泥中氧化镁的含量(质量分数)大于 6.0%,需进行水泥压蒸安定性试验并合格;
　　③ 当有更低要求时,该指标由买卖双方协商确定。

(1) 不溶物。不溶物是指经盐酸处理后的残渣,再以氢氧化钠溶液处理,经盐酸中和过滤后所得的残渣经高温灼烧所剩的物质。不溶物含量高对水泥质量有不良影响。

(2) 烧失量。烧失量是用来限制石膏和混合材料中杂质的,以保证水泥质量。水泥煅烧不佳或受潮后,均会导致烧失量增加。烧失量测定是以水泥试样在 900～1500℃下灼烧 15～20min,冷至室温称量。如此反复灼烧,直至恒重。

(3) 三氧化硫含量。水泥中的三氧化硫主要是在生产时为调节凝结时间加入石膏而带来的;也可能是煅烧熟料时加入石膏矿化剂而带入熟料中的。适量石膏虽能改善水泥性能(如提高水泥强度,降低收缩性,改善抗冻、耐蚀和抗渗性等),但石膏超过一定量后,水泥性能会变坏,甚至引起硬化水泥石体积膨胀,导致结构破坏。我国现行标准 GB 175—2007 规定:矿渣硅酸盐水泥中三氧化硫含量不得超过 3.5%;其他通用硅酸盐水泥中三氧化硫含量不得超过 4.0%。

(4) 氧化镁含量。在水泥熟料中,常含有少量未与其他矿物结合的游离氧化镁,这种多余的氧化镁是高温时形成的方镁石,它水化为氢氧化镁速度很慢,常在水泥硬化以后才开始水化,在水化时产生体积膨胀,可导致水泥石结构产生裂缝甚至破坏,是引起水泥安定性不良的原因之一。我国现行国家标准 GB 175—2007 规定:硅酸盐水泥及普通硅酸盐水泥中氧化镁含量不得超过 5.0%,如果水泥经压蒸安定性试验合格,氧化镁含量允许放宽到 6.0%;其他通用硅酸盐水泥(不包括 B 型矿渣硅酸盐水泥)中氧化镁含量不得超过 6.0%,

大于 6.0％时,需进行水泥压蒸安定性试验并合格。

（5）氯离子。水泥原材料或水泥助磨剂的使用都可能使水泥中存在一定量的氯盐,水泥中氯离子超过一定含量时会使混凝土中的钢筋产生锈蚀,对混凝土结构造成很大的破坏。我国现行国家标准 GB 175—2007 规定:氯离子含量不得超过 0.06％,当有更低要求时,该指标由买卖双方共同协商确定。

2. 碱含量（选择性指标）

碱含量主要从水泥生产原材料带入,尤其是黏土中带入,碱含量高有可能产生碱-骨料反应（见 4.3.4 节）。水泥中碱含量用 $Na_2O + 0.658K_2O$ 计算值表示,按照 GB/T 176—2007 进行试验检验。若使用活性骨料,用户要求提供低碱水泥时,水泥中的碱含量应不大于 0.60％或由买卖双方共同协商确定。

3. 物理指标

1）凝结时间

凝结时间是水泥从加水开始到水泥浆体失去可塑性所需的时间。根据水泥加水至不同的物理状态可分为初凝和终凝。从加水拌和起至水泥浆开始失去塑性所需的时间称为初凝;自加水拌和至水泥浆完全失去塑性并开始有一定结构强度所需的时间称为终凝。

通常为保证水泥浆在较长时间内保持流动性,要求水泥的初凝不宜过早,以满足工程施工操作所需的时间;为使水泥混凝土或砂浆等在成型完毕后能尽快完成凝结硬化并产生强度,水泥的终凝也不宜过迟,以便于下一道工序及早施工。国家标准 GB 175—2007 规定:水泥的凝结时间应根据《水泥标准稠度用水量、凝结时间、安定性检测方法》（GB/T 1346—2011）进行试验,通用硅酸盐水泥初凝不小于 45min;硅酸盐水泥终凝不大于 390min,其他品种的通用硅酸盐水泥终凝不大于 600min;初凝和终凝有一项指标不符合要求的为不合格品。

2）安定性

水泥的体积安定性是指水泥在凝结硬化过程中体积均匀变化的性能。水泥硬化后若产生不均匀的体积变化则称为体积安定性不良,水泥体积安定性不良会使水泥混凝土或砂浆结构产生不均匀的膨胀性破坏（如变形、开裂或溃散）,甚至引起严重工程事故。造成水泥安定性不良的原因主要是由于其熟料矿物组成中含有过多的游离氧化钙或游离氧化镁,以及水泥中石膏超量等所致。它们的共同特点是参与水化过程的时机太晚,通常要在水泥凝结硬化后一段时间后才开始慢慢水化,且水化时产生体积膨胀,从而引起不均匀的体积变化而使硬化水泥石结构破坏。

为防止工程中采用安定性不良的水泥,通常在使用前应严格检验其安定性。根据不同的影响因素可采用不同的检验方法。

（1）对于由游离氧化钙引起的水泥安定性不良,可根据 GB/T 1346—2011 采用试饼法或雷氏法检验。其中,试饼法是将标准稠度的水泥净浆做成试饼经恒沸 3h 后,用肉眼观察其外观状态。若未发现裂纹,用直尺检查也没有弯曲现象时,则称为安定性合格;反之,则为不合格。雷氏法是测定水泥浆在雷氏夹中经硬化后的沸煮膨胀值,当两个试件经沸煮后的雷氏膨胀测定值的平均值不大于 5mm 时,即判为该水泥安定性合格;反之,则为不合格。

（2）由于游离氧化镁的水化作用比游离氧化钙更加缓慢,当怀疑游离氧化镁过量时,必须根据《水泥压蒸安定性试验方法》(GB/T 750—1992)用压蒸法检验其危害作用。当水泥中石膏超量等因素造成 SO_4^{2-} 含量过多时,多余的硫酸盐将与已固化的水化铝酸钙作用生成水化硫铝酸钙晶体,且体积明显膨胀(约 1.5 倍),从而造成硬化水泥石结构的开裂破坏。由于氧化镁和过量硫酸盐的危害作用不易快速检验,故在水泥生产中必须严加控制。

3）强度

水泥的强度是评定其质量的重要指标。国家标准规定,采用《水泥胶砂强度检验方法(ISO 法)》(GB/T 17671—1999)测定水泥强度,其用水量按 0.50 水灰比和胶砂流动度不小于 180mm 来确定;当流动度小于 180mm 时,须以 0.01 的整倍数递增的方法将水灰比调整至胶砂流动度不小于 180mm。胶砂制备后,其流动度试验按《水泥胶砂流动度测定方法》(GB/T 2419—2005)进行。

通用硅酸盐水泥各品种的强度等级根据水泥胶砂强度试验测定结果确定,按照水泥 3d 强度的不同又分为普通型和早强型(有代号 R)两种。通用硅酸盐水泥不同龄期的强度应符合表 3-5 的规定,各龄期强度指标全部满足规定值者为合格,否则为不合格。

表 3-5 　通用硅酸盐水泥强度等级　　　　　　　　　　MPa

品　　种	强度等级	抗压强度		抗折强度	
		3d	28d	3d	28d
硅酸盐水泥	42.5	≥17.0	≥42.5	≥3.5	≥6.5
	42.5R	≥22.0		≥4.0	
	52.5	≥23.0	≥52.5	≥4.0	≥7.0
	52.5R	≥27.0		≥5.0	
	62.5	≥28.0	≥62.5	≥5.0	≥8.0
	62.5R	≥32.0		≥5.5	
普通硅酸盐水泥	42.5	≥17.0	≥42.5	≥3.5	≥6.5
	42.5R	≥22.0		≥4.0	
	52.5	≥23.0	≥52.5	≥4.0	≥7.0
	52.5R	≥27.0		≥5.0	
矿渣硅酸盐水泥 火山灰质硅酸盐水泥 粉煤灰硅酸盐水泥 复合硅酸盐水泥	32.5	≥10.0	≥32.5	≥2.5	≥5.5
	32.5R	≥15.0		≥3.5	
	42.5	≥15.0	≥42.5	≥3.5	≥6.5
	42.5R	≥19.0		≥4.0	
	52.5	≥21.0	≥52.5	≥4.0	≥7.0
	52.5R	≥23.0		≥4.5	

4）细度(选择性指标)

细度是指水泥颗粒的粗细程度,它是影响水泥性能的主要因素之一。水泥细度通常采用筛析法(见《水泥细度检验方法　筛析法》(GB/T 1345—2005))或比表面积法(勃氏法,见《水泥比表面积测定方法　勃氏法》(GB/T 8074—2008))测定。筛析法以 $80\mu m$ 方孔筛或 $45\mu m$ 方孔筛的筛余来表示其细度;比表面法则以 1kg 水泥所具有的总表面积(m²)来表示其细度。

为满足工程对水泥性能的要求,国家标准 GB 175—2007 规定:硅酸盐水泥和普通硅酸盐水泥以比表面积表示,且不小于 $300m^2/kg$;矿渣硅酸盐水泥、火山灰质硅酸盐水泥、粉煤灰硅酸盐水泥和复合硅酸盐水泥以筛余表示,$80\mu m$ 方孔筛筛余不大于 10% 或 $45\mu m$ 方孔筛筛余不大于 30%。

3.1.4　通用硅酸盐水泥的水化与凝结硬化

水泥加适量水拌和后,立即发生化学反应,水泥的各组分开始溶解并产生复杂的物理、化学与力学变化,可称之为水泥的水化。随着反应的进行,可形成具有可塑性的水泥浆体并逐渐失去流动能力,最终凝结硬化成为具有一定强度的坚硬材料。从水泥加水搅拌开始到水泥浆体失去塑性的过程称为凝结,此时水泥浆体还不具备强度;随着水泥水化反应的继续进行,凝结的水泥浆体产生明显的强度并逐渐发展成为坚硬水泥石的过程称为硬化。凝结硬化实际上是一个连续复杂的物理化学变化过程,水泥水化是其凝结硬化的前提,而凝结硬化则是水泥水化的结果。

1. 通用硅酸盐水泥的水化

1) 熟料矿物的水化特性

因为通用硅酸盐水泥中在使用过程中不同矿物成分的主要水化、凝结与硬化特性有较大差异,所以水泥的凝结硬化性能主要取决于其熟料的主要矿物成分及其相对含量。各种水泥熟料矿物水化所表现的特性见表 3-6,各水泥熟料矿物强度增长曲线如图 3-2 所示。

表 3-6　四种主要矿物成分的水化、凝结与硬化特性

性能指标		熟料矿物			
		C_3S	C_2S	C_3A	C_4AF
水化速率		快	慢	最快	快,仅次于 C_3A
凝结硬化速率		快	慢	最快	快
28d 水化热		多	少	最多	中
强度	早期	高	低	低	低
	后期	高	高	低	低

(1) 在水泥熟料的四种主要矿物成分中,C_3S 的水化速率较快,水化热较大,其水化物主要在早期产生。因此,其早期强度最高,且能不断得到增长,通常是决定水泥强度等级高低的最主要矿物。

(2) C_2S 的水化速率最慢,水化热最小,其水化产物和水化热主要表现在后期;它对水泥早期强度贡献很小,但对后期强度的增长至关重要。因此,它是保证水泥后期强度增长的主要矿物。

(3) C_3A 的水化速率极快,水化热也最集中;由于其水化产物主要在早期产生,因此对水泥的凝结与早期(3d 以内)的强度影响最大,硬化时所表现的体积减缩也最大。尽管 C_3A 可促使水泥的早期强度增长很快,但其实际强度并不高,而且后期几乎不再增长,

图 3-2　各水泥熟料矿物强度增长曲线

甚至会使水泥的后期强度有所降低。

（4）C_4AF 是水泥中水化速率较快的成分，仅次于 C_3A。其水化热中等，抗压强度较低，但抗折强度相对较高。

因为水泥是由上述几种不同矿物按照不同比例构成的，而且它们各自的性质也有很大的差别，当它们在水泥中的相对含量改变时，水泥的技术性质也随之改变。例如，要使水泥具有快硬高强的性能，应适当提高水泥熟料中 C_3S 及 C_3A 的相对含量；若要求水泥的发热量较低，可适当提高 C_2S 及 C_4AF 的含量而控制 C_3S 及 C_3A 的含量。因此，掌握通用硅酸盐水泥熟料中各矿物成分的含量及特性，就可以大致了解水泥的性能特点。

水泥在凝结硬化过程中，因水化反应所放出的热量称为水泥的水化热，通常以 kJ/kg 为单位表示。水化放热量和放热速度不仅影响其凝结硬化速度，而且由于热量的积蓄还会影响施工和工程质量，如有利于低温环境中的施工，不利于大体积结构的体积稳定等。因此，对于某些大体积混凝土工程，如大型基础、水坝、桥墩等大体积混凝土构筑物，水化热积聚在内部不易发散，内外部温差可达 50～60℃ 及以上，并引起较大的应力，甚至导致混凝土开裂等破坏，因此不宜采用发热量较大的水泥，而应采用低热水泥。而对于冬期施工等低温环境的工程，采用较高水化热的水泥，可利用其自身的热量来促进凝结硬化的速度。

水泥水化热的多少不仅取决于矿物成分，而且还与水泥细度、水泥中掺混合材料及外加剂的品种和掺量等有关。水泥细度越细，水化反应越容易进行，其水化放热量越多，放热速度也越快。

2）水泥熟料单矿物的水化反应

通用硅酸盐水泥加水拌和后，各熟料矿物的水化反应如下。

（1）硅酸三钙（C_3S）水化。C_3S 在常温下的水化反应生成水化硅酸钙（C-S-H 凝胶）和氢氧化钙。其水化反应如下：

$$3CaO \cdot SiO_2 + nH_2O \Longrightarrow xCaO \cdot SiO_2 \cdot yH_2O + (3-x)Ca(OH)_2$$

水化硅酸钙为凝胶体，微观结构是纤维状。C_3S 水化速率很快，水化放热量大，生成的水化硅酸钙凝胶构成具有很高强度的空间网络结构。水化生成的氢氧化钙以晶体形态析出。

（2）硅酸二钙（C_2S）的水化。C_2S 的水化与 C_3S 相似，但水化速度慢很多。其水化反应如下：

$$2CaO \cdot SiO_2 + nH_2O \Longrightarrow xCaO \cdot SiO_2 \cdot yH_2O + (2-x)Ca(OH)_2$$

所形成的水化硅酸钙在形貌方面与 C_3S 水化生成的无太大区别，故也称为 C-S-H 凝胶。但氢氧化钙生成量比 C_3S 水化生成的少，且结晶比较粗大。

（3）铝酸三钙（C_3A）的水化。C_3A 的水化迅速，放热快，其水化产物组成和结构受液相 CaO 浓度和温度的影响很大，先生成介稳状态的水化铝酸钙，常温下的典型水化反应如下：

$$6(CaO \cdot Al_2O_3) + 27H_2O \Longrightarrow 4(CaO \cdot Al_2O_3) \cdot 19H_2O + 2(CaO \cdot Al_2O_3) \cdot 8H_2O$$

C_4AH_{19} 是一种不稳定水化物，在低于 85% 相对湿度时，会脱水最终转化为水石榴石（C_3AH_6）。

在有石膏的情况下，C_3A 水化的最终产物与其石膏掺入量有关。最初形成的三硫型水化硫铝酸钙，简称钙矾石，常用 AFt 表示。若石膏在 C_3A 完全水化前耗尽，则钙矾石与 C_3A 作用转化为单硫型水化硫铝酸钙（AFm）。石膏量掺量不足时，C_3A 水化会使水泥发生瞬凝现象。

(4) 铁铝酸四钙(C_4AF)的水化。C_4AF 是水泥熟料中铁相固溶体的代表。它的水化速率比 C_3A 略慢,水化热较低,即使单独水化也不会引起快凝。C_4AF 的水化反应及其产物与 C_3A 很相似,生成水化铝酸钙与水化铁酸钙的固溶体,其反应可表示为

$$4CaO \cdot Al_2O_3 \cdot Fe_2O_3 + 7H_2O \Longrightarrow 3CaO \cdot Al_2O_3 \cdot 6H_2O + CaO \cdot Fe_2O_3 \cdot H_2O$$

3) 通用硅酸盐水泥的水化

通用硅酸盐水泥的水化实际上是复杂的化学反应,上述几个典型的水化反应过程同时发生,且受水泥熟料矿物种类及其比例、混合材料的种类和加入量的影响。

如果忽略一些次要的成分,则硅酸盐水泥与水作用后生成的主要水化产物为:水化硅酸钙和水化铁酸钙凝胶,氢氧化钙、水化铝酸钙和水化硫铝酸钙晶体。其中,胶体的不断生成会逐渐填充晶体骨架的孔隙,从而凝结硬化为密实的水泥石结构。在完全水化的水泥石构成成分中,水化硅酸钙约占 70%,氢氧化钙约占 20%,钙矾石和单硫型水化硫铝酸钙约占 7%。若混合材料较多时,还可能有相当数量的其他硅酸盐凝胶。

当水泥中掺加了大量活性混合材料(如矿渣、火山灰及粉煤灰等)时,其水化过程中除了水泥熟料矿物成分的水化之外,活性混合材料还会在饱和的氢氧化钙溶液中,发生显著的二次水化作用,其水化反应一般认为是

$$x\mathrm{Ca(OH)}_2 + SiO_2 + m_1H_2O \longrightarrow x\mathrm{CaO} \cdot SiO_2 \cdot n_1H_2O$$
$$y\mathrm{Ca(OH)}_2 + Al_2O_3 + m_2H_2O \longrightarrow y\mathrm{CaO} \cdot Al_2O_3 \cdot n_2H_2O$$

式中,x、y 值一般为大于或等于 1 的整数,它取决于混合材料的种类,石灰与活性氧化硅、活性氧化铝的比例,环境温度以及作用所延续的时间等因素;n 值一般为 $1\sim2.5$。

$\mathrm{Ca(OH)}_2$ 和 SiO_2 相互作用的过程是无定形的硅酸吸收钙离子,然后形成无定形的水化硅酸钙、水化铝酸钙,再经过较长一段时间后慢慢转变成微晶体或结晶不完善的凝胶体结构。

从通用硅酸盐水泥的水化、凝结与硬化过程来看,水泥水化反应的放热量较大,放热周期也较长;但大部分(50%以上)热量集中在 3d 以内,主要表现为凝结硬化初期的放热量最为明显。显然,水泥水化热的多少以及放热速率的大小主要取决于水泥熟料的矿物组成及混合材料的多少。当其中 C_3A 含量较高时,水泥在凝结硬化初期的水化热与水化放热速率较大,从而表现出凝结与硬化速度较快;而 C_2S 含量较高或混合材料较多时,则水泥在凝结硬化初期的水化热和水化放热速率较小,从而表现出凝结与硬化速度较慢。

此外,水泥水化放热及凝结硬化情况还与水泥细度及环境温度等因素有关。通常水泥颗粒越细,早期放热速率及凝结硬化速度也越快;环境温度较高时,水泥的水化速度加快,放热较集中,凝结硬化速度也会加快。

2. 通用硅酸盐水泥的凝结硬化

自 1882 年雷·查特理(Le Chatelier)首先提出水泥凝结硬化理论以来,人们一直在不断探索水泥的凝结硬化机理。随着各种物相分析测试手段的应用,人们对水泥浆体结构形成的认识不断深入。根据传统的水泥凝结硬化理论,水泥浆体水化、凝结与硬化的发展过程可分为诱导期、凝结期、硬化期三个阶段,各阶段的主要物理化学变化见表 3-7。

表 3-7　水泥凝结硬化不同阶段的主要物理化学变化

凝结硬化阶段	持续时间	主要物理化学变化
诱导期	5min～1h	初始溶解和水化,水泥颗粒表面形成凝胶膜
凝结期	24h 以内	凝胶膜增厚,水泥颗粒进一步水化
硬化期	24h 至水化结束	凝胶体填充毛细孔

(1) 诱导期(从拌水到初凝):在水泥与水接触之初,水泥颗粒表面迅速发生化学反应,硅酸三钙水化生成水化硅酸钙凝胶和氢氧化钙,氢氧化钙立即溶于水中,钙离子浓度急剧增大。达到过饱和时则呈结晶析出。同时,铝酸三钙和石膏反应生成钙矾石晶体析出,附在颗粒表面。在水泥水化初期,部分水泥中的熟料矿物经水化而形成新的产物,它以 C-S-H 和氢氧化钙的快速形成为特征。此后,水泥颗粒被 C-S-H 形成的一层包裹膜全部包住,并不断向外增厚,随后逐渐在包裹膜内侧沉积,阻碍了水泥颗粒与水的接触。在此期间,水泥水化产物数量不多,水泥颗粒仍呈分散状态,所以水泥浆体基本保持塑性状态,随后开始进入凝结期。

(2) 凝结期(初凝到约 24h):在诱导期后由于渗透压的作用,水泥颗粒表面的膜层破裂,水进入膜内与熟料发生反应,水泥继续水化。在此期间,水化产物不断增加并填充水泥颗粒形成了由分子力结合的凝聚结构,使水泥浆体逐渐失去塑性而凝结,此阶段结束约有 15%的水泥水化。

(3) 硬化期(24h 到水化结束):水泥水化反应渐趋减慢,各种水化产物逐渐填满原来由水所占据的空间,由于钙矾石的针棒状晶体的相互搭接,特别是大量片状 C-S-H 的交叉攀附,而使原先分散的水泥颗粒及其水化产物联结起来,构成一个相互联结的三维空间整体。随着凝胶体膜层的逐渐增厚,水泥颗粒内部的水化越来越困难,经过较长时间(几个月甚至若干年)的水化以后,除原来极细的水泥颗粒被完全水化外,仍存在大量尚未水化的水泥颗粒内核(图 3-3)。

图 3-3　硅酸盐系水泥凝结硬化过程
(a) 分散在水中未水化的水泥颗粒;(b) 在水泥颗粒表面形成水化物膜层;
(c) 膜层长大并互相连接(凝结);(d) 水化物进一步发展,填充毛细孔(硬化)
1—水泥颗粒;2—水分;3—胶体;4—晶体;5—水泥中未水化的水泥颗粒内核;6—毛细孔

硬化后的水泥石是由各种水化物(凝胶和晶体)、未水化的水泥颗粒内核和毛细孔所组成的复合结构,并随着不同时期相对数量的变化不断改变,从而表现为水泥石的性质也不断变化。在已经硬化后的水泥石结构中,尽管水泥石中凝胶之间或晶体、未水化水泥颗粒与凝胶之间产生黏结力的实质至今尚无明确结论,但一般认为范德华力、氢键、离子引力以及表面能是产生黏结力的主要来源,甚至也可能有化学键力的作用;因此,不可否认的是水化硅酸钙凝胶对水泥石的强度及其他主要性质起着支配作用。

3. 影响通用硅酸盐水泥凝结硬化的主要因素

(1) 水泥的熟料矿物组成及细度。若水泥熟料中 C_3S 与 C_3A 含量提高,将使水泥的凝结硬化加快,早期强度提高,同时水化热也多集中在早期。水泥磨得越细,水泥颗粒平均粒径越小,比表面积越大,水化时与水的接触面越大,水化速度越快,凝结硬化越快,早期强度就越高。但水泥颗粒过细时,会增加磨细的能耗和提高成本,且不宜久存。此外,水泥过细时,其硬化过程中还会产生较大的体积收缩。

(2) 水泥浆的水灰比。水泥浆的水灰比是指水泥浆中水与水泥的质量之比。当水泥浆中加水较多时,水灰比较大,此时水泥的初期水化反应得以充分进行;但是水泥颗粒间原来被水隔开的距离较远,颗粒间相互连接形成骨架结构所需的凝结时间长,所以水泥浆凝结较慢,且孔隙多,降低了水泥石的强度。

(3) 石膏的掺量。硅酸盐水泥中加入适量的石膏会起到良好的缓凝效果,且由于钙矾石的生成,还能提高水泥石的强度。但是石膏掺量过多时,可能危害水泥石的安定性。

(4) 环境温度和湿度。水泥水化是水泥与水之间的反应,必须在水泥颗粒表面保持足够的水分,水泥的水化、凝结硬化才能充分进行。保持水泥浆温度和湿度的措施,称为水泥的养护。通常,养护温度升高时,水泥的水化加快,早期强度发展也快。若在较低温度下硬化,虽然其强度发展较慢,但仍可获得较高的最终强度,但水泥的硬化温度不得低于 -5℃,否则会由水泥浆体中水的结冰而导致水泥的水化停止,甚至影响其结构强度。

(5) 龄期。水泥浆随着时间的延长水化物增多,内部结构就逐渐致密,一般来说,其强度不断增长。

3.1.5 通用硅酸盐水泥石的腐蚀与预防

通用硅酸盐水泥的硬化结构在通常环境条件下可表现出较好的耐久性,但是,在某些环境条件下(如腐蚀性液体或气体介质中),其结构将会受到腐蚀介质的作用而逐渐产生破坏。

环境对水泥石结构的腐蚀可分为物理腐蚀和化学腐蚀。物理腐蚀是指各类盐溶液渗透到水泥石结构内部,并不与水泥石成分发生化学反应,而是产生干燥结晶的体积膨胀,对水泥石造成破坏,在干湿交替的部位,这类腐蚀尤为严重。化学腐蚀是指外界各类腐蚀介质与水泥石内部的某些成分发生化学反应,并生成易溶于水矿物、体积显著膨胀的矿物或无胶结能力的物质,从而导致水泥石结构的解体。

1. 通用硅酸盐水泥石的几种典型腐蚀类型

1) 软水侵蚀(溶出性侵蚀)

不含或仅含少量重碳酸盐(含 HCO_3^- 的盐)的水称为软水,如雨水、蒸馏水、冷凝水及部分江水、湖水等。当水泥石长期与软水接触时,水化产物将按其稳定存在所必需的平衡氢氧化钙(钙离子)浓度的大小,依次逐渐溶解或分解,从而造成水泥石的破坏,这就是溶出性侵蚀。

在各种水化产物中，$Ca(OH)_2$ 的溶解最大（25℃约 1.3gCaO/L），因此首先溶出，这样不仅增加了水泥石的孔隙率，使水更容易渗入，而且由于 $Ca(OH)_2$ 浓度降低，还会使水化产物依次发生分解，如高碱性的水化硅酸钙、水化铝酸钙等分解成为低碱性的水化产物，并最终变成硅酸凝胶、氢氧化铝等无胶凝能力的物质。在静水及无压力水的情况下，由于周围的软水易为溶出的氢氧化钙所饱和，使溶出作用停止，所以对水泥石的影响不大；但在流水及压力水的作用下，水化产物的溶出将会不断进行，水泥石结构的破坏将由表及里地不断进行。

当水泥石与环境中的硬水接触时，水泥石中的氢氧化钙与重碳酸盐发生反应：

$$Ca(OH)_2 + Ca(HCO_3)_2 = 2CaCO_3 + 2H_2O$$

所生成的碳酸钙沉积在已硬化水泥石中的孔隙内起密实作用，从而可阻止外界水的继续侵入及内部氢氧化钙的扩散析出。因此，对需与软水接触的混凝土，若预先在空气中硬化和存放一段时间，可使其经碳化作用而形成碳酸钙外壳，这将一定程度上阻止溶出性侵蚀。

2）盐类侵蚀

在水中通常溶有大量的盐类，某些溶解于水中的盐类会与水泥石相互作用，生成一些易溶或无胶结能力或产生膨胀的物质，从而使水泥石结构破坏。最常见的盐类侵蚀是硫酸盐侵蚀与镁盐侵蚀。

（1）硫酸盐侵蚀。在海水、湖水、盐沼水、地下水、某些工业污水及流经高炉矿渣或煤渣的水中，常含钾、钠、氨的硫酸盐，它们很容易与水泥石中的氢氧化钙产生置换反应而生成硫酸钙。所生成的硫酸钙又会与水泥石中固态水化铝酸钙作用生成高硫型水化硫铝酸钙（钙矾石），体积急剧膨胀（约 1.5 倍），使水泥石结构破坏，其反应式为

$$3CaO \cdot Al_2O_3 \cdot 6H_2O + 3(CaSO_4 \cdot 2H_2O) + 19H_2O = 3CaO \cdot Al_2O_3 \cdot 3CaSO_4 \cdot 31H_2O$$

钙矾石呈针状晶体，常称其为"水泥杆菌"（图 3-4）。若硫酸钙浓度过高，则直接在孔隙中生成二水石膏结晶，产生体积膨胀而导致水泥石结构破坏。

图 3-4 硫酸盐对水泥腐蚀产生的"水泥杆菌"示意

（2）镁盐的腐蚀。在海水及地下水中，常含有大量的镁盐，主要是硫酸镁和氯化镁。因为生成的氢氧化镁松散而无胶凝性能，氯化钙又易溶于水，二水石膏又将引起硫酸盐腐蚀作用，因此，硫酸镁对水泥石起镁盐与硫酸盐双重侵蚀作用，腐蚀作用更加严重。氯化镁和硫酸镁与水泥石中的氢氧化钙发生复分解反应式为

$$MgSO_4 + Ca(OH)_2 + 2H_2O =\!=\!= CaSO_4 \cdot 2H_2O + Mg(OH)_2$$
$$MgCl_2 + Ca(OH)_2 =\!=\!= CaCl_2 + Mg(OH)_2$$

3）酸类侵蚀

（1）碳酸的侵蚀。在工业污水、地下水中常溶有较多的二氧化碳,这些水溶液对水泥石的腐蚀作用可通过二次反应而造成对水泥石的破坏。首先是二氧化碳与水泥石中的氢氧化钙作用生成碳酸钙：

$$Ca(OH)_2 + CO_2 + H_2O =\!=\!= CaCO_3 + 2H_2O$$

然后是生成的碳酸钙再与含碳酸的水作用转变成重碳酸钙,此反应为可逆反应：

$$CaCO_3 + CO_2 + H_2O \rightleftharpoons Ca(HCO_3)_2$$

当水中含有较多的碳酸,上述反应向右进行,从而导致水泥石中的 $Ca(OH)_2$ 不断地转变为易溶的 $Ca(HCO_3)_2$ 而流失,进一步导致其他水化产物的分解,使腐蚀作用进一步加剧,最终使水泥石结构遭到破坏。

（2）一般酸的腐蚀。水泥的水化产物呈碱性,在工业废水、地下水、沼泽水中常含有无机酸和有机酸,工业窑炉中的烟气常含有二氧化硫,遇水后生成亚硫酸,这些酸类物质将对水泥石产生不同程度的腐蚀作用。各种酸很容易与水泥石中的 $Ca(OH)_2$ 产生中和反应,其作用后的生成物或者易溶于水而流失,或者体积膨胀而在水泥石内造成内应力而导致结构破坏。腐蚀作用最强的是无机酸中的盐酸、氢氟酸、硝酸、硫酸和有机酸中的醋酸、蚁酸和乳酸等。例如,盐酸和硫酸分别与水泥石中的 $Ca(OH)_2$ 作用,反应生成的氯化钙易溶于水,生成的二水石膏继而又起硫酸盐的腐蚀作用,其反应式如下：

$$2HCl + Ca(OH)_2 =\!=\!= CaCl_2 + 2H_2O$$
$$H_2SO_4 + Ca(OH)_2 =\!=\!= CaSO_4 \cdot 2H_2O$$

4）强碱的腐蚀

水泥石本身具有相当高的碱度,低浓度或碱性不强的碱类溶液一般对水泥石结构无害。但是,当水泥中铝酸盐含量较高时,当铝酸盐含量较高的水泥石遇到强碱(如氢氧化钠、氢氧化钾等)作用后也会被腐蚀破坏。氢氧化钠与水泥熟料中未水化的铝酸盐作用时,可生成易溶的铝酸钠,其反应式为

$$3CaO \cdot Al_2O_3 + 6NaOH =\!=\!= 3Na_2O \cdot Al_2O_3 + 3Ca(OH)_2$$

当水泥石被氢氧化钠浸透后再经干燥时,容易与空气中的二氧化碳作用生成碳酸钠,从而在水泥石毛细孔中结晶沉积,最终导致水泥石结构被胀裂。

除上述四种侵蚀类型外,对水泥石可产生腐蚀作用的其他物质还有糖类、氨盐、酒精、动物脂肪、含环烷酸的石油产品等物质。

在实际工程中,水泥石的腐蚀常常是几种侵蚀介质同时存在、共同作用所产生的;但干燥的固体化合物通常不会对水泥石结构产生侵蚀作用,对水泥石产生腐蚀作用的介质多为溶液,而且只有在其达到一定浓度时才可能构成严重危害。此外,较高的环境温度、较快的介质流速、频繁交替的干湿等环境条件也是促进化学腐蚀的重要因素。

水泥石的耐蚀性可用耐蚀系数定量表示。耐蚀系数是在同一龄期下,水泥试体在侵蚀性溶液中养护的强度与在淡水中养护的强度之比,比值越大,耐蚀性越好。

2. 水泥石腐蚀的原因

（1）水泥石中存在引起腐蚀的组分,如 $Ca(OH)_2$ 和水化铝酸钙;

（2）水泥石本身不密实，有很多毛细孔通道，侵蚀介质易于进入其内部；

（3）腐蚀与通道相互作用。

3. 水泥石腐蚀的预防措施

针对水泥石腐蚀的原理，为防止或减轻水泥石的腐蚀，通常可采用下列措施。

（1）根据腐蚀环境特点，合理选用水泥品种。可以选用水化产物中 $Ca(OH)_2$ 含量少的水泥，以降低 $Ca(OH)_2$ 含量对水泥石的危害；选用 C_3A 含量低的水泥，降低硫酸盐类的腐蚀作用。

（2）提高水泥石的密实程度，降低水泥石的孔隙率。例如，降低水灰比、掺加某些可填充水化产物中孔隙的物质、改善施工方法使其结构更为致密等。

（3）可以在水泥混凝土表面敷设一层耐腐蚀性强且不透水的保护层（通常可采用耐酸石料、耐酸陶瓷、玻璃、塑料或沥青等），以杜绝或减少腐蚀介质渗入水泥石内部。

3.1.6 通用硅酸盐水泥的包装、标志、运输与储存

1. 包装

水泥可以散装或袋装，袋装水泥每袋净含量为 50kg，且应不少于标志质量的 99%；随机抽取 20 袋总质量（含包装袋）应不少于 1000kg。其他包装形式由供需双方协商确定，但有关袋装质量要求应符合上述规定。水泥包装袋应符合 GB 9774—2010 的规定。

2. 标志

水泥包装袋上应清楚标明：执行标准、水泥品种、代号、强度等级、生产者名称、生产许可证标志（QS）及编号、出厂编号、包装日期、净含量。包装袋两侧应根据水泥的品种采用不同的颜色印刷水泥名称和强度等级，硅酸盐水泥和普通硅酸盐水泥采用红色，矿渣硅酸盐水泥采用绿色，火山灰质硅酸盐水泥、粉煤灰硅酸盐水泥和复合硅酸盐水泥采用黑色或蓝色。

散装发运时应提交与袋装标志相同内容的卡片。

3. 运输与储存

水泥在运输与储存时不得受潮和混入杂物，不同品种和强度等级的水泥在储运中避免混杂。

3.1.7 通用硅酸盐水泥的性能特点及选用

1. 硅酸盐水泥

因为硅酸盐水泥中的混合材料掺量很少，所以其特性主要取决于所用水泥熟料矿物的构成与性能。因此，硅酸盐水泥通常具有以下基本特性。

（1）水化、凝结与硬化速度快，强度高，尤其是早期强度更高。通常土木工程中所采用

的硅酸盐水泥多为强度等级较高的水泥,主要用于要求早强的结构和大跨度、高强度、预应力结构等较重要结构。

(2)水化热大,且放热较集中。硅酸盐水泥中早期参与水化反应的熟料成分比例高,尤其是其中的 C_3S 和 C_3A 含量更高,使其在凝结硬化过程中的放热反应表现较为剧烈。通常情况下,硅酸盐水泥的早期水化放热量大,放热持续时间也较长;其 3d 内的水化放热量约占其总放热量的 50%,3 个月后可达到总放热量的 90%。为此,硅酸盐水泥不适宜在大体积混凝土等工程中使用。

(3)抗冻性好,干缩性小,耐磨性好。由于硅酸盐水泥能够形成较致密的早期硬化结构,使其表现出较好的耐冻性和耐磨性;只要得到适当早期养护,便可获得较为稳定的结构,从而表现出较小的干缩。这些特性使其更适用于有抗冻、耐磨和干燥环境中的结构工程。

(4)耐腐蚀性差。硅酸盐水泥的水化产物中含有较多可被腐蚀的物质(如氢氧化钙等),故硅酸盐水泥不适用于软水或酸性介质腐蚀环境,也不适用于经常与流水接触或有压力水作用的工程。

(5)耐热性差。随着温度的升高,硅酸盐水泥硬化结构中的组成会产生较明显的变化。当环境温度达到 100～250℃ 时,由于尚存的游离水会使其产生额外水化作用,还会使脱水后水泥凝胶体与部分氢氧化钙结晶体对水泥石起加强作用,而使水泥石的强度有所提高。当温度达到 250～300℃ 时,其中部分水化物开始脱水(水化硅酸钙 160℃ 时就可能开始脱水),致使水泥石结构产生收缩,强度受到影响而开始下降。当受热温度达到 400～600℃ 时,其水泥石中部分矿物的晶型转变或分解,使其强度明显下降。当温度达到 700～1000℃ 时,其水泥石的结构遭到严重破坏而强度严重降低,甚至产生崩溃。

此外,水泥石中的 $Ca(OH)_2$ 在 547℃ 以上时将会脱水分解成 CaO,如果再受到潮湿或水的作用,又会发生水化膨胀,导致更严重的水泥石结构破坏,故硅酸盐水泥不适用于耐热要求较高的工程。

2. 普通硅酸盐水泥

普通硅酸盐水泥的主要组分仍是硅酸盐水泥熟料,但掺入了一定量的混合材料,故其基本特征与硅酸盐水泥相近,但某些性能又有所差异。通常,普通硅酸盐水泥的抗冻、耐磨等性能较硅酸盐水泥稍差。此外,当水泥强度等级相同时,普通硅酸盐水泥的早期硬化速度表现稍慢,3d 抗压强度也较硅酸盐水泥稍低。

3. 矿渣硅酸盐水泥

由于掺加了较多的矿渣混合材料,矿渣硅酸盐水泥(简称矿渣水泥)水化、凝结与硬化过程与硅酸盐水泥或普通硅酸盐水泥有较大差别。矿渣水泥加水后,首先是水泥熟料矿物成分快速水化,然后在熟料水化产物 $Ca(OH)_2$ 等的激发下,矿渣中的活性 SiO_2、Al_2O_3 与 $Ca(OH)_2$ 作用形成具有胶凝性能的水化硅酸钙和水化铝酸钙。

值得指出的是,水泥中的石膏除了可调节水泥的凝结时间外,还具有对活性混合材料的活性激发作用。因此,矿渣水泥中石膏的掺量一般可比硅酸盐水泥中稍多些,但其掺量也不得过多。

与硅酸盐水泥及普通硅酸盐水泥相比,矿渣水泥主要有以下特点。

(1) 早期强度低,后期强度增长潜力大。矿渣水泥中活性 SiO_2、Al_2O_3 与 $Ca(OH)_2$ 的化学反应在常温下进行得较为缓慢,故其早期硬化较慢,其早期(28d 以前)强度与同等级的硅酸盐水泥或普通硅酸盐水泥相比较低;而 28d 以后的强度发展将超过硅酸盐水泥或普通硅酸盐水泥(其差别可参见图 3-5)。

图 3-5   硅酸盐水泥与矿渣水泥强度
增长曲线
1—硅酸盐水泥;2—矿渣水泥

(2) 水化热低。在矿渣水泥中,由于熟料减少,使其中水化热较高的 C_3S 和 C_3A 含量相对减少,故其水化热较低,不适于较低温环境中使用,但却适用于要求水化热较低的大体积混凝土工程中。

(3) 对于软水及抗硫酸盐等侵蚀性环境具有较强的抵抗能力。由于矿渣水泥中掺加了大量矿渣,熟料含量相对减少,C_3S 及 C_3A 的含量及其水化产物的浓度也相对较少,而且水化产物中的 $Ca(OH)_2$ 与矿渣发生二次反应,生成较稳定的水化硅酸钙及水化铝酸钙,因此,矿渣水泥硬化后的水泥石中,$Ca(OH)_2$ 及易受硫酸盐侵蚀的水化铝酸钙都大为减少,从而提高了抗溶出性侵蚀及抗硫酸盐侵蚀的能力。故矿渣水泥较适用于受软水或硫酸盐侵蚀的水工结构物、海洋或海岸工程、地下工程等。

(4) 对温度敏感,适合高温养护。矿渣水泥在较低温度下,凝结硬化较硅酸盐水泥及普通硅酸盐水泥缓慢,故若用于冬季施工时,更需加强保温养护措施。但在湿热条件下,矿渣水泥的强度却得以充分发展,故矿渣水泥较适用于较高温度的养护环境中。

(5) 保水性较差,泌水性较大。水泥加水拌和后,水泥浆体能够保持一定量的水分而不析出的性能,称为保水性。由于矿渣在与熟料共同粉磨过程中,颗粒难于磨得很细,且矿渣玻璃质亲水性较弱,从而表现为保水性较差,泌水性较大。因此,采用矿渣硅酸盐水泥时,容易在混凝土内形成毛细管通道及水囊,且当水分干燥蒸发后会形成较多的毛细孔及大孔,从而降低混凝土的密实性、均匀性及抗渗性。

(6) 硬化后干缩性较大。水泥在空气中硬化时,随着水分的蒸发体积会有微小的收缩,称为干缩。干缩易使混凝土表面发生微细裂缝,从而降低混凝土的耐久性和力学性能。矿渣水泥的干缩率比硅酸盐水泥及普通硅酸盐水泥较大,尤其早期干燥时更为显著。因此,使用矿渣水泥时,应注意加强保湿养护。

(7) 抗冻性较差、耐磨性较差。矿渣水泥的抗冻性及耐磨性均较硅酸盐水泥及普通硅酸盐水泥差,因此,矿渣水泥不宜用于严寒地区水位经常变动的部位,也不宜用于受高速水流冲刷及具有耐磨要求的工程。

(8) 抗碳化能力较差。由于矿渣水泥硬化结构中的 $Ca(OH)_2$ 浓度(碱度)较硅酸盐水泥及普通硅酸盐水泥低,当用矿渣水泥配制混凝土及砂浆时,其表层被碳化的速度进行较快,使其在较短时间内碳化深入内部,因此,当矿渣水泥用于钢筋混凝土结构时,一旦碳化深入到达钢筋表面,就会丧失水泥石对钢筋的保护能力,从而导致钢筋的锈蚀,这将影响钢筋混凝土的耐久性。

(9) 耐热性较强。与其他品种的硅酸盐水泥相比,矿渣水泥的耐热性较强,因此,对于处于较高温度环境的工程(如高温车间、高炉基础等),矿渣水泥比较适合。

4. 火山灰质硅酸盐水泥

火山灰质硅酸盐水泥(简称火山灰水泥)的凝结硬化过程与矿渣水泥有些相似,其水化初期主要是熟料矿物的水化,此后混合材料中的活性氧化硅和氧化铝与熟料水化过程中所产生的 $Ca(OH)_2$ 反应生成较稳定的水化硅酸钙和水化铝酸钙,使水泥的强度不断增长。

火山灰质硅酸盐水泥的许多性能,如抗侵蚀性、水化热特点、强度及其发展规律、环境温度对凝结硬化的影响、抗碳化性能等,都与矿渣水泥具有相近的特点。但是,火山灰质硅酸盐水泥的抗冻性及耐磨性比矿渣水泥更差;而且当掺有黏土质混合材料时,其抗硫酸盐侵蚀能力也较差,故其应用环境与其他品种的硅酸盐水泥有较大差别。

火山灰质混合材料内部含有大量的微细孔隙,故火山灰质硅酸盐水泥的保水性好。火山灰质硅酸盐水泥在潮湿环境下使用时,水化生成的水化硅酸钙凝胶较多,水泥石结构也较致密,因而具有较好的抗渗性及耐水性。因此,它比较适用于需要抗软水、硫酸盐侵蚀的工程及要求抗渗的工程。但是,火山灰质硅酸盐水泥在干燥环境下使用时,由于其标准稠度需水量较大,干缩率较大,其部分胶体脱水后往往导致其结构物表面出现粉化现象。此外,处于干热环境中的混凝土工程不宜使用火山灰质硅酸盐水泥。

5. 粉煤灰硅酸盐水泥

粉煤灰硅酸盐水泥的水化、凝结与硬化过程与火山灰质硅酸盐水泥基本相同,其性能也与火山灰质硅酸盐水泥相似。把粉煤灰硅酸盐水泥列为一个独立的水泥品种,是因为其在性能上确有它独自的特点,而且对于水泥中利用粉煤灰也有重要的现实意义。

粉煤灰硅酸盐水泥的抗渗性、耐磨性较差。与其他品种硅酸盐水泥相比,粉煤灰硅酸盐水泥的主要特点是干缩性比较小,甚至比硅酸盐水泥及普通硅酸盐水泥还小,因而使其表现为较好的抗裂性;而且在相同拌和用水量的情况下,粉煤灰硅酸盐水泥配制的水泥浆表现为更好的流动性,这主要是因为粉煤灰中的细颗粒多呈球形(玻璃微珠),且较为致密,使其本身具有较好的可流动性,而且表面润湿所需的水量也较少。

粉煤灰硅酸盐水泥具有干缩性较小、抗裂性较好、水化热较低和抗侵蚀性较强等特点,可大量应用于水利工程、地下工程及大体积混凝土工程,不宜用于抗渗要求及耐磨性要求高的混凝土工程。

6. 复合硅酸盐水泥

复合硅酸盐水泥中加入两种或两种以上规定的混合材料,但效果不只是各类混合材料的简单混合,而是互相取长补短而获得优良效果,其性能介于普通硅酸盐水泥和矿渣水泥、火山灰质硅酸盐水泥与粉煤灰硅酸盐水泥之间,与其他掺大量混合材料的通用硅酸盐水泥相比,早期强度较高。

综上,几种通用硅酸盐水泥的性能特点及其使用范围参见表 3-8。

表 3-8 几种通用硅酸盐水泥的性能特点及其使用范围

项目	硅酸盐水泥	普通硅酸盐水泥	矿渣水泥	火山灰质硅酸盐水泥	粉煤灰硅酸盐水泥
特性	早期强度高；水化热较大；抗冻性较好；耐蚀性差；干缩较小	与硅酸盐水泥基本相同	早期强度较低，后期强度增长较快；水化热较低；耐热性好，耐蚀性较强；抗冻性差；干缩性较大；泌水较多	早期强度较低，后期强度增长较快；水化热较低；耐蚀性较强；抗渗性好；抗冻性差；干缩性大	早期强度较低，后期强度增长较快；水化热较低；耐蚀性较强；干缩性较小；抗裂性较高；抗冻性差
适用范围	一般土建工程中钢筋混凝土及预应力钢筋混凝土结构；受反复冰冻作用的结构；配制高强混凝土		高温车间和有耐热耐火要求的混凝土结构；大体积混凝土结构；蒸汽养护构件；有抗硫酸盐侵蚀要求的工程	地下、水中大体积混凝土结构和有抗渗要求的混凝土结构；蒸汽养护的构件；有抗硫酸盐侵蚀要求的工程	地上、地下及水中大体积混凝土结构；蒸汽养护的构件；抗裂性要求较高的构件；有抗硫酸盐侵蚀要求的工程
不适用范围	大体积混凝土结构；受化学及海水侵蚀的工程		早期强度要求高的工程；有抗冻要求的混凝土工程	处在干燥环境中的混凝土工程；其他同矿渣水泥	有抗碳化要求的工程；其他同矿渣水泥

3.2 其他品种的硅酸盐水泥

土木工程中除了广泛应用上述通用硅酸盐水泥外，有些工程中还常应用部分具有特殊性能的硅酸盐水泥。例如，白色硅酸盐水泥、彩色硅酸盐水泥、道路硅酸盐水泥、抗硫酸盐硅酸盐水泥、中热硅酸盐水泥和低热硅酸盐水泥等。

3.2.1 白色硅酸盐水泥

由氧化铁含量少的硅酸盐水泥熟料、适量石膏及掺量不超过水泥质量 10% 的石灰石或窑灰，磨细制成的水硬性胶凝材料称为白色硅酸盐水泥（简称白水泥），代号 P·W。熟料中氧化镁的含量不宜超过 5.0%。

1. 白色硅酸盐水泥的生产工艺及要求

通用硅酸盐水泥多带有灰色，其主要原因是其化学成分中含有较多的氧化铁，水泥中含铁量与水泥颜色的关系见表 3-9。因此，与通用硅酸盐水泥的生产原料不同，白水泥在生产时应严格控制水泥原料的铁含量，并严防在生产过程中混入铁质物质。通常，白色硅酸盐水泥中铁含量只有普通水泥的 1/10 左右。此外，由于钛、锰、铬等的氧化物也会导致水泥白度的降低，故在生产中亦应控制其含量。

表 3-9 水泥中含铁量与水泥颜色的关系

氧化铁含量/%	3~4	0.45~0.7	0.35~0.4
水泥颜色	暗灰色	淡绿色	白色

显然,白色硅酸盐水泥与通用硅酸盐水泥的生产原理及方法基本相同,但对原材料的要求有所不同。生产白色水泥所用石灰石及黏土原料中的氧化铁含量应分别低于0.1%和0.7%。为此,常用的黏土质原料主要有高岭土、瓷石、白泥、石英砂等,石灰岩质原料则多采用白垩。

为防止有色物质对水泥的颜色污染,生产中还需要采取特殊措施,如选用无灰烬的气体燃料(天然气)或液体燃料(柴油、重油或酒精等);在粉磨生料和熟料时,为避免混入铁质,球磨机内壁要镶贴白色花岗岩或高强陶瓷衬板,并采用烧结刚玉、瓷球、卵石等作研磨体。为提高白色水泥的白度,对白水泥熟料还需经漂白处理,也可通过提高白色水泥熟料的饱和比(即KH值)增加其中游离CaO的含量,并使其吸水消解为Ca(OH)$_2$,或适当提高水泥的细度;白色硅酸盐水泥所用石膏多采用高白度的雪花石膏来增强其白度。

2. 白色硅酸盐水泥的技术性质

1)强度

根据现行国家标准《白色硅酸盐水泥》(GB/T 2015—2017)规定,白色硅酸盐水泥分为32.5、42.5、52.5三个强度等级,各强度等级水泥各龄期的强度不得低于表3-10规定的要求值。

表3-10 白色硅酸盐水泥的各龄期强度要求　　　　　　　　　　MPa

强度等级	抗压强度		抗折强度	
	3d	28d	3d	28d
32.5	12.0	32.5	3.0	6.0
42.5	17.0	42.5	3.5	6.5
52.5	22.0	52.5	4.0	7.0

2)白度

白度是反映水泥白色程度的技术参数,它是将白色水泥样品装入压样器中压成表面平整的白板,置于白度仪中所测定的技术指标,以其表面对红、绿、蓝三原色光的反射率与氧化镁标准白板的反射率比较,所得相对反射百分率即为水泥的白度。按照GB/T 2015—2017规定,白色硅酸盐水泥的白度值应不低于87。

3)细度、凝结时间及体积安定性

白色硅酸盐水泥细度要求为45μm方孔筛筛余量不得超过30.0%;其初凝时间不早于45min,终凝时间不得迟于600min。白色硅酸盐水泥熟料中氧化镁的含量不应超过5.0%,水泥中三氧化硫含量应不超过3.5%,水溶性六价铬不大于10mg/kg,其体积安定性用沸煮法检验必须合格。

3.2.2 彩色硅酸盐水泥

凡由硅酸盐水泥熟料及适量石膏(或白色硅酸盐水泥)、混合材料及着色剂磨细或混合制成的带有色彩的水硬性胶凝材料均称为彩色硅酸盐水泥。混合材料掺量不超过水泥质量的50%。

1. 彩色硅酸盐水泥的生产工艺及要求

为获得所期望的色彩,可采用烧成法或染色法生产彩色水泥。其中烧成法是配制不同的水泥生料,使其烧成后生成所需要彩色水泥;染色法是将硅酸盐水泥熟料(白水泥熟料或普通水泥熟料)、适量石膏和碱性颜料共同磨细而制成的彩色水泥,也可将矿物颜料直接与水泥粉混合而配制成彩色水泥。

与烧成法相比,尽管染色法生产的彩色水泥颜料用量大,色泽也不易均匀,但其制作便捷,成本也较低,因此工程中更较常采用。彩色水泥所用颜料应以无机矿物颜料为主,有机颜料只能作为辅助颜料以使水泥色泽鲜艳。

2. 彩色硅酸盐水泥的技术性质

1) 强度

现行建材行业标准《彩色硅酸盐水泥》(JC/T 870—2012)规定,彩色硅酸盐水泥分为27.5、32.5、42.5 三个强度等级,各强度等级水泥各龄期强度不得低于表 3-11 规定的要求值。

表 3-11　彩色硅酸盐水泥的各龄期强度要求　　　　　　　　　　　　　MPa

强度等级	抗压强度		抗折强度	
	3d	28d	3d	28d
27.5	7.5	27.5	2.0	5.0
32.5	10.0	32.5	2.5	5.5
42.5	15.0	42.5	3.5	6.5

2) 色差及颜色耐久性

同一颜色每一编号彩色硅酸盐水泥每一分割样或每磨取样与该水泥颜色对比样的色差不得超过 3.0 个 CIELAB 色差单位。用目视对比法作为参考时,颜色不得有明显差异。同一颜色的各编号彩色硅酸盐水泥的混合样与该水泥颜色对比样之间的色差不得超过 4.0 个 CIELAB 色差单位。

按规定进行 500h 人工加速老化试验,老化前后的色差不得超过 6.0 个 CIELAB 色差单位。

3) 细度、凝结时间及体积安定性

彩色硅酸盐水泥细度要求为 $80\mu m$ 方孔筛筛余量不得超过 6.0%;其初凝时间不早于60min,终凝时间不得迟于 600min。水泥中三氧化硫含量应不超过 4.0%,其体积安定性用沸煮法检验必须合格。

白色硅酸盐水泥和彩色硅酸盐水泥在各种装饰工程中应用较多,所以又被统称为装饰水泥,常用来制作彩色仿石材料(人造大理石等),配制彩色水泥浆或彩色砂浆,生产装饰混凝土,是制造彩色水刷石及水磨石等各种装饰材料的主要胶凝材料。

3.2.3　道路硅酸盐水泥

由道路硅酸盐水泥熟料、适量石膏,加入 0～10% 符合要求的粒化高炉矿渣、粒化电炉磷渣或钢渣等活性混合材料,磨细制成的水硬性胶凝材料,称为道路硅酸盐水泥(简称道路水泥),代号 P·R。按 28d 抗折强度分为 7.5 和 8.5 两个等级。

由适当成分的生料烧至部分熔融,所得以硅酸钙为主要成分,并且铁铝酸钙含量较多的硅酸盐水泥熟料,称为道路硅酸盐水泥熟料。为满足道路工程对水泥抗折强度和耐磨性较高的要求,依据现行国家标准《道路硅酸盐水泥》(GB/T 13693—2017)规定,道路硅酸盐水泥中铁铝酸四钙含量应不低 16.0%;铝酸三钙含量应不超过 5.0%;游离氧化钙含量,旋窑生产应不大于 1.0%,立窑生产应不大于 1.8%。其他技术指标要求应满足表 3-12 的要求。

表 3-12　道路硅酸盐水泥技术要求

要求项目	MgO/%	SO₃/%	烧失量/%	比表面积/(m²/kg)	安定性(煮沸法)	28d 干缩率/%	28d 磨损量/(kg/m²)	凝结时间/h	
								初凝	终凝
指标	≤5.0	≤3.5	≤3.0	300~450	合格	≤0.1	≤3.00	≥1.5	≤12

强度等级	抗折强度/MPa		抗压强度/MPa	
	3d	28d	3d	28d
7.5	≥4.0	≥7.5	≥21.0	≥42.5
8.5	≥5.0	≥8.5	≥26.0	≥52.5

与其他品种的通用硅酸盐水泥相比,道路硅酸盐水泥具有抗折强度与早期强度高、耐磨性好、干缩率低,抗冲击性、抗冻性和抗硫酸盐侵蚀能力均较好等优点。它更适用于公路路面、机场跑道、车站及公共广场等工程的面层。

3.2.4　抗硫酸盐硅酸盐水泥

抗硫酸盐水泥是指对于硫酸盐侵蚀具有较强抵抗能力的水泥,按抗硫酸盐侵蚀程度可分为中抗硫酸盐硅酸盐水泥和高抗硫酸盐硅酸盐水泥两类。以适当成分的硅酸盐水泥熟料,加入适量石膏磨细制成的具有抵抗中等浓度硫酸根离子侵蚀的水硬性胶凝材料,称为中抗硫酸盐硅酸盐水泥,简称中抗硫酸盐水泥,代号 P·MSR。以适当成分的硅酸盐水泥熟料,加入适量石膏,磨细制成的具有抵抗较高浓度硫酸根离子侵蚀的水硬性胶凝材料,称为高抗硫酸盐硅酸盐水泥,简称高抗硫酸盐水泥,代号 P·HSR。

根据现行国家标准《抗硫酸盐硅酸盐水泥》(GB 748—2005),中抗硫酸盐水泥中,C_3S 和 C_3A 的计算含量分别不应超过 55.0% 和 5.0%;高抗硫酸盐水泥中 $C_3S \leq 50.0\%$,$C_3A \leq 3.0\%$;烧失量应不大于 3.0%,水泥中 SO_3 含量应不大于 2.5%;水泥比表面积不得小于 280m²/kg;凝结时间初凝不早于 45min,终凝不迟于 600min。各龄期强度亦符合标准要求,见表 3-13。

表 3-13　抗硫酸盐硅酸盐水泥的等级与各龄期强度

分类	强度等级	抗压强度/MPa		抗折强度/MPa	
		3d	28d	3d	28d
中抗硫酸盐水泥、高抗硫酸盐水泥	32.5	10.0	32.5	2.5	6.0
	42.5	15.0	42.5	3.0	6.5

抗硫酸盐水泥除了具有较强的抗侵蚀能力外,还具有较高的抗冻性,因此它主要适用于受硫酸盐侵蚀、冻融循环及干湿作用的海洋工程与海岸工程、水利工程及地下工程。

3.2.5 中热硅酸盐水泥、低热硅酸盐水泥

中热硅酸盐水泥是由适当成分的硅酸盐水泥熟料加入适量石膏磨细而成的具有中等水化热的水硬性胶凝材料,简称中热水泥,代号 P·MH。低热硅酸盐水泥是以适当成分的硅酸盐水泥熟料,加入适量石膏,磨细制成的具有低等水化热的水硬性胶凝材料,简称低热水泥,代号 P·LH。

根据现行国家标准《中热硅酸盐水泥、低热硅酸盐水泥》(GB/T 200—2017),中热水泥和低热水泥的氧化镁含量不大于 5.0%,如果水泥经压蒸安定性合格,则允许放宽到 6.0%;烧失量不大于 3.0%;水泥中三氧化硫含量不大于 3.5%;水泥比表面积不得小于 250m²/kg;初凝不得早于 60min,终凝不得迟于 12h,也可由生产单位和使用单位商定;用沸煮法检验必须合格。各强度等级水泥的各龄期强度不得低于表 3-14 的数值。低热水泥 90d 抗压强度不小于 62.5MPa。

表 3-14　几种水泥的等级与各龄期强度

品种	强度等级	抗压强度/MPa			抗折强度/MPa		
		3d	7d	28d	3d	7d	28d
中热水泥	42.5	12.0	22.0	42.5	3.0	4.5	6.5
低热水泥	42.5		13.0	42.5		3.5	6.5
	32.5		12.0	32.5		3.0	5.5

中热水泥、低热水泥的主要特点为水化热低,适用于大坝和大体积混凝土工程。

3.3 铝酸盐系水泥

铝酸盐水泥是以铝矾土和石灰石为原料,经煅烧(至熔融状态)后所得,以铝酸钙为主、氧化铝含量约为 50% 的熟料,再经磨制成的水硬性胶凝材料。由于它是以矾土为主要原料,且其铝含量较高,故又称为矾土水泥或高铝水泥;因为它具有耐高温的特点,故又称为耐火水泥。

国外多采用熔融法生产高铝水泥。原料不需磨细,可用低品位矾土,但烧成热耗高,熟料硬度高,粉磨电耗大。我国广泛采用回转窑烧成法,烧成热耗及粉磨电耗较低,可利用生产硅酸盐水泥的设备。

1. 铝酸盐水泥的矿物组成、水化与硬化

铝酸盐水泥的主要矿物成分为铝酸一钙($CaO·Al_2O_3$,简写 CA),并含有部分其他铝酸盐,如 $CaO·2Al_2O_3$(简写 CA_2)、$2CaO·Al_2O_3·SiO_2$(简写 C_2AS)、$12CaO·7Al_2O_3$(简写 $C_{12}A_7$)等。有时铝酸盐水泥中还含有少量的 $2CaO·SiO_2$ 等。

铝酸盐水泥的水化和硬化主要取决于铝酸一钙的水化及其水化物的结晶。由于铝酸一

钙在不同环境条件下水化反应的进程与结果有很大差别,从而也决定了铝酸盐水泥在不同环境下的硬化状态不同。

当铝酸盐水泥在 20℃以下的温度范围内水化硬化时,铝酸一钙的主要水化反应结果为

$$CaO \cdot Al_2O_3 + 10H_2O = CaO \cdot Al_2O_3 \cdot 10H_2O$$

铝酸一钙　　　　　　　　水化铝酸一钙

当铝酸盐水泥在 20～30℃以下的温度范围内水化硬化时,铝酸一钙的主要水化反应结果为

$$2(CaO \cdot Al_2O_3) + 11H_2O = 2CaO \cdot Al_2O_3 \cdot 8H_2O + Al_2O_3 \cdot 3H_2O$$

铝酸一钙　　　　　　　水化铝酸二钙　　　　　铝胶

当铝酸盐水泥在 30℃以上的温度范围内水化硬化时,铝酸一钙的主要水化反应结果为

$$3(CaO \cdot Al_2O_3) + 12H_2O = 3CaO \cdot Al_2O_3 \cdot 6H_2O + 2(Al_2O_3 \cdot 3H_2O)$$

铝酸一钙　　　　　　　水化铝酸三钙　　　　　铝胶

由此可知,在常温(30℃以下)条件下铝酸盐水泥的主要水化产物为 CAH_{10} 和 C_2AH_8,且不同产物可同时形成与并存;当在较高温度(30℃以上)环境中水化硬化时,其主要水化产物为 C_3AH_6。

上述不同水化产物形成的特点与性能有着较大差别,其中水化物 CAH_{10} 或 C_2AH_8 都属六方晶系,具有细长的针状和板状结构,它们能互相联结成坚固的结晶联生体,并形成较坚固的晶体骨架结构;析出的氢氧化铝凝胶难溶于水,容易填充于晶体骨架的空隙中,从而形成较密实的水泥石结构。而形成的水化物 C_3AH_6 所构成的结构联结不够坚固,使其表现出较低的强度。

铝酸盐水泥中的其他成分的水化对于凝结与硬化也有一定的影响,其中 CA_2 的水化与 CA 基本相同,只是水化速度较慢;$C_{12}A_7$ 的水化作用则很快,且会生成 C_2AH_8;而 C_2AS 的水化作用极为微弱,可视为惰性矿物。C_2S 则会逐渐生成 C-S-H 凝胶。

由于含量占绝对多数的 CA 和 $C_{12}A_7$ 水化反应速度很快,使得铝酸盐水泥的初期强度增长很快;但是,主要成分水化反应的很快完成也使其后期强度的发展潜力不足。通常,铝酸盐水泥在经过 5～7d 的水化硬化后,其新生水化铝酸盐结晶联生体的增加很少,仅靠其中数量很少的硅酸二钙产生水化反应,水泥的后期强度很难增长。而且,在较高温环境中使用时,铝酸盐水泥的主要水化产物可能产生某些分解或转化,从而使其强度有所下降。

在通常条件下,铝酸盐水泥水化形成的水泥石结构中水化铝酸三钙和氢氧化钙含量很少,它们对水泥石结构的影响几乎可以忽略;而且铝酸盐水泥的需水量较少,也使其水泥石结构更为密实。因此,铝酸盐水泥的硬化结构对软水及硫酸盐等的抗侵蚀能力很强。但在强碱性环境中,其部分水化产物容易被腐蚀而产生结构破坏。

2. 铝酸盐水泥的主要技术特性与要求

1) 铝酸盐水泥的技术指标

铝酸盐水泥常为黄色、褐色或灰色的粉末,其密度和堆积密度与普通硅酸盐水泥相近。依据国家标准《铝酸盐水泥》(GB/T 201—2015)的规定,其主要技术指标要求如下。

(1) 根据水泥中 Al_2O_3 含量(质量分数)分为 CA50、CA60、CA70、CA80 四种,各品种作如下规定:

① CA50 $50\% \leqslant \omega(Al_2O_3) < 60\%$,该品种根据强度分为 CA50-Ⅰ、CA50-Ⅱ、CA50-Ⅲ 和 CA50-Ⅳ;

② CA60 $60\% \leqslant \omega(Al_2O_3) < 68\%$,该品种按主要矿物组成分为 CA60-Ⅰ(以铝酸一钙为主)和 CA60-Ⅱ(以铝酸二钙为主);

③ CA70 $68\% \leqslant \omega(Al_2O_3) < 77\%$;

④ CA80 $\omega(Al_2O_3) \geqslant 77\%$。

(2)细度要求:比表面积 $\geqslant 300m^2/kg$,或 0.045mm 孔筛的筛余 $\leqslant 20\%$。

(3)凝结时间:初凝不得早于 30min,终凝不得迟于 6h(CA60-Ⅱ 为初凝不得早于 60min,终凝不得迟于 18h)。

(4)强度:各龄期强度不得低于表 3-15 所列数值。

表 3-15 铝酸盐水泥主要品种与强度　　　　　　　　　　　　　　MPa

类　型		抗压强度				抗折强度			
		6h	1d	3d	28d	6h	1d	3d	28d
CA50	CA50-Ⅰ	≥20①	≥40	≥50	—	≥3①	≥5.5	≥6.5	—
	CA50-Ⅱ		≥50	≥60	—		≥6.5	≥7.5	—
	CA50-Ⅲ		≥60	≥70	—		≥7.5	≥8.5	—
	CA50-Ⅳ		≥70	≥80	—		≥8.5	≥9.5	—
CA60	CA60-Ⅰ	—	≥65	≥85	—	—	≥7.0	≥10.0	—
	CA60-Ⅱ	—	≥20	≥45	≥85	—	≥2.5	≥5.0	≥10.0
CA70		—	≥30	≥40	—	—	≥5.0	≥6.0	—
CA80		—	≥25	≥30	—	—	≥4.0	≥5.0	—

注:① 用户要求时,生产厂家应提供试验结果。

2)铝酸盐水泥的特性

(1)快凝早强,1d 强度可达最高强度的 80% 以上。

(2)水化热大,且放热量集中,1d 内放出水化热总量的 70%～80%,使混凝土内部温度上升较高,故即使在 −10℃ 下施工,铝酸盐水泥也能很快凝结硬化。

(3)抗硫酸盐性能很强,因其水化后无 $Ca(OH)_2$ 及水化铝酸三钙生成。

(4)耐热性好,能耐 1300～1400℃ 高温。

(5)长期强度会降低,一般降低 40%～50%。

对于铝酸盐水泥长期强度降低的原因,国内外存在许多说法,但比较多的看法有:①铝酸盐水泥主要水化产物 CAH_{10} 和 C_2AH_8 也为亚稳晶体结构,经过一定时间后,特别是在较高温度及高湿度环境中,易转变成稳定的呈立方体结构的 C_3AH_6;立方体晶体相互搭接差,使骨架强度降低。②在晶形转化的同时,固相体积将减缩约 50%,使孔隙率增加。③在晶体转变过程中析出大量游离水,进一步降低了水泥石的密度,从而使强度下降。

3. 铝酸盐水泥的应用

铝酸盐水泥快硬早强的特点使其更适用于某些要求早强快硬的工程结构和临时性结构工程,如各种抢修工程、紧急军事工程;利用其在高温下结构较稳定的特点,可以用于高温环境的结构工程,如高温窑炉的炉体和炉衬、高温车间的部分结构等;利用其耐软水及盐类腐蚀的特点,可以用于某些腐蚀环境中的工程。此外,由于铝酸盐水泥快硬高强、颜色较浅且对颜料的适应性较好,可在表面析出大量氢氧化铝胶体,而使表面致密光亮,这些特性又使其适于制作各种人造石材、彩色水磨石等水泥制品。

因为铝酸盐水泥的后期强度增长潜力很小,尤其是在温度、湿度较高环境中还可能产生后期强度的部分倒缩现象,不适合应用于长期承重的结构及高温高湿环境中的工程。当用于长期承载的结构工程时,铝酸盐水泥应采用较低的水灰比,以获得足够的稳定强度。实践证明,当铝酸盐水泥的水灰比<0.40 时,由于其早期强度较高,即使后期因温度升高而产生晶形转化而强度倒缩,仍能保持较高的稳定强度。

为获得较高的早期强度,铝酸盐水泥应尽可能避免在高温季节施工,尤其不能进行蒸汽养护,其适宜的施工温度为 15℃,不宜大于 25℃。工程实际中,铝酸盐水泥一般不得与硅酸盐水泥或石灰混合使用。铝酸盐水泥不得长期存放,存放期间应特别注意防潮防水,也不得混放。

3.4 硫铝酸盐水泥

1. 硫铝酸盐水泥的种类

以适当成分的生料,经煅烧所得以无水硫铝酸钙 $3(CaO \cdot Al_2O_3) \cdot CaSO_4$ 和 β 型硅酸二钙为主要矿物成分的水泥熟料掺加不同量的石灰石、适量石膏磨细制成,具有水硬性的胶凝材料,称为硫铝酸盐水泥。按国家标准《硫铝酸盐水泥》(GB 20472—2006),硫铝酸盐水泥可分为快硬硫铝酸盐水泥、低碱度硫铝酸盐水泥、自应力硫铝酸盐水泥等 3 个品种。

快硬硫铝酸盐水泥是由适当成分的硫铝酸盐水泥熟料和少量石灰石、适量石膏共同磨细制成的,是具有早期强度高的水硬性胶凝材料,代号 R·SAC。石灰石掺加量应不大于水泥质量的 15%。以 3d 抗压强度分为 42.5、52.5、62.5、72.5 四个强度等级,其 1d、3d、28d 抗压强度和抗折强度应符合 GB 20472—2006 的相关规定。

低碱度硫铝酸盐水泥是由适当成分的硫铝酸盐水泥熟料和较多量石灰石、适量石膏共同磨细制成的,具有低碱度的水硬性胶凝材料,代号 L·SAC。石灰石掺加量为水泥质量的 15%～35%。以 7d 抗压强度分为 32.5、42.5、52.5 三个强度等级,其 1d、7d 抗压强度和抗折强度应符合 GB 20472—2006 的相关规定。

自应力硫铝酸盐水泥是由适当成分的硫铝酸盐水泥熟料加入适量石膏共同磨细制成的,具有膨胀性的水硬性胶凝材料,代号 S·SAC。以 28d 自应力值分为 3.0、3.5、4.0、4.5 四个自应力等级,其 7d、28d 自应力值应符合 GB 20472—2006 的相关规定。

2. 硫铝酸盐水泥的特性

由于硫铝酸盐水泥中的无水硫铝酸钙遇水后水化很快,往往在水泥失去塑性前就已经形成了大量的钙矾石和氢氧化铝凝胶;该水泥中的 $β\text{-}C_2S$ 是在较低温度下(1250～1350℃)形成的较高活性矿物成分,它的水化速度也较快并很快生成 C-S-H 凝胶。在硫铝酸盐水泥的凝结硬化过程中,水化形成的 C-S-H 凝胶和氢氧化铝凝胶不断填充由钙矾石结晶骨架形成的空间结构,逐渐形成致密的水泥石结构,从而使快硬硫铝酸盐水泥获得更高的早期强度。另外,C_2S 水化析出的 $Ca(OH)_2$ 还能加快与氢氧化铝及石膏的反应,进一步增加了钙矾石的数量,从而水泥石结构的早期强度得以很快提高。因此,硫铝酸盐水泥表现出显著的快硬早强特点。

由于硫铝酸盐水泥的水化产物对于大部分酸和盐类具有较强抵抗能力,其内部结构很快被填充密实,因此,形成的水泥石结构不仅具有良好的抗腐蚀性,而且还具有较高的抗冻性和抗渗性。

此外,硫铝酸盐水泥水化形成的钙矾石在 150℃ 高温环境中容易脱水而发生晶型转变,并导致其强度大幅度下降,故其耐热性较差。

3. 硫铝酸盐水泥的应用

快硬硫铝酸盐水泥主要用于早强、抗渗和抗硫酸盐侵蚀的混凝土,配制快硬水泥浆用于灌浆、喷锚支护、抢修、堵漏等,也可用于负温施工(冬期施工)。此外,利用快硬硫铝酸盐水泥快凝、早强、不收缩和碱度较低的特点,其可用于制作各种水泥制品及玻璃纤维增强材料;考虑硫铝酸盐水泥碱度低而易使钢筋锈蚀的特点,其不得用于普通钢筋混凝土工程;因为硫铝酸盐水泥耐热性较差,所以不适合在夏季高温施工环境及高温结构中使用。

3.5　其他品种水泥

1. 磷酸盐水泥

磷酸盐水泥是新型水泥质材料的一种,家族成员有磷酸镁、磷酸铝、磷酸锌与磷酸钙等,其中又以磷酸镁与磷酸钙为主。磷酸镁水泥一般由烧结的氧化镁粉末与水溶性磷酸盐粉末(最常见的为磷酸二氢铵,$NH_4H_2PO_4$)组成,遇水后则反应生成磷酸镁水化产物。磷酸镁水泥在欧洲较为通行,常用于快速修补之用。磷酸钙水泥的研究与发展源于材料领域与牙医领域,更引起各界的重视与兴趣。由于磷酸钙水泥之水化产物的化学组成与人体骨骼成分相同,故应用于人体内部时不会产生毒性与排斥等负面效应。目前磷酸钙水泥被视为生物医学材料,应用领域以牙医、骨科、整形外科为主。

磷酸盐水泥的发展可分为两个阶段,早期是以磷酸镁水泥为主,受限于其矿物组成较为稀有、产品特性较不明显等因素,产品价值较低,应用范围也仅限于土木工程领域;近期由于磷酸钙水泥的性质,主要应用于生物医学领域,其产品价值也因此激增,成为一项被期待的新型水泥质材料。

2. 氟铝酸盐水泥

氟铝酸盐水泥是一种以氟铝酸钙($11CaO \cdot 7Al_2O_3 \cdot CaF_2$)为主要组成的快凝快硬水泥,又称双快水泥。它以石灰石、矾土和萤石为原料,在 $1340\sim1400℃$ 下煅烧而成的熟料,加适量石膏和一定量的矿渣共同磨细而成。

　　氟铝酸盐水泥水化、凝结硬化极快(常温下凝结时间只有几分钟),1h 净浆强度可达 15～25MPa。氟铝酸盐水泥石结构致密,早期强度高且后期强度稳定。氟铝酸盐水泥可制成锚喷用的喷射水泥,还具有良好的抗化学侵蚀性。在用作抢修工程时,氟铝酸盐水泥可根据使用要求及气温条件,采用缓凝剂调节。

3. 氯氧镁水泥

　　氯氧镁水泥是用煅烧菱镁矿石所得的轻烧粉或低温煅烧白云石所得的灰粉(主要成分为 MgO)为胶结剂,以六水氯化镁($MgCl_2 \cdot 6H_2O$)等水溶性镁盐为调和剂,再加入水,所形成的性能稳定的镁质胶凝材料。氯氧镁水泥所形成的硬化体主要成分是 $5Mg(OH)_2 \cdot MgCl_2 \cdot 8H_2O$ 和 $3Mg(OH)_2 \cdot MgCl_2 \cdot 8H_2O$ 晶相所组成的氧化镁-氯化镁-水三元化合物结晶相复盐,另外,还有一部分 $Mg(OH)_2$ 胶凝体。

　　氯氧镁水泥因硬化体所形成的人造石类似于水泥,具有水泥一样的胶凝特性,但它的性能与常规水泥有着很大的差别。氯氧镁水泥适于干燥环境养护,而且凝结硬化快;力学强度高,28d 抗压强度可达 110MPa,抗折强度高达 20MPa,早期强度很高。氯氧镁水泥碱性低且与多种纤维材料有良好的黏结性,与玻璃纤维、植物纤维等复合后可形成轻质高强的复合材料。其耐磨性是普通硅酸盐水泥的 3 倍,因此氯氧镁水泥特别适合生产地面砖及其他高耐磨制品,尤其是磨料磨具,如抛光砖磨块等。在各种无机胶凝材料中,只有氯氧镁水泥同时具备既耐高温又耐低温的特性。氯氧镁水泥由于是用盐卤作调和剂的(大多为氯化镁),本身就有盐卤成分,所以它不仅不怕盐卤腐蚀,而且遇盐卤还会增加强度。氯氧镁水泥具有良好的抗渗性,在凝结硬化后,形成很高的密实度,毛细孔相对于常规水泥要少得多。

　　氯氧镁水泥大多以氯化镁为调和剂,含有大量的氯离子,对钢材具有极强的腐蚀性。氯氧镁水泥耐水性较差,极易吸潮并产生严重变形,造成内部结构变化和强度降低,再次干燥后还会形成返霜,因此使用氯氧镁水泥时,应限制氧化镁含量。为改善氯氧镁水泥的耐水性和耐潮性,可掺入外加剂防止水化物水解,掺入憎水性改性材料防止水分侵入,掺加某些化学物质改变水化反应产物,使其耐水性提高。

3.6　新型胶凝材料及其在土木工程中的应用

3.6.1　碱激发胶凝材料

1. 碱激发胶凝材料的概念及分类

　　碱激发胶凝材料是近年来新发展起来的一类新型无机非金属材料,是由铝硅酸盐胶凝成分固结的化学键合成的一种新型胶凝材料。它是通过铝硅酸盐组分的溶解、分散、聚合和脱水硬化而成。其矿物组成与沸石相近,物理形态上呈三维网络结构,因此其具有有机聚合物、陶瓷、水泥的优良性能。其中研究得最早也比较成功的碱矿渣水泥,是由乌克兰水泥科学家 V. D. Glukhovsky 为首的研究小组于 20 世纪 50 年代后期研究发明的,80 年代又成功地将碱矿渣水泥应用于实际建筑工程之中。我国大约从 20 世纪 80 年代初期开始这方面的研究。迄今为止,碱激发胶凝材料以其早强、快硬、高强及耐化学侵蚀等优越的特性而受到水泥界的关注。

需要指出的是,法国人 Davidovits 在 20 世纪 70 年代利用碱激发烧黏土成功地研制出地聚合物水泥(geopolymer cement)。80 年代美国相继利用类似的方法研制出具有快硬高强特性的派拉蒙特(Pyrament)水泥,用于军事工程。地聚合物比其他碱激发胶凝材料具有更加优越的性能,详见 3.6.2 节。

对于碱激发胶凝材料的分类还没有明确的划分,根据原材料的名称,大致将它划分为以下四类。

(1) 碱-铝硅酸盐玻璃体类。该类是以工业废渣,如矿渣、粉煤灰、磷渣、赤泥、煤矸石等为主要原料,以铝硅酸盐的玻璃体或无定形物质为主体的碱激发胶凝材料。因废渣产生的工业源不同,组成变化较大,故一般还可以分为:①钙含量较高的,如矿渣、磷渣等;②钙含量较低的,如粉煤灰、煤矸石等。根据主要生产原料的不同,又可分为碱激发矿渣水泥、碱激发粉煤灰水泥、碱激发复合水泥等。

(2) 碱-烧黏土类。这是以黏土经适当温度煅烧后形成偏高岭石作为原料,经碱的激发而形成的胶凝材料。它们的组成中几乎不含钙(有的报道为在其制备过程中加入一定数量的 CaO)。我国学者一般将其命名为土聚水泥、地聚水泥、土壤聚合水泥及地聚合物等,也有一定数量的研究,国外的研究报道也较多(该类碱激发胶凝材料将以地聚合物在 3.6.2 节专门详细介绍)。

(3) 碱-矿石尾矿类。主要是碱激发钾长石尾矿,它和烧黏土类相似,即钙含量少。目前对这类水泥的研究不多,但也是一个新的原料来源。上述碱-烧黏土类有时也归于此类,称碱矿物胶凝材料。

(4) 碱-碳酸盐类。碱-碳酸盐胶凝材料是从研究碱-硅酸盐反应(碱-骨料反应)得到的启发,认为在某些特定的情况下碱性硅酸盐溶液有可能与天然石灰岩反应,形成具有胶凝性的、有一定强度的材料,从而开发了一种新的无机灌浆材料。

2. 碱激发胶凝材料的性能特点

碱激发胶凝材料所用的原料不同,在形成硬固体以后的力学性能差别较大,但它的强度,尤其是抗拉强度比硅酸盐水泥浆体高得多。此外,碱激发胶凝材料具有良好的、较全面的耐久性。

1) 碱激发矿渣类

碱激发矿渣水泥由碱组分和矿渣(铝硅酸盐组分)组成,是一种无熟料水泥。其原材料矿渣可以采用水淬高炉矿渣、电热磷渣、有色金属矿渣、钢渣和化铁渣;碱质组分可以采用工业产品,如氢氧化钠、碳酸钠、碳酸钾、水玻璃等。碱激发矿渣水泥具有生产工艺简单、投资省、生产能耗低、能有效利用工业副产品和废渣、生产过程排放的温室气体少(约为普通水泥的 10%)、综合技术性能特别是耐久性优良等特点,但是凝结时间短、拌和物黏度大、硬化体收缩大。

碱激发矿渣水泥的优点有如下几条。

(1) 早期强度高,凝结时间短和强度高。不掺缓凝剂时,矿渣经碱激发,可得到快硬混凝土和超快混凝土,通常情况下,3d 抗压强度可达 20MPa 以上,28d 可达 50MPa 以上。

(2) 低吸水性。碱矿渣胶凝材料中碱组分具有良好的减水作用,实际中水灰比很小,结构致密。

（3）抗渗性好。水泥石的抗渗性主要取决于毛细孔的数量，毛细孔的数量低，水泥石的抗渗性就好，碱矿渣水泥的毛细孔率仅为 16.9%～20%，在承受 4MPa 压力下而无渗透现象。

（4）抗冻性和抗化学侵蚀性能好。碱激发胶凝材料的抗渗性好，所以水以及其他有害介质无法进入材料内部而引起侵蚀、冻坏等不良结果，且碱矿渣胶凝材料的水化热仅为水泥的 1/3～1/2，甚至更低。

2）碱激发粉煤灰类

碱激发粉煤灰类胶凝材料有着许多优异的性能，流动性大、强度高，耐水性大于普通硅酸盐水泥，抗硫酸盐侵蚀性能佳，抗冻性好，无明显收缩和泌水现象。

碱激发粉煤灰由于粉煤灰性质的原因也存在一些问题需要解决。例如，①粉煤灰品质低。我国大多数电厂粉煤灰的品质偏低，多为Ⅲ级灰，Ⅰ、Ⅱ级灰只占 5% 左右，使得粉煤灰产品的早期强度偏低，限制了其应用。②粉煤灰活性较低。虽然粉煤灰中有大量的铝硅酸盐矿物，但是因为其中硅氧四面体聚合度高，所以活性很难被激发。③早期强度低。由于粉煤灰的水化过程比较缓慢，其强度的黄金发展期需在 28d 以后，所以在早期还不能发挥粉煤灰的火山灰活性，因此，碱激发粉煤灰类胶凝材料的早期强度增长缓慢。

3）碱激发碳酸盐类

碱激发碳酸盐类胶凝材料是近年来研究开发的一种新型胶凝材料，其原材料是天然碳酸盐矿物和工业水玻璃，具有利废、节能和对环境影响小等特点。但材料性能尚有以下不足：①早期强度低，后期强度增长率不大；②抗渗性能尚不能达到防水砂浆或防水混凝土的要求。通过掺加矿渣、粉煤灰、偏高岭土等铝硅酸盐物质可以改善碱激发碳酸盐类胶凝材料的力学和抗渗性能。

3. 碱激发胶凝材料在土木工程中的应用

对于这种性能特异的新型胶凝材料，具备一些普通硅酸盐水泥所没有的优点，可充分利用它们的特点，着重应用于硅酸盐水泥较难以取得满意效果的工程上，或者是利用其胶凝性开发新的产品，拓宽原水泥的应用范围。主要可应用在以下几个方面。

（1）高强结构材料。碱激发胶凝材料的力学性能除表现为强度，尤其是抗拉和抗弯强度很高外，弹性模量也很高，将它用作结构材料也是可行的。例如，俄罗斯列别茨克市于 1989 年从基础、墙体、楼板到屋面材料全部用碱矿渣水泥建了一栋 22 层大楼，建筑面积达 5105.2m²，即使在 −25℃ 低温下也可以施工。

（2）固封材料。由于碱激发胶凝材料不仅强度高，且致密性好，同时有的材料硬化后固体中还含有三维网状笼形结构的沸石，是固化各种化工废料、固封有毒金属离子及核放射元素的有效材料，如法国在碱激发胶凝材料中加入非晶态金属纤维制造了核废料容器。波兰曾报道成功地用碱激发矿渣水泥固封硫黄井。

（3）海洋工程、强酸腐蚀环境中的工程材料。由于它耐腐蚀性能好，因此用于海港建筑、码头、某些化工厂的酸性储罐等。在乌克兰曾用碱激发矿渣水泥建造敖得萨海港，建筑马厩（腐蚀性强）等；用碱激发矿渣粉煤灰水泥混凝土制成的淮河治理工程的排水管，使用两年后外观良好，其中钢筋完好，耐腐蚀系数为 0.88，硅酸盐水泥制得的管子外观则严重腐蚀，钢筋腐蚀严重，耐腐蚀系数仅为 0.25。

3.6.2 地聚合物

1. 地聚合物的概念及发展

地聚合物(geopolymer)是近年发展起来的一类新型无机高聚合胶凝材料,属于碱激发胶凝材料中的一种,是由法国科学家 Joseph Davidovits 教授于 20 世纪 70 年代首先发现并命名。geopolymer 一词原意指由地球化学作用或地质合成作用而形成的铝硅酸盐矿物聚合物,而这一概念发展到现在则包括了所有采用天然矿物或固体废弃物制备成的以硅氧四面体与铝氧四面体聚合而成的具有非晶态和准晶态特征的三维网络凝胶体。地聚合物的原料以无机非金属矿物和工业废渣为主,主要有效成分为铝-硅酸盐。经较低温度煅烧,转变为无定形结构的偏高岭石,具有较高的火山灰活性。在碱性激发剂及促进剂的作用下,硅铝氧化物经历由解聚到再聚合的过程,形成类似地壳中一些天然矿物的铝硅酸盐网络状结构。

20 世纪 80 年代,苏联、联邦德国、美国等也在该类胶凝材料的研制方面取得了阶段性成果,已形成商品有美国的 PYRAMENT 牌水泥、德国 TROL IT 牌黏结剂、芬兰的"F 胶凝材料"和法国 GEOPOL YMERAM 牌陶瓷等。日本也于 90 年代着手开发这类胶凝材料。我国在这一领域的研究起步较晚。目前已有近 30 个国家和地区成立了专门研究该类胶凝材料的实验室,并对这方面的技术进行高度保密。

2. 地聚合物的性能特点

地聚合物材料的结构以网络结构为特征,这与水泥以水化氧化硅为主的微纤维状结构完全不同,此类胶凝材料也因此具有传统水泥所不具有的优异性能。地聚合物与普通硅酸盐水泥的不同之处在于:前者存在离子键、共价键和范德华键,并以前两类为主;后者则以范德华键和氢键为主。这就是两种材料性能悬殊的原因。地聚合物兼有有机高聚物、陶瓷、水泥的特点,又不同于上述材料,具有良好的力学性能和耐久性能。

(1) 凝结硬化快、早期强度高。地聚合物具有良好的早强特征,凝结时间方面具有快硬水泥的特点,并表现出随着温度升高凝结时间缩短的趋势。有研究表明:利用碱激发偏高岭土制得的地聚合物在 25℃ 下 4h 的抗压强度可达 87.5MPa,7d 强度可以达到 137.6MPa;使用优质骨料配制的地聚合物混凝土,25℃ 下 1d 的抗压强度可达 56MPa,后期强度也不降低;在一定工艺条件下,地聚合物制品的强度可达 300MPa 以上。

(2) 良好的界面结合能力。传统硅酸盐水泥在与骨料结合的界面处容易出现过渡区,造成界面结合力薄弱。地聚合物与一般矿物颗粒或废弃物颗粒具有良好的界面亲和性,且不存在硅酸钙的水化反应,其最终产物主要是以共价键为主的三维网络凝胶体,与骨料界面结合紧密,不会出现氢氧化钙的富集和择优取向的过渡区。与水泥基材料相比,当抗压强度相同时,地聚合物具有更高的抗折强度。

(3) 耐腐蚀性好。地聚合物水化不产生钙矾石等硫铝酸盐矿物,因而能耐硫酸盐侵蚀;地聚合物在酸性溶液和各种有机溶剂中也都表现出良好的稳定性。在 5% 的硫酸溶液中,分解率只有硅酸盐的 1/13,在 5% 的盐酸溶液中其分解率只有硅酸盐水泥的 1/12。

(4) 抗渗性、抗冻性好。地聚合物能形成致密的结构,强度高,抗渗性能优良;而且孔洞溶液中电解质浓度较高,因而耐冻融循环的能力增强。

（5）体积稳定性好。地聚合物水化凝结硬化和使用过程中具有良好的体积稳定性。其7d线收缩率仅为普通水泥的 $1/5 \sim 1/7$，28d线收缩率为普通水泥的 $1/8 \sim 1/9$。地聚合物还具有极好的高温体积稳定性。

（6）保温隔热性能好。地聚合物的导热系数为 $0.24 \sim 0.38 \text{W}/(\text{m} \cdot \text{K})$，可与轻质耐火黏土砖（$0.3 \sim 0.4 \text{W}/(\text{m} \cdot \text{K})$）相媲美，隔热效果好。

（7）耐久性好。地聚合物是由无机的硅氧四面体与铝氧四面体聚合而成的三维网络凝胶体，具有有机高聚物的键接结构，所以地聚合物兼有有机高聚物和硅酸盐水泥的特点，与有机高分子相比，地聚合物不老化、不燃烧，耐久性好；与硅酸盐水泥相比，地聚合物能经受环境的影响，耐久性高出很多。

（8）环境协调性好。地聚合物的生产主要以煤系高岭土、粉煤灰、矿物废渣、煤矸石等固体废弃物为原料，生产过程中不使用不可再生的石灰石资源，大大降低了 CO_2 的排放量（相对于硅酸盐水泥的 20%），有助于减少水泥工业 CO_2 的排放。这对保持生态平衡、维持环境协调具有重要意义。

3. 地聚合物在土木工程中的应用

地聚合物性能优良、原材料丰富、工艺简单、价格低廉、节约能源，是一种环保型"绿色建筑材料"，已经在高强建筑材料、固化核废物、密封材料和耐高温材料中显示出广阔的应用前景。

（1）快速修补材料。地聚合物是目前胶凝材料中快硬早强性能最为突出的一类材料，可用作混凝土结构的快速修补材料。用它修建的机场跑道，1h 后可以步行，4h 后可以通车，6h 后可供飞机起降。1991 年海湾战争期间美国修建的临时机场以惊人的速度震惊了世界，其使用的建筑材料就是早强性能优异的地聚合物。

（2）地聚合物基涂料。地聚合物水化后结构致密，具有良好的防水、防火等性能。利用白色的煅烧高岭土作为硅-铝反应物，用一定模数和浓度的水玻璃作为碱激发剂，并加入适量填料可制出地聚合物基涂料。该地聚合物基涂料具有耐淡水、海水、盐和稀硫酸等化学侵蚀的特性。与有机涂料相比，地聚合物基涂料还具有防火阻燃性、环保性、防霉菌性等一系列优点。地聚合物基涂料作为特种涂料有广阔的应用前景。

（3）地聚合物板材。我国玻璃纤维增强水泥板材（GRC）的生产经历了 20 多年的研究、设计和应用开发，市场规模仍很小，其主要原因是采用水泥和一些填料生产这类板材工序复杂、质量不易控制和成本较高。水泥在常温下水化较慢，而 GRC 板材的流水线式生产工艺又不可能将成型后的 GRC 板材进行长时间的室温养护或较长时间的蒸养。很多 GRC 板材中的水泥并没有大部分对强度产生贡献，造成浪费和性能不稳定。而地聚合物恰恰具有快硬和早强特点，不用湿态养护也可以产生很高的强度，用于生产 GRC 可省去蒸养或长时间室温养护，而且以废渣为主要原料生产的地聚合物成本只有普通水泥的 $1/2$ 左右，可大幅度降低生产成本和提高生产效率。地聚合物在泥膏状时还具有良好的可塑性，可以省去生产 GRC 时必须添加的大量甲基纤维素（其成本几乎占全部原材料成本的 $1/4 \sim 1/3$），可进一步降低 GRC 的生产成本。与水泥制品相比，地聚合物制品特有的高抗折强度、耐腐蚀和导热系数低的特点，使得用地聚合物生产的 GRC 特别适合作新型墙体最外面的装饰性保护层，可大大提高新型墙体服役的时间与安全性。

（4）建筑用地聚合物块体材料。由于地聚合物具有快硬、早强和不用蒸养的特点，再加上良好的黏结性和可塑性，它比水泥更适合制备建筑用标准砖、建筑砌块、铺路砖等建筑用块体材料。利用含硅铝酸盐类固体废弃物为粗骨料和细骨料制备建筑砌块时，还能发挥固体废弃物本身的活性，形成聚合物与骨料之间的化学结合及梯度界面，从而大幅度降低生产成本和提高产品质量。由于地聚合物材料良好的抗折强度和耐久性，再加上聚合物材料容易制成亮度较大的彩色制品，用其代替水泥来生产纤维增强地聚合物大型薄板状波形瓦将比传统的水泥石棉瓦具有更好的耐久性、更高的强度和更低的成本。

（5）地聚合物混凝土路面。路面混凝土与普通建筑用混凝土相比，其主要特点是要求混凝土层具有更高的抗折强度和更好的耐磨性。地聚合物材料的主要特点就是其抗折强度和硬度远大于一般水泥基材料（相同抗压强度时），通常水泥净浆硬化体的莫氏硬度在 5 左右，而地聚合物的莫氏硬度一般在 6 左右。而且，地聚合物的弹性模量比水泥材料大得多，采用相同骨料的地聚合物混凝土的耐磨性显然高于水泥混凝土。虽然地聚合物混凝土不适于泵送，但由于传统混凝土路面多采用翻斗车运输，因而对施工并无不利影响。

（6）地聚合物在土木工程中的其他应用

① 地聚合物灌浆材料。地下工程和道路工程所用的中低强度灌浆料通常用量巨大，但不要求有太高的强度。如能使用地聚合物来胶结就地取材的固体废弃物或黄土、细砂等材料，将在保证有良好的整体强度和耐地下水溶蚀的能力情况下大幅降低成本。锚固结构中用来加固锚索和锚杆的地下部分的高强度灌浆材料，失效的主要方式是内部钢筋或钢绞索的锈蚀，地聚合物特有的低孔隙率、高密闭性和高抗溶蚀性正赋予其良好的防锈蚀能力。

② 地聚合物密封固结材料。地聚合物特有的降低固体废弃物中金属离子溶出的功能使得地聚合物成为比水泥更好、成本更低的用于固结高重金属固体废弃物及放射性固体废弃物的固结材料。

③ 耐酸碱腐蚀材料。利用地聚合物良好的抗酸、碱能力可将其用于修建存储酸、碱废水的堤坝、水池和管道，也可用地聚合物修建垃圾填埋场的密封层。

知识归纳

1. 水泥是无机水硬性胶凝材料，按用途与性能也可划分为通用水泥、专用水泥及特性水泥三类。一般土木建筑工程中常用的水泥多为硅酸盐系水泥，通用硅酸盐水泥包括硅酸盐水泥、普通硅酸盐水泥、矿渣硅酸盐水泥、粉煤灰硅酸盐水泥、火山灰质硅酸盐水泥和复合硅酸盐水泥六大品种。

2. 通用硅酸盐水泥的生产工艺过程可概括为"两磨一烧"。硅酸盐水泥熟料中主要的硅酸三钙（C_3S）、硅酸二钙（C_2S）、铝酸三钙（C_3A）和铁铝酸四钙（C_4AF）四种矿物，各自的水化特性存在差异，影响水泥的水化特性和水泥石性能。

3. 通用硅酸盐水泥的技术指标有化学指标、凝结时间、体积安定性、强度和细度等。影响水泥凝结硬化的主要因素有熟料的矿物组成、水泥的细度、拌和用水量、养护条件及龄期等。

4. 通用硅酸盐水泥在通常环境条件中可表现出较好的耐久性，某些环境条件下可能发生水泥石的腐蚀，典型的腐蚀类型有软水侵蚀、盐类侵蚀、酸类侵蚀、强碱的腐蚀等。提高水泥石的密实程度可有效改善水泥石的抗腐蚀性能。

　　5. 实际工程中,应根据使用环境和性能要求,结合六大品种水泥的特性和适用范围,合理选用通用硅酸盐水泥。

　　6. 除通用硅酸盐水泥之外,工程中也广泛使用其他具有特殊性能的水泥,如其他硅酸盐系水泥(白色硅酸盐水泥、彩色硅酸盐水泥、道路硅酸盐水泥、抗硫酸盐硅酸盐水泥、中热硅酸盐水泥和低热硅酸盐水泥)以及铝酸盐系水泥、硫铝酸盐水泥和磷酸盐水泥等非硅酸盐系列水泥。

课后习题

　　1. 什么是通用硅酸盐水泥? 试述硅酸盐水泥中不同的熟料矿物组成对水泥性质的影响。

　　2. 硅酸盐水泥的主要水化产物有哪些? 硅酸盐水泥的硬化水泥石结构是如何构成的?

　　3. 试说明下述各条"必须"的原因:

　　(1) 制造硅酸盐水泥时必须掺入适量的石膏;

　　(2) 水泥粉磨必须具有一定的细度;

　　(3) 水泥体积安定性必须合格;

　　(4) 测定水泥强度等级、凝结时间和体积安定性时,均必须采用规定加水量。

　　4. 某立窑水泥厂生产的 42.5 级普通硅酸盐水泥中游离氧化钙含量较高,加水拌和后凝结时间仅 40min,而且安定性试验轻度不合格。然而,放置 1 个月后,凝结时间和体积安定性均符合规范要求。请分析其原因,并回答为什么放置 1 个月后该水泥仍不能按合格 42.5 级普通硅酸盐水泥使用。

　　5. 现有甲、乙两个品种的硅酸盐水泥熟料,其矿物组成如表 3-16 所示。现用它们分别制成硅酸盐水泥,使用了甲水泥的某大体积混凝土挡墙工程,浇筑两周后拆模发现挡墙出现多道贯穿性的纵向裂缝。

　　(1) 估计甲、乙水泥强度发展情况,说明其水化放热的差异,并阐明其理由;

　　(2) 分析挡墙开裂的原因。

表　3-16

品种及主要矿物成分	熟料矿物组成/%			
	C_3S	C_2S	C_3A	C_4AF
甲	56	17	14	13
乙	44	31	7	18

　　6. 什么是活性混合材料? 什么是非活性混合材料? 它们在水泥中各自的作用如何?

　　7. 试述通用硅酸盐水泥腐蚀的种类及各自腐蚀的机理,并简述防止水泥腐蚀的技术措施。

　　8. 某工程工期较短,现有强度等级同为 42.5 级的硅酸盐水泥和矿渣水泥可供选用,请问:

（1）选用哪种水泥较为合适？

（2）分别用两种水泥配制的混凝土的 28d 强度有无较大差异？

9. 某工程工地急需使用但刚好缺少膨胀水泥，可以采用哪些方法加以解决？

10. 有下列混凝土结构，试分别选用合适的水泥品种，并说明选用的理由：

（1）大体积混凝土工程；

（2）采用湿热养护的混凝土构件；

（3）高强度混凝土工程；

（4）严寒地区受到反复冻融的混凝土工程；

（5）与硫酸盐介质接触的混凝土工程；

（6）有耐磨要求的混凝土工程；

（7）紧急抢修的工程或紧急军事工程；

（8）高炉基础；

（9）道路工程。

11. 为什么普通水泥早期强度较高、水化热较大、耐腐蚀性较差，而矿渣水泥和火山灰质水泥早期强度低、水化热小，但后期强度增长较快，且耐腐蚀性较强？

12. 试述高铝水泥的矿物组成、水化产物及特性，以及它在使用中应注意的问题。

13. 硫铝酸盐水泥的主要矿物是什么？其主要技术特点及应用要求有哪些？

第 4 章

混 凝 土

【主要内容】

本章主要介绍普通混凝土的基本组成材料、分类和性能要求；普通混凝土拌和物的性能、测定及调整方法；普通混凝土硬化后的力学性能、变形性能和耐久性；普通混凝土外加剂与矿物掺和料；普通混凝土的配合比设计；普通混凝土质量控制与强度评定；高性能混凝土；特种混凝土及其应用与发展。

【重点难点】

本章的教学重点为普通混凝土组成材料的主要技术要求，新拌混凝土和易性及其测试评价方法，硬化混凝土的力学性能、变形性能和耐久性及其影响因素，普通混凝土配合比设计等；教学难点为合理砂率的确定、减水剂作用机理、混凝土受压破坏强度理论、混凝土配合比设计等。

混凝土是由胶凝材料、粗骨料、细骨料和水按适当的比例配合、拌和制成混合物，经一定时间后硬化而成的人造石材，常简写为"砼"。混凝土是现代土木工程中应用最广、用量最大、随处可见的土木工程材料，房屋建筑、道路、桥梁、地铁、井巷、水利和港口等工程都离不开混凝土。

混凝土材料的应用及发展可以追溯到很古老的年代。相传数千年前，我国劳动人民及埃及人就用石灰与砂混合配制成砂浆砌筑房屋。公元前 500 年左右，古罗马人使用石灰、砂及卵石配制混凝土，并在石灰中掺入火山灰配制用于海岸工程的混凝土，这是最早使用水硬性胶凝材料制备混凝土的记录。1824 年英国工匠约瑟夫·阿斯普丁(Joseph Aspdin)在反复试验的基础上，总结出石灰、黏土、矿渣等各种原料之间的比例以及生产波特兰水泥的方法。1830 年前后，现代意义的混凝土随之问世，成为混凝土发展史上最重要的里程碑。1850 年法国人朗波特(Lambot)发明了用钢筋加强混凝土，以弥补混凝土抗拉及抗折强度低的缺陷，并首次制成钢筋混凝土船。钢筋混凝土的出现，是混凝土技术发展史上的第一次飞跃。1928 年法国人佛列西涅(Freyssinet)发明了预应力钢筋混凝土施工工艺，制成了预应力钢筋混凝土，为钢筋混凝土结构用于大跨度桥梁开辟了新途径，成为混凝土技术发展史上的第二次飞跃。1965 年前后各种混凝土外加剂不断出现，尤其是减水剂的应用，显著改善了混凝土的各种性能，出现了混凝土技术发展史上的第三次飞跃。目前，混凝土技术正朝着超高强、高耐久性、多功能、绿色节能、轻质化和智能化等方向发展。

混凝土的品种很多，性能和应用也不尽相同，通常可进行如下分类：①按所用胶凝材料可分为水泥混凝土、石膏混凝土、水玻璃混凝土、石灰混凝土、硫黄混凝土、沥青混凝土、聚合物混凝土、聚合物水泥混凝土等几种。②按干表观密度分为重混凝土、普通混凝土、轻混凝土。重混凝土，其干表观密度大于 $2600kg/m^3$，由重骨料和水泥配制而成，主要用于防辐射工程；普通混凝土，其干表观密度为 $1950\sim2600kg/m^3$，一般多在 $2400kg/m^3$ 左右，其骨料采用天然砂、石，是目前最为普遍、用量最多的混凝土，主要用作承重结构材料；轻混凝土，其干表观密度小于 $1950kg/m^3$，是采用轻骨料或引入气孔配制成的混凝土，又有轻骨料混凝土、大孔混凝土和多孔混凝土之分，多用作保温结构、承重兼保温结构材料。③按施工工艺可分为泵送混凝土、商品混凝土、喷射混凝土、真空脱水混凝土、自密实混凝土、压力灌浆混凝土、造壳混凝土(裹砂混凝土)、离心混凝土、挤压混凝土、水下不分散混凝土、热拌混凝土和太阳能养护混凝土等。④按用途可分为结构混凝土、水工混凝土、海工混凝土、道路混凝土、防水混凝土、防辐射混凝土、耐酸混凝土、装饰混凝土、耐热混凝土、大体积混凝土、膨胀混凝土等。⑤按掺和料可分为粉煤灰混凝土、硅灰混凝土、碱矿渣混凝土和纤维混凝土等。⑥按抗压强度大小可分为低强混凝土、中强混凝土、高强混凝土和超高强混凝土。低强混凝土，强度等级在 C25 及以下；中强混凝土，强度等级在 C30～C55 之间；高强混凝土，强度等级在 C60～C100 之间；超高强混凝土，强度等级在 C100 及以上。

本章内容主要以普通混凝土为对象进行介绍。

普通混凝土作为土木工程建设中使用最广泛的材料，与其他主要土木工程材料相比，具有如下优点。

(1) 经济性。原材料来源丰富、价格低廉，可就地取材，可充分利用工业废弃物；生产工艺简单，结构建成维护费用较低。

(2) 可靠性。混凝土抗压强度较高，且可根据需求配制不同强度等级的混凝土；与钢筋有较高的黏结力，且线膨胀系数基本相同，能够共同工作，取长补短。

(3) 可塑性。混凝土凝结前有良好的可塑性，利于施工成型，可利用模板浇筑成各种形状及尺寸的构件或结构物。

(4) 耐久性。在自然环境中使用时具有良好的耐久性。

(5) 耐火性。混凝土在高温或火灾中，能够较长时间保持强度，与钢结构相比具有很大优势。

(6) 可改造性。可根据不同工程需要，通过采用新材料、新配方或施工方法配制出不同性质的混凝土，满足工程的多重要求。

普通混凝土也存在一些缺点，在一定程度上限制了它的应用。

(1) 抗拉强度低，性脆易裂。素混凝土的抗拉强度为其抗压强度的 1/20～1/10，是钢筋抗拉强度的 1/100 左右，且属于脆性材料，变形能力差，易产生裂缝，受拉时易产生脆性破坏；在冲击荷载作用下很容易发生脆断。对于钢筋混凝土、纤维混凝土和预应力混凝土，相关性能有所改善。

(2) 自重大、比强度低。不适用于高层、大跨度结构物和构筑物。

(3) 体积稳定性差。水泥混凝土容易发生各种形式的收缩变形，产生内部缺陷和收缩开裂，影响结构耐久性。

(4) 保温隔热性能较差。普通混凝土导热系数较大，不利于保温隔热。轻骨料混凝土、多孔混凝土(泡沫混凝土、加气混凝土)则具备较好的保温隔热性能。

(5) 生产周期长。混凝土浇筑后需要较长时间的养护才能达到预期强度，不利于加快施工进度和结构修补施工后尽快恢复交通。

（6）混凝土性能受施工质量影响大。混凝土施工中的搅拌、浇筑和振捣等环节影响到混凝土的均匀密实，混凝土施工后的养护是水泥水化和混凝土强度形成的保障，施工质量的好坏严重影响混凝土硬化后的强度和耐久性能。

4.1　普通混凝土的基本组成材料

普通混凝土的基本组成材料分别是水泥、水、粗骨料（亦常称作粗骨料，下同）和细骨料（亦常称作细骨料，下同）等四种组分。通常，混凝土中水泥和水形成水泥浆体，水泥浆体占混凝土质量的 25%～35%，骨料占 65%～75%。水泥浆在混凝土中包裹在粗、细骨料表面并填充骨料间的空隙，在未硬化的混凝土中起到润滑作用，赋予新拌混凝土拌和物一定的和易性，便于混凝土施工和质量保证；在硬化后的混凝土中，硬化水泥浆体（水泥石）起胶结作用，将混凝土粗、细骨料胶结成整体，赋予混凝土强度并形成坚硬的人造石材。混凝土中的粗、细骨料在混凝土中起到骨架的作用。骨料在混凝土中所占比例大，且不参与水泥水化，通常弹性模量比水泥石大很多，因此使得混凝土比单纯的硬化水泥浆体具有更高的体积稳定性，减小了硬化水泥浆体的体积收缩。此外，粗、细骨料的价格比水泥低很多，也可以降低混凝土成本。硬化后的混凝土组成结构如图 4-1 所示。

现代水泥混凝土中，为改善混凝土的施工性能、力学性能或耐久性能，往往还要加入各种化学外加剂和矿物掺和料，有时也分别称为混凝土的第五组分和第六组分。本节主要关注普通混凝土最基本的四种组成材料的作用、性能要求及评价指标等，普通混凝土的外加剂与掺和料的相关知识见 4.4 节。

石子
砂
水泥浆
气孔

图 4-1　混凝土的组成结构

4.1.1　水泥

水泥是混凝土中的胶凝材料，是影响混凝土强度、耐久性和经济性的最重要组分。配制混凝土时，首先应正确选择水泥品种及其强度等级，并结合其他材料的选择和混凝土配合比设计以配制出性能满足要求、经济性好的混凝土。

1. 水泥品种的选择

水泥的品种应根据工程性质、特点、所处环境状况和施工条件等进行合理选择。普通硅酸盐混凝土常用的水泥品种是通用硅酸盐水泥，必要时也可采用其他品种水泥。通用硅酸盐水泥的选择参见表 3-8。

2. 水泥强度等级的选择

选择水泥强度等级时，应与混凝土的设计强度等级相适应。通常，配制高强度等级的混凝土时选用高强度等级的水泥，配制低强度等级的混凝土时选用低强度等级的水泥，应尽量使所选择水泥的强度等级为混凝土强度等级的 0.9～1.5 倍。

如果用低强度等级的水泥配制高强度等级混凝土，为满足混凝土强度要求必然需要增大水泥用量或减小水灰比。增大水泥用量会增大混凝土的收缩而导致开裂，不利于混凝土耐久性,也不符合经济性原则;减小水灰比,则不利于混凝土的和易性并增加施工难度,难以保证混凝土质量。反之,满足混凝土强度要求时水泥用量将减少,难以满足混凝土和易性和耐久性等要求;若从保证耐久性等性能角度考虑,使用最大水灰比和最小水泥用量配制,又会导致混凝土超强现象且经济性差。

需要注意的是,现代混凝土经常加入矿物掺和料,有助于解决高强度等级水泥配制低强度等级混凝土的超强现象和经济性差的问题;减水剂的应用则有助于实现低强度等级水泥配制高强度等级混凝土。不同水泥强度等级适宜配制的混凝土强度等级见表 4-1。

表 4-1　与水泥强度等级适宜配制的混凝土强度等级

水泥强度等级	适宜配制的混凝土强度等级	水泥强度等级	适宜配制的混凝土强度等级
32.5	C15、C20、C25、C30、C35	52.5	C40、C45、C50、C55、C60
42.5	C30、C35、C40、C45、C50	62.5	C60、C65、C70、C75、C80

4.1.2　细骨料

1. 细骨料的种类和类别

粒径在 $150\mu m\sim4.75mm$ 之间的骨料称为细骨料,根据国家标准《建设用砂》(GB/T 14684—2011)的规定,细骨料按产源可分为天然砂、机制砂两类。天然砂是自然生成的、经人工开采和筛分的粒径小于 4.75mm 的岩石颗粒,包括河砂、湖砂、淡化海砂和山砂,但不包括软质、风化的岩石颗粒;机制砂俗称人工砂,是经除土处理,由机械破碎筛分制成的粒径小于 4.75mm 的岩石、矿山尾砂或工业废渣颗粒,也不包括软质、风化的岩石颗粒。实际中,有时将机制砂和天然砂混合起来使用,以克服机制砂粗糙而天然砂多偏细的缺点,这种砂称为混合砂。

天然砂是由天然岩石经自然条件作用而形成的。河砂和湖砂因长期经受流水和波浪的冲洗,颗粒较圆,比较洁净,且分布较广,工程中常采用。海砂因长期受到海流冲刷,颗粒圆滑,比较洁净且粒度一般比较整齐,但常混有贝壳及盐类等有害杂质。在配制钢筋混凝土时,海砂中 Cl^- 含量不应大于 0.06%(以全部 Cl^- 换算成 NaCl 占干砂质量的百分率计);对于预应力钢筋混凝土,则不宜采用海砂。山砂是从山谷或旧河床中采运而得的,其颗粒多带棱角,表面粗糙,含泥量和有机物杂质较多,使用时应加以限制。

机制砂是由天然岩石轧碎而成的,其颗粒富有棱角,比较洁净,但砂中片状颗粒及细粉含量较大,且成本较高,只有在缺乏天然砂时才常采用。混合砂是机制砂和天然砂混合而成的砂,其性能取决于原料砂的质量及其配制情况。矿山尾砂、工业废渣生产的机制砂除符合《建设用砂》(GB/T 14684—2011)外,还应符合我国环保和安全相关标准和规范,不应对人体、生物、环境及混凝土、砂浆性能产生有害影响。

根据砂的技术要求,可分为Ⅰ类、Ⅱ类和Ⅲ类。Ⅰ类砂宜用于配制强度等级大于 C60 的混凝土,Ⅱ类砂宜用于配制强度等级 C30～C60 及有抗冻、抗渗或其他要求的混凝土,Ⅲ类砂宜用于配制强度等级小于 C30 的混凝土和建筑砂浆。

2. 细骨料的技术要求

细骨料质量的优劣,直接影响到混凝土质量的好坏。现有国家标准《建设用砂》(GB/T

14684—2011)对混凝土用砂的质量提出了下列要求。

1) 含泥量、石粉含量和泥块含量

含泥量是指天然砂中粒径小于 $75\mu m$ 的尘屑、淤泥等颗粒质量占砂质量的百分率。泥包裹于砂子的表面,隔断了水泥石与砂子之间的黏结,影响混凝土的强度。当含泥量多时,会降低混凝土强度和耐久性,并增加混凝土的干缩。石粉含量是指机制砂中粒径小于 $75\mu m$ 的矿物组成和化学成分与母岩相同的颗粒质量占砂质量的百分率。为确定机制砂中粒径小于 $75\mu m$ 的颗粒是泥土还是石粉,可通过亚甲蓝试验 MB 来判定。石粉会增大混凝土拌和物需水量,影响混凝土和易性,降低混凝土强度。泥块含量是指砂中原粒径大于 $1.18mm$,经水浸洗、手捏后小于 $600\mu m$ 的颗粒质量占砂质量的百分率。泥块在混凝土内成为薄弱部位,引起混凝土强度和耐久性的降低。天然砂的含泥量和泥块含量应符合表 4-2 的规定,机制砂的石粉含量和泥块含量应符合表 4-3 的规定。

表 4-2　天然砂的含泥量和泥块含量要求(GB/T 14684—2011)　　　　%

类　　别	Ⅰ	Ⅱ	Ⅲ
含泥量(按质量计)	≤1.0	≤3.0	≤5.0
泥块含量(按质量计)	0	≤1.0	≤2.0

表 4-3　机制砂的石粉含量和泥块含量要求(GB/T 14684—2011)　　　　%

类　　别			Ⅰ	Ⅱ	Ⅲ
亚甲蓝试验	MB 值≤1.4 或合格	石粉含量(按质量计)	≤10.0		
		泥块含量(按质量计)	0	≤1.0	≤2.0
	MB 值>1.4 或不合格	石粉含量(按质量计)	≤1.0	≤3.0	≤5.0
		泥块含量(按质量计)	0	≤1.0	≤2.0

2) 有害物质

砂中有害物质包括云母、轻物质、有机物、硫化物及硫酸盐、氯化物和贝壳等。云母是表面光滑的小薄片,会降低混凝土拌和物的和易性、强度和耐久性。硫化物及硫酸盐主要由硫铁矿(FeS_2)和石膏($CaSO_4$)等杂物带入,它们与水泥石中固态水化铝酸钙反应生成钙矾石,反应产物固相体积膨胀 1.5 倍,引起混凝土膨胀开裂。有机物主要来自于动植物的腐殖质、腐殖土、泥煤和废机油等,会延缓水泥的水化,降低混凝土的强度,尤其是早期强度。Cl^- 是强氧化剂,会导致钢筋混凝土中的钢筋锈蚀,锈蚀后的体积膨胀和受力面减小引起混凝土开裂。砂中有害物质限量应符合表 4-4 的规定。

表 4-4　砂中有害物质限量(GB/T 14684—2011)　　　　%

类　　别	Ⅰ	Ⅱ	Ⅲ
云母(按质量计)	≤1.0	≤2.0	
轻物质(按质量计)	≤1.0		
有机物	合格		
硫化物及硫酸盐(按 SO_3 质量计)	≤0.5		
氯化物(按氯离子质量计)	≤0.01	≤0.02	≤0.06
贝壳(按质量计):该指标仅适用于海砂	≤3.0	≤5.0	≤8.0

3）碱活性

当对砂的碱活性有怀疑时或用于重要工程的砂，需进行碱活性检验，可通过碱-骨料反应试验进行测试。碱-骨料反应检测方法及结果判定原则见 4.3.4 节"混凝土的碱-骨料反应"。经碱-骨料反应试验后，试件应无裂缝、酥裂、胶体外溢等现象，在规定的试验龄期膨胀率应小于 0.10%。

4）粗细程度和颗粒级配

砂的粗细程度是指不同粒径的砂粒混合在一起后的总体粗细程度。一般而言，对于相同质量的砂，细砂的总表面积较大，包裹砂粒表面所需水泥浆量较多；粗砂的总表面积较小，包裹砂粒表面所需水泥浆量较少。当混凝土拌和物和易性要求一定时，用粗砂比用细砂更能节省水泥浆量。但若砂子过粗，易使混凝土拌和物产生离析、泌水等现象。因此，实际配制混凝土时，所用砂不宜过细，也不宜过粗。

砂的颗粒级配是指不同粒径的砂粒之间的相互搭配情况。粒径相同或相近的砂粒堆积在一起时，产生的空隙率较大；两种（相差较大）粒径的砂搭配起来堆积，空隙率就会减小；进而用三种粒径或更多种粒径范围的砂搭配起来堆积，就能获得很小的空隙率。在混凝土中，砂粒之间的空隙需要由水泥浆体填充，较小的空隙率有利于混凝土的流动并能节约水泥。

可见，砂的粗细程度和颗粒级配在拌制混凝土时必须同时考虑，最理想的情况是砂的空隙率及总表面积均较小，这样的水泥浆需要量最少，且能保证混凝土的密实度，有利于强度和耐久性的提高。根据《建设用砂》（GB/T 14684—2011），砂的粗细程度可由细度模数指标来衡量，颗粒级配情况通常以级配区表示，两者均可通过砂的筛分析方法进行测定。

砂的筛分析法是用孔径为 4.75mm、2.36mm、1.18mm、$600\mu m$、$300\mu m$ 和 $150\mu m$ 的方孔筛组成套筛加上筛底置于摇筛机上，固定后将 500g 干砂样放到 4.75mm 孔径的方孔筛上，盖上筛盖开动摇筛机进行筛分。摇筛 10min 后停机，取留在各筛上的砂用天平称出质量，称之为各号筛的筛余量（分计筛余量）m_i（$i=1,2,\cdots,6$，对应于套筛的各级方孔筛）。将分计筛余量和筛底上粉末的质量（$m_{底}$）相加之和（M）作为分母，m_i 作为分子，计算可得到分计筛余百分率 a_i，进而计算出累计筛余百分率 A_i。分计筛余量、分计筛余百分率和累计筛余百分率之间的关系及计算见表 4-5。

表 4-5　筛余量、分计筛余百分率、累计筛余百分率的关系

筛孔尺寸	筛余量/g	分计筛余百分率/%	累计筛余百分率/%
4.75mm	m_1	$a_1=m_1/M$	$A_1=a_1$
2.36mm	m_2	$a_2=m_2/M$	$A_2=a_1+a_2$
1.18mm	m_3	$a_3=m_3/M$	$A_3=a_1+a_2+a_3$
$600\mu m$	m_4	$a_4=m_4/M$	$A_4=a_1+a_2+a_3+a_4$
$300\mu m$	m_5	$a_5=m_5/M$	$A_5=a_1+a_2+a_3+a_4+a_5$
$150\mu m$	m_6	$a_6=m_6/M$	$A_6=a_1+a_2+a_3+a_4+a_5+a_6$
筛底	$m_{底}$	—	—

　　根据砂筛分析试验结果,砂的细度模数(M_x)可由式(4-1)进行计算,砂的细度模数越大,表示砂的粗细程度越粗。将砂按照细度模数分为粗、中、细三种规格,对应细度模数分别为:粗砂3.7~3.1;中砂3.0~2.3;细砂2.2~1.6。建筑用砂的细度模数范围通常在1.6~3.7,细度模数 $M_x > 3.7$ 的砂称为特粗砂,而当 $0.7 \leqslant M_x < 1.6$ 时称为特细砂,$M_x < 0.7$ 时称为粉砂。砂的细度模数并不能反映砂级配的优劣,细度模数相同的砂,其级配可以相差很大。在配制混凝土时,必须同时考虑砂的级配和砂的细度模数。

$$M_x = \frac{(A_2 + A_3 + A_4 + A_5 + A_6) - 5A_1}{100 - A_1} \tag{4-1}$$

　　根据筛分析中各筛孔累计筛余百分率,可将砂分为三个级配区,见表4-6。如果以累计筛余百分率为纵坐标,以筛孔尺寸为横坐标,由表4-6中级配区及累计筛余百分率上下限值可以绘制出砂的标准级配区筛分曲线范围,可以直观用于级配区的判断,如图4-2所示。

表 4-6　砂的颗粒级配

各级方孔筛		累计筛余/%		
累计筛余百分率编号	筛孔尺寸/mm	Ⅰ区	Ⅱ区	Ⅲ区
	9.50	0	0	0
A_1	4.75	10~0	10~0	10~0
A_2	2.36	35~5	25~0	15~0
A_3	1.18	65~35	50~10	25~0
A_4	0.60	85~71	70~41	40~16
A_5	0.30	95~80	92~70	85~55
A_6	0.15	100~90	100~90	100~90
A_6(机制砂)	0.15	85~97	80~94	75~94

图 4-2　天然砂的级配区范围

注:机制砂的级配区范围与此稍有区别,见表4-6。

判定砂级配是否合格的方法如下。

（1）各筛上的累计筛余百分率原则上应完全处于表 4-6 所规定的任何一个级配区（注意对于机制砂，150μm 筛孔上的累计筛余百分率与天然砂不同）；

（2）A_1（4.75mm）和 A_4（600μm）筛号上不允许有任何超出；

（3）某一粒级（除 A_1 和 A_4 之外）的分计筛余百分率或几个粒级累计筛余百分率，允许有少量超出，但超出总量应小于 5%。

实际判断过程中，观察表 4-6 可以发现，三个级配区唯有 600μm 孔径方孔筛对应的累计筛余百分率上下限值互不相交（无重叠）。因此，根据 A_4（600μm 孔径方孔筛对应的累计筛余百分率）基本上就可以判断砂试样属于哪个级配区，然后再结合判定砂级配是否合格的方法的其他步骤进行最终判断。可以概括为如下口诀：“A_4（初）定级配、A_1 在范围、5% 以内（具体要求见判断方法中第（3）步骤）”。

通常认为，Ⅱ区砂的级配较好且颗粒粗细程度适中，配制混凝土时宜优先选用。当采用Ⅰ区砂时，应提高砂率并保持足够的水泥用量，以满足混凝土的和易性。当采用Ⅲ区砂时，宜适当降低砂率以保证混凝土强度。如果某地区的砂子自然级配不符合要求，可采用人工级配砂，即可将粗、细两种砂按合适的比例混合在一起以满足级配要求，或者对某种砂筛分分级后，再按一定比例混合配制。

5）坚固性

砂的坚固性是指砂在气候、环境或其他物理因素作用下抵抗碎裂的能力。骨料的坚固性取决于孔隙率、裂缝和杂质。天然砂的坚固性根据砂在硫酸钠溶液中经五次浸泡循环后的质量损失率来判定。GB/T 14684—2011 规定，浸泡试验后的质量损失对于Ⅰ类和Ⅱ类砂应不大于 8%，Ⅲ类砂应不大于 10%。

机制砂除满足硫酸钠溶液法试验及上述判断标准外，还应满足压碎指标的要求，参见GB/T 14684—2011 规定，Ⅰ类、Ⅱ类和Ⅲ类砂的单级最大压碎指标分别不大于 20%、25% 和 30%。

6）表观密度、堆积密度、空隙率

GB/T 14684—2011 规定，砂表观密度不小于 2500kg/m³，松散堆积密度不小于 1400kg/m³，空隙率不大于 47%。

4.1.3　粗骨料

1. 粗骨料的种类及其特性

常用粗骨料可分为卵石和碎石两类。根据国家标准《建设用卵石、碎石》（GB/T 14685—2011）的规定，由自然风化、水流搬运和分选、堆积形成的粒径大于 4.75mm 的岩石颗粒称为卵石；由天然岩石、卵石或矿山废石经机械破碎、筛分制成的粒径大于 4.75mm 的岩石颗粒称为碎石。

卵石由天然岩石经自然条件长期作用而形成，根据其来源可分为河卵石、海卵石和山卵石等，其中河卵石的应用最多。卵石表面光滑，少棱角，空隙率和表面积较小，但有机杂质含量较多，与水泥石胶结力较差。碎石则主要由天然岩石破碎、筛分而成，也可将大卵石轧碎、筛分而得。碎石表面粗糙，棱角多，空隙率和总表面积较大，但较洁净且骨料间摩擦力大，与水泥石黏结比较牢固。在相同条件下,卵石混凝土的强度较碎石混凝土低,在单位用水量相同的条件下,卵石混凝土的流动性较碎石混凝土大。

GB/T 14685—2011 按技术要求将粗骨料分为Ⅰ类、Ⅱ类和Ⅲ类。Ⅰ类粗骨料宜用于强度等级大于 C60 的混凝土;Ⅱ类粗骨料宜用于强度等级 C30～C60 及抗冻、抗渗或其他要求的混凝土;Ⅲ类粗骨料宜用于强度等级小于 C30 的混凝土。

2. 粗骨料的技术要求

粗骨料质量的优劣直接影响到混凝土质量的好坏。国家标准《建设用卵石、碎石》(GB/T 14685—2011)和建设部行业标准《普通混凝土用砂、石质量及检验方法标准》(JGJ 52—2006),对混凝土用卵石和碎石的质量均提出了要求。GB/T 14685—2011 对粗骨料的质量要求如下。

1) 最大粒径和颗粒级配

为节约混凝土的水泥用量,提高混凝土密实度和强度,混凝土粗骨料的总表面积应尽可能减少,其空隙率应尽可能降低。粗骨料最大粒径与其总表面大小紧密相关。所谓粗骨料最大粒径是指粗骨料公称粒级的上限。当骨料最大粒径增大时,其总表面积减少,保证一定厚度润滑层所需的水泥浆数量减少。因此,在条件许可的情况下,粗骨料的最大粒径应尽量用大些。通常,对于贫混凝土(单位水泥用量≤170kg),采用大粒径骨料是有利的,但当骨料粒径大于 40mm 后,可能造成常用混凝土强度的下降。

粗骨料的最大粒径也受施工条件的限制,石子粒径过大不利于混凝土的运输和搅拌。对于泵送混凝土,为防止混凝土泵送管道堵塞和混凝土分层,不同泵送高度时粗骨料的最大粒径和输送管径之比也需满足相关要求。

粗骨料颗粒级配的含义和目的与细骨料相同,且同样通过筛分析试验来测定。石子筛分析标准筛一套 12 个,均为方孔,孔径分别为 2.36mm、4.75mm、9.50mm、16.0mm、19.0mm、26.5mm、31.5mm、37.5mm、53.0mm、63.0mm、75.0mm 及 90.0mm。分计筛余百分率和累计筛余百分率的计算与砂相同。

粗骨料的颗粒级配分连续级配和间断级配(又称单粒级)两种。连续级配是石子由小到大各粒级相连的级配;间断级配是指用小颗粒的粒级石子直接与大颗粒的粒级石子相配,中间缺了一些粒级的级配。土木工程中多采用连续级配,间断级配虽然可获得比连续级配更小的空隙率,但混凝土拌和物易产生离析现象,不便于施工,较少使用。国家标准《建设用卵石、碎石》(GB/T 14685—2011)对碎石和卵石的颗粒级配要求见表 4-7。

2) 含泥量和泥块含量

卵石、碎石中粒径小于 $75\mu m$ 的颗粒含量称为含泥量;原粒径大于 4.75mm,经水浸洗、手捏后小于 2.36mm 的颗粒含量称为泥块含量。粗骨料中的泥、泥块和岩屑等杂质对混凝土的危害与细骨料相同。卵石、碎石的含泥量和泥块含量应符合国家标准 GB/T 14685—2011 的规定,见表 4-8。

3) 有害物质含量

卵石和碎石中不应混有草根、树叶、树枝、塑料、煤块和炉渣等杂物,粗骨料中的有害物质主要有有机物、硫化物及硫酸盐,有时也有氯化物,它们对混凝土的危害与细骨料的相同。粗骨料有害物质含量的规定见表 4-8。

表 4-7　粗骨料颗粒级配

公称粒级 /mm		累计筛余/%													
		方孔筛筛孔尺寸/mm													
		2.36	4.75	9.5	16.0	19.0	26.5	31.5	37.5	53	63	75	90
连续粒级	5~10	95~100	80~100	0~15	0	—	—	—	—	—	—	—	—
	5~16	95~100	85~100	30~60	0~10	0	—	—	—	—	—	—	—
	5~20	95~100	90~100	40~80	—	0~10	0	—	—	—	—	—	—
	5~25	95~100	90~100	—	30~70	—	0~5	0	—	—	—	—	—
	5~31.5	95~100	90~100	70~90	—	15~45	—	0~5	0	—	—	—	—
	5~40	—	95~100	70~90	—	30~65	—	—	0~5	0	—	—	—
单粒粒级	10~20	—	95~100	85~100	—	0~15	0	—	—	—	—	—	—
	16~31.5	—	95~100	—	85~100	—	—	0~10	0	—	—	—	—
	20~40	—	—	95~100	80~100	—	—	0~10	—	0	—	—	
	31.5~63	—	—	—	—	—	75~100	45~75	0~10	0	—	
	40~80	—	—	—	95~100	—	—	70~100	—	30~60	0~10	0

表 4-8   粗骨料的部分技术指标要求   %

项目类别	I 类	II 类	III 类
含泥量(按质量计)	≤0.5	≤1.0	≤1.5
泥块含量(按质量计)	0	≤0.2	≤0.5
硫化物与硫酸盐含量(以 SO_3 质量计)	≤0.5	≤1.0	≤1.0
有机物含量(用比色法试验)	合格	合格	合格
针片状颗粒含量(按质量计)	≤5	≤15	≤25
坚固性质量损失	≤5	≤8	≤12
碎石压碎指标	≤10	≤20	≤30
卵石压碎指标	≤12	≤14	≤16
连续级配松散堆积空隙率	≤43	≤45	≤47

另外,粗骨料中严禁混入煅烧过的石灰石或白云石,以免过火生石灰引起混凝土的膨胀开裂。粗骨料中含有颗粒状的硫酸盐或硫化物杂质时,要进行专门试验,确认能满足混凝土耐久性要求。

4)针片状颗粒含量

粗骨料颗粒的外形有方形、圆形、针状、片状等。碎石、卵石颗粒的长度大于该颗粒所属相应粒级的平均粒径 2.4 倍者为针状颗粒,颗粒厚度小于该颗粒所属相应粒级的平均粒径 0.4 倍者为片状颗粒。粗骨料中针状、片状颗粒不仅本身受力时易折断,且易产生架空现象,增大骨料空隙率,使混凝土拌和物和易性变差,同时降低混凝土的强度。此外,粗骨料针片状颗粒也会对于配筋较密构件的浇筑质量产生不利影响。因此,混凝土用粗骨料宜选用形状接近球状或立方体形,这样的骨料颗粒之间的空隙小,混凝土更易密实,有利于混凝土强度的提高。粗骨料的针片状颗粒含量应符合国家标准规定,见表 4-8。

5)坚固性

粗骨料在混凝土中起骨架作用,必须有足够的坚固性。坚固性是卵石、碎石在自然风化和其他外界物理化学因素作用下抵抗破裂的能力。粗骨料的坚固性用试样在硫酸钠溶液中经五次浸泡循环后质量损失的大小来判定。粗骨料的坚固性应符合国家标准规定,见表 4-8。

6)表观密度、堆积密度、空隙率

粗骨料的表观密度不小于 2600kg/m³,连续级配松散堆积空隙率符合表 4-8 中的要求。

7)强度

为了保证混凝土的强度,粗骨料必须致密并具有足够的强度。碎石的强度可用抗压强度或压碎指标值表示,卵石的强度只能用压碎指标值表示。

碎石抗压强度的测定是将粗骨料的母岩制成边长为 50mm 的立方体(或直径与高均为 50mm 的圆柱体)试件,每组六个试件。试件于水中浸泡 48h 后,在压力机上测定其极限抗压强度值。GB/T 14685—2011 规定,在水饱和状态下,其抗压强度为:火成岩应不小于 80MPa,变质岩应不小于 60MPa,水成岩应不小于 30MPa。碎石抗压强度一般在混凝土强度等级大于或等于 C60 时才检验,其他情况如有怀疑或必要时也可进行抗压强度检验。通常要求岩石抗压强度与混凝土强度等级之比不应小于 1.5。

为模拟粗骨料在混凝土中的实际受力状态，采用压碎指标法来间接表示粗骨料强度。压碎指标试验是将一定重量气干状态的 9.5～19.0mm 石子除去针片状颗粒后装入标准筒内，在 3～5min 内均匀加荷至 200kN 并持荷 5s。卸荷后称取试样重量 G_0，再用 2.36mm 孔径的方孔筛筛除被压碎的细粒，称出留在筛上的试样重量 G_1，按下式计算压碎指标值 Q_e。压碎指标值越小，说明粗骨料抵抗受压破碎能力越强，其强度越大。卵石和碎石的压碎指标值应符合国家标准的规定，见表 4-8。

$$Q_e = \frac{G_0 - G_1}{G_0} \times 100\% \tag{4-2}$$

8）碱-骨料反应

碱-骨料反应在粗骨料中更为常见，检测方法见 4.3.4 节中"混凝土的碱-骨料反应"。当对粗骨料的碱活性有怀疑时或用于重要工程的粗骨料，须进行碱活性检验。若含有活性 SiO_2 时，采用化学法或砂浆长度法检验；若为活性碳酸盐时，则采用岩石柱法进行检测。经碱-骨料反应试验后，试件应无裂缝、酥裂、胶体外溢等现象，在规定的试验龄期膨胀率应小于 0.10%。当被判定为具有碱-碳酸反应潜在危害时，则不能用作混凝土骨料；当被判定为有潜在碱-硅酸反应危害时，则遵守以下规定方可使用：使用碱含量（$Na_2O + 0.658K_2O$）小于 0.6% 的水泥，或掺入硅灰、粉煤灰等能抑制碱-骨料反应的掺和料；当使用含钾、钠离子的混凝土外加剂时，必须进行专门的试验。

4.1.4　水

混凝土用水是混凝土拌和用水和混凝土养护用水的总称，包括饮用水、地表水、地下水、再生水、混凝土企业设备洗刷水和海水等。混凝土拌和及养护用水应不影响混凝土的凝结硬化，无损于混凝土强度发展及耐久性，不加快钢筋锈蚀，不引起预应力钢筋脆断，不污染混凝土表面。

1. 混凝土拌和用水

（1）混凝土拌和用水水质要求应符合《混凝土用水标准》（JGJ 63—2006）的规定，见表 4-9。对于设计使用年限为 100 年的结构混凝土，氯离子含量不得超过 500mg/L；对使用钢丝或经热处理钢筋的预应力混凝土，氯离子含量不得超过 350mg/L。

表 4-9　混凝土拌和用水水质要求

项　　目	预应力混凝土	钢筋混凝土	素混凝土
pH	≥5.0	≥4.5	≥4.5
不溶物/(mg/L)	≤2000	≤2000	≤5000
可溶物/(mg/L)	≤2000	≤5000	≤10000
Cl^-/(mg/L)	≤500	≤1000	≤3500
SO_4^{2-}/(mg/L)	≤600	≤2000	≤2700
碱含量/(mg/L)	≤1500	≤1500	≤1500

注：碱含量按 $Na_2O + 0.658K_2O$ 计算值来表示。采用非碱活性骨料时，可不检验碱含量。

（2）地表水、地下水、再生水的放射性应符合现行国家标准《生活饮用水卫生标准》（GB 5749—2006）的规定。

（3）被检验水样应与饮用水样进行水泥凝结时间对比试验。对比试验的水泥初凝时间差及终凝时间差均不应大于 30min；同时，初凝和终凝时间应符合《通用硅酸盐水泥》（GB 175—2007）的规定。

（4）被检验水样应与饮用水样进行水泥胶砂强度对比试验，被检验水样配制的水泥胶砂 3d 和 28d 强度不应低于饮用水配制的水泥胶砂 3d 和 28d 强度的 90%。

（5）混凝土拌和用水不应有漂浮明显的油脂和泡沫，不应有明显的颜色和异味。

（6）混凝土企业设备洗刷水不宜用于预应力混凝土、装饰混凝土、加气混凝土和暴露于腐蚀环境的混凝土；不得用于使用碱活性或潜在碱活性骨料的混凝土。

（7）未经处理的海水严禁用于钢筋混凝土和预应力混凝土。

（8）在无法获得水源的情况下，海水可用于素混凝土，但不宜用于装饰混凝土。

2. 混凝土养护用水

（1）混凝土养护用水可不检验不溶物和可溶物，其他检验项目包括水质要求和地表水、地下水、再生水的放射性应符合拌和用水标准的规定。

（2）混凝土养护用水可不检验水泥凝结时间和水泥胶砂强度。

4.2　普通混凝土拌和物的性能

混凝土的性能包括两个部分：①混凝土硬化之前的性能，即混凝土拌和物的性能，包括新拌混凝土的和易性以及混凝土新浇筑后的性能；②混凝土硬化之后的性能，包括强度、变形性能和耐久性等。本节主要关注新拌混凝土的性能，硬化后混凝土的性能见 4.3 节。

4.2.1　混凝土拌和物的和易性

1. 和易性的概念

由混凝土组成材料拌和而成、尚未凝结硬化的混合料，称为混凝土拌和物，又称新拌混凝土。混凝土拌和物的性能既影响混凝土的制备、运输、浇筑、振捣等施工过程，也将影响硬化后混凝土的性能。

混凝土拌和物和易性指混凝土拌和物组分均匀，易于施工操作（拌和、运输、浇筑和振捣），以获得质量均匀、密实的混凝土的性能。混凝土拌和物和易性是一项综合技术性能，反映混凝土拌和物易于流动但组分间又不分离的一种性能，包括流动性、黏聚性和保水性三个方面的含义。

（1）流动性是指混凝土拌和物在自重或施工机械振捣力作用下，能产生流动，并均匀密实地充满模板的性能。

（2）黏聚性是指混凝土拌和物内部各组分间具有一定的黏聚力，在施工过程中不产生分层、离析现象，使混凝土保持整体均匀的性能。

（3）保水性是指混凝土拌和物具有保持内部水分不流失，不致在施工中产生严重泌水现象的性能。

混凝土拌和物的流动性、黏聚性和保水性从不同角度反映了混凝土拌和物的工作性能。当流动性大时，黏聚性和保水性通常较差；黏聚性和保水性较好时，流动性则将变差。因此，为保证混凝土易于施工，必须在一定条件下实现流动性、黏聚性和保水性的统一，良好的施工质量也将对硬化后混凝土的外观质量、内部组成结构、强度和耐久性产生重要影响。

2. 和易性的测定方法及评定

截至目前，尚无能够全面反映混凝土拌和物和易性综合性指标的测定方法。在施工现场或实验室，混凝土拌和物的流动性可以定量测定，而黏聚性和保水性则需要根据直观经验来辅助评定，进而对混凝土拌和物和易性进行综合评价。

混凝土拌和物的流动性通常可采用坍落度、维勃稠度或坍落扩展度来表示，相应的混凝土拌和物流动性的测试方法有坍落度法、维勃稠度法和坍落扩展度法。

1）坍落度试验

坍落度试验是世界各国广泛采用的现场测试方法，通常是将混凝土拌和物分三层（每层装料约 1/3 筒高）装入坍落度筒内（图 4-3），并按照规定方式插捣，待装满并刮平上表面后，垂直平稳地向上提起坍落度筒并放置一旁。测量坍落度筒高与混凝土拌和物坍落后最高点之间的高度差（mm），该高度差值即为该混凝土拌和物的坍落度值。坍落度值越大，表明混凝土拌和物的流动性越好。

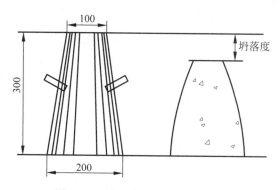

图 4-3 混凝土拌和物坍落度测定

测定混凝土坍落度后，用捣棒在已坍落的拌和物锥体侧面轻轻击打，如果锥体逐渐下沉，表示黏聚性良好；如果突然倒坍，部分崩裂或石子离析，则为黏聚性不良。提起坍落度筒后，观察地面上是否有较多的稀浆流淌，骨料是否因失浆而大量裸露，如存在上述现象表明保水性不好，反之保水性良好。

坍落度试验只适用于骨料最大粒径不大于 40mm 的非干硬性混凝土（指混凝土拌和物的坍落度值大于 10mm 的混凝土）。根据坍落度大小，将混凝土拌和物分为五级，见

表4-10。如果坍落度小于10mm,则需要通过维勃稠度试验来测试并评定混凝土拌和物的干硬程度。

表4-10　混凝土拌和物流动性按坍落度的分级

级　　别	坍落度/mm	名　　称
S1	10～40	塑性混凝土
S2	50～90	
S3	100～150	流动性混凝土
S4	160～210	大流动性混凝土
S5	≥220	

2）维勃稠度试验

对于干硬性混凝土(坍落度小于10mm),通常采用维勃稠度仪(图4-4)来测定混凝土拌和物的流动性。维勃稠度仪由圆柱形容器、坍落度筒、漏斗、测杆、透明圆盘和专用振动台组成。试验时先将混凝土拌和物装入已置于圆柱形容器中的坍落度筒内,装料方法与坍落度试验相同,装满后垂直提起坍落度筒,然后在拌和物试体顶面放上可上下移动测杆的透明圆盘。开启振动台,同时用秒表计时,当振动到透明圆盘的下表面完全布满水泥浆时停止计时并关闭振动台,所读秒数即为维勃稠度。维勃稠度值越大,表明混凝土拌和物越干硬,也就是流动性越低。

图4-4　维勃稠度仪

维勃稠度试验适用于骨料最大粒径不大于40mm、维勃稠度在5～30s的混凝土。根据维勃稠度值的不同,也可将混凝土拌和物分为五级,见表4-11。

表4-11　混凝土拌和物流动性按维勃稠度的分级

级　　别	维勃稠度/s	名　　称
V0	≥31	超干硬性混凝土
V1	30～21	特干硬性混凝土
V2	20～11	干硬性混凝土
V3	10～6	半干硬性混凝土
V4	5～3	

3）坍落扩展度

当按照坍落度试验测得的混凝土拌和物坍落度大于220mm时,认为坍落度已经不适合用于评价该拌和物的流动性,此时可以用坍落扩展度。所谓混凝土拌和物的坍落扩展度就是坍落度试验时混凝土拌和物扩展范围内最大长度和最小长度的算术平均值。坍落扩展度适用于泵送高强混凝土和自密实混凝土流动性的评价,根据坍落扩展度,也可将高流动性混凝土进行分级,见表4-12。

表 4-12　混凝土拌和物流动性按坍落扩展度的分级

等　级	扩展直径/mm	等　级	扩展直径/mm
F1	≤340	F4	490～550
F2	350～410	F5	560～620
F3	420～480	F6	≥630

3. 流动性(坍落度)的选择

实际工程中,混凝土拌和物流动性(坍落度)的选择应根据施工捣实方法、结构构件截面尺寸的大小、配筋的疏密程度和环境温度等来确定。如果是自密实混凝土或泵送混凝土,要求高流动性;如果采用机械振捣,坍落度可选择小些;当采用人工插捣时,坍落度可选择大些;碾压混凝土可选用干硬性混凝土。构件截面尺寸较小时或钢筋较密,坍落度可选择大些;构件钢筋较疏,坍落度可选择小些。环境温度在 30℃ 以下时,可按表 4-13 选择混凝土拌和物坍落度值;高于 30℃ 时,因水泥水化和水分蒸发的加快,坍落度损失较大,设计混凝土配合比时应将混凝土拌和物坍落度提高 15～25mm。

表 4-13　混凝土浇筑时的坍落度选择

序号	结构种类	坍落度/mm
1	基础或地面等的垫层、无配筋的大体积结构或配筋较稀疏的结构	10～30
2	板、梁和大型及中型截面的柱子等	30～50
3	配筋密列的结构(薄壁、筒仓、细柱等)	50～70
4	配筋特密的结构	70～90

4. 混凝土拌和物和易性的主要影响因素

1) 水泥浆数量和水胶比

在水胶比(水与水泥质量之比)不变的情况下,单位体积拌和物内水泥浆数量越多,混凝土拌和物流动性越大。但若水泥浆过多,将会出现流浆现象;若水泥浆过少,则骨料之间缺少黏结物质,易使拌和物发生离析和崩坍,流动性下降,黏聚性也变差。水泥浆的水胶比决定了其稠度,水胶比越大,水泥浆越稀,在骨料用量不变的情况下,拌和物流动性增大;水胶比越小,则流动性减小。但若水灰比过大,会造成拌和物黏聚性和保水性不良;水灰比过小,会使拌和物流动性过低,施工困难。

无论是水泥浆数量的影响还是水胶比的影响,本质上都是单位用水量(每立方米混凝土的用水量)的影响。实践证明,在配制混凝土时,当所用粗、细骨料的种类及比例一定时,如果单位用水量一定,每立方米混凝土中水泥用量增加或减少 50～100kg 时,混凝土的流动性基本保持不变,这一规律称为恒定需水量法则。该法则运用于配合比设计,就是通过固定单位用水量可得到满足和易性要求的拌和物,再在一定范围内变化水胶比(增加水泥用量),则可实现配制出不同强度要求的混凝土。

2) 砂率

砂率是指混凝土中砂的质量占砂石总质量的百分比。砂率大小的确定原则是砂填充满石子的空隙并略有富余。富余的砂在粗骨料之间起滚珠作用,能减少粗骨料之间的摩擦力。而水泥浆则要包裹砂石骨料表面并填充砂石骨料间的空隙。因此,砂率的变动会使骨料的空隙率和总表面积显著变化,进而对混凝土拌和物的和易性产生明显影响。

当砂率在一定范围内增大,砂石骨料间的空隙减小,水泥浆能够包裹砂石骨料表面且填充空隙,混凝土拌和物的流动性提高;但是当砂率增大超过一定范围后,骨料的总表面积必随之增大,润湿骨料的水分需增多,流动性反而随砂率增大而降低。当砂率过小时,虽然水泥浆能够包裹砂石骨料表面,但很难填满因砂率过小而产生的砂石堆积的空隙,使拌和物黏聚性和保水性变差,产生离析和流浆等现象。

因此,在配制混凝土时,砂率不能过大也不能过小,存在合理砂率,见图 4-5。合理砂率可以使拌和物流动性、黏聚性和保水性均较好,且具有一定的技术经济效果。在用水量及水泥用量一定的情况下,合理砂率能使混凝土拌和物获得最大的流动性(且能保持黏聚性及保水性能良好),见图 4-5(a);在保持混凝土拌和物坍落度基本相同的情况下(且能保持黏聚性及保水性能良好),合理砂率能使水泥浆的数量减少,从而节约水泥用量,见图 4-5(b)。

图 4-5　合理砂率
(a) 砂率与坍落度的关系(水与水泥用量一定);(b) 砂率与水泥用量的关系(坍落度相同)

3) 组成材料

(1) 水泥。水泥影响混凝土拌和物和易性的主要原因在于不同水泥的需水量差异,不同的水泥品种、熟料颗粒细度、矿物组成、水泥中混合材料和拌制混凝土时加入的掺和料需水量不同。

在其他条件相同的情况下,需水量大的水泥配制的拌和物比需水量小的水泥配制的拌和物流动性要小,但黏聚性和保水性表现较好。比如,矿渣水泥或火山灰水泥拌制的混凝土拌和物,其流动性比用普通水泥时小,且矿渣水泥易使混凝土拌和物泌水。水泥颗粒越细,总表面积越大,润湿水泥颗粒表面及吸附在颗粒表面的水越多,在其他条件相同的情况下,拌和物的流动性变小。

(2) 骨料。骨料对混凝土拌和物和易性的影响主要在于骨料总表面积、骨料的空隙率和骨料间摩擦力大小的差异,具体表现为骨料颗粒形状、级配、表面特征及粒径的影响。由于骨料在混凝土中所占的体积最大(可达 65%~75%),因此骨料对混凝土拌和物流动性的影响不容忽视。

通常,级配好的骨料,其拌和物流动性较大,黏聚性与保水性较好;表面光滑的骨料,如河砂、卵石,其拌和物流动性较大;骨料的粒径增大,总表面积减小,拌和物流动性就增大。

（3）外加剂和掺和料（详见 4.4 节）。外加剂的加入将对混凝土拌和物和易性产生影响，尤其是减水剂或引气剂的加入，将明显增大拌和物的流动性，引气剂还可有效改善混凝土拌和物的黏聚性和保水性。其他条件如用水量、水胶比不变情况下，掺和料需水量的增加和减小使得拌和需水量随之变化，拌和物流动性也相应增大和减小。

4）温度和时间

随着环境温度的升高，水泥水化加快、水分蒸发加快，使得混凝土拌和物的坍落度损失加快（即流动性降低速度加快）。据测定，温度每增高 10℃，拌和物的坍落度减小 20～40mm。因此，炎热气候施工时，要充分考虑温度对水分蒸发及拌和物坍落度的不利影响，采取必要措施。

随着混凝土拌和后时间的延长，由于混凝土拌和物中水分被水泥水化、骨料吸收和蒸发所消耗，混凝土拌和物变得干稠，流动性降低。

5）施工工艺

同样的混凝土拌和物，机械拌和的坍落度大于人工拌和的，且搅拌时间相对越长，坍落度越大。

5. 混凝土拌和物和易性的改善措施

（1）采用合理砂率。合理砂率能使水泥混凝土拌和物获得最大的流动性，且能保持黏聚性及保水性良好。同时可以节约水泥、提高混凝土强度。

（2）改善砂、石的级配。改善粗、细骨料的颗粒级配，尤其是粗骨料的级配，可以改善混凝土拌和物的和易性。骨料的最大粒径相对增大，可使骨料的总表面积减小，拌和物的和易性也随之改善。

（3）调整水泥浆用量。当拌和物坍落度太小时，保持水胶比不变，增加适量的水泥浆；当拌和物坍落度太大时，保持砂率不变，增加适量的砂石（相当于减小了水泥浆的用量）。

（4）掺加适宜的外加剂和掺和料。少量的外加剂能使混凝土拌和物在不增加水泥用量的条件下，获得良好的和易性。选择需水量较小的粉煤灰或磨细矿渣可以改善混凝土拌和物的和易性。

（5）提高振捣机械的效能。振捣效能提高可降低施工条件对混凝土拌和物和易性的要求。

4.2.2 混凝土浇筑后的性能

混凝土拌和物在浇灌成型过程中和在凝结之前，呈塑性和半流动状态，密度不同的固体粒子在自重作用下产生相对运动，一般都会发生不同程度的分层现象，骨料和水泥颗粒沉积于下部，多余的水分被挤上升至表层或积聚于粗骨料的下方（图 4-6）。于是使得混凝土拌和物出现泌水、塑性沉降和塑性收缩等现象，影响混凝土硬化后的性能。

1. 泌水

混凝土的水胶比越大，水泥凝结硬化的时间越长，自由水越多，水与水泥分离的时间越长，混凝土越容易泌水；混凝土中外加剂掺量过多，或者缓凝组分掺量过多，会造成新拌混

图 4-6   混凝土宏观堆聚分层现象

（a）组成材料相对运动；（b）混凝土拌和物分层现象

凝土的大量泌水和离析，大量的自由水泌出混凝土表面（约占混凝土浇筑高度的 2% 甚至更大），影响水泥的凝结硬化，导致严重泌水，混凝土保水性能下降。

水分的上浮在混凝土内留下泌水通道，增加了混凝土的渗透性，盐溶液和水分以及有害物质容易进入混凝土中，使混凝土表面损坏；部分上升的水分积存于骨料和水平钢筋的下方形成水囊（称为内泌水，如图 4-7 所示），影响硬化混凝土的强度和与钢筋的黏结力。泌水使混凝土表面的水灰比增大，出现浮浆并在混凝土表面形成返浆层，硬化后强度很低，同时混凝土的耐磨性下降。

图 4-7   泌水和内泌水

2．塑性沉降

由于混凝土拌和后不同颗粒因自重相对运动和泌水，混凝土将产生整体沉降，在浇筑厚度较大的混凝土构件时，在靠近顶部的拌和物沉降量会更大。当沉降受到水平钢筋的阻碍时将在钢筋的上方沿钢筋方向产生塑性沉降裂缝，从表面伸至钢筋处。不少楼房在横梁对应位置有较浅裂缝，其原因在于混凝土浇筑后的塑性沉降。

3．塑性收缩

塑性收缩是指混凝土未凝结硬化前还处于塑性状态时发生的收缩，是由化学收缩、自身收缩、表面水分的快速蒸发（大于泌水速度）等共同作用的结果。塑性收缩产生的原因主要是水分从混凝土表面蒸发损失，将导致混凝土的体积收缩并产生裂缝，称作塑性收缩裂缝，主要发生在混凝土暴露表面，裂缝细微且没有一定方向性，与塑性沉降收缩裂缝可以明显区分。防止塑性收缩和裂缝的方法就是对混凝土进行养护，至少也要防止水分从混凝土表面蒸发损失（包裹塑料薄膜、喷洒养护剂等）。

4．混凝土拌和物的凝结时间

水泥水化是混凝土产生凝结硬化的主要原因，但混凝土拌和物的凝结时间与其所用水泥的凝结时间是不相同的,也不存在确定的关系。混凝土的水胶比、环境温度和外加剂的性能等均对混凝土的凝结快慢产生很大影响。水胶比增大,水泥水化产物间的间距增大,水化产物粘连及填充颗粒间隙的时间延长,凝结时间越长。环境温度升高,水泥水化和水分蒸发加快,则凝结时间缩短;缓凝剂会明显延长凝结时间,速凝剂会显著缩短凝结时间。

混凝土拌和物的凝结时间通常用贯入阻力仪来测定。先用 5mm 的圆孔筛从混凝土拌和物中筛取砂浆,按一定的方法装入规定的容器中,然后每隔一定时间测定砂浆贯入到一定深度的贯入阻力。绘制贯入阻力与时间的关系曲线。以贯入阻力 3.5MPa 和 28.0MPa 画两条平行于时间坐标的直线,直线与曲线交点的时间分别为混凝土拌和物的初凝时间和终凝时间。

4.3 普通混凝土硬化后的性能

4.3.1 混凝土的组成结构和受压破坏过程

1. 混凝土的组成结构

混凝土是一种多相复合材料,至少包含七个相,即粗骨料、细骨料、未水化水泥颗粒、水化硅酸钙凝胶、凝胶孔、毛细管孔和引入的气孔。从宏观来看,可将混凝土看作由骨料颗粒分散在水泥浆基体中所组成的两相材料。但通过微观测试可以发现混凝土内部结构的复杂性,不仅骨料颗粒和水泥浆体是随机分布而且不均匀的,而且还存在着各种尺寸的毛细管、孔隙及其中所含的水以及微裂缝等内在的缺陷,对混凝土的性能起着不可忽视的影响。即在水泥浆体与骨料结合的界面还存在过渡区。因此,硬化混凝土的结构可看作由水化水泥浆体、骨料、界面过渡区($10\sim50\mu m$)三部分组成,参见图 4-8。

图 4-8　混凝土界面过渡区示意

在新拌混凝土中,粗骨料表面包裹了一层水膜,贴近粗骨料表面的水灰比大,导致界面过渡区的氢氧化钙、钙矾石等晶体的颗粒大且数量多,水化硅酸钙凝胶相对较少,孔隙率大。由于水泥水化造成的化学收缩和物理收缩,使界面过渡区在混凝土未受外力之前就存在许多微裂缝。因此过渡区水泥石的结构比较疏松,缺陷多,强度低。普通混凝土骨料与水泥石之间的结合主要是黏着和机械啮合,骨料界面是最薄弱的环节,特别是粗骨料下方因泌水留下的孔隙,尤为薄弱。

2. 混凝土受压破坏过程

混凝土的受压破坏过程是内部裂缝的发生、扩展直至连通的过程,也是混凝土内部固体相结构从连续到不连续的发展过程。混凝土内部微裂缝的产生有以下原因:①水泥水化收缩导致骨料与水泥石之间和水泥石内部产生微裂缝;②水泥石与粗骨料的弹性模量的差异、温湿度的变化而导致产生界面微裂缝;③混凝土拌和物的内泌水现象,导致骨料下部形成水囊,干燥后即为界面裂缝。

在外力作用下,很容易在混凝土内部微裂缝尖端形成应力集中。混凝土抗拉强度较低,而裂缝尖端的应力集中和受拉区所受的拉应力远远超过其抗拉强度,导致裂缝在较低的压应力水平下扩展。随着外力的增加,混凝土内部的裂缝会进一步延伸、连通、扩大,最后形成肉眼可见的裂缝而破坏。典型的混凝土单轴受压时的荷载-变形曲线(应力-应变曲线也有类似形状)如图 4-9 所示。

图 4-9　混凝土受压变形曲线示意

Ⅰ—界面裂缝无明显变化;Ⅱ—界面裂缝增长;Ⅲ—出现砂浆裂缝和连续裂缝;Ⅳ—连续裂缝迅速发展、混凝土断裂

通过显微镜观察混凝土受压破坏过程,对应于图 4-9 所示的混凝土内部裂缝发展的四个阶段,混凝土受压时不同受力阶段的裂缝状态如图 4-10 所示。

图 4-10　混凝土受压时不同受力阶段裂缝示意

(1) 第 Ⅰ 阶段:荷载到达"比例极限"(约为极限荷载的 30%)之前,内部裂缝无明显变化,荷载-变形曲线呈近似直线关系,见图 4-9 的 OA 段。

(2) 第 Ⅱ 阶段:荷载超过"比例极限"后,混凝土内部裂缝的数量、长度及宽度不断增大,界面借助摩擦阻力继续承担荷载,但无明显裂缝,荷载-变形之间不再是近似线性关系,如图 4-9 中的 AB 段。

(3) 第 Ⅲ 阶段:荷载超过"临界荷载"(为极限荷载的 70%~90%)以后,界面裂缝继续发展,砂浆中开始出现裂缝,并将邻近的界面裂缝连接成连续裂缝。此时,变形增大的速度进一步加快,曲线明显弯向变形坐标轴,如图 4-9 中的 BC 段。

（4）第Ⅳ阶段：外部荷载超过极限荷载以后，连续裂缝急速发展，混凝土承载能力下降，荷载减小而变形迅速增大，以致完全破坏，曲线逐渐下降而最后破坏，如图 4-9 中的 CD 段。

4.3.2　混凝土的强度

在土木工程结构设计和施工验收中，常用的强度有立方体抗压强度、轴心抗压强度、抗拉强度和抗折强度等几种。由于混凝土在结构中主要承受压力作用，而且与各种强度及其他性能存在一定关联，因此混凝土立方体抗压强度是衡量混凝土力学性能和评定混凝土施工质量的重要指标。

1. 混凝土立方体抗压强度

根据《混凝土物理力学性能试验方法标准》(GB/T 50081—2019)规定，混凝土立方体抗压强度是指按标准方法制作的，标准尺寸为 150mm×150mm×150mm 的立方体试件，在标准养护条件下(温度(20±2)℃，相对湿度为 95% 以上的标准养护室，养护到 28d 龄期)，以标准试验方法测得的抗压强度值为混凝土立方体试件抗压强度(简称混凝土抗压强度)，以 f_{cu} 表示，单位为 N/mm² 或 MPa。

制作混凝土试件时，也可根据粗骨料最大粒径采用非标准试件，如 200mm×200mm×200mm 和 100mm×100mm×100mm 的试件。当遇到施工涉外工程或必须用圆柱体试件来确定混凝土力学性能等特殊情况时，也可用 ϕ150mm×300mm 的圆柱体标准试件或 ϕ100mm×200mm 的圆柱体非标准试件。

测定混凝土试件强度时，试件的尺寸和表面状况等将对测试结果产生较大影响。混凝土立方体试件在压力机上受压时，在沿加荷方向发生纵向变形的同时也按泊松比效应产生横向变形。由于压力机上下压板(钢板)的弹性模量比混凝土大 5～15 倍，而泊松比则不大于混凝土的 2 倍，所以在压力的作用下，钢压板的横向变形小于混凝土的横向变形，因而上下压板与试件的接触面之间产生摩擦阻力。这种摩擦阻力分布在整个受压接触面，对混凝土试件的横向膨胀起约束限制作用，使混凝土强度检测值提高，通常称这种作用为"环箍效应"，如图 4-11 所示。环箍效应对混凝土抗压强度有提高作用，但随着离试件端部越远效应逐渐变小，大约在距离受压面 0.866a(a 为立方体试件边长)范围以外消失，所以受压试件正常破坏时，其上下部分各呈一个较完整的棱锥体，如图 4-12 所示。如果在压板和试件接触面之间涂上润滑剂，则环箍效应大大减小，试件出现直裂破坏，如图 4-13 所示。

图 4-11　混凝土环箍效应示意

图 4-12　混凝土试件受压破坏时形貌示意

图 4-13　混凝土受压试件不受约束时的破坏情况示意

混凝土立方体试件尺寸较大时,环箍效应的作用相对较小,测得的抗压强度偏低;反之测得的抗压强度偏高。此外,大尺寸试件存在微裂缝和孔隙等缺陷的概率较大,缺陷处应力集中现象也更明显,会降低混凝土的强度,使得测定的强度值偏低。如果试件表面凹凸不平,则环箍效应小、受压面积减小,并有明显应力集中现象,测得的强度值会显著降低。

为使混凝土抗压强度测试结果具有可比性,GB/T 50081—2019 规定,混凝土强度等级小于 C60 时,用非标准试件进行混凝土抗压强度试验,计算抗压强度时,需要乘以换算系数,对应于 200mm 和 100mm 边长立方体的换算系数分别为 1.05 和 0.95 来换算成标准试件强度值。当混凝土强度等级大于或等于 C60 时,宜采用标准试件;若使用非标准试件时,尺寸换算系数应由试验确定。

此外,混凝土各种强度的测定值均与试件尺寸、试件表面状况、试验加荷速度、环境(或试件)的湿度和温度等因素有关。在进行混凝土各种强度测定时,应按 GB/T 50081—2019 等标准规定的条件和方法进行检测,以保证检测结果的可比性。

2. 混凝土强度等级

根据国家标准《混凝土结构设计规范》(GB 50010—2010)的规定,混凝土强度等级应按立方体抗压强度标准值确定,具有 95% 强度保证率的立方体试件抗压强度,称为混凝土立方体抗压强度标准值(以 MPa 计),用 $f_{cu,k}$ 表示。按立方体抗压强度标准值将普通混凝土进行划分,采用符号"C"及立方体抗压强度标准值(MPa)表示,分为 14 个强度等级:C15、C20、C25、C30、C35、C40、C45、C50、C55、C60、C65、C70、C75、C80,强度等级为 C30 的混凝土是指 30MPa $\leqslant f_{cu,k} <$ 35MPa 的混凝土,其他强度等级类似。混凝土强度等级是混凝土结构设计时强度计算取值、混凝土施工质量控制和工程验收的依据。

3. 混凝土轴心抗压强度

混凝土强度等级虽是采用立方体试件确定的,但在实际结构中,钢筋混凝土受压构件多为棱柱体或圆柱体而不是立方体。在进行钢筋混凝土受压构件(如柱子、桁架的腹杆等)计算时,都是采用混凝土的轴心抗压强度以便更好地反映混凝土的实际受压情况。GB/T 50081—2019 规定,混凝土轴心抗压强度是指按标准方法制作的,标准尺寸为 150mm×150mm×300mm 的棱柱体试件,在标准养护条件下养护到 28d 龄期,以标准试验方法测得的抗压强度值,用 f_{cp} 表示,单位为 MPa。必要时,也可采用 100mm×100mm×300mm 和 200mm×200mm×400mm 的非标准试件。当特殊情况需要时,也用 $\phi150$mm×300mm 的圆柱体标准试件或 $\phi200$mm×400mm 的圆柱体非标准试件。

由于轴心抗压试件已基本不受"环箍效应"影响,同截面面积试件的轴心抗压强度比立方体要小得多。当标准立方体抗压强度在 10～50MPa 范围时,轴心抗压强度为其 0.7～0.8 倍。

4. 混凝土抗拉强度

混凝土抗拉强度通常指混凝土轴心抗拉强度,是指试件受拉力后断裂时所承受的最大荷载除以截面面积所得的应力值,用 f_{tk} 来表示,单位为 MPa。由于混凝土属于脆性材料,抗拉强度比抗压强度低很多,通常仅为抗压强度的 $1/20\sim1/10$,且随着混凝土强度等级的提高,相对于抗压强度有所下降。在钢筋混凝土结构设计中,通常不考虑混凝土的受拉能力,但抗拉强度对于混凝土抗裂性有重要作用,是确定混凝土抗裂性能的主要指标,有时也用它来间接衡量混凝土与钢筋的黏结强度。

　　混凝土轴心抗拉强度的测试主要有两种方法:①直接测试法;②劈裂试验。直接测试法很难测出混凝土的直接抗拉强度或不准确,我国当前采用劈裂抗拉强度试验法来间接反映混凝土抗拉强度,称为劈裂抗拉强度,用 f_{ts} 来表示,单位为 MPa。劈裂试验中,用立方体或圆柱体试件进行,对试件前期制作方法、试件尺寸、养护方法及养护龄期等的规定,与检验混凝土立方体抗压强度的要求相同。该方法的原理是在试件两个相对的表面轴线上作用均匀分布的压力,这样就能使在此外力作用下的试件竖向平面内产生均布拉应力,如图 4-14 所示。将混凝土试件劈裂时的压力值进行换算即可得到混凝土的轴心抗拉强度,见式(4-3):

$$f_{ts}=\frac{2P}{\pi A}=0.637\,\frac{P}{A} \tag{4-3}$$

式中,f_{ts} 为混凝土劈裂抗拉强度,MPa;P 为破坏荷载,N;A 为试件劈裂面积,mm^2。

　　有关试验表明,在相同条件下混凝土劈裂抗拉强度较轴心抗拉强度低,两者的比值为 0.9 左右。

5. 混凝土抗折强度

　　在混凝土道路工程和桥梁工程的结构设计、质量控制与验收等环节,混凝土的抗折强度是主要指标。GB/T 50081—2019 规定,混凝土抗折强度是指按标准方法制作的,标准尺寸为 $150mm\times150mm\times600mm$(或 550mm)的长方体试件,在标准养护条件下养护到 28d 龄期,以标准试验方法测得的抗折强度值。按三分点加荷,试件的支座一端为铰支,另一端为滚动支座,如图 4-15 所示。抗折强度计算公式为

$$f_{cf}=\frac{PL}{bh^2} \tag{4-4}$$

式中,f_{cf} 为混凝土抗折强度,MPa;P 为破坏荷载,N;L 为支座之间的距离,mm;b、h 为试件截面的宽度和高度,mm。

图 4-14　劈裂试验时垂直受力面的
　　　　　应力分布

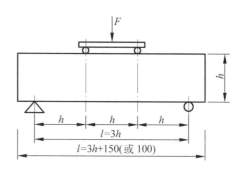

图 4-15　混凝土抗折强度测定装置示意

当试件为 100mm×100mm×400mm 非标准试件时,应乘以换算系数 0.85;当混凝土强度等级≥C60 时,宜采用标准试件;使用非标准试件时,尺寸换算系数应由试验确定。

6. 影响混凝土强度的因素

首先需要说明的是,混凝土的破坏一般出现在骨料与水泥石之间的界面上,因为界面过渡区是混凝土中的最薄弱环节(参见 4.3.1 节),而混凝土中骨料与水泥石界面过渡区的性能既与水泥的性能、骨料的性质有关,也与施工质量、养护条件及龄期有关。

1) 水泥强度等级和水灰比

水泥强度等级和水灰比是影响混凝土强度的决定性因素。因为混凝土的强度主要取决于水泥石的强度及其与骨料间的黏结强度,而这两者又取决于水泥的强度等级和水胶比的大小。在相同配合比、相同成型工艺、相同养护条件的情况下,水泥强度等级越高,配制的混凝土强度越高。

在水泥品种、水泥强度等级不变时,混凝土在振动密实的条件下,水灰比越小,强度越高,反之亦然(图 4-16)。虽然水泥水化的理论需水量约为水泥质量的 23%(即水胶比约为 0.23),但为使混凝土拌和物获得必要的流动性,通常要加入较多的水(水灰比为 0.35~0.75),多余的水残留在混凝土内形成水泡或水道,随着混凝土硬化而蒸发成为孔隙,使混凝土的强度下降。但若水胶比过小,拌和物过于干硬,很难将混凝土浇筑和振捣密实,也会使混凝土强度下降。

图 4-16　混凝土强度与水胶比及胶水比的关系
(a) 强度与水胶比的关系;(b) 强度与胶水比的关系

大量试验结果表明,在原材料一定的情况下,混凝土 28d 龄期抗压强度(f_{cu})与胶水比(B/W,水胶比 W/B 之倒数)之间呈直线关系,并受水泥实测强度(f_{ce})影响,符合下列经验公式:

$$f_{cu} = \alpha_a f_{ce}\left(\frac{B}{W} - \alpha_b\right) \tag{4-5}$$

式中,f_{cu} 为混凝土 28d 抗压强度,MPa;B 为混凝土中的水泥等胶凝材料用量,kg;W 为混凝土中的用水量,kg;B/W 为胶水比;α_a、α_b 为回归系数,它们与粗骨料、细骨料、水泥产地有关,可通过历史资料统计计算得到。若无统计资料,可按《普通混凝土配合比设计规程》(JGJ 55—2011)提供的 α_a、α_b 经验值取用:采用碎石时 $\alpha_a=0.53$,$\alpha_b=0.20$;采用卵石时 $\alpha_a=0.49$,$\alpha_b=0.13$。f_{ce} 为水泥 28d 实测抗压强度(MPa)。无实测强度时,可按下式确定:

$$f_{ce} = \gamma_c f_{ce,k} \qquad\qquad (4-6)$$

式中，$f_{ce,k}$ 为水泥 28d 抗压强度标准值，MPa；γ_c 为水泥强度富余系数，按实际统计资料或相关规定确定。

2）骨料

骨料本身的强度一般大于水泥石的强度，对混凝土强度的直接影响很小。但若骨料中有害杂质含量较多、级配不良则不利于混凝土强度的提高。骨料表面粗糙，与水泥石黏结力较大，但混凝土拌和时需水量大，混凝土流动性会下降。试验证明，水灰比小于 0.4 时，用碎石配制的混凝土比用卵石配制的混凝土强度高 30%～40%，但随着水灰比的增大，两者的差异逐渐减小。另外，在相同水灰比和坍落度下，混凝土强度随集胶比（骨料与胶凝材料质量之比）的增大而提高。

3）养护温度及湿度

温度及湿度对混凝土强度的影响本质上是对水泥水化的影响。养护温度高时，水泥早期水化越快，混凝土的早期强度越高（图 4-17）。但混凝土早期养护温度过高（40℃以上），因水泥水化产物来不及扩散而使混凝土后期强度反而降低。当温度在 0℃ 以下时，水泥水化反应停止，混凝土强度停止发展，此时还会因水结冰产生体积膨胀，对混凝土产生相当大的膨胀压力而使混凝土结构破坏，强度降低。

湿度是决定水泥能否正常进行水化作用的必要条件。浇筑后的混凝土所处环境湿度适宜，水泥水化反应顺利进行，混凝土强度得以充分发展。若环境湿度较低，水泥不能正常进行水化作用，甚至停止水化，混凝土强度将严重降低或停止发展，见图 4-18。

图 4-17　养护温度对混凝土强度的影响

图 4-18　混凝土强度与保湿养护时间的关系

为保证混凝土强度正常发展和防止失水过快引起的收缩裂缝，混凝土浇筑完毕后，应及时覆盖和浇水养护，尤其是在气候炎热和空气干燥时。如不及时进行养护，混凝土中水分会蒸发过快，出现脱水现象，混凝土表面出现片状、粉状剥落和干缩裂纹等劣化现象，混凝土强度明显降低；在冬季应特别注意保温，以保证水泥能正常水化和防止混凝土内水结冰引起的膨胀破坏。

4）龄期

在正常养护条件下，混凝土强度随龄期的增长而增大，最初 7～14d 发展较快，28d 后强度发展趋于平缓（参见图 4-18），所以混凝土以 28d 龄期的强度作为质量评定依据。在混凝土施工过程中，经常需要尽快知道已成型混凝土的强度，所以快速评定强度一直受到人们的重视。通常认为，普通水泥配制的混凝土，在标准养护条件下，其强度的增长大致与龄期的

对数成正比,即有如下公式:

$$\frac{f_n}{\lg n} = \frac{f_{28}}{\lg 28} \tag{4-7}$$

式中,f_{28} 为混凝土 28d 龄期的抗压强度,MPa;f_n 为混凝土 n 天龄期的抗压强度,MPa;n 为养护龄期,d,$n \geqslant 3$d。

该公式仅适用于在标准条件下养护的中低强度混凝土(C20~C30),对较高强度混凝土(≥C35)和掺外加剂的混凝土,用该公式估算会产生很大误差,仅作参考。

4.3.3　混凝土的变形性能

混凝土在硬化和使用过程中,由于受物理、化学和力学等因素的作用常发生各种变形。由物理、化学因素引起的变形称为非荷载作用下的变形,包括化学收缩、干湿变形、碳化收缩及温度变形等;由荷载作用引起的变形称为在荷载作用下的变形,包括在短期荷载作用下的变形及长期荷载作用下的变形。

1. 在非荷载作用下的变形

硬化后混凝土在未承受荷载作用时,各种物理或化学因素也会引起局部或整体的体积变形,一般不会产生不利影响。实际使用中,即使在施工过程中,混凝土结构总会受到基础、钢筋或相邻构(建)筑物影响而处于不同程度的约束状态,混凝土的变形由于约束作用而在内部产生拉应力。内部拉应力超过混凝土抗拉强度时就会引起混凝土的开裂并产生裂缝,影响承载能力,也将严重影响使用性能和耐久性。

1) 化学收缩

由于水泥水化生成物的体积比反应前物质的总体积小,引起混凝土的体积收缩称为化学收缩,又称化学减缩。化学收缩的收缩量不可恢复,且随混凝土硬化龄期的延长而增加,一般在混凝土成型后 40d 内增长较快,以后逐渐趋于稳定。化学收缩的收缩值一般很小(小于 1%),对混凝土结构没有破坏作用,但其收缩过程中会在混凝土内部产生细微裂缝,对混凝土的受力性能和耐久性不利。

2) 干湿变形

随着混凝土因周围环境湿度变化或自身水分的散失和吸收,混凝土产生干燥收缩(干缩)和湿胀,统称为干湿变形。混凝土水分散失时引起的体积收缩称为干燥收缩;混凝土在潮湿环境中吸收水分,会引起混凝土产生微小的膨胀称为湿胀,湿胀对混凝土无危害。

混凝土在空气中硬化时,首先失去自由水;继续干燥时,毛细管水蒸发,使毛细孔中形成负压产生收缩;再继续干燥则吸附水蒸发,引起凝胶体失水而紧缩。混凝土失水的结果导致混凝土产生干缩变形,重新吸水后大部分可以恢复。由于混凝土抗拉强度低,而干缩变形又比较大,所以很容易产生干缩裂缝。干缩裂缝的产生使混凝土的抗渗、抗冻、抗侵蚀能力变差,对混凝土耐久性极为不利。

混凝土中水泥石是引起干缩的主要成分,骨料起限制收缩的作用。因此,减少水泥用量、减小水灰比、加强振捣,保证骨料洁净和级配良好是减少混凝土干缩变形的关键。另外,混凝土的干缩主要发生在早期,因此加强混凝土的早期养护,延长湿养护时间,对延迟混凝土干缩裂缝具有重要作用。

3)温度变形

混凝土同其他固体材料一样,也具有热胀冷缩的性质,会随着温度的升降而产生热胀和冷缩变形。混凝土的温度变形取决于温度升高或降低的程度以及材料自身的热膨胀系数。混凝土的热膨胀系数通常为$(7\sim14)\times10^{-6}/℃$,一般取 $10\times10^{-6}/℃$(或称之为 10 个微应变,写作 $10\mu\varepsilon$),即温度每改变 1℃,1m 混凝土将产生 0.01mm 膨胀或收缩变形。

混凝土是热的不良导体,传热很慢,因此在大体积混凝土中,水泥硬化初期由于内部水泥水化热而积聚较多热量,造成混凝土内部温升,内外温差可高达 $50\sim80℃$。高温状态的内部混凝土体积产生较大膨胀,而混凝土表面与大气(温度较低)接触,随温度的降低而收缩。内部膨胀与外部收缩相互约制,混凝土内部出现温度梯度和温度应力,表层混凝土中将产生很大拉应力,严重时会产生裂缝。此外,由于混凝土各组成材料热膨胀系数的差异,温度变化时骨料颗粒体积变化和水泥体积的变化相差较大时,也会产生有破坏性的内应力,使混凝土发生开裂。

大体积混凝土施工时,必须采取措施来减小混凝土内外温差和温度应力,以防止混凝土温度裂缝。目前常用的方法有以下几种:①采用低热水泥和尽量减少水泥用量,以减少水泥水化热;②在混凝土拌和物中掺入缓凝剂、减水剂和掺和料,降低水泥水化速度,使水泥水化热不至于在早期过分集中放出;③预先冷却原材料,并用冰块代替水,以抵消部分水化热;④在混凝土中预埋冷却水管,冷水流入管道并带走部分水化热然后排出;⑤在建筑结构安全许可的条件下,将大体积化整为零施工,减轻约束和扩大散热面积;⑥表面绝热,调节混凝土表面温度下降速率;⑦对于大面积混凝土工程(如混凝土路面、广场和屋面等),常采用每隔一段距离设置一道伸缩缝或留设后浇带来防止混凝土温度缝的产生。

2. 短期荷载作用下的变形

1)混凝土的弹塑性变形

混凝土是一种弹塑性体,静力受压时,既产生可以恢复的弹性变形,又产生不可恢复的塑性变形,其应力和应变之间的关系是一条曲线,如图 4-19 所示。当在图中 A 点卸荷时,σ-ε 曲线基本沿 AC 曲线恢复,卸荷后弹性变形 $\varepsilon_{弹}$ 恢复,而塑性变形 $\varepsilon_{塑}$ 没有恢复。

2)混凝土的弹性模量

弹性材料的弹性模量是指 σ-ε 曲线上任一点的应力与应变之比,但混凝土是弹塑性材料,σ-ε 曲线是一条曲线,其上任一点的应力与其应变的比值是一个变量,给确定混凝土弹性模量带来困难。根据 GB/T 50081—2019,混凝土弹性模量的测定,采用标准尺寸为 $150mm\times150mm\times300mm$ 的棱柱体试件,试验控制应力荷载值为轴心抗压强度的 1/3,经三次以上反复加荷和卸荷后,测定应力与应变的比值,得到混凝土的弹性模量(详见 GB/T 50081—2019)。此时得到的 σ-ε 曲线几乎与初始切线平行,如图 4-20 所示。混凝土强度越高、骨料弹性模量越大、骨料用量越多、早期养护温度较低,混凝土的弹性模量越大。C10~C60 混凝土的弹性模量为 $1.75\times10^{4}\sim4.90\times10^{4}MPa$(或 17.5~49GPa)。

图 4-19　混凝土在压力作用下的
应力-应变曲线

图 4-20　混凝土在低应力水平下反复
加卸荷时的应力-应变曲线

3. 混凝土在长期荷载作用下的变形

混凝土在长期、持续荷载作用下,沿作用力方向上的变形随时间的延长而增加,即荷载不变而变形随时间延长仍在增长,该现象称为徐变。混凝土的徐变一般可达到 $300 \times 10^{-6} \sim 1500 \times 10^{-6}$。混凝土的徐变在加荷早期增长较快,然后逐渐减慢,持续几年后趋于稳定。当混凝土卸载后,一部分变形瞬时恢复,一部分要过一段时间才能恢复(称为徐变恢复),剩余的不可恢复部分称作残余变形,如图 4-21 所示。

图 4-21　混凝土的应变与持荷时间的关系

混凝土徐变产生的原因在于凝胶体的黏性流动和滑移,吸附在凝胶粒子上的吸附水在荷载作用下向毛细孔迁移渗出。影响混凝土徐变的主要因素是水泥用量多少和水胶比大小:水胶比越大,混凝土中的毛细孔越多、混凝土强度越低,徐变越大;水胶比一定时,水泥用量越多,混凝土中凝胶体含量越大,徐变越大;骨料用量越多,因骨料变形较小,徐变减小;另外持续荷载的应力水平越大,徐变越大。

混凝土的徐变对混凝土及钢筋混凝土结构物的影响有利有弊:对于普通钢筋混凝土构件,徐变有利于削弱混凝土温度应力和干缩应力,从而防止裂缝的产生;预应力结构中,徐变将产生应力松弛引起预应力损失,造成不利影响。在钢筋混凝土结构设计中,必须充分考虑徐变的影响。

4.3.4 混凝土的耐久性

在人们的传统观念中,认为混凝土是经久耐用的,钢筋混凝土结构是由最为耐久的混凝土材料浇筑而成,虽然钢筋易腐蚀,但有混凝土保护层,钢筋也不会锈蚀,因此,对钢筋混凝土结构的使用寿命期望值很高,从而忽视钢筋混凝土结构的耐久性问题,并为此付出巨大代价。加强混凝土结构耐久性研究,提高建筑物、构筑物使用寿命显得十分迫切和必要。

混凝土的耐久性是指混凝土在外部环境因素和内部不利因素的长期作用下,能保持正常使用性能和外观完整性,从而维持混凝土结构预定的安全性和正常使用的能力。环境因素主要包括水压渗透、冰冻破坏、碳化、干湿循环以及酸、碱、盐的侵蚀作用等。此外,碱-骨料反应也属于耐久性的范畴。

混凝土结构的耐久性对于延长结构使用寿命、减小维修保养费用等均具有重要意义,在混凝土结构设计中应明确规定耐久性的设计要求。我国《混凝土结构设计规范》(GB 50010—2010)中,已将混凝土结构耐久性设计作为一项重要内容,并对耐久性做出明确界定和使用环境类别划分,见表 4-14。

表 4-14 混凝土结构的环境类别

环境类别		条 件
一		室内干燥环境;永久的无侵蚀性静水浸没环境
二	a	室内潮湿环境;非严寒和非寒冷地区的露天环境;非严寒和非寒冷地区与无侵蚀性的水或土壤直接接触的环境;寒冷和严寒地区的冰冻线以下与无侵蚀性的水或土壤直接接触的环境
	b	干湿交替环境;水位频繁变动环境;严寒和寒冷地区的露天环境;严寒和寒冷地区的冰冻线以上与无侵蚀性的水或土壤直接接触的环境
三	a	严寒和寒冷地区冬季水位冰冻区环境;受除冰盐影响环境;海风环境
	b	盐渍土环境;受除冰盐作用环境;海岸环境
四		海水环境
五		受人为或自然的侵蚀性物质影响的环境

注：① 室内潮湿环境是指构件表面经常处于结露或湿润状态的环境。
　　② 严寒和寒冷地区的划分应符合现行国家标准《民用建筑热工设计规程》(GB 50176—2016)的有关规定。
　　③ 海岸环境为距海岸线 100m 以内;室内潮湿环境为距海岸线 100m 以外、300m 以内,但应考虑主导风向及结构所处迎风、背风部位等因素的影响。
　　④ 受除冰盐影响环境为受除冰盐雾影响的环境;受除冰盐作用环境指被除冰盐溶液溅射的环境以及使用除冰盐地区的洗车房、停车楼等建筑。

1. 抗渗性

1) 抗渗性的定义

混凝土的抗渗性是指混凝土抵抗压力液体(水、油和溶液等)渗透作用的能力,是决定混凝土耐久性最主要的因素。因为外界环境中的侵蚀性介质只有通过渗透才能进入混凝土内部产生破坏作用。

如果混凝土抗渗性差,其他耐久性劣化过程均更易发生,对混凝土耐久性极为不利。在受压力液体作用的工程,如地下建筑、水池、水塔、压力水管、水坝、油罐以及港工、海工等,必须要求混凝土具有一定的抗渗性能。

2）抗渗性的影响因素

混凝土内部因水泥浆中多余水分蒸发留下孔隙和毛细管道,混凝土浇筑过程中泌水产生的通道,混凝土拌和物振捣不密实产生的蜂窝、空洞,混凝土干缩和温度变形产生的裂缝等都会降低混凝土的抗渗性。通常混凝土抗渗性的影响因素有:①水胶比。水胶比越大,混凝土抗渗性越差,抗渗混凝土最大水胶比规定见表 4-15。②骨料最大粒径。水胶比相同时,混凝土骨料的最大粒径越大,抗渗性越差。③水泥品种。水泥中熟料成分差异、水泥颗粒细度引起水泥硬化体孔隙率和强度的变化,进而影响抗渗性。④养护方法。潮湿养护的混凝土比蒸汽养护混凝土的抗渗性好,干燥条件下混凝土早期失水过多,容易形成收缩裂缝,使混凝土抗渗性降低。⑤龄期。随着水泥水化的进行,混凝土密实度逐渐提高,所以混凝土龄期越长,抗渗性越好。⑥外加剂和掺和料。减水剂的加入有助于减小水胶比并改善混凝土的和易性,因此可改善混凝土的密实性,提高混凝土抗渗性;掺和料的使用可改变混凝土的孔隙率和孔结构,进而影响混凝土抗渗性。

表 4-15　抗渗混凝土最大水胶比

设计抗渗等级	最大水胶比	
	C20～C30	C30 以上
P6	0.60	0.55
P8～P12	0.55	0.50
＞ P12	0.50	0.45

提高混凝土抗渗性的关键是提高混凝土的密实度或改变混凝土孔隙特征。提高混凝土抗渗性的主要措施有降低水胶比,以减少泌水和毛细孔;掺引气型外加剂,将开口孔转变成闭口孔,切断渗水通道;减小骨料最大粒径,并使骨料干净、级配良好;加强振捣,充分养护等。

3）抗渗性的测试与评定

混凝土的抗渗性用抗渗等级表示。根据《普通混凝土长期性能和耐久性能试验方法标准》(GB/T 50082—2009)的规定,测定混凝土抗渗等级采用顶面直径为 175mm、底面直径为 185mm、高度为 150mm 的圆台体标准试件;在规定的试验条件下,以 6 个试件中 4 个试件未出现渗水时的最大水压力乘以 10 来确定混凝土的抗渗等级,按下式计算:

$$P = 10H - 1 \tag{4-8}$$

式中,P 为混凝土的抗渗等级;H 为 6 个试件中 3 个试件表面渗水时的水压力,MPa。

混凝土抗渗等级,分为 P4、P6、P8、P10 和 P12 五级,相应表示混凝土能抵抗 0.4MPa、0.6MPa、0.8MPa、1.0MPa 和 1.2MPa 的静水压力而不漏水,抗渗等级在 P6 以上的称为抗渗混凝土。

另据《普通混凝土配合比设计规程》(JGJ 55—2011)规定,具有抗渗要求的混凝土,配制抗渗混凝土要求的抗渗水压力值应比设计值提高 0.2MPa;抗渗试验结果应满足下式要求:

$$P_t \geqslant \frac{P}{10} + 0.2 \tag{4-9}$$

式中,P 为设计要求的混凝土抗渗等级;P_t 为 6 个试件中 4 个未出现渗水时的最大水压力值,MPa。

2. 抗冻性

1）抗冻性的定义

混凝土的抗冻性是指混凝土在使用环境中，经受多次冻融循环作用，能保持强度和外观完整性的能力。对于寒冷地区经常与水接触的结构物，如水位变化区的海工、水工混凝土、水池、发电站冷却塔及与水接触的道路、建筑物勒脚等，以及寒冷环境的建筑物，均要求混凝土必须有一定的抗冻性。

2）抗冻性的作用机理及影响因素

混凝土抗冻性的作用机理较为复杂，通常认为主要原因是混凝土内部孔隙和毛细孔道中的水在负温下结冰时体积膨胀（水结冰时体积膨胀约9%）造成静水压力，同时内部因冰、水蒸气压的差别迫使未冻结水向结冰区迁移，造成渗透压力。当两种压力超过混凝土的抗拉强度时，混凝土发生微细裂缝。在反复冻融作用下，混凝土内部的微细裂缝逐渐增多和扩展，最终导致混凝土强度降低甚至破坏。

对于道路工程还存在盐冻破坏问题，为防止冰雪冻滑影响交通，常常在路面上撒除冰盐融雪。除冰盐会使混凝土的饱水程度、膨胀压力、渗透压力提高，加大冰冻的破坏力；并且在干燥时盐会在孔中结晶，产生结晶压力。两方面共同作用，使混凝土路面剥蚀，并且氯离子渗透到混凝土内部引起钢筋锈蚀。因此，盐冻比纯水结冰的破坏力大。

混凝土的抗冻性主要取决于混凝土密实度、内部孔隙尺寸、特征及充水程度，也与冰冻速度及冻融循环次数等有关。提高混凝土抗冻性的主要措施有：降低水胶比，加强振捣，提高混凝土的密实度；掺引气型外加剂，将开口孔转变成闭口孔，使水不易进入孔隙内部，同时细小闭孔可减缓冰胀压力；保持骨料干净和级配良好；充分养护等。

3）抗冻性的测试与评定

混凝土的抗冻性用抗冻等级 Fn 表示，分为 F10、F15、F25、F50、F100、F150、F200、F250和 F300 九个等级，其中数字表示混凝土在相应条件下所能承受的最大冻融循环次数。按GB/T 50082—2009 的规定，混凝土抗冻等级的测定方法有慢冻法、快冻法和盐冻法三种。慢冻法适用于测定混凝土试件在气冻水融条件下，以经受的冻融循环次数表示混凝土抗冻性能。以标准养护 28d 龄期的边长为 100mm 的立方体试件，在水饱和后，于 $-25\sim-18$℃范围至 $18\sim20$℃范围内进行冻融循环，最后以抗压强度下降率不超过 25% 或质量损失率不超过 5% 时的最大次数表示混凝土的抗冻等级。快冻法适用于测定混凝土试件在水冻水融条件下，以经受的快速冻融循环次数表示混凝土抗冻性能。依规定养护条件养护28d 后的 100mm×100mm×400mm 的棱柱体试件，进行快速冻融试验，以相对动弹性模量不小于 60%、质量损失率不超过 5% 时的最大冻融循环次数表示。

3. 混凝土的碳化

1）碳化的定义

混凝土的碳化是指混凝土内水泥石中的 $Ca(OH)_2$ 与空气中的 CO_2 在一定湿度条件下发生化学反应，生成 $CaCO_3$ 和 H_2O 的过程，因碳化反应后混凝土内部碱度下降，故又称中性化。

混凝土的碳化弊多利少。碳化使混凝土中的钢筋因失去碱性保护而锈蚀，并引起混凝土顺筋开裂；碳化收缩会引起微细裂纹，使混凝土强度降低。但碳化时生成的碳酸钙填充在水泥石的孔隙中,可使混凝土的密实度和抗压强度有所提高,对防止有害杂质的侵入也有一定的缓冲作用。

2)混凝土碳化的影响因素

(1)环境湿度。当环境的相对湿度在 $50\% \sim 75\%$ 时,混凝土碳化速度最快;当相对湿度小于 25% 或达 100% 时(处于水中),因水分太少不能发生碳化反应或混凝土孔隙中充满水使 CO_2 不易渗入而碳化停止,都不利于碳化反应的进行。

(2)水泥品种。普通水泥、硅酸盐水泥水化产物碱度高,其抗碳化能力优于矿渣水泥、火山灰质水泥和粉煤灰水泥,且水泥随混合材料掺量的增多而碳化速度加快。

(3)水胶比。水胶比越小,混凝土越密实,CO_2 和水不易渗入,碳化速度慢;而当水胶比固定,碳化深度则随水泥用量的提高而减小。

(4)环境中 CO_2 的浓度。CO_2 浓度越大,混凝土碳化作用越快。

(5)外加剂。混凝土中掺入减水剂、引气剂或引气型减水剂时,由于可降低水灰比或引入封闭小气泡,可使混凝土碳化速度明显减慢。

提高混凝土密实度(如降低水灰比,采用减水剂,保证骨料级配良好,加强振捣和养护等),是提高混凝土碳化能力的根本措施。

3)混凝土碳化的检测

混凝土的碳化过程是 CO_2 由表及里向其内部逐渐扩散的过程,因此混凝土的碳化程度用碳化深度表示。混凝土碳化深度的检测方法有 X 射线法和化学试剂法两类。X 射线法适用于实验室的精确测量,需要专门的仪器,既测试完全碳化深度和部分碳化深度。化学试剂法主要用于现场检测,检测时在混凝土表面凿洞,立即滴上化学试剂,根据反应的颜色测量碳化深度。常用试剂是质量分数 1% 的酚酞酒精溶液,它以 $pH=9$ 为界线,已碳化部分不变色,未碳化的地方呈粉红色,这种方法仅能测试完全碳化深度。另有一种彩虹指示剂,可根据反应的颜色判别不同的 $pH(pH=5 \sim 13)$,还可以测试部分碳化深度。

4. 混凝土的抗侵蚀性

环境介质对混凝土的化学侵蚀主要是对水泥石的侵蚀,详见 3.1.5 节。

5. 混凝土的碱-骨料反应

1)碱-骨料反应的定义

碱-骨料反应是指水泥、外加剂等混凝土构成物及环境中的碱与具有碱活性的骨料之间在潮湿环境下缓慢发生并导致混凝土开裂破坏的膨胀反应。根据骨料中活性成分的不同,碱-骨料反应分为三种类型:碱-硅酸反应、碱-碳酸盐反应和碱-硅酸盐反应。碱-硅酸反应是分布最广、研究最多的碱-骨料反应,该反应是指混凝土内的碱与骨料中的活性 SiO_2 反应,生成复杂的碱-硅酸凝胶,凝胶从周围介质中不断吸收水分而体积膨胀,导致混凝土开裂破坏。

2)碱-骨料反应的发生条件

通常认为,碱-骨料反应的发生必须同时具备以下三个条件。

(1)混凝土中含有过量的碱(Na_2O+K_2O)。混凝土中的碱主要来自于水泥,也来自外加剂、掺和料、骨料、拌和水等组分。其中的碱($Na_2O+0.658K_2O$)大于 0.6% 的水泥称为高碱水泥,我国许多水泥碱含量在 1% 左右,如果加上其他组分引入的碱,则混凝土中的碱含量较高。

（2）骨料中存在碱活性矿物，如活性 SiO_2，总量的比例大于 1%。碱活性骨料包括含活性 SiO_2 的骨料、黏土质白云石质石灰石和层状硅酸盐骨料，其中以含活性 SiO_2 的碱活性骨料分布最广。

（3）潮湿环境，水分能够渗入混凝土。碱-骨料反应很慢，在空气相对湿度大于 80% 或直接接触水的环境，碱-骨料反应破坏才会发生。引起的破坏往往经过若干年后才会出现，但破坏性则很大，难以加固处理，必须注意加强防范。

相应地，可采取以下措施来预防或抑制碱-骨料反应。

（1）尽量采用非活性骨料。

（2）当确认为碱活性骨料又非用不可时，则严格控制混凝土中碱含量，如采用碱含量小于 0.6% 的水泥，降低水泥用量，选用含碱量低的外加剂等。

（3）掺入火山灰质混合材料（如粉煤灰、硅灰和矿渣等）。因为它们能吸收溶液中的钠离子和钾离子，使反应产物早期能均匀分布在混凝土中，不致集中于骨料颗粒周围，从而减轻或消除膨胀破坏。

（4）在混凝土中掺入引气剂或引气减水剂。它们可以产生许多分散的气泡，当发生碱-骨料反应时，反应生成的胶体可渗入或被挤入这些气泡内，降低了膨胀破坏应力。

6. 表面磨损

混凝土的表面磨损有三种情况：①机械磨耗，如路面、机场跑道、厂房地坪等处的混凝土受到反复摩擦、冲击而造成的磨耗；②冲磨，如桥墩、水工泄水结构物、沟渠等处的混凝土受到高速水流中夹带的泥沙、石子颗粒的冲刷、撞击和摩擦造成的磨耗；③空蚀，如水工泄水结构物受到水流速度和方向改变形成的空穴冲击而造成的磨耗。

影响混凝土耐磨性的因素有以下几个方面。

（1）混凝土的强度。混凝土抗压强度越高，耐磨性越好。通过降低水灰比、掺高效减水剂等方法来提高混凝土强度的措施均对提高混凝土耐磨性有利。

（2）粗骨料的品种和性能。粗骨料硬度越高，韧性越高，混凝土的耐磨性越好。卵石表面光滑，碎石表面粗糙，从骨料本身来讲，前者的耐磨性更好，但是在相同条件下，卵石与水泥石之间的黏结强度比碎石的低，因此碎石更适合于配制高耐磨性混凝土。

（3）细骨料与砂率。砂中石英等坚硬的矿物含量多，黏土等有害杂质含量少，则混凝土的抗冲磨性好，级配良好的中砂配制的混凝土比用细砂或特细砂的抗冲磨性好。当水泥用量小于 $400kg/m^3$ 时，混凝土的磨损系数随砂率的降低而降低；当水泥用量大于 $450kg/m^3$ 时，砂率为 30% 左右时最低。

（4）水泥和掺和料。水泥中 C_3S 的抗冲磨性最好，C_3A 和 C_4AF 次之，C_2S 最低。配制抗冲磨混凝土应尽量选用 C_3S 和 C_3A 含量高、强度等级高的水泥，水泥中不得掺煤矸石、火山灰、黏土等混合材料。在混凝土中掺入硅灰、磨细矿渣粉和钢纤维等掺和料，可使混凝土耐磨性大幅度提高。

（5）养护和施工方法。防止表面混凝土离析、泌水，充分养护混凝土，均有利于提高混凝土耐磨性。混凝土表面经真空脱水和机械二次抹面，可使混凝土耐磨性提高 30%～100%。

混凝土耐磨性试验方法有钢球法、转盘法、摩轮法和滚珠轴承法等。《混凝土及其制品耐磨性试验方法(滚珠轴承法)》(GB/T 16925—1997)规定的滚珠轴承法,以滚珠轴承为磨头,滚珠在额定负荷下滚动时摩擦试件表面,在受磨面上形成环形磨槽,通过测量磨槽深度和磨头转数计算耐磨度,用耐磨度评价路面(地面)混凝土的耐磨性。

7. 提高混凝土耐久性的措施

虽然混凝土遭受各种破坏作用的机理各不相同,影响耐久性的因素也很多,但最重要的提高混凝土耐久性的措施是提高混凝土的密实度、改善混凝土内部孔结构。具体措施有以下几个方面。

(1) 合理选择水泥品种,以适应工程所处环境。

(2) 选择质量好、级配合理的骨料和合理砂率,以提高混凝土密实度。

(3) 掺入合适的外加剂,如适量的减水剂、引气剂,以改善混凝土内部结构。

(4) 加强混凝土施工中的质量控制,确保混凝土均匀密实,以提高混凝土密实度。

(5) 掺加优质矿物掺和料,以提高混凝土密实度。

(6) 采用较小的水胶比和保证足够的胶凝材料用量,以提高混凝土密实度。

《混凝土结构设计规范》(GB 50010—2010)中,对设计使用年限为 50 年的混凝土结构,从最低强度等级、最大水胶比、最大氯离子含量和最大碱含量等方面对混凝土材料耐久性提出基本要求,见表 4-16。《普通混凝土配合比设计规程》(JGJ 55—2011)中对混凝土的最小胶凝材料用量作出相应规定,以保证混凝土耐久性,见表 4-17。

表 4-16   结构混凝土材料的耐久性基本要求

环境类别		最大水胶比	最低混凝土强度等级	最大氯离子含量/%	最大碱含量/(kg/m³)
一		0.60	C20	0.30	不限制
二	a	0.55	C25	0.20	3.0
	b	0.50(0.55)	C30(C25)	0.15	
三	a	0.45(0.50)	C35(C30)	0.15	
	b	0.40	C40	0.10	

注:① 氯离子含量系指其占胶凝材料总量的百分比。
② 预应力构件混凝土中的最大氯离子含量为 0.05%;最低混凝土强度等级应按表中的规定提高两个等级。
③ 素混凝土构件的水胶比及最低强度等级的要求可适当放松。
④ 有可靠工程经验时,二类环境中的最低混凝土强度等级可降低一个等级。
⑤ 处于严寒和寒冷地区二 b、三 a 类环境中的混凝土应使用引气剂,并可采用括号中的有关参数。
⑥ 当使用非碱活性骨料时,对混凝土中的碱含量可不作限制。
⑦ 本表取自《混凝土结构设计规范》(GB 50010—2010)的表 3.5.3。

表 4-17   混凝土的最小胶凝材料用量

最大水胶比	最小胶凝材料用量/(kg/m³)		
	素混凝土	钢筋混凝土	预应力混凝土
0.60	250	280	300
0.55	280	300	300
0.50	320		
≤0.45	330		

注:取自《普通混凝土配合比设计规程》(JGJ 55—2011)的表 3.0.4。

4.4　普通混凝土外加剂与掺和料

　　水泥、砂、石、水是配制混凝土的基本原材料,随着现代建筑技术的不断发展,仅仅通过使用四种组分生产混凝土,显然已难以满足对现代混凝土材料提出的新要求。于是混凝土外加剂和掺和料应运而生,并在混凝土生产尤其是高强高性能混凝土应用中日益广泛,已经成为现代混凝土中不可缺少的组分,并被称为除了水泥、砂、石和水四种组分之外的第五组分(外加剂)、第六组分(矿物掺和料)。

　　现代混凝土技术的迅速发展使得掺和料、外加剂广泛应用,以满足现代施工技术和建筑要求,达到技术先进、经济合理、节能环保、高强、防腐耐久等目的,促进了混凝土生产和应用技术的发展。

4.4.1　混凝土外加剂

　　混凝土外加剂是指在拌制混凝土过程中掺入的用以改善混凝土性能的物质,其掺量一般不大于水泥质量的5%(特殊情况除外)。混凝土外加剂不包括生产水泥时加入的混合材料、石膏和助磨剂,也不同于在混凝土拌制时掺入的掺和料。混凝土外加剂的掺量虽然较小,但可显著改善混凝土拌和物的和易性,明显提高混凝土的物理力学性能和耐久性,技术经济效果显著。外加剂在现代混凝土中的应用已越来越普遍,促进了混凝土生产和施工工艺以及新型混凝土的发展,导致混凝土技术的第三次革命,已成为除水泥、砂、石和水等基本组分之外的第五组分,成为制备优良性能混凝土的必备条件。

1. 外加剂的分类

　　按主要功能,外加剂可分为以下四类。
　　(1) 改善混凝土拌和物流变性能的外加剂,如减水剂、引气剂和泵送剂等。
　　(2) 调节混凝土凝结时间和硬化性能的外加剂,如缓凝剂、早强剂和速凝剂等。
　　(3) 改善混凝土耐久性的外加剂,如引气剂、防水剂、防冻剂和阻锈剂等。
　　(4) 改善混凝土其他性能的外加剂,如膨胀剂、减缩剂、加气剂、防冻剂、着色剂、泵送剂、碱-骨料反应抑制剂和道路抗折剂等。
　　根据国家标准《混凝土外加剂》(GB 8076—2008),混凝土外加剂可分为高性能减水剂(早强型、标准型、缓凝型)、高效减水剂(标准型、缓凝型)、普通减水剂(早强型、标准型、缓凝型)、引气减水剂、泵送剂、早强剂、缓凝剂、引气剂共8类外加剂。

2. 常用的混凝土外加剂

　　1) 减水剂
　　(1) 减水剂的定义及分类
　　减水剂是指在混凝土拌和物坍落度(表示混凝土流动性的指标)基本相同的条件下,能较为显著减少拌和用水量的外加剂,它在混凝土工程中应用最为广泛。
　　减水剂是混凝土外加剂中最重要的品种,按其减水率大小,可分为普通减水剂、高效减水剂和高性能减水剂。实际应用中,还有复合型的减水剂,如缓凝型减水剂、引气型减水剂、膨胀型减水剂等。

(2) 减水剂的作用机理

减水剂是一种表面活性剂,其分子是由亲水基团和憎水基团两部分组成,与其他物质接触时会定向排列,如图 4-22 所示。通常认为,减水剂能够提高混凝土拌和物流动性的作用机理在于减水剂的分散作用以及润滑作用。由于水泥颗粒之间分子凝聚力的作用,水泥在加水拌和后会形成絮凝结构,如图 4-23 所示,一部分拌和用水被包裹在絮凝结构内,这些水不能参与流动和起到润滑作用。当水泥中加入减水剂后,减水剂的憎水基团定向吸附于水泥颗粒表面,使水泥颗粒表面带有相同的电荷,同性电荷产生静电斥力,使水泥颗粒相互分开,打破絮凝结构,释放出游离水,从而可提高混凝土拌和物的流动性。另外,减水剂还能在水泥颗粒表面形成一层稳定的溶剂化水膜,具有良好的润滑作用,对水泥颗粒的滑动有利,从而使混凝土拌和物的流动性进一步提高。

图 4-22　表面活性剂分子的定向排列

图 4-23　减水剂作用机理示意

通过湿润、润滑、分散、塑化等作用,减水剂能使水泥浆变稀、混凝土拌和流动性增大,从而取得下列效果:①在保持坍落度不变的条件下,减少用水量,降低水灰比(水胶比),提高混凝土强度和抗渗性;②在保持用水量和水胶比不变的条件下,增大坍落度,改善和易性,使混凝土易于浇筑、成型密实;③在保持混凝土强度和和易性条件下,可在减少用水量的同时减少水泥用量,进而降低成本。水泥用量的减少能降低水化热,对大体积混凝土的裂缝控制非常有利。

另外,缓凝型减水剂可使水泥水化放热速度减慢,热峰出现推迟;引气型减水剂可提高混凝土抗渗性和抗冻性。

（3）减水剂的主要品种

减水剂品种繁多，根据化学成分可分为木质素系、萘系、树脂系、糖蜜系和腐殖酸系；根据减水效果可分为普通减水剂、高效减水剂和高性能减水剂；根据对混凝土凝结时间的影响可分标准型、早强型和缓凝型；根据是否在混凝土中引入空气可分为引气型和非引气型；根据外形可分为粉体型和液体型。

① 普通减水剂

木质素系减水剂属于普通减水剂，是亚硫酸盐法生产纸浆的副产品，主要成分是木质素磺酸盐，又分为木质素磺酸钙（木钙）、木质素磺酸钠（木钠）和木质素磺酸镁（木镁）。应用最广泛的是木钙（又称为 M 剂），它是以废纸浆或废纤维浆为原料，采用石灰乳中和，经发酵除糖、蒸发浓缩、喷雾干燥而制成，为棕色粉状物。M 剂因含有一定的糖分，而具有缓凝等作用。

糖蜜系减水剂也属于普通减水剂，它以制糖后的糖渣或废蜜为原料，采用石灰中和处理而成，为棕色粉状物或糊状物。糖为多羟基碳水化合物，亲水性强，致使水泥颗粒表面的溶剂化水膜增厚，在较长时间内难以粘连与凝聚。因而，糖蜜系减水剂具有明显缓凝作用。

② 高效减水剂

萘系减水剂属于高效减水剂，它以工业萘或煤焦油中分馏出的萘及其同系物为原料，经磺化、水解、缩合、中和、过滤和干燥而成，为棕色粉状物。萘系减水剂多数为非引气型，与水泥适应性好，但坍落度损失往往较大。萘系减水剂主要用于要求高流动性，并对抗渗和抗冻性要求较高的混凝土。

水溶性树脂（密胺树脂）类减水剂是一种水溶性的聚合物树脂，其全称为磺化三聚氰胺甲醛树脂，属于阴离子系早强、非引气型高效减水剂，是由三聚氰胺、甲醛、亚硫酸钠按适当比例在一定条件下经磺化、缩聚而成。它对混凝土早期强度与增强效果显著，对长期强度亦有明显提高，并可提高混凝土的抗渗、抗冻性能及弹性模量，对蒸汽养护的适应性优于其他减水剂。

氨基苯磺酸系减水剂是一种新型高效减水剂，利用氨基苯磺酸钠作为主要原料，经一定工艺合成的具有单环芳香烃结构特征减水剂，该种减水剂减水率高达 30% 以上，坍落度保持良好，复合使用时也能达到较好的控制坍落度损失的效果，而且生产工艺相对简单，因而成为近年来世界各国研究的热点。国内也有些厂家开始生产氨基苯磺酸盐系减水剂，并且已呈现出良好的发展趋势。

脂肪族减水剂是以羰基化合物为主要原料，在碱性条件下通过碳负离子的生产而缩合得到的一种脂肪族高分子链，并且通过亚硫酸盐对羰基的加成从而在分子链上引进亲水的磺酸基团，使得分子形成具有表面活性的一种高分子减水剂。

③ 高性能减水剂

高性能减水剂包括聚羧酸系减水剂、氨基羧酸系减水剂以及其他能够达到《混凝土外加剂》（GB 8076—2008）指标要求的减水剂。高性能减水剂具有一定的引气性、较高的减水率和良好的坍落度保持性能。与其他减水剂相比，高性能减水剂在配制高强度混凝土和高耐久性混凝土时，具有明显的技术优势和较高的性价比。国外从 20 世纪 90 年代开始使用高性能减水剂，日本现在高性能减水剂用量占减水剂总量的 60%～70%，欧、美高性能减水剂约占减水剂总量的 20%。我国从 2000 年前后逐渐开始对高性能减水剂进行研究,近两年以聚羧酸系减水剂为代表的高性能减水剂逐渐在工程中得到应用。

聚羧酸系减水剂是通过不饱和单体在引发剂作用下共聚而得到的一类减水剂。该减水剂具有低掺量、高减水、不缓凝和低坍落度损失等特点,是继木钙为代表的普通减水剂和以萘系为代表的高效减水剂之后发展起来的第三代高性能减水剂,是目前世界上最前沿、科技含量最高、应用前景最好、综合性能最优的一种高效减水剂。

2) 早强剂

(1) 早强剂的定义及分类

早强剂是指能加速混凝土早期强度发展、明显提高混凝土早期强度的外加剂。早强剂主要有无机类、有机类和复合型三大种类,其中无机早强剂的应用最为常见。①无机类早强剂主要有两类:以氯化钙、氯化钠为代表的氯盐类,其中氯化钙应用最广;以硫酸钠、硫酸钙、硫代硫酸钠为代表的硫酸盐类,其中应用最多的是硫酸钠。②有机类早强剂:主要有三乙醇胺、三异丙醇胺等,其中三乙醇胺最为常用。③复合型早强剂:采用两种或两种以上的早强剂复配而成,早强效果得到较好改善。通常可用三乙醇胺、硫酸钠、氯化钠、亚硝酸钠和石膏等组成二元、三元或四元复合早强剂。

(2) 早强剂的作用机理

早强剂的作用机理在于其能促进水泥的水化和硬化,提高早期强度,缩短养护周期,提高模板和场地周转率,加快施工速度。

① 氯盐类早强剂。主要有氯化钙、氯化钠、氯化钾、氯化铝及三氯化铁等,其中氯化钙应用最广。氯盐类早强剂的早强机理在于氯盐与水泥中的铝酸三钙反应,生成几乎不溶于水的水化氯铝酸钙,又与水泥水化产物氢氧化钙反应生成溶解度极小的氯氧酸钙。水化氯铝酸钙和氯氧酸钙固相早期析出,形成骨架,增加了水泥浆中固相的比例,加速了水泥浆体结构的形成。

② 硫酸盐类早强剂。常用的硫酸盐类早强剂是硫酸钠,其早强机理在于硫酸钠能迅速与水泥水化产物氢氧化钙反应生成高分散度的二水硫酸钙微细颗粒,硫酸钙颗粒又与铝酸三钙反应能迅速生成水化硫铝酸钙针状晶体,反应速度较生产水泥时外掺的石膏与硫酸钙的反应快很多,形成早期骨架。同样,水泥水化体系中氢氧化钙浓度的降低,使硅酸三钙等的水化进一步增加,使混凝土早期强度得以提高。

③ 有机胺类早强剂。三乙醇胺是常见的有机胺类早强剂,其早强机理在于三乙醇胺是一种很好的络合剂,在水泥水化的碱性溶液中能与铁和铝等离子形成较稳定的络离子,络离子又与水泥水化物作用生成溶解度很小的络盐并析出,有利于早期骨架的形成,从而使混凝土早期强度提高。三乙醇胺一般不单独使用,常与其他早强剂复合用,其掺量为水泥质量的 0.02%~0.05%,能使水泥的凝结时间延缓 1~3h,使混凝土早期强度提高 50% 左右,28d强度不变或略有提高,对普通水泥的早强作用大于对矿渣水泥的。

④ 复合早强剂。复合早强剂一般可使混凝土 3d 强度提高 70%~80%,28d 强度提高20% 左右。复合早强剂的早强机理与所用早强剂的种类和用量等有关。

(3) 早强剂的应用

早强剂可用于蒸汽养护的混凝土及常温、低温和最低温度不低于−5℃环境中施工的有早强要求的混凝土工程。炎热环境条件下不宜使用早强剂和早强减水剂。掺入混凝土对人体产生危害或对环境产生污染的化学物质严禁用作早强剂,含有六价铬盐、亚硝酸盐等有害成分的早强剂严禁用于饮水工程及与食品相接触的工程,硝铵类严禁用于办公、居住等建筑工程。含强电解质无机盐类的早强剂和早强减水剂,严禁用于与镀锌钢材或铝铁相接触部分的结构,有外露钢筋预埋铁件而无防护措施的结构,以及使用直流电源的结构和距高压直流电源 100m 以内的结构。

氯离子会引起钢筋锈蚀,不得在预应力混凝土结构、直接接触酸碱或其他侵蚀性介质的结构等多种混凝土结构中使用,详见《混凝土外加剂应用技术规范》(GB 50119—2013)中的相关规定。

3) 引气剂

(1) 引气剂的定义及分类

引气剂是指在搅拌混凝土过程中能引入大量均匀分布、稳定而封闭的微小气泡(直径 $10\sim100\mu m$)并能保留在硬化混凝土中的外加剂。通常引气剂能够明显改善混凝土拌和物的和易性,提高混凝土的耐久性。混凝土引气剂有松香树脂类、烷基苯磺酸盐类、脂肪醇磺酸盐类、蛋白质盐及石油磺酸盐等几种。其中以松香树脂类应用最为广泛,这类引气剂的主要品种有松香热聚物和松香皂两种。

(2) 引气剂的作用机理

引气剂为表面活性剂,由于在搅拌混凝土时会混入一些气泡,加入的引气剂就定向排列在泡膜界面(气-液界面),显著降低水的表面张力,在搅拌的作用下形成大量微小气泡。这些气泡不宜破灭且均匀分散在混凝土中,互不相连,使混凝土的一些性能得以改善。

① 改善混凝土拌和物的和易性。封闭的小气泡在混凝土拌和物中像滚珠,减少了骨料间的摩擦,增强了润滑作用,从而提高了流动性。同时微小气泡的存在可阻滞泌水作用并提高保水能力。

② 提高混凝土的抗渗性和抗冻性。引入的封闭气泡能有效隔断毛细孔通道,并能减少泌水造成的渗水通道,从而提高了混凝土的抗渗性。引入的封闭气泡有较大的弹性变形能力,对水结冰产生的膨胀力起缓冲作用,从而提高抗冻性。

③ 使混凝土的强度和弹性模量有所降低。气泡的存在使混凝土的有效受力面积减少,导致混凝土强度和弹性模量的下降。

(3) 引气剂的应用

引气剂及引气减水剂可用于抗冻混凝土、抗渗混凝土、抗硫酸盐混凝土、泌水严重的混凝土、贫混凝土、轻骨料混凝土、人工骨料配制的普通混凝土、高性能混凝土以及有饰面要求的混凝土;不宜用于蒸养混凝土及预应力混凝土,必要时应经试验确定。

4) 缓凝剂

(1) 缓凝剂的定义及分类

缓凝剂是指能延缓混凝土凝结时间,而不显著影响混凝土后期强度的外加剂。缓凝剂分为无机和有机两大类。有机缓凝剂包括木质素磺酸盐、羟基羧基及其盐、糖类及碳水化合物、多元醇及其衍生物等;无机缓凝剂包括硼砂、氯化锌、碳酸锌、硫酸铁(铜、锌、镉等)、磷酸盐及偏磷酸盐等。

(2) 缓凝剂的作用机理

缓凝剂的使用能够降低水泥水化热并延迟温峰的出现时间,有利于减少混凝土内外温差引起的开裂；有利于夏季施工和连续浇筑,防止出现混凝土施工缝；有利于泵送施工、滑模施工和远距离运输。有机类缓凝剂多为表面活性剂,掺入混凝土中,能吸附在水泥颗粒表面,形成同种电荷的亲水膜,使水泥颗粒相互排斥,阻碍水泥水化产物粘连和凝结,起缓凝作用；无机类缓凝剂,一般是在水泥颗粒表面形成一层难溶的薄膜,对水泥的正常水化起阻碍作用,从而导致缓凝。

（3）缓凝剂的应用

缓凝剂、缓凝减水剂及缓凝高效减水剂可用于大体积混凝土、碾压混凝土、炎热气候条件下施工的混凝土、大面积浇筑的混凝土、避免冷缝产生的混凝土、需要较长时间停放或长距离运输的混凝土、自流平免振混凝土、滑模施工或拉模施工的混凝土及其他需要延缓凝结时间的混凝土。它们宜用于最低气温在5℃以上时施工的混凝土,不宜单独用于有早强要求的混凝土及蒸养混凝土。缓凝高效减水剂可制备高强高性能混凝土。缓凝剂对水泥品种的适应性十分敏感,使用前应先做水泥适应性（相容性）试验,合格后方可使用,保证缓凝剂的使用效果。

5）速凝剂

（1）速凝剂的定义及分类

速凝剂是指能使混凝土迅速凝结硬化的外加剂。大部分速凝剂的主要成分为铝酸钠（铝氧熟料）,此外还有碳酸钠、铝酸钙、氟硅酸锌、氟硅酸镁、氯化亚铁、硫酸铝、三氯化铝等盐类。

（2）速凝剂的作用机理

速凝剂产生速凝的原因是,速凝剂中的铝酸钠、碳酸钠在碱溶液中迅速与水泥中的石膏反应生成硫酸钠,使石膏丧失缓凝作用或迅速生成钙矾石所致。

（3）速凝剂的应用

速凝剂主要用于喷射混凝土和喷射砂浆,亦可用于需要速凝的其他混凝土。

6）防冻剂

（1）防冻剂的定义及分类

防冻剂指能使混凝土在负温下硬化,并在规定时间内达到足够防冻强度的外加剂。常用防冻剂有强电解质无机盐类（氯盐类和无氯盐类）、水溶性有机化合物类、有机化合物与无机盐复合类、复合型等四种类型。

（2）防冻剂的作用机理

常用防冻剂通常由减水组分、早强组分、引气组分和防冻组分复合而成：①防冻组分降低混凝土中液相的冰点,使负温下的混凝土内部仍有液相存在,水泥能继续水化；②引气组分在混凝土中引入适量的封闭微小气泡,减轻冰胀应力；③早强组分提高混凝土早期强度,增强混凝土抵抗冰冻的破坏能力；④减水组分减少混凝土拌和用水量,以减少混凝土内的成冰量,并使冰晶粒度细小且均匀分散,减小对混凝土的膨胀应力。

（3）防冻剂的应用

防冻剂应用于负温条件下施工的混凝土。目前国产防冻剂适用于在0～−15℃气温下施工的混凝土,当在更低气温下施工混凝土时,应加用其他的混凝土冬季施工措施,如原材料预热法、暖棚法等。部分防冻剂含有对混凝土、环境等产生危害的成分,因此《混凝土外加剂应用技术规范》（GB 50119—2013）规定：含强电解质无机盐类防冻剂,其严禁使用的范围与氯盐类、强电解质无机盐类早强剂的相同；含亚硝酸盐、碳酸盐的防冻剂严禁用于预应力混凝土结构；含有六价铬盐、亚硝酸盐等有害成分的防冻剂，严禁用于饮水工程及与食品相接触的工程；含有硝铵、尿素等产生刺激性气味的防冻剂，严禁用于办公、居住等建筑工程；有机化合物防冻剂、有机化合物与无机盐复合防冻剂可用于素混凝土、钢筋混凝土及预应力混凝土工程。

7）膨胀剂

（1）膨胀剂的定义及分类

膨胀剂指能使混凝土产生一定体积膨胀的外加剂。混凝土中采用的膨胀剂有硫铝酸钙类、氧化钙类和硫铝酸钙-氧化钙类三类。水工结构中也有使用氧化镁类膨胀剂。常用膨胀剂有明矾石膨胀剂（明矾石＋无水石膏或二水石膏），CSA（蓝方石（$3CaO \cdot 3Al_2O_3 \cdot CaSO_4$）＋生石灰＋无水石膏），UEA（无水硫铝酸钙＋明矾石＋石膏），M 型膨胀剂（铝酸盐水泥＋二水石膏）。此外还有 AEA（铝酸钙膨胀剂）、SAEA（硅铝酸盐膨胀剂）、CEA（复合膨胀剂）等。

（2）膨胀剂的作用机理

硫铝酸类膨胀剂的作用机理在于无水硫铝酸钙水化或参与水泥矿物的水化或与水泥水化产物水化，生成大量钙矾石，反应后固相体积增大，导致混凝土体积膨胀。石灰类膨胀剂的作用机理在于水化早期，CaO 水化生成氢氧化钙，反应后固相体积增大；随后氢氧化钙发生重结晶，固相体积再次增大，从而导致混凝土体积膨胀。膨胀剂的膨胀源（钙矾石或氢氧化钙）不仅使混凝土体积产生适度的膨胀，减少了混凝土的收缩，而且能填充、堵塞和隔断混凝土中的毛细孔及其他孔隙，从而改善混凝土的孔结构，提高了混凝土的密实度、抗渗性和抗裂性。

（3）膨胀剂的应用

膨胀剂常用于补偿收缩混凝土、填充用膨胀混凝土、灌浆用膨胀砂浆和自应力混凝土。因钙矾石在 80℃以上分解，导致混凝土强度下降，所以含硫铝酸钙类和硫铝酸钙-氧化钙类膨胀剂不得用于长期环境温度为 80℃以上的工程；因氢氧化钙化学稳定性、胶凝性较差，形成膨胀结晶体或被溶出，降低了混凝土的耐久性，所以含氧化钙类膨胀剂不得用于海水或有侵蚀性水的工程。

8）防水剂

（1）防水剂的定义及分类

防水剂指能降低混凝土在静水压力下的透水性，提高其抗渗性能的外加剂。常用的混凝土防水剂有四类：①无机化合物类，如氯化铁、硅灰粉末、锆化合物等；②有机化合物类，如脂肪酸及其盐类、有机硅表面活性剂（甲基硅醇钠、乙基硅醇钠、聚乙基羟基硅氧烷）、石蜡、地沥青、橡胶及水溶性树脂乳液等；③混合物类，如无机类混合物、有机类混合物、无机类与有机类混合物；④复合类，为上述各类与引气剂、减水剂、调凝剂（指缓凝剂和速凝剂）等外加剂复合的复合型防水剂。

（2）防水剂的作用机理

不同种类防水剂的作用机理各不相同。无机化合物的氯盐能促进水泥的水化和硬化，在早期具有较好的防水效果，但氯盐类会使钢筋混凝土锈蚀，混凝土收缩率增加，后期防水效果不大。有机化合物类防水剂在于其多为憎水性表面活性剂。引气与防水复合防水剂中,大量封闭的微小气泡隔断混凝土中的毛细通道,减少渗水通路,可以提高混凝土的防水性。减水与防水复合防水剂中减水剂改善混凝土的和易性,使混凝土更密实,从而提高混凝土防水效果。

(3)防水剂的应用

防水剂可用于工业与民用建筑的屋面、地下室、隧道、巷道、给排水池、水泵站等有防水抗渗要求的混凝土工程。含氯盐的防水剂可用于素混凝土、钢筋混凝土工程,严禁用于预应力混凝土工程。

9)泵送剂

泵送剂指能改善混凝土拌和物泵送性能的外加剂,一般由减水剂、缓凝剂、引气剂等单独使用或复合使用而成。泵送剂可以使混凝土拌和物的流动性显著增大,更为重要的是能够减少泌水和离析,提高混凝土黏聚性,进而提高混凝土和易性,保证混凝土适合于泵送施工。

泵送剂适用于工业与民用建筑及其他构筑物的泵送施工的混凝土,滑模施工、水下灌注桩混凝土等工程,特别适用于大体积混凝土、高层建筑和超高层建筑等工程中。泵送剂的品种、掺量应按供货单位提供的推荐掺量和环境温度、泵送高度、泵送距离、运输距离等要求经混凝土试配后确定。

3. 混凝土外加剂与水泥的相容性

水泥和外加剂是影响混凝土强度、耐久性和工作性能的主要组分,实际工程中往往发现,虽然所用的水泥与外加剂的质量都符合国家标准,但配制出的混凝土拌和物性能却不够理想,尤其是使用减水剂时工作性能随着水泥品种和品牌的变化有很大不同,也就是说水泥和外加剂之间存在相容性的问题。

水泥与外加剂的相容性在以前被称为外加剂对水泥的适应性,认为对于满足质量标准要求的水泥是固定不变的,因此要求外加剂改变其组分、性能来满足不同水泥的性能。随着高性能混凝土研究和应用的发展,外加剂对水泥的适应性问题越加突出,而且也很难通过调整外加剂实现水泥和外加剂的协同效果,因此外加剂与水泥相容性的概念逐渐深入人心。相容性体现了对影响混凝土性能的水泥和外加剂"双向适应"的理解,也就是不仅要求外加剂适应水泥,同时也要求水泥能够与外加剂相适应。因此,混凝土的性能不仅取决于水泥的性能,也取决于外加剂的性能,更取决于二者之间的"相容性"。

通常水泥与减水剂的相容性问题比较明显,也成为影响混凝土工作性的重要因素。实际工程中,即使使用相同减水剂或水泥,但水泥或减水剂质量的差异也将引起水泥浆体流动性及其经时损失的变化,获得相同流动性时减水剂用量也会变化。通常通过试验测定减水剂在推荐用量时的减水效率、对凝结时间和强度的影响以及坍落度损失率,据此判断是否相容。

水泥与外加剂的相容性问题非常复杂,通常认为将受到如下因素的影响。

(1)外加剂自身因素。由于外加剂的种类与品种不同、外加剂结构官能团的差异、外加剂生产中聚合度的不同、复配使用时的组分不同,外加剂与水泥的相容性将受到影响。不同厂家生产的同品种外加剂也会因生产工艺、技术水平和质量管理水平的差异而产生不同。

（2）水泥的组成成分。水泥的组成成分对外加剂的影响很大。水泥熟料的矿物组成对外加剂的影响因素大小依次为 $C_3A > C_4AF > C_3S > C_2S$。$C_3A$ 水化反应快，早期强度提高快，需水量大，C_3A 含量过高（质量分数大于 8%），C_3A 吸附外加剂量大，外加剂作用损失大；碱含量过高时，会使混凝土坍落度变小，坍落度损失变大，和易性变差；游离氧化钙含量高，则将使水泥浆流动性减小。

生产水泥时为调节凝结时间加入的石膏，也将对水泥与减水剂的相容性产生影响，影响程度依次为硬石膏（工业无水石膏）>半水石膏>二水石膏。水泥厂家为降低成本而较常使用的工业无水石膏不仅影响水泥质量，也使外加剂在水泥表面的吸附量增加，外加剂损失量大。

（3）水泥细度和颗粒级配的影响。随着现代技术的进步，水泥厂家常常通过提高水泥细度达到水泥新标准的强度要求，但水泥过细时需水量大，吸附外加剂量更大，外加剂损失量大。而且，过细的水泥在研磨时温度更高，也会使更多的水合石膏分解成无水石膏，无水石膏含量提高将引起外加剂的适应性变差。水泥的颗粒级配不好，水泥净浆泌水率大的水泥与外加剂适应性也较差。此外，水泥颗粒粒度越接近球形，对减水剂的吸附越小，坍落度损失减小。

工程上，为改善水泥与外加剂的相容性，一般可以采取以下措施。

（1）合理选择水泥。在满足强度要求的前提下，选择比表面积较小的水泥。尽量选择二水石膏调凝的水泥，尽量使用铝酸三钙含量较低的水泥。合理选择水泥品种。经试验证明粉煤灰水泥或矿渣水泥与减水剂的相容性一般优于普通硅酸盐水泥与减水剂的相容性。

（2）合理选择外加剂。通常，氨基磺酸盐系减水剂或聚羧酸盐系减水剂与水泥的相容性优于萘磺酸盐系减水剂与水泥的相容性；复合型减水剂在水泥中的分散效果要优于单一型减水剂。对于同种减水剂，因为在水泥浆体或混凝土拌和物中分散性不同，溶剂型减水剂与水泥的相容性优于粉剂型。

（3）避免使用新磨水泥。刚出厂不久温度较高的水泥俗称新磨水泥，因其温度较高，加水拌和后与水急剧反应，且由于未完全冷却固溶体活化点较多而吸附大量减水剂分子，进一步加快了水泥水化速度、降低了减水剂的分散效果，不利于水泥和外加剂的相容性。

4.4.2 混凝土掺和料

混凝土掺和料是指在混凝土搅拌前或在搅拌过程中，与混凝土其他组分一起，直接加入的人造或天然的矿物材料以及工业废料，掺量一般大于水泥质量的 5%。其目的是改善混凝土性能、调节混凝土强度等级和节约水泥用量等。随着混凝土技术的发展，高强高性能混凝土的应用越来越广泛，矿物掺和料也已成为混凝土中不可缺少的第六种组分。混凝土掺和料与水泥混合材料在种类上基本相同，主要有粉煤灰、硅灰、磨细矿渣等，磨细自燃煤矸石、浮石粉、火山渣粉及其他工业废渣亦可用做混凝土掺和料。粉煤灰是目前用量最大、使用范围最广的掺和料。

1. 粉煤灰

粉煤灰是火力发电厂等以煤粉为燃料的烟道气体中所收集的粉末,由结晶体、玻璃体以及少量未燃尽的碳粒所组成。根据国家标准《用于水泥和混凝土中的粉煤灰》(GB/T 1596—2017)的规定,粉煤灰按煤种可分为两类:由无烟煤或烟煤煅烧收集的粉煤灰为 F 类粉煤灰,其氧化钙含量低于 10%;由褐煤或次烟煤煅烧收集的粉煤灰为 C 类粉煤灰,其氧化钙含量一般大于 10%,因此又被称为高钙粉煤灰。

1) 粉煤灰的化学成分

粉煤灰的化学成分主要有 SiO_2、Al_2O_3、Fe_2O_3、CaO、MgO、SO_3 等,我国火力发电厂粉煤灰的化学成分范围如表 4-18 所示。这些化学成分的烧失量为 1%~25%。

表 4-18   我国火力发电厂粉煤灰的化学成分大概范围

化学成分	SiO_2	Al_2O_3	Fe_2O_3	CaO	MgO	SO_3	Na_2O 及 K_2O
含量/%	40~59	16~35	1.8~15	0.8~10	0.5~2	0~2	0.5~4

2) 粉煤灰的技术要求

用作混凝土掺和料的粉煤灰,其各项技术要求必须满足《用于水泥和混凝土中的粉煤灰》(GB/T 1596—2017)中的规定。拌制混凝土和砂浆用粉煤灰分为三个等级:Ⅰ级、Ⅱ级、Ⅲ级。Ⅰ级粉煤灰适用于钢筋混凝土和跨度小于 6m 的预应力钢筋混凝土;Ⅱ级粉煤灰适用于钢筋混凝土和素混凝土(无筋混凝土);Ⅲ级粉煤灰主要用于素混凝土。不同粉煤灰等级相应的技术要求见表 4-19。

表 4-19   拌制混凝土和砂浆用粉煤灰的技术要求   %

项　　目		技术要求		
		Ⅰ级	Ⅱ级	Ⅲ级
细度(45μm 方孔筛筛余),不大于	F 类粉煤灰 C 类粉煤灰	12.0	30.0	45.0
需水量比,不大于		95	105	115
烧失量,不大于		5.0	8.0	10.0
含水量,不大于		1.0		
三氧化硫,不大于		3.0		
游离氧化钙,不大于	F 类粉煤灰	1.0		
	C 类粉煤灰	4.0		
安定性雷氏夹沸煮后增加距离/mm,不大于	C 类粉煤灰	5.0		

3) 粉煤灰在混凝土中的作用

水泥混凝土中掺入适量粉煤灰不但可以节约水泥,而且混凝土的许多性能都可以获得改善,比如在用水量相同情况下,混凝土拌和物流动性、黏聚性提高,泌水性减小;混凝土可泵性明显提高;早期强度低,后期强度增长快,60d 后强度大于基准混凝土强度;明显增强混凝土抗渗性;提高混凝土抗化学侵蚀性、抑制碱-骨料反应。

通常认为,粉煤灰对混凝土性能改善的原因在于"粉煤灰效应"(它是粉煤灰本身的化学成分、结构和颗粒形状等特征使粉煤灰掺入混凝土中可产生的三种效应"活性效应""形态效应""微骨料效应"的总称)。

4)粉煤灰在混凝土中的掺量

粉煤灰掺入混凝土中的效果与其掺量有关,掺量大小应通过试验确定,且最大掺量应符合国家相关规范的要求。确定粉煤灰掺量的方法通常有以下三种。

(1)等量取代法。所谓"等量取代"就是以等质量的粉煤灰取代混凝土中的水泥,主要适用于Ⅰ级粉煤灰配制超高强混凝土或大体积混凝土。等量取代可以节约水泥并减小水泥的水化热、改善拌和物的和易性、提高混凝土抗渗性。此外,等量取代法将降低混凝土表观密度。

(2)超量取代法。超量取代法是指掺加的粉煤灰质量超过被取代的水泥用量,超出部分可以取代同体积的砂。其目的是增加混凝土中胶凝材料总量,以补偿由于粉煤灰取代水泥而造成的强度降低。粉煤灰超量系数(粉煤灰掺入质量与被取代水泥质量之比)应根据粉煤灰等级确定。

(3)外加法。在保持混凝土中水泥用量不变的情况下,增加掺入一定数量的粉煤灰称为外加法。外加法使用粉煤灰的目的主要是改善混凝土拌和物的和易性。

2. 硅灰

硅灰,又称硅微粉或硅粉,是在冶炼硅铁合金和工业硅时产生的 SiO_2 和 Si 气体与空气中的氧气迅速氧化并冷凝而形成的一种超细硅质粉体材料。硅灰在形成过程中,因相变的过程中受表面张力的作用,形成了非结晶相无定形圆球状颗粒,且表面较为光滑,有些则是多个圆球颗粒粘在一起的团聚体。

硅灰的主要成分为非晶体的球状玻璃体 SiO_2 颗粒粉尘,其含量高达 80% 以上,具有很高的化学活性,火山灰活性指标高达 110%。硅灰颗粒极细,平均粒径为 $0.1\sim0.2\mu m$,比表面积 $20000\sim25000m^2/kg$,其细度和比表面积为水泥的 $80\sim100$ 倍,粉煤灰的 $50\sim70$ 倍。

硅灰中的 SiO_2 在水化早期就可与氢氧化钙发生反应,可使混凝土的早期强度提高,并显著改善混凝土中骨料与水泥石间的界面过渡区,提高混凝土强度。当硅灰掺量达到胶凝材料总量的 $5\%\sim10\%$ 时,可配制出抗压强度高达 $100MPa$ 以上的超高强混凝土。硅灰是配制超高强混凝土和活性粉末混凝土(RPC)的关键材料之一。

硅灰取代水泥后,其作用与粉煤灰类似,可改善混凝土拌和物的和易性,降低水化热,提高混凝土抗化学侵蚀性、抗冻性及抗渗性,抑制碱-骨料反应,且效果比粉煤灰好得多。硅灰因比表面积很大而需水量比较大,混凝土中掺入硅灰时一般需要掺入高效减水剂。

3. 磨细矿渣粉

以粒化高炉矿渣为主要原料,可掺加少量石膏磨制成一定细度的粉体,称作粒化高炉矿渣粉,简称矿渣粉。矿渣粉主要化学成分为 CaO、SiO_2、Al_2O_3,三者的总量占 90% 以上,另外含有 Fe_2O_3 和 MgO 等氧化物及少量 SO_3。矿渣粉活性较粉煤灰的高,掺量也可比粉煤灰的大。磨细矿渣粉可以等量取代水泥,使混凝土的多项性能得以显著改善,如降低水泥水化热、大幅度提高混凝土强度,提高混凝土抗海水及化学侵蚀的能力、有效控制碱-骨料反应而提高混凝土的耐久性。

根据《用于水泥、砂浆和混凝土中的粒化高炉矿渣粉》(GB/T 18046—2017)的规定,矿渣粉根据 28d 活性指数(％)分为 S105、S95 和 S75 三个级别,相应的技术要求见表 4-20。

表 4-20　用于水泥、砂浆和混凝土中的粒化高炉矿渣粉的技术要求

项　目		级别		
		S105	S95	S75
密度/(g/cm^3),不小于		2.8		
比表面积/(m^2/kg),不小十		500	400	300
活性指数/％,不小于	7d	95	70	55
	28d	105	95	75
流动度比/％,不小于		95		
含水量(质量分数)/％,不大于		1.0		
三氧化硫(质量分数)/％,不大于		4.0		
氯离子(质量分数)/％,不大于		0.06		
烧失量(质量分数)/％,不大于		1.0		
玻璃体含量(质量分数)/％,不小于		85		
放射性		$I_{Ra} \leqslant 1.0$ 且 $I_r \leqslant 1.0$		

4. 沸石粉

沸石粉是由沸石岩经粉磨加工制成的以水化硅铝酸盐为主的矿物火山灰质活性掺和料,含有一定量的活性 SiO_2 和 Al_2O_3。沸石粉的主要化学成分中 SiO_2 占 $60\% \sim 70\%$,Al_2O_3 占 $10\% \sim 30\%$,可溶硅占 $5\% \sim 12\%$,可溶铝占 $6\% \sim 9\%$。沸石岩平均粒径为 $5.0 \sim 6.5\mu m$,具有较大的内表面积和开放性结构,沸石粉本身没有水化能力,在水泥中碱性物质激发下其活性才表现出来。

沸石粉掺入混凝土中,可取代 $10\% \sim 20\%$ 的水泥。沸石粉中的活性物质能与水泥水化产物氢氧化钙反应生成凝胶体,提高混凝土密实度及强度,可用于配制高强混凝土。另外,沸石粉和其他矿物掺和料一样,能改善混凝土拌和物和易性,提高混凝土的抗渗性和抗冻性、抑制碱-骨料反应。因此,沸石粉也适宜于配制泵送混凝土和高流动性混凝土。

4.5　普通混凝土配合比设计

所谓普通混凝土,通常是指干表观密度在 $2000 \sim 2800 kg/m^3$ 范围的混凝土。按此定义,满足干表观密度范围要求的抗渗混凝土、抗冻混凝土、高强混凝土、泵送混凝土和大体积混凝土均属普通混凝土。在建工行业,普通混凝土简称混凝土,是指水泥混凝土。普通混凝土配合比设计就是根据工程要求、结构形式、施工条件和技术性能要求等,通过计算、查表和试验等方法来确定混凝土各组成材料数量之间的比例关系(的过程)。

混凝土配合比的表示方法有两种:①以每立方米混凝土中各项材料的质量表示(kg/m^3),如某混凝土由水泥、水、砂子和石子配制而成,配合比为:水泥 300kg、水 177kg、砂子 723kg、石子 1200kg,可见该混凝土的干表观密度为 $2400 kg/m^3$;②以各原材料之间的质量比表示,通常以水泥质量为"1",则上述混凝土的配合比可以表示为:水泥:砂:石＝1:2.41:4.00,水胶比＝0.59。

4.5.1　混凝土配合比设计的基本资料

混凝土配合比设计的任务是要根据原材料的技术性能、设计和施工条件要求,合理选择原材料,并按照满足工程要求的技术经济指标确定各组成材料的用量(或比例)。配合比设计之前,必须首先掌握设计、施工和原材料方面的基础资料,通常包括以下内容。

(1) 混凝土结构设计中对混凝土的强度等级和耐久性要求(如抗冻性、抗渗性等)。

(2) 施工和管理方面的资料,如混凝土搅拌、振捣和浇筑方式、混凝土施工和易性(流动性)的要求、施工管理水平、结构所处环境条件、构件类型、构件尺寸和最小钢筋净距等。

(3) 各种原材料的品种和基本物理力学性质。比如,水泥品种、实测强度、密度;砂石料的种类、表观密度、堆积密度及含水率,砂的细度模数,石子最大粒径和级配情况;拌和水的水质及来源;外加剂品种、特性和适宜用量等。

4.5.2　混凝土配合比设计的基本要求

混凝土配合比设计的基本要求如下。

(1) 满足结构设计的强度等级;

(2) 满足施工需求的混凝土拌和物和易性;

(3) 满足工程所处环境和使用要求的耐久性;

(4) 在满足上述要求的前提下,节约水泥和降低混凝土成本。

4.5.3　混凝土配合比设计的控制参数

混凝土配合比设计的实质就是要确定混凝土中各原材料包括胶凝材料(水泥、粉煤灰、矿渣等)、水、石子和砂子用量或之间的比例关系。由于普通混凝土强度主要取决于水胶比,新拌混凝土的流动性本质上取决于单位用水量($1m^3$ 混凝土所用拌和水量),砂石骨料用量和比例关系对硬化后混凝土拌和物密实度起决定作用。通常有如下三个混凝土配合比设计方面的控制参数。

(1) 水胶比,即每立方米混凝土中用水量与水泥等胶凝材料用量的比值(质量比);

(2) 单位用水量,即每立方米混凝土中的拌和用水量;

(3) 砂率,即每立方米混凝土中砂子用量与砂石骨料总量之间的比例(质量比)。

在混凝土配合比设计中,确定了上述三个控制参数,就能使混凝土满足配合比设计的基本要求。上述三个控制参数中,水胶比通常通过理论公式(见式(4-5))计算并经耐久性校核后确定;单位用水量需要根据混凝土拌和物和易性要求、骨料种类和最大粒径等确定;砂率则要满足细骨料体积略大于粗骨料的堆积孔隙以利于流动的基本原则,根据水胶比、骨料最大粒径和骨料品种等确定。上述三个控制参数的确定相当于建立了三个方程,但要确定的未知数(混凝土原材料)则是四个(胶凝材料、水、砂、石),因此完全确定每立方米混凝土中各原材料的用量,还需要建立一个方程,建立四元一次方程组后就可计算求出 $1m^3$ 混凝土所需各组分材料的用量。

4.5.4 混凝土配合比设计的基本规定

（1）混凝土配合比设计应满足混凝土配制强度、拌和物性能、力学性能和耐久性能的设计要求。混凝土拌和物性能、力学性能和耐久性能的试验方法应分别符合现行国家标准《普通混凝土拌合物性能试验方法标准》（GB/T 50080—2016）、《混凝土物理力学性能试验方法标准》（GB/T 50081—2016）和《普通混凝土长期性能和耐久性能试验方法标准》（GB/T 50082—2009）的规定。

（2）混凝土配合比设计应采用工程实际使用的原材料，并应满足国家现行标准的有关要求；配合比设计应以干燥状态骨料为基准，细骨料含水率应小于0.5%，粗骨料含水率应小于0.2%。

（3）混凝土的最大水胶比应符合《混凝土结构设计规范》（GB 50010—2010）的规定，见4.3.4节中的表4-16。

（4）混凝土的最小胶凝材料用量应符合《混凝土配合比设计规程》（JGJ 55—2011）的规定，见4.3.4节中的表4-17。配制C15及其以下强度等级的混凝土可不受表4-17的限制。

（5）矿物掺和料在混凝土中的掺量应通过试验确定。钢筋混凝土和预应力钢筋混凝土中矿物掺和料最大掺量宜符合表4-21的规定。

表 4-21　钢筋混凝土和预应力混凝土中矿物掺和料最大掺量

矿物掺和料种类	水　胶　比	钢筋混凝土/%		预应力钢筋混凝土/%	
		硅酸盐水泥	普通硅酸盐水泥	硅酸盐水泥	普通硅酸盐水泥
粉煤灰	≤0.40	≤45	≤35	≤35	≤30
	>0.40	≤40	≤30	≤25	≤20
粒化高炉矿渣粉	≤0.40	≤65	≤55	≤55	≤45
	>0.40	≤55	≤45	≤45	≤35
钢渣粉	—	≤30	≤20	≤20	≤10
磷渣粉	—	≤30	≤20	≤20	≤10
硅灰	—	≤10	≤10	≤10	≤10
复合掺和料	≤0.40	≤60	≤50	≤50	≤40
	>0.40	≤50	≤40	≤40	≤30

注：① 采用硅酸盐水泥和普通硅酸盐水泥之外的通用硅酸盐水泥时，混凝土中水泥混合材料和矿物掺和料用量之和应不大于按普通硅酸盐水泥用量20%计算混合材料和矿物掺和料用量之和；

② 对基础大体积混凝土，粉煤灰、粒化高炉矿渣粉和复合掺和料的最大掺量可增加5%；

③ 复合掺和料中各组分的掺量不宜超过任一组分单掺时的最大掺量；

④ 配制预应力混凝土时，粉煤灰应为Ⅰ级或Ⅱ级F类粉煤灰。

（6）混凝土拌和物中水溶性氯离子最大含量应符合表4-22的要求。混凝土拌和物中水溶性氯离子含量应按照现行行业标准《水工混凝土试验规程》（SL 352—2006）中混凝土拌和物中氯离子含量的快速测定方法进行测定。

表 4-22 混凝土拌和物中水溶性氯离子最大含量

环 境 条 件	水溶性氯离子最大含量(占水泥用量的质量分数)/%		
	钢筋混凝土	预应力混凝土	素混凝土
干燥环境	0.3		
潮湿但不含氯离子的环境	0.2	0.06	1.0
潮湿而含有氯离子的环境、盐渍土环境	0.1		
除冰盐等侵蚀性物质的腐蚀环境	0.06		

（7）长期处于潮湿或水位变动的寒冷和严寒环境，以及盐冻环境的混凝土应掺用引气剂。引气剂掺量应根据混凝土含气量要求经试验确定；掺用引气剂的混凝土最小含气量应符合表 4-23 的规定，最大不宜超过 7.0%。

表 4-23 掺用引气剂的混凝土最小含气量

粗骨料最大公称粒径/mm	混凝土最小含气量/%	
	潮湿或水位变动的寒冷和严寒环境	盐冻环境
40.0	4.5	5.0
25.0	5.0	5.5
20.0	5.5	6.0

注：含气量为气体占混凝土体积的百分比。

（8）对于有预防混凝土碱-骨料反应设计要求的工程，混凝土中最大碱含量不应大于 $3.0 kg/m^3$，并宜掺用适量粉煤灰等矿物掺和料；对于矿物掺和料碱含量，粉煤灰碱含量可取实测值的 $1/6$，粒化高炉矿渣粉碱含量可取实测值的 $1/2$。

4.5.5 混凝土配合比设计步骤

根据《普通混凝土配合比设计规程》(JGJ 55—2011)的要求，在对原材料进行正确选择和严格的质量检验并确定混凝土配制强度之后，混凝土配合比设计过程大体上经历如下步骤：首先按照技术指标要求进行混凝土配合比的初步计算，得到"计算配合比"；然后经实验室试拌、调整，得到"试拌配合比"；继而经实验室进行 28d 抗压强度测试，得到"设计配合比"。

实际工程中，由于现场粗细骨料的实际情况很难满足干燥状态（细骨料含水率应小于 0.5%，粗骨料含水率应小于 0.2%）的配合比设计基本规定，因此需要对实验室得出的"设计配合比"进行调整，得到"施工配合比"，用于实际混凝土的配制和生产。

1. 混凝土配制强度的确定

混凝土的试配强度需根据《混凝土结构工程施工质量验收规范》(GB 50204—2015)和《普通混凝土配合比设计规程》(JGJ 55—2011)的要求确定。

1）混凝土配制强度计算公式

（1）当混凝土的设计强度等级小于 C60 时，配制强度应按下式计算：

$$f_{cu,o} \geqslant f_{cu,k} + 1.645\sigma \tag{4-10}$$

式中，$f_{cu,o}$ 为混凝土配制强度，MPa；$f_{cu,k}$ 为混凝土立方体抗压强度标准值，这里取设计混凝土强度等级值，MPa；σ 为混凝土强度标准差，MPa。

（2）当设计强度等级大于或等于 C60 时，配制强度应按下式计算：

$$f_{cu,o} \geqslant 1.15 f_{cu,k} \tag{4-11}$$

2）混凝土强度标准差的确定

（1）当混凝土生产单位具有近 1～3 个月的同一品种、同一强度等级混凝土的强度资料，且试件组数不小于 30 组时，混凝土强度标准差 σ 应按下式计算：

$$\sigma = \sqrt{\frac{\sum\limits_{i=1}^{n} f_{cu,i}^2 - n m_{fcu}^2}{n-1}} \tag{4-12}$$

式中，$f_{cu,i}$ 为第 i 组的试件强度，MPa；m_{fcu} 为 n 组试件的强度平均值，MPa；n 为试件组数，n 值应大于或等于 30。

对于强度等级不大于 C30 的混凝土：当 σ 计算值不小于 3.0MPa 时，应按照计算结果取值；当 σ 计算值小于 3.0MPa 时，σ 应取 3.0MPa。对于强度等级大于 C30 且不大于 C60 的混凝土：当 σ 计算值不小于 4.0MPa 时，应按照计算结果取值；当 σ 计算值小于 4.0MPa 时，σ 应取 4.0MPa。

（2）当没有近期的同一品种、同一强度等级混凝土强度资料时，其强度标准差 σ 可按表 4-24 取值。

表 4-24　强度标准差 σ　　　　　　　MPa

混凝土强度标准差值	≤C20	C25～C45	C50～C55
σ	4.0	5.0	6.0

2. 混凝土配合比的初步计算

1）水胶比

混凝土强度等级不大于 C60 等级时，混凝土水胶比宜按下式计算：

$$W/B = \frac{\alpha_a f_b}{f_{cu,o} + \alpha_a \alpha_b f_b} \tag{4-13}$$

式中，α_a、α_b 为回归系数，宜根据工程所使用的原材料，通过试验建立的水胶比与混凝土强度关系式来确定；当不具备上述试验统计资料时，可按表 4-25 采用。f_b 为胶凝材料（水泥与矿物掺和料按使用比例混合）28d 胶砂强度，MPa，试验方法应按现行国家标准《水泥胶砂强度检验方法（ISO 法）》（GB/T 17671—1999）执行；当无实测值时，可按下列规定确定：①根据 3d 胶砂强度或快测强度推定 28d 胶砂强度关系式，推定 f_b 值；②当矿物掺和料为粉煤灰和粒化高炉矿渣粉时，可按下式推算 f_b 值：

$$f_b = 1.1 \gamma_f \gamma_s f_{ce} \tag{4-14}$$

式中，γ_f、γ_s 为粉煤灰影响系数和粒化高炉矿渣粉影响系数，可按表 4-26 选用；f_{ce} 为水泥

28d 胶砂抗压强度,MPa,可实测确定,也可按照下式计算:

$$f_{ce} = \gamma_e f_{ce,g} \tag{4-15}$$

式中,γ_e 为水泥强度等级值的富余系数,可按实际统计资料确定;当缺乏实际统计资料时,也可按照表 4-27 选用;$f_{ce,g}$ 为水泥强度等级值,MPa。

表 4-25 回归系数 α_a、α_b 的选用

系 数	碎 石	卵 石
α_a	0.53	0.49
α_b	0.20	0.13

表 4-26 粉煤灰影响系数 γ_f 和粒化高炉矿渣粉影响系数 γ_s

掺量/%	粉煤灰影响系数 γ_f	粒化高炉矿渣粉影响系数 γ_s
0	1.00	1.00
10	0.90~0.95	1.00
20	0.80~0.85	0.95~1.00
30	0.70~0.75	0.90~1.00
40	0.60~0.65	0.80~0.90
50	—	0.70~0.85

注:① 采用 I 级或 II 级粉煤灰宜取上限值。
② 采用 S75 级粒化高炉矿渣粉宜取下限值,采用 S95 级粒化高炉矿渣粉宜取上限值,采用 S105 级粒化高炉矿渣粉可取上限值加 0.05。
③ 当超出表中的掺量时,粉煤灰和粒化高炉矿渣粉影响系数应经试验确定。

表 4-27 水泥强度等级值的富余系数 γ_e

水泥强度等级值/MPa	32.5	42.5	52.5
富余系数 γ_e	1.12	1.16	1.10

经上述计算过程得到的水胶比是按照满足混凝土配制强度而计算出来的,根据《混凝土结构设计规范》(GB 50010—2010),为保证结构混凝土材料耐久性的要求,需满足表 4-16 中的最大水胶比要求。也就是在计算所得水胶比和表 4-16 中查出的最大水胶比之间取较小值作为计算配合比的水胶比。

2) 用水量和外加剂用量

(1) 单位用水量

单位用水量(m_{wo})应结合工程类型和施工条件,根据混凝土坍落度值的要求和所选用骨料的种类、最大粒径进行选择确定。

对于干硬性或塑性混凝土,水胶比在 0.40~0.80 范围时,单位用水量(m_{wo})可按表 4-28 选取;混凝土水胶比小于 0.40 时,可通过试验确定。

表 4-28　混凝土单位用水量　　　　　　　　　　　kg/m³

拌和物稠度		卵石最大粒径/mm				碎石最大粒径/mm			
项目	指标	10.0	20.0	31.5	40.0	16.0	20.0	31.5	40.0
干硬性混凝土 维勃稠度/s	16～20	175	160		145	180	170		155
	11～15	180	165	—	150	185	175	—	160
	5～10	185	170		155	190	180		165
塑性混凝土 坍落度/mm	10～30	190	170	160	150	200	185	175	165
	35～50	200	180	170	160	210	195	185	175
	55～70	210	190	180	170	220	205	195	185
	75～90	215	195	185	175	230	215	205	195

注：① 本表用水量系采用中砂时的取值。采用细砂时，每立方米混凝土用水量可增加 5～10kg；采用粗砂时，可减少 5～10kg。

② 掺用矿物掺和料和外加剂时，用水量应相应调整。

对于流动性、大流动性混凝土（坍落度大于 90mm）的单位用水量（m_{wo}）应以表 4-28 中坍落度为 90mm 时的用水量为基础，按每增大 20mm 坍落度相应增加 5kg 单位用水量来计算，当坍落度增大到 180mm 以上时，随坍落度相应增加的用水量可减少。

对于掺加外加剂混凝土的单位用水量，可按下式进行计算：

$$m_{wo} = m_{wo'}(1-\beta) \tag{4-16}$$

式中，$m_{wo'}$ 为未掺加外加剂推定的满足实际坍落度要求的每立方米混凝土用水量，kg/m³；β 为外加剂的减水率，%，应经混凝土试验确定。

（2）外加剂用量

每立方米混凝土中外加剂用量（m_{ao}）应按下式计算：

$$m_{ao} = m_{bo}\beta_a \tag{4-17}$$

式中，m_{ao} 为计算配合比每立方米混凝土中外加剂用量，kg/m³；m_{bo} 为计算配合比每立方米混凝土中胶凝材料用量，kg/m³；β_a 为外加剂掺量，%，应经混凝土试验确定。

3）胶凝材料、矿物掺和料和水泥用量

（1）胶凝材料用量

每立方米混凝土的胶凝材料用量（m_{bo}）应按式（4-18）计算，并应进行试拌调整，在拌和物性能满足的情况下，取经济合理的胶凝材料用量。

$$m_{bo} = \frac{m_{wo}}{W/B} \tag{4-18}$$

（2）矿物掺和料用量

每立方米混凝土的矿物掺和料用量（m_{fo}）应按下式计算：

$$m_{fo} = m_{bo}\beta_f \tag{4-19}$$

式中，m_{fo} 为计算配合比每立方米混凝土中矿物掺和料用量，kg/m³；β_f 为矿物掺和料掺量，%，可结合水胶比的相关规定和矿物掺和料掺量的规定进行确定，参见式（4-13）和表 4-21。

（3）水泥用量

每立方米混凝土的水泥用量（m_{co}）应按下式计算：

$$m_{co} = m_{bo} - m_{fo} \tag{4-20}$$

式中，m_{co} 为每立方米混凝土中水泥用量，kg/m^3。

4）砂率

砂率(β_s)应根据骨料的技术指标、混凝土拌和物性能和施工要求，参考既有历史资料确定。当无历史资料可参考时，混凝土砂率的确定应符合下列规定。

（1）坍落度小于 10mm 的混凝土，其砂率应经试验确定；

（2）坍落度为 10～60mm 的混凝土砂率，根据粗骨料品种、最大公称粒径及水胶比按表 4-29 选取；

（3）坍落度大于 60mm 的混凝土砂率，可经试验确定，也可在表 4-29 的基础上按坍落度每增大 20mm、砂率增大 1% 的幅度予以调整。

表 4-29　混凝土的砂率　　　　　　　　　　　　　　%

| 水胶比 | 卵石最大粒径/mm | | | 碎石最大粒径/mm | | |
(W/B)	10.0	20.0	40.0	16.0	20.0	40.0
0.40	26～32	25～31	24～30	30～35	29～34	27～32
0.50	30～35	29～34	28～33	33～38	32～37	30～35
0.60	33～38	32～37	31～36	36～41	35～40	33～38
0.70	36～41	35～40	34～39	39～44	38～43	36～41

注：① 本表数值系中砂的选用砂率，对细砂或粗砂，可相应地减少或增大砂率；

　　② 采用人工砂配制混凝土时，砂率可适当增大；

　　③ 只用一个单粒级粗骨料配制混凝土时，砂率应适当增大。

5）粗、细骨料用量

混凝土粗、细骨料的用量(m_{go}、m_{so})可由质量法和体积法进行计算。

（1）当采用质量法计算粗、细骨料用量时，应按式(4-21)、式(4-22)计算：

$$m_{fo} + m_{co} + m_{go} + m_{so} + m_{wo} = m_{cp} \tag{4-21}$$

$$\beta_s = \frac{m_{so}}{m_{go} + m_{so}} \times 100\% \tag{4-22}$$

式中，m_{go} 为每立方米混凝土的粗骨料用量，kg/m^3；m_{so} 为每立方米混凝土的细骨料用量，kg/m^3；β_s 为砂率，%；m_{cp} 为每立方米混凝土拌和物的假定用量，kg/m^3，可取 2350～2450kg/m^3。

（2）采用体积法计算粗、细骨料用量时，应按式(4-22)、式(4-23)计算：

$$\frac{m_{co}}{\rho_c} + \frac{m_{fo}}{\rho_f} + \frac{m_{go}}{\rho_g} + \frac{m_{so}}{\rho_s} + \frac{m_{wo}}{\rho_w} + 0.01\alpha = 1 \tag{4-23}$$

式中，ρ_c 为水泥密度，kg/m^3，应按《水泥密度测定方法》(GB/T 208—2014)测定，也可取 2900～3100kg/m^3；ρ_f 为矿物掺和料密度，kg/m^3，可按《水泥密度测定方法》(GB/T 208—2014)测定；ρ_g 为粗骨料的表观密度，kg/m^3，应按现行行业标准《普通混凝土用砂、石质量及检验方法标准》(JGJ 52—2006)测定；ρ_s 为细骨料的表观密度，kg/m^3，应按现行行业标准《普通混凝土用砂、石质量及检验方法标准》(JGJ 52—2006)测定；ρ_w 为水的密度，kg/m^3，可取 1000kg/m^3；α 为混凝土的含气量百分数，在不使用引气型外加剂时，α 可取为 1。

3. 混凝土配合比的试配、调整与确定

混凝土的初步配合比是根据经验公式和查表得到的，不一定符合实际情况，必须通过试

验进行调整。首先应使混凝土拌和物和易性满足要求,得到混凝土试拌配合比,然后再根据混凝土试拌配合比设计不同配合比混凝土,进行强度试验,根据强度试验结果和必要调整提出混凝土设计配合比。

1) 试拌配合比的确定

应在计算配合比的基础上进行试拌。混凝土试配应采用强制式搅拌机,搅拌机应符合《混凝土试验用搅拌机》(JG 244—2009)的规定,并宜与施工采用的搅拌方法相同。实验室成型条件应符合《普通混凝土拌合物性能试验方法标准》(GB/T 50080—2016)的规定。每盘混凝土试配的最小搅拌量应符合表 4-30 的规定,并不应小于搅拌机额定搅拌量的 1/4。

表 4-30　混凝土试配的最小搅拌量

粗骨料最大公称粒径/mm	最小搅拌量/L
≤31.5	20
40.0	25

使用合理的混凝土搅拌量,按照计算配合比进行试拌,搅拌均匀后应进行坍落度测试,并检查其黏聚性和保水性,然后根据试拌混凝土和易性的具体情况进行相应调整。调整时宜在水胶比不变、胶凝材料用量和外加剂用量合理的原则下调整胶凝材料用量、外加剂用量和砂率等,直到混凝土拌和物性能符合设计和施工要求。如果试拌混凝土的坍落度低于设计要求,应保持水胶比不变,适当增加浆体量;如果坍落度过大,应在保持砂率不变的情况下,适当增加砂、石的用量;如果拌和物砂浆量过多,可单独增加适量石子降低砂率;如果拌和物黏聚性和保水性不良,可适当增加砂率,直到满足和易性要求。经过混凝土试拌与和易性调整,根据原计算配合比和调整时某种(些)原材料增减情况,提出试拌配合比。

2) 设计配合比的确定

(1) 混凝土强度试验

经过试拌与和易性调整提出的试拌配合比虽然满足了混凝土设计和易性的要求,但强度是否满足设计要求必须经过试验检验。应在试拌配合比的基础上,进行混凝土强度试验,并应符合下列规定:①应至少采用三个不同的配合比,且其中一个应为经试拌进行和易性调整后得到的试拌配合比,另外两个配合比的水胶比宜较试拌配合比分别增加和减少 0.05,用水量应与试拌配合比相同,砂率可分别增加和减少 1%。②进行混凝土强度试验时,应继续保持拌和物性能符合设计和施工要求。③进行混凝土强度试验时,每种配合比至少应制作一组试件,标准养护到 28d 或设计强度要求的龄期时试压。

(2) 配合比的调整

① 根据混凝土强度试验结果,绘制强度和胶水比的线性关系图,用图解法或插值法求出与略大于配制强度的强度对应的胶水比,包括混凝土强度试验中的一个满足配制强度的胶水比;

② 用水量(m_w)应在试拌配合比用水量的基础上,根据混凝土强度试验时实测的拌和物性能情况做适当调整;

③ 胶凝材料用量(m_b)应以用水量乘以图解法或插值法求出的胶水比计算得出;

④ 粗骨料和细骨料用量(m_g 和 m_s)应在用水量和胶凝材料用量调整的基础上,进行相应调整。

（3）配合比校正

配合比调整后的混凝土拌和物的表观密度（$\rho_{c,c}$）应按下式计算：

$$\rho_{c,c}=m_c+m_f+m_g+m_s+m_w \tag{4-24}$$

式中，$\rho_{c,c}$ 为混凝土拌和物表观密度计算值，kg/m^3；m_c 为每立方米混凝土的水泥用量，m^3；m_f 为每立方米混凝土的矿物掺和料用量，kg/m^3；m_g 为每立方米混凝土的粗骨料用量，kg/m^3；m_s 为每立方米混凝土的细骨料用量，kg/m^3；m_w 为每立方米混凝土的用水量，kg/m^3。

混凝土配合比校正系数（δ）应按下式计算：

$$\delta=\frac{\rho_{c,t}}{\rho_{c,c}} \tag{4-25}$$

式中，δ 为混凝土配合比校正系数；$\rho_{c,t}$ 为混凝土拌和物表观密度实测值，kg/m^3。

当混凝土拌和物表观密度实测值（$\rho_{c,t}$）与计算值（$\rho_{c,c}$）之差的绝对值不超过计算值的2%时，配合比可维持不变；当二者之差超过计算值的2%时，应将配合比中每项材料用量均乘以校正系数 δ。

（4）配合比的确定

配合比调整和校正后，应测定拌和物水溶性氯离子含量，并应对设计要求的混凝土耐久性能进行试验，符合设计规定的氯离子含量和耐久性能要求的配合比方可确定为设计配合比。

对混凝土性能有特殊要求，水泥外加剂或矿物掺和料品种质量有显著变化时，混凝土生产单位应按照《普通混凝土配合比设计规程》（JGJ 55—2011）的有关规定进行重新设计。

3）施工配合比的确定

设计配合比是以材料干燥状态（细骨料含水率应小于0.5%，粗骨料含水率应小于0.2%）计量进行确定的。混凝土生产或存放的砂、石材料常含有一定的水分，所以现场材料的实际称量应按工地砂、石的含水情况进行修正，修正后的配合比称为施工配合比。

施工配合比应按下式进行计算：

$$\begin{cases} B'=B \\ S'=S(1+a) \\ G'=G(1+b) \\ W'=W-S\cdot a-G\cdot b \end{cases} \tag{4-26}$$

式中，B、S、G、W 为设计配合比中胶凝材料、砂、石子和水等原材料用量，kg/m^3；B'、S'、G'、W' 为施工配合比中胶凝材料、砂、石子和水等原材料用量，kg/m^3；a 为混凝土生产时使用砂子的含水率，%；b 为混凝土生产时使用石子的含水率，%。

4.5.6　混凝土配合比设计实例

【典型例题】　某工程的现浇钢筋混凝土梁，使用环境为干燥的办公用房，混凝土设计强度等级为C30，混凝土由机械搅拌、机械振捣，施工坍落度要求为30~50mm，另混凝土生产单位无历史统计资料。所用原材料情况如下。

水泥：普通硅酸盐水泥，28d 实测强度为 36.5MPa，密度为 3.1g/cm³。

河砂：细度模数为 2.7 的中砂，表观密度为 2650kg/cm³。

碎石：粒径范围 5～40mm，表观密度为 2700kg/cm³。

水：市政管网自来水。

试求：(1) 混凝土设计配合比；

　　　(2) 若混凝土生产现场河砂含水率为 4%，碎石含水率为 1%，求施工配合比。

解：

1) 计算初步配合比

(1) 确定混凝土配制强度

因混凝土设计强度小于 C60，根据《混凝土配合比设计规程》(JGJ 55—2011)，应利用式(4-10)计算配制强度；且由于无历史统计资料，混凝土强度标准差 σ 应按照表 4-24 取值，查表可知对应于 C30 混凝土的强度标准差值为 $\sigma=5.0$。

故配制强度为 $f_{cu,o}=(30+1.645\times5.0)\text{MPa}=38.23\text{MPa}$。

(2) 确定水胶比 (W/B)

本例中未采用矿物掺和料，且水泥 28d 实测强度已知为 36.5MPa，故胶凝材料 28d 强度为 36.5MPa；石子为碎石，因此按照式(4-13)计算水胶比时，回归系数的取值(根据表 4-25)分别为：$\alpha_a=0.53$，$\alpha_b=0.20$。

故按照式(4-13)计算的水胶比为

$$W/B=\frac{\alpha_a f_b}{f_{cu,o}+\alpha_a \alpha_b f_b}=\frac{0.53\times36.5\text{MPa}}{38.23\text{MPa}+0.53\times0.20\times36.5\text{MPa}}=0.46$$

考虑混凝土耐久性要求，查表 4-16 知最大水胶比为 0.60，计算得出的水胶比 0.46 小于按耐久性要求的 0.60，所以取水胶比为 $W/B=0.46$。

(3) 确定单位用水量 (m_{wo})

因坍落度要求为 30～50mm，属于塑性混凝土，且水胶比在 0.40～0.80 范围内，因此可按表 4-28 进行选择。根据碎石最大粒径为 40mm，坍落度 30～50mm，查表可选择单位用水量为 $m_{wo}=175\text{kg/m}^3$。

(4) 确定胶凝材料用量 (m_{bo})

本例中未用掺和料，故胶凝材料用量 (m_{bo}) 即为水泥用量 (m_{co})，所以根据式(4-18)～式(4-20)有

$$m_{co}=m_{bo}=\frac{m_{wo}}{W/B}=\frac{175\text{kg/m}^3}{0.46}=380\text{kg/m}^3$$

考虑混凝土耐久性要求，查表 4-17 知最小胶凝材料用量为 280kg/m³。所以胶凝材料用量(水泥用量)为 $m_{co}=380\text{kg/m}^3$。

(5) 确定砂率 (β_s)

因坍落度为 30～50mm，在 10～60mm 范围内，故本例中砂率可根据粗骨料品种、最大公称粒径和水胶比按表 4-29 选取，并且由于是中砂故不要进行调整。根据表 4-29，可以取砂率为 $\beta_s=33\%$。

(6) 确定粗、细骨料用量 (m_{go}, m_{so})

① 按质量法

假定每立方米混凝土拌和物质量为 2400kg/m³，根据式(4-21)和式(4-22)，可列如下方程：

$$\begin{cases} m_{\text{fo}}+m_{\text{co}}+m_{\text{go}}+m_{\text{so}}+m_{\text{wo}}=0+380\text{kg/m}^3+m_{\text{go}}+m_{\text{so}}+175\text{kg/m}^3=2400\text{kg/m}^3 \\ \dfrac{m_{\text{so}}}{m_{\text{so}}+m_{\text{go}}}\times100\%=33\% \end{cases}$$

可解得砂、石的用量分别为：$m_{\text{so}}=608.85\text{kg/m}^3$，$m_{\text{go}}=1236.15\text{kg/m}^3$。

因此，按照质量法，混凝土初步配合比为：

胶凝材料(水泥)：砂：石：水$=380:608.85:1236.15:175=1:1.6:3.25:0.46$。

② 按体积法

因本例中未使用外加剂，含气量(α)取1，根据式(4-22)和式(4-23)，可列如下方程：

$$\begin{cases} \dfrac{m_{\text{fo}}}{\rho_{\text{f}}}+\dfrac{m_{\text{co}}}{\rho_{\text{c}}}+\dfrac{m_{\text{go}}}{\rho_{\text{g}}}+\dfrac{m_{\text{so}}}{\rho_{\text{s}}}+\dfrac{m_{\text{wo}}}{\rho_{\text{w}}}=\dfrac{380}{3.1\times1000}+\dfrac{m_{\text{go}}}{2700}+\dfrac{m_{\text{so}}}{2650}+\dfrac{175}{1\times1000}+0.01\times1=1 \\ \dfrac{m_{\text{so}}}{m_{\text{so}}+m_{\text{go}}}\times100\%=33\% \end{cases}$$

可解得砂、石的用量分别为：$m_{\text{so}}=613.29\text{kg/m}^3$，$m_{\text{go}}=1245.16\text{kg/m}^3$。

因此，按照质量法，混凝土初步配合比为：

胶凝材料(水泥)：砂：石：水$=380:613.29:1245.16:175=1:1.61:3.28:0.46$。

两种方法的计算结果接近。另外，对不同方法带来的差异，在后续配合比试拌及强度试验中进行修正。

2) 配合比的试配、调整与确定

以下对按照质量法得到的初步配合比进行试配、调整等，大概过程如下。

(1) 和易性调整

按初步配合比拌制25L的混凝土，各原材料用量分别为：水泥，$(380\times0.025)\text{kg}=9.50\text{kg}$；砂，$(608.85\times0.025)\text{kg}=15.22\text{kg}$；碎石，$(1236.15\times0.025)\text{kg}=30.90\text{kg}$；水，$(175\times0.025)\text{kg}=4.38\text{kg}$。

搅拌均匀后，测得新拌混凝土坍落度为20mm，黏聚性和保水性良好。采用保持水胶比不变增加浆体量进行调整，增加5%浆体量时，混凝土坍落度为40mm，满足要求。则调整后砂、石用量不变，水泥增加到$9.50\text{kg}\times(1+5\%)=9.98\text{kg}$，水增加到$4.38\text{kg}\times(1+5\%)=4.60\text{kg}$。调整后，新拌混凝土总质量$m=60.7\text{kg}$，实测混凝土的表观密度为$2428\text{kg/m}^3$。

则混凝土试拌配合比为：水泥：砂：石：水$=9.98:15.22:30.90:4.60=1:1.53:3.10:0.46$。

(2) 强度试验

根据试拌配合比，采用水胶比分别为0.41、0.46、0.51的三个不同配合比，进行试拌并测试28d抗压强度。拌和后各配合比均满足混凝土坍落度设计要求，且黏聚性和保水性良好。新拌混凝土表观密度分别为：2415kg/m^3、2428kg/m^3、2438kg/m^3。混凝土28d抗压强度实测值见表4-31。

表4-31　混凝土28d抗压强度实测值

水胶比(W/B)	胶水比(B/W)	抗压强度($f_{\text{cu,o}}$)/MPa
0.41	2.44	41.3
0.46	2.17	39.2
0.51	1.96	37.8

可对胶水比和抗压强度作图,见图 4-24。从图中可以看出,配制 38.33MPa 混凝土的胶水比为 $B/W=2.04$,对应的水胶比为 $W/B=0.49$。

图 4-24　混凝土 28d 抗压强度与胶水比的关系

根据经强度试验后作图(或插值)推算得到的水胶比(本例中就是水灰比),结合试拌配合比,可计算出每立方米混凝土中的各材料用量。

$$m_w = \left(\frac{4.60}{60.7} \times 2428\right) \text{kg/m}^3 = 184\text{kg/m}^3 ; \qquad m_c = \frac{m_w}{W/B} = \left(\frac{184}{0.49}\right)\text{kg/m}^3 = 375.51\text{kg/m}^3$$

$$m_s = \left(\frac{15.22}{60.7} \times 2428\right)\text{kg/m}^3 = 608.8\text{kg/m}^3 ; \qquad m_g = \left(\frac{30.90}{60.7} \times 2428\right)\text{kg/m}^3 = 1236\text{kg/m}^3$$

(3) 配合比校正

计算该混凝土的表观密度 $\rho_{c,c} = (184+375.51+608.8+1236)\text{kg/m}^3 = 2404\text{kg/m}^3$,而按照确定的配合比测得的混凝土表观密度为 $\rho_{c,t} = 2435\text{kg/m}^3$。计算值与实测值之差的计算值为 $\dfrac{|\rho_{c,t} - \rho_{c,c}|}{\rho_{c,c}} = \dfrac{2435-2404}{2404} = 1.2\%$,小于 2%,故配合比可维持不变。

即设计配合比为

$$m_c : m_s : m_g : m_w = 375.51 : 608.8 : 1236 : 184 = 1 : 1.62 : 3.29 : 0.49$$

3) 混凝土施工配合比的确定

根据现场砂、石含水率情况和设计配合比,可计算出施工配合比。

$$m'_c = m_c = 375.51\text{kg/m}^3$$

$$m'_s = m_s(1+a) = [608.8(1+4\%)]\text{kg/m}^3 = 633.15\text{kg/m}^3$$

$$m'_g = m_g(1+b) = [1236(1+1\%)]\text{kg/m}^3 = 1248.36\text{kg/m}^3$$

$$m'_w = m_w - m_s \cdot a - m_g \cdot b = (184 - 608.8 \times 4\% - 1236 \times 1\%)\text{kg/m}^3 = 147.23\text{kg/m}^3$$

以上即为按照每立方米混凝土中原材料用量表示的混凝土施工配合比。表示为比例式则为

$$m'_c : m'_s : m'_g : m'_w = 375.51 : 633.15 : 1248.36 : 147.23 = 1 : 1.69 : 3.32 : 0.39$$

4.6　普通混凝土的质量控制与强度评定

混凝土的质量通常是指能用数量指标表示出来的性能,如混凝土的强度、坍落度、含气量、抗冻性、抗裂性等。这些性能指标在正常稳定连续生产的情况下,可用随机变量描述。

因此,混凝土质量可用数理统计方法来进行控制、检验和评定。因为混凝土本身的质量是不完全均匀的,影响混凝土质量的因素也都是随机变化的,混凝土性能测试数据存在一定离散性,因此出现混凝土的质量波动是必然的。当然,如果能够根据混凝土质量波动的原因,从混凝土生产过程的各个环节进行科学合理的控制,可以做到将混凝土的质量波动控制在一定的范围之内,满足工程应用的要求。

4.6.1 混凝土质量波动

1. 混凝土质量波动的原因

混凝土在生产和测试评定过程中由于受到各种因素的影响,其质量不可避免地存在波动。从混凝土生产、施工和试验测试角度,可以认为造成混凝土质量波动的主要因素有以下几方面。

(1)材料组成。混凝土是一种多组分复合材料,各种原材料的质量、用量计量等因素都会影响混凝土质量,比如水泥强度的变化、骨料含水率变化、级配及粒径变化、原材料质量变化,计量不准确导致水灰比变化等都会导致混凝土质量波动。

(2)施工工艺。不同混凝土施工方法、养护质量等可能在配料、搅拌、运输、浇筑、振捣、养护等环节出现差异,造成混凝土质量波动。

(3)试验条件。混凝土试件制作、试验条件、测试方法等也可能导致混凝土性能试验结果的差异,产生质量波动。

如果按照混凝土生产和应用阶段考虑,影响混凝土质量的因素可以划分为生产前、生产过程中和生产后的因素。生产前的因素包括组成材料、配合比和生产设备情况等;生产过程中的因素包括原材料计量、搅拌、运输、浇筑、振捣和养护等;生产后的因素包括检验批划分、验收界限、受检试件制作与养护、检测方法和检测条件等。

虽然混凝土的质量波动是不可避免的,且混凝土质量控制具有复杂性,但仍需要我们对混凝土质量波动的规律进行研究,并在混凝土生产和使用全过程中对混凝土质量进行有效控制,保证混凝土的质量波动在满足工程需要的范围之内,保证工程质量和结构安全。

强度是土木工程结构对材料的基本要求,混凝土抗压强度试验简单直观并且与其他性能指标(如混凝土的弹性模量、抗渗性能、抗冻性能等耐久性能)有较好的相关性,工程中常以混凝土抗压强度作为混凝土质量控制和评定的主要指标。

2. 混凝土强度的波动规律

在正常生产条件下,混凝土强度的分布规律不仅受统计对象的生产周期和生产工艺影响,而且与统计总体的混凝土配制强度和试验龄期等因素有关,大量的统计分析和试验研究表明:对于同一等级的混凝土,在龄期相同、生产工艺和配合比基本一致的条件下,其强度的概率分布可用正态分布来描述,如图 4-25 所示。混凝土强度正态分布曲线具有以下特点。

(1)曲线呈钟形,以平均强度为对称轴左右对称,曲线的最高峰出现在对称轴处,且接近其平均强度值处出现的次数最多,而远离对称轴的强度测定值出现的概率越来越小并逐渐趋近于零。

(2)曲线和横坐标之间所包围的面积为概率的总和 100%。对称轴两边出现的概率相等,各为 50%。

（3）在对称轴两边的曲线上各有一个拐点。两拐点间的曲线向上凸弯,拐点以外的曲线向下凹弯,并以横坐标为渐近线。

图 4-25   混凝土强度的正态分布

3．混凝土施工质量水平衡量指标

衡量混凝土施工质量的指标主要包括正常生产控制条件下混凝土强度的平均值、标准差、变异系数和强度保证率等。

1）混凝土强度平均值（$\bar{f}_{cu}$）

$$\bar{f}_{cu} = \frac{1}{n} \sum_{i=1}^{n} f_{cu,i} \tag{4-27}$$

式中,$\bar{f}_{cu}$ 为 n 组混凝土抗压强度的算术平均值,MPa；$f_{cu,i}$ 为第 i 组混凝土试件的抗压强度,MPa；n 为试件的组数。

强度平均值仅表示混凝土强度总体的平均水平,但不能反映混凝土强度的波动情况。

2）混凝土强度标准差（σ）

混凝土强度标准差又称均方差,是混凝土生产控制水平的表征指标之一。根据《混凝土质量控制标准》（GB 50164—2011）,混凝土强度标准差应按式（4-28）计算,并符合表 4-32 的规定。对于统计周期的确定,预拌混凝土搅拌站和预制混凝土构件厂的统计周期可取 1 个月；施工现场搅拌站的统计周期可根据实际情况确定,但不宜超过 3 个月。

$$\sigma = \sqrt{\frac{\sum_{i=1}^{n} f_{cu,i}^2 - nm_{f_{cu}}^2}{n-1}} \tag{4-28}$$

式中,σ 为混凝土强度标准差,精确到 0.1MPa；$f_{cu,i}$ 为统计周期内第 i 组混凝土立方体试件的抗压强度值,精确到 0.1MPa；$m_{f_{cu}}$ 为统计周期内 n 组混凝土立方体试件的抗压强度值,精确到 0.1MPa；n 为统计周期内相同强度等级混凝土的时间组数,n 值不应小于 30。

标准差的几何意义是正态分布曲线上拐点至对称轴的垂直距离,如图 4-25 所示。σ 值越小时混凝土强度正态分布曲线高而窄,表明混凝土质量控制较稳定,生产管理水平较高；σ 值越大时曲线矮而宽,表明强度值离散性大,生产管理水平差,见图 4-26。可见,σ 值可以用于评定混凝土质量的均匀性。

对于同一种混凝土,并不是 σ 值越小越好,σ 值过小,则意味着不经济。工程上由于影响混凝土质量的因素多,σ 值一般不会过小,因此我国混凝土质量控制标准中仅规定了 σ 值

图 4-26 混凝土强度离散性不同的正态分布曲线

的上限(参见表 4-32)。

表 4-32 混凝土强度标准差   MPa

生 产 场 所	强度标准差 σ		
	<C20	C20～C40	≥C45
预拌混凝土搅拌站、预制混凝土构件厂	≤3.0	≤3.5	≤4.0
施工现场搅拌	≤3.5	≤4.0	≤4.5

3) 变异系数(C_v)

由于混凝土强度的标准差随强度等级的提高而增大,故仅用强度标准差指标难以正确比较不同强度等级混凝土强度的均匀性。因此,考虑强度平均值的影响,也可采用变异系数作为评定混凝土质量均匀性的指标。变异系数又称离散系数,可由下式进行计算:

$$C_v = \frac{\sigma}{\overline{f}_{cu}} \tag{4-29}$$

作为混凝土质量均匀性指标,C_v 值越小,表明混凝土质量越稳定,混凝土生产控制水平越高;C_v 值越大,则表示混凝土质量稳定性越差,混凝土生产控制水平越低。

4) 强度保证率

混凝土强度保证率(P)是指混凝土强度总体中大于或等于设计强度等级($f_{cu,k}$)的概率,在混凝土强度正态分布曲线图中以阴影面积表示,如图 4-27 所示。

图 4-27 混凝土强度保证率

经过随机变量 $t = \dfrac{f_{cu,k} - \overline{f}_{cu}}{\sigma}$ 的变量转换,可将正态分布曲线转变为随机变量 t 的标准正态分布曲线,如图 4-27 所示。t 称为概率度,与之对应的强度保证率也可以由正态分布曲线方程积分求得,见式(4-30);对应强度保证率可以通过查表选取,见表 4-33。

$$P(t) = \frac{1}{\sqrt{2\pi}} \int_{t}^{+\infty} e^{-\frac{t^2}{2}} dt \qquad (4-30)$$

表 4-33   不同概率度(t)时的强度保证率值(P)

概率度 t	0.00	−0.50	−0.84	−1.00	−1.20	−1.28	−1.40	−1.60
强度保证率 $P/\%$	50.0	69.2	80.0	84.1	88.5	90.0	91.9	94.5
概率度 t	−1.645	−1.70	−1.81	−2.00	−2.33	2.50	−2.88	−3.00
强度保证率 $P/\%$	95.0	95.5	96.5	97.7	99.0	99.4	99.8	99.87

4.6.2   混凝土的质量控制

从材料角度,混凝土的质量通常指混凝土的强度、坍落度、含气量、抗冻性、抗裂性等能用数量指标表示出来的性能,但混凝土拌和物并不是最终产品,完成最终产品的是混凝土工程。合格的混凝土工程质量需要达到处于具体环境的具体工程所要求的各项性能指标和匀质性,并且体积稳定。因此,混凝土质量首先由原材料来保证,但如果脱离施工和养护等重要环节,配制的高质量仍无法保证工程质量。

混凝土质量控制就是原材料的合格性控制、配合比过程中的执行情况的控制、混凝土拌和物检测指标是否满足室内拌制混凝土性能要求的控制,以及硬化混凝土各项力学性能及耐久性能的控制。控制的目的就是要做到预防为主,事前控制,避免质量事故的发生,做到事前预防,消除质量隐患。

对混凝土原材料配合比、施工中主要环节及硬化后的混凝土质量均应进行控制与检查。按时间顺序分,混凝土质量控制可分为:①事前(初步)控制,主要是原材料质量检验、混凝土配合比合理确定与控制;②事中(生产)控制,主要是混凝土组成材料的计量,混凝土拌和物的搅拌、运输、浇筑和养护等工序的控制;③事后(合格)控制,主要是按有关规范、规程,对混凝土质量的指标进行验收评定。

1. 混凝土质量的初步控制

混凝土质的初步控制主要是对原材料质量检验、质量控制及混凝土配合比控制,原材料质量检验与控制可分别对水泥、粗骨料、细骨料、矿物掺和料、外加剂和水按照相关规范要求进行。

1) 混凝土原材料质量控制

(1) 水泥质量控制

① 水泥品种与强度等级的选用应根据设计、施工要求以及工程所处环境确定。水泥应符合现行国家标准《通用硅酸盐水泥》(GB 175—2007)和《中热硅酸盐水泥、低热硅酸盐水

泥》(GB/T 200—2017)的有关规定。

② 水泥质量主要控制项目应包括比表面积凝结时间、安定性、胶砂强度、氧化镁和氯离子含量,碱含量低于 0.6% 的水泥主要控制项目还应包括碱含量,中、低热硅酸盐水泥主要控制项目还应包括水化热。

③ 水泥质量控制要求详见《混凝土质量控制标准》(GB 50164—2011)。

(2) 粗骨料质量控制

① 粗骨料应符合行业标准《普通混凝土用砂、石质量及检验方法标准》(JGJ 52—2006)的规定。

② 粗骨料质量主要控制项目应包括颗粒级配、针片状颗粒含量、含泥量、泥块含量、压碎值指标和坚固性,用于高强混凝土的粗骨料主要控制项目还应包括岩石抗压强度。

③ 粗骨料质量控制要求详见《混凝土质量控制标准》(GB 50164—2011)。

(3) 细骨料质量控制

① 细骨料应符合现行行业标准《普通混凝土用砂、石质量及检验方法标准》(JGJ 52—2006)的规定;混凝土用海砂应符合现行行业标准《海砂混凝土应用技术规范》(JGJ 206—2010)的有关规定。

② 细骨料质量主要控制项目应包括颗粒级配、细度模数、含泥量、泥块含量、坚固性、氯离子含量和有害物质含量;海砂主要控制项目除应包括上述指标外尚应包括贝壳含量;人工砂主要控制项目除应包括上述指标外尚应包括石粉含量和压碎值指标,人工砂主要控制项目可不包括氯离子含量和有害物质含量。

③ 细骨料质量控制要求详见《混凝土质量控制标准》(GB 50164—2011)。

(4) 矿物掺和料质量控制

① 粉煤灰应符合现行国家标准《用于水泥和混凝土中的粉煤灰》(GB/T 1596—2017)的有关规定,钢渣粉应符合现行国家标准《用于水泥和混凝土中的钢渣粉》(GB/T 20491—2017)的有关规定,其他矿物掺和料应符合相关现行国家标准的规定并满足混凝土性能要求;矿物掺和料的放射性应符合现行国家标准《建筑材料放射性核素限量》(GB 6566—2010)的有关规定。

② 粉煤灰的主要控制项目应包括细度、需水量比、烧失量和三氧化硫含量,C 类粉煤灰的主要控制项目还应包括游离氧化钙含量和安定性;钢渣粉的主要控制项目应包括比表面积、活性指数、流动度比、游离氧化钙含量、三氧化硫含量、氧化镁含量和安定性;磷渣粉的主要控制项目应包括细度、活性指数、流动度比、五氧化二磷含量和安定性;硅灰的主要控制项目应包括比表面积和二氧化硅含量。矿物掺和料的主要控制项目还应包括放射性。

③ 矿物掺和料质量控制要求详见《混凝土质量控制标准》(GB 50164—2011)。

(5) 外加剂质量控制

① 外加剂应符合国家现行标准《混凝土外加剂》(GB 8076—2008)、《混凝土防冻剂》(JC 475—2004)和《混凝土膨胀剂》(GB 23439—2017)的有关规定。

② 外加剂质量主要控制项目应包括掺外加剂混凝土性能和外加剂匀质性两方面,混凝土性能方面的主要控制项目应包括减水率、凝结时间差和抗压强度比,外加剂匀质性方面的主要控制项目应包括 pH、氯离子含量和碱含量;引气剂和引气减水剂主要控制项目还应包

括含气量；防冻剂主要控制项目还应包括含气量和50次冻融强度损失率比；膨胀剂主要控制项目还应包括凝结时间、限制膨胀率和抗压强度。

③ 外加剂质量控制要求详见《混凝土质量控制标准》(GB 50164—2011)。

(6) 水质量控制

① 混凝土用水应符合现行行业标准《混凝土用水标准》(JGJ 63—2006)的有关规定。

② 混凝土用水主要控制项目应包括 pH、不溶物含量、可溶物含量、硫酸根离子含量、氯离子含量、水泥凝结时间差和水泥胶砂强度比。当混凝土骨料为碱活性时，主要控制项目还应包括碱含量。

③ 混凝土用水的应用应符合下列规定：未经处理的海水严禁用于钢筋混凝土和预应力混凝土中；当骨料具有碱活性时，混凝土用水不得采用混凝土企业生产设备洗涮水。

2) 原材料计量

(1) 原材料计量宜采用电子计量设备。计量设备的精度应符合现行国家标准《建筑施工机械与设备混凝土搅拌站(楼)》(GB/T 10171—2016)的有关规定，应具有法定计量部门签发的有效检定证书，并应定期校验。混凝土生产单位每月应自检1次；每一工作班开始前，应对计量设备进行零点校准。

(2) 每盘混凝土原材料计量的允许偏差应符合表 4-34 的规定，原材料计量偏差应每班检查1次。

表 4-34　各种原材料计量的允许偏差(按质量计)　　　　　　　　　　%

原材料种类	计量允许偏差	原材料种类	计量允许偏差
胶凝材料	±1	拌和用水	±1
粗、细骨料	±3	外加剂	±2

(3) 对于原材料计量，应根据粗、细骨料含水率的变化，及时调整粗、细骨料和拌和用水的称量。

3) 混凝土配合比控制

(1) 配合比设计应符合现行标准《普通混凝土配合比设计规程》(JGJ 55—2011)规定。

(2) 配合比应满足混凝土施工性能要求，强度以及其他力学性能和耐久性能应符合设计要求。

(3) 混凝土配合比控制详见《混凝土质量控制标准》(GB 50164—2011)。

2. 混凝土质量的生产控制

1) 混凝土生产与施工质量控制制度

为在混凝土生产和施工中对其质量进行控制，保证其质量，必须在混凝土生产和施工中建立健全必要的技术管理与质量控制制度，在混凝土生产施工之前，应制订完整的技术方案，并做好生产和施工阶段的质量控制工作。

(1) 应建立健全质量管理保证体系，并根据工程规模和质量控制及管理的需要，配备相应的技术人员和必要的检验、试验设备，建立健全必要的技术管理与质量控制制度。

（2）在生产和施工过程中进行质量检测，计算统计参数，应用各种质量管理图表，掌握动态信息，控制整个生产和施工期间的混凝土质量，并遵循升级循环的方式，制定改进与提高质量的措施，完善质量控制过程，使混凝土质量稳定提高。

（3）混凝土施工过程中，应进行质量检查，掌握质量动态信息，应采用质量管理图表进行统计分析，及时制定改进与提高质量的措施。

2）原材料进场管理与质量检验

（1）混凝土原材料进场时，供方应按规定批次向需方提供质量证明文件。质量证明文件应包括放射性检验报告、出厂检验报告与合格证等，外加剂产品还应提供使用说明书。原材料进场后，应按相关规定进行进场检验，应按如下规定进行。

① 混凝土原材料进场时应进行检验，检验样品应随机抽取。

② 混凝土原材料的检验批量应符合下列规定：a. 散装水泥应按每 500t 为一个检验批；袋装水泥应按每 200t 为一个检验批；粉煤灰或粒化高炉矿渣粉等矿物掺和料应按每 200t 为一个检验批；硅灰应按每 30t 为一个检验批；砂、石骨料应按每 400m³ 或 600t 为一个检验批；外加剂应按每 50t 为一个检验批；水应按同一水源不少于一个检验批。b. 如果产品经认证机构认证符合要求，或产品来源稳定且连续三次检验合格，或同一厂家的同批出厂材料用于同时施工且属于同一工程项目的多个单位工程，可将检验批量扩大一倍。c. 不同批次或非连续供应的不足一个检验批量的混凝土原材料应作为一个检验批。

③ 原材料的质量应符合有关原材料质量控制要求。

（2）原材料进厂后，应做好如下堆放和存储工作。

① 水泥应按不同厂家、不同品种和强度等级分批存储，并应采取防潮措施；出现结块的水泥不得用于混凝土工程；水泥出厂超过 3 个月（硫铝酸盐水泥超过 45d）应进行复检，合格者方可使用。

② 粗、细骨料堆场应有遮雨设施，并应符合有关环境保护的规定；粗、细骨料应按不同品种、规格分别堆放，不得混入杂物。

③ 矿物掺和料存储时，应有明显标记，不同矿物掺和料以及水泥不得混杂堆放，应防潮防雨，并应符合有关环境保护的规定；矿物掺和料存储期超过 3 个月时应进行复检，合格者方可使用。

④ 外加剂的送检样品应与工程大批量进货一致，并应按不同的供货单位、品种和牌号进行标识，单独存放；粉状外加剂应防止受潮结块，如有结块，应进行检验，合格者应经粉碎至全部通过 600μm 筛孔后方可使用；液态外加剂应储存在密闭容器内，并应防晒和防冻，如有沉淀等异常现象，应经检验合格后方可使用。

3）混凝土搅拌

（1）混凝土搅拌机应符合现行国家标准《混凝土搅拌机》(GB/T 9142—2000)的有关规定。混凝土搅拌宜采用强制式搅拌机。

（2）原材料投料方式应满足混凝土搅拌技术要求和混凝土拌和物质量要求。

（3）混凝土搅拌的最短时间可按表 4-35 采用；当搅拌高强混凝土时，搅拌时间应适当延长；采用自落式搅拌机时，搅拌时间宜延长 30s。对于双卧轴强制式搅拌机，可在保证搅拌均匀的情况下适当缩短搅拌时间。混凝土搅拌时间应每班检查 2 次。

表 4-35　混凝土搅拌的最短时间　　　　　　　　　　　s

混凝土坍落度/mm	搅拌机机型	搅拌机出料量/L		
		＜250	250～500	＞500
≤40	强制式	60	90	120
＞40 且＜100	强制式	60	60	90
≥100	强制式	60		

注：混凝土搅拌的最短时间系指全部材料装入搅拌筒中起，到开始卸料止的时间。

（4）同一盘混凝土的搅拌匀质性应符合下列规定：①混凝土中砂浆密度两次测值的相对误差不应大于 0.8%；②混凝土稠度两次测值的差值不应大于表 4-36 规定的混凝土拌和物稠度允许偏差的绝对值。

表 4-36　混凝土拌和物稠度允许偏差

拌和物性能		允许偏差		
坍落度/mm	设计值	≤40	50～90	≥100
	允许偏差	±10	±20	±30
维勃稠度/s	设计值	≥11	10～6	≤5
	允许偏差	±3	±2	±1
扩展度/mm	设计值	≥350		
	允许偏差	±30		

（5）冬期施工搅拌混凝土时，宜优先采用加热水的方法提高拌和物温度，也可同时采用加热骨料的方法提高拌和物温度。当拌和用水和骨料加热时，拌和用水和骨料的加热温度不应超过表 4-37 的规定；当骨料不加热时，拌和用水可加热到 60℃ 以上。应先投入骨料和热水进行搅拌，然后再投入胶凝材料等共同搅拌。

表 4-37　拌和用水和骨料的最高加热温度　　　　　　　℃

采用的水泥品种	拌合用水	骨料
硅酸盐水泥和普通硅酸盐水泥	60	40

4）混凝土运输

（1）在运输过程中，应控制混凝土不离析、不分层，并应控制混凝土拌和物性能满足施工要求。

（2）当采用泵送混凝土时，应保证混凝土连续泵送，并应符合现行行业标准《混凝土泵送施工技术规程》(JGJ/T 10—2011)的有关规定。

（3）混凝土拌和物从搅拌机卸出至施工现场接收的时间间隔不宜大于 90min。

（4）混凝土运输控制详见《混凝土质量控制标准》(GB 50164—2011)。

5）浇筑成型

（1）浇筑混凝土前，应检查并控制模板、钢筋、保护层和预埋件等的尺寸、规格、数量和位置，其偏差值应符合现行标准《混凝土结构工程施工质量验收规范》(GB 50204—2015)的有关规定，并应检查模板支撑的稳定性以及接缝的密合情况，应保证模板在混凝土浇筑过程中不失稳、不跑模和不漏浆。

（2）浇筑前，应清除模板内以及垫层上的杂物；表面干燥的地基土、垫层、木模板应浇水湿润。

（3）夏季天气炎热时，混凝土拌和物入模温度不应高于 35℃，宜选择晚间或夜间浇筑；现场温度高于 35℃ 时，宜对金属模板进行浇水降温，但不得留积水，并宜采取遮挡措施避免阳光照射模板。

（4）当冬期施工时，混凝土拌和物入模温度不应低于 5℃，并应有保温措施。

（5）在浇筑过程中，应有效控制混凝土的均匀性、密实性和整体性。

（6）当混凝土自由倾落高度大于 3.0m 时，宜采用串筒、溜管或振动溜管等辅助设备；浇筑竖向尺寸较大的结构物时，应分层浇筑，每层浇筑厚度宜控制在 300～350mm；大体积混凝土宜采用分层浇筑法，可利用自然流淌形成斜坡沿高度均匀上升，分层厚度不应大于 500mm。对于清水混凝土浇筑，可多安排振捣棒，应边浇筑混凝土边振捣，宜连续成型。

（7）振捣时间宜按拌和物稠度和振捣部位等不同情况，控制在 10～30s 内，当混凝土拌和物表面出现泛浆，基本无气泡逸出，可视为捣实。混凝土拌和物从搅拌机卸出后到浇筑完毕的延续时间不宜超过表 4-38 的规定。

表 4-38　混凝土拌和物从搅拌机卸出后到浇筑完毕的延续时间　　　　min

混凝土生产地点	气　温	
	≤25℃	>25℃
预拌混凝土搅拌站	150	120
施工现场	120	90
混凝土制品厂	90	60

（8）在混凝土浇筑及静置过程中，应在混凝土终凝前对浇筑面进行抹面处理。

（9）混凝土构件成型后，在强度达到 1.2MPa 以前，不得在构件上踩踏行走。

（10）混凝土浇筑成型控制详见《混凝土质量控制标准》（GB 50164—2011）。

6）养护

（1）生产和施工单位应根据结构、构件或制品情况、环境条件、原材料情况以及对混凝土性能的要求等，提出施工养护方案或生产养护制度，并应严格执行。

（2）混凝土施工可采用浇水、覆盖保湿、喷涂养护剂、冬季蓄热养护等方法进行养护；混凝土构件或制品厂生产可采用蒸汽养护、湿热养护或潮湿自然养护等方法进行养护。选择的养护方法应满足施工养护方案或生产养护制度的要求。

（3）采用塑料薄膜覆盖养护时，混凝土全部表面应覆盖严密，并应保持膜内有凝结水；采用养护剂养护时，应通过试验检验养护剂的保湿效果。对于混凝土浇筑面，尤其是平面结构，宜边浇筑成型边采用塑料薄膜覆盖保湿。

（4）混凝土施工养护时间应符合下列规定：①对于采用硅酸盐水泥、普通硅酸盐水泥或矿渣硅酸盐水泥配制的混凝土，采用浇水和潮湿覆盖的养护时间不得少于 7d；②对于采用粉煤灰硅酸盐水泥、火山灰质硅酸盐水泥、复合硅酸盐水泥配制的混凝土，或掺加缓凝剂的混凝土以及大掺量矿物掺和料混凝土，采用浇水和潮湿覆盖的养护时间不得少于 14d；③对于竖向混凝土结构，养护时间宜适当延长。

（5）对于大体积混凝土，养护过程应进行温度控制，混凝土内部和表面的温差不宜超过 25℃，表面与外界温差不宜大于 20℃。

（6）对于冬期施工的混凝土，养护应符合下列规定：①日均气温低于 5℃时，不得采用浇水自然养护方法；②混凝土受冻前的强度不得低于 5MPa；③模板和保温层应在混凝土冷却到 5℃方可拆除，或在混凝土表面温度与外界温度相差不大于 20℃时拆模，拆模后的混凝土亦应及时覆盖，使其缓慢冷却；④混凝土强度达到设计强度等级的 50%时，方可撤除养护措施。

（7）混凝土养护质量控制详见《混凝土质量控制标准》（GB 50164—2011）。

3．混凝土质量的合格控制

1）混凝土拌和物性能检验

（1）在生产施工过程中，应在搅拌地点和浇筑地点分别对混凝土拌和物进行抽样检验。搅拌地点检验为控制性自检，浇筑地点检验为验收检验，凝结时间检验可以在搅拌地点进行。

（2）混凝土拌和物的检验频率应符合下列规定：①混凝土坍落度取样检验频率应符合国家标准《混凝土强度检验评定标准》（GB/T 50107—2010）的有关规定。②同一工程、同一配合比、采用同一批次水泥和外加剂的混凝土的凝结时间应至少检验 1 次。③同一工程、同一配合比的混凝土的氯离子含量应至少检验 1 次；同一工程、同一配合比和采用同一批次海砂的混凝土的氯离子含量应至少检验 1 次。

（3）混凝土拌和物性能应符合《混凝土质量控制标准》（GB 50164—2011）的相关规定。

2）硬化混凝土力学性能检验

（1）强度检验评定应符合现行国家标准《混凝土强度检验评定标准》（GB/T 50107—2010）的有关规定；详见 4.6.3 节"混凝土强度的检验评定"。

（2）其他力学性能检验应符合设计要求和有关标准的规定。

（3）混凝土力学性能应符合《混凝土质量控制标准》（GB 50164—2011）中的相关规定。

3）硬化混凝土长期性能和耐久性能检验

（1）长期性能和耐久性能检验评定应符合现行行业标准《混凝土耐久性检验评定标准》（JGJ/T 193—2009）的有关规定执行。长期性能和耐久性能应符合《混凝土质量控制标准》（GB 50164—2011）中的相关规定。

（2）混凝土耐久性检验评定。

① 耐久性检验评定的项目：抗冻性能、抗水渗透性能、抗硫酸盐侵蚀性能、抗氯离子渗透性能、抗碳化性能、早期抗裂性能。

② 试验方法：应符合现行国家标准《普通混凝土长期性能和耐久性能试验方法标准》（GB/T 50082—2009）。

③ 检验批：同一检验批混凝土的强度等级、龄期、生产工艺应相同；对于同一工程、同一配合比的混凝土，检验批不应少于一个；对于同一检验批、设计要求的各个检验项目应至少完成一组试验。

④ 结果评定

a．混凝土的耐久性应根据混凝土的各耐久性检验项目的检验结果，分项进行评定。符合设计规定的检验项目,可评定为合格。

b. 同一检验批全部耐久性项目检验合格者,该检验批混凝土耐久性可评定为合格。

c. 对于某一检验批被评定为不合格的耐久性检验项目,应进行专项评审,并对该检验批的混凝土提出处理意见。

4) 混凝土工程验收

(1) 混凝土工程质量验收应符合现行国家标准《混凝土结构工程施工质量验收规范》(GB 50204—2015)的规定;混凝土工程质量验收时,还应符合《混凝土耐久性检验评定标准》(JGJ/T 193—2009)对混凝土长期性能和耐久性能的规定。

(2) 检验批合格质量应符合下列规定:①主控项目的质量经抽样检验合格。②一般项目的质量经抽样检验合格。当采用计数检验时,除有专门要求外一般项目的合格点率应达到80%及以上,且不得有严重缺陷。③应具有完整的质量检验记录,重要工序应具有完整的施工操作记录。

(3) 当混凝土结构施工质量不符合要求时,应按下列规定进行处理:①材料、构配件、器具及半成品检验批不合格时不得使用。②混凝土浇筑前施工质量不合格的检验批,应返工、返修,并重新验收。③混凝土浇筑后施工质量不合格的检验批,应按 GB 50204—2015 有关规定处理。

4.6.3　混凝土强度的检验评定

混凝土强度是反映混凝土材料基本性能和结构可靠性能的重要指标,对混凝土强度进行检验和评定是控制混凝土工程质量和结构可靠性的重要技术措施之一,也是检验材料质量稳定性和施工管理水平的主要手段。因此,对水泥混凝土进行强度检验评定已经是土木工程质量控制的经常性工作,也是混凝土结构工程验收工作中的重点检验项目。

多数水泥混凝土强度的检验评定都是以抗压强度作为主控指标,分批组织评定和验收其质量。为统一混凝土强度的检验评定方法,保证混凝土强度符合混凝土工程质量要求,国家职能部门组织制定了国家标准《混凝土强度检验评定标准》(GB/T 50107—2010)用于混凝土强度的检验评定。对混凝土强度进行检验评定时,主要依据《混凝土强度检验评定标准》,同时应考虑符合国家现行有关标准的规定,比如《混凝土结构工程施工质量验收规范》(GB 50204—2015)等。

混凝土强度检验评定中经常用到以下术语。

(1) 合格性评定:根据一定规则对混凝土强度合格与否所做的判定。

(2) 检验批:由符合规定条件的混凝土组成,用于合格性评定的混凝土总体。

(3) 检验期:为确定检验批混凝土强度的标准差而规定的统计时段。

(4) 样本容量:代表检验批的用于合格评定的混凝土试件组数。

1. 混凝土强度检验评定的基本要求

(1) 混凝土的强度等级应按立方体抗压强度标准值划分。混凝土强度等级应采用符号 C 与立方体抗压强度标准值(以 N/mm^2 计)表示。

(2) 立方体抗压强度标准值应为按标准方法制作和养护的边长为 150mm 的立方体试件,用标准试验方法在 28d 龄期测得的抗压强度总体分布中的一个值,强度低于该值的概率应为 5%。

（3）混凝土强度应分批进行检验评定。一个检验批的混凝土应由强度等级相同、试验龄期相同、生产工艺条件和配合比基本相同的混凝土组成。

（4）对大批量、连续生产混凝土的强度应按《混凝土强度检验评定标准》（GB/T 50107—2010）中规定的统计方法评定；对小批量或零星生产混凝土的强度应按该标准中规定的非统计方法评定。

2．混凝土试件的取样与强度试验

1）混凝土强度试验取样

（1）混凝土的取样宜根据《混凝土强度检验评定标准》（GB/T 50107—2010）规定的检验评定方法要求制定检验批的划分方案和相应的取样计划。

（2）混凝土强度试样应在混凝土的浇筑地点随机抽取，试件的取样频率和数量应符合下列规定：①每 100 盘，但不超过 100m³ 的同配合比混凝土，取样次数不应少于 1 次；其中"盘"指的是搅拌混凝土的搅拌机一次搅拌的混凝土。②每一工作班（8h）拌制的同配合比混凝土，不足 100 盘和 100m³ 时取样次数不应少于 1 次。③当一次连续浇筑的同配合比混凝土超过 1000m³ 时，每 200m³ 取样不应少于 1 次。④对房屋建筑，每一楼层、同一配合比的混凝土，取样不应少于 1 次。

（3）每批混凝土试样应制作的试件总组数，除满足《混凝土强度检验评定标准》（GB/T 50107—2010）统计方法或非统计方法规定的混凝土强度评定所必需的组数外，还应留置为检验结构或构件施工阶段混凝土强度所必需的试件。

2）混凝土试件的制作与养护

（1）每次取样应至少制作一组标准养护试件。

（2）每组 3 个试件应由同一盘或同一车的混凝土中取样制作。

（3）检验评定混凝土强度用的混凝土试件，其成型方法及标准养护条件应符合现行国家标准《混凝土力学性能试验方法标准》（GB/T 50081—2019）的规定。

（4）采用蒸汽养护的构件，其试件应先随构件同条件养护，然后应置入标准养护条件下继续养护，两段养护时间的总和应为设计规定龄期。

3）混凝土试件的试验

（1）混凝土试件的立方体抗压强度试验应根据现行国家标准《混凝土物理力学性能试验方法标准》（GB/T 50081—2019）的规定执行。每组混凝土试件强度值的确定，应符合下列规定：①取 3 个试件强度的算术平均值作为该组试件的强度值应精确至 0.1MPa；②当 3 个测值中的最大值或最小值与中间值之差超过中间值的 15% 时，则应把最大值及最小值剔除，取中间值作为该组试件的抗压强度值；③当最大值和最小值与中间值之差均超过中间值的 15% 时，该组试件的试验结果无效。

（2）混凝土强度等级小于 C60 时，用非标准试件测得的强度值均应乘以尺寸换算系数，对 200mm×200mm×280mm 试件可取为 1.05；对 100mm×100mm×100mm 试件可取为 0.95。

（3）当混凝土强度等级不小于 C60 时，宜采用标准试件；当使用非标准试件，混凝土强度等级不大于 C100 时，尺寸换算系数宜由试验确定，在未进行试验确定的情况下，对

100mm×100mm×100mm 试件可取为 0.95；混凝土强度等级大于 C100 时，尺寸换算系数应经试验确定。

3. 混凝土强度的检验评定

根据《混凝土强度检验评定标准》(GB/T 50107—2010)，混凝土强度评定可分为统计方法和非统计方法，统计方法又分为标准差已知方案和标准差未知方案。统计法适用于预拌混凝土厂、预制混凝土构件厂和现场集中搅拌等情况，非统计法适用于零星生产的预制构件厂或现场搅拌批量不大的混凝土。

1) 统计方法评定

(1) 标准差已知方案

对于连续生产的混凝土，生产条件在较长时间内保持一致，且同一品种、同一强度等级混凝土的强度变异性保持稳定时，每批混凝土强度的标准差可按常数考虑。

强度评定时，一个检验批的样本容量应为连续的 3 组试件，其强度应符合式(4-31)的要求。检验批混凝土立方体抗压强度的标准差应按式(4-32)计算。

$$\begin{cases} m_{f_{cu}} \geq f_{cu,k} + 0.7\sigma_0 \\ f_{cu,min} \geq f_{cu,k} - 0.7\sigma_0 \end{cases} \tag{4-31}$$

式中，$m_{f_{cu}}$ 为同一检验批混凝土立方体抗压强度的平均值，精确到 0.1N/mm^2；$f_{cu,k}$ 为混凝土立方体抗压强度标准值，精确到 0.1N/mm^2；$f_{cu,min}$ 为同一检验批混凝土立方体抗压强度的最小值，精确到 0.1N/mm^2；σ_0 为检验批混凝土立方体抗压强度的标准差，精确到 0.01N/mm^2；当检验批混凝土强度标准差 σ_0 计算值小于 2.0N/mm^2 时，应取 2.5N/mm^2。

$$\sigma_0 = \sqrt{\frac{\sum_{i=1}^{n} f_{cu,i}^2 - nm_{f_{cu}}^2}{n-1}} \tag{4-32}$$

式中，$f_{cu,i}$ 为前一个检验期内同一品种、同一强度等级的第 i 组混凝土试件的立方体抗压强度代表值，精确到 0.1N/mm^2；该检验期不应少于 60d，也不得大于 90d；n 为前一检验期内的样本容量，在该期间内样本容量不应少于 45。

当混凝土强度等级不高于 C20 时，混凝土强度的最小值尚应满足式(4-33)的要求；当混凝土强度等级高于 C20 时，其强度的最小值尚应满足式(4-34)的要求。

$$f_{cu,min} \geq 0.85 f_{cu,k} \tag{4-33}$$

$$f_{cu,min} \geq 0.90 f_{cu,k} \tag{4-34}$$

(2) 标准差未知方案

当混凝土生产条件在较长时间内不能保持一致，且混凝土的强度变异性不能保持稳定或无法确定检验批混凝土立方体抗压强度的标准差时，无法积累强度数据以资计算可靠的标准差参数，此时检验评定只能直接根据每一检验批抽样的样本强度数据确定。为提高检验的可靠性，检验批的样本容量应不少于 10 组，其强度应满足式(4-35)的要求，同一检验批混凝土立方体抗压强度的标准差应按式(4-36)计算。

$$\begin{cases} m_{f_{cu}} \geq f_{cu,k} + \lambda_1 S_{f_{cu}} \\ f_{cu,min} \geq \lambda_2 f_{cu,k} \end{cases} \tag{4-35}$$

$$S_{f_{cu}} = \sqrt{\frac{\sum\limits_{i=1}^{n} f_{cu,i}^2 - nm_{f_{cu}}^2}{n-1}} \tag{4-36}$$

式中,$S_{f_{cu}}$ 为同一检验批混凝土立方体抗压强度的标准差,N/mm^2,精确到 $0.01N/mm^2$,当检验批混凝土强度标准差 $S_{f_{cu}}$ 计算值小于 $2.5N/mm^2$ 时,应取 $2.5N/mm^2$;λ_1、λ_2 为合格评定系数,按表 4-39 取用;n 为本检验期内的样本容量。

表 4-39　混凝土强度的合格评定系数

试 件 组 数	10~14	15~19	≥20
λ_1	1.15	1.05	0.95
λ_2	0.90	0.85	

2)非统计方法评定

当用于评定的样本容量小于 10 组时,应采用非统计方法评定混凝土强度;按非统计方法评定混凝土强度时,其强度应符合式(4-37)的规定:

$$\begin{cases} m_{f_{cu}} \geqslant \lambda_3 f_{cu,k} \\ f_{cu,min} \geqslant \lambda_4 f_{cu,k} \end{cases} \tag{4-37}$$

式中,λ_3、λ_4 为合格评定系数,应按表 4-40 取用。

表 4-40　混凝土强度的非统计法合格评定系数

混凝土强度等级	<C60	≥C60
λ_3	1.15	1.10
λ_4	0.95	

3)混凝土强度的合格性评定

(1)当检验结果满足统计方法评定合格标准或非统计方法评定合格标准规定时,该批混凝土强度应评定为合格;当不能满足上述规定时,该批混凝土强度应评定为不合格。

(2)评定为不合格批的混凝土,可按国家现行的有关标准进行处理。

4.7　高性能混凝土

4.7.1　高性能混凝土的定义

高性能混凝土(high performance concrete,HPC)是 20 世纪 80 年代末 90 年代初,一些发达国家针对混凝土的过早劣化、基于混凝土结构耐久性设计提出的一种全新概念的混凝土。高性能混凝土以耐久性为首要设计指标,往往具有高耐久性、高工作性、高强度和高体积稳定性等许多优良特性,被认为是目前全世界性能最为全面的混凝土,已成为今后混凝土技术的发展方向。

对于高性能混凝土的定义,国际上迄今尚无统一的理解,而且随着混凝土技术的发展,对于高性能混凝土的理解也在逐渐发生变化。1990 年 5 月在美国国家标准与技术研究所

（AIST）和美国混凝土协会（American Concrete Institute，ACI）主办的第一届高性能混凝土会议后，对高性能混凝土的理解可概括为：高性能混凝土是选用优质材料、采用严格的施工工艺生产的符合特殊性能组合和匀质性要求，具有不离析并便于浇捣、早期强度高和力学性能稳定、高韧性、高体积稳定性和在恶劣环境中使用寿命长的混凝土。1990 年知名国际混凝土专家 P. K. Mehta 教授认为，高性能混凝土应具有高强度、高耐久性（抵抗化学腐蚀）、高体积稳定性（高弹性模量、低干缩率、低徐变和低温度应变）、高抗渗性和高工作性。1992 年法国的 Y. A. Malier 教授认为高性能混凝土应具有良好的工作性、高的强度和高早期强度、工程经济性好、高耐久性。日本学者则认为高性能混凝土应该具有高工作性（流动性、黏聚性和可浇筑性）、低温升、低干缩率、高抗渗性和足够的强度。

在我国，对高性能混凝土的理解也有一个发展的过程。在 20 世纪 90 年代中期许多学者认为高强度、高工作性、高耐久性的"三高"混凝土就是高性能混凝土，甚至认为混凝土达到高强后，自然有较高的耐久性。我国著名的混凝土科学家吴中伟院士高度重视耐久性，并早在 1986 年就提出了"高强未必一定高耐久，低强也不一定就不耐久"的观点。吴中伟院士定义高性能混凝土为一种新型高技术混凝土，是在大幅提高普通混凝土性能的基础上采用现代混凝土技术制作的混凝土，它以耐久性作为设计的首要指标，应针对不同用途要求，对耐久性、工作性、实用性、强度、体积稳定性以及经济合理性等性能有重点地予以保证。1997 年 3 月吴中伟院士在高强高性能混凝土会议上又指出，高性能混凝土应更多地掺加以工业废渣为主的掺和料，更多地节约水泥熟料，并提出了绿色高性能混凝土（GHPC）的概念。

根据我国工程建设标准《高性能混凝土应用技术规程》（CECS 207：2006），高性能混凝土是"采用常规材料和工艺生产的能保证混凝土结构所要求的各项力学性能，并具有高耐久性、高工作性及高体积稳定性的混凝土"。该标准强调的重点是耐久性，规定根据混凝土结构所处环境条件，高性能混凝土必须具有设计要求的强度等级，在设计使用年限内必须满足结构承载和正常使用功能要求。

综合国内外对于高性能混凝土的理解，可认为高性能混凝土就是以高耐久性为设计的主要指标，采用现代混凝土技术制作的具有良好工作性、体积稳定性、耐久性和适宜力学性能和经济性的混凝土。同时应该认识到，高性能混凝土是混凝土技术从传统理念向现代转变和革新过程的产物，虽然不能对其定义做到精确界定，但国内外土木工程界科技人员已意识到高性能混凝土重在关注混凝土耐久性的导向。而且，通过一定的技术措施，在一定的技术参数条件下，能够实现混凝土高耐久性，从而保障混凝土结构在特定环境中具备足够长的使用寿命，体现出高性能。

4.7.2　高性能混凝土的研究与发展

高性能混凝土已在桥梁、高层建筑、海港建筑等工程中显示出独特的优越性，如三峡大坝工程、广州市地铁工程、上海金茂大厦和北京首都国际机场等，高性能混凝土在工程安全使用期、经济合理性、环境条件的适应性等发面产生了明显的效益。充分认识高性能混凝土的研究和发展状况，有利于它的研究发展和推广应用。

1. 高性能混凝土的出现与研究

发达国家在 20 世纪 80 年代中期掀起了一个以改善混凝土材料耐久性为主要目标的

"高性能混凝土"开发研究的高潮,各个国家都有不少混凝土研究工作者参与。1990 年,加拿大政府提出"高性能混凝土协作网"研究计划,投入 640 万加元资助进行为期 4 年的研究;1996 年法国政府公共部和教育与研究部又组织了为期 4 年的"高性能混凝土 2000"的国家研究计划,投入研究经费 550 万美元;1994 年,美国联邦政府 16 个机构联合提出在基础设施建设中应用高性能混凝土的建议,计划在 10 年内投资 2 亿美元进行研究和开发。美国国家自然科学基金、美国国家标准与技术研究所、美国联邦公路管理局以及一些州政府的运输部和美国工程兵等机构,都对高强、高性能混凝土的研究投入大量经费进行资助。其中,以西北大学为首的水泥基复合材料联合研究中心对高性能混凝土的研究获得美国国家自然科学基金委 200 万美元/年的经费资助。德国、瑞典、挪威等国家在发展高性能混凝土上也有很大投入。挪威是较早对高强高性能混凝土开展研究的国家之一,挪威皇家科技学院的科学与工业研究基金持续资助高性能混凝土的研究。瑞典 1991—1997 年由政府和企业联合出资 5200 万克朗,实施高性能混凝土的国家研究计划。日本则在发展自密实混凝土方面取得很大的成就,其研究出发点始于了为了消除因施工工人技术熟练程度不足而混凝土浇筑振捣施工质量较差的不利影响,增加混凝土的密实性、改善混凝土的耐久性。

2. 高性能混凝土相关规范的发展

各国混凝土结构设计规范从 20 世纪 80 年代开始,也逐渐突出了耐久性的重要性。20 世纪 90 年代以后,混凝土结构耐久性设计方法成为土木工程领域中的研究重点,针对不同环境类别的侵蚀作用,提出材料性能劣化的理论或经验模式,并据此估算结构的使用寿命,成为发展和研究耐久性设计方法的主流。日本于 1986 年提出"考虑耐久性的建筑物设计、施工维护大纲",在 1989 年制定了《混凝土结构耐久性设计准则(试行)》,采用了与结构设计相同的思路,要求构造各部位的耐久性指数大于或等于环境指数。欧洲混凝土委员会 1989 年颁布了《耐久性混凝土结构设计指南》,1995 年欧共体对一项名为 DuraCrete 的研究项目进行资助,并在 2000 年出版了《混凝土结构耐久性设计指南》。美国 ACI201 委员会 1992 年提出了《耐久性混凝土指南》,2000 年又对该指南进行了修改。

在我国,清华大学自 20 世纪 90 年代初向国内介绍高性能混凝土,随后高强、高性能混凝土的研究与应用在我国得到空前的重视和发展。1999 年中国土木工程学会高强与高性能混凝土委员会(HSCC)编写了《高强混凝土结构设计与施工技术规程》(CECS 104:99)。中国工程院于 2000 年提出了"工程结构安全性与耐久性研究"的咨询项目,并组织编写了中国土木工程学会第一个标准《混凝土结构耐久性设计与施工指南》(CCES 01—2004)。2006 年 10 月中国工程建设标准化协会发布了《高性能混凝土应用技术规程》(CECS 207:2006),指导我国高性能混凝土的推广应用。

4.7.3　高性能混凝土的体积稳定性

1. 混凝土体积稳定性及其对耐久性的影响

材料性质、结构特点、施工及环境条件都将影响到混凝土结构耐久性,在现实工程结构中,结构与周围环境作用较直观地反映了混凝土耐久性,具体表现为冻融、碳化、碱-骨料反应、化学侵蚀、钢筋锈蚀等劣化形式,这些是通常认为的耐久性的主要影响因素。但随着水泥和混凝土工业的新发展,混凝土从浇筑开始产生的体积变化引起的开裂破坏成为混凝土耐久性研究的热点,而这是上述的影响因素所不能概括的,实际上也就是混凝土体积稳定性问题。

国内外专家的研究发现,追求施工高速度而发展的早期强度高的水泥(C_3S 含量和细度高)是近代混凝土开裂破坏的主要原因,配制高强高性能混凝土而采取的增加胶凝材料用量、掺入活性掺和料(粉煤灰、硅粉及磨细矿渣等)、使用高效减水剂以降低水胶比等措施也引发了一系列复杂的体积稳定性问题。混凝土体积稳定性问题是现代混凝土中普遍存在的,难免会造成混凝土及其结构的变形、开裂,使混凝土的碳化、化学侵蚀、钢筋锈蚀等耐久性能劣化过程更容易进行,危害混凝土及结构的耐久性。

从不同学者对高性能混凝土的理解来看,不管是美国学者认为的"易于浇筑、捣实,不离析,能长期保持高强、高韧性与体积稳定性,在严酷环境下使用寿命长",还是日本学者强调的"高填充能力,在新拌阶段不需振捣就能完成浇筑;在水化、硬化的早期阶段很少产生由于水化热和干缩等因素而形成的裂缝;在硬化阶段具有足够的强度和耐久性",不难看出,体积稳定性是混凝土高耐久性实现与否的重要影响因素,更是高性能混凝土的标志之一,而混凝土的抗收缩开裂性能是其体积稳定性的重要方面。

影响混凝土体积稳定性的因素主要有温度变化、水分(湿度)变化、化学反应等三类,具体表现为温度变形、干燥收缩、湿胀、塑性收缩、自收缩、化学收缩、碳化收缩及碱-骨料反应等。可以认为体积稳定性的产生机理在于热、湿及化学离子在多孔介质中与环境之间的迁移和扩散引起混凝土(水泥石)体积变化,混凝土体积稳定性可以通过收缩系数及热膨胀系数试验进行测试,也可以根据多孔介质中的热质传输原理,在试验研究混凝土热物性能(比热容、导热系数、导温系数及线膨胀系数等)及湿物性能(湿扩散系数、比湿容等)的基础上,对混凝土体积变化进行数值模拟。

混凝土与环境之间的温、湿度变化及化学离子迁移、反应,形成温度梯度、湿度梯度及浓度梯度,使整体混凝土宏观体积和局部微观体积发生变化,混凝土内部出现应力,尤其是在混凝土结构中,混凝土受到内部或外部的约束作用,混凝土内部的应力更大、更不均匀,超过混凝土极限抗拉强度时就会出现开裂。无论是钢筋锈蚀、化学腐蚀、冻融破坏还是碱-骨料反应,其破坏过程的发生都与混凝土材料的渗透性(水、气体和各种离子)密切相关,在混凝土中迁移的水是混凝土诸多破坏因素的载体,因此混凝土的渗透性是出现耐久性问题的症结所在。因体积稳定性不良产生的裂缝,不论大小,都会使混凝土的渗透性大幅增加,也因此大大加速了各种劣化过程的发展,对混凝土耐久性极为不利。体积稳定性对耐久性的影响就在于此,其理论影响过程可以表示如下:体积变化→内部应力→收缩开裂(超过混凝土极限抗力)→渗透性降低→相关劣化过程加剧→耐久性下降。

2. 高性能混凝土的体积稳定性问题

与普通混凝土相比,在高性能混凝土配合比设计过程中,已经采取了降低水泥用量、控制砂率、降低水胶比等减少混凝土收缩的措施。但使用高效减水剂和(或)缓凝剂带来的单位用水量的减少和凝结时间的延长不可避免地使混凝土在凝结硬化过程中发生早期塑性收缩开裂;大量矿物掺和料的使用会引起浆骨比的增加,也使得高性能混凝土的总体收缩增大；另外实现高强而使用的高强度等级水泥和低水胶比,容易使得混凝土早凝结硬化过程中发生自干燥收缩,对于高强高性能混凝土甚为不利。

随着混凝土技术水平的发展,现今要配制高强度、高流动性和低渗透性混凝土已经不是难题。但混凝土的体积稳定性,尤其是由于热应力和收缩引起的体积变形问题却依然难以解决,导致在实际工程应用中混凝土结构开裂普遍、渗透性增大、耐久性下降,致使现代混凝土的体积稳定性问题日益突出。

3. 高性能混凝土的体积稳定性指标

温度、湿度变化都是影响混凝土材料体积稳定性的最重要因素,混凝土体积稳定控制指标也主要体现在混凝土在温度、湿度变化时的相关响应参数。影响混凝土体积稳定性的指标主要有线热膨胀系数、收缩系数和应力松弛系数。考虑到体积稳定性对耐久性的不利影响关键在于体积稳定性引起混凝土开裂而加速了混凝土内部热湿迁移、离子迁移及其与环境的热湿交换和离子交换,进而加剧混凝土劣化过程,危害混凝土耐久性。混凝土本身的抗裂性能也应该成为评价混凝土体积稳定性的指标之一。

混凝土的线膨胀系数受混凝土的组成、龄期及含湿程度等因素的影响,通常混凝土材料的线性热膨胀系数为 $(6\sim13)\times10^{-6}/℃$,假设为 $10\times10^{-6}/℃$,对于超长混凝土结构,如隧道、桥梁等,以 60m 设置一条变形缝计算,在年温度极差为较大的地区,如 40℃,则产生的温度变形为 24mm,这对工程的体积稳定性和耐久性的影响是很大的。

混凝土的收缩系数是指由于水分(湿度)变化而引起的单位时间内混凝土的收缩值,通常取经验系数,主要受养护条件,环境温度、湿度,构件形式和混凝土材料自身的最终收缩值的影响。

混凝土的极限应变通常为 $(80\sim150)\times10^{-6}$,照此计算,混凝土在温度波动 10℃ 并伴有干燥收缩的情况下就应该出现开裂,而实际工程中并非如此。这是因为混凝土的徐变行为,在恒定和持续作用下,变形保持不变,则应力将逐渐减小,称为应力松弛现象。应力松弛将使混凝土结构的内应力和变形发生重分布,可以缓解一部分因温度、湿度变化引起的破坏应力,推迟裂缝产生的时间,对混凝土耐久性有利。混凝土的抗裂指标是表征混凝土抵抗开裂的能力,主要在于混凝土韧性和极限抗拉强度。

4. 控制体积稳定性的材料措施

为防止混凝土产生裂缝,除了采用有利于混凝土防裂的结构形式,加强温度、湿度控制措施,减少混凝土浇筑块的内外温差和保持合理的施工程序外,提高混凝土本身的抗裂性能是防裂的关键。提高混凝土抗拉强度,保持混凝土早期必要的徐变程度,降低混凝土的绝热温升与热膨胀系数,减少混凝土的干缩等,都是提高混凝土抗裂性能的有效途径。

提高混凝土自身性能是改善耐久性的主要途径。主要从降低水泥水化热及混凝土线性热膨胀系数,提高混凝土抗裂能力,改善混凝土内部的微观结构(孔结构及孔分布)等方面控制混凝土的体积稳定性。

为改善混凝土的温度变形性能,在混凝土原材料选择时应该考虑低热水泥,并掺加粉煤灰及矿渣等掺和料,减少混凝土早期的收缩和开裂,同时利于改善混凝土内部的微观结构。降低混凝土线性膨胀系数则可以通过合理选择热物性能合适的混凝土原材料、使用膨胀系数较小甚至为负数的有机纤维等。

混凝土自身抗裂能力的提高有赖于通过合理选材提高混凝土黏结性能、韧性及极限抗拉强度，同样可以利用纤维的阻裂性能进行改善。改善混凝土孔结构及孔分布有赖于高性能外加剂的使用，使新拌混凝土均匀密实，硬化混凝土内部孔隙结构、尺寸及分布利于改善混凝土内部热、湿及化学离子的迁移过程，进而改善混凝土体积稳定性和耐久性。

除此之外，应该重视骨料对混凝土体积稳定性的影响，并通过合理选择骨料（考虑其热物性能、母岩力学性能、颗粒形状、尺寸和级配等）以及确定适宜的集胶比，从改善混凝土的弹性模量、线热膨胀系数及混凝土抗裂性能等方面改善混凝土体积稳定性，提高混凝土耐久性。

4.7.4 绿色高性能混凝土

1. 绿色高性能混凝土的定义及含义

水泥产量和混凝土浇筑量的持续增加，对资源、能源和环境产生了很多不利影响；此外，随着科学的发展和人们认识的变化，混凝土不再仅仅发挥结构材料的作用，对其性能提出了更高要求。作为最主要的工程结构材料，不仅要求混凝土具备良好的工作性、强度和耐久性，还要具备维护生态的特性。

吴中伟院士在 1997 年 3 月的"高强与高性能混凝土"会议上，首次提出了"绿色高性能混凝土"（green high performance concrete，GHPC）的概念，认为从目前混凝土技术现状看，发展绿色高性能混凝土是唯一和必然的选择。绿色高性能混凝土的含义包括"绿色"和"高性能"两个方面。"绿色"是对产品"健康、环保、安全"等属性的评价，包括对原材料的利用、生产过程、施工过程、使用过程、废物处置过程等的分项评价和综合评价。"绿色"可概括为节约资源、能源；不破坏环境，更有利于环境；可持续发展，既满足当代人的需要，又不危害后代人的需求能力。因此，绿色高性能混凝土可定义为：从生产制造使用到废弃的整个周期中，最大限度地减少资源和能源的消耗，最有效地保护环境，是可以进行清洁生产和使用的，并且可再回收循环利用的高质量、高性能的绿色建筑材料。

2. 绿色高性能混凝土的特征

绿色高性能混凝土可以更多地节约水泥熟料，降低能耗和材料消耗，同时有效地减少环境污染，同时也能大量降低料耗与能耗；可以对工业废料进行资源化利用，减少二次污染；可以将固体废弃物利用和实现混凝土高性能很好地结合起来，达到降低成本、节约资源与改善环境的目的。

绿色高性能混凝土具有如下特征：更多地掺加以工业废渣为主的掺和料，控制和减少水泥熟料的用量，改善环境，减少二次污染；更大地发挥混凝土的高性能优势，提高耐久性，延长建筑物的使用寿命，以减少水泥和混凝土的用量，减少环境污染和能源消耗。

大力发展掺工业废渣的绿色高性能混凝土，使混凝土这种最大宗人造材料真正成为可持续发展的材料，将会极大地减少矿物资源、能源的消耗及环境负荷。

4.8　特种混凝土及其应用与发展

随着混凝土原材料品种不断增多、生产工艺和施工技术的不断进步,尤其是混凝土掺和料、外加剂和混凝土增强材料的发展,混凝土性能向高强度、高耐久性和多功能等方向发展,使混凝土的种类越来越多。当前,虽然普通混凝土仍然大量应用于众多工程建设,但特种混凝土的应用越来越广泛,在工程建设中地位越来越重要。特种混凝土的出现和发展,既是混凝土研究与技术进步的结果,更是混凝土技术中最前沿、最新颖、最高技术水平的体现。

对于特种混凝土,当前还没有严格或公认的定义。与普通混凝土对比而言,可以认为具有特殊组成和结构、具有特殊性能、用于特殊结构或采用特殊施工技术的混凝土均可称为特种混凝土。据此理解,高性能混凝土也应属于特种混凝土的范畴,4.7 节中已有详细介绍。若不考虑高性能混凝土,现在已广泛应用的特种混凝土有纤维混凝土、再生骨料混凝土、轻骨料混凝土、聚合物混凝土,清水混凝土、耐火混凝土、防水混凝土,泵送混凝土、喷射混凝土、碾压混凝土、自密实混凝土和水下不分散混凝土等。

4.8.1　纤维增强混凝土

1. 纤维增强混凝土的定义和分类

纤维增强混凝土又简称为纤维混凝土,它是以水泥净浆、砂浆或混凝土做基材,在基体中掺入乱向分布的短纤维或连续的长纤维作为增强材料所组成的一种多相、多组分水泥基复合材料。美国混凝土协会将纤维增强混凝土定义为:"主要由水硬性水泥、骨料与分散的增强纤维所制成的一种混凝土"。按照《纤维混凝土应用技术规程》(JGJ/T 221—2010)纤维混凝土是掺加短钢纤维或短合成纤维的混凝土的总称。

混凝土中常用的纤维,可按照组成和材料性质进行分类。按照纤维的组成,可以分为:金属纤维(钢纤维、不锈钢纤维)、无机纤维(石棉等天然纤维,玻璃纤维、碳纤维等人造矿物纤维)、有机纤维(聚丙烯、聚丙烯腈、聚乙烯等)。按照纤维的弹性模量可分为高弹模纤维(钢纤维、玻璃纤维和碳纤维等)、低弹模纤维(聚丙烯、植物纤维等)。高弹模纤维的作用主要体现在抑制混凝土裂缝的形成,提高混凝土抗拉强度、抗弯强度和最大拉伸、弯曲破坏应变,提高断裂韧性和抗冲击能力。低弹模纤维对混凝土强度的改善不明显,但一般具有很好的变形性能,能有效提高水泥基复合材料的断裂变形能力,减少由于混凝土内应力而产生的裂缝,进而提高混凝土早期抗裂性、抗冲击性能和抗疲劳破坏能力。

根据所加入纤维的不同,常用纤维混凝土又可分为钢纤维混凝土、合成纤维混凝土(聚丙烯纤维、聚丙烯腈纤维等)、玻璃纤维混凝土等,其中钢纤维增强混凝土、玻璃纤维增强混凝土和聚丙烯类纤维增强混凝土应用最为广泛。随着混凝土技术的发展和对混凝土材料性能要求的提高,人们在钢筋混凝土中加入纤维制成钢筋-纤维复合混凝土,这也成为纤维混凝土开发和应用的一种新途径。

2. 纤维增强混凝土的性能特点

纤维增强混凝土性能取决于纤维自身的性质以及纤维在混凝土基体中的散布混合状

态。通常,纤维可显著增强混凝土的抗裂能力和韧性,防止混凝土早期由于沉降、水化热、干缩产生的内部微裂缝扩展,同时能减少混凝土表观裂缝及开裂宽度。其中钢纤维能显著提高混凝土韧性,聚丙烯纤维对于防止混凝土早期塑性开裂有明显作用,聚丙烯腈纤维既能防止混凝土早期塑性开裂又能提高硬化混凝土的韧性。掺加纤维能提高水泥基体耐变形的能力,改善混凝土抗弯、抗拉及抗疲劳、抗冲击性能,有机纤维可显著提高混凝土的耐火性能。但纤维的掺加会在一定程度上影响新拌混凝土的工作性能,尤其是钢纤维加入时对新拌混凝土工作性影响明显。掺加纤维通常还可以改善水泥基体抗冻、抗疲劳性能、耐磨性能,提高混凝土的耐久性能。掺加高弹性模量纤维,可大幅度提高混凝土强度,降低混凝土脆性,减少结构构件截面尺寸,降低自重。虽然掺加纤维将增加混凝土的直接经济成本,但综合经济效显著。

1) 钢纤维混凝土的性能

钢纤维增强混凝土中,大量很细的钢纤维均匀分散于混凝土中,与混凝土基体接触的面积很大,所以在各个方向上都使混凝土的强度得到提高,大大改善混凝土的各项性能。与普通混凝土相比,钢纤维混凝土抗拉、抗弯强度及耐磨、耐冲击、耐疲劳、韧性和抗裂、抗爆等性能都可得到提高。

2) 合成纤维混凝土的性能

合成纤维增强混凝土中,当水泥基体因各种原因生成内部微裂缝或裂缝扩展时,合成纤维可以吸收大量能量,控制裂缝的生成及发展,使混凝土抗裂能力及抗冲击性能大幅提高,也使混凝土抗折强度大幅提高并降低脆性,混凝土的抗渗能力、抗冻能力得以提高,混凝土耐久性大大增强。在水泥基体中随机分布一些合成纤维是提高混凝土韧性、耐冲击性、抗渗性及耐收缩断裂性的有效途径。大量试验表明,在配制混凝土时加入少量合成纤维,合成纤维增强混凝土性能将发生明显改善。

(1) 少量合成纤维掺入混凝土中对混凝土成型时的塑性影响很大,可以很好地提高混凝土的阻裂性,最终增强混凝土的综合性能。当混凝土中体积掺入量为 0.05% 和 0.1% 时,其裂缝数减少分别达到 65% 和 75%。

(2) 少量的合成纤维掺入混凝土中能很好地改善其抗渗性,当混凝土中掺入 0.1% 体积率的聚丙烯纤维时,渗透性减少 60%。

(3) 少量合成纤维掺入混凝土中能增加混凝土的抗冻性和抗化学侵蚀性。经过 50 次冻融,纤维增韧高性能混凝土的质量损失率只有普通混凝土的 7.6%,经过 100 次冻融,纤维增韧高性能混凝土的质量损失率只有普通混凝土的 2.4%。

(4) 少量的合成纤维掺入混凝土中能很好地增加混凝土的抗冲击能力,且随着纤维量的增加而提高。当纤维掺入量分别为 0.05% 和 0.1% 体积掺量时,其初裂冲击次数和破坏冲击次数提高 2.0～2.5 倍和 1.5～2.0 倍。

(5) 掺入体积率 0.05% 的合成纤维时,其抗冲刷耐磨性提高 1.4～2.0 倍。

(6) 少量合成纤维掺入混凝土中对混凝土的抗压强度影响不大,而掺入体积率为 0.05%～0.1% 时,其抗折强度提高 12%～26%。

(7) 高温时纤维熔化形成气孔缓解内部气压,能大大提高合成纤维混凝土构件的抗高温爆裂能力,在混凝土构件受爆时仍可能保持良好的整体性。

3. 纤维增强混凝土的应用

1）钢纤维混凝土的应用

钢纤维混凝土主要应用于高速公路和机场跑道、桥梁工程结构和桥面、大跨度梁和板、隧道及港道等的支护工程、水利结构工程和刚性防水工程、桩基及铁路枕轨等，对抗冲击和耐磨性要求较高的建筑物地面工程（如厂房的地面、堆场地面等）也可采用。

配制钢纤维混凝土时，钢纤维混凝土配合比除满足普通混凝土一般要求外，还应满足抗拉强度或抗折强度、韧性及施工时拌和物和易性和钢纤维不结团的要求。在某些条件下还应满足对抗冻性、抗渗性的要求。对有耐腐蚀和耐高温要求的结构物，应选用不锈钢纤维。

2）合成纤维混凝土的应用

聚丙烯纤维等合成纤维经常用于高速公路修补路面，公路收费站特殊路段；桥梁；地下室工程结构性自防水、外墙抹灰、仓库地板及屋面防水；高层建筑转换层大梁、钢筋混凝土柱；水池、游泳池；停车场、网球场、停机坪；水泥预制构件、保温制品等。

4.8.2 轻骨料混凝土

通常把干表观密度不大于 1950kg/m³ 的混凝土称为轻混凝土。通常，轻混凝土具有保温隔热性能好、质量轻等特点，多用于保温构件或结构兼保温构件。轻混凝土可分为轻骨料混凝土、多孔混凝土和大孔混凝土等。多孔混凝土可包括泡沫混凝土和加气混凝土，大孔混凝土可分为普通大孔混凝土和轻骨料大孔混凝土。本节主要关注轻骨料混凝土，对其定义及分类、性能特点和应用情况等进行介绍。

1. 轻骨料混凝土的定义及分类

轻骨料混凝土是指采用轻粗骨料、轻砂（或普通砂）、水泥和水配制而成的干表观密度不大于 1950kg/m³ 的混凝土。根据《轻骨料混凝土应用技术规程》(JGJ/T 12—2019)，轻骨料混凝土根据粗细骨料及其用量的差异，又可分为全轻混凝土、砂轻混凝土和大孔轻骨料混凝土。全轻混凝土的细骨料全部为轻砂；砂轻混凝土的细骨料为普通砂或部分轻砂；大孔轻骨料混凝土是由轻粗骨料、水泥和水配制而成的无砂或少砂混凝土。

轻骨料按照原材料来源可以分为三类：①工业废料轻骨料，包括粉煤灰陶粒、膨胀矿渣珠、自然煤矸石、煤渣及其轻砂；②天然轻骨料，包括浮石、火山渣及其轻砂；③人造轻骨料，包括页岩陶粒、黏土陶粒、膨胀珍珠岩骨料及其轻砂等。若按骨料种类的不同进行划分，常用轻骨料混凝土通常有陶粒混凝土、浮石混凝土、膨胀珍珠岩混凝土等。按轻骨料混凝土的用途可分为：①保温轻骨料混凝土，其容重小于 800kg/m³，抗压强度小于 5MPa，主要用于围护结构和热工构筑物的保温；②结构保温轻骨料混凝土，其容重为 800～1400kg/m³，抗压强度为 5.0～20.0MPa，主要用于配筋和不配筋的围护结构；③结构轻骨料混凝土，其容重为 1400～1900kg/m³，抗压强度为 15.0～50.0MPa，主要用于承重的构件、预应力构件或构筑物。

2. 轻骨料混凝土的性能特点

与普通混凝土相比，轻骨料混凝土的表观密度小（减小 1/4～1/3）、弹性模量低、极限应变大、热膨胀系数小,但收缩和徐变较大,因此具有自重轻、保温、抗震和耐火性能较好等特点,并具有良好的经济效益和社会效应。具体而言,轻骨料混凝土具有如下性能特点。

(1) 比强度较高。比强度是混凝土抗压强度与表观密度的比值,比强度越高,材料的轻质、高强特征越显著。目前日本已研制出表观密度 $1880kg/m^3$、28d 抗压强度达到 95MPa 的高强轻骨料混凝土,比强度达 $50.5MPa \cdot m^3/kg$,比强度足以与 140MPa 以上的高性能混凝土媲美。

(2) 高耐久性。轻骨料混凝土的水泥石和骨料中均有微细的孔隙存在,可以缓解受冻害时水结冰而产生的膨胀应力,具有良好的抗冻性能。同样,多孔性也可成功缓解碱-骨料反应形成的应力,因此尽管轻骨料具有碱活性,但长期的实际应用中没有发现轻骨料混凝土中碱-骨料反应破坏的实例。

(3) 保温保湿性。轻骨料混凝土内部多孔、表观密度较小,具有隔热、保温和保湿的功能。与传统的实心黏土砖或普通混凝土墙体材料相比,轻骨料混凝土可节能 40%～60%。在室内空气湿度较高情况下,轻骨料能够吸入空气中的水分,并在室内湿度较低时自动释放出水分,起到调湿、保湿的作用。

(4) 抗震性能优良。因地震力与上部结构的自重成正比,当结构采用轻骨料混凝土后,自重的下降将降低地震力。轻骨料混凝土的弹性模量较低,结构的自振周期将变长,变形能力增强,结构破坏时将消耗更多的变形能。因此,轻骨料混凝土有利于改善建筑物的抗震性能并提高抵抗动荷载作用的能力。

(5) 耐火性好。轻骨料混凝土都是多孔性材料,导热系数和线膨胀系数都小于普通混凝土,热工性能较好,轻骨料混凝土结构的保温、抗高温和耐火极限等性能均明显超过普通混凝土结构。通常,一般建筑物发生火灾时,普通混凝土耐火 1h,而轻骨料混凝土可耐火 4h;在 600℃高温下,普通混凝土只能维持室温强度的 35%～75%,而轻骨料混凝土可维持室温强度的 85%。

(6) 经济性显著。虽然人造轻骨料造价高于天然骨料,但采用轻骨料可降低结构自重,进而可减小结构截面尺寸、提高结构跨度或层高。因此,使用轻骨料混凝土既可节约水泥、钢筋,又可降低基础处理费用,既增加了使用面积又可延长工程使用寿命等,具有显著的经济性。

(7) 社会效益突出。目前,生产混凝土而消耗的天然骨料数量巨大,其开采过程也对生态环境造成不可估量的破坏。而轻骨料可以由粉煤灰、淤泥、污泥生活垃圾等废渣制备,既有利于能源资源的节约和废弃物资源化利用,又利于环境保护,社会意义突出。

3. 轻骨料混凝土的应用

由于轻骨料混凝土自重轻,保温隔热性能、耐火性能、耐久性能好,抗震性能优良,因此主要适用于高层和多层结构、软土地基、大跨度结构、抗震结构、要求节能的建筑和旧建筑改造等。轻骨料混凝土以墙、板构件形式的应用较多,比如:①制作预制保温墙板、砌块,主要用于建筑的保温隔热填充墙体;②保温屋面板,用作屋面的保温隔热;③现浇楼板材料,可以大大降低楼板自重进而降低建筑物的自重;④剪力墙,在做结构的同时,还可以起到保温隔热的作用。

有关轻骨料混凝土的原材料性质、技术性能、配合比设计和施工工艺等内容,详见《轻骨料混凝土应用技术规程》(JGJ/T 12—2019)。

4.8.3　聚合物混凝土

聚合物水泥混凝土是由水泥混凝土和高分子材料有机结合而成的一种新型混凝土,其中有机聚合物作为部分或全部胶结材料使用。聚合物的加入弥补了普通混凝土抗拉强度低、抗裂性差、脆性大、抗化学腐蚀性差的缺点。根据聚合物种类和聚合物混凝土生产方法的不同,可以将聚合物混凝土分为聚合物水泥混凝土、聚合物浸渍混凝土和聚合物胶结混凝土三种。

1. 聚合物水泥混凝土

用聚合物乳液或水溶性聚合物与水泥作为胶结材料,并加入其他骨料制成的混凝土称为聚合物水泥混凝土。

生产聚合物水泥混凝土时,可以使用天然橡胶乳液等天然聚合物和聚醋酸乙烯、氯丁橡胶、聚苯乙烯等合成聚合物,水泥可以采用普通硅酸盐水泥或高铝水泥。新拌混凝土中,聚合物在混凝土内形成膜状体,凝结硬化过程中,水泥水化吸收乳液中水分(并不发生化学反应),使乳液逐渐凝固、填充水泥水化产物和骨料之间的空隙,与水泥水化产物互相包裹填充形成致密结构,增强了同骨料的黏结,从而使聚合物水泥混凝土比普通混凝土具有优良的特性。聚合物水泥混凝土比普通混凝土具有更高的密实度和强度,较好的耐久性、耐磨性、耐化学腐蚀性能,并能够减少收缩变形。

聚合物水泥混凝土配制比较简单,生产工艺与普通混凝土相似,现场施工方便,可用于无缝地面、混凝土路面、机场跑道面和建筑物的防水。生产和使用聚合物水泥混凝土时,必须先潮湿养护使水泥水化,然后自然干燥养护使聚合物乳液破乳成膜。

2. 聚合物浸渍混凝土

这是以已硬化的普通混凝土为基体,经干燥后浸入有机单体中使单体渗入混凝土孔隙内,再用加热或辐射的方法使其进行聚合而成的一种混凝土。

生产聚合物浸渍混凝土时,用于浸渍的有机单体可以是甲基丙烯酸甲酯、苯乙烯、丙烯腈和聚酯-苯乙烯等,其中甲基丙烯酸甲酯和苯乙烯最为常用。聚合物浸渍混凝土中,聚合物在混凝土中与水泥凝胶体互相交叉形成连续的空间网络,同时聚合物填充了混凝土基体内部孔隙和微裂纹,起到增塑、增韧、填孔和固化作用,既提高混凝土的密实度,也增加了水泥石与骨料间的黏结。聚合物浸渍混凝土具有高强度、高抗渗性、高耐腐蚀性能并明显提高抗冻性、抗冲击性和耐磨性,徐变和收缩值较小。与浸渍处理前相比,混凝土抗压强度可提高 2~4 倍,一般为 100~150MPa,最高可达到 260MPa 以上,抗拉强度可以提高到 10~20MPa。

聚合物浸渍混凝土适用于要求高强度、高耐久性的特殊结构工程,如高压输气管、高压输液管、高压容器、隧道衬砌、海洋构筑物、原子能反应堆等工程。

3. 聚合物胶结混凝土

聚合物胶结混凝土(也称树脂混凝土)是一种完全没有矿物胶凝材料而以合成树脂为胶

结材料、以砂石为骨料的混凝土。有时为减少树脂用量,往往要加入填料粉砂等。

聚合物胶结混凝土的胶结材料全部是一种或多种热固性聚合物及固化剂,常用的聚合物有甲基丙烯酸酯、环氧树脂、呋喃化合物等。

聚合物胶结混凝土具有高强、耐腐蚀、耐水等优点,尤其是具有优良的电绝缘性能。聚合物胶结混凝土施工方便、工艺简单、硬化快速,但目前成本较高,只能用于特殊工程(如耐腐蚀工程、修补工程等)。此外,聚合物胶结混凝土外表美观,可以制成人造大理石用于桌面、台面和浴缸等。

4.8.4　耐热混凝土

已有各国研究结果表明,混凝土在火灾中受损的严重程度取决于温度升高的速率、最高温度、胶凝材料和骨料的组成、水分含量及火作用的持续时间等六个因素。提高混凝土的防火耐热性是减少混凝土在火灾中受损乃至坍塌的关键。所谓防火耐热混凝土,是一种能长期承受高温作用(200℃以上),并在高温下保持所需要的物理力学性能(如有较高的耐火度、热稳定性、荷重软化点以及高温下较小的收缩等)的特种混凝土。通常又把由适当的胶凝材料、耐火骨料、掺和料和水按一定比例配制而成,能在900℃以上高温长期作用下保持所需要的力学性能的特种混凝土称为耐火混凝土,而耐受900℃以下高温长期作用的混凝土则应归为耐热混凝土。

1. 耐热混凝土的定义及分类

根据《耐热混凝土应用技术规程》(YB/T 4252—2011),耐热混凝土是一种长时期在200~900℃状态下使用,且能保持所需的物理力学性能和体积稳定性的混凝土。应针对其所处环境和预定功能进行耐热度设计,且满足设计要求的强度等级,在设计使用年限内必须满足结构承载和正常使用要求。

根据胶凝材料养护条件的不同,耐热混凝土可分为水硬性耐热混凝土和气硬性耐热混凝土。根据胶凝材料的差异,水硬性耐热混凝土又可分为普通硅酸盐水泥耐热混凝土、矿渣硅酸盐水泥耐热混凝土和铝酸盐水泥耐热混凝土;气硬性耐热混凝土则可分为水玻璃耐热混凝土和磷酸盐耐热混凝土。耐热混凝土的强度等级一般采用C15、C20、C25、C30。耐热混凝土多用于高炉基础、焦炉基础、热工设备基础及围护结构、护衬、烟囱等。

2. 耐热混凝土的性能指标

耐热混凝土的性能指标分别有:

(1) 强度等级。按照《混凝土强度检验评定标准》(GB/T 50107—2010)确定。

(2) 耐热度。耐热混凝土可满足规定要求的最高使用温度称为耐热度,耐热混凝土质量检验是根据耐热度分段(200~500℃、500~900℃)进行。

(3) 烘干强度。耐热混凝土经标养后在规定温度下烘干并冷却至常温后的实测强度称为烘干强度。

(4) 残余强度。耐热混凝土经标养、烘干、加热到规定温度,自然冷却至常温后的实测强度称为残余强度。

3.水硬性耐热混凝土

1) 普通硅酸盐水泥耐热混凝土

普通硅酸盐水泥耐热混凝土是由普通硅酸盐水泥、磨细掺和料、粗骨料和水调制而成。普通硅酸盐水泥混凝土的耐热度为 700~1200℃,强度等级为 C10~C30,高温强度为 3.5~20MPa,最高使用温度达 1200℃ 或更高,适用于温度较高,但无酸碱侵蚀的工程。

2) 矿渣硅酸盐水泥耐热混凝土

矿渣硅酸盐水泥耐热混凝土是由矿渣硅酸盐水泥、粗细骨料,有时掺加磨细掺和料和水调制而成。矿渣硅酸盐水泥耐热混凝土的耐热度为 700~900℃,强度等级为 C15 以上,最高使用温度可达 900℃,适用于温度变化剧烈,但无酸碱侵蚀的工程。

3) 高铝水泥耐热混凝土

高铝水泥耐热混凝土是由高铝水泥或低钙铝酸盐水泥、耐热度较高的掺和料以及耐热骨料和水调制而成的。高铝水泥耐热混凝土的耐热度为 1300~1400℃,强度等级为 C10~C30,高温强度为 3.5~10MPa,最高使用温度可达 1400℃,适用于厚度小于 400mm 的结构及无酸、碱、盐侵蚀的工程。

高铝水泥耐热混凝土虽然在 300~400℃ 时强度会剧烈降低,但此后,残余部分的强度都能保持不变。而在 1100℃ 以后,结晶水全部脱出而烧结成陶瓷材料,其强度又重新提高。因高铝水泥的熔化温度高于其极限使用温度,使用时,是不会被熔化而降低强度的。

4.气硬性耐热混凝土

1) 水玻璃耐热混凝土

水玻璃耐热混凝土是由水玻璃作为胶结材料,氟硅酸钠作为促硬剂,磨细掺和料及粗细骨料按一定配合比例组成。耐热粗、细骨料可采用碎铁矿、镁砖、铬镁砖、滑石、焦宝石等。磨细掺和料为烧黏土、镁砂粉、滑石粉等。水玻璃耐热混凝土的耐热度为 600~1200℃,强度等级为 C10~C20,高温强度为 9.0~20MPa,最高使用温度可达 1000~1200℃。施工时严禁加水;养护时也必须干燥,严禁浇水养护。

2) 磷酸盐耐热混凝土

磷酸盐耐热混凝土是由磷酸铝和高铝质耐火材料或锆英石等制备的粗、细骨料及磨细掺和料配制而成,目前更多的是直接采用工业磷酸配制磷酸盐耐热混凝土。硫酸盐耐热混凝土具有高温韧性强、耐磨性好、耐火度高的特点,其极限使用温度为 1500~1700℃。磷酸盐耐热混凝土的硬化需在 150℃ 以上烘干,总干燥时间不少于 24h,硬化过程中不允许浇水。

4.8.5　防水混凝土

防水混凝土(又称抗渗混凝土),是指抗渗等级大于或等于 P6 级的混凝土,即在 0.6MPa 以上水压下不透水的混凝土。可通过调整混凝土的配合比或掺加外加剂、钢纤维、合成纤维等,并配合严格的施工及施工管理,减少混凝土内部的孔隙率或改变孔隙形态、分布特征,从而达到防水(防渗)的目的。

根据实现防水和抗渗的途径不同,防水混凝土可分为普通防水混凝土、外加剂防水混凝土和膨胀水泥防水混凝土等三种。防水混凝土主要用于工业与民用建筑的地下工程(包括地下室、地下沟道、城市地铁和交通隧道等)、储水构筑物(如储水池、水塔等)、取水构筑物以及处于干湿交替作用或冻融作用的水工结构工程(如桥墩、海港、码头和水坝等)。

1. 普通防水混凝土

普通防水混凝土所用原材料与普通混凝土基本相同,在普通混凝土配制的基础上,通过调整配合比来提高混凝土自身的密实度,从而提高混凝土的抗渗性。调整配合比的具体方法就是采用较小的水灰比,并适当提高水泥用量、砂率及灰砂比,同时控制石子最大粒径并加强养护等,以抑制或减少混凝土孔隙率,改变混凝土内部孔结构和孔隙特征,提高砂浆及其与粗骨料界面之间的密实性和抗渗性,使其不依赖于其他附加防水措施就达到防水抗渗的目的。

配制普通防水混凝土所用的水泥应该具有泌水性小、水化热低的特点,并具有一定的耐腐蚀性。普通防水混凝土配合比的设计应首先满足抗渗性要求。普通防水混凝土的抗渗等级一般可达 P6~P12,施工简便,造价低廉,质量可靠,适用于地上和地下防水工程。普通防水混凝土的施工质量要比普通混凝土严格,尤其是搅拌和捣实应充分均匀,以防出现蜂窝和孔洞。

2. 外加剂防水混凝土

外加剂防水混凝土主要利用外加剂的功能,通过掺加适宜品种和用量的外加剂使混凝土密实性显著提高、改善混凝土内部孔结构,减少或隔断混凝土中的孔隙裂缝等渗水通道,从而达到抗渗和防水的目的。

配制外加剂防水混凝土时,常用到的外加剂有引气剂(松香热聚物等)、减水剂、密实剂(氢氧化铁,氢氧化铝)和防水剂(氯化铁)等。引气剂防水混凝土抗冻性好,能经受 150~200 次冻融循环,适用于抗水性、耐久性要求较高的防水工程。减水剂防水混凝土具有良好的和易性,可根据要求调节凝结时间,适用于泵送混凝土及薄壁防水结构。三乙醇胺防水混凝土早期强度高,抗渗性能好,适用于工期紧迫、要求早强及抗渗压力大于 2.5MPa 的防水工程。氯化铁防水混凝土具有较高的密实性和抗渗性,抗渗压力可达 2.5~4.0MPa,适用于水下、深层防水工程或修补堵漏工程。

3. 膨胀防水混凝土

膨胀防水混凝土主要利用膨胀剂或直接使用膨胀水泥配制混凝土,膨胀混凝土凝结硬化过程中能够形成大量钙矾石,进而产生一定的体积膨胀,当膨胀受到外部约束或钢筋的内部约束时,在混凝土中产生预压应力使毛细孔径减小并能改变孔结构,使混凝土的抗裂性和抗渗性能得到增强。

膨胀防水混凝土主要用于地下防水工程和后灌缝。生产和使用膨胀防水混凝土时,应严格控制质量,采用机拌机振浇筑时应一次完成,尽量不留施工缝,加强保湿养护至少 14d,不得过早脱模,脱模后更要及时充分浇水养护,以免出现干缩裂缝。

4.8.6 泵送混凝土

1. 泵送混凝土及其性能要求

根据《混凝土泵送施工技术规程》(JGJ/T 10—2011),可通过泵压作用沿输送管道强制流动到目的地并进行浇筑的混凝土称为泵送混凝土。

泵送混凝土必须满足强度和耐久性的要求,满足泵送工艺的要求(即要求混凝土具有良好的可泵性),在泵送过程中具有良好的流动性、阻力小、不离析、不易泌水、不堵塞管道。混凝土可泵性是表示混凝土在泵压下沿输送管道流动的难易程度以及稳定程度的特性。

为保证混凝土具有良好的可泵性,要求泵送混凝土必须满足以下要求。

(1)混凝土与管壁的摩擦阻力要小,泵送压力合适

如果混凝土与泵管壁之间摩擦阻力大,泵送混凝土的输送距离和单位时间内混凝土输送量将受到限制。而且,如果混凝土承受的压力加大,混凝土质量会发生改变。

(2)泵送混凝土在泵送过程中不得有离析现象

如果泵送混凝土出现离析,则粗骨料在砂浆中将处于非悬浮状态,骨料相互接触而摩擦阻力增大,当摩擦阻力超过泵送压力时,将引起堵管。摩擦阻力大和离析是泵送失败的两个主要原因。

(3)泵送过程中混凝土质量不得发生明显变化

在泵送压力存在的条件下,容易导致泌水和骨料吸水,进而造成混凝土水分的迁移以及含气量的改变,最终将引起拌和物性质的变化,并使泵送过程中出现堵管现象。主要有以下两种情况:①本来泵压足够,但浆体保水差、骨料吸水率大,水分在压力条件下向前方和骨料内部迁移,使混凝土润滑层水分丧失而干涩、浆体流动性降低、含气量降低,局部混凝土受到挤压密实,引起摩擦阻力加大,超过泵送压力,引起堵管;②本来因输送距离合摩擦阻力原因造成泵压不足,同时又由于浆体流动性不足,拌和物移动速度过缓,混凝土承受压力时间过长,持续压力条件下,虽然无水分迁移但含气量损失,使局部混凝土受到挤压而密实并丧失流动性,摩擦阻力进一步加大,泵压更为不足,也会引起堵管。

2. 泵送混凝土的应用

采用泵送混凝土输送混凝土拌和物,可以一次连续完成水平和垂直运输及浇筑,生产效率高、节约劳动力,非常适用于狭窄和有障碍的施工现场以及大体积混凝土结构。

泵送混凝土除要求流动性好外,拌和物的黏聚性也至关重要。因此,生产和使用泵送混凝土时,骨料最大粒径一般不大于管径的 1/4;需加入泵送剂,防止混凝土拌和物在泵送管道中离析和堵塞;能使混凝土拌和物在泵压下顺利通行的减水剂、塑化剂、加气剂以及增稠剂等均用于泵送混凝土。加入适量的混合材料(如粉煤灰等),也可避免混凝土施工中拌和料分层离析、泌水和堵塞输送管道。

通常泵送混凝土中的原材料及其用量与普通混凝土有一定差别,胶凝材料用量不宜低于 300kg/m^3;粗骨料宜优先选用卵石,最大粒径不超过 40mm;砂率一般高达 38%~45%。此外要求压力泌水率低,10s 的相对压力泌水率不宜超过 40%;坍落度应较大(100~200mm)且经时坍落度损失较小。

4.8.7 喷射混凝土

1. 喷射混凝土的定义及分类

根据《喷射混凝土应用技术规程》(JGJ/T 372—2016),喷射混凝土是将胶凝材料、骨料

等按一定比例拌制的混凝土拌和物送入喷射设备,借助压缩空气或其他动力输送,高速喷至受喷面所形成的一种混凝土。

根据喷射法施工时混合料的干湿状态,可以分为干喷法(干拌法)喷射混凝土和湿喷法(湿拌法)喷射混凝土两类。干喷法是将水泥、砂、石在干燥状态下拌和均匀,用压缩空气送至喷嘴并与压力水混合后进行喷射施工的方法。干喷法施工时对操作人员的熟练程度要求较高,水灰比宜小,水泥用量不宜太小,石子需连续级配且粒径不得过大,一般可获得具有良好黏结力的和28~34MPa强度的混凝土。因喷射速度大,粉尘污染及回弹情况较严重,一定程度上限制了干喷法喷射混凝土的应用。湿喷法是将拌和好的混凝土混合料通过压浆泵送至喷嘴,再用压缩空气进行喷射施工的方法。湿喷法施工时宜用随拌随喷的办法,以减少混凝土拌和物的稠度变化。湿喷法施工时喷射速度较低,材料配合易于控制,回弹情况有所改善,工作效率较干拌法的高,但由于水灰比增大,混凝土的初期强度比干喷法施工低。

若考虑喷射混凝土所用原材料的不同,在喷射混凝土的实际应用中,也可分为普通喷射混凝土、水泥裹砂喷射混凝土、钢纤维喷射混凝土和合成纤维喷射混凝土等。其中,水泥裹砂喷射混凝土是将按一定配比拌制而成的水泥裹砂砂浆和以粗骨料为主的混合料,分别用砂浆泵和喷射机输送至喷嘴附近相混合后,高速喷到受喷面上所形成的混凝土。

2. 喷射混凝土的性能及应用

与普通混凝土相比,喷射混凝土砂率较高,湿喷施工时可高达55%~65%;胶凝材料用量较高,宜掺加硅粉和纤维,降低混凝土回弹率,提高混凝土强度;粗骨料最大粒径不宜大于15mm;干缩大、抗冻性高。另外,喷射混凝土抗压强度比基准混凝土的低,配合比设计中确定配制强度时应考虑掺加速凝剂引起的混凝土强度的降低。

为了改善喷射混凝土的性能,通常掺加占水泥质量2.5%~4.0%的速凝剂,提高早期强度、增大喷层厚度、减少回弹损失。干喷法一般采用粉状速凝剂,湿喷法采用液态速凝剂。喷射混凝土中加入一定数量和规格的钢纤维,能显著提高混凝土的抗拉、抗剪、抗冲击和疲劳强度以及韧性指数。

喷射混凝土施工中,混凝土运输、灌筑和捣实合为一道工序,工艺简单,施工速度快。而且施工中不用或少用模板,适于狭窄地段作业,并可向不同方位施作薄层混凝土。因此,喷射混凝土在工程支护(矿山井巷、交通隧道、水工隧洞、边坡和各类地下工程的支护)、结构加固(砌体墙体开裂加固、砖混结构加层墙体加固、抗震加固、边坡加固等)、结构保护(钢结构保护层、热工炉窑衬里)及工程修补等领域广泛应用。

4.8.8 自密实混凝土

1. 自密实混凝土的定义及其优点

自密实混凝土是指具有高流动性、均匀性和稳定性,浇筑时无需外力振捣,能够在自重作用下流动并充满模板空间的混凝土。自密实混凝土由高效减水剂、流化剂、增稠剂并掺加粉煤灰、矿渣等粉粒制成,具有很高的流动性,能不离析、不泌水、不经振捣仅依靠重力而自流平,均匀充满模型、包裹钢筋。

普通混凝土在浇筑施工中,往往会因为振捣不足或过分振捣而很难保证混凝土完全密实,内部孔隙和缺陷较多,影响混凝土的力学性能和耐久性。在某些配筋复杂或稠密的工程结构、特种薄壁结构、高细结构及隧道等地下工程结构中,混凝土的振捣困难,难以保证混凝土密实。商品混凝土的发展对新拌混凝土的流动性、运输浇筑过程中较长时间保持可塑性等提出了要求。传统混凝土振捣施工费时费工、劳动强度大、工作环境恶劣,并且施工中会产生噪声污染。

与传统混凝土相比,自密实混凝土具有以下优越性。

(1) 自密实混凝土不需振捣,避免了漏振、过振等施工中的人为因素以及配筋密集、结构形成复杂等不利条件的影响,并能保证钢筋、埋件及预留孔道位置正确。有利于提高混凝土质量,保证工程使用性能并增加结构综合寿命。

(2) 简化混凝土施工工序,大幅缩短混凝土浇筑时间,使施工速度大大提高,工期明显缩短。

(3) 劳动强度降低、节省劳动力,减少振捣机具和模板的磨损和能耗,减少机械费用及人工费用。

(4) 施工中可以消除因振捣而带来的噪声,改善施工环境,可全天候施工作业。

(5) 可大量掺加矿渣、粉煤灰等工业废料,实现工业固废的资源化利用。

(6) 施工方便,可以浇筑成型形状复杂、薄壁和密集配筋的结构,为结构设计提供更大自由度。

(7) 经济效益、环境效益和社会效益显著。从提高施工速度、减少人工和机械费用、保证工程质量和耐久性、综合利用工业废料、改善施工环境等诸多方面,可降低工程成本、节约能源和资源,具有显著的综合效益。

2. 自密实混凝土的性能与技术特点

自密实混凝土的性能主要体现在新拌混凝土工作性方面,硬化混凝土力学性能、长期性能和耐久性能应满足设计要求和相关标准规定。自密实混凝土拌和物除满足凝结时间、泌水、黏稠性和保水性等普通混凝土拌和物的性能外,还应满足混凝土自密实性能。

混凝土自密实性能包括填充性、间隙通过性和抗离析性,其中填充性是必控指标,间隙通过性和抗离析性是可选指标。但在钢筋较密、静距较小情况下,间隙通过性也属于必控指标。填充性是指自密实混凝土拌和物在无需振捣的情况下,能均匀密实成型的性能;间隙通过性是指自密实混凝土拌和物均匀通过狭窄间隙的性能;抗离析性是指自密实混凝土拌和物中各种组分保持均匀分散的性能。

根据《自密实混凝土应用技术规程》(JGJ/T 283—2012),填充性、间隙通过性和抗离析性可根据相应测试方法的测试值进行分级,使用时应根据混凝土自密实性能指标应用范围进行合理选择。自密实混凝土的自密实性能指标应根据结构形状、尺寸、配筋状态、施工方式等特点选择,保证新拌混凝土自密实性能满足建(构)筑物的结构和施工要求。

3. 自密实混凝土的应用

自密实混凝土对解决或改善密集配筋,薄壁、复杂形体,大体积混凝土施工以及具有特殊要求、振捣困难的混凝土工程施工带来极大方便。可避免出现由于振捣不足而造成的质量缺陷,并可消除振捣造成的噪声污染,提高混凝土施工速度。可以预见,随着材料成本的降低和新的应用工程领域的拓展,自密实混凝土的应用将愈加广泛。

自密实混凝土生产和应用的关键技术是掺加高效减水剂和超细矿物掺和料,在低水胶比条件下,大幅提高混凝土拌和物的流动性,同时保证良好的黏聚性、稳定性,防止泌水和离析。高效减水剂(或高性能减水剂)是自密实混凝土生产和应用的前提,减水剂对其性能有决定性影响。超细矿物掺和料是配制自密实混凝土的必要条件,它可以提高拌和物的流动性、减少水泥用量和水化热,并具有"火山灰效应",参与水泥水化进程,有利于提高混凝土后期强度。

自密实混凝土配合比设计宜采用绝对体积法,根据所应用结构形式的特点、施工工艺以及环境因素,在综合考虑混凝土自密实性能、强度、耐久性以及其他必要的性能要求基础上,提出初始配合比,经实验室试配调整得出满足工作性要求的基准配合比,并进一步经强度、耐久性复核得到生产配合比。自密实混凝土水胶比宜小于 0.42,胶凝材料用量宜控制在 $450\sim550\mathrm{kg/m^3}$,宜采用增加胶凝材料的方法适当增加浆体体积或添加外加剂的方法来改善浆体的黏聚性和流动性。

4.8.9 活性粉末混凝土

1. 活性粉末混凝土的定义及其优点

活性粉末混凝土(reactive powders concrete,RPC)是由高活性的复合掺和料、水泥、细砂、微细钢纤维等组分,经适当的养护制度等工艺制备而成的一种新型混凝土材料。活性粉末混凝土具有超高强度、超高耐久性、高韧性、良好的体积稳定性和环保性能,因此适合用于建设大跨轻型结构以及在严酷环境条件下工作的结构物,成为国际工程材料领域新的研究热点。活性粉末混凝土具有如下优点。

(1)高比强度。活性粉末混凝土具有很高的抗压强度和抗剪强度,在结构设计时可以减小截面尺寸或改变截面形状,使混凝土结构自重显著降低。超细钢纤维对韧性的提高可以极大地减少箍筋和受力筋的用量,甚至可以不设置箍筋。

(2)高耐久性。活性粉末混凝土骨料粒径的减小,减小了界面过渡区的厚度与范围,使混凝土基体存在缺陷的概率减小。活性粉末混凝土的高密实度和极低孔隙率能够抵御外部侵蚀性介质的腐蚀,使体系均匀性、强度和耐久性显著提高。结构物的高耐久性可极大地减少或免除维护费用,延长使用寿命,具有高性价比和良好经济效益。

(3)高抗震和抗冲击能力。活性粉末混凝土材料的高韧性和高比强度(结构自重减轻)有利于提高结构的抗震和抗冲击性能。

(4)耐高温性、耐火性好。活性粉末混凝土的耐高温性、耐火性以及抗腐蚀能力远远高于钢材。

(5)活性粉末混凝土构件便于工厂化预制和现场拼装,便于保证质量并提高施工速度,也符合工程结构建设发展方向。

2. 活性粉末混凝土的性能增强机理

与高性能混凝土(HPC)和普通混凝土不同,活性粉末混凝土中没有了粗骨料,从而可使材料内部的缺陷(孔隙与微裂缝)减到最少,通过掺入细短钢纤维以提高韧性和体积稳定性,通过蒸汽养护来加速活性粉末混凝土的水化反应,改善微观结构,促进细骨料与活性粉末混凝土的反应,改善界面的黏结力,进而提高混凝土各项性能。

活性粉末混凝土性能增强的机理可从以下四个方面解释。

(1)匀质性提高。用细砂代替粗骨料,浆体与骨料的界面差异减小,有效淡化了骨料与水泥浆体之间的界面过渡区;拌和物工作性的提高,最大限度地减小了内部缺陷。

(2)密实度变大。严格规定各种骨料的粒径范围,优化颗粒级配;并利用流变学和优化相对密度理论确定高效减水剂最佳掺量和需水量;优化搅拌条件,使拌和物具有良好的流动性并更好地充满模具,使混凝土密实度明显提高。

(3)微观结构改善。热养护可显著加速火山灰效应,使水泥-硅灰二元胶凝材料体系或水泥-硅灰-粉煤粉三元胶凝材料体系的水化产物及微观结构大为改善,强度有很大提高,可达 200MPa。如果采用 250~400℃ 的干热养护,磨细石英砂粉也将具有火山灰效应,参与胶凝材料体系的水化,而且高温使 C-S-H 凝胶大量脱水生成硅钙石晶体,可制得强度超过 800MPa 的活性粉末混凝土。

(4)韧性大幅提高。通过掺加微细钢纤维,在保证强度的情况下减小脆性,大大提高韧性和延性。

3. 活性粉末混凝土的工程应用

活性粉末混凝土可获得 200MPa 或 800MPa 的超高抗压强度和 30~60MPa 的抗折强度,并能有效克服普通高性能混凝土的高脆性,其具有的优越性能使其在桥梁、路面工程、建筑工程、水利工程和特种结构等多个领域里都有应用,在石油、核电、市政、海洋等工程及军事设施中也有着广阔的应用前景。

由于活性粉末混凝土的高强度与高韧性,可以在不配筋或少量配筋的情况下生产薄壁构件、细长构件和其他新颖结构形式的构件,可代替钢结构而大幅度降低工程造价。它的使用可以显著降低结构层高,用其建造立交桥、过街天桥、城市轻轨高架桥和大跨度桥梁时可增加桥下净空间,并减少桥墩和基础配筋,缩短引桥长度,降低工程造价并缩短工期。活性粉末钢管混凝土具有极高的抗压强度、弹性模量和抗冲击韧性,用来制作高层或超高层建筑的柱子,可大幅度减少截面尺寸、增加建筑物的使用面积。

此外,利用活性粉末混凝土的超高抗腐蚀与抗拉性能,可以制造压力容器、压力管道和腐蚀性介质的输送管道。利用活性粉末混凝土的超高抗渗性与高冲击韧性,可以制造中低放射性核废料储藏容器,可延长使用寿命并降低发生泄漏的概率。

4.8.10 其他特种功能新型混凝土

1. 导电混凝土

导电混凝土是指由胶凝材料、导电相、介电骨料和水等组分,按照一定配比混合凝结而成的多相复合材料,是由导电相部分或全部取代混凝土中的普通骨料配制而成,具有规定的导电性能和一定力学性能的混凝土。石墨、碳纤维、金属纤维、金属片、金属网、钢渣等都可成为导电混凝土的导电组分,显著降低混凝土的电阻率。

导电混凝土具备热和电的感知和转换能力,应用领域主要有工业防静电结构、公路路面、机场道面等部位的化雪除冰,钢筋混凝土结构中钢筋的阴极保护,住宅及养殖场的电热取暖结构等。此外,采用高铝水泥和石墨、碳纤维等耐高温导电组分,能够制备出耐高温的导电混凝土,可以用于新型发热源。

2. 屏蔽电磁波混凝土

屏蔽电磁波混凝土是通过对普通混凝土进行改性,比如加入导电粉末(如碳、石墨、铝等)、导电纤维或导电絮片等功能性组分,而得到的一种具有防护或遮挡电磁波功能的混凝土。

屏蔽电磁波混凝土可以防止建筑内部电磁信号的泄露和外部电磁波的干扰。例如,采用铁氧体粉末或碳纤维毡作为吸收电磁波功能组分制作的幕墙,可吸收 90% 以上的电磁波;将长度在 $100\mu m$ 以上、直径为 $0.1\mu m$ 的碳纤维掺入混凝土中,可反射部分电磁波。随着公众无线通信与电子电器设备带来的电磁环境恶化以及电磁信号泄露失密的威胁日益严重,民众对电磁污染造成的危害也越来越警惕,配制屏蔽电磁波混凝土可以使建筑物本身具有满足相应指标的电磁屏蔽功能,对电磁屏蔽混凝土的研究将具有重要的现实意义和巨大的应用前景。

3. 损伤自诊断智能混凝土

损伤自诊断智能混凝土是指在普通混凝土中加入导电、传感等功能材料组分,使混凝土本身具备应力、应变和损伤的自感知和自诊断能力的混凝土。常用的自诊断智能材料组分可以有聚合物类、碳类、金属类和光纤等,利用碳纤维、光纤、压电元件等对电、光、振动等信号的敏感性实现对混凝土应力、变形及损伤的自诊断。根据自诊断智能材料组分及感知信号种类的不同,自诊断混凝土可分为碳纤维智能混凝土、光纤智能混凝土和压电智能混凝土等三种。

混凝土中掺入一定形状、尺寸和掺量的短切碳纤维制成纤维智能混凝土,受力过程中,碳纤维混凝土的应力和电阻具有一定对应关系,可通过电阻变化率反映材料内部应力、应变和损伤程度的变化。材料的宏观行为和微观结构变化观测试验结果表明,混凝土的电阻变化与其内部结构变化是相对应的:电阻率的可逆变化(电阻变化率随应力线性增加)对应于材料弹性变形;而电阻率的不可逆变化(电阻变化率随应力非线性增加)对应于非弹性变形;电阻变化率随应力突然增加则发生在接近破坏荷载时(即将断裂)。通过碳纤维混凝土电阻率的变化,可以反映材料结构内部处于安全、损伤和破坏各个阶段,可以敏感有效地监测拉、弯、压等工况及静态和动态荷载作用下材料的内部情况。

将光纤传感器或其阵列埋入钢筋混凝土可获得光纤传感智能混凝土,通过光强度、相位、频率和偏振态等光波量与光在光纤传输过程中受温度、压力等因素时的变化规律,探测在碳化以及受荷载过程中内部应力、应变的变化,并能实现对变形、裂缝及其扩展等损伤进行实时监测。

将压电石英、压电陶瓷等压电敏感元件按一定排列方式埋入混凝土并形成阵列网络,获得压电智能混凝土。当混凝土构件承受动力荷载、静荷载及环境因素引起材质变化或各种作用导致裂缝开展等情况,压电敏感元件可以将结构内的应力、应变变化转换成电信号输出,实现混凝土结构的实时监测。

4. 仿生自愈合混凝土

仿生自愈合混凝土是模仿动物的骨组织结构受创伤后的再生、恢复机理,采用修复胶黏剂和混凝土材料相复合的方法,实现材料损伤破坏后的自修复和再生,恢复甚至提高材料性能的一种新型复合材料,是智能混凝土的初级阶段。在混凝土中放置充满黏结剂的空心纤维管、空心胶囊或多孔纤维网,一旦材料在外力作用下发生开裂,空心玻璃纤维或胶囊就会破裂,黏结剂流向开裂处使之重新黏结,实现具有与动物骨骼相似的自愈合效果。

仿生自愈合混凝土中的黏结剂是影响其性能的主要因素,黏结剂的固化时间是控制结构在受到损伤时变形的关键因素。黏结剂的种类和性能,可根据不同使用场合和功能要求进行合理选择,实现混凝土在产生裂缝后立刻做出反应进行自行愈合修复,大大提高结构修复的经济性和有效性。

5. 调湿混凝土

调湿混凝土材料是指不需借助任何人工能源和机械设备,依靠材料自身的吸放湿性能感应所处环境空间空气温、湿度的变化并进行相对湿度调控的混凝土,可以认为是智能混凝土的雏形。

材料的调湿性取决于材料的多孔性和亲水性,孔隙在室内湿度较大时吸入水分而较小时释放水分,实现在一定范围内室内湿度的自动调节。国内外常用的调湿功能组分材料有沸石粉、硅藻土、凹凸棒土和高分子树脂等,是调湿混凝土中的关键组分,一般具有较大的孔隙率和合适的孔径,吸放湿能力强。

调湿混凝土主要用于对其室内湿度有较严格要求的建筑物,如各类展馆、博物馆、美术馆、图书馆和储存室等。湿度也是影响人类居住和物品保护的重要因素,在某些气候和环境条件下,居住建筑的调湿也非常重要。制备符合实际应用需要的自动调节室内环境湿度的混凝土墙壁,可取得很好的调湿效果。

6. 温度自控智能混凝土

将长为 5mm 的聚丙烯腈基短切碳纤维掺入混凝土中,会使材料产生热电效应和电热效应,可以对环境温度变化对材料的影响进行监控和升高温度。

利用温度变化引起电阻变化及碳纤维混凝土内部的温差会产生电位差的热电性,将碳纤维混凝土制成热电偶埋入混凝土结构中,可实现监控混凝土结构和建筑物周围环境温度分布及变化,大体积混凝土的温度自监控,混凝土结构的温控和火灾预警。利用碳纤维混凝土的导电性,对其施加电场时混凝土内部将产生热效应。将碳纤维掺入混凝土中,制成碳纤维混凝土浇入工程结构中,可以实现机场跑道、桥梁道路路面的自动融雪和除冰,寒冷地区混凝土墙体升温以便房屋采暖。此外,尚存在通过混凝土的热电效应利用太阳能和室内外温差为建筑物提供电能的可能性。

知识归纳

1. 混凝土的基本组成材料包括水泥、粗骨料(石子)、细骨料(砂)和水;除此之外,还可加入粉煤灰、矿渣粉、沸石粉和硅灰等矿物掺和料,以及减水剂、缓凝剂、早强剂、膨胀剂等外加剂。

2. 普通混凝土的性能包括两个方面：新拌混凝土性能和硬化后混凝土性能。新拌混凝土的性能称为混凝土的和易性，又称工作性，包括流动性、黏聚性和保水性三个方面。

3. 新拌混凝土流动性需根据拌和物流动状态，通过坍落度法、维勃稠度法或坍落扩展度法进行测试和评定，黏聚性和保水性通常通过观察进行评价。

4. 硬化后混凝土的性能包括强度、变形和耐久性，混凝土的耐久性至关重要，应该足够重视；混凝土体积稳定性对于混凝土的抗渗性、抗碳化性、抗冻性、抗侵蚀性等耐久性劣化过程均有不利影响。

5. 混凝土的变形可分为非荷载作用下的变形（如温度变形、干湿变形等）、短期荷载作用下的变形（如受压变形、疲劳变形等）和长期荷载作用下的变形（如徐变）。

6. 提高混凝土的耐久性应该着重提高材料自身性能，最重要的是提高混凝土密实度，改善混凝土内部孔结构。

7. 进行混凝土配合比设计时，应先确定混凝土配制强度，然后通过计算、查表、流动性试拌和强度试验调整等确定。通常可分为"计算配合比""试拌配合比""设计配合比"等过程，此外在混凝土实际生产时应考虑砂、石含水率并进一步调整，得到"施工配合比"再进行生产。

8. 混凝土的质量控制可分为初步控制、生产控制和合格控制；混凝土强度的检验评定应根据《混凝土强度检验评定标准》和《混凝土结构工程施工质量验收规范》等的相关规定执行。

9. 高性能混凝土重在混凝土的耐久性，要求具有合适的强度、良好的工作性、体积稳定性和耐久性，体积稳定性对于高性能混凝土的性能有重要影响；应大力推动绿色高性能混凝土的发展。

10. 具有特殊组成和结构、具有特殊性能、用于特殊结构或采用特殊施工技术的混凝土均可称为特种混凝土。常用特种混凝土有纤维混凝土、聚合物混凝土、轻骨料混凝土、泵送混凝土、喷射混凝土、防水混凝土、自密实混凝土等。

课后习题

1. 普通混凝土的基本组成材料有哪些？在混凝土硬化前后有什么作用？

2. 实际工程中需配制普通混凝土时，为什么水泥强度不宜过高或过低？水泥品种应如何选择？

3. 某混凝土搅拌站原使用细度模数为 2.3 的河砂，现在保持配合比不变而改为细度模数为 2.6 的河砂，结果发现混凝土的坍落度明显增大，请分析原因并提出调整措施。

4. 新拌混凝土和易性如何进行评价？若拌和物流动性太大或太小，应该如何进行调整？

5. 某工程施工队 7 月使用经现场试验确定的掺木质素磺酸钠的混凝土配合比，使用情况正常。后因其他原因停工 5 个月，随后在继续使用原配合比施工时发现混凝土凝结时间明显延长。试分析原因并提出解决办法。

6. 南方某施工工程队在夏季正午时铺筑水泥混凝土路面，随后发现混凝土表面形成众多表面微细龟裂纹。经调查发现,该混凝土所用减水剂为木质素磺酸盐类减水剂,浇筑完成后未及时覆盖混凝土表面。试分析原因。

7. 某搅拌站使用的水泥在改变生产厂家供货后,突然发现混凝土的用水量不断增高,控制不住;该搅拌站供商品混凝土的建筑工地也投诉混凝土坍落度低,到工地无法卸出,即使加外加剂也没有效果,只能加水,但 28d 后出来的混凝土的强度偏低。试分析可能原因。

8. 什么是混凝土的耐久性? 具体包括哪些性能?

9. 某工地施工大型底板,因施工组织时考虑不周而使混凝土浇筑工作面过长,导致部分混凝土已凝结时还未浇捣后续的混凝土。试分析该工程可能发生什么工程质量问题及其原因。

10. 某工程混凝土计算配合比为水泥∶砂∶石子=1∶2.16∶4.32,水灰比为 0.55,在试拌调整时,用水量和水泥用量各增加了 10%,试拌调整后实测混凝土拌和物的表观密度为 2400kg/m³,后经强度试验后直接选用试拌配合比为设计配合比。

请计算:

(1) 混凝土的试拌配合比(以比例形式表示);

(2) 混凝土设计(实验室)配合比(以 1m³ 混凝土中各原材料的用量表示,结果保留到整数);

(3) 若施工现场砂子含水率为 4%,石子含水率为 2%,求施工配合比(以 1m³ 混凝土中各原材料的用量表示,结果保留到整数)。

11. 混凝土的质量控制包括哪些过程?

12. 试阐述如何实现高性能混凝土的"高性能"。

第 5 章

建 筑 砂 浆

【主要内容】

本章介绍建筑砂浆的分类、组成材料和技术要求,砌筑砂浆的配合比设计方法,抹面砂浆和其他建筑砂浆的材料组成与应用等。

【重点难点】

砌筑砂浆的组成材料、技术要求、配合比设计及应用等。

砂浆是由胶凝材料、细骨料、掺加料和水按照适当比例配合、拌制并经硬化而成的一种工程材料,在建筑工程中起黏结、衬垫、传递应力的作用,主要用于砌筑、抹面、修补、装饰以及保温防水工程等。在建筑工程中,砂浆广泛用于砖石结构的砌筑。在装饰工程中,地面、墙面、柱面需要砂浆抹面,起到保护和装饰作用,在镶贴大理石、釉面砖等饰面材料时需要用砂浆作为黏结和嵌缝材料。砂浆按用途不同分为砌筑砂浆、抹面砂浆、装饰砂浆、隔热砂浆和防水砂浆等,按所用胶凝材料不同分为水泥砂浆、石膏砂浆、混合砂浆和聚合物砂浆等。

5.1 建筑砂浆的组成材料

建筑砂浆的组成材料主要有胶凝材料、细骨料、掺和料、水和外加剂等。

5.1.1 胶凝材料

砂浆中使用的胶凝材料有各种水泥、石灰、建筑石膏和有机胶凝材料等,在砂浆中起到胶结的作用,是影响砂浆流动性、黏聚性和强度等技术性能的主要组分。常用的是水泥和石灰。在选用胶凝材料时应根据砂浆使用的部位、所处的环境条件等合理选择。在干燥环境中使用的砂浆既可选用气硬性胶凝材料(如石灰、石膏),也可选用水硬性胶凝材料(如水泥);若在潮湿环境或水中使用的砂浆则必须选用水硬性胶凝材料。

常用的水泥品种有普通硅酸盐水泥、矿渣硅酸盐水泥、火山灰硅酸盐水泥、复合硅酸盐水泥等。砌筑砂浆用水泥的强度等级应根据设计要求进行选择,若水泥强度过高而用量不足则会导致砂浆保水性不良。为合理利用资源,节约材料,在配制砂浆时,应尽量选用低强度等级的水泥。M15 及以下强度等级的砌筑砂浆宜选用 32.5 级通用硅酸盐水泥或砌筑水泥,M15 以上强度等级的砌筑砂浆宜选用 42.5 级通用硅酸盐水泥。

为改善砂浆和易性,降低水泥用量,往往在水泥砂浆中掺入部分石灰膏、黏土膏或粉煤灰等,这样配制的砂浆称为水泥混合砂浆。这些材料不得含有影响砂浆性能的有害物质,含有颗粒或结块时应用 3mm 的方孔筛过滤。消石灰粉不得直接用于砌筑砂浆中。

5.1.2 细骨料

细骨料在砂浆中起着骨架和填充作用,对砂浆的和易性与强度等技术性能影响较大,性能好的细骨料可以提高砂浆的工作性能,尤其对砂浆的收缩开裂有较好的抑制作用。

建筑砂浆用砂,应符合《普通混凝土用砂、石质量及检验方法标准》(JGJ 52—2006)的规定。对于砌筑砂浆,由于砂浆铺设层较薄,应对砂的最大粒径加以限制。宜优先选用中砂,且应全部通过 4.75mm 的筛孔;用于毛石砌体的砂浆,宜选用粗砂,其最大粒径应小于砂浆层厚度的 1/5~1/4;用于抹面和勾缝的砂浆,宜选用细砂,其最大粒径不大于 1.2mm;用于装饰的砂浆,还可采用彩色的石子石渣等。

砂中的含泥量影响砂浆质量,含泥量过大,不但会增加砂浆的水泥用量,还可能使砂浆的收缩值增大、耐久性降低。故强度等级大于或等于 M5.0 的砂浆要求砂的含泥量不应超过 5%。强度等级小于 M5.0 的砂浆,要求砂的含泥量不得超过 10%。砂中的其他杂质如泥块、云母与转化物质含量应符合《砌体结构工程施工质量验收规范》(GB 50203—2011)的相关规定。

对于河砂、山砂及特细砂等资源较多的地区,为降低工程成本,砂浆用砂可合理地利用这些资源,但应经试验确定能满足技术要求后方可使用。随着天然砂这种地方资源不断地减少,且质量不稳定,常会有含泥量大、细度模数偏小等缺点,机制砂将越来越多地得到应用。这里必须明确石屑和人工破碎的机制砂是有本质区别的,机制砂是由质地坚固的花岗岩等岩石经制砂机生产的细骨料,粗糙、洁净、棱角性好;而石屑是石料破碎过程中表面剥落或撞下的棱角或细粉,粉尘含量多,强度低,在使用中还有继续细化的可能,应限制使用。

5.1.3 掺加料

为改善砂浆的和易性,降低水泥用量,通常在水泥砂浆中掺入部分石灰膏、黏土膏、电石膏、粉煤灰等无机材料。

1. 石灰膏

石灰是使用较早的矿物胶凝材料,砂浆中选用的石灰应符合有关技术指标的要求。石灰在使用时应预先进行消化,"陈伏"一定时间,目的是消除过火石灰带来的危害。生石灰熟化成石灰膏时,应用孔径不大于 3mm×3mm 的网过滤,熟化时间不得小于 7d,磨细生石灰粉的熟化时间不得小于 2d,储存石灰膏,应采取防止干燥、冻结和污染的措施。脱水硬化的石灰膏不但起不到塑化作用,还会影响砂浆强度,因此严禁使用。消石灰粉末充分熟化的石灰,颗粒太粗,起不到改善和易性的作用,不得直接用于砌筑砂浆中。

2. 黏土膏

在制备黏土膏时,为了使黏土膏达到所需的细度,从而起到塑化作用,因此规定用搅拌机加水搅拌,并通过孔径不大于 3mm×3mm 的网过筛。黏土中有机物含量过高会降低砂浆质量,因此,用比色法鉴定黏土中的有机物含量时应浅于标准色。

3. 电石膏

制作电石膏的电石渣应用孔径不大于 3mm×3mm 的网过滤,检验时应加热至 70℃并保持 20min,没有乙炔气味后方可使用。

4. 粉煤灰

为节约水泥,改善砂浆的性能,在拌制砂浆时可掺入粉煤灰。粉煤灰的品质指标应符合《用于水泥和混凝土中的粉煤灰》(GB/T 1596—2017)的要求,可根据砂浆强度等级的需要,选择使用Ⅰ级、Ⅱ级或Ⅲ级粉煤灰。

5.1.4 水

当拌和砂浆的水中含有有害物质时,将会影响水泥的正常凝结,并且可能对钢筋产生锈蚀作用,因此砂浆用水的水质应符合《混凝土用水标准》(JGJ 63—2006)的规定。凡是能饮用的自来水和清洁的天然水,都可以用来拌制砂浆。污水、pH 小于 4 的酸性水、含硫酸盐(按 SO_3 计)超过水重 1% 的水均不得使用,在对水质有疑问时可将该水与洁净水分别制成砂浆试块,然后进行强度对比试验,如果用该水制成的试块强度不低于洁净水制成的试块强度,就可用此水来拌制砂浆。海水中含有硫酸盐、镁盐和氯化物,对水泥石有侵蚀作用,对钢筋也会造成锈蚀,因此一般不得用海水拌制砂浆。

5.1.5 外加剂

在拌制砂浆时,掺入外加剂(如微沫剂、增塑剂、早强剂、减水剂、防冻剂和缓凝剂等)可以改善或提高砂浆的某些性能,但与此同时,应当考虑外加剂对砂浆本身有无不利影响,还应根据砂浆的用途,使用不同的外加剂,并通过试验确定外加剂的品种和掺量。对外加剂,必须具有法定检测机构出具的该产品的砌体强度型式检验报告,并经砂浆性能试验检验合格后,方可使用。

5.2 砂浆的技术要求

5.2.1 砂浆的和易性

和易性良好的砂浆,容易在粗糙的砖、石、砌块和结构等基面上铺设成均匀的薄层并能与基面材料很好地黏结。砂浆的和易性良好,既便于施工操作,提高劳动生产率,又能保证工程质量。砂浆的和易性包括流动性和保水性两个方面的性质。

1. 流动性

砂浆的流动性指砂浆在自重或外力作用下流动的性能,用沉入度表示。

沉入度是以砂浆稠度测定仪的圆锥体沉入砂浆内的深度(mm)表示。圆锥沉入深度越大,砂浆的流动性越大。若流动性过大,砂浆易分层、离析。若流动性过小,则不便施工操作,灰缝不易填充,所以新拌砂浆应具有适宜的稠度。

影响砂浆流动性的因素有胶凝材料中掺和料的种类及用量、用水量、外加剂品种与掺量、砂子的粗细程度及级配、搅拌时间和环境的温度与湿度等。

砂浆流动性的选择与砂浆的用途、使用部位、砌体种类、施工方法和施工气候情况等有关。砌筑砂浆的施工稠度应按《砌体结构工程施工质量验收规范》(GB 50203—2011)选择，如表 5-1 所示。

表 5-1　砌筑砂浆的施工稠度

砌 体 种 类	砂浆稠度/mm
烧结普通砖砌体、蒸压粉煤灰砖砌体	70～90
混凝土实心砖、混凝土多孔砖砌体、普通混凝土小型空心砌块砌体、蒸压灰砂砖砌体	50～70
烧结多孔砖、空心砖砌体、轻骨料小型空心砖体、蒸压加气混凝土砌块	60～80
石砌体	30～50

注：① 采用薄灰砌筑法砌筑蒸压加气混凝土砌块砌体时，加气混凝土黏结砂浆的加水量按照其产品说明书控制；
②　当砌筑其他块体时，其砌筑砂浆的稠度可根据块体吸水特性及气候条件确定。

2. 保水性

保水性是指砂浆拌和物保持水分的能力。保水性好的砂浆在存放、运输和使用过程中，能很好地保持水分不致很快流失，各组分不易分离，在砌筑过程中容易铺成均匀密实的砂浆层，能使胶结材料正常水化，最终保证了工程质量。砂浆的保水性用保水率来检验和评定，砂浆的保水率要求如表 5-2 所示。

表 5-2　砌筑砂浆的保水率　　　　　　　　　　　　　　　　　　　　　　%

砂 浆 种 类	保 水 率
水泥砂浆	≥80
水泥混合砂浆	≥84
预拌砌筑砂浆	≥88

砂浆的分层以 1～2cm 为宜，分层度过大表示砂浆的保水性不好，泌水离析现象严重；分层度太小，砂浆容易出现干缩裂纹。

5.2.2　砂浆的强度

砂浆的强度用强度等级来表示。砂浆强度等级是以边长为 70.7mm 的立方体试件，在标准养护条件(温度(20±2)℃，相对湿度 90% 以上)下，用标准试验方法测得 28d 龄期的抗压强度值(MPa)确定。按抗压强度水泥砂浆及预拌砌筑砂浆划分为 M30、M25、M20、M15、M10、M7.5、M5.0 等 7 个强度等级。水泥混合砂浆划分为 M15、M10、M7.5、M5 共 4 个强度等级。

1. 砂浆强度的影响因素

影响砂浆强度的因素很多，除了砂浆的组成材料、配合比、施工工艺等因素外，砌体材料的吸水率也会对砂浆强度产生影响。

（1）不吸水砌体材料

当所砌筑的砌体材料不吸水或吸水率很小时(如密实石材)，砂浆组成材料与其强度之间的关系与混凝土相似，主要取决于水泥强度和水灰比。计算公式如下：

$$f_{mo} = Af_{ce}\left(\frac{C}{W} - B\right) \tag{5-1}$$

式中，f_{mo} 为砂浆的试配强度，MPa；f_{ce} 为水泥的实际强度，确定方法与混凝土的相同，MPa；$\frac{C}{W}$ 为灰水比(水泥与水的质量比)；A、B 为回归系数，可根据试验资料统计确定，一般可取 $A=0.29$，$B=0.4$。

（2）吸水砌体材料

当砌体材料具有较高的吸水率时，虽然砂浆具有一定的保水性，但砂浆中的部分水仍会被砌体吸走。因而，即使砂浆用水量不同，经基底吸水后保留在砂浆中的水分却大致相同。这种情况下，砌筑砂浆的强度主要取决于水泥的强度及水泥用量，而与拌和水量无关。强度计算公式如下：

$$f_{mo} = \frac{\alpha f_{ce} Q_c}{1000} + \beta \tag{5-2}$$

式中，Q_c 为每立方米砂浆的水泥用量，kg/m^3；f_{mo} 为砂浆的试配强度，MPa；f_{ce} 为水泥的实测强度，MPa；α、β 为砂浆的特征系数，$\alpha=3.03$，$\beta=-15.09$。

2. 砂浆的黏结力

砂浆的黏结力主要是指砂浆与基体的黏结强度的大小，是影响砌体抗剪强度、耐久性和稳定性，乃至建筑物抗震能力和抗裂性的基本因素之一。一般情况下，砂浆的抗压强度越高，其黏结力越大。另外在施工中为了保证砌筑基底材料粗糙、湿润、清洁，砌筑墙体前应将砖体材料表面清理干净，根据需要浇水湿润，必要时凿毛，在砂浆中掺入乳胶或 107 胶水，砌筑后加强养护，保证砂浆与砖体之间的黏结力。

5.2.3 砂浆的抗冻性

有抗冻性要求的砌体工程，砌筑砂浆应进行冻融试验。砌筑砂浆的抗冻性应符合表 5-3 的规定，且当设计对抗冻性有明确要求时，尚应符合设计规定。

表 5-3 砌筑砂浆的抗冻性　　　　　　　　　　　　　　　　　　　　%

使 用 条 件	抗 冻 等 级	质量损失率	强度损失率
夏热冬暖地区	F15	≤5	≤25
夏热冬冷地区	F25		
寒冷地区	F35		
严寒地区	F50		

5.3 砌筑砂浆的配合比设计

5.3.1 砌筑砂浆的技术要求

砌筑砂浆起着黏结砖石砌体、传递荷载、分布应力与协调变形的作用，对砌体结构的质量有着至关重要的影响。按照国家行业标准《砌筑砂浆配合比设计规程》(JGJ 98—2010)规定,砌筑需要满足以下技术条件。

（1）砌筑砂浆的表观密度应符合表 5-4 的要求。

表 5-4　砂浆拌和物的表观密度　　　　　　　　　　　　kg/m³

砂 浆 种 类	表 观 密 度
水泥砂浆	≥1900
水泥混合砂浆	≥1800
预拌砂浆	≥1800

（2）砌筑砂浆的稠度、保水率、试配抗压强度应同时满足要求。

（3）有抗冻性要求的砌体工程,砌筑砂浆应进行冻融试验。且当设计对抗冻性有明确要求时,尚应符合设计规定。

（4）砌筑砂浆中的水泥和石灰膏、电石膏等材料的用量可按表 5-5 选用。

（5）砂浆中可掺入保水增稠材料、外加剂等,掺量应经试配后确定。

（6）砂浆试配时应采用机械搅拌。搅拌时间应自开始加水算起,并应符合下列规定。

① 对水泥砂浆和水泥混合砂浆,搅拌时间不得少于 120s;

② 对预拌砂浆和掺有粉煤灰、外加剂、保水增稠材料等的砂浆,搅拌时间不得少于 180s。

表 5-5　砌筑砂浆的材料用量　　　　　　　　　　　　kg/m³

砂 浆 种 类	材 料 用 量
水泥砂浆	≥200
水泥混合砂浆	≥350
预拌砂浆	≥200

注：① 水泥砂浆中的材料用量是指水泥用量;

　　② 水泥混合砂浆中的材料用量是指水泥和石灰膏、电石膏的材料总量;

　　③ 预拌砂浆中的材料用量是指胶凝材料用量,包括水泥和替代水泥的粉煤灰等活性矿物掺和料。

5.3.2　配合比设计步骤

按照国家行业标准《砌筑砂浆配合比设计规程》(JGJ 98—2010),砌筑砂浆的配合比计算,可按下列步骤进行。

1）计算砂浆试配强度 f_{mo}

砂浆的试配强度应按下式计算：

$$f_{mo} = k f_2 \tag{5-3}$$

式中,f_{mo} 为砂浆的试配强度,MPa,应精确至 0.1MPa；f_2 为砂浆强度等级值,MPa,应精确至 0.1MPa；k 为系数,按表 5-6 取值。

表 5-6　砂浆强度标准差 σ 及 k 值　　　　　　　　　　MPa

施工水平	强度等级							k
	M5	M7.5	M10	M15	M20	M25	M30	
优良	1.00	1.50	2.00	3.00	4.00	5.00	6.00	1.15
一般	1.25	1.88	2.50	3.75	5.00	6.25	7.50	1.20
较差	1.50	2.25	3.00	4.50	6.00	7.50	9.00	1.25

砌筑砂浆现场强度标准差 σ 可按下式计算：

$$\sigma = \sqrt{\frac{\sum_{i=1}^{n} f_{m,i}^2 - n\mu_{fm}^2}{n-1}} \qquad (5\text{-}4)$$

式中，$f_{m,i}$ 为统计周期内同一品种砂浆第 i 组试件的强度，MPa；μ_{fm} 为统计周期内同一品种砂浆 n 组试件强度的平均值，MPa；n 为统计周期内同一品种砂浆试件的总组数，$n \geqslant 25$。

当不具有近期统计资料时，其砂浆现场强度标准差 σ 可按表 5-6 取用。

2) 计算每立方米砂浆中的水泥用量 Q_c

对于吸水基层的砂浆来说，水泥强度和用量成为影响砂浆强度的主要因素。

因此，每立方米砂浆的水泥用量，可按下式计算：

$$Q_c = \frac{1000(f_{mo} - \beta)}{\alpha f_{ce}} \qquad (5\text{-}5)$$

式中，Q_c 为每立方米砂浆的水泥用量，精确至 1kg；f_{mo} 为砂浆的试配强度，精确至 0.1MPa；f_{ce} 为水泥的实测强度，精确至 0.1MPa；α、β 为砂浆的特征系数，其中 $\alpha = 3.03$，$\beta = -15.09$。各地区也可用本地区试验资料确定 α、β 值，统计用的试验组数不得少于 30 组。

在无法取得水泥的实测强度值时，可按下式计算：

$$f_{ce} = \gamma_c f_{ce,k} \qquad (5\text{-}6)$$

式中，$f_{ce,k}$ 为水泥强度等级对应的强度值；γ_c 为水泥强度等级值的富余系数，该值应按实际统计资料确定，无统计资料时 γ_c 可取 1.0。

3) 计算每立方米砂浆掺加料用量 Q_D

掺加料用量的确定可按下式计算：

$$Q_D = Q_A - Q_c \qquad (5\text{-}7)$$

式中，Q_D 为每立方米砂浆的掺加料用量，精确至 1kg；石灰膏使用时的稠度为 (120 ± 5)mm，具体换算系数见表 5-7，黏土膏使用时的稠度为 140～150mm；Q_c 为每立方米砂浆的水泥用量，精确至 1kg；Q_A 为每立方米砂浆中胶结料和掺加料的总量，精确至 1kg，可为 350kg/m³。

表 5-7　石灰膏稠度换算系数

石灰膏稠度/mm	120	110	100	90	80	70	60	50	40	30
换算系数	1.00	0.99	0.97	0.95	0.93	0.92	0.90	0.88	0.87	0.86

4) 确定每立方米砂浆中砂的用量 Q_s

每立方米砂浆中的砂子用量，应按干燥状态(含水率小于 0.5%)砂的堆积密度值作为计算值(kg)。

5) 每立方米砂浆用水量 Q_w

砂浆中用水量多少，应根据砂浆稠度要求来选用，根据砂浆稠度等要求可选用 210～310kg。

实际设计和应用中需注意：①混合砂浆中的用水量，不包括石灰膏中的水；②当采用细砂或粗砂时，用水量分别取上限或下限；③稠度小于 70mm 时，用水量可小于下限；④施工现场气候炎热或干燥季节，可酌量增加用水量。(210～310kg 用水量是砂浆稠度为 70～

90mm、中砂时的用水量参考范围。该用水量不包括石灰膏(电石膏)中的水；当采用细砂或粗砂时,用水量分别取上限或下限；稠度小于 70mm 时,用水量可小于下限；施工现场气候炎热或干燥季节,可酌情增加用水量)。

6) 配合比试配调整和确定

按计算或查表所得配合比进行试拌时,应按现行行业标准《建筑砂浆基本性能试验方法标准》(JGJ/T 70—2009)测定砌筑砂浆拌和物的稠度和保水率。当稠度和保水率不能满足要求时,应调整材料用量,直到符合要求为止,然后确定为试配时的砂浆基准配合比。

【典型例题】 某住宅楼采用多层砖砌体结构,2014 年 7 月主体开始施工,采用 M7.5 的水泥石灰混合砂浆砌筑墙体。原材料如下：32.5 级普通硅酸盐水泥；中砂(含水率<0.5%),堆积密度 1460kg/m³；石灰膏稠度为 100mm,试配制该砂浆。

解：(1) 砂浆的试配强度,按照一般施工水平选择 $k=1.2$,$f_2=7.5$MPa：

$$f_{mo}=k \cdot f_2=1.20 \times 7.5\text{MPa}=9.0\text{MPa}$$

(2) 每立方米砂浆中的水泥用量 Q_c。

$$f_{ce}=\gamma_c f_{ce,k}=1.0 \times 32.5\text{MPa}=32.5\text{MPa}$$

$$Q_c=\frac{1000(f_{mo}-\beta)}{\alpha f_{ce}}=\left(\frac{1000(9.0+15.09)}{3.03 \times 32.5}\right)\text{kg}=245\text{kg}$$

(3) 每立方米砂浆中的石灰膏用量 Q_D。

$$Q_D=Q_A-Q_c=(350-245)\text{kg}=105\text{kg}$$

$$Q'_D=0.97Q_D=(105 \times 0.97)\text{kg}=101.9\text{kg}$$

(4) 每立方米砂浆中砂的用量 Q_s。

每立方米砂浆中的砂子用量,取干燥状态砂的堆积密度值 1460kg。

(5) 每立方米砂浆中水的用量 Q_w。

因为施工在夏季,用水量选高值 310kg。

(6) 初步确定砂浆配合比。

水泥：石灰膏：砂的质量配合比为：$Q_c : Q_D : Q_s=245 : 101.9 : 1460=1 : 0.42 : 5.96$。

按现行行业标准《建筑砂浆基本性能试验方法标准》(JGJ/T 70—2009)测定砌筑砂浆拌和物的稠度和保水率。当稠度和保水率满足要求,确定为试配时的砂浆基准配合比。

5.4　其他砂浆

5.4.1　抹面砂浆

抹面砂浆是指涂抹在基底材料的表面,兼有保护基层和增加美观作用的砂浆。根据抹面砂浆的功能不同,可分为普通抹面砂浆、装饰砂浆、防水砂浆和具有某些特殊功能的抹面砂浆(耐酸、绝热、吸声和防射线等)。

抹面砂浆应具有良好的和易性,容易抹成均匀平整的薄层,便于施工；要有足够的黏结力,能与基层材料黏结牢固和长期使用不致开裂或脱落等性能。

抹面砂浆的组成材料与砌筑砂浆基本相同,有时会根据需要加入一些纤维增强材料(如高强度高模聚乙烯醇纤维、聚丙烯纤维、抗碱玻璃纤维和木质纤维等），提高抹灰层的抗拉强度，增加抹灰层的弹性和耐久性，防止抹灰层开裂。有时加入胶黏剂（如聚乙烯醇缩甲醛胶或聚醋酸乙烯乳液等），提高面层强度和柔韧性，加强砂浆层与基层材料的黏结，减少开裂。

由于抹面砂浆的作用因基层材料的特性、工程部位而不同，因此抹面时使用的砂浆种类也不一样，可参照《抹灰砂浆技术规程》（JGJ/T 220—2010）进行选用。砖墙的底层抹灰多用石灰砂浆，有防潮、防水要求时选用水泥砂浆；混凝土墙面、柱面等的底层抹灰多用水泥混合砂浆；板条墙或板条顶棚的底层抹灰可选用聚合物水泥砂浆；中层抹灰多用水泥混合砂浆或石灰砂浆；面层抹灰多用水泥混合砂浆、麻刀石灰浆或纸筋石灰浆。

在容易碰撞或潮湿的地方（如墙裙、踢脚板、地面、雨篷、窗台、水池和水井等），应采用水泥砂浆。在硅酸盐砌块墙面上做砂浆抹面或粘贴饰面材料时，在墙面上预先刮一层树脂胶、喷水润湿或在砂浆层中夹一层事先固定好的铁丝网，避免抹面不久后发生剥落现象。

普通抹面砂浆的流动性和骨料的最大粒径可参考表 5-8。

表 5-8　抹面砂浆的流动性及骨料的最大粒径　　　　　　　　　　mm

抹面层	沉入度（人工抹灰）	砂的最大粒径
底层	100～120	2.5
中层	70～90	2.5
面层	70～80	1.5

普通抹面砂浆的配合比，可根据抹面砂浆的使用部位和基层材料的特性，参考有关资料选用。其配合比及应用范围可参考表 5-9。

表 5-9　抹面砂浆配合比及应用范围

材　　料	配合比（体积比）	应　用　范　围
石灰：砂	1：2～1：4	用于砖石墙表面（檐口、勒脚、女儿墙以及潮湿房间的墙除外）
石灰：黏土：砂	1：1：4～1：1：8	用于不潮湿房间的墙及天花板
石灰：石膏：砂	1：0.6：2～1：1.5：3	用于不潮湿房间的线脚及其他装饰工程
石灰：水泥：砂	1：0.5：4.5～1：1：5	用于檐口、勒脚、女儿墙外脚以及比较潮湿的部位
水泥：砂	1：1.5～1：2	用于地面、天棚或墙面面层
水泥：砂	1：0.5～1：1	用于混凝土地面随时压光
水泥：石膏：砂：锯末	1：1：3：5	用于吸声粉刷
水泥：白石子	1：1.5	用于斩假石（打底用 1：2～1：2.5 的水泥砂浆）
石灰膏：麻刀	100：2.5（质量比）	用于板层、天棚底层
石灰膏：麻刀	100：1.3（质量比）	用于板层、天棚底层
石灰膏：纸筋	石灰膏 0.1m³，纸筋 0.36kg	用于较高级墙面、天棚

5.4.2　装饰砂浆

装饰砂浆是指用作建筑物饰面的抹面砂浆。涂抹在建筑物内外墙表面，可增加建筑物的美观。装饰砂浆的底层和中层抹灰与普通抹面砂浆基本相同，主要是装饰砂浆的面层选材有所不同。为了提高装饰砂浆的装饰艺术效果，一般面层选用具有一定颜色的胶凝材料和骨料以及采用某些特殊的操作工艺,使装饰面层呈现出各种不同的色彩、线条与花纹等。

装饰砂浆所采用的胶凝材料有白色水泥、彩色水泥或在常用的水泥中掺加耐碱矿物颜料配成彩色水泥以及石灰、石膏等。骨料采用天然或人工石英砂(多为白色、浅色或彩色的天然砂)、彩釉砂、着色砂、彩色大理石或花岗岩碎屑、陶瓷或玻璃碎粒或特制的塑料色粒等。一般在室外抹灰工程中,可掺入颜料拌制彩色砂浆进行抹面,由于饰面长期处于风吹、雨淋和受到大气中有害气体的腐蚀、污染,所以,选择耐碱、耐日晒的合适矿物颜料,保证砂浆面层的质量、避免褪色。工程中常用的颜料有氧化铁黄、铬黄、氧化铁红、群青、钴蓝、铬绿、氧化铁棕、氧化铁紫、氧化铁黑和炭黑等。

根据砂浆的组成材料不同常分为灰浆类砂浆饰面和石渣类砂浆饰面。

(1) 灰浆类砂浆饰面:以着色的水泥砂浆、石灰砂浆及混合砂浆为装饰材料,通过各种手段对装饰面层进行艺术加工,使砂浆饰面具有一定的色彩、线条和纹理,达到装饰效果和要求。常见的施工操作方法有拉毛灰、甩毛灰、拉条、假面砖、喷涂、滚涂和弹涂等。

(2) 石渣类砂浆饰面:用水泥(普通水泥、白色水泥或彩色水泥)、石渣、水(有时掺入一定量107胶)制成石渣浆,然后通过斧剁、水磨、水洗等手段将表面的水泥浆除去,造成石渣不同的外露形式以及水泥与石渣的色泽对比,构成不同的装饰效果。彩色石渣的耐光性比颜料好,因此,石渣类砂浆饰面比灰浆类砂浆饰面的色泽明亮,质感丰富,不容易褪色和污染。常见的做法有水刷石、水磨石、斩假石和干粘石等。

5.4.3 预拌砂浆

根据砂浆的生产方式,将预拌砂浆分为湿拌砂浆和干混砂浆两大类。将加水拌和而成的湿拌拌和物称为湿拌砂浆,将干态材料混合而成的固态混合物称为干混砂浆。

湿拌砂浆包括湿拌砌筑砂浆、湿拌抹灰砂浆(包括普通抹灰砂浆和机喷抹灰砂浆)、湿拌地面砂浆和湿拌防水砂浆四种,其中机喷砂浆引入纤维素醚等一系列可以优化砂浆的外加剂,从而使得新拌和砂浆的和易性好,保水率高,长距离、大高度泵送后仍然具有良好的工作性能。施工效率高,成型后砂浆的质量好。干混砂浆又分为普通干混砂浆和特种干混砂浆。普通干混砂浆主要用于砌筑、抹灰、地面及普通防水工程,而特种干混砂浆是指具有特种性能要求的砂浆,包括瓷砖黏结砂浆、耐磨地坪砂浆、界面砂浆、聚合物水泥防水砂浆、自流平砂浆、填缝砂浆、饰面砂浆和修补砂浆。

1. 预拌砂浆的检验

预拌砂浆分为出厂检验、交货检验和形式检验。相关规定可参照《预拌砂浆》(GB/T 25181—2019)。湿拌砂浆和干混砂浆的出厂检验项目见表5-10。

表5-10 预拌砂浆出厂检验项目

砂 浆 品 种	检 验 项 目
湿拌砌筑砂浆	稠度、保水率、保塑时间、抗压强度
湿拌普通抹灰砂浆	稠度、保水率、保塑时间、抗压强度、拉伸黏结强度
湿拌机喷抹灰砂浆	稠度、保水率、保塑时间、压力泌水率、抗压强度度、拉伸黏结强度
湿拌地面砂浆	稠度、保水率、保塑时间、抗压强度

续表

砂 浆 品 种		检 验 项 目
湿拌防水砂浆		稠度、保水率、保塑时间、抗压强度、拉伸黏结强度、抗渗压力
干混砌筑砂浆	普通砌筑砂浆	保水率、2h 稠度损失值、抗压强度
	薄层砌筑砂浆	保水率、抗压强度、拉伸黏结强度
干混抹灰砂浆	普通抹灰砂浆	保水率、2h 稠度损失值、抗压强度、拉伸黏结强度
	薄层抹灰砂浆	保水率、抗压强度、拉伸黏结强度
	机喷抹灰砂浆	保水率、2h 稠度损失值、压力泌水率、抗压强度、拉伸黏结强度
干混地面砂浆		保水率、2h 稠度损失值、抗压强度
干混普通防水砂浆		保水率、2h 稠度损失值、抗压强度、拉伸黏结强度、抗渗压力
干混聚合物水泥防水砂浆		按 JC/T 984—2011 的规定
干混界面砂浆		按 JC/T 907—2018 的规定
干混陶瓷砖黏结砂浆		拉伸黏结原强度、晾置时间

湿拌砂浆进场时应进行稠度检验,稠度实测值与合同规定的稠度值允许偏差应符合表 5-11 规定。

表 5-11　湿拌砂浆稠度偏差

规定稠度/mm	允许偏差/mm
<100	±10
≥100	−10～+5

《预拌砂浆》(GB/T 25181—2019)对干混机喷砂浆提出了压力泌水率(<40%)的新指标要求,作为砂浆泵送性的一个指标。取消了湿拌砂浆凝结时间,增加湿拌砂浆保塑时间,见表 5-12。保塑时间的提出,不是简单的保持稠度,而且对抗压强度、黏结强度同时有要求。保塑时间测试包含了"重塑"的操作,更接近实际的施工情况。

表 5-12　湿拌砂浆保塑时间规定　　　　　　　　　　　　　　　　　　　　　　h

保塑时间	4	6	8	12	24
24h 实测值	≥4	≥6	≥8	≥12	≥24

2. 预拌砂浆的储存

1) 湿拌砂浆储存

施工现场宜配备湿拌砂浆储存容器,应符合下列规定。

(1) 储存容器应密闭、不吸水;

(2) 储存容器的数量、容量应满足砂浆品种与供货量的要求;

(3) 储存容器使用时,内部应无杂物、无明水;

(4) 储存容器应便于储运、清洗和砂浆存取;

(5) 砂浆存取时,应有防雨措施;

(6) 储存容器宜采用遮阳、保温等措施。

不同品种、强度等级的湿拌砂浆应分别存放在不同的储存容器中,并应对储存容器进行标识,标识内容应包括砂浆的品种、强度等级和使用时限等。砂浆应先存先用。

湿拌砂浆在储存及使用过程中不应加水。砂浆存放过程中,当出现少量泌水时,应拌和均匀后使用。砂浆用完后,应立即清理其储存容器。

湿拌砂浆储存地点的环境温度宜为 5～35℃。

2) 干混砂浆储存

不同品种的散装干混砂浆应分别储存在散装移动筒仓中,不得混存混用,并应对筒仓进行标识。筒仓数量应满足砂浆品种及施工要求。更换砂浆品种时,筒仓应清空。

筒仓应符合现行行业标准《干混砂浆散装移动筒仓》(SB/T 10461—2008)的规定,并应在现场安装牢固。

袋装干混砂浆应储存在干燥、通风、防潮、不受雨淋的场所,并应按品种、批号分别堆放,不得混堆混用,且应先存先用。配套组分中有机类材料应储存在阴凉、干燥、通风、远离火和热源的场所,不应露天存放和暴晒,储存环境温度应为 5～35℃。

散装干混砂浆在储存及使用过程中,当对砂浆质量的均匀性有疑问或争议时,应按《预拌砂浆》(GB/T 25181—2019)的相关规定定期检验其均匀性。

3. 预拌砂浆使用要求

预拌砂浆在使用时,应符合以下要求。

(1) 预拌砂浆的品种选用应根据设计、施工等的要求确定。

(2) 不同品种、规格的预拌砂浆不应混合使用。

(3) 预拌砂浆施工前,施工单位应根据设计和工程要求及预拌砂浆产品说明书编制施工方案,并应按施工方案进行施工。

(4) 预拌砂浆施工时,施工环境温度宜在 5～35℃。当在温度低于 5℃或高于 35℃环境中施工时,应采取保证工程质量的措施。大于或等于五级风、雨天和雪天的露天环境条件下,不应进行预拌砂浆施工。

(5) 施工单位应建立各道工序的自检、互检和专职人员检验制度,并应有完整的施工检查记录。

(6) 预拌砂浆抗压强度、实体拉伸黏结强度应按验收批进行评定。

4. 干混砂浆的应用

干混砂浆是一种新型节能绿色建材,性能优越,是现代科技的结晶。干混砂浆与传统配制的砂浆比较具有以下优越性。

(1) 产品种类多,可按不同需求提供不同品种、不同强度等级的干混砂浆,以满足建筑工地的不同要求;

(2) 性能好,具有抗收缩、抗龟裂、防潮等特性;

(3) 产品质量稳定,干混砂浆是按科学配方电脑计量严格配制而成,均匀性好,使工程质量得到有效的保证;

(4) 容易保管,专用设备储存,不怕风吹雨淋,不易失效变质;

(5) 使用方便,按下按钮后,自动加水,自动搅拌,即拌即用,无环境污染,健康环保;

(6) 质量稳定,使用预拌砂浆的房子墙体不空鼓、不开裂,大大提高房子的抗震等级;

（7）节能舒适，使用预拌保温砂浆的房子节能效果好，冬暖夏凉，四季如春；

（8）经济性佳，使用预拌砂浆更经济，无原材料浪费。

节约资源是我国的基本国策。建筑业是除了工业和交通，排在第三位的耗能大户，节能潜力巨大，已经吸引了越来越多的目光。无论是对于新建建筑还是改造建筑，预拌砂浆都是其中不可或缺的重要成分，更能大幅降低建筑的二次施工率，在不断提高人们居住环境舒适度的同时，降低建筑耗能总量，有效缓解能源的供需矛盾，既具有实际经济意义，又具有重要的社会意义和环保价值。

不同种类的干混砂浆应用于不同的工程中：干混砌筑砂浆适用于砌筑工程，干混抹灰砂浆适用于抹灰工程，干混地面砂浆适用于地面工程（包括屋面）。

1）干混砂浆加水量

加入的水应符合国家应用水标准。不得使用受过污染的水。加水量、拌和时间及拌和方法见表 5-13。

表 5-13 干混砂浆加水量、拌和时间与拌和方法

项目品种	加水量范围/%	拌和方式	
		散装	袋装
干混砌筑砂浆	15.0～16.5	机械搅拌	人工搅拌
干混抹灰砂浆	17.0～18.5	机械搅拌	人工搅拌
干混地面砂浆	13.5	机械搅拌	人工搅拌

2）干混砂浆的使用要求

（1）砂浆应随拌随用，从加水搅拌至使用完毕，不超过 2h。

（2）抹灰砂浆和地面砂浆在使用前，必须进行基层处理，即将基层表面的尘土、污垢、油渍等清理干净，必要时洒水润湿。每遍涂抹厚度宜为 6～9mm，应待前一遍抹灰凝结后方可涂抹后一层。

（3）施工方法应按照施工及现场规范的有关规定执行。

（4）当施工现场气候炎热或处于干燥季节施工时，可酌量增加水量。当气温超过 30℃时，必须在 1.5h 左右用完。

（5）冬期施工时，干混砂浆加水搅拌后应采取保温措施。温度不宜低于 5℃。干混砂浆在硬化期不得受冻。

（6）储存时间，干混砂浆的保质期为 3 个月。

3）干混砂浆的原材料

预拌砂浆所涉及的原材料较多，除了通常所用的胶凝材料、骨料、矿物掺和料外，还需根据砂浆性能掺加保水增稠材料、添加剂、外加剂等材料，使得砂浆的材料组成少则五六种，多的可达十几种。由于砂浆与基体共同构成一个单元，只要砂浆与基体一接触，砂浆就会被基体吸去水分，同时砂浆外表面也向大气中蒸发水分，因而砂浆的保水性和黏结强度显得尤其重要。

为了使砂浆获得良好的保水性，通常需要掺入保水增稠材料。保水增稠材料分为有机和无机两大类，它能调整砂浆的稠度、保水性、黏聚性和触变性。常用的有机保水增稠材料有甲基纤维素、羟丙基甲基纤维素、羟乙基甲基纤维素等，以无机材料为主的保水增稠材料

有砂浆稠化粉等。大多数保水增稠材料尚无国家或行业标准,而且有机保水增稠材料的种类较多,每种又有不同的性能(如黏度),因此采用保水增稠材料时,必须有充足的技术依据,并应在使用前进行试验验证。有标准的应执行相应标准,如用于砌筑砂浆的增塑剂应符合《砌筑砂浆增塑剂》(JG/T 164—2004)的规定。特种干混砂浆都要求有较高的黏结强度,这可通过掺加可再分散乳胶粉来提高砂浆的黏性,它也是干混砂浆中重要的添加剂之一,而可再分散乳胶粉种类繁多,且尚无国家或行业标准,因此本标准规定使用其应有充足的技术依据,并应在使用前进行试验验证。

此外,特种干混砂浆中通常还掺加一些填料,如重质碳酸钙、轻质碳酸钙、石英粉、滑石粉等,其作用主要是增加容量,降低生产成本,这些惰性材料通常没有活性,不产生强度。

在预拌砂浆中加入保水增稠材料、外加剂、添加剂等材料,而这些材料的价格比水泥、砂高得多,且干混砂浆用砂需经过筛分、烘干处理,导致预拌砂浆的成本高于现场拌制砂浆,这就使得用户对使用预拌砂浆可能产生一定的抵触心理。中国劳动力成本便宜,建筑商也不愿意自主选择使用预拌砂浆。这一点与国外不同,国外用户使用干混砂浆的原因主要在于对建筑高质量的需求,而且国外劳动力成本高,用户也愿意选择使用干混砂浆。因此,价格是制约预拌砂浆推广的一个重要因素。

实际上,人们在比较成本时,往往只考虑了原材料成本,而忽略了预拌砂浆带来的高品质,以及使用预拌砂浆在减少施工现场污染、减少材料浪费、改善环境、加快施工进度、减少建筑物的维修率、延长服役期和使用寿命等方面产生的综合效应。

5.4.4 其他砂浆

1. 绝热砂浆

采用水泥、石灰、石膏等胶凝材料与膨胀珍珠岩、膨胀蛭石或陶粒砂等轻质多孔骨料,按一定比例配制的砂浆称为绝热砂浆。绝热砂浆具有质轻和良好的绝热性能,其导热系数为 $0.07\sim0.10\mathrm{W/(m\cdot K)}$,可用于屋面绝热层、绝热墙壁以及供热管道绝热层等处。常用的有水泥膨胀珍珠岩砂浆、水泥膨胀蛭石砂浆、水泥石灰膨胀蛭石砂浆等。

2. 吸声砂浆

一般绝热砂浆是由轻质多孔骨料制成的,同时具有吸声性能。还可以用水泥、石膏、砂、锯末(其体积比为 1∶1∶3∶5)等配成吸声砂浆,或在石灰、石膏砂浆中掺入玻璃纤维、矿物棉等松软纤维材料。吸声砂浆用于室内墙壁和顶棚的吸声。

3. 耐酸砂浆

用水玻璃(硅酸钠)和氟硅酸钠作为胶凝材料,掺入适量石英岩、花岗岩、铸石等粉状细骨料,可拌制成耐酸砂浆。硬化后的水玻璃耐酸性能好,拌制的砂浆可用于耐酸地面和耐酸容器的内壁防护层。

4. 防辐射砂浆

在水泥浆中掺入重晶石粉、重晶石砂,可配制成具有防 X 射线和 γ 射线能力的砂浆。

配合比为水泥∶重晶石粉∶重晶石砂＝1∶2.5∶(4～5)。在水泥浆中掺加硼砂、硼酸等可配制具有防中子辐射能力的砂浆。

知识归纳

1. 建筑砂浆由砂、水泥、掺和料、水和外加剂组成,按所用胶凝材料不同分为水泥砂浆、石灰砂浆、石膏砂浆、混合砂浆和聚合物砂浆等。砌筑砂浆分为 7 个强度等级。

2. 砂浆的技术要求包括施工性能(和易性)和强度两个方面,和易性包含流动性和保水性两个方面,分别用稠度和保水率表示。

3. 砌筑砂浆的配合比设计技术要求有 6 项,配合比设计步骤有 5 步。

4. 抹面砂浆、装饰砂浆等其他砂浆与砌筑砂浆组成类似,但依据功能的不同,又有特别之处。

课后习题

1. 某工地现配制 M10 砂浆用于砌筑砖墙,在拌制砂浆时把水泥直接倒在砂堆上,再加水进行人工搅拌。墙体砌筑完成后,发现该砌体灰缝饱满度及黏结性均差,请分析原因并找出解决方法。

2. 对新拌砂浆的技术要求与对混凝土拌和物的技术要求有何异同?

3. 为什么在配制砂浆时除水泥外,还要加入粉煤灰、石灰膏、黏土膏等外掺料,请分析原因并对各种外掺料对砂浆的作用进行分析比较。

4. 某工程需配制强度等级为 M7.5 的水泥混合砂浆,用于砌筑蒸压加气混凝土砌块。采用 32.5 级矿渣硅酸盐水泥,实测 28d 抗压强度值为 35.4MPa,石灰膏的稠度为 120mm,砂浆采用中砂,含水率为 3%,堆积密度为 1450kg/m³,施工水平优良。试确定该砂浆的配合比。

沥青与沥青混合料

【主要内容】

本章主要介绍石油沥青的组成与结构,石油沥青的技术性质,石油沥青的技术标准与选用,煤沥青的化学组成与应用,乳化沥青的特点及其种类,沥青基防水材料的种类,性能与用途,沥青混合料的组成结构,沥青混合料的技术性质与技术标准,沥青混合料配合比设计。

【重点难点】

石油沥青的技术性质、沥青混合料的技术性质与技术标准、沥青混合料配合比设计。

6.1 沥青材料

按照《防水沥青与防水卷材术语》(GB/T 18378—2008)的定义,沥青是由高分子碳氢化合物及其衍生物组成的、黑色或深褐色、不溶于水而几乎全溶于二硫化碳的非晶态有机材料。常温时,沥青呈褐色至黑色的固体、半固体或液体状态。

按沥青的产源可将沥青分为地沥青和焦油沥青,地沥青包括天然沥青(原油渗流到地球表面,经过自然条件下的蒸发、老化过程而形成的沥青)和石油沥青(由提炼石油的残留物制得的沥青);焦油沥青包括煤沥青(由烟煤、褐煤等物质,在隔绝空气和高温下进行干馏,冷凝其挥发物而获得的煤焦油,经再提取轻组分馏分之后的残余物)和页岩沥青(油页岩经低温干馏而得)。

当代社会中的沥青作为石油炼制的产品之一,已经广泛应用于道路建设和建筑防水。特别是随着公路交通事业的发展,沥青混凝土铺筑的道路路面占有不可缺少的地位。沥青的生产和使用,已成为一个国家公路建设、房屋建筑等发展水平的主要标志。

6.1.1 石油沥青

地沥青中的石油沥青是由提炼石油的残留物制得的沥青,其中包含石油中所有的重组分。这一类沥青是全世界用的最广的地沥青材料。石油沥青之所以能简称为沥青,是因为它的用量最大。

石油沥青主要是由原油经过加工炼制而得到的,其生产工艺流程图如图 6-1 所示。石油沥青的加工方法主要有蒸馏法、溶剂脱沥青法和氧化法。

(1) 蒸馏法。炼油厂里用常压和减压蒸馏塔将原油的各个馏分经汽化、冷凝,使其按沸点不同分离出来,可以得到醚、汽油、煤油、柴油以及蜡油等轻质馏分;剩下的沸点最高、分子量最大的浓缩成分就是渣油。常压或减压蒸馏塔的塔底渣油如果符合沥青标准的要求指标,即可称为沥青,作为直馏沥青产品出厂;如果不符合沥青的标准指标,只能叫作减压渣油,要再经过加工才能成为合格的沥青产品。蒸馏法得到的是直馏沥青。直馏沥青是直接蒸馏得到的,生产工艺简单,生产成本低而且沥青质量稳定;这类沥青如果用作改性沥青的基质沥青,与弹性体类改性剂有良好的相容性。

(2)溶剂法。溶剂法脱沥青的目的产品是高黏度的润滑油而不是沥青,对于含蜡量高的原油炼制的渣油,必须用溶剂萃取,从渣油中分离出饱和烃与芳烃较多的高黏度油,即所谓脱沥青油,这种油用作进一步催化裂化或生产高黏度润滑油的原料;同时分离出另外一部分富含胶质和沥青质的、分子量更大的黏稠物质。此工艺得到的沥青也可能有合格的指标,如果不合格,还应该继续加工成符合标准的沥青。

(3)氧化法。蒸馏法和溶剂法生产的沥青如果要提高软化点,生产比较"硬"的沥青,则应利用氧化塔或氧化釜对沥青进一步加工。氧化沥青的加工温度在250℃以上,而把氧化时间和温度低于此工艺要求者称为半氧化工艺,也称为浅度氧化工艺。但在大多数情况下这样的区分并没有什么实际意义,统一称作氧化工艺简洁明了,不会产生歧义。

(4)调配法。用氧化或蒸馏工艺生产的沥青一般即可满足标准的要求,但实际使用时往往根据不同工程的需要,在现场调整某一些指标。将不同的石油馏分与沥青互相调和,或将不同强度等级的沥青与沥青互相调和后制得的沥青称为调配沥青或调和沥青。沥青生产厂家也可以用调配法将软化点比较高的氧化沥青与黏度较低的馏分混合,从而生产符合要求的道路沥青。调配法生产沥青很难作为一种固定的工艺论述,此法是氧化和蒸馏工艺的附属。沥青的调配要注意不同组分的相容稳定性。

图 6-1　石油沥青的生产工艺流程

1. 石油沥青的组成与结构

1) 石油沥青的组分

石油沥青是由多种碳氢化合物及其非金属衍生物组成的混合物,主要成分为碳和氢,其余成分为氧、硫、氮等非金属元素,此外还含有极少量的金属元素。

石油沥青的分子量很大,组成和结构非常复杂,难以直接得到沥青含量与其工程性能之间的关系。为了反映石油沥青的组成成分与其性能之间的关系,通常将化学成分和物理性质相近的部分划分为一个化学成分组,并对其进行组分分析,研究各组分与工程性质之间的关系。通常采用的分析方法是三组分分析法和四组分分析法。

(1) 三组分分析法。石油沥青的三组分分析法采用选择性溶解和吸附的方法将石油沥青分离为油分、树脂和沥青质三个组分,各组分性状见表 6-1。

表 6-1　石油沥青三组分分析法的各组分性状

组分	外观特性	平均分子量	碳氢比	质量分数/%	物 化 特 征
油分	淡黄色透明液体	200~700	0.5~0.7	45~60	几乎可溶于大部分有机溶剂,具有光学活性,相对密度为 0.7~1.0
树脂	红褐色黏稠半固体	800~3000	0.7~0.8	15~30	温度敏感性高,溶点低于 100℃,相对密度为 1.0~1.1
沥青质	深褐色固体微粒	1000~5000	0.8~1.0	5~30	加热不熔化,分解为硬焦炭,使沥青呈黑色,相对密度为 1.1~1.5

油分为淡黄色至红褐色的油状液体,是沥青中分子量和密度最小的组分,能溶于多种有机溶剂,但不溶于酒精,挥发性强。油分赋予沥青以流动性,影响沥青的柔软性、抗裂性能及施工的可塑性,在老化过程中会转化为树脂和沥青质,从而影响其耐久性。

树脂为黄色至黑褐色黏稠状物质,分子量比油分大,溶于三氯甲烷,在酒精和丙酮中难溶。石油沥青中的树脂包括中性树脂和酸性树脂,其中大部分为中性树脂。中性树脂使得沥青具有良好的塑性、可流动性和黏结性,其含量越高,沥青的黏结性和延展性越好。酸性树脂是油分氧化后的产物,为黑褐色黏稠物质,是沥青中活性最大的成分,可以提高沥青与碳酸盐类岩石的黏附性,并使得沥青易于乳化。

沥青质为深褐色至黑色的固态无定形物质(固体微粒),分子量比树脂更大,不溶于酒精和正戊烷,但溶于三氯甲烷,染色力强,对光敏感性强。沥青质含量决定了沥青的黏结力和温度稳定性,沥青质含量增加,沥青的黏度、软化点、硬度和温度稳定性都相应提高。

(2) 四组分分析法。石油沥青的四组分分析法是将石油沥青分离为饱和分、芳香分、胶质和沥青质,见表 6-2。

表 6-2　石油沥青四组分分析法的各组分性状

组分	外 观 特 性	平 均 相 对 密 度	平 均 分 子 量	主 要 化 学 结 构
饱和分	无色液体	0.89	625	烷烃、环烷烃
芳香分	黄色至红色液体	0.99	730	芳香烃、含 S 衍生物
胶质	棕色黏稠液体	1.09	970	多环结构,含 S、O、N 衍生物
沥青质	深棕色至黑色固体	1.15	3400	缩合环结构,含 S、O、N 衍生物

　　按照四组分分析法,各组分对沥青性质的影响为:饱和分含量越高,沥青稠度越低;胶质含量越高,沥青的延度越大;沥青质的含量越高,温度敏感性越低;胶质和沥青质总含量越高,黏度越大。另外,石油沥青中还含有少量的沥青碳和似碳物,为无定形的黑色固体粉末,是沥青中分子量最大的成分,它的存在能降低石油沥青的黏结力。

　　因我国富产石蜡基沥青和中间基沥青,石油沥青中往往含有一定量的蜡,蜡组分的存在降低了石油沥青的黏结性和塑性,使其温度稳定性变差,并影响其水稳定性和抗滑性能,因此除去石油沥青中的蜡对于改善石油沥青的性能非常重要。

　　2)石油沥青的胶体结构

　　石油沥青的工程性质不仅与它的化学组分有关,还与它的胶体结构有着密切关系。在其胶体结构中,沥青质形成胶团的核心,周围吸附着半固态的胶质,并分散在由液态的芳香分和饱和分组成的介质中。其中沥青质分子极性较强,能够吸附极性较强的胶质,再溶在极性较弱的芳香分和无极性的饱和分中,形成一个稳定的胶体结构,其极性是逐渐递变的,没有明显的分界面。在沥青胶体结构中,各组分相对含量不同可形成不同的胶体结构:溶胶型结构、溶-凝胶型结构和凝胶型结构,如图 6-2 所示。

(a)　　　　　　　　　　(b)　　　　　　　　　　(c)

图 6-2　沥青胶体结构示意
(a)溶胶型;(b)溶-凝胶型;(c)凝胶型

　　(1)溶胶型结构。当石油沥青中沥青质的含量很低,分子量也较小,并含有一定数量的胶质时,沥青质胶团就能够完全胶溶在芳香分和饱和分形成的分散介质中,形成溶胶型结构。在溶胶型结构中,胶团间距较大,相互之间的吸引力较小,胶团可以在分散介质中间自由地运动。溶胶型沥青具有较高的流动性和塑性,具有较好的自我修复能力,但温度稳定性差。

　　(2)溶-凝胶型结构。溶-凝胶型结构是一种介于溶胶型和凝胶型之间的结构,此结构中沥青质含量适中,且具有足够数量的胶质,胶团浓度较大,胶团之间间距适中,能产生一定的约束力。溶-凝胶型结构既有一定的高温稳定性,又有一定的低温抗裂性能,且性能比较稳定,因此在土木工程中最常用到。

　　(3)凝胶型结构。当石油沥青中沥青质含量很高,并有数量较高的高芳香度胶质时,可使胶体结构中胶团的浓度很大,胶团间距很小,彼此间的约束力很强,形成了较为紧密的空间网状结构,芳香分和饱和分分散相只起到胶团间的填充作用,这种胶体结构称为沥青的凝胶型结构。凝胶型结构的弹性和黏性较高,温度稳定性好,但流动性和黏性较低,低温显脆硬且变形能力差,开裂后难以自行愈合。

2. 石油沥青的技术性质

1）物理特性常数

（1）密度。沥青的密度是指在规定温度条件下,单位体积沥青的质量,单位为 kg/m³ 或 g/cm³。我国现行《公路工程沥青与沥青混合料试验规程》（JTG E20—2011）规定的测量温度为 25℃和 15℃。沥青密度也可以用相对密度的方式来表示,相对密度是指在规定温度下,沥青质量与同体积水质量之比。

沥青密度可用于储油容器中沥青体积与质量的换算,相对密度可用于沥青混合料理论密度的计算,及配合比设计与空隙率计算使用。

（2）热胀系数。沥青在温度上升 1℃时的长度或体积的变化,分别称为线胀系数和体胀系数,统称热胀系数。

（3）溶解度。溶解度是指沥青在三氯乙烯、四氯化碳或苯中溶解的百分率,以表示石油沥青中有效物质的含量,即沥青的纯净程度。那些不溶解的物质会降低沥青的性能,是有害物质,因此对其含量要加以限制。

2）防水性

石油沥青是憎水性材料,几乎完全不溶于水,而且本身构造致密,加之它与矿物材料表面有很好的黏结力,能紧密黏附于矿物材料表面。同时,它还具有一定的塑性,能适应材料或构件的变形,所以石油沥青可以作为良好的防水材料。

3）黏滞性

石油沥青的黏滞性是反映沥青材料内部阻碍其相对流动的一种特性,以绝对黏度表示,是沥青重要的性质之一。它与沥青质的含量及温度有关,沥青的黏滞性随沥青质含量增大而增大,随温度升高而降低。

沥青的绝对黏度有动力黏度和运动黏度两种表达方式,可以采用毛细管法、真空减压毛细管法等多种方法测定。但由于这些测定方式精密度要求高,操作复杂,不适于作为工程试验,因此工程中通常采用条件黏度来反映沥青黏性。我国现行《公路工程沥青与沥青混合料试验规程》（JTG E20—2011）采用针入度试法、标准黏度计法、恩格拉黏度计法及赛波特重质油黏度计法测定沥青的相对黏度,其中常用的有针入度和标准黏度。

针入度是在规定温度条件下,以规定质量 100g 的标准针经过规定时间 5s 贯入沥青的深度,以 0.1mm 为单位,其试验示意如图 6-3 所示。针入度法适用于较为黏稠的沥青。沥青的针入度值越大,表示其黏度越小。目前我国沥青分级的指标采用的就是针入度。

石油沥青的标准黏度计可用于测定液体石油沥青或较稀的石油沥青的标准黏度。标准黏度是在规定温度、规定直径的孔口流出 50cm³ 沥青所需的时间,以 s 为单位。以 $C_{t,d}$ 表示,其中 t 为测试温度,d 为流孔直径。

4）塑性

塑性是指石油沥青在外力作用下产生变形而不破坏（即不产生裂缝或断开）,并在除去外力后仍保持变形后形状不变的性质,它是沥青的重要性质之一。

石油沥青的塑性与其组分有关,胶质含量较高且其他组分含量适中时,塑性较好。影响

图 6-3　针入度仪及测定黏稠沥青针入度示意

1—针入度数值显示屏；2—标准针；3—反光镜；4—照明灯；

5—针入度试模；6—水槽；7—启动键；8—温度显示屏

沥青塑性的主要因素有温度和沥青膜层厚度,温度升高沥青塑性增高,沥青膜越厚沥青塑性越高。塑性良好的沥青具有抗开裂的能力,并在产生裂缝后可以自行愈合。另外良好的塑性有利于沥青吸收冲击荷载,减少摩擦时的噪声,使得沥青能够成为一种优良的道路路面材料。

5) 温度敏感性

温度敏感性是指石油沥青的黏滞性、塑性等物理性能随温度升降而变化的性能。

沥青是一种高分子非晶体热塑性物质,没有固定的熔点。当温度升高时,沥青由固态或半固态逐渐软化,沥青分子之间相对滑动,此时沥青就像液体一样发生黏性流动(黏流态)。而当温度降低时,沥青又逐渐由黏流态向半固态或固态转变(高弹态),会变得像玻璃一样又硬又脆(玻璃态)。

在相同温度变化间隔中,如果沥青的黏滞性和塑性变化的幅度较小,则沥青的温度敏感性较低,即沥青的温度稳定性较好。温度敏感性较小的沥青,在温度升高时不容易流淌,而温度降低时不硬脆开裂,使得其适用于道路路面。

石油沥青的温度敏感性常用软化点指标或针入度指数表示。

(1) 软化点。软化点是反映沥青达到某种物理状态时的条件温度,由于沥青材料从固态至液态有一定的变态间隔,故规定其中某一状态作为从固态转到黏流态的起点,相应的温度转为沥青软化点。沥青的软化点越高,表示沥青的耐热性越好,即高温稳定性好。

软化点的测定方法很多,我国采用环球法软化点仪测定,见图 6-4。其方法是把黏稠沥青装入规定尺寸的铜环内,试样上放置一个标准质量的钢球,放入盛水的烧杯中。以规定的升温速度加热,当沥青试样受热后会逐渐软化,并在钢球的重力作用下开始下坠,当下坠到规定距离时的温度即为沥青的软化点,单位为℃。

当沥青中的沥青质含量较高时,软化点较高;含蜡量较高时高温稳定性差。当沥青用来修筑道路路面面层时,为避免夏季受热软化,选用的沥青的软化点不宜过低;但如果软化点过高会影响沥青的施工和易性,并可能导致冬季路面开裂。因此,为达到道路路面的施工和使用要求往往需要对沥青进行改性。

（2）针入度指数。大量的试验结果显示,沥青针入度值(P)与温度(T)呈曲线关系,而针入度值的对数($\lg P$)与温度(T)呈线性关系,如图 6-5 所示,因此可以用这种关系来评价沥青对温度的敏感性。

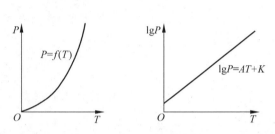

图 6-4   沥青软化点测定示意   图 6-5   沥青针入度-温度关系

由于 $\lg P = AT + K$,A 可以表征沥青针入度随温度变化的快慢,当 A 较大时,表明沥青针入度随温度变化较快,即其对温度更敏感。因此可以用斜率 $A = \mathrm{d}(\lg P)/\mathrm{d}T$ 来表征沥青的温度敏感性,称 A 为针入度-温度感应性系数。

试验中,测定沥青 25℃时的针入度为 P_{25},其软化点为 $T_{R\&B}$,再设定软化点时的针入度值为 800,通过下式可算得针入度-温度感应性系数 A 为:

$$A = \frac{\lg 800 - \lg P_{25}}{T_{R\&B} - 25} \tag{6-1}$$

按式（6-1）计算所得的 A 值均为小数,为使用方便起见常对式（6-1）进行如式（6-2）的处理,改用针入度指数（PI）表示,即

$$PI = \frac{30}{1 + 50A} - 10 \tag{6-2}$$

由该式计算出的针入度指数的变化范围为 $-10 \sim 15$,针入度指数（PI）越大,表示沥青的温度敏感性越低。用 PI 值来评价沥青的感温性时,要求沥青的针入度指数为 PI = $-1 \sim +1$。

针入度指数不仅可以用来评价沥青的温度敏感性,还可以用来判断石油沥青的胶体结构类型。当 PI < -2 时,石油沥青属于溶胶结构,温度敏感性较强;当 PI = $-2 \sim +2$ 时,属于溶-凝胶结构;当 PI > $+2$ 时,石油沥青属于凝胶结构,温度稳定性较好。不同工程条件和用途对沥青的温度敏感性有不同的要求,即对 PI 值的要求不一样,一般路用沥青要求 PI > -2。

6）抗老化性

抗老化性是指石油沥青在使用过程中受到温度、太阳光、氧气和水分的影响而能保持性

能基本不变的能力。石油沥青在储存、运输、加工和使用过程中,由于长时间地暴露在空气和阳光下,受到温度变化、阳光照射、氧气和水分等自然因素的综合影响,沥青分子会发生脱氧、氧化、缩合等化学反应,使得沥青各组分不断地发生变化。低分子化合物将逐步转变为高分子化合物,油分和树脂不断减少,沥青质不断增加,含氧官能团增多。从而导致沥青的流动性和塑性逐渐降低,硬脆性逐渐增加,路用性能降低,这个过程就称为沥青的"老化"。

石油沥青的抗老化性能是影响沥青的使用寿命最重要的因素,对沥青的使用性能至关重要。目前,沥青老化的模拟方法主要包括薄膜烘箱(TFOT)老化、旋转薄膜烘箱(RTFOT)老化、压力老化容器(PAV)老化、紫外线(UV)和氙灯照射老化,以及自然暴晒老化。其中 TFOT 老化和 RTFOT 老化用于模拟沥青的短期热氧老化,PAV 老化主要是模拟沥青材料的长期热氧老化,UV 和氙灯照射老化是在实验室加速模拟沥青在使用过程中的紫外光老化,自然暴晒老化是通过在室外暴晒沥青试样模拟沥青材料的光氧老化。评定沥青抗老化性的方法有老化后的"质量损失百分率""残留针入度比""残留延度"等,即先测定石油沥青试样的质量、针入度和延度,然后进行老化试验,再测定老化后试样的质量、针入度和延度。老化后损失的质量占原试样质量的百分比即为质量损失百分率;老化后针入度与原试样针入度之比为残留针入度比;老化后的延度称为残留延度。老化后质量损失百分率越小、残留针入度比越大、残留延度越大表示沥青的抗老化性能越好,大气稳定性越好。

沥青老化后的化学组成与结构会发生变化,这个结果必然会造成沥青性能的变化。通过测试老化前后沥青的物理性能(针入度、延度和软化点等)和流变性能(黏度、复数模量和相位角等)可以评价沥青的老化。沥青的老化过程还可以借助老化前后沥青的化学特征,如薄层色谱-氢火焰离子探测器(TLC-FID)、高压凝胶渗透色谱(HP-GPC)和体积排出色谱(SEC)进行评价。为了准确深入地了解沥青的老化过程,一些现代测试分析手段如傅里叶变换红外光谱(FTIR)、核磁共振光谱(NMR)、荧光显微镜(FM)和原子力显微镜(AFM)在探讨沥青老化机理方面也得到了越来越多的应用。

7)安全性

目前大部分沥青试验都需要加热,常用的沥青混合料都采用热拌工艺,而沥青是一种有机物,容易燃烧,为了保证施工的安全性,还需要了解其闪点和燃点。

闪点是指加热沥青至挥发出的可燃气体和空气的混合物在规定条件下与火焰接触,初次闪火时的沥青温度,单位为℃。燃点指加热沥青产生的气体和空气的混合物,与火焰接触能持续燃烧 5s 以上时的温度,单位为℃。

我国现行的《公路工程沥青与沥青混合料试验规程》(JTG E20—2011)规定采用克利夫兰开口杯法测定沥青的闪点和燃点。

3. 石油沥青的技术标准与选用

我国现行的石油沥青标准将石油沥青按用途分为道路石油沥青、建筑石油沥青和普通石油沥青。在土木工程中主要用到的是道路石油沥青和建筑石油沥青。

1)石油沥青的技术标准

目前我国石油沥青强度等级主要是依据沥青的针入度或针入度指数来划分的,不同强度等级的沥青对软化点、延度、溶解度、含蜡量、闪点、燃点及老化后的性能指标都有不同的要求。由于我国国土面积较广,南北向和东西向气候差异大,因此在选用沥青时要充分考虑到各地的气候条件。

美国战略性公路研究计划(SHRP)的研究成果 Superpave™ 提出了一个按照路用性能对沥青进行分级的沥青混合料规范,PG 分级采用设计使用温度表示其适用范围。

2) 石油沥青的选用

(1) 道路石油沥青

我国现行《公路沥青路面施工技术规范》(JTG F40—2004)规定,道路石油沥青分为 160 号、130 号、110 号、90 号、70 号、50 号和 30 号 7 个强度等级,各强度等级的技术标准见表 6-3。

道路石油沥青可用于铺筑各种等级的道路路面。在选用沥青时,需要根据所修筑公路的等级、气候条件、交通条件、路面类型及在结构层中的位置及受力特点和施工方法,结合实践经验,经技术论证后确定。

对于高速公路、一级公路,夏季温度高、高温持续时间长、重载交通区、山区及丘陵区上坡路段、服务区、停车场等行车速度慢的路段,尤其是汽车荷载剪应力大的层次,宜采用稠度大、$60℃$黏度大的沥青,也可提高高温气候分区的温度水平选用沥青等级;对冬季寒冷的地区或交通量小的公路、旅游公路宜选用稠度小、低温延度大的沥青;对昼夜温差大、季节温度变化大的地区宜注意选用针入度指数大的沥青。当高温要求与低温要求发生矛盾时应优先考虑满足高温性能的要求。

当缺乏所需强度等级的沥青时,可采用不同强度等级沥青掺配的调和沥青,其掺配比例由试验决定,掺配后的沥青质量应符合表 6-3 的要求。若要掺配得到软化点为 T 的沥青,两种沥青的掺配比例可由式(6-3)和式(6-4)进行估算:

$$P_1 = \frac{T_2 - T}{T_2 - T_1} \times 100\%$$ (6-3)

$$P_2 = 100\% - P_1$$ (6-4)

式中,P_1 为较软沥青用量,%;P_2 为较硬沥青用量,%;T_1 为较软沥青的软化点,℃;T_2 为较硬沥青的软化点,℃。

根据掺配比例在其邻近的比例进行试配,测定掺配后沥青的软化点,如果不满足要求则调整掺配比例;再测定延度等性质,如达不到规范要求则进行调整,直至满足表 6-3 的要求为止。

石油沥青过于黏稠时可采用石油产品系统的轻质油类进行稀释,如汽油、煤油或柴油等。

(2) 建筑石油沥青

我国现行国家标准《建筑石油沥青》(GB/T 494—2010)根据针入度将建筑石油沥青分为 10 号、30 号和 40 号 3 种强度等级,各强度等级的质量指标见表 6-4。

建筑石油沥青黏度较大,高温稳定性较好,但塑性较小,可用于制造建筑防水卷材、防水材料、冷底子油和沥青嵌缝膏等防水材料,其产品主要用于屋面和地下防水、沟槽防水、防腐蚀及管道防腐等工程。

表 6-3　道路石油沥青技术要求

指标	单位	等级	160号①	130号①	110号	90号	70号①	50号	30号	试验方法①
针入度(25℃,5s,100g)	dmm⑥	—	140~200	120~140	100~120	80~100	60~80	40~60	20~40	T 0604
适用的气候分区	—	—	注④	注④	2-1 2-2 2-3	1-1 1-2 1-3 2-1 2-2 2-3	1-3 1-4 2-2 2-3 2-4	1-4	注④	
针入度指数PI②	—	A				−1.5~+1.0				T 0604
针入度指数PI②	—	B				−1.8~+1.0				T 0604
软化点(R&B),不小于	℃	A	38	40	43	45	46	49	55	T 0606
软化点(R&B),不小于	℃	B	36	39	42	43	44	46	53	T 0606
软化点(R&B),不小于	℃	C	35	37	41	42	43	45	50	T 0606
60℃动力黏度②,不小于	Pa·s	A	—	60	120	160	180	200	260	T 0620
10℃延度②,不小于	cm	A	50	50	40	45 30 20	20 20	15	10	T 0605
10℃延度②,不小于	cm	B	30	30	30	30 20 15	15 10	10	8	T 0605
15℃延度,不小于	cm	A,B				100				T 0605
15℃延度,不小于	cm	C	80	80	60	50	40	30	20	T 0605
蜡含量(蒸馏法),不大于	%	A				2.2				T 0615
蜡含量(蒸馏法),不大于	%	B				3.0				T 0615
蜡含量(蒸馏法),不大于	%	C				4.5				T 0615
闪点,不小于	℃	—	230	230	245	245	260	260	260	T 0611
溶解度,不小于	%	—				99.5				T 0607
密度(15℃)	g/cm³	—				实测记录				T 0603
TFOT(或RTFOT)后⑤										T 0610 或 T 0609
质量变化,不大于	%	—				±0.8				T 0609
残留针入度比,不小于	%	A	48	54	55	57	61	63	65	T 0604
残留针入度比,不小于	%	B	45	50	52	54	58	60	62	T 0604
残留针入度比,不小于	%	C	40	45	48	50	54	58	60	T 0604
残留延度(10℃),不小于	cm	A	12	12	10	8	6	4	—	T 0605
残留延度(10℃),不小于	cm	B	10	10	8	6	4	2	—	T 0605
残留延度(15℃),不小于	cm	C	40	35	30	20	15	10	—	T 0605

注：① 试验方法按照现行《公路工程沥青及沥青混合料试验规程》(JTG E20—2011)规定的方法执行。用于仲裁试验求取PI时的5个温度的针入度关系的相关系数不得小于0.997。

② 经建设单位同意，表中PI值，60℃动力黏度，10℃延度可作为选择性指标，也可不作为施工质量检验指标。

③ 70号沥青可根据需要要求供应商提供针入度范围为60~70dmm的沥青，50号沥青可要求供应针入度范围为40~50dmm或50~60dmm的沥青。

④ 30号沥青仅适用于沥青稳定基层。130号和160号沥青除在寒冷地区可直接应用于中低级公路上直接应用外，通常用作乳化沥青，稀释沥青，改性沥青的基质沥青。

⑤ 老化试验以TFOT为准，也可以RTFOT代替。

⑥ 1dmm=0.1mm，下同。

表 6-4   建筑石油沥青技术要求

项 目	质量指标			试验方法
	10 号	30 号	40 号	
针入度(20℃,100g,5s)/dmm	10~25	26~35	36~50	GB/T 4509—2010
针入度(46℃,100g,5s)/dmm	报告①	报告①	报告①	
针入度(0℃,100g,5s)/dmm,不小于	3	6	6	
延度(25℃,5cm/min)/cm,不小于	1.5	2.5	3.5	GB/T 4508—2010
软化点(环球法)/℃,不低于	95	75	60	GB/T 4507—2014
溶解度(三氯乙烯)/%,不小于	99.0			GB/T 11148—2008
蒸发后质量变化(163℃,5h)/%,不大于	1			GB/T 11964—2008
蒸发后 25℃针入度比② /%,不小于	65			GB/T 4509—2010
闪点(开口杯法)/℃,不低于	260			GB 267—1988

注：① 报告应为实测值。

② 测定蒸发损失后样品的 25℃针入度与原 25℃针入度之比乘以 100%后,所得的百分比,称为蒸发后针入度比。

在选用建筑石油沥青时应该根据使用环境和使用条件来进行。例如,石油沥青用作低纬度地区的屋面防水材料时,考虑到夏季屋顶的高温应选用耐高温的材料以防止沥青高温变软流淌；而用作高纬度的屋面防水材料时,应考虑到冬季低温时沥青可能会开裂而达不到防水的目的,应选用低温抗裂性能较好的建筑石油沥青。

6.1.2　煤沥青

煤沥青是焦油沥青的一种。在炼油过程中,从干馏所挥发的物质中冷凝出煤焦油,煤焦油加工后得到煤沥青。根据煤干馏的温度不同煤焦油可以分为高温煤焦油和低温煤焦油,以高温煤焦油为原料,可以加工获得质量较高的煤沥青。

我国现行国家标准《煤沥青》(GB/T 2290—2012)根据软化点的高低将煤沥青分为低温沥青、中温沥青和高温沥青,不同煤沥青的技术要求见表 6-5。

表 6-5   煤沥青的技术要求

指 标 名 称	低温沥青		中温沥青		高温沥青	
	1 号	2 号	1 号	2 号	1 号	2 号
软化点/℃	35~45	46~75	80~90	75~95	95~100	95~120
甲苯不溶物含量/%	—	—	15~25	≤25	≥24	
灰分/%	—	—	≤0.3	≤0.5	≤0.35	
水分/%	—	—	≤5.0	≤5.0	≤4.0	≤5.0
喹啉不溶物/%	—	—	≤10		—	—
结焦值/%	—	—	≥45		≥52	

注：① 水分只作生产操作中控制指标,不作质量考核依据。

② 沥青喹啉不溶物含量每月至少测定一次。

1. 煤沥青的化学组成与组分

煤沥青的组成主要是芳香族碳氢化合物及其氧、硫、氮衍生物的混合物。煤沥青的化学组成分析方法采用与分析石油沥青相似的方法,采用选择性溶解将煤沥青分离为几个化学性质相近,且与工程性质有一定联系的组。目前最常采用的分析方法是将煤沥青分为油分、树脂 A、树脂 B、游离碳 C_1 和游离碳 C_2。

油分为液态碳氢化合物。与其他组分相比,其结构最为简单。但煤沥青的油分还含有萘、蒽和酚等成分。萘和蒽能溶于油分中,在含量较高或较低时能呈固态晶状析出,影响煤沥青的低温变形能力。常温下,萘易挥发、升华,加速煤沥青老化,且挥发的气体有毒。酚能溶于水,容易被氧化,形成的酚水溶物有毒,污染环境。煤沥青中的酚、萘和水均为有害物质,对其含量要加以限制。

树脂分为硬树脂和软树脂两类。硬树脂类似石油沥青中的沥青质;软树脂为赤褐色黏塑性物质,类似于石油沥青中的胶质。

游离碳也称自由碳,固态,加热不熔,但在高温时会分解。煤沥青中游离碳的含量越高,其黏度越大,温度稳定性越好,但低温脆性也越大。

2. 煤沥青的技术特性

由于煤沥青与石油沥青在成分上有一定的区别,因此它们在技术特性方面也有不同。煤沥青有如下特点。

(1) 芳香分含量多,成分较石油沥青更为复杂。例如,萘、苯、蒽、苊、芴、菲、芘、吡啶、喹啉等,故煤沥青的气味比石油沥青难闻,而且其致癌物质较多。

(2) 易结晶的成分较多,胶体体系中分散相的粒子较粗,所以当温度变化时煤沥青的黏度变化大,温度稳定性差。

(3) 耐老化性比石油沥青差。煤沥青中含有较多的挥发性成分和化学稳定性差的成分,在热、光、氧等长期综合作用下,其化学组成容易发生变化,使得其黏度增加、塑性降低,老化进程加快。

(4) 黏附性能好。由于煤沥青中的极性物质较多,故有较高的表面活性,和其他介质特别是各种岩石有较好的黏附性,故常把煤沥青和石油沥青调配混合使用。

(5) 防腐性能好。芳香烃组分有毒性,可阻止多种微生物的生长,焦油及煤沥青经常作地下管道、枕木等材料的防腐防锈处理。

3. 煤沥青的应用

煤沥青没有确定的熔点,只有从固态转化为过渡态的温度范围,通常用软化点代表。根据软化点的高低,煤焦油沥青分为低温沥青(软沥青)、中温沥青(普通沥青)、高温沥青(硬沥青)。因其软化点和物化性质不同,用途各异。具体介绍如下:

(1) 电极黏结剂。作电极黏结剂的沥青一般是中温沥青,它在电极成型过程中使分解的碳质原料形成塑性糊,压制成各种形状的工程结构材料,沥青在焙烧过程中发生焦化,将原来分散的碳质原料黏结成碳素的整体,并具有所要求的结构强度。

(2) 型煤黏结剂。用 20%～30% 的煤焦油高沸点馏分稀释中温沥青所得的软沥青就可作为型煤的黏结剂。但是,软沥青价格高,作为配型煤技术的基本黏结剂,具有价格高的缺点,而且软沥青是一种贵重的沥青资源,可以广泛用于生产沥青焦、针状焦等高附加值产品。

(3) 生产沥青焦。沥青焦主要为电解法炼铝的阴极以及炼钢用的石墨电极制备。为改善焦炉沥青焦工艺的恶劣操作条件,减少对环境的污染,国外开始发展煤沥青延迟焦的生产工艺,宝钢焦化厂最早引进该工艺,目前国内一些装置通过改进该工艺技术生产针状焦取得了巨大成功。

(4) 制造沥青清漆。沥青清漆是焦油沥青溶液。为了增加漆面光泽,在熬制油时增加一些松香或松节油,同时为改进塑性,还加入了填料。这种沥青清漆宜于在室外做钢结构、混凝土及砌体的防水层和保护层,并能在室外常温下涂刷及喷漆。

(5)路用煤沥青。煤沥青的渗透性极好,常用于半刚性基层上洒透层油。但由于煤沥青是国际上明确的强致癌物质,因此严禁用于热铺的沥青混合料。

(6)其他用途。煤焦油沥青还可增加塑性,制备沥青碳纤维、中间相沥青、防水剂、炭黑等。

6.1.3 乳化沥青

乳化沥青是将黏稠沥青热融,经过机械作用,以细小的微滴状态分散于含有乳化-稳定剂的水溶液中,形成水包油状的沥青乳液。

1. 乳化沥青的特点

乳化沥青与石油沥青相比具有许多优越性,主要优点如下。

(1)乳化沥青可以在常温下施工,无需现场加热设备,减少能源消耗,扣除制备乳化沥青所消耗的能源后,仍然可以节约大量能源。

(2)由于乳化沥青黏度低、和易性好,施工方便。由于乳化沥青可以均匀地分布在骨料表面,能产生较好的黏附性,且在骨料表面形成的沥青膜较薄,可以节约沥青用量。

(3)施工不需要加热,不污染环境,同时避免工作人员受到沥青挥发物的毒害,对健康较有利。

(4)乳化沥青所筑路面有一定的粗糙度,可以避免道路过于光滑发生事故。

2. 乳化沥青的种类

乳化剂是形成乳化沥青的关键材料,乳化剂是表面活性剂,制备沥青时,必须按比例掺入少量的乳化剂,使得分散成微粒的沥青与乳化剂结合保有持久的悬浮状态。乳化沥青的类型根据添加的乳化剂类型来划分,目前乳化沥青使用的乳化剂主要有以下三种类型:阴离子乳化剂、阳离子乳化剂和非离子乳化剂。

(1)阴离子乳化剂。阴离子乳化剂是由一个长链有机阴离子与一种碱构成的盐,溶入水中能电离出带负电的有机阴离子和带正电的阳离子,阴离子能溶于沥青而阳离子能溶于水,这样每一个沥青微粒周围都形成了一层带负电的膜,相互之间排斥,从而阻止了沥青微粒的接近和聚结。

(2)阳离子乳化剂。阳离子乳化剂溶于水中时,能电离为离子或离子胶束,且与亲油基相连的亲水基团带有正电荷,乳化后沥青微粒周围包着一层正电荷。

(3)非离子乳化剂。非离子乳化剂溶于水中时,不能电解成离子或离子胶束,而是依赖分子所含的羟基和醚链等作为亲水基团。

3. 乳化沥青的技术标准

我国标准《公路沥青路面施工技术规范》(JTG F40—2004)对改性沥青的技术要求见表6-6。

4. 乳化沥青的应用

乳化沥青适用于沥青表面处治路面、沥青贯入式路面、冷拌沥青混合料路面,修补裂缝、喷洒透层、黏层与封层等。乳化沥青的品种和适用范围宜符合表6-7的规定。

表 6-6　道路用乳化沥青技术要求表

试验项目	单位	阳离子				阴离子				非离子		试验方法
		喷洒用			拌和用	喷洒用			拌和用	喷洒用	拌和用	
品种及代号		PC-1	PC-2	PC-3	BC-1	PA-1	PA-2	PA-3	BA-1	PN-2	BN-1	
破乳速度		快裂	慢裂	快裂或中裂	慢裂或中裂	快裂	慢裂	快裂或中裂	慢裂或中裂	慢裂	慢裂	T 0658
粒子电荷	—	阳离子（＋）	阳离子（＋）	阳离子（＋）	阳离子（＋）	阴离子（一）	阴离子（一）	阴离子（一）	阴离子（一）	非离子	非离子	T 0653
筛上残留物（1.18mm筛），不大于	%	0.1	0.1	0.1	0.1	0.1	0.1	0.1	0.1	0.1	0.1	T 0652
黏度　恩格拉黏度计 E_{25}		2~10	1~6	1~6	2~30	2~10	1~6	1~6	2~30	1~6	2~30	T 0622
黏度　道路标准黏度计 $C_{25,3}$	s	10~25	8~20	8~20	10~60	10~25	8~20	8~20	10~60	8~20	10~60	T 0621
蒸发残留物　残留分含量，不小于	%	50	50	50	55	50	50	50	55	50	55	T 0651
蒸发残留物　溶解度，不小于	%	97.5	97.5	97.5	97.5	97.5	97.5	97.5	97.5	97.5	97.5	T 0607
蒸发残留物　针入度（25℃）	dmm	50~200	50~300	45~150	45~150	50~200	50~300	45~150	45~150	50~300	60~300	T 0604
蒸发残留物　延度（15℃），不小于	cm	40	40	40	40	40	40	40	40	40	40	T 0605
与粗骨料的黏附性，裹附面积，不小于	—	2/3	2/3	2/3	—	2/3	2/3	2/3	—	2/3	—	T 0654
与粗、细骨料拌和试验	—	—	—	—	均匀	—	—	—	均匀	—	均匀	T 0659
水泥拌和试验的筛上剩余，不大于	%	—	—	—	—	—	—	—	—	—	3	T 0657
常温储存稳定性：1d，不大于	%	1	1	1	1	1	1	1	1	1	1	T 0655
5d，不大于	%	5	5	5	5	5	5	5	5	5	5	

注：P 为喷洒型，B 为拌和型，C、A、N 分别表示阳离子、阴离子、非离子乳化沥青。

表 6-7 乳化沥青品种及适用范围

分 类	品种及代号	适 用 范 围
阳离子乳化沥青	PC-1	表处、贯入式路面及下封层用
	PC-2	透层油及基层养生用
	PC-3	粘层油用
	BC-1	稀浆封层或冷拌沥青混合料用
阴离子乳化沥青	PA-1	表处、贯入式路面及下封层用
	PA-2	透层油及基层养生用
	PA-3	粘层油用
	BA-1	稀浆封层或冷拌沥青混合料用
非离子乳化沥青	PN-2	透层油用
	BN-1	与水泥稳定骨料同时使用(基层路拌或再生)

6.1.4 改性沥青

沥青路面由于噪声低、平整度好、便于维修以及其良好的行车舒适性和优越的使用性能等优点,在全世界范围内得到广泛应用。尤其是近年来,随着世界各国道路界对沥青路面研究的深入,沥青路面新结构、新工艺、新材料等不断涌现,而它们的出现促进了沥青路面使用场合的进一步扩大,沥青路面技术应用水平和研究水平达到了空前的广度和深度。然而,现代公路运输业的发展,使得交通量迅猛增长,重载、超载情况加剧,交通渠化越趋明显,对道路材料质量提出越来越高要求,改性沥青已越来越多地使用于沥青路面,改性沥青对沥青路面的作用也受到越来越多的重视和肯定。一定程度上说,改性沥青技术的发展才使沥青路面技术的发展达到前所未有的高度。

改性沥青是指在基质沥青或基质沥青混合料中加入一种或数种改性材料,通过适当的工艺,使改性材料熔融或分散在基质沥青或基质沥青混合料中,形成均质混合物,从而改善或提高沥青的路用性能。沥青改性主要有提高沥青流变性、改善沥青与骨料黏附性、延长沥青耐久性等作用。

1. 石油沥青的常用改性剂

能对沥青或沥青混合料进行改性的材料均可称为沥青改性剂。石油沥青改性剂主要有两类:一类是高分子聚合物,主要品种有热塑性橡胶类聚合物、橡胶类聚合物和热塑性树脂类聚合物;另一大类是各种辅助添加剂,如抗氧剂、抗剥落剂以及各种矿物填料等。

1) 聚合物类改性剂

(1) 橡胶类。常用的有天然橡胶、丁苯橡胶、氯丁橡胶、丁二烯橡胶、乙丙橡胶、异戊二烯、异丁烯异戊二烯共聚物、苯乙烯异戊二烯橡胶以及硅橡胶、氟橡胶等。此类改性剂以丁苯橡胶为代表,其主要特性是高温稳定性、高弹性、高机械强度和高黏附性。

(2) 热塑性橡胶类。主要有苯乙烯-丁二烯-苯乙烯嵌段共聚物(SBS)、苯乙烯-异戊二烯-苯乙烯嵌段共聚物等。SBS 是采用阴离子聚合法制得的丁二烯-苯乙烯热塑性丁苯橡胶。SBS 有线形和星形两种,已有的研究表明星形的改性效果要优于线形。SBS 具有良好的变性自恢复性、裂缝自愈性和赋予沥青良好的高低温性能,所以它已成为目前使用最为普遍的道路沥青改性剂。

(3) 树脂类。热塑性树脂,如聚乙烯(PE)、乙烯-醋酸乙烯共聚物、无规聚丙烯、聚氯乙烯、聚酰胺等;热固性树脂,如环氧树脂、酚醛树脂等。PE 与国产多蜡沥青相容性较好,既可改善沥青高温稳定性,又可改善低温脆性,并且价格低廉,在我国使用范围较广。

虽然聚合物改性沥青已得到较为广泛的应用,但是其仍然有不足之处:聚合物改性沥青成本较高,加工工艺复杂,对操作人员的要求较高,在实际使用中不容易控制加工工艺,导致改性沥青的性能不稳定;其次是聚合物容易发生降解老化而降低沥青的使用性能,缩短沥青路面的使用寿命。

2)纤维类改性剂

常用的纤维物质有各种人工合成纤维(如聚乙烯纤维、聚酯纤维)、矿质石棉纤维和土工布等。这类纤维物质加入沥青中,可显著提高沥青的高温稳定性,同时可增加其低温抗拉强度,但能否达到预期的效果,取决于沥青的性能和掺配工艺。但这类物质往往影响人体健康,应谨慎使用。

3)固体颗粒改性剂

此种改性剂主要有废橡胶、炭黑、火山灰、高钙粉煤灰和页岩粉等。研究表明:沥青混合料的性质,如高温流变特性和低温变形能力,与微填料的颗粒级配、表面性质和孔隙状态有密切关系。采用的微填料应经过预处理,才能达到改善沥青性能的效果,否则会降低沥青的性能。

最近,层状硅酸盐被用于沥青改性,如蒙脱土、累托石等,层状硅酸盐与沥青形成的插层或剥离型纳米复合结构可明显提高沥青的高温抗车辙能力、阻隔性能和耐老化性能。

4)硫磷类改性剂

利用硫在沥青中的硫桥作用,能提高沥青的高温抗变形能力,特别是某些组分不协调的沥青,掺加少量的硫就有明显的改性效果。此外,磷与硫有同样的作用。

5)黏附性改性剂

此类改性剂主要有:无机类,如水泥、石灰等;有机酸类;重金属皂类,如皂脚铁、环烷铝酸皂;合成化学抗剥落剂,如醇胺类、烷基胺类等。

6)酸类改性剂

酸类改性剂主要指的是无机酸类,如多聚磷酸。在美国路易斯安那州已经使用了20多年酸改性方法来生产 AC-30 和 AC-40 沥青。从 1992 年开始,酸改性和酸加聚合物改性沥青开始在整个美国使用。根据美国改性沥青生产委员会在 2005—2006 年的调查,酸改性沥青的比例为 16%,并且酸改性在美国使用的比例越来越高。此外,酸改性沥青的价格相对低廉,而且对沥青性能的改善也较为明显,加工制备简单,因此有着良好的应用前景。

7)天然沥青

主要的天然沥青品种是湖沥青和岩沥青。湖沥青的形成是石油不断从地壳中冒出,存在于天然湖中,是经长年沉淀、变化、硬化而形成的天然沥青,代表性产品是位于南美洲特立尼达岛的特立尼达湖沥青(TLA)。岩沥青的代表性品种有位于南太平洋印度尼西亚苏拉威西岛东南部布敦岛的布敦岩沥青和美国犹他州的北美岩沥青。

天然沥青是石油经过长达亿万年的沉积、变化,在热、压力、氧化、细菌等综合作用下生成的沥青类物质,由于常年与环境共存,其性能非常稳定。将其掺入石油沥青中可以降低石油沥青的温度敏感性,提高其耐久性。

2. 改性沥青的技术要求

石油沥青经过改性后其性能与普通沥青有较大不同,其应用范围和使用环境也有较大差异。我国现行国家标准《公路沥青路面施工技术规范》(JTG F40—2004)对改性沥青的技术要求见表 6-8。

表 6-8　改性沥青技术要求

技术指标	单位	SBS 类（I 类）				SBR（II 类）			EVA、PE 类（III 类）				试验方法
		I－A	I－B	I－C	I－D	II－A	II－B	II－C	III－A	III－B	III－C	III－D	
针入度 25℃，100g，5s	dmm	>100	80~100	60~80	30~60	>100	80~100	60~80	>80	60~80	40~60	30~40	T 0604
针入度指数 PI，不小于		−1.2	−0.8	−0.4	0	−1.0	−0.8	−0.6	−1.0	−0.8	−0.6	−0.4	T 0604
延度 5℃，5cm/min，不小于	cm	50	40	30	20	60	50	40	—				T 0605
软化点，不小于	℃	45	50	55	60	45	48	50	48	52	56	60	T 0606
运动黏度，135℃，不大于	Pa·s	3											T 0625
闪点，不小于	℃	230				230			230				T 0611
溶解度，不小于	%	99				99			—				T 0607
弹性恢复，25℃，不小于	%	55	60	65	75	—			—				T 0662
黏韧性，不小于	N·m	—				5			—				T 0624
韧性，不小于	N·m	—				2.5			—				T 0624
储存稳定性　离析，48h 软化点差，不大于	℃	2.5				3			无改性剂明显析出，凝聚				T 0661
TFOT（或 RTFOT）后残留物													
质量变化，不大于	%	1.0											T 0609
针入度比，25℃，不小于	%	50	55	60	65	50	55	60	50	55	58	60	T 0610
延度，5℃，不小于	cm	30	25	20	15	30	20	10	—				T 0605

注：试验方法取自 JTG E20—2011。

3. 改性沥青的选用

在选用改性沥青时,首先要根据当地的气候条件和使用条件选择适当的基质沥青;再根据对沥青进行改性的目的和技术经济性能的要求,选择改性剂及其预估使用剂量;最后按照改性沥青的加工工艺,采用适宜的方法制作改性沥青样品,并分别测定改性沥青的技术指标,如不满足要求则调节改性剂的使用剂量进行试配和测试,直到满足要求为止。

6.2 沥青基防水材料

6.2.1 沥青防水卷材

卷材防水是常用的一种防水构造形式。沥青防水卷材由于卷材质量轻、防水性能良好、施工方便、能适应一定的温度变化和基层伸缩变形,因此在工业与民用建筑的防水工程中获得广泛应用。

沥青防水卷材包括以织物、纤维毡、金属箔等为胎基,两面浸涂沥青材料而制成的各种卷材和以橡胶或其他聚合物为改性材料制成的各种卷材。

1. 改性沥青卷材

改性沥青卷材是用聚合物对沥青进行改性。聚合物的掺量对改性的影响十分明显,一般掺量在 8% 以上。改性沥青所用材料有弹性及塑性两大类,弹性体有多种合成橡胶,塑性体有聚丙烯、聚乙烯、聚苯乙烯,其中用得最广的是苯乙烯-丁二烯-苯乙烯嵌段共聚物(SBS)、无规聚丙烯(APP)和非晶态丙烯共聚物(APAO)沥青改性剂,沥青经过改性后,提高了它的耐老化性能,可提高卷材的大气稳定性。常用的改性沥青卷材的品种有如下几种:

(1)沥青玻璃布卷材。沥青玻璃布卷材是用中蜡石油沥青或用高蜡石油沥青经过氯化锌处理后,再配低蜡沥青,用它涂盖玻璃布两面,并撒布粉状防粘物料而制成的,它是一种无机纤维为胎基的沥青防水卷材。这种卷材的耐化学侵蚀好,玻璃布胎不易腐烂,耐久性好,抗拉强度高,低温柔韧性较好,防水性能较高,可用于屋面防水层,也可用于地下防水、防腐及金属管道的防腐保护。

(2)沥青玻璃纤维胎卷材。沥青玻璃纤维胎卷材是以无定向玻璃纤维交织而成的薄毡为胎基,用优质氧化沥青或苯乙烯-丁二烯-苯乙烯嵌段共聚物(SBS)、无规聚丙烯(APP)、丁苯橡胶(SBR)等改性后的沥青浸涂薄毡两面,再以矿物粉、砂或片状砂砾作撒布料制成的卷材。沥青玻璃纤维胎卷材涂层有优良的耐热性和耐低温性,油毡有良好的抗拉强度,吸水率低,耐水性好。此外,玻璃纤维毡具有优良的耐化学侵蚀和耐微生物腐烂性能,使耐腐蚀性大大提高。沥青玻璃纤维胎卷材可用于屋面及地下防水层、防腐层及金属管道的防腐层等。

(3)弹性沥青单层油毡。弹性沥青单层油毡是以沥青为基料,用乙烯-醋酸乙烯酯树脂、苯乙烯-丁二烯共聚物、SBS 和 APP 为改性材料,并用玻璃纤维毡、聚酯、聚酰胺的合成纤维毡为胎基而制成的具有弹性的沥青单层油毡。弹性沥青单层油毡具有优良的抗水性和耐久性。

(4)自黏结改性沥青防水卷材。自黏结改性沥青防水卷材(简称自黏卷材),是指在常温下可以自行与基层或与卷材黏结的改性沥青防水卷材。自黏卷材是用铝箔、高密度聚乙烯薄膜改性的沥青经压延而成，它可以反射太阳光中的紫外线，使沥青的耐久性提高，也可反射红外线，降低太阳辐射对室内的干扰。高密度聚乙烯有较好的弹性，对卷材在使用过程中遇到的变形能起到缓冲及弹性恢复作用。

（5）金属箔改性沥青防水卷材。金属箔改性沥青防水卷材是以金属箔为胎基，用改性沥青制成的一种卷材。这种卷材对阳光反射性强，能降低房屋顶层的室内温度，并能提高卷材防水层的大气稳定性，它适用于作档次较高的建筑物屋面防水层的面层。

2．沥青油毡瓦

沥青油毡瓦是以玻璃纤维为胎基，以氧化沥青为浸涂材料，上撒彩色矿物粒料，下覆石英砂（或滑石粉）与塑料薄膜而成。沥青油毡瓦结构轻，有色彩，能装饰美化屋顶，油毡瓦正面有一自行黏结的黏结点，在阳光照射下能自行黏结为一体，故施工和维修都极为方便。油毡沥青瓦屋面在结冰、积雪时有较好的排水性。

沥青油毡瓦主要用于坡屋面，屋顶斜度最小为 $10°$，最大为 $85°$，但要求有可钉的底层。如为水泥基坡屋顶，则采用射钉枪钉、冷胶黏剂黏结在水泥基底上。

3．卷材胶黏剂

利用卷材作防水层，可以通过热熔、热粘、冷粘等方式将卷材固定在所需部位，当用作黏结时，则应选用胶黏剂。改性沥青胶黏剂是改性沥青类防水卷材的黏结材料，一般有冷沥青胶和热沥青胶两种，卷材胶黏剂主要用于卷材与卷材、卷材与基层的黏结。

6.2.2　沥青防水涂料

沥青防水涂料品种繁多，归纳起来分为沥青基防水涂料、改性沥青防水材料、高分子防水涂料三大类，各类均有许多产品。随着涂料工业的发展，近年来还出现了具有防水、防火、耐气候、有装饰性等功能的产品。

沥青防水涂料在常温下能形成有一定弹性的涂膜防水层，不仅无接缝，而且涂膜防水性好，能适应屋面、地面、地下防水的要求。施工操作简便，可喷、可涂，施工速度快。采用冷施工，避免了现场热熬时对环境的污染。屋面采用防水材料，不仅能减轻屋面荷重，降低成本，而且改善了劳动条件，便于操作与维修。

1．沥青基防水涂料

沥青基防水涂料是以沥青为成膜物质的防水涂料，有溶剂型和水乳型两大类。溶剂型因配制时大量使用有机溶剂，成膜时有机溶剂挥发，会引起环境污染；水乳型沥青防水涂料是以石油沥青、水、乳化剂、辅助材料等经乳化而制成，常用品种有乳化沥青防水涂料、石灰膏乳化沥青防水涂料等。

2．高聚物改性沥青防水涂料

沥青基防水涂料因其价格较低，生产工艺简单，使用方便，是世界各国普遍采用的产品。但普通沥青基防水涂料的弹性、延伸率及低温柔韧性均差，易引起渗漏，在地下易于再乳化，因而,近年来又发展了高聚物改性沥青防水涂料。常见的改性沥青防水涂料有氯丁胶乳沥青、SBS改性沥青、SBR改性沥青等。

(1)氯丁胶乳沥青防水涂料。氯丁胶乳沥青防水涂料是以沥青为基料、以氯丁橡胶为改性材料,经加工制备的一种水乳型防水涂料。这种涂料既保持了沥青的防水性,又以氯丁橡胶的弹性、耐候性改善沥青的冷脆性和热黏性,具有成膜快、强度高、防水、抗渗、耐老化、不延燃、无毒、抗基层变形能力强等优点,且操作方便,可冷作业施工,对于复杂的屋面、天沟,有振动的屋面尤为适宜,也可用于地下室的墙面和地面,厨、厕及室内地面防水,可对伸缩缝、天沟等漏水进行修补,做防腐地坪的防水隔离层等。

(2)SBS改性沥青防水涂料。SBS改性沥青防水涂料是以SBS弹性体对沥青改性后经乳化而成的水乳型厚质防水涂料,具有无毒、无味、无环境污染和不燃等优点,干燥速度快,不鼓泡,可在潮湿基层上施工,涂料稠度大,施工方便,运输和储存安全稳定,不易变质。它可单独作屋面、墙面、地面的防水及伸缩缝等特殊部位的防水处理,还可作SBS改性沥青卷材、APP改性沥青卷材的底涂料及黏结剂,以进行复合防水配套施工。

(3)SBR改性沥青防水涂料。SBR改性沥青防水涂料是由丁二烯和苯乙烯共聚而成的丁苯橡胶,掺入石油沥青中,可以使沥青的延伸性和针入度提高。SBR改性沥青防水涂料不仅适用于新建屋面、墙面、地面及地下室的防水处理,还可用于厨、厕及浴室等的防水,同时,也适合旧屋面的维修和伸缩等防水处理,施工要求与SBS同。

6.2.3 建筑密封材料

随着建筑防水、建筑节能、建筑装修的要求和建筑档次的逐步提高,建筑接缝的密封日显重要,因此,对建筑密封的需求量不断增大。建筑密封材料按材质分为改性沥青密封材料和合成高分子密封材料。改性沥青密封材料是以石油沥青为基料,用适量的合成聚合物进行改性,并加入化学助剂和填充材料配制而成的膏状密封材料。常见品种有SBS改性沥青弹性密封膏、橡胶沥青嵌缝油膏、橡胶桐油改性沥青嵌缝油膏等。

(1)SBS改性沥青弹性密封膏。它是用SBS热塑性弹性体对直馏沥青进行改性,并加入软化剂、防老剂配制而成。可用于建筑物的屋面、墙板的嵌缝,也适用于地下建筑或作屋面防水层及建筑物裂缝的修补。

(2)橡胶沥青嵌缝油膏。该密封膏是以石油沥青为基料,加入橡胶材料改性,并加入填充料,经混合而成。它具有黏结性好、伸缩率高的优点,能随基层的伸缩而伸缩,既能耐低温也能耐高温,有良好的防水防潮性能和耐老化性能。

(3)橡胶桐油改性沥青嵌缝油膏。它是用石油沥青为基料,以橡胶、桐油为改性材料,并加入助剂和填充料配制而成。它适用于混凝土屋面、墙板接缝、伸缩缝接缝和各种构筑物接缝的密封。

6.3 沥青混合料

沥青混合料是指矿物骨料与沥青结合料拌制而成的混合物的总称,沥青混合料经摊铺、压实成型后成为沥青路面。目前,沥青混合料是现代道路路面结构的主要材料之一,广泛应用于各类道路路面,尤其是高等级道路路面。它具有以下特点。

(1)具有良好的力学性质和路用性能,铺筑的路面平整无接缝,减振吸声,行车舒适。路表具有一定的粗糙度,且无强烈反光,有利于行车安全。

(2)采用机械化施工,有利于施工质量控制,施工后即可开放交通。

(3)便于分期修建和再生利用。

沥青混合料按照矿料的级配组成、骨料的公称最大粒径、沥青混合料的压实空隙率、沥青品种以及沥青混合料的制备工艺可以分为不同的种类。沥青混合料按结合料的不同分为石油沥青混合料和煤沥青混合料;按骨料的最大粒径,分为特粗式、粗粒式、中粒式、细粒式和砂粒式沥青混合料;按矿料级配,分为连续密级配沥青混凝土混合料、半开级配沥青混合料、开级配沥青混合料和间断级配沥青混合料;按施工条件分为热拌热铺沥青混合料、热拌冷铺沥青混合料、冷拌冷铺沥青混合料和温拌沥青混合料。

6.3.1　沥青混合料的组成结构

沥青混合料是由粗骨料、细骨料、填料与沥青以及外加剂所组成的一种复合材料。对于沥青混合料组成结构的研究,目前存在以下两种相互对立的理论。

(1)表面理论。按传统理解,沥青混合料是由粗骨料、细骨料和填料组成的密实矿质骨架,沥青结合料分布在其表面,从而将它们胶结成一个具有强度的整体。该理论较为突出矿质骨料的骨架作用,认为强度的关键是矿质骨料的强度和密实度。

(2)胶浆理论。胶浆理论是现代研究理论,把沥青混合料看作一种多级空间网状结构的分散系,主要分为粗分散系、细分散系和微分散系三级分散系。粗分散系是以粗骨料为分散相,分散在沥青砂浆的介质中;细分散系是以细骨料为分散相,分散在沥青胶浆的介质中;微分散系是以矿粉填料为分散相,分散在高稠度的沥青介质中。三级分散系中以沥青胶浆最为重要,它的组成结构决定沥青混合料的高温稳定性和低温变形能力。

沥青混合料的组成结构通常按其矿质混合料的组成分为悬浮密实型、骨架空隙型和骨架密实型三种类型,如图6-6所示,其类型结构与采用的级配密切相关。

图6-6　沥青混合料组成结构示意

(a)悬浮密实型;(b)骨架空隙型;(c)骨架密实型

1. 悬浮密实型结构

当沥青混合料采用连续型密级配矿质混合料时,由于混合料中各级配都有且细骨料较多粗骨料较少,矿质材料会形成由大到小相互嵌固的连续密实混合料。在这种混合料中,因为各级骨料均为次级骨料所隔开,因而不能直接靠拢而形成骨架,以悬浮状态处于较小颗粒之中。这种结构虽然密实度很高,有较高的黏聚力,但内摩擦角很小,高温稳定性很差。按照连续型密级配原理设计的沥青混凝土属于典型的悬浮密实型结构。

2. 骨架空隙型结构

当采用连续型开级配矿质混合料时,较大粒径石料彼此紧密相接,而较小粒径石料的数量较少,不足以充分填充大颗粒间的空隙而形成骨架空隙结构,沥青碎石混合料多属于此类型。这种结构的沥青混合料,粗骨料能充分形成骨架,骨料之间的嵌挤力和内摩擦力起到重要作用。因此,这种沥青混合料受沥青材料性质的变化影响较小,因而热稳定性较好,但沥青与矿料的黏结力较小、空隙率大,耐久性较差。

3. 骨架密实型结构

当采用间断型密级配矿质混合料时,矿质混合料既有足够数量的粗骨料形成骨架,粗骨料间空隙中又有适量的细骨料填充,并形成较为密实的结构,此结构类型的沥青混合料的密实度、强度和稳定性都较好,是一种较理想的结构类型。

6.3.2 沥青混合料的强度理论

沥青路面的主要破坏形式是高温产生车辙和低温出现裂缝。高温产生车辙的原因为,在高温时由于抗剪强度不足或塑性变形过大而产生推挤等现象;低温开裂的原因是,由于低温时抗拉强度不足或变形能力较差而产生裂缝现象。因此,沥青混合料的强度和稳定性理论主要是要求沥青混合料在高温时必须有一定的抗剪强度和抵抗变形的能力。

1. 沥青混合料的强度理论

可利用库仑理论来分析沥青混合料的强度和稳定性,如式(6-5)所示,通过对圆柱形沥青混合料试件进行三轴剪切试验可知,沥青混合料的抗剪强度主要取决于黏聚力和内摩擦角两个参数,即

$$\tau = C + \sigma \tan\varphi \tag{6-5}$$

式中,τ 为沥青混合料的抗剪强度,MPa;C 为沥青混合料的黏聚力,MPa;φ 为沥青混合料的内摩擦角,rad;σ 为沥青混合料所承受的压应力,MPa。

2. 影响沥青混合料抗剪强度的主要因素

影响沥青混合料抗剪强度的因素有内因和外因两种,内因包括沥青黏度、骨料级配、粒径与颗粒状态、沥青用量、矿料比表面积等;外因主要是指温度和变形速率的影响。

(1) 沥青黏度。从沥青混合料材料本身的内部结构来看,它是利用沥青将矿质骨料胶结而成的整体,沥青黏度的大小直接决定了混合料的黏聚力(C),当其他条件一定时,沥青混合料的黏聚力随着沥青黏度的提高而增加,而同时内摩擦角亦稍有提高,因此沥青混合料具有较高的抗剪强度。

(2) 骨料级配、粒径与颗粒状态。合理的矿质骨料级配将会使其颗粒间形成较为稳定的相互嵌锁结构,颗粒间相互摩阻的约束力也较大,粗粒式沥青混合料的内摩擦角要比细粒

式和砂粒式沥青混合料大,因此采用合理的级配可以提高沥青混合料的抗剪强度。

（3）沥青用量。沥青用量是影响沥青混合料抗剪强度的重要因素,当沥青用量很小时,还不足以形成结构沥青的薄膜来黏结矿料颗粒,此时,沥青混合料的黏聚力小,内摩擦角大。随着沥青用量的增加,逐渐形成结构沥青,沥青与矿料间的黏附力随着沥青的用量增加而增加。当沥青用量足以形成薄膜并充分黏附在矿粉颗粒表面时,具有最大的黏聚力。随着沥青用量的继续增加,过多的沥青形成了自由沥青,使沥青胶浆的黏聚力随着自由沥青的增加而降低。沥青用量不仅影响沥青混合料的黏聚力,同时也影响沥青混合料的内摩擦角。

（4）矿料比表面积。在相同的沥青用量条件下,矿料的比表面积越大,与沥青产生交互作用形成的沥青膜越薄,则在沥青中结构沥青所占比率越大,因而沥青混合料的黏聚力越高。

（5）温度。沥青混合料是一种热塑性材料,它的抗剪强度及力学稳定性随着温度的升高明显降低。在材料参数中,黏聚力值随着温度升高而显著降低,但是内摩擦角受温度变化的影响较小。

（6）变形速率。沥青混合料为黏弹性材料,其抗剪强度与变形速率密切相关。当其他条件相同时,黏聚力随变形速率的增加而显著提高,而变形速率对沥青混合料的内摩擦角影响较小。

6.3.3　沥青混合料的技术性质与技术标准

沥青混合料作为目前最常用的路面面层材料,需要满足各种使用要求,能承受车辆行驶的反复荷载及气候因素的作用而不产生车辙、裂缝、剥落等破坏。因此沥青混合料应当具有较好的抗高温变形、抗低温脆裂、抗滑性、耐久性和施工和易性等技术性质,以保证沥青路面经久耐用。

1. 高温稳定性

沥青混合料的高温稳定性是指在高温条件下,承受多次重复荷载作用而不发生过大的累积塑性变形的能力。沥青路面在车辆荷载的作用下将产生弹性变形和塑性变形,过大的塑性变形会造成沥青路面产生车辙、波浪及拥包等现象,特别是在高温和受到荷载重复作用下,沥青混合料的塑性变形会显著增加。评价沥青混合料高温稳定性的方法有多种,按我国现行规范要求采用马歇尔稳定度试验和车辙试验方法对其进行测定与评价。

1）马歇尔试验

马歇尔试验是检验和评定沥青混合料高温稳定性的常用方法。马歇尔试验用于测定沥青混合料试件的破坏荷载和抗变形能力,是将沥青混合料制成直径为 101.6mm、高为 63.5mm 的圆柱体试件,在 60℃ 水浴条件下,保温 30～40min（大型马歇尔试件为 45～60min）,然后将试件放置于马歇尔稳定度仪上,以（50±5）mm/min 的变形速度加速,当试验荷载达到最大值时,读取稳定度（MS）、流值（FL）、马歇尔模数（T）三项指标。

马歇尔稳定度指在规定温度与加荷速度下,标准尺寸试件可承受的最大荷载,kN;流值是最大荷载时试件的垂直变形（以 0.1mm 计）;马歇尔模数则是稳定度与其流值之比,见下式:

$$T = \frac{\mathrm{MS} \times 10}{\mathrm{FL}} \tag{6-6}$$

式中，T 为马歇尔模数，kN/mm；MS 为稳定度，kN；FL 为流值，以 0.1mm 计。

我国现行规范《公路沥青路面施工技术规范》(JTG F40—2004)对密级配沥青混凝土混合料的马歇尔试验技术标准见表 6-9。

表 6-9　密级配沥青混凝土混合料马歇尔试验技术标准

试验指标		单位	高速公路、一级公路				其他等级公路	行人道路
			夏炎地区		夏热区及夏凉区			
			中轻交通	重载交通	中轻交通	重载交通		
击实次数（双面）		次	75				50	50
试件尺寸		mm	$\phi 101.6 \times 63.5$					
空隙率（VV）	深约 90mm 以内	%	3～5	4～6	2～4	3～5	3～6	2～4
	深约 90mm 以下	%	3～6		2～4	3～6	3～6	
稳定度 MS，不小于		kN	8				5	3
流值 FL		mm	2～4	1.5～4	2～4.5	2～4	2～4.5	2～5
矿料间隙率（VMA）	设计空隙率/%		相应于以下公称最大粒径(mm)的最小 VMA 及 VFA 技术要求					
			26.5	19	16	13.2	9.5	4.75
	2		10	11	11.5	12	13	15
	3		11	12	12.5	13	14	16
	4		12	13	13.5	14	15	17
	5		13	14	14.5	15	16	18
	6		14	15	15.5	16	17	19
沥青饱和度（VFA）/%			55～70	65～75			70～85	

2）车辙试验

由于马歇尔稳定度试验中试件承受荷载的状态与在道路工程中所承受运动车轮荷载的状态有较大差别，难以全面正确地反映沥青混合料的抗车辙能力。为此，对用于高速公路、一级公路和城市快速路、主干路沥青路面的上面层和中面层所用的沥青混凝土混合料进行配合比设计时，还应进行车辙试验来检验其抗车辙的能力。

目前车辙试验是采用标准成型的方法，将沥青混合料制成 300mm×300mm×50mm 的标准试件，在 60℃温度条件下，以一定荷载的轮子（轮压 0.7MPa），在同一轨迹上作一定时间的反复行走，形成一定的车辙深度，然后计算试件变形 1mm 所需试验车轮行走的次数，即为动稳定度，按下式计算：

$$\mathrm{DS} = \frac{(t_2 - t_1) \times N}{d_2 - d_1} \times C_1 \times C_2 \tag{6-7}$$

式中，DS 为沥青混合料动稳定度，次/mm；d_1、d_2 为时间 t_1 和 t_2 的变形量（一般 $t_1=45\mathrm{min}$，$t_2=60\mathrm{min}$），mm；C_1 为试验机修正系数，曲柄连杆驱动加速轮往返运行方式为 1.0；C_2 为试件系数，实验室制备宽 300mm 的试件为 1.0；N 为试验轮往返碾压速度，通常为 42 次/min。

影响沥青混合料高温稳定性的主要因素有沥青的用量、黏度和矿料的级配、尺寸、形状等。沥青用量过大,不仅降低沥青混合料的内摩阻力,而且在夏季容易产生泛油现象,因此,适当减少沥青用量,可使矿料颗粒更多地以结构沥青的形式相联结,增加沥青混合料的黏聚力和内摩阻力。沥青的高温黏度越大,与骨料的黏附性越好,相应的沥青混合料的抗高温变形能力就越强。

2. 低温抗裂性

沥青混合料不仅应具备高温稳定性,同时还要具有低温的抗裂性,以保证路面在冬季低温时不产生裂缝。沥青混合料的低温抗裂性是指低温下沥青混合料抵抗低温开裂的能力。沥青混合料路面是在高温下所形成的结构,在降温过程中会产生体积收缩,且变得硬脆。沥青混合料路面的低温收缩开裂主要有两种形式:一种是由于气温骤降造成材料低温收缩,在有约束的沥青混合料面层内产生的温度应力超过沥青混合料在相应温度下的抗拉强度时就会造成开裂;另一种是低温收缩疲劳裂缝,这是由于在经受长期多次的温度循环后,沥青混合料的极限拉伸应变变小,应力松弛性能降低,这样会导致在降温过程中沥青混合料路面更容易开裂,这种裂缝主要发生在温度变化频繁的温和地区。

目前,尚无规定的反映沥青混合料低温抗裂性的具体指标,我国现行规范建议采用低温线收缩系数试验、低温弯曲试验及低温劈裂试验评价沥青混合料的低温抗裂性能。《公路沥青路面施工技术规范》(JTG F40—2004)规定,沥青混合料配合比设计的低温抗裂性能检验采用低温弯曲试验,是将轮碾成型后切制的 250mm×30mm×35mm 棱柱体小梁试件,跨径200mm,按 50mm/min 的加载速度在跨中施加集中荷载至断裂破坏。由破坏时的最大荷载求得试件的抗弯强度,由破坏时跨中挠度求得沥青混合料的破坏弯拉应变,两者之比值为破坏时的弯曲劲度模量。沥青混合料的低温抗裂性能与其低温劲度模数成反比。

3. 疲劳特性

沥青混合料的疲劳破坏是指在重复应力作用下,在低于静载一次作用下的极限应力时发生的破坏。沥青路面在使用过程中,受到车辆荷载的反复作用,或者受到环境温度交替变化所产生的温度应力作用,长期处于应力应变反复变化的状态。随着荷载作用次数的增加,材料内部缺陷、微裂纹不断扩展,路面结构强度逐渐衰减,直至最后发生疲劳破坏,路面出现裂缝。

影响沥青路面疲劳性能的因素主要包括沥青混合料的材料组成特性和疲劳试验条件。

4. 耐久性

沥青混合料的耐久性是指其在光照、温度、水、风等自然因素和行车荷载的长期作用下能保持其原有性能的能力。沥青的耐久性包括耐老化性、耐疲劳性和水稳定性。为保证沥青路面具有足够的使用年限,沥青混合料必须具有良好的耐久性。沥青混合料的耐久性评价可采用浸水马歇尔试验和真空饱水试验,有时还可采用浸水劈裂试验、冻融劈裂试验、浸水车辙试验等方法。

沥青混合料的耐久性与组成材料的性质和配合比有密切关系,首先,沥青在使用过程中,组分会发生转化,油分减少,胶质和沥青质增加,使沥青的塑性逐渐减小,脆性增加,路用性能降低,用改性剂对沥青进行改性可以减缓沥青的老化,增加其耐久性;其次,沥青混合料应有较高的密实度和较小的空隙率,以防止水分和氧气渗入和减少阳光对沥青材料的老化作用。

5. 抗滑性

为保证汽车在路面上安全行驶,沥青混合料路面应具有较好的抗滑性。《公路沥青路面设计规范》(JTG D50—2017)规定以横向力系数 SFC_{60} 和路面宏观构造深度 TD(mm) 为主要指标,如表 6-10 所示,高速公路、一级公路以及山岭重丘区二级和三级公路的路面在交工验收时,其抗滑技术指标应满足表 6-10 的技术要求。

表 6-10　抗滑技术指标

年平均降雨量/mm	交工检测指标值	
	横向力系数 SFC_{60}	构造深度 TD/mm
>1000	≥54	≥0.55
500~1000	≥50	≥0.50
250~500	≥45	≥0.45

沥青路面抗滑性能与骨料的表面结构(粗糙度)、级配组成、沥青用量等因素有关。为保证抗滑性能,面层骨料应选择粗糙、坚硬、耐磨、抗冲击性好、耐磨性高的粗骨料。沥青路面的抗滑性能还与沥青混合料的沥青用量密切相关,当沥青用量超过最佳用量的 0.5% 时,就会使沥青路面的抗滑系数明显降低,特别应选用含蜡量低的沥青,以免沥青表层出现滑溜现象。

6. 施工和易性

为保证路面施工质量,沥青混合料应具备良好的施工和易性,使其易于拌和、摊铺和碾压而又不容易发生离析。

影响沥青混合料施工和易性的主要因素是混合料的级配和沥青用量,如果粗、细骨料的颗粒大小相差过大,缺少中间尺寸颗粒,则混合料容易发生离析;若细骨料过少,沥青层不容易均匀地分布在粗颗粒表面;若细骨料过多,则难以拌和均匀。若沥青用量过少,或矿料含量过多时,混合料容易出现疏松,不易压实;若沥青用量过多,或矿粉质量不好,混合料容易黏结成块,不利摊铺。

6.3.4　沥青混合料组成材料的技术要求

沥青混合料的技术性质随着混合料的组成材料的性质、配合比和制备工艺等因素的差异而改变。因此,制备沥青混合料时,应严格控制其组成材料的质量。

1. 沥青混合料对沥青技术性质的要求

沥青是沥青混合料的黏结剂,是混合料中最重要的组成材料,其性能的好坏直接影响沥青混合料的技术性质。

不同型号的沥青材料具有不同的技术标准,适用于不同等级、不同类型的路面。为满足沥青混合料路面强度、稳定性、施工和易性和足够的路面耐久性,所用沥青材料的技术性质应满足环境与使用条件的要求。对于炎热地区、交通繁重的道路、细粒式或砂粒式混合料,应采用稠度较高的沥青以免夏季泛油;寒冷地区宜选用稠度较小、延度较大的沥青,以免冬季产生裂缝。

2.沥青混合料对粗骨料技术性质的要求

沥青混合料的粗骨料要求洁净、干燥、无风化、无杂质,并且具有足够的强度和耐磨性。《公路沥青路面施工技术规范》(JTG F40—2004)对不同等级的道路沥青混合料路面所用的粗骨料的主要物理力学性质要求见表 6-11,粗骨料的粒径规格应按表 6-12 的规定生产和使用。

表 6-11　沥青混合料用粗骨料质量技术要求

指　标	单位	高速公路、一级公路		其他等级公路	试验方法
		表面层	其他面层		
石料压碎值,不大于	%	26	28	30	T 0316
洛杉矶磨耗损失,不小于	%	28	30	35	T 0317
表观相对密度,不大于	t/m³	2.60	2.50	2.45	T 0304
吸水率,不大于	%	2.0	3.0	3.0	T 0304
坚固性,不大于	%	12	12	—	T 0314
针片状颗粒含量,不大于	%	15	18	20	T 0312
其中粒径大于 9.5mm,不大于	%	12	15	—	
其中粒径小于 9.5mm,不大于	%	18	20	—	
小于 0.075mm 颗粒含量,不大于	%	1	1	1	T 0310
软石含量,不大于	%	3	5	5	T 0320

表 6-12　沥青混合料用粗骨料规格

规格名称	公称粒径/mm	通过下列筛孔(mm)的质量百分率/%												
		106	75	63	53	37.5	31.5	26.5	19.0	13.2	9.5	4.75	2.36	0.6
S1	40～75	100	90～100			0～15		0～5						
S2	40～60		100	90～100		0～15		0～5						
S3	30～60		100	90～100			0～5		0～5					
S4	25～50			100	90～100		0～15			0～5				
S5	20～40				100	90～100		0～15			0～5			
S6	15～30					100	90～100		0～15			0～5		
S7	10～30						100	90～100			0～15		0～5	

规格名称	公称粒径/mm	通过下列筛孔(mm)的质量百分率/%												
		106	75	63	53	37.5	31.5	26.5	19.0	13.2	9.5	4.75	2.36	0.6
S8	10~25					100	90~100		0~15		0~5			
S9	10~20						100	90~100		0~15	0~5			
S10	10~15							100	90~100	0~15	0~5			
S11	5~15							100	90~100	40~70	0~15	0~5		
S12	5~10								100	90~100	0~15	0~5		
S13	3~10								100	90~100	40~70	0~20	0~5	
S14	3~5									100	90~100	0~15	0~3	

3. 沥青混合料对细骨料的技术性质要求

用于拌制沥青混合料的细骨料是指粒径小于 2.36mm 的天然砂、人工砂或石屑,应洁净、干燥、无风化、无杂质,并有适当的颗粒级配,其质量应符合表 6-13 的规定。根据《公路沥青路面施工技术规范》(JTG F40—2004)的规定,细骨料的洁净程度,天然砂以小于 0.075mm 含量的百分数表示,石屑和机制砂以砂当量(适用于 0~4.75mm)或亚甲蓝值(适用于 0~2.36mm 或 0~0.15mm)表示。

表 6-13　沥青混合料用细骨料质量要求

项　目	单位	高速公路、一级公路	其他等级公路	试验方法
表观相对密度,不小于	t/m³	2.50	2.45	T 0328
坚固性(>0.3mm 部分),不小于	%	12	—	T 0340
含泥量(小于 0.075mm 的含量),不大于	%	3	5	T 0333
砂当量,不小于	%	60	50	T 0334
亚甲蓝值,不大于	g/kg	25	—	T 0349
棱角性(流动时间),不小于	s	30	—	T 0345

天然砂可采用河砂或海砂,通常宜采用粗、中砂,其规格应满足表 6-14 的规定。热拌密级配沥青混合料中天然砂的用量通常不宜超过骨料总量的 20%,沥青玛琋脂碎石混合料(SMA)和开级配抗滑磨耗层(OGFC)混合料不宜使用天然砂。

表 6-14　沥青混合料用天然砂规格

筛孔尺寸 /mm	通过各孔筛的质量百分率/%		
	粗砂	中砂	细砂
9.5	100	100	100
4.75	90～100	90～100	90～100
2.36	65～95	75～90	85～100
1.18	35～65	50～90	75～100
0.6	15～30	30～60	60～84
0.3	5～20	8～30	15～45
0.15	0～10	0～10	0～10
0.075	0～5	0～5	0～5

石屑是采石场破碎石料时通过 4.75mm 或 2.36mm 筛孔的筛下部分,其规格应符合表 6-15 的要求。高速公路和一级公路的沥青混合料,宜将 S14 与 S16 组合使用,S15 可在沥青稳定碎石基层或其他等级公路中使用。

表 6-15　沥青混合料用机制砂或石屑规格

规格	公称粒径 /mm	水洗法通过各筛孔的质量百分率/%							
		9.5	4.75	2.36	1.18	0.6	0.3	0.15	0.075
S15	0～5	100	90～100	60～90	40～75	20～55	7～40	2～20	0～10
S16	0～3	—	100	80～100	50～80	25～60	8～45	0～25	0～15

4. 沥青混合料对填料的技术性质要求

沥青混合料用填料是指粒径小于 0.075mm 的矿质粉末(简称矿粉),通常采用石灰岩或岩浆岩中的强碱性岩石磨细的矿粉,除要求其干燥、洁净外,还应满足表 6-16 所示的物理性质要求。当采用粉煤灰作为填料时,其用量不宜超过填料总量的 50%,并要求粉煤灰与沥青具有良好的黏附性,且烧失量应小于 12%,塑性指数应小于 4%。高速公路、一级公路的沥青面层不宜采用粉煤灰作填料。

表 6-16　沥青混合料用矿粉质量要求

项　　目	单位	高速公路、一级公路	其他等级公路	试验方法
表观相对密度,不小于	t/m³	2.50	2.45	T 0352
含水量,不大于	%	1	1	T 0103,烘干法
粒度范围				
＜0.6mm	%	100	100	T 0351
＜0.15mm	%	90～100	90～100	
＜0.075mm	%	75～100	70～100	
外观	—	无团粒结块		—
亲水系数	—	＜1		T 0353
塑性指数	—	＜4		T 0354
加热安定性	—	实测记录		T 0355

6.3.5 沥青混合料配合比设计

1. 确定矿质混合料配合比

热拌沥青混合料适用于各种等级公路的沥青路面,其种类应考虑骨料公称最大粒径、矿料级配、空隙率等因素,其分类见表 6-17。

表 6-17 热拌沥青混合料种类

| 混合料类型 | 密级配 | | | 开级配 | | 半开级配 | 公称最大粒径/mm | 最大粒径/mm |
| | 连续级配 | | 间断级配 | 间断级配 | | | | |
	沥青混凝土	沥青稳定碎石	沥青玛琦脂碎石	排水式沥青磨耗层	排水式沥青碎石基层	沥青稳定碎石		
特粗式	—	ATB-40	—	—	ATPB-40	—	37.5	53.0
粗粒式	—	ATB-30	—	—	ATPB-30	—	31.5	37.5
	AC-25	ATB-25	—	—	ATPB-25	—	26.5	31.5
中粒式	AC-20	—	SMA-20	—	—	AM-20	19.0	26.5
	AC-16	—	SMA-16	OGFC-16	—	AM-16	16.0	19.0
细粒式	AC-13	—	SMA-13	OGFC-13	—	AM-13	13.2	16.0
	AC-10	—	SMA-10	OGFC-10	—	AM-10	9.5	13.2
砂粒式	AC-5	—	—	—	—	AM-5	4.75	9.5
设计空隙率/%	3~5	3~6	3~4	>18	>18	6~12		

沥青混合料的设计级配宜在《公路沥青路面施工技术规范》(JTG F40—2004)规定的级配范围内,如表 6-18 所示,根据公路等级、工程性质、气候条件、交通条件、材料品种,通过对条件大体相当的工程的使用情况进行调查研究后调整确定,必要时允许超出规范级配范围。

表 6-18 密级配沥青混凝土混合料矿料级配范围

| 级配类型 | | 通过下列筛孔(mm)的质量百分率/% | | | | | | | | | | | | |
		31.5	26.5	19	16	13.2	9.5	4.75	2.36	1.18	0.6	0.3	0.15	0.075
粗粒式	AC-25	100	90~100	75~90	65~83	57~76	45~65	24~52	16~42	12~33	8~24	5~17	4~13	3~7
中粒式	AC-20		100	90~100	78~92	62~80	50~72	26~56	16~44	12~33	8~24	5~17	4~13	3~7
	AC-16			100	90~100	76~92	60~80	34~62	20~48	13~36	9~26	7~18	5~14	4~8
细粒式	AC-13				100	90~100	68~85	38~68	24~50	15~38	10~28	7~20	5~15	4~8
	AC-10					100	90~100	45~75	30~58	20~44	13~32	9~23	6~16	4~8
砂粒式	AC-5						100	90~100	55~75	35~55	20~40	12~28	7~18	5~10

对夏季温度高、高温持续时间长、重载交通多的路段,宜选用粗型密级配沥青混合料,并取较高的设计空隙率。对冬季温度低且低温持续时间长的地区,或者重载交通较少的路段,宜选用细型密级配沥青混合料,并取较低的设计空隙率。

为确保高温抗车辙能力,同时兼顾低温抗裂性能的需要,配合比设计时宜适当减少公称最大粒径附近的粗骨料用量,减少 0.6mm 以下部分细粉的用量,使中等粒径骨料较多,形成 S 型级配曲线,并取中等或偏高水平的设计空隙率。

矿料级配曲线按《公路工程沥青及沥青混合料试验规程》(JTG E20—2011)T 0725 的方法绘制。以原点与通过骨料最大粒径100%的点的连线作为沥青混合料的最大密度线。

2. 确定最佳沥青用量

《公路沥青路面施工技术规范》(JTG F40—2004)采用马歇尔试验确定沥青混合料的最佳沥青用量,以 OAC 表示。确定最佳沥青用量,首先应根据当地的实践经验选择适宜的沥青用量,分别制作几组级配的马歇尔试件,测定试件的矿料间隙率(VMA),初选一组满足或接近设计要求的级配要求作为设计级配,再进行马歇尔试验确定最佳沥青用量。

先应根据矿质混合料的合成毛体积相对密度和合成表观密度等物理常数,按式(6-8)和式(6-9)预估沥青混合料适宜的沥青掺量:

$$P_a = \frac{P_{a1} \times \gamma_{sb1}}{\gamma_{sb}} \tag{6-8}$$

$$P_b = \frac{P_a}{1 + \gamma_{sb}} \times 100\% \tag{6-9}$$

式中,P_a 为预估的最佳油石比,%;P_b 为预估的最佳沥青用量,$P_b = P_a/(1+P_a) \times 100\%$,%;$P_{a1}$ 为已建类似工程沥青混合料的标准油石比,%;γ_{sb} 为骨料的合成毛体积相对密度;γ_{sb1} 为已建类似工程骨料的合成毛体积相对密度。

以此预估值为中值,向两侧分别按一定含量扩展,形成 5 个或 5 个以上不同油石比的组,再按已确定的矿质混合料的配合比计算,称取各组马歇尔试件的矿料用量及沥青用量,最后根据马歇尔试验规定的击实方法成型试件。

测定其表观密度(通常为水中重法),并测定马歇尔稳定度和流值,根据所测值计算其空隙率、饱和度及矿料间隙率等物理指标。

沥青混合料试件的理论最大密度是指经充分压实后,试件全部矿料(包括矿料内部孔隙)和沥青所组成(空隙率为零)的最大密度,可按下式计算:

$$\gamma_{ti} = \frac{1 + P_{ai}}{\dfrac{1}{\gamma_{se}} + \dfrac{P_{ai}}{\gamma_b}} \tag{6-10}$$

$$\gamma_{ti} = \frac{1}{\dfrac{P_{si}}{\gamma_{se}} + \dfrac{P_{bi}}{\gamma_b}} \tag{6-11}$$

式中,γ_{ti} 为相对于计算沥青用量 P_{bi} 时沥青混合料的最大理论相对密度;P_{ai} 为所计算的沥青混合料中的油石比,%;P_{bi} 为所计算的沥青混合料的沥青用量,$P_{bi} = P_{ai}/(1+P_a) \times 100\%$,%;$P_{si}$ 为所计算的沥青混合料的矿料含量,$P_{si} = 100\% - P_{bi}$,%;γ_{se} 为矿料的有效相对密度;γ_b 为沥青的相对密度(25℃/25℃),无量纲。

沥青混合料的空隙率、矿料间隙率(VMA)、有效沥青的饱和度(VFA)等指标按以下公

式计算:

$$VV = \left(1 - \frac{\gamma_f}{\gamma_t}\right) \times 100\% \tag{6-12}$$

$$VMA = \left(1 - \frac{\gamma_f}{\gamma_{sb}} \times P_s\right) \times 100\% \tag{6-13}$$

$$VFA = \frac{VMA - VV}{VMA} \times 100\% \tag{6-14}$$

式中,VV 为试件的空隙率,%;VMA 为试件的矿料间隙率,%;VFA 为试件的有效沥青饱和度(有效沥青含量占 VMA 的体积比例),%;γ_f 为试件的毛体积相对密度;γ_t 为沥青混合料的最大理论相对密度;P_s 为各种矿料占沥青混合料总质量的百分率之和,即 $P_s = 100\% - P_b$,%;γ_{sb} 为矿料混合料的合成毛体积相对密度。

以油石比或沥青用量为横坐标,以马歇尔试验的各项指标为纵坐标,将试验结果点入图中,连成圆滑的曲线如图 6-7 所示。确定均符合《公路沥青路面施工技术规范》(JTG F40—2004)规定的沥青混合料技术标准的沥青用量范围 $OAC_{min} \sim OAC_{max}$。选择的沥青用量范围必须涵盖设计空隙率的全部范围,并尽可能涵盖沥青饱和度的要求范围,并使密度及稳定

图 6-7　沥青用量-马歇尔试验物理、力学指标关系曲线

度曲线出现峰值。如果没有涵盖设计空隙率的全部范围,试验必须扩大沥青用量范围重新进行。

在曲线上求取相应于密度最大值、稳定度最大值、目标空隙率(或中值)、沥青饱和度范围的中值的沥青用量 a_1、a_2、a_3、a_4,取平均值作为 OAC_1,见下式:

$$OAC_1 = (a_1 + a_2 + a_3 + a_4)/4 \tag{6-15}$$

如果所选择的沥青用量范围未能涵盖沥青饱和度的要求范围,则按下式求取三者的平均值作为 OAC_1:

$$OAC_1 = (a_1 + a_2 + a_3)/3 \tag{6-16}$$

对所选择试验的沥青用量范围,密度或稳定度没有出现峰值(最大值经常在曲线的两端)时,可直接以目标空隙率所对应的沥青用量 a_3 作为 OAC_1,但 OAC_1 必须介于 $OAC_{min} \sim OAC_{max}$ 的范围内,否则应重新进行配合比设计。

以各项指标均符合技术标准(不含 VMA)的沥青用量范围 $OAC_{min} \sim OAC_{max}$ 的中值作为 OAC_2,如下式所示:

$$OAC_2 = (OAC_{min} + OAC_{max})/2 \tag{6-17}$$

根据 OAC_1 和 OAC_2 综合确定沥青最佳用量 OAC。按最佳沥青用量的初始值 OAC_1,在图中求取各项指标值,检查其是否符合规定的马歇尔试验指标,同时检验矿料间隙率是否符合要求。若这些指标能够符合要求,则由 OAC_1 及 OAC_2 综合决定最佳沥青用量 OAC,如下式所示:

$$OAC = (OAC_1 + OAC_2)/2 \tag{6-18}$$

若这些指标不能符合要求,应调整级配后重新进行配合比设计和马歇尔试验,直至各项指标均能符合要求为止。

按最佳沥青用量 OAC 制作马歇尔试件,并进行浸水马歇尔试验,检验其残留稳定度是否合格。

按最佳沥青用量 OAC 配比制作车辙试验试件,在 60℃温度条件下进行高温抗车辙能力检验。当最佳沥青用量 OAC 与两个初始值 OAC_1 和 OAC_2 相差较大,宜按照 OAC、OAC_1 或 OAC_2 的沥青用量分别制作试件进行车辙试验,并根据试验结果确定最佳沥青用量。当采用上述三种配合比均不满足规定要求时,应重新进行配合比设计。

3. 沥青混合料配合比设计实例

试设计某高速公路沥青混凝土路面用沥青混合料的配合比,原始资料如下。

道路等级:高速公路;路面类型:沥青混凝土路面;结构形式:三层式沥青混凝土路面上面层;气候条件:最低月平均气温 −4℃。

材料性能如下。

(1) 沥青材料:可供应道路石油沥青 50 号、70 号和 90 号。各项技术指标均符合规范要求。

(2) 矿质材料:①粗骨料。碎石和石屑由玄武岩轧制而成,饱水抗压强度为 120MPa,洛杉矶磨耗损失为 12%,黏附性(水煮法)为 V 级,表观密度为 2.70g/cm³。②细骨料。砂采用玄武岩,表观密度为 2.65g/cm³。③矿粉。石灰石磨细石粉,粒度范围符合技术要求,无团粒结块,密度为 2.72g/cm³。矿质骨料的级配见表 6-19。

表 6-19 矿质骨料筛分结果

原材料	通过下列筛孔(mm)的质量/%									
	16.0	13.2	9.5	4.75	2.36	1.18	0.6	0.3	0.15	0.075
碎石	100	90.5	44.2	6.3	1.2	0				
石屑			100	81.3	60.4	25.8	14.3	8.4	3.8	1.6
砂				100	98.7	93.2	75.6	52.8	20.3	2.0
矿粉							100	99.3	96.8	82.3

设计要求:

(1) 确定各种矿质材料的配合比;

(2) 用马歇尔试验确定最佳沥青用量。

解:

(1) 矿质混合料级配范围的确定

由原始资料可知,沥青混合料用于高速公路三层式沥青混凝土上面层,依据有关标准,沥青混合料可选用细粒式 AC-13。AC-13 沥青混凝土的矿质混合料级配范围见表 6-20。

表 6-20 AC-13C 矿质混合料要求级配范围

级配范围	通过下列筛孔(mm)的质量百分率/%									
	16.0	13.2	9.5	4.75	2.36	1.18	0.6	0.3	0.15	0.075
下限	100	90	60	32	24	16	12	8	6	4
上限	100	100	74	46	36	26	20	16	12	8
中值	100	95	67	39	30	21	16	12	9	6

(2) 矿质混合料配合比设计

根据矿质骨料的筛分结果及有关规定,采用图解法或试算法求出矿质骨料的比例关系,并进行调整,使合成级配尽量接近要求级配范围中值。经调整后的矿料合成级配计算结果列于表 6-21。

表 6-21 矿质混合料合成级配计算

设计混合料配合比	通过下列筛孔(mm)的质量百分率/%									
	16.0	13.2	9.5	4.75	2.36	1.18	0.6	0.3	0.15	0.075
碎石,58%	58	52.5	25.6	3.7	0.7	0	0	0	0	0
石屑,26%	26	26	26	21.1	15.7	6.7	3.7	2.2	1.0	0.4
砂,10%	10	10	10	10	9.9	9.3	7.6	5.3	2.0	0.2
矿粉,6%	6	6	6	6	6	6	6	6	5.8	4.9
合成级配	100	94.5	67.6	40.8	32.3	22.0	17.3	13.5	8.8	5.5
要求级配	100	90~100	60~74	32~46	24~36	16~26	12~20	8~16	6~12	4~8
级配中值	100	95	67	39	30	21	16	12	9	6

由此可得出矿质混合料的组成为：碎石 58%；石屑 26%；砂 10%；矿粉 6%。

(3) 确定沥青最佳用量

① 根据当地气候最低月平均温度为 −4℃，可知此地区属于温区，采用 70 号沥青。

按上述计算所得的矿质骨料级配及规范推荐沥青用量范围，细粒式沥青混凝土（AC-13C）的沥青用量范围为 4.0%～6.5%，沥青用量采用 4.2%、4.6%、5.0%、5.4%、5.8%，制备 5 组马歇尔试件，每组试件各 5 个。试件拌制温度为 150℃，试件成型温度为 135℃，击实次数为双面各击 75 次。

② 试件成型后放置 24h，达到常温后测定各项指标。先测物理指标，测定其表观密度，并计算其空隙率、矿料间隙率、沥青饱和度等结构参数；再测试件的力学性能指标，在 60℃ 水中恒温 35min 后测定其马歇尔稳定度和流值。以沥青用量为横坐标，以毛体积密度、空隙率、饱和度、稳定度、流值为纵坐标，画出沥青用量和它们之间的关系曲线，如图 6-8 所示。

③ 从图中取相应于密度最大的沥青用量 a_1，相应于稳定度最大值的沥青用量为 a_2，相应于规定空隙率范围中值的沥青用量 a_3，以三者的平均值作为最佳沥青用量的初始值 OAC_1。

从图中可以看出，$a_1 = 5.4\%$，$a_2 = 5.0\%$，$a_3 = 5.0\%$。则

$$OAC_1 = (a_1 + a_2 + a_3)/3 = 5.13\%$$

由图 6-8 中结果可得，各项指标均符合沥青混合料马歇尔试验的技术标准的沥青用量范围为

$$OAC_{min} = 4.76\%, \quad OAC_{max} = 5.16\%$$

以各项指标均符合技术标准（不含 VMA）的沥青用量范围 $OAC_{min} \sim OAC_{max}$ 的中值确定 OAC_2：

$$OAC_2 = (OAC_{min} + OAC_{max})/2 = (4.76\% + 5.16\%)/2 = 4.96\%$$

根据 OAC_1 和 OAC_2 确定 OAC：

$$OAC = (OAC_1 + OAC_2)/2 = 5.0\%$$

综合各项技术指标，确定其混合料 OAC 为 5.0%。

④ 按最佳沥青用量 5.0%，制作马歇尔试件，进行浸水马歇尔试验，测得试验结果为密度 2.452g/cm³，空隙率为 4.1%，沥青饱和度为 73.0%。马歇尔稳定度为 9.6kN，浸水马歇尔稳定度为 81%，符合规定要求。

⑤ 按最佳沥青用量 5.0% 制作车辙试验试件，测定其动稳定度，其结果大于 800 次/mm，符合规定要求。

综合上述试验和计算，最后确定最佳沥青用量为 5.0%。

图 6-8　沥青用量与马歇尔试验各项指标关系

知识归纳

1. 沥青的分类：沥青按产源分为地沥青（天然沥青、石油沥青）和焦油沥青（煤沥青、页岩沥青）。

2. 石油沥青的组分：石油沥青按三组分分析法分为油分、树脂、沥青质三个组分；按照四组分分析法分为饱和分、芳香分、胶质、沥青质四个组分。

3. 石油沥青的胶体结构：溶胶型、溶-凝胶型、凝胶型。

4. 石油沥青的技术性质：物理特性常数（密度、热胀系数、溶解度）、防水性、黏滞性、塑性、温度敏感性、抗老化性、安全性（闪点与燃点）。

5. 石油沥青的技术标准。

6. 沥青的针入度试验、延度试验、软化点试验。

7. 煤沥青的组分：油分、树脂 A、树脂 B、游离碳 C_1、游离碳 C_2。

8. 煤沥青的特性与用途。

9. 乳化沥青乳化剂的类型：阴离子乳化剂、阳离子乳化剂、非离子乳化剂。

10. 石油沥青常用改性剂的种类。

11. 改性沥青的技术要求与选用。

12. 沥青基防水材料的种类、特性与应用。

13. 沥青混合料的组成结构：悬浮密实型、骨架密实型、骨架空隙型。

14. 影响沥青混合料强度的主要因素：沥青黏度、骨料级配粒、粒径与颗粒状态、沥青用量、矿料比表面积、温度、变形速率。

15. 沥青混合料的技术性质：高温稳定性、低温抗裂性、疲劳特性、耐久性、抗滑性、施工和易性。

16. 沥青混合料的马歇尔试验与车辙试验。

17. 沥青混合料对其组成材料的技术要求。

18. 沥青混合料配合比设计。

课后习题

1. 石油沥青的主要组分是什么？各组分与沥青的性质有何关联？

2. 石油沥青的胶体结构有哪些？如何对其进行划分？各种胶体结构的石油沥青有何特点？

3. 沥青针入度、延度、软化点试验主要反映沥青的哪些性能？三者的主要试验方法与条件如何？

4. 如何划分石油沥青的强度等级？强度等级的大小与沥青性质之间的关系怎样？

5. 某屋面防水工程需要一种软化点不低于 85℃ 的石油沥青，现有 70 号和 10 号的石油沥青，测得它们的软化点分别为 47℃ 和 99℃，试问这两种强度等级的石油沥青该如何掺配？

6. 如何根据道路工程和建筑工程的特点来选用石油沥青？

7. 为什么要对沥青进行改性？常用的聚合物改性沥青有哪几种？相比于基质沥青，聚合物改性沥青在性能评价方法与指标上有哪些不同?

8. 石油沥青为什么会老化? 沥青混合料耐久性的含义是什么? 如何从沥青与沥青混合料的组成与结构设计方面提高其耐久性?

9. 沥青混合料按其组成结构可以分为哪几种类型? 各自有何特点?

10. 简述沥青混合料应具备哪些路用性能? 主要影响因素是什么? 在实际工程中有何意义?

11. 试述沥青混合料的高温稳定性和低温抗裂性能的评价方法和评价指标?

12. 根据我国现行《公路沥青路面施工技术规范》(JTG F40—2004)进行沥青混合料配合比设计时,如何确定最佳沥青用量 OAC?

第 7 章

建筑金属材料

【主要内容】

本章主要介绍了钢材的分类、主要技术性能、冷加工与热处理，以及土木工程用钢材的技术标准、防锈处理等，并对其他建筑金属材料的性能和应用做了阐述。

【重点难点】

钢材的主要技术性能、冷加工与热处理；土木工程用钢材的技术标准及选用。

金属是指具有良好的导电性和导热性、有一定的强度和塑性，并具有特殊金属光泽的物质，如铁、铝和铜等。金属材料是由金属元素或以金属元素为主，其他金属或非金属元素为辅构成的，并具有金属特征的工程材料，包括纯金属与合金。金属材料按表面颜色通常分为黑色金属和有色金属两大类。黑色金属是指以铁元素为主要成分的金属及其合金，如钢和生铁。有色金属是指黑色金属以外的金属，如铝、铜、铅、锌等金属及其合金。土木工程中应用的金属材料主要有建筑钢材和铝合金两种。

建筑钢材是指用于工程建设的各种钢材，包括钢结构用的各种型钢（角钢、工字钢、H型钢和T形钢等）、钢板，钢管混凝土结构用钢管，钢筋混凝土用的各种钢筋、钢丝和钢绞线，除此之外，还包括广泛用于建筑装饰的不锈钢及其制品、轻钢龙骨等。建筑用钢材强度高、品质均匀，具有一定的弹性和塑性变形能力，能承受冲击振动荷载，具有良好的加工性能，装配施工方便，广泛用于大跨空间结构、多层及高层建筑、受动力荷载结构和工业厂房结构。铝合金广泛用于现代建筑装修领域中，主要用作门窗和室内外装饰装修，施工便捷，有着优良的性能和独特的装饰效果。

7.1 钢材的冶炼及分类

7.1.1 钢材的冶炼

钢和铁的主要成分都是铁和碳，以含碳量的多少加以区分，含碳量大于2%的为生铁，小于2%的为钢。

钢由生铁冶炼而成。生铁是由铁矿石、焦炭和少量石灰石等在高温作用下进行还原反应及其他一系列化学反应，铁矿石中的氧化铁还原成金属铁，然后再吸收碳而形成的。生铁的主要成分是铁，但含有较多的碳以及硫、磷、硅、锰等杂质，杂质使得生铁的性质硬而脆，塑性很差，抗拉强度很低，使用受到很大限制。炼钢的目的就是通过冶炼将生铁中的含碳量降至2%以下，其他杂质含量降至一定的范围内，以显著改善其技术性能，提高质量。

生铁经冶炼、浇铸得到钢锭,再经过各种加工处理后得到各种钢材,钢的冶炼方法主要有平炉法、转炉法、电炉法以及特种炼钢法,不同的冶炼方法对钢材的质量有着不同的影响,见表7-1。随着氧气顶吹转炉炼钢法的迅速发展,平炉炼钢法由于投资大、建设速度慢等缺点逐渐被淘汰。

表 7-1   炼钢方法的特点和应用

炼钢方法	原　　料	特　　点	应　　用
平炉法	生铁、废钢	容量大、冶炼时间长、钢质较好且稳定,成本高	碳素钢、低合金钢
转炉法	铁水、废钢	冶炼速度快、生产效率高、钢质较好,投资少	碳素钢、低合金钢
电炉法	废钢	容积小、耗电大、控制严格、钢质好,成本高	合金钢、优质碳素钢
特种炼钢法	钢水	控制精细、钢质非常好,成本较高	特殊性能钢、合金钢

在铸锭冷却过程中,由于钢内某些元素在铁的液相中的溶解度大于固相,这些元素便向凝固较迟的钢锭中心集中,导致化学成分在钢锭中分布不均匀,这种现象称为化学偏析,其中以硫、磷的偏析最为严重,这会降低钢材质量。

在冶炼钢的过程中,由于氧化作用使部分铁被氧化成 FeO,使钢的质量降低,因而在炼钢后期精炼时,需在炉内或钢包中加入锰铁、硅铁或铝锭等脱氧剂进行脱氧,脱氧剂与 FeO 反应生成 MnO、SiO_2 或 Al_2O_3 等氧化物,它们成为钢渣而被除去。若脱氧不完全,钢水浇入锭模时会有大量气体从钢水中逸出,钢水呈沸腾状,称为沸腾钢。

7.1.2　钢材的分类

钢材一般根据其化学成分、质量等级、冶炼时脱氧程度和用途来分类。

1. 按化学成分分类

按照钢的化学成分钢材分为碳素钢和合金钢两大类。

(1) 碳素钢。按含碳量又可分为低碳钢(含碳量<0.25%)、中碳钢(含碳量为0.25%~0.6%)、高碳钢(含碳量>0.6%)。工程中主要用的是低碳钢和中碳钢。

(2) 合金钢。合金钢可分为低合金钢(合金元素总量<5%)、中合金钢(合金元素总量为5%~10%)、高合金钢(合金元素总量>10%)。工程中常用的是低合金钢。

2. 按质量等级分类

1) 普通碳素钢按钢中所含硫、磷量的分类

(1) 普通碳素钢。硫含量≤0.050%,磷含量≤0.045%。

(2) 优质碳素钢。硫含量≤0.035%,磷含量≤0.035%。

(3) 高级优质碳素钢。硫含量≤0.025%,磷含量≤0.025%。

(4) 特级优质碳素钢。硫含量≤0.015%,磷含量≤0.025%。

2) 合金钢按冶金质量的分类

(1) 优质合金钢。硫含量≤0.030%,磷含量≤0.030%。

(2) 高级优质合金钢。硫含量≤0.020%,磷含量≤0.020%。

(3) 特级优质合金钢。硫含量≤0.010%,磷含量≤0.020%。

另外,钢中铜、铬、镍、钼等残余元素含量应符号《合金结构钢》(GB 3077—2015)相关要求。

3）根据冶炼时脱氧程度的分类

（1）沸腾钢。炼钢时加入锰铁进行脱氧，脱氧很不完全，故称沸腾钢，代号为"F"。沸腾钢组织不够致密，杂质多，质量较差，但其生产成本低、产量高，可广泛用于一般的建筑工程。

（2）镇静钢。炼钢时一般采用硅铁、锰铁和铝锭等作脱氧剂，脱氧充分，这种钢水铸锭时能平静地充满锭模并冷却凝固，基本无气泡产生，故称镇静钢，代号为"Z"。镇静钢虽成本较高，但其组织致密、成分均匀、性能稳定，故质量较好，适用于预应力混凝土等重要结构工程。

（3）半镇静钢。脱氧程度介于沸腾钢和镇静钢之间，为质量较好的钢，代号为"b"。

（4）特殊镇静钢。脱氧程度比镇静钢更加充分、彻底，钢材的质量最好，主要用于特别重要的工程结构，代号为"TZ"。

4）根据用途的分类

（1）结构钢。主要用作工程结构构件及机械零件的钢。土木工程中常用的是结构钢。

（2）工具钢。主要用作各种量具、刀具及模具的钢。

（3）特殊钢。具有特殊物理、化学或力学性能的钢，如不锈钢、耐酸钢和耐热钢等。

7.2　钢材的主要技术性能

钢材的性能主要包括力学性能（抗拉性能、冲击韧性、疲劳强度和硬度等）和工艺性能（冷弯性能、焊接性能等）两个方面。钢材的性能是合理选用钢材的基本依据。

7.2.1　钢材的力学性能

1. 抗拉性能

抗拉性能是土木工程用钢材最主要的技术性能。通过拉伸试验可以测得屈服强度、抗拉强度和伸长率，这些是钢材的重要技术性能指标。静力拉伸试验是钢材基本的力学性能试验方法之一，试验方法是将低碳钢的标准试件夹持于万能材料试验机的夹具中，在常温下以要求的荷载和加载速度（如仅测定上屈服强度，材料弹性模量小于 1.5×10^5 MPa 时，应力速率控制在 $2 \sim 20$ MPa/s；材料弹性模量大于或等于 1.5×10^5 MPa 时，应力速率控制在 $6 \sim 60$ MPa/s）在拉伸机上进行拉伸，直至试件断裂。

土木工程用钢材的抗拉性能可用低碳钢受拉时的应力-应变曲线来阐明，如图 7-1 所示。低碳钢从受拉至拉断，分为以下 4 个阶段。

1）弹性阶段

OA 为弹性阶段。在 OA 范围内，低碳钢的应力-应变呈正线性相关关系，其变形为弹性变形，如卸去荷载，试件将恢复原状。与 A 点相对应的应力为弹性极限，用 R_e 表示，在这一范围内，应力与应变的比值为一常量，称为弹性模量，用 E 表示，即 $E = \sigma / \varepsilon$。

弹性模量反映钢材的刚度，是钢材在受力条件下计算结构变形的重要指标。弹性模量 E 的大小

图 7-1　低碳钢受拉时应力-应变曲线

取决于材料本身,它是钢材最稳定的性能之一,钢材在进行合金化、热处理、冷加工时对它的影响很小。常用低碳钢的弹性模量 $E = 2.0 \times 10^5 \sim 2.1 \times 10^5$ MPa,弹性极限 $R_e = 180 \sim 200$ MPa。

2)屈服阶段

AB 为屈服阶段。在 AB 段内,应力超过 R_e 后,如果卸去拉力,变形不能完全恢复,开始产生塑性变形。当应力达到 $B_上$ 点后,随即下降至 $B_下$,形变迅速增大,而此时应力在一个很小的范围内波动,到达 B 点时,产生了抵抗外力能力的"屈服现象",超过 B 点,发生的形变不可恢复。$B_上$ 点对应的应力称为上屈服强度 R_{eH},$B_下$ 点对应的应力为下屈服强度 R_{eL},因 $B_下$ 比较稳定,易测定,故一般以下屈服强度 R_{eL} 作为钢材屈服点。常用低碳钢的 R_{eL} 为 $195 \sim 300$ MPa。

钢材受力达屈服点后,变形迅速发展,尽管尚未破坏但已不能满足使用要求。故设计中一般以屈服点作为强度取值的依据。某些合金钢或含碳量高的钢材(如预应力混凝土用钢筋和钢丝)具有硬钢的特点,其抗拉强度高,无明显屈服阶段,伸长率小,故采用产生残余变形为 0.2%时的应力值作为屈服强度,称为条件屈服点,用 $R_{p0.2}$ 表示。

3)强化阶段

在钢材屈服到一定程度后,由于内部晶格扭曲、晶粒破碎等原因,阻止了塑性变形的进一步发展,钢材抵抗外力的能力重新提高,在应力-应变图上,曲线从 B 点开始上升直至最高点 C,这一过程称为强化阶段。

对应于最高点 C 的应力称为抗拉强度,用 R_m 表示,它是钢材所承受的最大拉应力。常用低碳钢的抗拉强度为 $385 \sim 520$ MPa。

抗拉强度不能直接利用,但屈服强度与抗拉强度之比(即屈强比 R_{eL}/R_m)是评价钢材使用可靠性和利用率的一个参数。屈强比越小,表明材料的安全性和可靠性越高,结构越安全。若屈强比过小,钢材有效利用率则太低,造成浪费。常用碳素钢的屈强比为 $0.58 \sim 0.63$,合金钢为 $0.65 \sim 0.75$。

4)颈缩阶段

CD 为颈缩阶段。当负荷达到最高点 C 后,试件在拉断前于薄弱处截面显著缩小,产生"颈缩现象",之后的变形主要集中在颈缩附近,直至断裂。

通过拉伸试验,除能检测钢材屈服强度和抗拉强度等强度指标外,还能检测出钢材的塑性。塑性表示钢材在外力作用下发生塑性变形而不破坏的能力,它是钢材的一个重要性指标,用伸长率或断面收缩率表示,试验方法与相关规定可参照《金属材料 拉伸试验 第 1 部分 室温试验方法》(GB/T 228.1—2010)。

试验时,试件原始长度为 L_0,原始横截面面积为 S_0,拉断后的试件于断裂处对接在一起的长度为 L_u,断裂处的截面面积为 S_u,断后伸长率 A 的计算公式为

$$A = \frac{l_u - l_0}{l_0} \times 100\% \tag{7-1}$$

断面收缩率 Z 的计算公式为

$$Z = \frac{S_0 - S_u}{S_0} \times 100\% \tag{7-2}$$

2. 冲击韧性

冲击韧性是指钢材抵抗冲击荷载作用的能力,用冲断试件所需能量的多少来表示。钢材的冲击韧性试验如图 7-2 所示,采用中部有 V 形或 U 形缺口的标准弯曲试件,置于冲击机的支架上,试件非切槽的一侧对准冲击摆。

当冲击摆从一定高度自由落下将试件冲断时,试件吸收的能量等于冲击摆所做的功,缺口底部处单位面积上所消耗的功即为冲击韧性指标,冲击韧性计算公式如下:

$$a_k = \frac{mg(H-h)}{A} \tag{7-3}$$

式中,a_k 为冲击韧性,J/cm^2;m 为摆锤质量,kg;g 取 $9.81m/s^2$;H 为摆锤下落位置处高度,m;h 为摆锤冲击试件位置处高度,m;A 为试件槽口处断面面积,cm^2。

钢材的冲击韧性与钢材的化学成分、组织状态以及冶炼、加工都有关系。钢材中磷、硫含量较高,存在偏析、非金属夹杂物和焊接中形成的微裂纹等都会使冲击韧性显著降低。冲击韧性随温度的降低而下降,其规律是,开始下降缓和,当达到一定温度范围时突然下降很多而呈脆性,这种性质称为钢材的冷脆性,此时的温度称为冷脆温度,如图 7-3 所示。因此,在负温下使用的结构,应当选用脆性转变温度低于使用温度的钢材。脆性临界温度的测定较复杂,规范中通常是根据气温条件规定 −20℃或−40℃的负温冲击值指标。

图 7-2   钢材的冲击韧性试验示意

图 7-3   钢材的冲击韧性-温度曲线

冷加工时效处理也会使钢材的冲击韧性下降。钢材的时效是指随时间的延长,钢材强度逐渐提高而塑性、韧性下降的现象。完成时效的过程可达数十年,但钢材如经过冷加工或使用中受振动和反复荷载作用,时效可迅速发展。因时效导致钢材性能改变的程度称为时效敏感性。时效敏感性大的钢材经过时效后冲击韧性的降低较显著。为了保证结构安全,对于承受动荷载的重要结构,应当选用时效敏感性小的钢材。

3. 疲劳强度

钢材在交变荷载反复作用下,可在远小于抗拉强度的情况下发生破坏,这种破坏称为疲劳破坏。钢材的疲劳破坏指标用疲劳强度(或称疲劳极限)来表示,它是指试件在交变应力下,作用 10^7 周次,不发生疲劳破坏的最大应力值。

钢材的内部成分的偏析和夹杂物的多少以及最大应力处的表面光洁程度、加工损伤等,都是影响钢材疲劳强度的因素。一般来说,钢材的抗拉强度高,其疲劳极限也较高。

钢材的疲劳破坏是由拉应力引起的。首先在局部开始形成微细裂纹,其后由于裂纹尖端处产生应力集中而使裂纹迅速扩展直至钢材断裂。疲劳破坏经常突然发生,因而有很大的危险性,往往造成严重事故。在设计承受反复荷载且需进行疲劳验算的结构时,应当充分考虑所用钢材的疲劳强度。

4. 硬度

钢材的硬度是指其表面抵抗硬物压入产生局部变形的能力,常用的测试方法有布氏法、洛氏法和维氏法等,土木工程用钢材常用布氏硬度表示,其代号为 HB。

依据规范《金属材料 布氏硬度试验 第 1 部分 试验方法布氏法的试验》(GB/T 231.1—2018),如图 7-4 所示,利用直径为 $D(\mathrm{mm})$ 的碳化钨合金球,施加试验力 $F(N)$ 将其压入试件表面,经规定的持续时间后卸去荷载,得直径为 $d(\mathrm{mm})$ 的压痕,布氏硬度与试验力除以压痕表面面积 $A(\mathrm{mm}^2)$ 的商成正比。在实际应用中布氏硬度 HBW 可使用公式(7-4)计算,将试验结果保留 3 位有效数字,也可用专门的刻度放大镜量出压痕直径(d),根据压痕直径的大小,通过《金属材料 布氏硬度试验 第 4 部分 硬度值表》(GB/T 231.4—2009)给出的布氏硬度值直接查得。

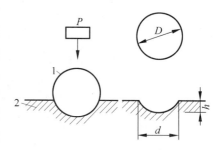

图 7-4　布氏硬度测定示意
1—淬火钢球;2—钢材试件

$$HBW = 0.102 \times \frac{2F}{\pi D(D - \sqrt{D^2 - d^2})} \tag{7-4}$$

在测定前应根据试件的厚度和估计的硬度范围,按试验方法的规定选定钢球直径、所加荷载及荷载持续时间。布氏法测定时所得压痕直径应在$(0.24\sim0.6)D$ 范围内,否则测定结果不准确。当被测材料硬度较大时,钢球本身将发生较大变形,甚至破坏,应采用洛氏法测定其硬度。布氏法比较准确,但压痕较大,不适宜用于成品检验,而洛氏法压痕小,以压头压入试件的深度来表示硬度,常用于判断工件的热处理效果。

钢材的硬度是其弹性、塑性、强度等性能的综合反映。试验证明,碳素钢的 HB 值与其抗拉强度 R_m 之间存在较好的相关关系,当 HB<175 时,$R_m \approx 3.6$HB;当 HB≥175,$R_m \approx 3.5$HB。根据这些关系,可以在钢结构原位上测出钢材的 HB 值,来估算钢材的抗拉强度。

洛氏硬度(HR)是将特定尺寸、形状和材料的压头按照《金属材料 洛氏硬度试验 第 1部分:试验方法》(GB/T 230.1—2018)的相关规定分两级试验力压入试样表面,初试验力加载后,测量初始压痕深度,随后施加主试验力,在卸除主试验力后保持初始试验力时测量最终压痕深度,洛氏硬度根据最终压痕深度和初始压痕深度的差值 h 以及给定标尺的全量程常数 N 和给定标尺的标尺常数 S 通过式(7-5)计算给出。

$$HR = N - h/S \tag{7-5}$$

洛氏硬度的表示方法如例"70HR30TW",其中 70 表示洛氏硬度值,30T 表示洛氏标尺符号(表面洛氏硬度标尺,压头为直径 1.5875mm 的球,初试验力 29.42N,总试验力 294.2N,标尺常数 S 为 0.001mm,全量程数 N 为 100),W 表示采用碳化钨合金球形压头。需要注意的是,尚无普遍适用的方法将洛氏硬度值精确地转化成其他硬度或抗拉强度,除非通过对比试验得到可比较的换算方法。

洛氏硬度试验操作简便、快速、压痕小,可以测试成品表面及较硬、较薄的工件。因压痕小,对组织和硬度不均匀的材料,硬度值波动较大,准确性不如布氏硬度高。洛氏硬度用于钢铁材料淬火、回火与正火,以及有色金属、硬质合金等的硬度测试。

各种硬度试验法测得的硬度值不能直接进行比较,必须通过硬度换算表换算成同一种硬度值后,才能比较硬度的高低。

7.2.2 钢材的工艺性能

钢材的工艺性能指钢材满足施工工艺要求的能力,土木工程用钢材的工艺性能主要包括冷弯和焊接性能。

1. 冷弯性能

冷弯性能是指钢材在常温下承受弯曲变形的能力,以试验时的弯曲角度 α 和弯芯直径 d 为指标表示。如图 7-5 所示,钢材的冷弯试验是通过直径(或厚度)为 a 的试件,采用标准规定的弯芯直径 $d(d=na$,n 为整数),弯曲到规定的角度时(180°或 90°),检查弯曲处有无裂纹、断裂及起层等现象。若没有这些现象则认为冷弯性能合格。钢材冷弯时的弯曲角度 α 越大,d/a 越小,则表示冷弯性能越好。

图 7-5　钢材冷弯试验示意

(a) 装好的试件;(b) 弯曲 180°;(c) 弯曲 90°

钢材的冷弯性能不仅能反映其塑性,更有助于暴露钢材的内部组织是否均匀,是否存在内应力、微裂纹、表面未熔合及夹杂物等缺陷,这些缺陷在拉伸试验中常因塑性变形使应力重新分布而得不到反映。土木工程中,经常采用冷弯试验来检验钢材焊接接头的焊接质量。

2. 焊接性能

土木工程的钢结构中,焊接结构占 90% 以上,是钢结构的主要连接形式。

钢材的焊接性能是指在一定的焊接工艺条件下,在焊缝及其附近过热区不产生裂纹及硬脆倾向,焊接后钢材的力学性能,特别是强度不低于原有钢材的强度。它包括两方面内容:其一是接合性能,即在一定的焊接条件下,产生焊接缺陷的敏感性;其二是使用性能,即在一定的焊接工艺条件下,焊接接头满足使用要求的适应性。

钢材的化学成分对钢材的可焊性有很大的影响,随钢材的含碳量、合金元素及杂质元素含量的提高,钢材的可焊性降低。钢材的含碳量超过 0.25% 时,可焊性明显降低;硫含量较多时,会使焊口处产生热裂纹,严重降低焊接质量。因此对于高碳钢和合金钢,可依据需要采用预热和焊后处理,以保证焊接质量。

1) 钢材焊接性能的评定

钢材的含碳量(C)和碳当量(ω_{CE})是决定焊接性的主要因素。碳当量(ω_{CE})是指将钢中合金元素及其含量对焊接性的影响都折算成为相当的含碳量。国际焊接学会推荐的碳钢和低合金结构钢的碳当量(ω_{CE})的计算公式如下:

$$\omega_{CE} = [C + Mn/6 + (Cr + Mo + V)/5 + (Ni + Cu)/15] \times 100\% \qquad (7\text{-}6)$$

式中元素符号表示其在钢中含量的百分数。根据经验,当 $\omega_{CE} < 0.4\%$ 时,焊接性能优良;当 $\omega_{CE} = 0.4\% \sim 0.6\%$ 时,焊接性能较差;当 $\omega_{CE} > 0.6\%$ 时,焊接性能差,焊接时必须采用高温预热和严格的工艺措施。世界各国都是通过规定含碳量和碳当量来控制焊接质量的。我国的热轧带肋钢筋的碳当量规定为 $\omega_{CE} < 0.55\%$。

2) 常用土木工程用钢材的焊接性

(1) 低碳钢的焊接性。低碳钢的碳当量 $\omega_{CE} < 0.25\%$,塑性好,焊接性能优良。焊前不需预热,能保证焊接接头质量良好。

(2) 低合金高强度结构钢的焊接性。低合金高强度结构钢由于化学成分不同,焊接性能也不一样。强度级别较低的低合金高强度钢,当 $\omega_{CE} \leqslant 0.4\%$ 时,焊接性能良好;当 $\omega_{CE} > 0.4\%$ 时,焊接性较差,焊前需预热,焊后应及时进行热处理,以消除应力。

(3) 奥氏体不锈钢的焊接性。奥氏体不锈钢的焊接性良好,一般可采用快速焊接。

3) 钢材焊接质量检验

钢材焊接后必须取样进行焊接质量检验,一般包括外观检查和力学试验,包括焊缝处有无裂纹、砂眼、咬肉和焊件变形等缺陷;拉伸试验或者弯曲试验时试件的断裂不能发生在焊接处。

7.3 钢材的组织和化学成分对性能的影响

1. 钢的基本组织对钢材性能的影响

钢是铁碳合金晶体,晶体结构中各个原子以金属键相结合,因此钢材具有较高的强度和良好的塑性。原子在晶体中的排列规律不同,可以形成不同的晶格,如体心立方晶格、面心立方晶格和密集(排)六方晶格。

某些金属在温度或压力改变时,其晶体结构也随之发生变化的现象称为同素异构转变,如纯铁由液态结晶为固态并继续冷却过程中,将发生晶格类型的转变,见图 7-6。常压下纯铁从液态转变为固态晶体并逐渐冷却到室温的过程中,发生了两次晶体结构的转变。在 1394℃ 以上和 1538℃ 以下时,形成体心立方晶体 δ-Fe;由 1394℃ 降至 912℃ 时,转变为面心立方晶体 γ-Fe;温度降至室温,又转变为体心立方晶体 α-Fe。

$$\text{液态铁} \xrightarrow{1538℃} \underset{\text{体心立方晶体}}{\delta\text{-Fe}} \xrightarrow{1394℃} \underset{\text{面心立方晶体}}{\gamma\text{-Fe}} \xrightarrow{912℃} \underset{\text{体心立方晶体}}{\alpha\text{-Fe}}$$

图 7-6 铁的不同晶体结构

纯铁的同素异构转变是进行钢材热处理的基础,也是钢材品种繁多、应用广泛的重要原因。

钢是以铁(Fe)为主的 Fe-C 合金,其组织形式可分为固溶体(Fe 中固溶微量 C)、化合物(Fe 和 C 结合成化合物,Fe_3C)、机械混合物(固溶体和化合物的混合物)等三种。Fe-C 合金于一定条件下形成具有一定形态的聚合体,称为钢的组织,在显微镜下能观察到它们的微观形貌图像,故也称显微组织。其组织主要有铁素体、珠光体、渗碳体和奥氏体四种。钢的基本组织及其性能的影响见表 7-2。

表 7-2　钢的基本组织与性能

组织名称	含碳量/%	结构特征	抗拉强度/MPa	布氏硬度	延伸率/%	性　能
铁素体	≤0.02	C 溶于 α-Fe 中的固体相	180~280	50~80	30~50	性能与纯铁相似,即强度、硬度低,塑性、韧性好
珠光体	0.8	铁素体与渗碳体的机械混合物	750	150	20~25	性能介于铁素体和渗碳体之间,强度较高,硬度适中,有一定的塑性
渗碳体	6.69	化合物 Fe_3C	强度极高	800	接近于零	碳含量 $\omega_C=6.69\%$,是铁中的主要强化相,强度、硬度很高,脆性大
奥氏体	0.8	C 溶于 γ-Fe 中的固体相	400	160~220	40~50	其强度和硬度比铁素体高,塑性、韧性也好。因此,钢材多数加热到奥氏体进行锻造

钢材中的基本组织与含碳量有着对应关系,当含碳量在 0.77% 以下时,其基本组织为铁素体和珠光体,随含碳量增加,珠光体量亦增加,铁素体量减少,强度和硬度逐渐提高,塑性和韧性逐渐降低;当含碳量为 0.77% 时,基本组织仅为珠光体;当含碳量大于 0.77% 时,基本组织为珠光体和渗碳体,随含碳量增加,渗碳体量增加,珠光体量减少,硬度逐渐提高,塑性和韧性、强度降低。

建筑工程中所用的钢材含碳量均在 0.77% 以下,因此建筑钢材的基本组织是由铁素体和珠光体组成,建筑钢材既有较高的强度,同时塑性、韧性也较好,能够满足工程需要的技术性能。

2．钢的化学成分对钢材性能的影响

钢的化学成分主要是铁、碳两种基本元素,此外还有少量的硅、锰、磷、硫、氮、氧等元素,这些化学成分对钢材性能的影响见表 7-3。

表 7-3　各种化学成分对钢材性能的影响

化学成分	对钢材性能的影响
碳(C)	含碳量在 0.8% 以下时,含碳量增加,钢的强度和硬度提高,塑性和韧性降低;当含碳量大于 1% 时,含碳量增加,钢的强度反而下降。含碳量增加,钢的焊接性能变差,尤其当含碳量大于 0.3% 时,钢的焊接性能显著降低。土木工程用钢材含碳量宜在 0.3% 以下
硅(Si)	硅含量在 1% 以下时,可提高钢的强度、疲劳极限、耐腐蚀性及抗氧化性,对塑性和韧性影响不大,但对可焊性和冷加工性能有所影响。硅可作为合金元素,用以提高合金钢的强度。通常碳素钢中硅含量小于 0.3%,低合金钢含硅量小于 1.8%

续表

化学成分	对钢材性能的影响
锰（Mn）	锰可提高钢材的强度、硬度及耐磨性，能消减硫和氧引起的热脆性，改善钢材的热处理性能。锰可作为合金元素，提高钢材的强度。通常锰含量在 $1\%\sim2\%$
磷（P）	磷引起钢材的"冷脆性"。磷含量提高，钢材的强度、硬度、耐磨性和耐蚀性提高，而塑性、韧性和可焊性显著下降，土木工程用钢材应严格控制其含量
硫（S）	硫引起钢材的"热脆性"，会降低钢材的强度，使钢材的可焊性、冲击韧性、耐疲劳性和抗腐蚀性等均降低。硫的有益之处在于提高钢材的切削加工性，在易切钢中，可适当增加含硫量。但一般来说，土木工程用钢应严格控制其含量
氮（N）	氮使钢材的强度提高，塑性特别是韧性下降，加剧钢的时效敏感性和冷脆性，使可焊性变差。但在铝、铌、钒等元素的配合下，可细化晶粒，改善钢的性能，可作为合金钢。土木工程用钢的含氮量应尽可能减少，一般要求含氮量小于 0.008%
氧（O）	含氧量增加，使钢材的机械强度、塑性和韧性降低，时效敏感性增加，热脆性增加，焊接性能变差。建筑钢材应尽可能减少，一般要求含氧量小于 0.03%
钛（Ti）、钒（V）	钛是强脱氧剂，能细化晶粒，显著提高钢的强度，并改善韧性，减少时效敏感性，改善焊接性，但塑性稍有降低，是常用的合金元素。 钒是弱脱氧剂，易形成碳化物和氮化物，能细化晶粒，有效提高强度，降低钢材的时效敏感性。钒与碳、氮、氧等有害元素亲和力很强，会增加焊接时的淬硬倾向

7.4　钢材的冷加工与热处理

7.4.1　钢材冷加工

将钢材于常温下进行冷拉、冷拔、冷轧、冷扭和刻痕等使其产生塑性变形，从而提高屈服强度，但塑性和韧性降低，这个过程称为冷加工强化处理。

冷加工的实质是，当变形达到一定程度后，各晶粒内的晶格取向发生了转动，使变形前位向紊乱的晶粒呈有序化，并沿着外力方向被拉长，这种现象称为变形结构。其特点是无回复与再结晶，只在再结晶温度 $T_z<(0.35\sim0.40)T_r$（为钢材的熔点）条件下发生。

将冷加工处理后的钢筋在常温下存放 $15\sim20d$，或加热至 $100\sim200℃$ 后保持一定时间（$2\sim3h$），其屈服强度进一步提高，且抗拉强度也提高，同时塑性和韧性也进一步降低，弹性模量则基本恢复，这个过程称为时效处理。

时效处理方法有两种，常温下存放 $15\sim20d$，称为自然时效，适合用于低强度钢筋；加热至 $100\sim200℃$ 后保持一定时间（$2\sim3h$），称人工时效，适合于高强度钢筋。

1. 冷加工方法

土木工程施工现场或预制构件厂常用的冷加工方法是冷拉和冷拔。

（1）冷拉。将热轧钢筋用冷拉设备进行张拉，拉伸至产生塑性变形。钢筋冷拉后，屈服强度可提高 $20\%\sim30\%$，可节约钢材 $10\%\sim20\%$，钢材经冷拉后屈服阶段缩短、伸长率降低、材质变硬。另外，冷拉还兼具钢筋调直和除锈的作用。

（2）冷拔。将光圆钢筋通过硬质合金拔丝模孔强行拉拔。每次拉拔断面缩小应在 10%

以内。钢筋在冷拔过程中不仅受拉,同时还受到挤压作用,经过一次或多次冷拔后的钢筋表面光滑,屈服强度可提高 40%~60%,但塑性大大降低,具有硬钢的性质。

2. 冷加工强化与时效处理机理

如图 7-7 所示,钢筋经冷拉、时效处理后的力学性能变化规律可从其拉伸试验的应力-应变图中得到反映。

由图 7-7 可知,经冷拉无时效的钢筋屈服强度得到提高,抗拉强度和塑性与原钢筋基本相同。冷拉经时效后屈服强度进一步提高,与原钢筋相比,抗拉强度也提高,塑性和韧性则相应下降。

钢材冷加工强化的原因是钢材经冷加工产生塑性变形后,塑性变形区域内的晶粒发生相对滑

图 7-7　经冷拉、时效后应力-应变对比

移,导致滑移面下的晶粒破碎,晶格歪曲畸变,滑移面变得凹凸不平,对晶粒的进一步滑移起阻碍作用,即提高了抵抗外力的能力,故屈服强度得以提高。同时,冷加工强化后的钢材,由于塑性变形后滑移面减少,从而使其塑性降低,脆性增大,且变形中产生的内应力使钢的弹性模量降低。

钢材产生时效的主要原因是溶于 α-Fe 中的碳、氮本来就有向晶格缺陷处移动、集中甚至呈碳化物或氮化物析出的倾向,当钢材经冷加工产生塑性变形后,碳、氮原子的移动和集中大为加快,这将使滑移面缺陷处碳、氮原子富集,使晶格畸变加剧,造成其滑移、变形更为困难,因而强度进一步提高,塑性和韧性则降低,而弹性模量则基本相同。

7.4.2　钢材热处理

钢材热处理是将钢材在固态范围内按一定规则加热、保温和冷却,以改变其组织结构,从而获得需要性能的一种工艺过程,其特点是塑性降低不多,但其强度提高很大,综合性能比较理想。土木工程所用钢材一般在生产厂家进行热处理,在施工现场通常需要对焊接件进行热处理。

钢材热处理的方法有以下几种:

(1) 退火。退火是将钢材加热到一定温度,保温后缓慢冷却(随炉冷却)的一种热处理工艺,有低温退火和完全退火之分。低温退火的加热温度在基本组织转变温度以下,完全退火的加热温度在 800~850℃。其目的是细化晶粒、改善组织,减少加工中产生的缺陷,减轻晶格畸变,降低硬度,提高塑性,消除内应力,防止变形、开裂,也为最终热处理做好准备。

(2) 正火。正火是将钢加热到基本组织转变温度以上 30~50℃,待完全奥氏体化后,再在空气中进行冷却的热处理工艺。正火是退火的一种特例。正火在空气中冷却,冷却速度比退火快一些,工艺简便,能耗少。正火的目的是细化钢的组织,消除热加工造成的过热缺陷。正火后的钢材,硬度、强度提高,塑性减小。

(3) 淬火。淬火是将钢材加热到基本组织转变温度以上(一般为 900℃以上),保温使组织完全转变,即放入水或油等冷却介质中快速冷却,使之转变为不稳定组织的一种热处理操作。其目的是得到高强度、硬度和耐磨的钢材。淬火是强化钢筋最重要的热处理手段。

（4）回火。钢筋淬火后的钢材组织不稳定，虽然强度和硬度高，但塑性差，若不及时回火，淬火工件会发生变形甚至开裂，一般不直接使用，必须进行回火处理。回火是将钢材加热到基本组织转变温度以下（150～650℃内选定），保温后在空气中冷却的一种热处理工艺，其目的是促进不稳定组织转变为需要的稳定组织，消除淬火产生的内应力、改善力学性能等。

7.5 土木工程用钢材的技术标准及选用

土木工程用钢有钢结构用钢和钢筋混凝土用钢两类，前者的主要应用有型钢、钢板和钢管，后者的主要应用有钢筋、钢丝和钢绞线，而钢制品所用的原料钢多为碳素钢、合金钢和低合金钢，其技术标准及选用如下。

7.5.1 建筑钢材的主要钢种

1. 碳素结构钢

1）牌号及其表示方法

碳素结构钢的牌号有 Q195、Q215、Q235 和 Q275 共 4 个。牌号由代表屈服强度的字母、屈服强度值、质量等级符号、脱氧程度符号 4 部分组成。

Q 为钢材屈服强度"屈"字汉语拼音首字母。

屈服强度值为 195MPa、215MPa、235MPa 和 275MPa。

质量等级为 A、B、C、D。按冲击韧性划分，A 级为不要求冲击韧性；B 级为要求 20℃冲击韧性；C 级为要求 0℃冲击韧性；D 级为要求−20℃冲击韧性。

脱氧程度：F（沸腾钢）、Z（镇静钢）和 TZ（特殊镇静钢）。"Z"和"TZ"可以省略不写。

例：Q235AF 表示屈服强度为 235MPa 的 A 级沸腾钢。

2）力学性能及工艺性能

根据国家标准《碳素结构钢》（GB/T 700—2006）的规定，碳素结构钢的力学性能（强度、冲击韧性等）应符合表 7-4 的规定，冷弯性能应符合表 7-5 的规定。

表 7-4 碳素结构钢的力学性能

牌号	等级	拉伸试验												冲击试验（V 形缺口）	
		屈服强度 R_{eH}/MPa，不小于						抗拉强度 R_m/MPa	断后伸长率 A/%，不小于					温度/℃	冲击功（纵向）/J，不小于
		厚度（或直径）/mm							厚度（或直径）/mm						
		≤16	>16~40	>40~60	>60~100	>100~150	>150~200		≤40	>40~60	>60~100	>100~150	>150~200		
Q195		195	185	—	—	—	—	315~430	33					—	—
Q215	A	215	205	195	185	175	165	335~450	31	30	29	27	26	—	—
	B													+20	27

续表

牌号	等级	拉伸试验												冲击试验(V形缺口)	
		屈服强度 R_{eH}/MPa,不小于						抗拉强度 R_m/MPa	断后伸长率 A/%,不小于					温度/℃	冲击功(纵向)/J,不小于
		厚度(或直径)/mm							厚度(或直径)/mm						
		≤16	>16~40	>40~60	>60~100	>100~150	>150~200		≤40	>40~60	>60~100	>100~150	>150~200		
Q235	A	235	225	215	215	195	185	370~500	26	25	24	22	21	—	—
	B													+20	27
	C													0	
	D													−20	
Q275	A	275	265	255	245	225	215	410~540	22	21	20	18	17	—	—
	B													+20	27
	C													0	
	D													−20	

表 7-5　碳素结构钢冷弯试验指标

牌号	试样方向	冷弯试验(试样宽度=2a,180°)	
		钢材厚度(或直径)a/mm	
		≤60	>60~100
		弯芯直径 d	
Q195	纵	0	—
	横	0.50a	
Q215	纵	0.50a	1.5a
	横	a	2a
Q235	纵	a	2a
	横	1.5a	2.5a
Q275	纵	1.5a	2.5a
	横	2a	3a

3) 特性及应用

(1) Q195 钢强度不高,塑性、韧性、加工性能与焊接性能较好,主要用于轧制薄板和盘条等。

(2) Q215 钢的用途与 Q195 钢基本相同,由于其强度稍高,还大量用作管坯和螺栓等。

(3) Q235 钢既有较高的强度,又有较好的塑性和韧性,可焊性也好,在土木工程中应用最广,大量用于制作钢结构用钢、钢筋和钢板等。其中 Q235A 钢,一般仅适用于承受静荷载作用的结构,Q235C 和 Q235D 钢可用于重要的焊接结构。另外,由于 Q235D 钢含有足够的形成细晶粒结构的元素,同时对硫、磷有害元素控制严格,故其冲击韧性好,有较强的抵抗振动、冲击荷载的能力,尤其适用于负温条件。

（4）Q275 钢强度、硬度较高，耐磨性较好，但塑性、冲击韧性和可焊性差。不宜用于建筑结构，主要用于制作机械零件和工具等。

2. 低合金高强度结构钢

低合金高强度结构钢是一种在碳素结构钢的基础上添加总量不小于5%合金元素的钢材。所加合金元素主要有锰（Mn）、硅（Si）、钒（V）、钛（Ti）、铌（Nb）、铬（Cr）、镍（Ni）及稀土元素，均为镇静钢。

1）牌号表示方法

牌号由代表屈服强度的汉语拼音字母Q、规定的最小上屈服强度数值、交货状态代号、质量等级符号（B、C、D、E、F）四个部分组成。

注：交货状态为热轧时，交货状态代号AR或WAR可省略，交货状态为正火或正火轧制状态时，交货状态代号均用N表示。

屈服强度值为355、390、420、460、500、550、620和690MPa。

质量等级为B、C、D、E、F。按冲击韧性划分，B级为要求20℃冲击韧性，C级为要求0℃冲击韧性，D级为要求−20℃冲击韧性，E级为要求−40℃冲击韧性，F级为要求−60℃冲击韧性。

当需方要求钢板具有厚度方向的性能时，则在上述规定的牌号后加上代表厚度方向（Z向）性能级别的符号，例如：Q355NDZ25。

2）力学性能

根据国家标准《低合金高强度结构钢》（GB/T 1591—2018）的规定，低合金高强度结构钢的力学性能因交货状态不同而有所差异，如正火或正火轧制钢材的拉伸性能，应符合表7-6的规定。

3）特性及应用

由于合金元素的细晶强化和固溶强化等作用，使低合金高强度结构钢与碳素结构钢相比，既具有较高的强度，同时又有良好的塑性、低温冲击韧性、可焊性和耐蚀性等特点，是一种综合性能良好的建筑钢材。

Q355钢是钢结构的常用牌号，Q390也是推荐使用的牌号。与碳素结构钢Q235相比，低合金高强度结构钢Q355的强度更高，等强度代换时可以节省钢材15%～25%，并减轻结构自重。另外，Q355具有良好的承受动荷载能力和耐疲劳性。低合金高强度结构钢广泛应用于钢结构和钢筋混凝土结构中，特别是大型结构、重型结构、大跨度结构、高层建筑、桥梁工程、承受动荷载和冲击荷载的结构。

3. 优质碳素结构钢

国家标准《优质碳素结构钢》（GB/T 699—2015）将优质碳素结构钢划分为28个牌号，分为低含锰量（0.35%～0.65%）、普通含锰量（0.50%～0.80%）和较高含锰量（0.70%～1.20%）三组，其表示方法为：平均含碳量的万分数-含锰量标识，默认为镇静钢。

28个牌号是08、10、15、20、25、30、35、40、45、50、55、60、65、70、75、80、85、15Mn、20Mn、25Mn、30Mn、35Mn、40Mn、45Mn、50Mn、60Mn、65Mn、70Mn。如"10"表示平均含碳量为0.10%，低含锰量的镇静钢；"30Mn"表示平均含碳量为0.30%，较高含锰量的镇静钢。

表 7-6 正火、正火轧制钢材的拉伸性能

牌 号		上屈服强度 R_{eH}/MPa								抗拉强度 R_m/MPa			断后伸长率 A/%						
钢级	质量等级	公称厚度或直径/mm																	
		≤16	>16 ~40	>40 ~63	>63 ~80	>80 ~100	>100 ~150	>150 ~200	>200 ~250	≤100	>100 ~200	>200 ~250	≤16	>16 ~40	>40 ~63	>63 ~80	>80 ~200	>200 ~250
Q355N	B、C、D、E、F	355	345	335	325	315	295	285	275	470~ 630	450~ 600	450~ 600	22	22	22	21	21	21
Q390N	B、C、D、E	390	380	360	340	340	320	310	300	490~ 650	470~ 620	470~ 620	20	20	20	19	19	19
Q420N	B、C、D、E	420	400	390	370	360	340	330	320	520~ 680	500~ 650	500~ 650	19	19	19	18	18	18
Q460N	C、D、E	460	440	430	410	400	380	370	370	540~ 720	530~ 710	510~ 690	17	17	17	17	17	16

注：正火状态包含正火加回火状态。当屈服不明显时，可用规定塑性延伸强度 $R_{p0.2}$ 代替上屈服强度 R_{eH}。

优质碳素结构对有害杂质的含量控制严格、质量稳定、综合性能好,但成本较高。其性能主要取决于含碳量的多少,含碳量高,则强度高,塑性和韧性差。在建筑工程中,30～45号钢主要用于重要结构的钢铸件和高强度螺栓等,45号钢用作预应力混凝土锚具,65～80号钢用于生产顶应力混凝土所用的钢丝和钢绞线。

7.5.2 钢筋

钢筋与混凝土之间有较大的握裹力,能牢固啮合在一起。钢筋抗拉强度高、塑性好,放入混凝土中可很好地改善混凝土脆性,扩展混凝土的应用范围,同时混凝土的碱性环境又很好地保护了钢筋。钢筋混凝土结构用的钢筋主要由碳素结构钢、低合金高强度结构钢和优质碳素钢制成。

1. 热轧钢筋

钢筋混凝土用热轧钢筋,根据其表面形状分为光圆钢筋和带肋钢筋两类。

1) 热轧光圆钢筋

热轧光圆钢筋(hot rolled plain bars)是指经热轧成型、横截面通常为圆形、表面光滑的成品钢筋。钢筋的范围为6～22mm。推荐的钢筋公称直径为6mm、8mm、10mm、12mm、16mm、20mm,以直条或盘卷形式供货。根据《钢筋混凝土用钢筋 第1部分:热轧光圆钢筋》(GB/T 1499.1—2017)的规定,热轧光圆钢筋只有HPB300一个牌号,其力学性能和工艺性能应符合表7-7的规定。

表7-7 热轧光圆钢筋力学性能和工艺性能要求

牌号	屈服强度 R_{eL}/MPa	抗拉强度 R_m/MPa	断后伸长率 A/%	最大力总伸长率 A_{gt}/%	冷弯试验180° d—弯芯直径 a—钢筋公称直径
	不小于				
HPB300	300	420	25.0	10.0	$d=a$

光圆钢筋的强度低,但塑性和焊接性能好,便于各种冷加工,因而广泛用作小型钢筋混凝土结构中的主要受力钢筋以及各种钢筋混凝土结构中的构造筋。

2) 热轧带肋钢筋

热轧带肋钢筋是指经热轧成型、横截面通常为圆形、表面带肋的混凝土结构所用的钢材,分为普通热轧钢筋(hot rolled bars)和细晶粒热轧钢筋(hot rolled bars of fine grains)。普通热轧钢筋按热轧状态交货,其金相组织主要是铁素体加珠光体,不得有影响使用性能的其他组织存在;细晶粒热轧钢筋在热轧过程中,通过控轧和控冷工艺而形成的细晶粒钢筋的金相组织主要是铁素体加珠光体,不得有影响使用性能的其他组织存在,晶粒度不粗于9级。

热轧带肋钢筋表面有两条纵肋,并沿长度方向均匀分布牙形横肋,如图7-8所示。

根据《钢筋混凝土用钢筋 第2部分:热轧带肋钢筋》(GB/T 1499.2—2018)的规定,普通热轧钢筋分为HRB400、HRB500、HRB600、HRB400E、HRB500E五个牌号,细晶粒热轧

图 7-8　热轧带肋钢筋外形

（a）月牙肋；（b）等高肋

钢筋分为 HRBF400、HRBF500、HRBF400E、HRBF500E 四个牌号。热轧带肋钢筋的力学性能应符合表 7-8 的规定。

表 7-8　热轧带肋钢筋的力学性能要求

牌　　号	下屈服强度 R_{eL}/MPa	抗拉强度 R_m/MPa	断后伸长率 A/%	最大力总伸长率 A_{gt}/%	R_m^o/R_{eL}^o	R_{eL}^o/R_{eL}
	不小于					不大于
HRB400 HRBF400	400	540	16	7.5	—	—
HRB400E HRBF400E			—	9.0	1.25	1.30
HRB500 HRBF500	500	630	15	7.5	—	—
HRB500E HRBF500E			—	9.0	1.25	1.30
HRB600	600	730	14	7.5	—	—

HRB400 和 HRBF400 钢筋的强度较高,塑性和焊接性能较好,广泛用于大、中型钢筋混凝土结构的受力筋。HRB500 和 HRBF500 钢筋强度高,但塑性和焊接性能较差,可用作预应力钢筋。

2. 冷轧带肋钢筋

冷轧带肋钢筋(cold-rolled ribbed steel wires and bars)是热轧圆盘条经冷轧后,在其表面带有沿长度方向均匀分布的三面或两面横肋钢筋。《冷轧带肋钢筋》(GB/T 13788—2017)规定,冷轧带肋钢筋按抗拉强度最小值分为 CRB550、CRB650、CRB800 和 CRB600H、CRB680H、CRB800H 共 6 个牌号。

CRB550、CRB600H、CRB680H 钢筋的公称直径范围为 4～12mm,CRB650、CRB800、CRB800H 牌号钢筋的公称直径为 4mm、5mm、6mm。

GB/T 13788—2017 规定,钢筋的力学性能和工艺性能应符合表 7-9 的要求。当进行冷弯试验时,受弯曲部位表面不得产生裂纹,反复弯曲试验的弯曲半径应符合表 7-10 的规定。钢筋的强屈比 $R_m/R_{p0.2}$ 应不小于 1.03,经供需双方协议可用最大力总延伸率 A_{gt},代替断后伸长率 A。

表 7-9 冷轧带肋钢筋的力学性能和工艺性能

分类	牌号	规定塑性延伸强度 $R_{p0.2}$，不小于	抗拉强度 R_m/MPa，不小于	$R_m/R_{p0.2}$，不小于	断后伸长率/%，不小于		最大力总伸长率/%，不小于	弯曲试验180°	反复弯曲次数	应力松弛初始应力应相当于公称抗拉强度的70% 1000h 不大于
					A	A_{100m}	A_{gt}			
普通钢筋混凝土用	CRB550	500	550	1.05	11.0	—	2.5	$D=3d$	—	—
	CRB600H	540	600	1.05	14.0	—	5.0	$D=3d$	—	—
	CRB680H	600	680	1.05	14.0	—	5.0	$D=3d$	4	5%
预应力混凝土用	CRB650	585	650	1.05	—	4.0	2.5	—	3	8%
	CRB800	720	800	1.05	—	4.0	2.5	—	3	8%
	CRB800H	720	800	1.05	—	7.0	4.0	—	4	5%

注：D 为弯芯直径，d 为钢筋公称直径。

表 7-10 冷轧带肋钢筋反复弯曲试验的弯曲半径　　　　　　mm

钢筋公称直径	4	5	6
弯曲半径	10	15	15

冷轧带肋钢筋与冷拉、冷拔钢筋相比，强度相近，但克服了冷拉、冷拔钢筋握裹力小的缺点，因此，在中、小型预应力混凝土结构构件和普通混凝土结构构件中得到越来越广泛的应用。CRB550、CRB600 及 CRB680H 为普通钢筋混凝土用钢筋，其他牌号为预应力混凝土用钢筋。

3. 预应力混凝土用钢棒

预应力用混凝土钢棒(PCB)由低合金钢热轧盘条冷加工后(或不经冷加工)淬火和回火所得，按钢棒表面形状分为光圆钢棒(P)、螺旋槽钢棒(HG)、螺旋肋钢棒(HR)、带肋钢棒(R)四种。

产品标记应包含下列内容：预应力钢棒、公称直径、公称抗拉强度、代号、延性级别(延性35或延性25)、松弛(L)、标准号。例如，公称直径为9mm，公称抗拉强度为1420MPa，35级延性预应力混凝土用螺旋槽钢棒可标记为 PCB 9.0-1420-35-L-HG-GB/T 5223.3—2017。

制造钢棒用原材料成分中有害杂质含量(质量分数)的要求为：磷≤0.025%，硫≤0.025%，铜≤0.20%。成品钢棒不得存在电接头，生产时为了连续作业而焊接的电接头应切除掉。

钢棒的公称直径、横截面面积、质量等应符合《预应力混凝土用钢棒》(GB/T 5223.3—2017)的规定。

钢棒应进行拉伸试验，对所有规格钢棒(公称直径为 16～22mm 的螺旋肋钢棒除外)，可按抗拉强度(R_m)分为四级(不小于)：1080MPa、1230MPa、1420MPa、1570MPa；也可按规定非比例延伸强度($R_{p0.2}$)分为四级(不小于)：930MPa、1080MPa、1280MPa、1420MPa (其中公称直径为 16～22mm 的螺旋肋钢棒不小于 930MPa、1140MPa)。

钢棒还应进行弯曲试验(螺旋槽钢棒除外)、初始应力为70％公称抗拉强度时1000h的松弛试验,其性能应符合《预应力混凝土用钢棒》(GB/T 5223.3—2017)中的有关要求。

4. 预应力混凝土用螺纹钢筋

预应力混凝土用螺纹钢筋也称精轧螺纹钢筋,是一种热轧成带有不连续的外螺纹的直条钢筋,该钢筋在任意截面处均可用带有匹配形状的内螺纹连接器或锚具进行连接或锚固。钢筋的公称直径范围为15～75mm,通常采用25mm、32mm钢筋。

预应力混凝土用螺纹钢筋以屈服强度划分为五个级别,其级别表示方法是代号"PSB"加上规定屈服强度最小值。例如,PSB930表示屈服强度最小值为930MPa的预应力混凝土用螺纹钢筋。

预应力混凝土用螺纹钢筋具有高强度、高韧性等特点,广泛应用于大型桥梁、公路预应力构件制作及岩体锚固等。

根据《预应力混凝土用螺纹钢筋》(GB/T 20065—2016),预应力混凝土用螺纹钢筋用钢的化学成分(熔炼分析)中,要求磷、硫含量不大于0.035％,其力学性能应符合表7-11的要求。

表7-11　预应力混凝土用螺纹钢筋的力学性能

级别	屈服强度 R_{eL}/MPa	抗拉强度 R_{m}/MPa	断后伸长率 A/％	最大力总伸长率 A_{gt}/％	应力松弛性能	
					初始应力	1000h后应力松弛率/％
	不小于					
PSB785	785	980	8	3.5	0.7R_{m}	≤4.0
PSB830	830	1030	7			
PSB930	930	1080	7			
PSB1080	1080	1230	6			
PSB1200	1200	1330	6			

注:无明显屈服时,用规定非比例延伸强度($R_{\mathrm{p0.2}}$)代替。

5. 预应力混凝土用钢丝和钢绞线

(1) 预应力混凝土用钢丝是由优质碳素结构钢制成,《预应力混凝土用钢丝》(GB/T 5223—2014)按加工状态将其分为冷拉钢丝(WCD)和消除应力钢丝两类。预应力混凝土用钢丝按外形分为光圆(P)、螺旋肋钢丝(H)和刻痕钢丝(I)。

预应力混凝土用钢丝具有强度高(抗拉强度 σ_{B} 为1470～1860MPa,0.2％屈服力 $F_{0.2}$ 为16.22～62.98kN)、柔性好(标距为200mm的伸长率大于1.5％,弯曲180°达4次以上)、无接头、质量稳定可靠、施工方便、不需冷拉、不需焊接等优点,主要用于大跨度屋架及薄腹梁、大跨度吊车梁、桥梁、电杆和轨枕等的预应力钢筋等。

(2) 预应力混凝土用钢绞丝是以数根优质碳素结构钢丝经绞捻和消除内应力的热处理而制成。《预应力混凝土用钢绞线》(GB/T 5224—2014)根据捻制结构(钢丝的股数),将其分为1×2、1×3、(1×3)I、1×7、1×7I、(1×7)C、1×19S和1×19W共8类。

预应力混凝土用钢绞线的最大负荷随钢丝的根数不同而不同,7根捻制结构的钢绞线,整根钢绞线的最大力达 428kN 以上,规定非比例延伸力可达 338kN 以上,1000h 松弛率为 2.5%~4.5%。

预应力混凝土用钢绞线亦具有强度高、柔韧性好、无接头、质量稳定和施工方便等优点,主要用于大跨度、大负荷的后张法预应力屋架、桥梁和薄腹板等结构的预应力筋。

7.5.3 型钢

钢结构用钢材主要是热轧成型的钢板和型钢等;薄壁轻型钢结构中主要采用薄壁型钢、圆钢和小角钢;钢材所用的母材主要是普通碳素结构钢和低合金高强度结构钢。

1. 热轧型钢

钢结构常用型钢有工字钢、H 型钢、T 形钢、Z 形钢、槽钢、等边角钢和不等边角钢等。图 7-9 所示为几种常用型钢示意图。型钢由于截面形式合理,材料在截面上分布对受力最为有利,且构件间连接方便,所以它是钢结构中采用的主要钢材。

钢结构用钢的钢种和钢号主要根据结构与构件的重要性、荷载的性质(静载或动载)、连接方法(焊接、铆接或螺栓连接)、工作条件(环境温度及介质)等因素来选择。我国建筑用的热轧型钢主要采用碳素结构钢和低合金钢,其中应用最多的是碳素钢 Q235A、低合金钢 Q345(16Mn)及 Q390(15MnV),前者适用于一般钢结构工程,后者可用于大跨度、承受动荷载的钢结构工程。

图 7-9　几种常用热轧型钢截面示意

(a) 工字钢;(b) 槽钢;(c) 等边角钢;(d) 不等边角钢

工字钢广泛应用于各种建筑结构和桥梁,主要用于承受横向弯曲(腹板平面内受弯)的杆件,但不宜单独用作轴心受压构件或双向弯曲构件。

与工字钢相比,H 型钢优化了截面的分布,有翼缘宽、侧向刚度大、抗弯能力强、翼缘两表面相互平行、连接构造方便、省劳力、质量轻、节省钢材等优点。常用于承载力大、截面稳定性好的大型建筑,其中宽翼缘和中翼缘 H 型钢适用于钢柱等轴心受压构件,窄翼缘 H 型钢适用于钢梁等受弯构件。

槽钢可用作承受轴向力的杆件、承受横向弯曲的梁构件等,主要用于建筑结构、车辆制造等。

角钢主要用作承受轴向力的杆件和支撑杆件,也可作为受力构件之间的连接零件。

2. 冷弯薄壁型钢

冷弯薄壁型钢通常用 2～6mm 的薄钢板冷弯或模压而成,有角钢、槽钢等开口薄壁型型钢及方形、矩形等空心薄壁型钢,可用于轻型钢结构。

3. 钢板

钢板有热轧钢板和冷轧钢板之分,按厚度可分为厚板(厚度＞4mm)和薄板(厚度≤4mm)两种。厚板用热轧方式生产,材质按使用要求相应选取;薄板用热轧或冷轧方式均可生产,冷轧钢板一般质量较好、性能优良,但其成本高,土木工程中使用的薄钢板多为热轧型钢板。

钢板的钢种主要是碳素钢,某些重型结构、大跨度桥梁等也采用低合金钢。厚板主要用于结构,薄板主要用于屋面板、楼板和墙板等。在钢结构中,单块钢板不能独立工作,必须用几块板组合成工字形、箱形等结构来承受荷载。

4. 钢管

按照生产工艺,钢结构所用钢管分为热轧无缝钢管和焊接钢管两大类。

(1) 热轧无缝钢管以优质碳素钢和低合金结构钢为原材料,多采用热轧-冷拔联合工艺生产,也可用冷轧方式生产,但后者成本高昂。热轧无缝钢管主要用于压力管道和一些特定的钢结构。

(2) 焊接钢管采用优质或普通碳素钢钢板卷焊而成,表面镀锌或不镀锌(视使用而定)。按其焊缝形式有直缝电焊钢管和螺旋焊钢管,适用于各种结构、输送管道等。焊接钢管成本较低、容易加工,但多数情况下抗压性能较差。

在土木工程中,钢管多用于制作桁架、塔桅、钢管混凝土等,广泛应用于高层建筑、厂房柱、塔柱、压力管道等工程中。

7.6　钢材的锈蚀与防护

1. 钢材锈蚀机理

钢材的锈蚀是指钢材表面与周围介质发生作用而引起破坏的现象。根据钢材与环境介质作用的机理,可分为化学锈蚀和电化学锈蚀。

1) 化学锈蚀

化学锈蚀是指钢材与周围介质(如 O_2、CO_2、SO_2 和水等)发生化学反应,生成疏松的氧化物或其他化合物而产生的锈蚀。一般情况下,是钢材表面 FeO 保护膜被氧化成黑色的 Fe_3O_4 所致。

常温下,钢材表面能形成 FeO 保护膜,可以防止钢材进一步锈蚀。因此在干燥环境中化学锈蚀速度缓慢,但在温度和湿度较大的情况下,这种锈蚀进展将会加快。

2) 电化学锈蚀

电化学锈蚀是指钢材与电解质溶液接触而产生电流,形成原电池而引起的锈蚀。电化学锈蚀是建筑钢材在存放和使用中发生锈蚀的主要形式。钢材由不同的晶体组织构成,并含有杂质,由于这些成分的电极电位不同,当有电解质溶液存在时,会形成许多微电池。电化学锈蚀过程如下:

阳极:$Fe \Longrightarrow Fe^{2+} + 2e^-$

阴极:$H_2O + 1/2O_2 \Longrightarrow 2OH^- - 2e^-$

总反应式:$Fe + H_2O + 1/2O_2 \Longrightarrow Fe(OH)_2$

$Fe(OH)_2$ 不溶于水,但易被氧化,化学反应方程式为:$2Fe(OH)_2 + H_2O + 1/2O_2 \Longrightarrow 2Fe(OH)_3$(红棕色铁锈),该氧化过程会发生体积膨胀。

钢材发生电化学锈蚀的必要条件是存在水和氧气。钢材锈蚀后,受力面积减小,承载能力下降。在钢筋混凝土中因锈蚀时固相体积增大,从而引起钢筋混凝土顺筋开裂。

2. 钢筋混凝土中钢筋锈蚀

普通混凝土为强碱性环境,pH 为 12.5 左右,对埋入其中的钢筋形成碱性保护。在碱性环境中,阴极过程难以进行。即使有原电池反应存在,生成的 $Fe(OH)_2$ 也能稳定地存在,并成为钢筋的保护膜。因此,用普通混凝土制作的钢筋混凝土,只要混凝土表面没有缺陷,里面的钢筋是不会锈蚀的。

但是,普通混凝土制作的钢筋混凝土有时也会发生钢筋锈蚀现象。其主要原因有以下几个方面:①混凝土不密实,环境中的水和空气能进入混凝土内部;②混凝土保护层厚度小或发生了严重的碳化,使混凝土失去碱性保护作用;③混凝土内 Cl^- 含量过大,使钢筋表面的保护膜被穿透破坏;④预应力钢筋存在微裂缝等缺陷,引起应力锈蚀。

加气混凝土碱度较低,电化学腐蚀过程能顺利进行,同时这种混凝土多孔,外界的水和空气易深入内部,因此,加气混凝土中的钢筋在使用前必须进行防腐处理。轻骨料混凝土和粉煤灰混凝土的护筋性能经过多年试验的研究和应用证明是良好的,其耐久性不低于普通混凝土。

综上所述,对于普通混凝土、轻骨料混凝土和粉煤灰混凝土,为了防止钢筋锈蚀,应保证混凝土的密实度以及钢筋保护层的厚度。在二氧化碳浓度高的工业区采用硅酸盐水泥或普通硅酸盐水泥,限制含氯盐外加剂的掺量并使用混凝土用钢筋防锈剂(如亚硝酸钠)。预应力混凝土应禁止使用含氯盐的骨料和外加剂。对于加气混凝土等可以用在钢筋表面涂环氧树脂或镀锌等方法来防止锈蚀。

3. 钢材锈蚀的防止

1)表面刷漆

表面刷漆是钢结构防止锈蚀的常用方法。刷漆通常有底漆、中间漆和面漆三道。底漆要求有较好的附着力和防锈能力,常用的有红丹、环氧富锌漆、云母氧化铁和铁红环氧底漆等。中间漆为防锈漆,常用的有红丹、铁红等。面漆要求有较好的牢度和耐候性,能保护底漆不受损伤或风化,常用的有灰铅、醇酸磁漆和酚醛磁漆等。

钢材表面刷漆时,一般为一道底漆、一道中间漆和两道面漆。要求高时可增加一道中间漆或面漆。使用防锈涂料时,应注意钢构件表面的除锈,注意底漆、中间漆和面漆的匹配。

2）表面镀金属

用耐腐蚀性好的金属，以电镀或喷镀的方法覆盖在钢材的表面，提高钢材的耐腐蚀能力。常用的方法有镀锌（如白铁皮）、镀锡（如马口铁）、镀铜和镀铬等。

3）采用耐候钢

耐候钢即耐大气腐蚀钢，它是在碳素钢和低合金钢中加入少量的铜、铬、镍、铜等合金元素而制成。耐候钢既有致密的表面防腐保护，又有良好的焊接性能，其强度级别与常用碳素钢和低合金钢一致，技术指标相近。耐候钢的牌号、化学成分、力学性能和工艺性能可参见《耐候结构钢》（GB/T 4171—2008）。

4．钢的防火

钢是不燃性材料，但这并不表明钢材能够抵抗火灾。火灾可分为"大自然火灾"和"建筑物火灾"两大类。事实证明，建筑物火灾发生的次数最多、损失最大，占全部火灾的 80% 左右。

耐火试验与火灾案例调查表明：以失去支持能力为标准，无保护层时钢柱和钢屋架的耐火极限只有 0.25h，而裸露钢梁的耐火极限仅为 0.15h；温度在 200℃ 以内，可以认为钢材的性能基本不变；当温度超过 300℃ 以后，钢材的弹性模量、屈服点和极限强度均开始显著下降，而塑性伸长率急剧增大，钢材产生徐变；温度超过 400℃ 时，强度和弹性模量都急剧降低；温度达到 600℃ 时，弹性模量、屈服点和极限强度均接近于 0，已失去承载能力。因此，没有防火保护层的钢结构是不耐火的。

当发生火灾后，热空气向构件传热主要是通过辐射、对流，而钢构件内部传热是通过热传导。随着温度的不断升高，钢材的热物理特性和力学性能发生变化，钢结构的承载能力下降。火灾下钢结构的最终失效是由构件屈服或屈曲造成的。

钢结构防火保护的基本原理是采用绝热或吸热材料，阻隔火焰和热量，推迟钢结构的升温速率。防火方法以包裹法为主，即以防火涂料、不燃性板材或混凝土和砂浆将钢构件包裹起来。

1）防火涂料包裹法

此方法是采用防火涂料，紧贴钢结构的外露表面，将钢构件包裹起来，是目前最为流行的做法。

防火涂料按受热时的变化分为膨胀型（薄型）和非膨胀型（厚型）两种；按施工用途不同可分为室内、露天两种；按所用黏结剂不同可分为有机类、无机类。

膨胀型防火涂料的涂层厚度一般为 2～7mm，附着力较强，有一定的装饰效果。由于其内含膨胀组分，遇火后会膨胀增厚 5～10 倍，形成多孔结构，从而起到良好的隔热、防火作用，根据涂层厚度可使构件的耐火极限达到 0.5～1.5h。

非膨胀型防火涂料的涂层厚度一般为 8～50mm，呈粒状面，密度小、强度低，喷涂后须再用装饰面层隔护，耐火极限可达 0.5～3.0h。为使防火涂料牢固地包裹住钢构件，可在涂层内埋设钢丝网，并使钢丝网与钢构件表面的净距离保持在 6mm 左右。

2）不燃性板材包裹法

常用的不燃性板材有防火板、石膏板、硅酸钙板、蛭石板、珍珠岩板和矿棉板等，可通过黏结剂或钢钉、钢箍等固定在钢构件上，将其包裹起来。

3) 实心包裹法

一般采用混凝土,将钢结构浇筑在其中。

7.7 其他建筑金属材料

其他建筑金属材料主要为铝合金及其制品。铝为银白色轻金属,纯铝的密度为 $2.7g/cm^3$,约为钢的 $1/3$。铝的性质活泼,在空气中能与氧结合形成致密坚固的氧化铝薄膜,覆盖在下层金属表面,阻止其继续腐蚀。因此,铝在大气中有良好的抗腐蚀能力。

1. 铝合金

由于纯铝的强度低而限制了它的应用范围,工业生产中常采用合金化的方式,即在铝中加入一定量的合金元素,如铜、镁、锰、锌和硅等来提高强度和耐腐蚀性。铝合金由于一般力学性能明显提高并仍保持铝质量轻的固有特性,所以使用价值也大为提高,在建筑装饰中得到广泛应用。常用的铝合金有防锈铝合金(LF)、硬铝合金(LY)、超硬铝合金(LC)和锻铝合金(LD)。

防锈铝合金中主要的合金元素是锰和镁。锰的主要作用是提高合金的抗腐蚀能力,起到固溶强化作用。在铝中加入镁也可以起到固溶强化作用。硬铝合金主要是铝铜镁合金,这类合金的强度高但其抗腐蚀性差。超硬铝合金抗腐蚀性差,在高温下软化快。锻铝合金在铝中加入了镁、硅及铜等元素,这类合金具有良好的热塑性并有较好的机械性能,常用来制造建筑型材。

2. 常用的装饰用铝合金制品

1) 铝合金门窗

在现代建筑装饰工程中,尽管铝合金门窗比普通门窗的造价高 $3\sim4$ 倍,但由于其具有长期维修费用低、性能好、美观和节约能源等优点,在世界范围内仍得到广泛应用。

与普通木门窗、钢门窗相比,铝合金门窗具有如下特点。

(1) 质量轻。铝合金门窗用材省、质量轻,每平方米耗用铝型材平均为 $8\sim12kg$,比用钢、木门窗的质量减轻 50% 左右。

(2) 性能好。气密性、水密性、隔声性、隔热性均比普通门窗好,故对安装空调设备的建筑,以及防尘、隔声、保温隔热等有特殊要求的建筑,更适宜采用铝合金门窗。

(3) 色泽美观。制作铝合金门窗框料的型材,表面可经过氧化着色处理,可着银白色、古铜色、暗红色、黑色等柔和的颜色或带色的花纹,还可以涂装聚丙烯酸树脂膜,使其表面光亮,建筑物的立面和内部美观。

(4) 使用维修方便。铝合金门窗不需要涂漆,不褪色、不脱落,表面不需要维修。铝合金门窗强度较高、刚性好、坚固耐用、零部件经久不坏、开关灵活轻便、无噪声。

(5) 便于工业化生产。铝合金门窗的加工、制作、装配、试验都可在工厂进行大批量工业化生产,有利于实现产品设计标准化、系列化,零配件通用化,以及产品的商品化。

2) 铝合金装饰板及吊顶

铝合金装饰板是现代较为流行的建筑装饰板材,具有质量轻、不燃烧、耐久性好、施工方便、装饰效果好等特点。在装饰工程中用得较多的铝合金板材有以下几种。

（1）铝合金花纹板及浅纹板。采用防锈铝合金材料，用特殊的花纹机辊轧而成。花纹美观大方、筋高适中、不易磨损、防滑性好、防腐蚀性能强、便于冲洗，经表面处理可以得到各种不同的颜色，花纹板板材平整、裁剪尺寸精确、便于安装。广泛用于现代建筑墙面装饰及楼梯、踏板等处。

铝合金浅花纹板，其花纹精巧别致，色泽美观大方，与普通铝合金相比，刚度提高20%，抗污垢、防划伤、耐擦伤能力均有提高，是优良的建筑装饰材料之一。

（2）铝合金压型板，其质量轻、外形美观、耐腐蚀、经久耐用、安装容易和施工快速等，经表面处理可得到各种优美的色彩，是现代广泛应用的一种新型建筑材料。主要用作墙面和屋面。

（3）铝合金穿孔平板。用各种铝合金平板经机械穿孔而成，根据需要孔形有圆孔、方孔、长方孔、三角孔和大小组合孔等。铝合金穿孔平板是近年来开发的一种吸声并兼有装饰效果的新产品。

铝合金穿孔板具有良好的防腐蚀性能，光洁度高，有一定的强度，易加工成各种形状、尺寸，有良好的防震、防水、防火性能及良好的消声效果，广泛用于宾馆、饭店、剧场、影院、播音室等公共建筑和中、高级民用建筑中。

（4）铝合金波纹板。这种板材有银白色等多种颜色，主要用于墙面装饰，也可用作屋面，有很强的反射阳光的能力，且十分经久耐用，在大气中使用20年不需要更换。更换拆卸下来的花纹板仍可使用，因此得到广泛应用。

（5）铝合金吊顶。具有质量轻、不燃烧、耐腐蚀、施工方便和装饰华丽等特点。

知识归纳

1. 钢材一般根据其化学成分、质量等级、冶炼方法和用途来分类。

2. 钢材的性能主要包括力学性能（抗拉性能、冲击韧性、疲劳强度和硬度等）和工艺性能（冷弯性能、焊接性能和热处理性能等）两个方面。

3. 钢的化学成分主要是铁、碳两种基本元素，此外还有少量的硅、锰、磷、硫、氮、氧等元素，这些化学成分对钢材性能的影响各不相同。

4. 对钢材进行冷加工可以提高其屈服强度，但塑性和韧性降低。钢材的热处理塑性降低不多，但其强度提高很大，综合性能比较理想。

5. 土木工程用钢有钢结构用钢和钢筋混凝土用钢两类，前者的主要应用有型钢、钢板和钢管，后者的主要应用有钢筋、钢丝和钢绞线，两钢制品所用的原料钢多为碳素钢、合金钢和低合金钢。

6. 钢材的锈蚀是指钢材表面与周围介质发生作用而引起破坏的现象。根据钢材与环境介质作用的机理，可分为化学锈蚀和电化学锈蚀。

7. 其他的建筑金属材料主要为铝合金及其制品。铝的性质活泼，在空气中能与氧结合形成致密坚固的氧化铝薄膜，覆盖在下层金属表面，阻止其继续腐蚀。因此，铝在大气中有良好的抗腐蚀能力。

课后习题

1. 钢材如何按化学成分分类？土木工程中常用什么钢材？

2. 为什么说屈服点、抗拉强度和伸长率是建筑工程用钢的重要技术性能指标？

3. 什么是钢材的冷弯性能？它的表示方法及实际意义是什么？

4. 某工业厂房钢结构屋架由中碳钢焊接而成，屋架在建成使用一段时间后坍塌，请分析原因。

5. 何谓钢的冷加工强化及时效处理？冷拉并时效处理后的钢筋性能有何变化？

6. 钢材的腐蚀与哪些因素有关？如何对钢材进行防腐和防火处理？

7. 热轧钢筋分为几个等级？各级钢筋有什么特性和用途？

8. 工地上为何常对强度偏低而塑性偏大的低碳盘条钢筋进行冷拉？

9. 现对直径为 22mm 的热轧带肋钢筋，截取长度为 420mm 的试件两根做拉伸试验，试件原始长度为 220mm，测得屈服点荷载分别为 139.36kN 和 139.7kN，拉断时的荷载分别为 210.3kN 和 212.5kN，拉断后的长度分别为 263.1mm 和 262.8mm。试问该钢筋属于什么牌号？

10. 美国"9·11"事件后，钢结构的致命缺陷即抗高温软化能力很差的问题引起人们的普遍关注，试回答钢结构防火的基本原理和防火保护措施有哪些？

11. 简述铝材及其合金制品的特点以及在我国建筑上的应用。

第 8 章

墙体材料和屋面材料

【主要内容】

本章主要介绍了三大类墙体材料,即砌筑石材、墙用块材(砌墙砖及砌块)和板材的生产、技术指标和使用要求。还介绍了用于屋面的各类瓦材和板材的品种、类型和性能特点。

【重点难点】

本章重点是墙用块材(砌墙砖及砌块)的技术指标、使用要求及性能特点;难点是几种砌墙砖的强度计算及强度等级的确定。

墙体材料是指用砌筑、拼装或用其他方法构成承重或非承重墙体或构筑物的材料。墙体材料在建筑材料中占有很大的比重,约占房屋建筑总重的50%,是土木工程中重要的建筑材料之一。墙体在建筑中起承重、围护或分隔作用,兼具某些功能性,因此合理选用墙体材料对建筑物的安全、自重、造价及功能等具有重要意义。

墙体材料品种较多,总体上可归纳为石材、砌墙砖、砌块和板材等,其中石材和黏土砖是我国传统的墙体材料,但黏土砖和石材的大量开采与使用耗用了宝贵的土地资源与矿山资源,不利于资源节约和资源保护,而且,黏土砖和石材的自重大、体积小,生产效率低,能耗高,不仅影响生态环境,也影响建筑业的发展速度。因此,逐步淘汰黏土砖制品,发掘新型墙体材料是建筑材料行业中十分重要和紧迫的工作。

屋面材料主要起防水、保温隔热、防渗漏等作用。传统的屋面材料是烧结瓦,但随着现代建筑的发展和对建筑物功能要求的提高,屋面材料已向多功能、复合型兼环保型的板材发展。

8.1 砌筑石材

石材蕴藏量丰富,分布广泛,便于就地取材。石材有着较高的强度和优良的耐久性,所以石砌结构曾是土木建筑的主要结构形式。至今,在许多现代土木建筑工程中,石砌工程仍然具有不可替代的作用。砌筑用石材应采用质地坚硬、无风化剥落和裂纹的天然石材。

8.1.1 砌筑石材的规格尺寸

天然石材根据其加工后的外形分为块状石材、板状石材、散粒状石材和各种石材制品,而砌筑石材一般加工为块状石材,根据《砌体结构设计规范》(GB 50003—2011)规定,按石材加工后的外形规则程度,可分为毛石和料石。

1. 毛石

毛石是指岩石经人工开采后未经过加工的形状不规则的块石。根据其表面平整度,又分为乱毛石和平毛石两种。乱毛石是形状不规则的块石;平毛石是对乱毛石略微加工后,形状较为整齐,有两个大致平行的面,但表面粗糙的块石。建筑用毛石,要求其中间厚度不小于 200mm,毛石主要用于砌筑基础、勒脚、墙身、挡土墙、堤坝等。

2. 料石

料石是经人工凿琢或机械加工而成的大致规则的六面体块石,其厚度和宽度均不得小于 200mm,按表面加工的平整度可分为三种。

(1)毛料石:一般不经加工或仅稍加修整,外形大致方正的料石,高度不应小于 200mm,叠砌面凹入深度不应大于 25mm。

(2)粗料石:外形较方正的料石,截面的高度、宽度不宜小于 200mm,且不宜小于长度的 1/4,其叠砌面凹入深度不应大于 20mm。

(3)细料石:经过细加工,外形规则的料石,规格尺寸同粗料石,其叠砌面凹入深度不应大于 10mm。

料石常用致密的砂岩、石灰岩、花岗岩等凿琢而成,至少有一个面的边角整齐,一边砌筑时合缝。料石常用于砌筑墙身、地坪、踏步、柱和纪念碑等,形状复杂的料石制品也可用于柱头、柱基、窗台板、栏杆及其他装饰等。

8.1.2　几种常用的砌筑石材

根据形成的地质条件不同,天然岩石可以分为岩浆岩(也称火成岩)、沉积岩(也称水成岩)和变质岩三大类。

岩浆岩是地壳深处的熔融岩浆上升到地表附近,或喷出地表经冷凝而成的。根据冷却条件的不同,又分为深成岩、喷出岩和火山岩。

沉积岩是由地表的各种岩石经长期自然风化、风力搬迁、沉积、流水冲移等作用后再沉积而成的岩石,主要存在于地表及离地表不太深的地下。

变质岩是由地壳中原有的岩浆岩或沉积岩在地层压力或温度作用下,在固体状态发生再结晶作用,使其矿物成分、结构构造乃至化学成分发生部分或全部改变而形成的新岩石。

各类岩石的分类情况及主要品种见图 8-1。这里着重介绍几种常用的砌筑石材。

图 8-1　天然岩石的分类及主要品种

1. 岩浆岩类石材

1）花岗岩

花岗岩是一种典型的深成岩，分布较广，主要由石英、长石和少量云母等矿物组成。其外观颜色主要取决于所含深色矿物的种类和含量，常为浅灰、淡红、灰黑、灰白、浅黄等颜色。

花岗岩内部结构致密，其孔隙率小，表观密度大（$2600 \sim 2800 \text{kg/m}^3$）、抗压强度高（$120 \sim 250 \text{MPa}$）、抗冻性好、硬度高且耐磨性好，抗风化能力强、耐久性好，使用年限最长可达数百年。但在高温下，由于其内部的石英膨胀引起石材破坏，因而耐火性不好。

在建筑工程中，花岗岩是用得最多的一种岩石，常用于砌筑基础、桥墩、柱、勒脚、接触水的墙体与护坡等，也是永久性建筑或纪念性建筑物优先选择的材料。此外，花岗岩还是优良的建筑装饰材料。

2）玄武岩

玄武岩属于喷出岩，颜色较深，一般为黑色或棕黑色，常呈玻璃质或隐晶质结构，有时也呈多孔状或斑形构造。硬度高、脆性大，抗风化能力强、耐久性好。玄武岩的表观密度为 $2900 \sim 3500 \text{kg/m}^3$，其抗压强度一般为 $100 \sim 500 \text{MPa}$。主要用作基础、筑路及混凝土骨料。

3）辉绿岩

辉绿岩常呈深灰、墨绿等颜色，辉绿岩的抗压强度在 $200 \sim 350 \text{MPa}$，表观密度为 $2900 \sim 3300 \text{kg/m}^3$，抗冻性好，耐磨性和耐久性好。辉绿岩可作为承重结构材料，由于它具有较高的耐酸性，可作耐酸混凝土骨料。辉绿岩熔点为 $1400 \sim 1500 ℃$，可作铸石原料，所制得的铸石结构均匀致密且耐酸性好，是化工设备耐酸衬里的良好材料。

2. 沉积岩类石材

1）石灰岩

石灰岩是沉积岩的一种，主要化学成分为 $CaCO_3$，常呈灰色，俗称灰石。主要矿物成分为方解石。在强度和耐久性方面不如花岗岩，表观密度为 $2000 \sim 2600 \text{kg/m}^3$，抗压强度为 $20 \sim 120 \text{MPa}$。

石灰石来源广，硬度低，易劈裂，有一定的强度和耐久性，块石常用于砌筑基础、墙体、台阶或路面等，碎石可作混凝土骨料。石灰石也是生产石灰或水泥的主要原料。

2）砂岩

砂岩也属于沉积岩，主要是由砂粒等细小碎屑经沉积并重新胶结而成的岩石。其主要矿物是石英（SiO_2）。以 SiO_2 胶结而成的砂岩称为硅质砂岩，以 $CaCO_3$ 胶结而成的砂岩称为钙质砂岩。硅质砂岩为浅灰色，其性能接近花岗岩，质地坚硬耐久，强度高；钙质砂岩为灰白色，具有一定的强度，但耐酸性较差，只可应用于一般的砌筑工程。砂岩的表观密度差别较大，通常为 $2200 \sim 2700 \text{kg/m}^3$，强度差别也较大，一般强度为 $50 \sim 200 \text{MPa}$。

3. 变质岩类石材

1）大理岩

大理岩又称大理石，是由石灰岩或白云岩经过高温高压作用，重新结晶变质而成，其主要成分是方解石和白云石，表观密度为 $2500 \sim 2700 \text{kg/m}^3$，抗压强度为 $70 \sim 140 \text{MPa}$。其质地致密但硬度不大,易于雕琢,色彩丰富。纯大理石为白色,俗称汉白玉。大理石磨光后色泽美观、纹理自然,多用于室内装饰。

大理岩不宜用作城市建筑物的外部装饰,因为城市大气中的二氧化硫遇水生成亚硫酸,进而变成硫酸,会与大理岩中的碳酸钙反应生成溶于水的石膏,使大理石表面失去光泽,变得粗糙而多孔,从而降低建筑装饰效果。

2) 石英岩

石英岩是由石英砂岩及硅质砂岩变质而成,其主要矿物为石英,常见颜色有绿色、灰色、黄色、褐色、橙红色、白色、蓝色、紫色、红色等。岩体结构均匀致密,抗压强度高,达 $250\sim400\mathrm{MPa}$,表现密度为 $2800\sim3000\mathrm{kg/m^3}$。石英岩抗风化能力强,耐久性好,硬度高,可用于各种砌筑工程。

8.1.3 砌筑石材的技术性质

砌筑石材的技术性质包括物理性质、力学性质、耐久性和工艺性质。石材的技术性质取决于其矿物组成、特征及结合状态。天然石材因生成条件各异,常含有不同类型的杂质,矿物组成也有变化,故即使是同一类岩石,其性质也可能有很大差别。因此,石材使用前都必须进行检验和鉴定。

1. 物理性质

1) 表观密度

石材的表观密度与其矿物组成和结构的致密程度有关,通常情况下,同种石材的表观密度越大,其孔隙率越小,抗压强度越高、吸水率越小、耐久性越好。天然石材按表观密度大小可分为:轻质石材(表观密度 $\leqslant 1800\mathrm{kg/m^3}$)和重质石材(表观密度 $>1800\mathrm{kg/m^3}$)。轻质石材主要用于保温外墙,重质石材用于建筑基础、承重墙体、贴面、地面等。

2) 吸水性

石材的吸水性主要与其孔隙率和孔隙特征有关。根据吸水率的大小可以把岩石分为低吸水性岩石(吸水率低于 1.5%)、中吸水性岩石(吸水率介于 $1.5\%\sim3.0\%$)、高吸水性岩石(吸水率大于 3.0%)。

深成岩以及许多变质岩的孔隙率都很小,因而吸水率也很小,如花岗岩的吸水率通常小于 0.5%。沉积岩由于形成条件、胶结情况和密实程度有所不同,因而孔隙率与孔隙特征的变化很大,导致其吸水率的波动也很大。例如,致密的石灰岩,它的吸水率可小于 1%,而多孔贝壳石灰岩吸水率可高达 15%。

石材的吸水性对其强度与耐水性有很大影响。石材吸水后,会降低颗粒之间的黏结力,从而使强度降低,耐水性和耐久性下降。

3) 耐水性

石材的耐水性用软化系数表示。根据软化系数大小,石材可分为三个等级:高耐水性石材(软化系数大于 0.90)、中耐水性石材(软化系数为 $0.75\sim0.90$)、低耐水性石材(软化系数为 $0.60\sim0.75$)。软化系数低于 0.60 的石材不允许用于重要建筑。

4) 导热性

石材的导热性主要与其致密程度有关。重质石材的导热系数可达 $2.91\sim3.49\mathrm{W/(m\cdot K)}$,

轻质石材的导热系数则为 0.23～0.70W/(m·K)。相同成分的石材,玻璃态比结晶态的导热系数小,具有封闭孔隙石材的导热性较差。

2. 力学性质

1) 抗压强度

砌筑用天然石材的抗压强度是以三个(一组)边长为 70mm 的立方体试块抗压强度的平均值来表示。根据《砌体结构设计规范》(GB 50003—2011)规定,按抗压强度值的大小,石材共分为 7 个强度等级:MU100、MU80、MU60、MU50、MU40、MU30 和 MU20。当试件为非标准尺寸时,可按表 8-1 进行换算。

表 8-1   石材强度等级换算系数

立方体边长/mm	200	150	100	70	50
换算系数	1.43	1.28	1.14	1.00	0.86

石材的矿物组成对其抗压强度有一定影响。例如,花岗岩的主要矿物中石英是坚硬的矿物,其含量越高则花岗岩的强度也越高,而云母为片状矿物,易于分裂成柔软薄片,因此云母含量越高则其强度越低。

岩石的结构与构造特征对其抗压强度也有很大影响。结晶质石材强度比玻璃质的高;等粒状结构的强度比斑状结构的高;构造致密的强度比疏松多孔的高。具有层状、带状或片状结构的石材,其垂直于层理方向的抗压强度比平行于层理方向的高。

胶结物种类对岩石的抗压强度也有影响。沉积岩由硅质物胶结的,其抗压强度较高;由石灰质物胶结的次之,泥质物胶结的则较小。

2) 冲击韧性

石材是典型的脆性材料,其抗拉强度比抗压强度小得多,为抗压强度的 1/10～1/20。石材的冲击韧性取决于其矿物组成与结构,晶体结构岩石的韧性比非晶体结构的好。石英岩和硅质砂岩韧性较差;含暗色矿物多的辉长岩、辉绿岩等具有相对较好的韧性。

3) 硬度

石材的硬度取决于其组成矿物的硬度与构造。凡由致密、坚硬矿物组成的石材,其硬度较高。结晶质石材硬度比玻璃质的高。石材的硬度与抗压强度有良好的相关性,一般抗压强度越高,其硬度也越高。石材的硬度以莫氏硬度表示。

3. 耐久性

1) 抗冻性

石材的抗冻性是指其抵抗冻融破坏的能力,用冻融循环次数来表示,即石材在水饱和状态下能经受规定条件下若干次冻融循环,而强度降低值不超过 25%、质量损失不超过 5% 且无贯穿裂缝时,则认为抗冻性合格。石材的抗冻等级分为 D5、D10、D15、D25、D50、D100、D200 等。抗冻性是衡量石材耐久性的一个重要指标,石材的抗冻性与吸水性密切相关,吸水率大的石材其抗冻性差。

2) 耐热性

石材经高温后,由于热胀冷缩,体积变化而产生内应力,或由于高温使岩石中矿物发生分解等导致结构破坏。石材的耐热性与其化学成分及矿物组成有关。含有石膏的石材,在100℃以上时就开始破坏;含有碳酸镁和碳酸钙的石材,在温度达到700～800℃时,由于矿物分解开始破坏;由石英与其他矿物所组成的结晶石材(如花岗岩等),温度达到700℃以上时,由于石英受热膨胀而破坏。

3) 耐磨性

耐磨性是指石材抵抗摩擦、边缘剪切以及冲击等复杂作用的能力,包括耐磨损性和耐磨耗性两方面。耐磨损性是以磨损度来表示石材受摩擦作用,其单位摩擦面积所产生的质量损失大小;耐磨耗性是以磨耗度来表示石材同时受摩擦和冲击作用,其单位面积所产生的质量损失大小。石材的耐磨性与其组成矿物的硬度、结构、构造特征以及石材的抗压强度和冲击韧性等有关。组成矿物越坚硬、构造越致密以及石材的抗压强度和冲击韧性越高,石材的耐磨性越好。用于台阶、地面、人行道、楼梯踏步等工程的石材,应具有较好的耐磨性。

4. 工艺性质

石材的工艺性质是指其开采及加工过程的难易程度和可能性,包括加工性、磨光性和抗钻性等。

1) 加工性

加工性是指对岩石进行开采、劈解、破碎、凿磨、磨光和抛光等加工工艺时的难易程度。强度、硬度、韧性较高的石材,不易加工;质脆而粗糙、有颗粒交错结构、含有层状或片状构造以及风化较严重的岩石,都难以满足加工要求。

2) 磨光性

磨光性是指岩石能否研磨成光滑表面的性质。磨光性好的岩石,通过研磨、抛光等工艺,可加工成光亮、洁净的表面,并能充分展示天然石材的色彩、纹理、光泽和质感,获得良好的装饰效果。致密、均匀、细粒结构的岩石一般都具有较好的磨光性,而疏松多孔、鳞片状结构的岩石,则磨光性较差。

3) 抗钻性

抗钻性是指岩石钻孔的难易程度。石材的抗钻性一般与岩石的强度、硬度等因素有关。石材的强度越高、硬度越大,越不易钻孔。

8.2 墙用块材、板材及新型墙体材料

墙用块材主要是指各种砌墙砖和各类砌块,根据《墙体材料术语》(GB/T 18968—2019)规定,砖是外形多为直角六面体,其长度不超过 365mm、宽度不超过 240mm、高度不超过115mm 的人造小型块体;砌块是外形多为直角六面体,其主规格的长度、宽度或高度有一项或一项以上分别大于 365mm、240mm 或 115mm 的人造块体,但砌块高度不大于长度或宽度的 6 倍,长度不超过高度的 3 倍。

墙用板材是随建筑结构体系的改革和大开间多功能框架结构的发展而兴起的,为满足现代建筑对工程材料越来越高的功能性要求,墙用板材也由水泥类板材(如预制混凝土大板)逐步发展到质轻、节能、环保的各种轻质石膏板、植物纤维板及多功能复合板等新型墙体材料。

8.2.1　砌墙砖

凡是由黏土、工业废料或其他地方资源为主要原料,以不同工艺制成的,在建筑中用于砌筑承重和非承重墙体的块状材料统称为砌墙砖。根据生产工艺的不同,砖分为烧结砖和非烧结砖(蒸养砖和蒸压砖)。

1. 烧结砖

烧结砖是经焙烧而制成的砖;常结合主要原材料命名。烧结砖分为烧结普通砖、烧结多孔砖和烧结空心砖三种。

烧结砖的生成流程为:原料开采与处理→配料→成型(制坯)→干燥→焙烧→成品,最关键的工序是焙烧环节。砖坯在焙烧窑内焙烧时,如果温度控制不当,除了正火砖(合格品)外,还常出现欠火砖和过火砖,欠火砖色浅、吸水率大、强度低、耐久性差;过火砖色深、吸水率低、强度较高,但变形较大。欠火砖和过火砖均属不合格产品。

1) 烧结普通砖

烧结普通砖按主要原料分为黏土砖(N)、页岩砖(Y)、粉煤灰砖(F)、煤矸石砖(M)、建筑渣土砖(Z)、淤泥砖(U)、污泥砖(W)、固体废弃物砖(G)。其中普通黏土砖的生成需耗用大量的土地资源,且能耗高、自重大、保温性差、抗震性差,已被国家列为限制生成使用并终将淘汰的产品,取而代之的是空心砖、建筑废渣砖及砌块、轻质板材等墙体材料。

(1) 一般要求

采用两种原材料,掺配比质量大于 50% 以上的为主要原材料;采用 3 种或 3 种以上原材料,掺配比质量最大者为主要原材料。污泥掺量达到 30% 以上的可称为污泥砖。

(2) 主要技术要求

《烧结普通砖》(GB/T 5101—2017)规定,烧结普通砖的技术指标主要有尺寸偏差、外观质量、强度等级、抗风化性能、泛霜、石灰爆裂等。

① 尺寸偏差。烧结普通砖的规格尺寸为:长 240mm,宽 115mm,高 53mm,如图 8-2 所示,其尺寸允许偏差应符合表 8-2 的规定。

图 8-2　烧结普通砖

表 8-2　尺寸允许偏差　　　　　　　　　　　　　mm

公称尺寸	指标	
	样本平均偏差	样本极差,不大于
240	±2.0	6.0
115	±1.5	5.0
53	±1.5	4.0

② 外观质量。砖的外观质量应符合表 8-3 的规定。

③ 强度等级。根据砖的抗压强度,烧结普通砖分为五个强度等级:MU30、MU25、MU20、MU15、MU10,其强度值应符合表 8-4 的规定。

表 8-3 外观质量 mm

项　　　目		优　等　品
两条面高度差,不大于		2
弯曲,不大于		2
杂质突出高度,不大于		2
缺棱掉角的三个破坏尺寸不得同时大于		5
裂纹长度,不大于	大面上宽度方向及其延伸至条面的长度	30
	大面上长度方向及其延伸至顶面的长度或条顶面上水平裂纹的长度	50
完整面不得少于		一条面和一顶面

注:① 为砌筑挂浆而施加的凹凸纹、槽、压花等,不算作缺陷。

② 凡有下列缺陷之一者,不得称为完整面:

　a. 缺陷在条面或顶面上造成的破坏面尺寸同时大于 10mm×10mm。

　b. 条面或顶面上裂纹宽度大于 1mm,其长度超过 30mm。

　c. 压陷、粘底、焦花在条面或顶面上的凹陷或凸出超过 2mm,区域尺寸同时大于 10mm×10mm。

表 8-4 烧结普通砖强度等级 MPa

强度等级	抗压强度平均值 $\bar{f}$,不小于	强度标准值 f_k,不小于
MU30	30.0	22.0
MU25	25.0	18.0
MU20	20.0	14.0
MU15	15.0	10.0
MU10	10.0	6.5

其中抗压强度平均值 $\bar{f}$、测试 10 块试样后的强度 s 与变异系数 δ、强度标准值 f_k 可分别按下式计算:

$$\bar{f} = \frac{1}{10} \sum_{i=1}^{10} f_i \tag{8-1}$$

$$s = \sqrt{\frac{1}{9} \sum_{i=1}^{10} (f_i - \bar{f})^2} \tag{8-2}$$

$$\delta = \frac{s}{\bar{f}} \tag{8-3}$$

$$f_k = \bar{f} - 1.8s \tag{8-4}$$

式中,$\bar{f}$ 为 10 块砖的抗压强度算术平均值,MPa,精确至 0.01MPa;f_i 为单块砖的抗压强度值,MPa,精确至 0.01MPa;s 为 10 块砖的抗压强度标准差,MPa,精确至 0.01MPa;δ 为强度变异系数,精确至 0.01MPa;f_k 为抗压强度标准值,MPa,精确至 0.1MPa。

当变异系数 $\delta \leqslant 0.21$ 时,按抗压强度平均值 $\bar{f}$ 和强度标准值 f_k 来评定砖的强度等级。

当变异系数 $\delta > 0.21$ 时,按抗压强度平均值 $\bar{f}$ 和单块最小抗压强度值 f_{min} 来评定砖的强度等级。

④ 抗风化性能。抗风化性能是指在干湿变化、温度变化、冻融变化等物理因素作用下,

材料不破坏并长期保持原有性质的能力。它是材料耐久性的重要指标之一。不同的风化区采用不同的指标表示砖的抗风化性能。风化区按风化指数的大小划分,风化指数是指日气温从正温降至负温或从负温升至正温的每年平均天数与每年从霜冻之日起至消失霜冻之日止这一期间降雨总量(以 mm 计)平均值的乘积。我国分为严重风化区(风化指数≥12700)和非严重风化区(风化指数<12700),全国风化区的划分见表 8-5。

表 8-5　风化区的划分

严重风化区		非严重风化区	
1. 黑龙江省	11. 河北省	1. 山东省	11. 福建省
2. 吉林省	12. 北京市	2. 河南省	12. 台湾省
3. 辽宁省	13. 天津市	3. 安徽省	13. 广东省
4. 内蒙古自治区	14. 西藏自治区	4. 江苏省	14. 广西壮族自治区
5. 新疆维吾尔自治区		5. 湖北省	15. 海南省
6. 宁夏回族自治区		6. 江西省	16. 云南省
7. 甘肃省		7. 浙江省	17. 上海市
8. 青海省		8. 四川省	18. 重庆市
9. 陕西省		9. 贵州省	
10. 山西省		10. 湖南省	

严重风化区中 1、2、3、4、5 地区的砖应进行冻融试验。冻融试验后,每块砖样不允许出现裂纹、分层、掉皮、缺棱、掉角等冻坏现象,且质量损失不得大于 2%,而用于其他风化区的烧结普通砖,若能达到表 8-6 规定时,可不做冻融试验。否则,必须进行冻融试验。淤泥砖、污泥砖、固体废弃物砖应进行冻融试验。15 次冻融试验后,每块砖样不允许出现分层、掉皮、缺棱、掉角等冻坏现象;冻后裂纹长度不得大于表 8-3 中第 5 项裂纹长度的规定。

表 8-6　抗风化性能

砖种类	严重风化区				非严重风化区			
	5h 沸煮吸水率/%,不大于		饱和系数,不大于		5h 沸煮吸水率/%,不大于		饱和系数,不大于	
	平均值	单块最大值	平均值	单块最大值	平均值	单块最大值	平均值	单块最大值
黏土砖	18	20	0.85	0.87	19	20	0.88	0.90
粉煤灰砖	21	23			23	25		
页岩砖	16	18	0.74	0.77	18	20	0.78	0.80
煤矸石砖								

⑤ 泛霜。泛霜是指黏土原料中的可溶性盐类(如硫酸盐类),随着砖内水分的蒸发而在砖表面析出的现象,一股呈絮团或絮片状白色粉末。出现泛霜不仅影响建筑物的外观,而且因结晶膨胀,会引起砖表层的酥松,甚至剥落。《烧结普通砖》(GB/T 5101—2017)规定:每块砖不允许出现严重泛霜。

⑥ 石灰爆裂。当砖的坯体中含有石灰石,焙烧时石灰石分解成生石灰留在砖体内,砖

吸水后内部的生石灰因熟化而产生体积膨胀,导致砖开裂的现象被称为石灰爆裂。《烧结普通砖》(GB/T 5101—2017)规定:

a. 破坏尺寸大于 2mm 且小于或等于 15mm 的爆裂区域,每组砖不得多于 15 处;其中大于 10mm 的不得多于 7 处。

b. 不准许出现大于 15mm 的爆裂区域。

c. 试验后抗压强度损失不得大于 5MPa。

产品中不允许有欠火砖、酥砖和螺旋纹砖。酥砖指砖坯被雨水淋、受潮、受冻,或在焙烧过程中受热不均等原因,而产生大量网状裂纹的砖,这些网状裂纹会使砖的强度和抗冻性下降。螺旋砖指从挤泥机挤出的砖坯上存在螺旋纹的砖,螺旋纹在烧结时不易消除,导致砖受力时易产生应力集中,使砖的强度下降。

(3) 烧结普通砖的应用

烧结普通砖是传统的墙体材料,具有较高的强度,主要用于砌筑多层建筑的承重墙、烟囱,以及六层以下建筑的砖柱、砖拱和基础等。应用时,必须认识到砖砌体的强度不仅取决于烧结普通砖本身的强度,而且还受砂浆性质的影响。用于砌筑的砂浆须有良好的和易性,砂浆的强度要满足设计要求。砌筑前应洒水将砖润湿,灰浆要饱满。

烧结普通砖尺寸小、施工效率低、墙体自重大,所以目前墙体材料改革的主要技术方向是发展轻质、高强、空心、大块的产品,力求减轻建筑物自重和节约能源,并为提高生产与施工工效创造条件。

2) 烧结多孔砖

烧结多孔砖是以黏土、页岩、煤矸石、粉煤灰、淤泥及其他固体废弃物等为主要原料,经焙烧而成的,烧结多孔砖分为黏土砖(N)、页岩砖(Y)、煤矸石砖(M)和粉煤灰砖(F)、淤泥砖(U)、固体废弃物砖(G)。

(1) 主要技术指标

根据《烧结多孔砖和多孔砌块》(GB 13544—2011)规定,烧结多孔砖的主要技术指标有如下几个。

① 尺寸偏差。烧结多孔砖和砌块的外形一般为直角六面体,孔洞垂直于受压面,孔洞率等于或大于 28%,孔的尺寸小而数量多,孔洞形状为矩形孔或矩形条孔(不得为圆孔或其他孔型)。其规格尺寸为:290mm、240mm、190mm、180mm、140mm、115mm、90mm,其他规格尺寸由供需双方协商确定。其外形及各部位名称如图 8-3 所示,其尺寸允许偏差应符合表 8-7 的规定。

图 8-3 烧结多孔砖

1—大面(坐浆面);2—条面;3—顶面;4—外壁;5—肋;6—孔洞;7—手抓孔

表 8-7   烧结多孔砖尺寸允许偏差   mm

尺寸	样本平均偏差	样本极差,不大于
＞400	±3.0	10.0
300～400	±2.5	9.0
200～300	±2.5	8.0
100～200	±2.0	7.0
＜100	±1.5	6.0

② 外观质量。烧结多孔砖的外观质量应符合表 8-8 的规定。

表 8-8   烧结多孔砖外观质量要求   mm

项　　目		指　　标
完整面		不得少于一个条面和一个顶面
缺棱掉角的三个破坏尺寸		不得同时大于 30
裂纹长度	大面(有孔面)上深入孔壁 15mm 以上宽度方向及其延伸到条面的长度	不大于 80
	大面(有孔面)上深入孔壁 15mm 以上长度方向及其延伸到顶面的长度	不大于 100
	条(顶)面上的水平裂纹长度	不大于 100
	杂质在砖或砌块面上造成的凸出高度	不大于 5

③ 密度等级。烧结多孔砖的密度等级分为 1000、1100、1200、1300 四个,应符合表 8-9 的规定。

表 8-9   烧结多孔砖密度等级   kg/m³

密度等级	3 块砖干表观密度平均值	密度等级	3 块砖干表观密度平均值
1000	900～1000	1200	1100～1200
1100	1000～1100	1300	1200～1300

④ 强度等级。根据抗压强度,烧结多孔砖分为 MU30、MU25、MU20、MU15、MU10 五个强度等级,其强度值应符合表 8-10 的规定。

表 8-10   烧结多孔砖强度等级   MPa

强度等级	抗压强度平均值 $\bar{f}$,不小于	强度标准值 f_k,不小于
MU30	30.0	22.0
MU25	25.0	18.0
MU20	20.0	14.0
MU15	15.0	10.0
MU10	10.0	6.5

表 8-10 中的抗压强度平均值 $\bar{f}$ 和强度标准值 f_k 分别按下式计算:

$$\bar{f} = \frac{1}{10} \sum_{i=1}^{10} f_i \tag{8-5}$$

$$s = \sqrt{\frac{1}{9}\sum_{i=1}^{10}(f_i - \overline{f})^2} \tag{8-6}$$

$$f_k = \overline{f} - 1.83s \tag{8-7}$$

式中，$\overline{f}$ 为 10 块砖的抗压强度算术平均值，MPa，精确至 0.1MPa；f_i 为单块砖的抗压强度值，MPa，精确至 0.01MPa；s 为 10 块砖的抗压强度标准差，MPa，精确至 0.01MPa；f_k 为抗压强度标准值，MPa，精确至 0.1MPa。

⑤ 孔形、孔结构及孔洞率。孔形、孔结构及孔洞率应符合表 8-11 的规定。

⑥ 泛霜。每块砖不允许出现严重泛霜。

⑦ 石灰爆裂。破坏尺寸大于 2mm 且小于或等于 15mm 的爆裂区域，每组砖不得多于 15 处，其中大于 10mm 的不得多于 7 处。不允许出现破坏尺寸大于 15mm 的爆裂区域。

表 8-11　孔形、孔结构及孔洞率

孔　型	孔洞尺寸/mm		最小外壁厚/mm	最小肋厚/mm	孔洞率/%	孔洞排序
	孔宽度	孔长度				
矩形孔或矩形条孔	≤13	≤40	≥12	≥5	≥28	1. 所有孔宽应相等，孔采用单向或双向交错排列 2. 孔洞排列上下、左右应对称，分布均匀，手抓孔的长度方向尺寸必须平行于砖的条面

⑧ 抗风化性能。风化区的划分同烧结普通砖（见表 8-5），严重风化区中 1、2、3、4、5 地区的砖必须进行冻融试验。冻融试验后，每块砖样不允许出现裂纹、分层、掉皮、缺棱、掉角等冻坏现象。而用于其他风化区的砖，若能达到表 8-12 的要求，可不做冻融试验；否则，必须进行冻融试验。产品中不允许出现欠火砖、酥砖和螺旋纹砖。

表 8-12　抗风化性能

砖种类	严重风化区				非严重风化区			
	5h 沸煮吸水率/%，不大于		饱和系数，不大于		5h 沸煮吸水率/%，不大于		饱和系数，不大于	
	平均值	单块最大值	平均值	单块最大值	平均值	单块最大值	平均值	单块最大值
黏土砖	21	23	0.85	0.87	23	25	0.88	0.90
粉煤灰砖	23	25			30	32		
页岩砖	16	18	0.74	0.77	18	20	0.78	0.80
煤矸石砖	19	21			21	23		

（2）烧结多孔砖的应用

烧结多孔砖的孔壁较为密实，强度较高，主要用于砌筑六层以下的承重墙体或框架结构的填充墙。这种砖因含有大量孔洞，具有一定的隔热保温性能，故也可用于部分地区建筑物的外墙砌筑。砌筑时孔洞应垂直于承压面。

3）烧结空心砖

烧结空心砖是以黏土、页岩、煤矸石、粉煤灰、淤泥（江、河、湖等淤泥）、建筑渣土及其他固体废弃物为主要原料，经焙烧而成的，其分为黏土空心砖（N）、页岩空心砖（Y）、煤矸石空心砖（M）和粉煤灰空心砖（F）、淤泥空心砖（U）、建筑渣土空心砖（Z）、其他固体废弃物空心砖（G）。

（1）主要技术指标

根据《烧结空心砖》（GB 13545—2014）规定，烧结空心砖的主要技术指标有以下几个。

① 规格尺寸和尺寸偏差。烧结空心砖的外形为直角六面体，孔的尺寸大而数量少，孔洞率大于或等于 40%，孔形多为矩形条孔。其长度规格尺寸为 390mm、290mm、240mm、190mm、180（175）mm、140mm；宽度规格尺寸为 190mm、180（175）mm、140mm、115mm；高度规格尺寸为 180（175）mm、140mm、115mm、90mm。其外形和各部位名称如图 8-4 所示，烧结空心砖尺寸偏差应符合表 8-13 的规定。

图 8-4　烧结空心砖

1—顶面；2—大面；3—条面；4—肋；5—壁；l—长度；b—宽度；d—高度

表 8-13　烧结空心砖尺寸允许偏差　　　　　　　　　　　　　　　　　mm

公 称 尺 寸	样本平均偏差	样本极差，不大于
>300	±3.0	7.0
200～300	±2.5	6.0
100～200	±2.0	5.0
<100	±1.7	4.0

② 强度等级。根据抗压强度，烧结空心砖分为 MU10.0、MU7.5、MU5.0、MU3.5 四个强度等级，其强度值应符合表 8-14 的规定。

表 8-14 中的抗压强度平均值 $\overline{f}$、变异系数 δ 和强度标准值 f_k 分别按式（8-1）、式（8-3）和式（8-4）计算。

当变异系数 $\delta \leqslant 0.21$ 时，按抗压强度平均值 $\overline{f}$ 和强度标准值 f_k 来评定砖的强度等级；当变异系数 $\delta > 0.21$ 时，按抗压强度平均值 $\overline{f}$ 和单块最小抗压强度值 f_{min} 来评定砖的强度等级。

③ 密度等级。烧结空心砖的体积密度等级分为 800、900、1000、1100 四个等级，应符合表 8-15 的规定。

④ 孔洞排列及其结构。烧结空心砖的孔洞率和孔洞排数应符合表 8-16 的规定。

表 8-14　烧结空心砖强度等级

强度等级	抗压强度/MPa		
	抗压强度平均值 $\overline{f}$，不小于	变异系数 $\delta\leqslant0.21$	变异系数 $\delta>0.21$
		强度标准值 f_k，不小于	单块最小抗压强度值 f_{min}，不小于
MU10.0	10.0	7.0	8.0
MU7.5	7.5	5.0	5.8
MU5.0	5.0	3.5	4.0
MU3.5	3.5	2.5	2.8

表 8-15　密度等级　　　　　　　　　　kg/m³

密度等级	5块体积密度平均值	密度等级	5块体积密度平均值
800	≤800	1000	901～1000
900	801～900	1100	1001～1100

表 8-16　孔洞排列及其结构

孔洞排列	孔洞排数/排		孔洞率/%	孔形
	宽度方向	高度方向		
有序或交错排列	$b\geqslant200mm$ 时，≥4 $b<200mm$ 时，≥3	≥2	≥40	矩形孔

注：b 为烧结空心砖和空心砌块宽度尺寸。

⑤ 其他指标。烧结空心砖的外观质量、泛霜、石灰爆裂、吸水率和抗风化性能等应符合 GB 13545—2014 规定。

（2）烧结空心砖的应用

烧结空心砖自重较轻，强度较低，主要用作非承重墙，如多层建筑内隔墙或框架结构的填充墙等。砌筑时大面受压（孔洞平行于承压面）。

4）多孔砖和空心砖的优点

与烧结普通砖相比，烧结多孔砖和空心砖具有许多优点。在生产方面，可节约土 20%～30%，节约燃料 10%～20%，且成品率高；在施工方面，由于多孔砖和空心砖尺寸大于普通砖，可提高施工工效 30%～40%，节约砌筑砂浆 20%左右；在使用方面，可减轻结构自重 1/3 左右，由于导热系数低于普通砖，隔热保温效果好。

2. 非烧结砖

不经焙烧而制成的砖均为非烧结砖，目前，应用较广的是蒸养（压）砖。这类砖是以含钙材料（石灰、电石渣等）和含硅材料（砂子、粉煤灰、煤矸石、灰渣、炉渣等）加水拌和，经压制成型，在自然条件下或人工条件（蒸养或蒸压）下，反应生成以水化硅酸钙、水化铝酸钙为主要胶结料的硅酸盐制品。主要品种有灰砂砖、粉煤灰砖、炉渣砖等。

1）灰砂砖

灰砂砖是以磨细的生石灰粉或消石灰粉和砂子为主要原料（也可掺入颜料或外加剂），

经拌和、陈伏、压制成型和蒸压养护(一般温度为 175～203℃,压力为 0.8～1.6MPa 的饱和蒸汽)而成的实心砖。原料中的石灰用量占 10%～20%。砖的颜色分为彩色(N)和本色(Co)。

(1) 主要技术指标。根据《蒸压灰砂砖》(GB 11945—1999)规定,灰砂砖按尺寸偏差、外观质量、强度及抗冻性分为优等品(A)、一等品(B)、合格品(C)三个质量等级,主要技术指标有以下几个。

① 尺寸偏差和外观质量。灰砂砖外形为直角六面体,其尺寸规格和普通砖相同,公称尺寸为:长度 240mm、宽度 115mm、高度 53mm。尺寸偏差和外观质量应符合标准规定。

② 强度。灰砂砖按抗压强度和抗折强度分为 MU25、MU20、MU15、MU10 四个强度等级,其强度应符合表 8-17 的规定。

表 8-17　灰砂砖强度等级　　　　　　　　　　　　　　　MPa

强度级别	抗压强度		抗折强度	
	平均值,不小于	单块值,不小于	平均值,不小于	单块值,不小于
MU25	25.0	20.0	5.0	4.0
MU20	20.0	16.0	4.0	3.2
MU15	15.0	12.0	3.3	2.6
MU10	10.0	8.0	2.5	2.0

注:优等品的强度级别不得小于 MU15。

③ 抗冻性。灰砂砖的抗冻性应符合表 8-18 的规定。

(2) 灰砂砖的应用。MU15、MU20、MU25 的灰砂砖可用于基础和其他建筑,MU10 的砖仅可用于防潮层以上的建筑。由于灰砂砖中的某些水化产物(如氢氧化钙、碳酸钙)可溶于酸,也不耐热,所以灰砂砖不得用于长期受热 200℃ 以上的部位、受急冷急热和有酸性介质侵蚀的建筑部位,也不宜用于有流水冲刷的部位(防止发生软水腐蚀)。

灰砂砖表面光滑,与砂浆黏结力差,当用于高层建筑、地震区域或筒仓建筑物等,除应有相应的结构措施外,还应提高灰砂砖与砂浆的黏结力,如采用高黏结力砂浆。灰砂砖应在砌筑前浇水(含水率控制在 5%～8% 为宜)。

表 8-18　灰砂砖抗冻性指标

强度级别	冻后抗压强度平均值/MPa,不小于	单块砖的干质量损失/%,不大于
MU25	20.0	2.0
MU20	16.0	2.0
MU15	12.0	2.0
MU10	8.0	2.0

2) 粉煤灰砖

粉煤灰砖是指以粉煤灰、石灰和水泥为主要原料,加入适量石膏、外加剂、颜料和骨料经制坯、压制成型、高压或常压蒸汽养护而得的实心砖。砖的颜色分为彩色(N)和本色(Co)。

（1）主要技术指标。根据《蒸压粉煤灰砖》（JC/T 239—2014）规定，粉煤灰砖的技术指标如下。

① 外观质量和尺寸偏差。粉煤灰砖外形为直角六面体，其尺寸规格和普通砖相同，公称尺寸为：长度 240mm、宽度 115mm、高度 53mm。其他规格尺寸由供需双方协商后确定，外观质量和尺寸偏差应符合标准规定。

② 强度等级。粉煤灰砖按抗压强度和抗折强度分为 MU10、MU15、MU20、MU25、MU30 五个强度等级。其强度应符合表 8-19 规定。

表 8-19　粉煤灰砖强度指标　　　　　　　　　　　　　　MPa

强度级别	抗压强度		抗折强度	
	平均值,不小于	单块最小值	平均值,不小于	单块最小值
MU10	10.0	8.0	2.5	2.0
MU15	15.0	10.0	3.7	3.0
MU20	20.0	16.0	4.0	3.2
MU25	25.0	20.0	4.5	3.6
MU30	30.0	24.0	4.8	3.8

③ 抗冻性。粉煤灰砖的抗冻性应符合表 8-20 规定。

④ 线性干燥收缩值。粉煤灰砖的干燥收缩值应不大于 0.50mm/m。

表 8-20　粉煤灰砖抗冻性

使 用 地 区	强 度 级 别	质量损失率	抗压强度损失率
夏热冬暖地区	D15		
夏热冬冷地区	D25	≤5%	≤25%
寒冷地区	D35		
严寒地区	D50		

（2）粉煤灰砖的应用。粉煤灰砖可用于工业与民用建筑的墙体和基础，可作为禁用实心黏土砖后的替代砖。但用于基础或用于易受冻融和干湿交替作用的建筑部位时，必须使用 MU15 及以上强度等级的砖。与灰砂砖性能相似，粉煤灰砖中也含有 $Ca(OH)_2$ 和 $CaCO_3$ 等水化产物，因此不得用于长期受热 200℃ 以上、受急冷急热和有酸性介质侵蚀的建筑部位。

3）炉渣砖

炉渣砖是以炉渣（煤燃烧后的残渣）为主要原料，掺入适量的（水泥、电石渣）石灰和石膏，经混合、压制成型、蒸养或蒸压养护而成的实心砖，呈黑灰色。

（1）主要技术指标。根据《炉渣砖》（GB/T 525—2007）规定，其主要技术指标有如下几个。

① 尺寸偏差和外观质量。炉渣砖外形为直角六面体，其公称尺寸为：长度 240mm、宽度 115mm、高度 53mm，干燥收缩率应不大于 0.06%，尺寸偏差和外观质量应符合标准规定。

② 强度等级。炉渣砖按抗压强度分为 MU25、MU20、MU15 三个强度等级，其强度值应符合表 8-21 的规定。

表 8-21　炉渣砖强度等级　　　　　　　　　　　MPa

强度等级	抗压强度平均值 $\bar{f}$,不小于	变异系数 $\delta \leqslant 0.21$	变异系数 $\delta > 0.21$
		抗压强度标准值 f_k,不小于	单块最小抗压强度值 f_{min},不小于
MU25	25.0	19.0	20.0
MU20	20.0	14.0	16.0
MU15	15.0	10.0	12.0

表 8-21 中的抗压强度平均值 $\bar{f}$、变异系数 δ 和抗压强度标准值 f_k 分别按式(8-1)、式(8-3)和式(8-4)计算。

当变异系数 $\delta \leqslant 0.21$ 时,按抗压强度平均值 $\bar{f}$ 和强度标准值 f_k 来评定砖的强度等级;当变异系数 $\delta > 0.21$ 时,按抗压强度平均值 $\bar{f}$ 和单块最小抗压强度值 f_{min} 来评定砖的强度等级。

③ 抗冻性。炉渣砖的抗冻性应符合表 8-22 的规定。

表 8-22　炉渣砖的抗冻性指标

强度等级	冻后抗压强度平均值/MPa,不小于	单块砖的干质量损失/%,不大于
MU25	22.0	
MU20	16.0	2.0
MU15	12.0	

④ 碳化性能和抗渗性。炉渣砖的碳化性能和抗渗性(用于清水墙时的指标要求)应符合表 8-23 的规定。

表 8-23　炉渣砖的碳化性能及抗渗性指标

强度等级	碳化性能	抗渗性
	碳化后强度平均值/MPa,不小于	水面下降高度/mm
MU25	22.0	
MU20	16.0	三块中任一块不大于 10
MU15	12.0	

⑤ 耐火极限。炉渣砖的耐火极限不小于 2.0h。

(2) 炉渣砖的应用。炉渣砖具有节能、节土、保护环境、隔热保温等性能,可用于一般建筑物的墙体和基础,但不得用于长期受热 200℃ 以上、受急冷急热和有酸性介质侵蚀的建筑部位。

8.2.2　砌块

砌块是建筑工程中用于砌筑墙体的尺寸较大的人造块材,外形多为直角六面体,也有其他形状的。制作砌块的原材料丰富,可以充分利用地方资源和工业废渣生产,节约了土地资源,保护了生态环境。其生产工艺简单,适用范围广,施工方便灵活且工效高,并可改善墙体的功能。

砌块砌筑的墙体可减轻墙体自重 30%～50%,从而降低了建筑物自重,节约了地基处理成本,但与烧结砖相比,砌块砌筑的墙体容易产生裂缝,主要是砌块失去水分而产生收缩所致。砌块的强度可以通过改变材料的配合比和改变砌块的孔洞而可以在很大范围内调整,可以满足承重或非承重需要。

1. 砌块的分类

砌块种类繁多,主要有以下几种分类方法。

1) 按空心率分类

砌块按空心率大小可分为实心砌块和空心砌块,无孔洞或空心率小于 25% 的砌块为实心砌块;空心率大于或等于 25% 的砌块为空心砌块。

2) 按规格尺寸分类

在砌块系列中主规格的高度大于 115mm,而又小于 380mm 的砌块称为小型砌块;高度为 380～980mm 的砌块称为中型砌块;高度大于 980mm 的砌块称为大型砌块。目前,我国以中小型砌块使用较多。

3) 按骨料品种分类

按骨料品种可以将砌块分为普通砌块(以普通砂、石为骨料)和轻骨料砌块(以天然或人造的轻骨料或工业废渣为骨料)。

4) 按用途分类

按用途可以将砌块分为结构型砌块、装饰型砌块和功能型砌块,结构型砌块有承重和非承重砌块;装饰型的是指带有装饰面的砌块;功能型的是指具有隔热、保温、吸声等功能的砌块。

5) 按胶凝材料种类分类

按胶凝材料种类可以将砌块分为硅酸盐砌块、水泥混凝土砌块和石膏砌块等。硅酸盐砌块用煤渣、粉煤灰、煤矸石等硅质材料加石灰、石膏配制而成,如粉煤灰砌块;水泥混凝土砌块是用水泥作为胶凝材料制成,如普通混凝土小型空心砌块、轻骨料混凝土小型空心砌块;石膏砌块是用石膏为胶凝材料,加上适当的填料、添加剂等制成。

2. 几种常用的建筑砌块

1) 普通混凝土小型砌块

普通混凝土砌块是以水泥为胶结材料,以砂、石或炉渣、煤矸石等为骨料,经加水搅拌、成型、养护而成的块体材料。为减轻自重,多制成小型砌块,包括空心砌块和实心砌块。普通混凝土小型空心砌块的外形见图 8-5。

(1) 主要技术指标

根据《普通混凝土小型砌块》(GB 8239—2014)规定,普通混凝土小型砌块按尺寸偏差和外观质量分为优等品(A)、一等品(B)、合格品(C)三个质量等级。其主要技术指标有以下几个。

① 规格尺寸、尺寸偏差和外观质量。普通混凝土砌

图 8-5　普通混凝土小型空心砌块
1—条面;2—坐浆面(肋厚较小的面);
3—铺浆面(肋厚较大的面);4—顶面;
5—长度;6—宽度;7—高度;
8—壁;9—肋

块主规格为 390mm×190mm×190mm,其他规格尺寸可由供需双方协商。最小外壁厚应不小于 30mm,最小肋厚应不小于 25mm。空心率应不小于 25%。其尺寸偏差和外观质量应符合标准规定。

② 强度等级。普通混凝土小型砌块按抗压强度分为 MU3.5、MU5.0、MU7.5、MU10.0、MU15.0 和 MU20.0 六个强度等级,其强度应符合表 8-24 的规定。

表 8-24　普通混凝土小型砌块强度等级　　　　　　　　　　MPa

强度等级	抗压强度	
	平均值,不小于	单块最小值,不小于
MU5.0	5.0	4.0
MU7.5	7.5	6.0
MU10.0	10.0	8.0
MU15.0	15.0	12.0
MU20.0	20.0	16.0
MU25.0	25.0	20.0
MU30.0	30.0	24.0
MU35.0	35.0	28.0
MU40.0	40.0	32.0

③ 相对含水率。潮湿地区使用时,相对含水率不大于 45%;中等地区使用时,相对含水率不大于 40%;干燥地区使用时,相对含水率不大于 35%。潮湿地区指年平均相对湿度大于 75% 的地区;中等地区指年平均相对湿度 50%~75% 的地区;干燥地区指年平均相对湿度小于 50% 的地区。

④ 抗渗性。用于清水墙的砌块,三块抗渗试块中任一块的水面下降高度不大于 10mm。

⑤ 抗冻性。其抗冻性应符合表 8-25 的规定。

表 8-25　普通混凝土小型砌块抗冻性指标

使用条件	抗冻指标	质量损失率	强度损失率
夏热冬暖地区	D15	平均值≤5% 单块最大值≤10%	平均值≤20% 单块最大值≤30%
夏热冬冷地区	D25		
寒冷地区	D35		
严寒地区	D50		

注:使用条件应符合《民用建筑热工设计规范》(GB 50176—2016)的规定。

(2) 普通混凝土小型空心砌块的应用。

普通混凝土小型空心砌块适用于地震设计烈度为 8 度和 8 度以下的一般民用和工业建筑物的墙体,强度等级 MU7.5 以上的可用于承重砌体,MU5.0 以下的只用于非承重墙体,承重墙不得用砌块和砖混合砌筑。

混凝土砌块在砌筑时一般不宜浇水,如果使用潮湿的砌块砌墙,随着水分的蒸发,墙体会因干燥收缩而开裂,一般要求砌块干燥至平衡含水率以下。

2) 轻骨料混凝土小型空心砌块

轻骨料混凝土小型空心砌块(代号 LB)是由通用硅酸盐水泥、轻砂(或普通砂)、轻粗骨料和水等经拌和、成型而得的砌块。按砌块孔的排数分为单排孔、双排孔、三排孔和四排孔等。

（1）主要技术指标

根据《轻集料混凝土小型空心砌块》(GB/T 15229—2011)规定，其主要技术指标有：

① 尺寸偏差和外观质量。轻骨料混凝土小型空心砌块主规格尺寸为 390mm×190mm×190mm，其他规格尺寸可由供需双方协商。其尺寸偏差和外观质量应符合标准规定。

② 密度等级。轻骨料混凝土小型空心砌块按干表观密度共分为 700kg/m³、800kg/m³、900kg/m³、1000kg/m³、1100kg/m³、1200kg/m³、1300kg/m³、1400kg/m³ 八个密度等级，其相应密度指标应符合表 8-26 的规定。

表 8-26　轻骨料混凝土小型空心砌块密度等级　　　　　　　　　　　　　kg/m³

密度等级	干表观密度范围	密度等级	干表观密度范围
700	$610 \leqslant \rho_d \leqslant 700$	1100	$1010 \leqslant \rho_d \leqslant 1100$
800	$710 \leqslant \rho_d \leqslant 800$	1200	$1110 \leqslant \rho_d \leqslant 1200$
900	$810 \leqslant \rho_d \leqslant 900$	1300	$1210 \leqslant \rho_d \leqslant 1300$
1000	$910 \leqslant \rho_d \leqslant 1000$	1400	$1310 \leqslant \rho_d \leqslant 1400$

③ 强度等级。轻骨料混凝土小型空心砌块按抗压强度分为 2.5、3.5、5.0、7.5、10.0 五个强度等级，同一强度等级砌块的抗压强度和密度等级范围应同时满足表 8-27 的规定。

④ 吸水率、干缩率、碳化系数和软化系数。吸水率应不大于 18%；干燥收缩率应不大于 0.065%；碳化系数应不小于 0.8；软化系数应不小于 0.8。

⑤ 相对含水率和抗冻性。相对含水率和抗冻性应符合标准规定。

（2）轻骨料混凝土小型空心砌块的应用

轻骨料混凝土小型空心砌块可用于工业及民用建筑的非承重和承重保温墙体，或专门保温的墙体。特别适合于框架结构的填充墙和内隔墙。

3）蒸压加气混凝土砌块

蒸压加气混凝土砌块是以钙质材料（石灰、石膏、水泥等）和硅质材料（粉煤灰、砂、工业废渣等）为原料，掺入少量的发泡剂（铝粉），经搅拌、浇筑、成型、切割、蒸养等工序制成的轻质多孔的块体材料，产品代号为 ACB。

表 8-27　轻骨料混凝土小型空心砌块强度等级

强度等级	抗压强度/MPa		密度等级范围/(kg/m³)
	平均值，不小于	最小值，不小于	不大于
MU2.5	2.5	2.0	800
MU3.5	3.5	2.8	1000
MU5.0	5.0	4.0	1200
MU7.5	7.5	6.0	1200①，1300②
MU10.0	10.0	8.0	1200①，1400②

注：① 除自然煤矸石掺量不小于砌块质量 35% 以外的其他砌块。

　　② 自然煤矸石掺量不小于砌块质量 35% 的砌块。当砌块的抗压强度同时满足两个或两个以上强度等级要求时，以满足要求的最高强度等级为准。

（1）主要技术指标

根据《蒸压加气混凝土砌块》(GB 11968—2006)规定,蒸压加气混凝土砌块按尺寸偏差与外观质量、干密度、抗压强度和抗冻性分为优等品(A)、合格品(B)两个质量等级,其主要技术指标有以下几个。

① 尺寸偏差和外观质量。蒸压加气混凝土砌块规格尺寸(mm)为:长度 600,宽度 100、120、125、150、180、200、240、250、300,高度 200、240、250、300。其尺寸偏差和外观质量应符合标准规定。

② 抗压强度。砌块按其抗压强度分为 A1.0、A2.0、A2.5、A3.5、A5.0、A7.5 和 A10.0 七个强度等级,其强度应符合表 8-28 的规定。

表 8-28　蒸压加气混凝土砌块抗压强度　　　　　　　　　　　　　MPa

强度级别	立方体抗压强度	
	平均值,不小于	单组最小值,不小于
A1.0	1.0	0.8
A2.0	2.0	1.6
A2.5	2.5	2.0
A3.5	3.5	2.8
A5.0	5.0	4.0
A7.5	7.5	6.0
A10.0	10.0	8.0

③ 干密度等级。蒸压加气混凝土砌块按其干密度分为 B03、B04、B05、B06、B07 和 B08 六个密度级别,其干密度应符合表 8-29 的规定。

表 8-29　蒸压加气混凝土砌块干密度　　　　　　　　　　　　　kg/m³

干密度级别		B03	B04	B05	B06	B07	B08
干密度	优等品,不大于	300	400	500	600	700	800
	合格品,不大于	325	425	525	625	725	825

④ 强度级别。砌块的强度级别应符合表 8-30 的规定。

表 8-30　蒸压加气混凝土砌块强度级别

干密度级别		B03	B04	B05	B06	B07	B08
强度级别	优等品	A1.0	A2.0	A3.5	A5.0	A7.5	A10.0
	合格品			A2.5	A3.5	A5.0	A7.5

⑤ 干燥收缩、抗冻性及导热系数。蒸压加气混凝土砌块的孔隙率较高,保温性好,抗冻性差,干燥收缩大。因此国家标准 GB/T 11968—2006 对这些物理参数都做了规定,应符合表 8-31 的要求。

表 8-31　蒸压加气混凝土砌块的干燥收缩值、抗冻性及导热系数

干密度级别		B03	B04	B05	B06	B07	B08
干燥收缩值[①]	标准法/(mm/m),不大于	0.50					
	快速法/(mm/m),不大于	0.80					
抗冻性	质量损失/%,不大于	5.0					
	冻后强度 /MPa 优等品	0.8	1.6	2.8	4.0	6.0	8.0
	合格品			2.0	2.8	4.0	6.0
导热系数(干态)/(W/(m·K)),不大于		0.10	0.12	0.14	0.16	0.18	0.20

注:① 规定采用标准法、快速法测定砌块干燥收缩值,若测定结果发生矛盾不能判定时,则以标准法测定的结果为准。

（2）蒸压加气混凝土砌块的应用

蒸压加气混凝土砌块轻质多孔,具有良好的隔热保温、隔声等性能,易于加工和施工,但强度不高,耐水性和耐腐蚀性差。适用于低层建筑的承重墙、多层建筑的隔墙和框架结构的填充墙,也可用于屋面的隔热保温层。不得用于水中或高湿度和有侵蚀介质的环境中。

8.2.3　墙用板材

随着建筑结构体系的改革和大开间多功能框架结构的发展,各种墙用板材蓬勃兴起。板材用来围护或分隔墙体,具有自重轻、节能、施工方便快捷、开间布局灵活等特点。

目前可用于墙体的板材品种很多,有承重用的预制混凝土大板,有砌筑隔墙用的轻质条板、石膏类板材、硅酸盐制品类板材和复合墙板等,本节将介绍几种代表性的板材。

1. 水泥类墙用板材

水泥类墙用板材具有较好的力学性能和耐久性,其生产技术成熟,产品质量可取,可用于承重墙、外墙和复合墙板的外层面。其主要缺点是自重较大,抗拉强度低。常见的水泥类墙用板材有预应力混凝土空心墙板、玻璃纤维增强水泥(GRC)空心轻质墙板、纤维增强水泥平板(TK 板)、水泥木丝板、水泥刨花板等。

1）预应力混凝土空心墙板

预应力混凝土空心墙板是用高强度低松弛预应力钢绞线、42.5 级早强水泥及砂、石为原料,经张拉、搅拌、挤压、养护、放张、切割而成的混凝土制品。使用时可按要求配以保温层、外饰面层和防水层等。该类板的长度为 1000～1900mm,宽度为 600～1200mm,总厚度为 200～480mm。可用于承重或非承重外墙板、内墙板、楼板、屋面板和阳台板等。

2）玻璃纤维增强水泥(GRC)空心轻质墙板

该空心板是以低碱水泥为胶结料,抗碱玻璃纤维或其网格布为增强材料,膨胀珍珠岩为骨料(也可用炉渣、粉煤灰等),并配以发泡剂和防水剂等,经配料、搅拌、浇筑、振动成型、脱水、养护而成。

该板具有质量轻,强度高,防火性好,防水、防潮性好,抗震性好,干缩变形小,制作简便,安装快捷等特点。在建筑工程中适用于非承重墙体,主要用于工业和民用建筑的内隔墙及复合墙体的外墙面。

3）纤维增强水泥平板（TK 板）

该板是以低碱水泥、耐碱玻璃纤维为主要原料，加水混合成浆，经圆网机抄取制坯、压制、蒸养而成的薄型平板。其长度为 1200～3000mm，宽度为 800～900mm，厚度为 4mm、5mm、6mm 和 8mm。

TK 板质量轻、强度高、防潮、防火、不易变形，可加工性（锯、钻、钉及表面装饰等）好。适用于各类建筑物的复合外墙和内隔墙，特别是高层建筑有防火、防潮要求的隔墙。

4）水泥木丝板

该板是以木材下脚料经机械刨切成均匀木丝，加入水泥、水玻璃等经成型、冷压、养护、干燥而成的薄型建筑平板。它具有自重轻、强度高、防火、防水、防蛀、保温、隔声等性能，可进行锯、钻、钉、装饰等加工，主要用于建筑物的内外墙板、天花板、壁橱板等。

5）水泥刨花板

该板以水泥和木材加工的下脚料刨花为主要原料，加入适量水和化学助剂，经搅拌成型、加压、养护而成。其性能和用途同水泥木丝板。

2. 石膏类墙用板材

石膏制品有许多优点，石膏类板材在轻质墙体材料中占有很大比例，主要有纸面石膏板、纤维石膏板、石膏空心板和石膏刨花板等。

1）纸面石膏板

该板是以建筑石膏为胶凝材料，掺入适量的添加剂和纤维作为板芯，以特制的护面纸作为面层的一种轻质板材。按其用途可分为：普通纸面石膏板、耐水纸面石膏板、耐火纸面石膏板及耐水耐火纸面石膏板四类。

以建筑石膏、适量纤维类增强材料和外加剂为芯材，与具有一定强度的护面纸组成的石膏板材为普通纸面石膏板，其可用于一般工程的内隔墙、墙体复合板、天花板等，在相对湿度经常大于 70% 的湿环境使用时，必须采用相应的防潮措施；若在芯材配料中加入耐水外加剂，并用耐水护面纸，即制成耐水纸面石膏板，可用于相对湿度大于 75% 的浴室、卫生间等潮湿环境的吊顶、隔墙等；若在芯材配料中加入无机耐火纤维，即制成耐火纸面石膏板，其主要用于对防火有较高要求的房屋建筑中；若在配料中加入耐水外加剂和无机耐火纤维，并用耐水护面纸，即制成耐水耐火纸面石膏板，其兼具防水和防火功能，主要用于湿度较大且有防火要求的建筑。

2）纤维石膏板

该板材是以纤维增强石膏为基材的无面纸石膏板，用无机纤维或有机纤维与建筑石膏、缓凝剂等经打浆、铺装、脱水、成型、烘干而制成。可节省护面纸，具有质轻、高强、耐火、隔声、韧性高等性能，可加工性好。主要用于内墙和隔墙。

3）石膏空心板

该板是以建筑石膏为胶凝材料，加入适量水泥、粉煤灰、轻骨料（如膨胀珍珠岩、膨胀蛭石等）、增强纤维等，与水混合，经搅拌、振动成型、抽芯模、干燥而成。其长度为 2500～3000mm，宽度为 500～600mm，厚度为 60～90mm。该板生产时不用纸，不用胶，安装时可不用龙骨。

石膏空心板具有质轻、比强度高、隔热、隔声、防火、可加工性好、施工方便等优点。适用于各类建筑的非承重内隔墙,但若用于相对湿度大于 75% 的环境中,则板材表面应做防水等相应处理。

4) 石膏刨花板

该板材是以建筑石膏为主要原料,木质刨花为增强材料,添加所需的辅助材料,经配合、搅拌、铺装、压制而成。其具有上述石膏板材的优点,适用于非承重内隔墙。

3. 复合板

以单一材料制成的板材常因材料本身的局限性而使其应用受到限制,为此,常用不同材料组合成多功能的复合墙体以满足需要,这就是复合墙板。

常用的复合墙板主要由承受(或传递)外力的结构层(多为普通混凝土或金属板)和保温层(矿棉、泡沫塑料、加气混凝土等)及面层(各类具有可装饰性的轻质薄板)组成。

1) 混凝土夹芯板

混凝土夹芯板以 20～30mm 厚的钢筋混凝土板作内外表面层,中间填以矿渣毡或岩棉毡、泡沫混凝土等保温材料,夹层厚度视热工计算而定。内外两层面板以钢筋件连接,用于内外墙。

2) 轻质隔热夹芯板

该类板是用轻质高强的薄板为外层,中间以轻质的保温隔热材料为芯材组成的复合板。用于外墙面的外层薄板有不锈钢板、彩色镀锌钢板、铝合金板、纤维增强水泥薄板等。芯材有岩棉毡、玻璃棉毡、阻燃型发泡聚苯乙烯、发泡聚氨酯等。用于内侧的外层薄板可根据需要选用石膏类板、植物纤维类板、塑料类板材等。

该板具有良好的绝热和防水防潮等性能,又具备较高的抗弯强度和抗剪强度,并且安装灵活快捷。该板可用于厂房、仓库和净化车间、办公楼、商场等工业和民用建筑,还用于加层、组合式活动室、室内隔断、天棚、冷库等。

8.2.4 新型墙体材料

新型墙体材料是区别于传统砌筑材料(石材、黏土砖等)而言的一类墙用材料新品种,它具有轻质、隔热、保温、隔声、抗震、节能、环保、易于加工、施工便捷等优点,并充分利用自然资源和工业固体废弃物。所以从广义上说,以上所述的用各类工业废渣制成的砖、砌块和墙用板材都属于新型墙体材料。

此外,植物纤维类墙用板材也是新型墙体材料,它是以农作物的废弃物(如稻草、麦秸、玉米秆、甘蔗渣等)为原料,经适当加工处理而制成的各种板材。我国是农业大国,农作物丰富,其废弃物也很多,如果只是简单焚烧处理,肯定会污染环境,也浪费了资源,所以应该大力发展和推广该类板材的应用。下面介绍几种植物纤维类墙用板材。

1. 稻草(麦秸)板

生产此板的主要原料是稻草或麦秸、板纸和脲醛树脂胶等。其生产方法是将干燥的稻草热压成密实的板芯,在板芯两面及四个侧边用胶贴上一层完整的面纸,经加热固化而成。板芯内不加任何黏结剂,只利用稻草之间的缠绞拧编与压合,形成密实并有相当刚度的板构。其生产工艺简单,生产线全长只有 80～90m,从进料到成品仅需 1h。稻草板生产能耗低,仅为纸面石膏板生产能耗的 $1/3\sim1/4$。

稻草板质量轻,隔热保温性能好,其缺点是耐水性差,可燃。稻草板具有足够的强度和刚度,可以单板使用而不需要龙骨支撑,且便于锯、钉、打孔、粘接和油漆,施工便捷。适用于非承重的内隔墙、天花板及复合外墙的内壁板。

2. 稻壳板

此板是以稻壳与合成树脂为原料,经配料、混合、铺装、热压而成的中密度平板。可用脲醛胶和聚醋酸乙烯胶粘贴,表面可涂刷酚醛滑漆或用薄木贴面加以装饰。可作为内隔墙及室内各种隔断板和壁橱(柜)隔板等。

3. 蔗渣板

此板是以甘蔗渣为原料,经加工、混合、铺装、热压而成的平板。该板生产时可不用胶而利用蔗渣本身含有的物质热压时转化成呋喃系树脂而起胶结作用,也可用合成树脂胶结成有胶蔗渣板。具有质轻、吸声、易加工(可钉、锯、刨、钻)和可装饰等特点。可用作内隔墙、天花板、门芯板、室内隔断用板和装饰板等。

4. 麻屑板

它是以亚麻杆茎为原料,破碎后加入合成树脂、防水剂、固化剂等,经混合、铺装、热压固化、修边、砑光等工序制成。性能和用途同蔗渣板。

8.3　屋面材料

屋面材料主要起防水、防渗和隔热作用,传统的屋面材料是烧结类瓦材,随着现代建筑的发展,屋面材料也由传统的瓦材发展到多材质瓦材和复合板材。

8.3.1　屋面瓦材

1. 烧结类瓦材

1) 黏土瓦

黏土瓦是以杂质少、塑性好的黏土为主要原料,经加水搅拌、成型、干燥、焙烧而成。按颜色分为红瓦和青瓦;按形状分为平瓦和脊瓦。

黏土瓦使用历史悠久,主要用于坡形屋面防水,特别在我国农村地区用量较大。由于生产中消耗土地,能耗大,成品率和施工效率都不高,已逐渐被其他屋面材料取代。

2) 琉璃瓦

琉璃瓦是用难熔黏土制坯,经干燥、上釉后焙烧而成,具有表面光滑、质地坚硬、色彩艳丽、不易褪色、造型古朴、耐久性好等特征,既有防水、防渗漏作用又有装饰美化功能,是屋面高档防水装饰材料。

琉璃瓦品种繁多,常见的有筒瓦(盖瓦)、板瓦(底瓦)、滴水瓦(铺在檐口处的一块板瓦)、沟头瓦(铺在檐中处的一块筒瓦),还可制成飞禽、走兽、龙飞凤舞等形象作为檐头和屋脊的装饰。成本较高,一般只限于在古建筑修复、纪念性建筑及园林建筑中的亭、台、楼、阁上使用。

2. 水泥类瓦材

1) 混凝土平瓦

混凝土平瓦是以水泥、砂或无机的硬质细骨料为主要原料,经配料混合、加水搅拌、机械滚压或人工揉压成型、养护而成的瓦。其标准尺寸有 400mm×240mm 和 385mm×235mm 两种。根据《混凝土平瓦》(GB 8001—1987)规定,单片瓦的抗折荷载不得低于 600N,其抗渗性、抗冻性等均应符合要求。该瓦成本低、耐久性好,但自重大于黏土瓦,在配料中加入耐碱颜料,可制成彩色瓦。

2) 石棉水泥瓦

石棉水泥瓦是以石棉纤维和水泥为原料,经加水搅拌、压波成型、蒸养而成的瓦,分为大波瓦、中波瓦、小波瓦和脊瓦四种。

石棉水泥瓦属于轻型屋面材料,具有防火、防腐、耐热、耐寒等性能,主要用于工业建筑,如厂房、库房、堆货棚、凉棚等。但由于石棉纤维可能带有放射性物质,因此,许多国家已禁止使用,我国也开始采用其他增强纤维(如耐碱玻璃纤维、有机纤维等)逐渐代替石棉纤维。

3) 钢丝网水泥大波瓦

钢丝网水泥大波瓦是用普通硅酸盐水泥、砂子,按一定配比,中间加一层冷拔低碳钢丝网加工而成。大波瓦的规格有两种:一种长 1700mm、宽 830mm、厚 14mm,波高 80mm;另一种长 1700mm、宽 830mm、厚 12mm,波高 68mm,要求瓦的初裂荷载每块 2200N。在 100mm 的静水压力下,24h 后瓦背面无严重印水现象。此种瓦适用于工厂散热车间、仓库及临时性的屋面或围护结构。

3. 高分子类复合瓦材

1) 玻璃钢波形瓦

玻璃钢波形瓦亦称纤维增强塑料波形瓦,是采用不饱和聚酯树脂和玻璃纤维为原料,经人工糊制而成。特点是质量轻、强度高、耐冲击、耐腐蚀、耐高温、透光率高、制作简单等,它适用于屋面、遮阳及车站月台、售货亭、凉棚等的屋面。

2) 聚氯乙烯波形瓦

聚氯乙烯波形瓦亦称塑料瓦楞板,是以聚氯乙烯树脂为主体加入其他配合剂,经塑化、挤压或压延、压波等制成的一种新型建筑瓦材。它具有质轻、高强、防水、耐化学腐蚀、透光率高、色彩鲜艳等特点,适用于凉棚、果棚、车棚等简易建筑的屋面,也可用作遮阳板。

3) 玻璃纤维沥青瓦

该瓦是以玻璃纤维薄毡为胎料,以改性沥青为涂敷材料制成的片状屋面瓦材。其优点是质量轻,互相黏结能力强,抗风化能力好,施工方便,适用于一般民用建筑的坡形屋面。

8.3.2　屋面板材

在大跨度结构中,过去使用的钢筋混凝土大型屋面板自重达 300kg/m² 以上,且不保温,需另设防水层。现在,随着彩色涂层钢板、超细玻璃纤维、自熄性泡沫塑料的出现,使轻型保温的大跨度屋盖得以迅速发展。可用于屋面的板材有许多种,如彩色压型钢板、钢丝网水泥夹芯板、预应力空心板、彩色涂层钢板与隔热芯材组成的复合板等。

1. 金属波形板

金属波形板是以铝材、铝合金或薄钢板轧制而成(亦称金属瓦楞板)。如用薄钢板轧成瓦楞状,涂以搪瓷釉,经高温烧制成搪瓷瓦楞板。金属波形板质量轻,强度高,耐腐蚀,光反射好,安装方便,适用于屋面、墙面。

2. 聚苯乙烯(EPS)隔热夹芯板

该板是以 0.5～0.75mm 厚的彩色涂层钢板为表面板,自熄聚苯乙烯为芯材,用热固化胶在连续成型机内加热加压复合而成的超轻型建筑板材。其质量为混凝土屋面的 1/30～1/20,保温隔热,施工简便,是集承重、保温、防水、装修于一体的新型围护结构材料。可制成平面形或曲面形板材,适用于大跨度屋面结构,如体育馆、展览厅、冷库等,及其他多种屋面形式。

3. 硬质聚氨酯夹心板

该板由镀锌彩色压型钢板面层与硬质聚氨酯泡沫塑料芯材复合而成。压型钢板厚度为 0.5mm、0.75mm、1.0mm。彩色涂层为聚酯型、硅改性聚酯型、氟氯乙烯塑料型,这些涂层均具有极强的耐候性。

该板材具有质轻、高强、保温、隔声效果好、色彩丰富、施工方便等特点,是集承重、保温、防水、装饰于一体的屋面板材,可用于大型工业厂房、仓库、公共设施等大跨度建筑和高层建筑的屋面结构。

知识归纳

1. 石材有着较高的强度和优良的耐久性,常用的砌筑石材有岩浆岩类石材(如花岗岩、玄武岩等)、沉积岩类石材(如石灰岩、砂岩等)、变质岩类石材(如大理岩、石英岩等)。

2. 烧结普通砖主要用于砌筑多层建筑的承重墙、烟囱,以及六层以下建筑的砖柱、砖拱和基础等。由于其尺寸小、施工效率低、墙体自重大,所以墙体材料改革的主要技术方向是发展轻质、高强、空心、大块的产品,力求减轻建筑物自重和节约能源,并为提高生产与施工工效创造条件。

3. 烧结多孔砖主要用于砌筑六层以下的承重墙体或框架结构的填充墙。因其具有一定的隔热保温性能,也可用于部分地区建筑物的外墙砌筑。砌筑时孔洞应垂直于承压面。

4. 烧结空心砖自重较轻,强度较低,主要用作非承重墙,砌筑时大面受压(孔洞平行于承压面)。

5. 砌块是用于砌筑墙体的尺寸较大的人造块材,可以充分利用地方资源和工业废渣生产砌块,这样可以节约土地资源,保护生态环境。砌块砌筑的墙体可减轻墙体自重的 30%～50%,节约地基处理成本,但与烧结砖相比,砌块砌筑的墙体容易产生裂缝,砌块的强度可以通过改变材料的配合比和改变砌块的孔洞而可以在很大范围内调整,可以满足承重或非承重需要。

6. 应尽量使用工业副产品或工业废料生产墙体材料和屋面材料,应限制使用以黏土为原料生产的各类烧结砖,以节省土地,保护环境。

课后习题

1. 岩石分为哪几类?举例说明。

2. 石材有哪些主要技术性质?

3. 大理石是一种质感柔和、美观庄重、格调高雅的装饰豪华建筑的理想材料,为什么一般大理石板材不宜用于室外?

4. 某县城于 1997 年 7 月 8—10 日遭遇洪水灾害,该县城某五层半砖砌体承重结构住宅楼底部自行车库进水,12 日上午倒塌,墙体破坏后呈粉末状。从残存墙基础上抽取 2 块进行试验,自然状态下卡压强度平均值为 5.85MPa,低于设计要求的 MU10,砖厂成品堆中随机抽取砖进行测试发现抗压强度十分离散,有的高达 21.8MPa 而有的则低至 5.1MPa。请分析原因。

5. 新疆某石油库基地库房砌筑采用蒸压灰砂砖,因工期紧张,出厂仅 4d 即用于砌筑,8 月工程完工后,发现墙体有较多垂直裂缝,至 11 月底裂缝基本稳定,请分析原因。

6. 何谓砌块?砌块是如何分类的?砌块与砌墙砖相比有什么优缺点?

7. 建筑外墙的隔热保温性能是建筑节能的关键,请思考如何提高混凝土小型砌块墙体的隔热保温性能。

8. 墙体板材中有哪些不宜用于长期潮湿的环境?

9. 屋面板材与传统屋面瓦材相比有何优点?

第9章

土工合成材料

【主要内容】

本章主要介绍了土工合成材料的发展历程,土工合成材料的种类和性能,以及土工合成材料在公路工程中的应用。

【重点难点】

土工合成材料的种类和性能;土工合成材料在公路工程中的应用。

土工合成材料是一种新型的岩土工程材料。它以人工合成或天然聚合物,如塑料、化纤、合成橡胶等为原料,制成各种类型的工程材料,置于土体内部、表面或各层土体之间,以发挥加强或保护土体的作用。土工合成材料可分为土工织物、土工膜、土工复合材料、土工特种材料等类型,目前已广泛应用于水利、水电、公路、铁路、建筑、海港、采矿、军工等各个工程领域。

9.1 土工合成材料概述

土工合成材料是应用于岩土工程中合成材料的统称。土工合成材料的最早应用可追溯到 20 世纪 20 年代。1926 年美国公路部门曾采用过在棉布上洒沥青而制成的材料,其形式类似于土工膜。其后,人们曾采用聚氯乙烯土工膜作为游泳池的防渗材料。美国垦务局1953 年在渠道上首先应用聚乙烯薄膜,1957 年开始应用聚氯乙烯薄膜。1959 年意大利的Contrada Sobeta 堆石坝使用聚异丁烯合成橡胶薄膜。1960 年捷克的 Dobsina 堆石坝使用聚氯乙烯薄膜。苏联以聚乙烯膜进行渠道防渗也有较长历史。1958 年,美国佛罗里达州利用聚氯乙烯织物作为海岸块石护坡的垫层,被认为是应用现代土工合成材料的开始。以近代人工聚合物为原料的土工织物最早大规模应用的实例,是 20 世纪 50 年代初的荷兰三角洲工程,据估计,用量超过了 1000 万 m^2,大大促进了土工合成材料的工程应用。

1. 古代合成材料的发展

以天然植物作为岩土工程材料,已经有几千年的历史。远在新石器时代,我们的祖先就利用茅草作为土的加筋材料。在陕西半坡村发现的仰韶遗址,有很多简单房屋,利用草泥修筑墙壁和屋顶,至今约有五六千年。今天在玉门一带仍可见用砂、砾石和红柳或芦苇压叠而成的汉长城遗址。在许多缺少石料的偏僻农村,一些住房的墙体、火炕的土坯或房顶防雨层,甚至城郊一些蔬菜大棚的墙体还仍用稻草、禾谷秸秆等加筋土泥做成。由此可见,这种土中加筋的建筑方法在中国一直延续到今天。水利工程利用梢料、柳枝、秸料、竹苇、麻绳、木桩等天然纤维材料进行河道护岸工程或抢险工程历史也是相当悠久的,汉成帝建始四年

（公元前 29 年），黄河在馆陶及东郡金堤决口，"以竹落长四丈，大九围，盛以小石，两船夹载而下之。三十六日，河堤成"。可见当时的堵口技术就已比较成熟了。以后逐代改进，利用梢料、柳枝、秸料、竹苇、麻绳、木桩等杂料，"以土压之，杂以碎石"形成了我国所特有的"埽工"。国外用木排修筑道路，用土中加筋修筑庙塔等利用天然植物作为岩土工程材料的历史也有四五千年。远在公元前 3000 年以前，英国人就曾在沼泽地带用木排修筑道路。公元前 2000 年至公元前 1000 年，古巴比伦人曾利用土中加筋修筑庙塔。20 世纪 20 年代，美国还试用棉织品加强路面。在第二次世界大战中，英国曾在路基上铺放梢辊和帆布，以便装甲车通过。20 世纪初，美国利用金属构件分层加固一座土坝的下游坝坡，为岩土工程开辟了一个新领域。20 世纪 60 年代，金属加筋的应用得以迅速推广，以后又逐渐发展到利用钢筋混凝土构件作为土的加筋材料。天然植物作为岩土工程材料致命的缺点就是易腐烂，不能耐久。金属的应用虽然提高了一步，但由于金属容易腐蚀，抵御化学腐蚀的能力较弱，而且成本较高，因而限制了其使用的范围。

2．现代合成材料的发展

近代土工合成材料的发展是与人工聚合物（如塑料、合成纤维和合成橡胶）的发展分不开的。人工聚合物的发展始于 19 世纪 70 年代—20 世纪初，直到 20 世纪 30—50 年代才使得不同类型的合成纤维投入生产并得到广泛应用。合成材料开始应用于土工建筑上的确切年代已很难考证。据推测，大约在 20 世纪 30 年代或 40 年代初，聚氯乙烯薄膜首先应用于游泳池的防渗，之后于 50—60 年代大量塑料防渗薄膜被广泛应用于灌溉工程的渠道防渗，以后又发展到水闸、土石坝和其他一些建筑物。合成纤维在土工中的应用始于 50 年代末期。1958 年，R. J. Barrett 在美国佛罗里达州利用聚氯乙烯织物作为海岸块石护坡的垫层，一般认为是现代土工织物的开端。实际上，在 1957 年以前，以合成纤维织物做成的沙袋已经在荷兰、德国、日本等国家应用了。60 年代，合成纤维土工织物在美国、欧洲和日本逐渐推广。于 60 年代末期非织造土工织物（无纺布）的应用，给土工合成材料带来新的生命。1968—1970 年，法国和英国相继将其应用于无路面道路，德国用于护岸工程。在 70 年代，这种土工织物很快从欧洲传播到美洲、西非洲和澳大利亚，最后传播到亚洲。

"土工织物"和"土工膜"是 1977 年 J. P. Giroud 与 J. Perfetti 首先提出来的。他们把透水的土工合成材料称为"土工织物"，不透水的称为"土工膜"，这两个名词使用了许多年。近十多年来大量的以合成物或聚合物为原料的其他类型的土工合成材料纷纷问世，已经超出了"织物"和"膜"的范畴。1983 年 J. E. Fluet 建议使用"土工合成材料"一词来概括各种类型的材料，最近几年这一名词已被多数工程师所接受，国际、国内目前已经形成了规范的统一名词，即"土工合成材料"。随着使用范围的不断扩大，土工合成材料的生产和应用技术也在迅速提高，使其逐渐形成一门新的边缘性学科。它以岩土力学为基础，与石油化学工程和纺织工程有密切联系，应用于土建工程的各个领域。在这期间还召开了很多地区性或专门性的国际会议，大大促进了这一新材料和新技术的发展。据估计，全世界每年应用土工合成材料的工程至少达万项以上，土工合成材料应用的年需求量达 10 亿 m^2 以上。

合成材料在我国的应用开始于 20 世纪 60 年代中期，首先是塑料薄膜在渠道防渗方面的应用，较早的工程有河南人民胜利渠、陕西人民引渭渠、北京东北旺灌区和山西的几处灌区。主要原料是聚氯乙烯，个别是聚乙烯，薄膜厚度 0.12～0.38mm，效果良好。以后推广到水库、水闸和蓄水池等工程。1965 年为了防治桓仁水电站混凝土支墩坝的裂缝漏水,用沥青聚氯乙烯热压膜锚固并粘贴于上游坝面,取得了良好的防治效果,是我国利用土工合成材料处理混凝土坝裂缝的首例。从 1983 年开始,北京市采用了编织布与塑料薄膜相结合的复合型结构形式,解决了十几处已建中小型水利工程的渗漏问题,取得了成功的经验。这一结构形式曾被推广到其他省市。较厚的土工膜到 20 世纪 80 年代中期才在我国开始应用。近几年来完成的或施工中的一些较大型工程,多数采用单层的较厚的土工膜。

土工织物的应用在我国起步较晚,但发展很快。1976 年在江苏省长江嘶马护岸工程中,首先使用由聚丙烯扁丝织成的编织布,结合聚氯乙烯绳网和混凝土块压重,组成软体排,防止河岸冲刷。类似的软体排相继应用在江苏省江都西闸和湖北省长江堤防工程。进入 20 世纪 80 年代,编织布的应用日渐增多,除用于软体排外,还普遍应用于制造土、砂、石袋、土枕、石枕以及软弱地基加固等工程。非织造型土工织物(一般简称无纺织物)的应用,开始于 80 年代初期。自 80 年代中期以后,无纺织物的应用很快推广到储灰坝、尾矿坝、水坠坝、港口码头、海岸护坡以及地基处理等工程。随着应用范围的不断扩大,生产针刺型土工织物的工厂也如雨后春笋般纷纷建立起来。

9.2 土工合成材料的种类

目前出现的已有大约 20 多种不同类型。常见的几种土工合成材料类型按照《土工合成材料应用技术规范》(JB/T 50290—2014)的定义表述如下。

(1) 土工织物:指具有透水性的土工合成材料(又称土工布)。按制造方法不同分为有纺土工织物和无纺土工织物。有纺土工织物是由纤维纱或长丝按一定方向排列机织而的土工织物;无纺土工织物是由短纤维或长丝随机或定向排列制成的薄絮垫,经机械结合、热黏合或化学黏合而成的土工织物。

(2) 土工膜:指由聚合物(含沥青)制成的相对不透水膜。

(3) 复合土工膜:指土工膜和土工织物或其他高分子材料两种或两种以上的材料的复合制品。与土工织物复合时,可生产出一布一膜、二布一膜(二层织物间夹一层膜)等规格。

(4) 土工格栅:指由抗拉条带单元结合形成的有规则网格形式的加筋土工合成材料,其开孔可容填筑料嵌入。分为塑料土工格栅、玻璃纤维格栅、聚酯经编格栅和由多条复合加筋带黏结或焊接成的钢塑土工格栅等。

(5) 土工带:指经挤压拉伸或再加筋制成的带状抗拉材料。

(6) 土工格室:指由土工格栅、土工织物或具有一定厚度土工膜形成的条带通过结合相互连接后构成的蜂窝状或网格状三维结构材料。

(7) 土工网:指二维的由条带部件在结点连接而成有规则的网状土工合成材料,可用于隔离、包裹、排液、排气。

(8) 土工模袋:指由双层的有纺土工织物缝制的带有格状空腔的袋装结构材料。充填混凝土或水泥砂浆等凝结后形成防护板块体。

(9) 土工网垫:指由热塑性树脂制成的三维结构,亦称三维植被网。其底部为基础层,上覆泡状膨松网包,包内填沃土和草籽,供植物生长。

(10) 土工复合材料:指由两种或两种以上材料复合成的土工合成材料。

（11）软式排水管：指以高强圈状弹簧钢丝作支撑体，外包土工织物及强力合成纤维外覆层制成的管状透水材料，又称透水软管。

（12）塑料排水带：指由不同凹凸截面形状、具有连续排水槽的合成材料芯材，外包或外黏无纺土工织物构成的复合排水材料。

（13）盲沟：指以土工合成材料建成的地下排水通道。例如，以无纺土工织物包裹的带孔塑料管、在沟内以无纺土工织物包裹透水粒料形成的连续排水暗沟等。

（14）速排龙：我国自制的以聚乙烯制成的耐压多孔块排水材料的商品名称，亦称塑料盲沟材料。结构类似甜点"萨其马"的圆柱体或立方体。为防止土粒流失，表面需裹以无纺土工织物滤膜。

（15）土工合成材料隔渗材：具有隔渗功能的土工合成材料的统称。包括聚合物土工材料隔渗材，即常称的土工膜；土工合成材料膨润土防渗垫；沥青土工合成材料隔渗材，即土工织物上涂沥青而成的隔渗材。

（16）土工合成材料膨润土防渗垫：土工织物或土工膜包有膨润土，以针刺、缝接或化学剂黏接而成的一种隔水材料。

土工合成材料可按表 9-1 进行分类。

表 9-1　土工合成材料的类型

大　类	亚　类	典 型 品 种
土工织物	有纺（织造）	机织（含编织）、针织等
	无纺（非织造）	针刺、热粘、化学粘合等
土工膜	聚合物土工膜	
土工复合材料	复合土工膜	一布一膜、两布一膜等
	复合土工织物	
	复合防排水材料	排水板（带）、长丝热粘排水体、排水管、防水卷材、防水板等
土工特种材料	土工格栅	塑料土工格栅、经编土工格栅、黏结（焊接）土工格栅等
	土工带	塑料土工加筋带、钢塑土工加筋带等
	土工格室	有孔型、无孔型
	土工网	平面土工网、三维土工网等
	土工模袋	机织模袋、针织模袋等
	超轻型合成材料	泡沫聚苯乙烯板块（EPS）
	土工织物膨润土垫	
	植生袋	

9.3　土工合成材料的性能

1. 土工织物的基本特性

土工织物发挥的效果如何直接与土工织物的力学特性和水力学特性有关。为了有效地在实际工程中应用土工织物，有必要事先了解土工织物的这些特性，并通过适当的测试手段加以测定。

1）土工织物的力学特性

（1）抗拉强度

在对土工织物进行加筋、隔离与护坡等设计时，都要考虑其受拉性能及拉伸应变问题，因此抗拉强度是一项较重要的力学指标。现在测试抗拉强度的方法一般是沿用纺织部门测定纺织品抗拉强度的方法，即在无约束的条件下进行测试，其结果只能反映土工织物本身的强度。理想的测试方法应在土工织物与土体联合工作的状态下进行。

对无约束的测试，是将一定宽度的试样，用相距一定距离的夹具，以一定的拉伸速率进行的。由于这种测试方法明显地要产生"颈缩"现象，因而不能反映土工织物与土体联合工作时的状况。为此，不少人曾对测试方法进行过许多改进，先后提出过宽条抗拉试验（即试样宽度较宽）、特宽条抗拉试验、"平面抗拉强度试验"（即在两夹具之间用10根带有凸钉的夹杆将试样夹住，以防拉伸时试样颈缩）以及"零跨度试验"（即两夹具间不留空隙）等试验方法。

由拉伸试验所得到的土工织物的应力-应变关系通常是非线性的，因此其拉伸模量往往也是指在某一应力（或应变）范围内的模量值。

通过试验所确定的抗拉强度、应力-应变关系、拉伸模量、延伸率以及韧度值等，因试验方法、土工织物原材料种类、土工织物种类以及所受拉力的方向不同而不同。例如，聚酯、尼龙和聚丙烯纤维的延伸率分别为 7％～17％、20％～45％和 30％～60％。图 9-1 示出了 5 种不同织物（扁丝有纺、复丝有纺、针刺无纺、热粘无纺和单丝有纺）的典型应力-应变关系曲线。从图中可以看出，针刺无纺织物的模量在初始阶段是很小的，随着应力的增大，模量逐渐增大；而热粘无纺织物的应力-应变关系在初始阶段是接近线性的，当应力达到某一值后，应变骤然增大，模量骤然减小。有纺织物的应力-应变关系与热粘无纺织物和针刺无纺织物又有不同。由图 9-2 可知，对有纺织物，沿经纱或纬纱方向的抗拉模量要比其他方向的抗拉模量大得多，而无纺织物在不同方向上的抗拉模量比较均匀。

由于土工织物的厚度不易精确测定，加之厚度又随受力的大小而变，故土工织物的拉应力不便用单位截面面积上受多少力来表示，而是用单位宽度上所受的力来表示。拉应力、抗拉强度、拉伸模量以及韧度值等通常采用的单位为 N/cm 或 kN/m。

图 9-1　土工织物拉伸应力-
应变关系

1—扁丝有纺（140g/m²）；

2—复丝有纺（225g/m²）；

3—单丝有纺（170g/m²）；

4—针刺无纺（170g/m²）；

5—热粘无纺（115g/m²）

（2）握持抗拉强度

在土工织物用作隔离时，以及土工织物在施工过程中，都可能出现在局部点处被握持，同时在被握持的局部点处之间又受到拉伸作用的现象。因此要研究土工织物的握持抗拉强度，其值可反映土工织物分散集中力的能力。测定握持抗拉强度的试验方法与测定抗拉强度的方法基本相同，只是夹具所夹的织物面积较小，见图 9-3（b）。握持抗拉强度直接采用"力"的单位，其值一般为 0.4～5kN。

图 9-2 土工织物抗拉模量极坐标曲线
1—有纺织物；2—无纺织物；3—短纤维无纺织物

（3）撕裂强度

土工织物在运输或施工过程中，可能会因受切割等原因产生裂缝，在使用过程中又可能沿该裂缝进一步撕裂而导致破坏，因此要研究土工织物的撕裂强度。测定撕裂强度的方法有多种，常用的为梯形撕裂试验，见图 9-3(c)。土工织物的撕裂强度值一般为 0.3～1.5kN。

（4）顶破强度

这种强度是反映土工织物抵抗垂直于织物平面的压力的能力。典型的实例是：在铺设于软基上的土工织物上面如再覆盖块石时，在块石自重或上覆荷载作用下，地基土料则会向块石间的空隙方向顶托土工织物，此时就要校核土工织物的抗顶破强度。这种顶托作用使织物呈双向受拉状态。当前常用的测试方法有"液压（或气压）顶破试验""圆球顶破试验"和"CBR 顶破试验"。其中，液压顶破试验较常用。土工织物的液压顶破强度一般为 1～9kPa。因 9-3(d)为顶破试验示意。

（5）刺破强度

这一强度指标可以反映织物抵抗带有棱角的块石或树枝刺破的能力。试验方法与上述圆球顶破试验相似，只是以金属杆代替圆球，如图 9-3(e)所示。金属杆的直径为 8mm，杆端呈半圆形，环形夹具内径 4.5cm，加荷速率为 30cm/min。试样刺破时的荷载值即作为刺破强度。土工织物的刺破强度一般为 0.2～1.5kN。

（6）穿透强度

这一强度指标可以反映织物抵抗带尖锥状物件动态冲击的能力。测定穿透强度的试验称"尖锥降落试验"，或"冲击试验"，可用以模拟具有尖角的石块或带尖角的工具跌落在织物上的破坏情况，见图 9-3(f)。按照瑞士建议的方法，进行穿透试验时，先将织物固定在内径为 15cm 的环形夹具上，用质量为 1kg，顶角为 45°的金属尖锥自 60cm 高度下落在试样上，然后量测试样被穿透的孔径大小，以 mm 为单位。孔径越小，则抗穿透强度越大。

（7）土工织物与土体之间的相互作用

当土工织物用作土的加筋材料，或将土工织物用作反滤层铺放在土坡上时，都需要了解土工织物与土相互间的作用力。这种作用力也就是其间的剪应力。常用的测试方法有直剪试验与抗拔试验两种，分别见图 9-3(g)、(h)。

图 9-3 土工织物力学特性试验示意

(a) 宽条拉伸强度试验;(b) 握持抗拉强度试验;(c) 梯形撕裂强度试验;(d) 顶破强度试验;

(e) 刺破强度试验;(f) 穿透强度试验;(g) 直剪试验;(h) 抗拔试验

1—土工织物;2—夹具;3—圆柱活塞;4—金属杆;5—金属尖锥;6—土样;

7—剪力盒;8—箍具;9—垂直荷载;10—拉拔力;11—已有裂缝

(8) 疲劳强度(疲劳极限)

材料在动荷载及反复荷载作用下的强度称作疲劳强度,其值低于静荷载强度。土工织物疲劳强度的试验方法,一般可用宽条试样,施加一定荷载,拉伸到一定长度,然后卸荷。这种过程反复多次,直到试样断裂为止。施加的荷载越小,反复的次数则会越多。织物能够承受无限次的反复荷载的最大值称为"疲劳极限"。根据条状试样抗拉试验结果,土工织物的疲劳极限为静荷载强度的 40%~60%。这种试验是在无约束条件下进行的,不一定符合织物埋在土中的实际情况。针刺无纺织物的疲劳极限要比热容粘或化学粘合的无纺织物高一些。

（9）蠕变特性

土工织物具有显著的蠕变特性。织物在长期受力的情况下,即使荷载不变、应力低于断裂强度,变形仍然会不断增大,甚至导致破坏。

2）土工织物的水力学特性

水力学特性是指能借以描述土工织物阻止土料颗粒随渗水流失的能力,以及土工织物透水能力的有关指标,包括孔隙率、开孔面积率、孔径和渗透特性等。

（1）孔隙率

土工织物的孔隙率可以反映其通过水流的能力。孔隙率 n 等于孔隙体积 V_v 与总体积 V 的比,常以百分数表示,即

$$n = \frac{V_v}{V} \times 100\% \qquad (9\text{-}1)$$

土工织物的孔隙体积可采取直接测试的办法求得。将土工织物剪成规则形状的试样,准确地计算出体积,放入有机玻璃抽气筒内,用真空泵抽净筒内空气后,又往筒内加入蒸馏水。由加入蒸馏水的体积,经计算便可求出孔隙体积。但通常是按下式间接地计算孔隙率:

$$n = \left(1 - \frac{M}{GT}\right) \times 100\% \qquad (9\text{-}2)$$

式中,M 为土工织物单位面积的质量,g/m^2;G 为土工织物原材料的密度,g/m^3;T 为土工织物的厚度,m。

（2）开孔面积率

开孔面积率(简称 POA)即织物的开孔面积与总面积之比(百分比)。这一指标主要用于有纺织物。测试方法是把光线通过织物投影到屏幕上,然后用求积仪量出其开孔面积。通过 POA 或下面将介绍的有效孔径 O_e,可以判断织物的透水能力和抵御堵塞的能力。单丝有纺织物的 POA 较大,最大可达 30% 以上,而扁丝有纺织物的 POA 有时可能很小,最小只有 0.1%。一般有纺织物为 4%～8%。

（3）孔径

土工织物孔隙本身直径(常用 O 表示)的大小,以及不同直径的孔隙级配情况,可以反映土工织物阻挡土料颗粒的性能与透水性能。在进行土工织物反滤设计时,通常需要使用"孔隙级配曲线"。该曲线是在测定孔径大小的基础上绘制的。

测定有纺织物的孔径比较容易,测定无纺织物的孔径则很困难,迄今已提出过许多方法,但均不十分令人满意。测定土工织物孔径的方法主要有以下几种。

① 直接测试法。直接测定法比较简单,适用于有纺织物,而难以用于孔隙形状复杂的有纺织物。测定时可以用读数显微镜直接读数法测定,用显微镜放大照片并从放大照片上测定,用光线将孔隙投影放大到屏幕上测定。

② 筛分法。筛分法是将已知粒径的粒状材料(如标准砂或微玻璃珠)放在织物上,将织物作为筛网进行筛分的办法去确定织物孔径的大小。又有干筛法、湿筛法和动力水筛法等之分。

③ 其他方法。除直接测试法、筛分法外,还有水银压入法、吸引法、平均粒径法和等值比较法(或渗透法)等,最后两种只能求出织物的平均孔径值。

（4）渗透特性

根据工程应用的需要，常需考虑垂直于织物面方向的渗透特性，或平行于织物面方向的渗透特性，如图9-4所示。在一般情况下，认为通过织物的水流用于层流，符合达西定律。

3）土工织物的耐久性

土工织物的耐久性包括很多方面，主要是指对紫外线辐射、温度的变化、化学侵蚀、干湿变化、冻融变化和机械磨损等外界因素的抗御能力。这些性能与聚合物的类型及添加剂的性质有关。对土工织物的耐久性，习惯上要考虑以下几方面的问题。

图 9-4　垂直与平行于织物面的渗流
（a）垂直渗流；（b）平行渗流

（1）抗老化性能

所谓"老化"是指高分子材料在加工、储存和使用过程中，由于受内外因素的影响，使其机械性能、物理化学性能和电性能等逐渐变坏的现象。老化是不可逆的化学变化。

产生老化的内因是由于高分子聚合物是一种具有链结构的物质，这种物质在外界因素的影响下易产生降解反应（使高分子聚合物变成低分子聚合物）或交联反应（大分子与大分子联结），致使土工织物性能逐渐变坏。产生老化的外界因素可分为物理因素、化学因素和生物因素几种，主要有太阳光、氧、臭氧、热、水分、工业有害气体、机械应力和高能辐射的影响以及微生物、生物的破坏等，而其中最重要的是太阳光中紫外线辐射的影响。紫外线辐射强度随太阳辐射强度变化而变化，又因地理位置不同而不同。

测定土工织物老化性能的试验有自然老化试验和人工老化试验两类。

① 自然老化试验：主要有大气老化试验、埋地试验、海水浸渍试验和水下埋藏试验等。其中以大气老化试验使用比较普遍，即将试样放在户外暴晒，暴晒时间根据需要选定。

② 人工老化试验：人工老化试验有很多种，其中主要的一种是利用"气候箱"进行的加速老化试验。"气候箱"可以模拟光、温度、湿度、降雨等多种气候因素。人工老化的速度可比大气老化速度快若干倍，有的达十多倍甚至更多。然而，由于实际情况的极端复杂性，以及土工织物老化的这种特殊过程迄今尚未被实践确切检验，因此很难根据人工老化试验结果完全判断老化的真实性。

（2）抗化学侵蚀性能

聚合物对化学侵蚀一般具有较强的抵抗能力，但也有例外，如柴油对聚乙烯就有一定的影响；碱性很大（pH≥12）的物质对聚酯有影响；酸性很大（pH≤2）的物质对聚酰胺有影响；盐水对某些土工织物也有影响。

（3）抗生物侵蚀性能

合成材料一般都具有抵御各种生物侵蚀的能力。在土工织物或土工薄膜下面，如果有昆虫或兽类藏匿或建巢，或者有树根、草根穿过时，可能产生一定的破坏作用。而土工织物的生物侵蚀问题主要是那些被用于反滤层或排水层的土工织物因生物侵蚀使孔隙堵塞影响透水性的问题，如海藻、水草或细菌等就可能堵塞织物孔隙。如果土工织物用于含铁量高的红土的反滤层，就可能在土工织物上繁殖铁细菌而降低土工织物的透水性。

（4）抗磨性能

抗磨性能是指土工织物与砂石料等接触时砂石料在振动或反复摩擦作用过程中对织物

产生磨损的能力。单丝或复丝有纺织物具有较强的抗磨能力,扁丝有纺织物的抗磨能力很低,热粘及化学粘合的无纺织物视粘合方式的不同,其抗磨能力也不同。而针刺无纺织物表层易被磨损,但内层一般不会被磨损。

（5）抗温度、冻融及干湿变化性能

在高温条件下,合成材料将发生熔融现象,其熔点,如聚丙烯为175℃,聚乙烯为135℃,聚酯和聚酰胺为250℃。如温度较高,虽未达到熔点,聚合物分子结构也可能发生变化,影响材料的弹性模量和强度。干湿变化和冻融变化可能使一部分空气或冰屑积存在织物内部,影响渗透性能。

2. 土工薄膜的基本特性

土工薄膜的主要作用就是防渗,包括防止水流、水汽、气体以及有害物质的渗透。

根据原材料种类的不同,土工薄膜可分为聚合物土工薄膜和沥青土工薄膜,也有由聚合物与沥青混合制成的土工薄膜。聚合物土工薄膜所用的聚合物有丁基橡胶、氯化聚乙烯、氯丁橡胶等,其厚度为0.5～3mm,一般为0.75～1.55mm。

各种土工薄膜都可用土工织物加筋,成为加筋土工薄膜,以改善其力学特性。加筋土工薄膜的强度主要取决于加筋材料的性质,聚合物仅起防渗作用。

土工薄膜的基本特性主要包括力学特性和渗透特性（防渗特性）,如表9-2所示。

表9-2 土工薄膜的基本特性

性　能		氯化聚乙烯（CPE）	高密度聚乙烯（HDPE）	聚氯乙烯（PVC）	氯磺聚乙烯（CSPE）（Hypalon）	耐油聚氯乙烯（PVC-OR）
力学特性（顶破强度）		好	很好	很好	好	很好
撕裂强度		好	很好	很好	好	很好
伸长率		很好	很好	很好	很好	很好
耐磨性		好	很好	好	好	
热力特性（低温柔性）		好	好	较差	很好	较差
尺寸稳定性		好	好	很好	差	很好
最低现场施工温度/℃		−12	−18	−10	5	5
渗透系数/(m/s)		10^{-14}	—	7×10^{-15}	3.6×10^{-14}	10^{-14}
极限铺设边坡		1∶2	垂直	1∶1	1∶1	1∶1
现场拼接	溶剂	很好	好	很好	很好	很好
	热力	差	—	差	好	差
	黏结剂	好	—	好	好	好
最低现场黏结温度/℃		−7	10	−7	−7	5
相对造价		中等	高	低	高	中等

1）土工薄膜的力学特性

（1）抗拉强度

用与土工织物抗拉试验类似的方法,对土工薄膜进行抗拉试验,即可获得其抗拉强度与应力-应变关系。图9-5是无筋土工薄膜与加筋土工薄膜的应力-应变曲线,加筋土工薄膜的断裂强度远小于屈服强度。与无筋土工薄膜相比,加筋土工薄膜屈服前的抗拉强度明显增大,且屈服前的应变值又显著减小。一般以土工薄膜的屈服强度作为抗拉强度。

图9-5　土工薄膜应力-应变关系

（2）土工薄膜的撕裂强度、刺破强度和穿透强度

撕裂强度试验方法有多种,目前多采用梯形撕裂试验法,试样尺寸及试验步骤与土工织物基本相同。无筋土工薄膜的撕裂强度很低,一般只有20～150N;加筋土工薄膜的撕裂强度较高,为100～500N。

土工薄膜的刺破强度和穿透强度的特点与土工织物基本相同;厚度越大强度也越大。无筋土工薄膜的刺破强度为50～500N,加筋土工薄膜刺破强度为250～2500N。

（3）土工薄膜与土、土工薄膜与土工织物之间的摩擦力

在土工薄膜用于土坝斜墙防渗体等工程中,土工薄膜与其下面的材料之间的摩擦力的大小,对分析边坡稳定问题至关重要。

2）土工薄膜的渗透特性（防渗特性）

土工薄膜的渗透特性包括防止水流渗透的特性,以及防止水汽、气体和有害物质渗透的特性。由于这些渗透的机理与影响因素不尽相同,因而测定相应渗透特性的试验方法也不一样。在水利工程中主要是考虑防止水流渗透的问题。

对水利工程中防止水流渗透而做的土工薄膜渗透试验,通常是在压力水作用条件下进行的,并认为水流通过薄膜时符合达西律,据以整理出"渗透系数"值或"透水率"值。有时还要考虑在高水头作用下土工薄膜有被刺破或被撕裂的可能,因此还要做土工薄膜的液压刺破试验。

3）土工薄膜的耐久性

土工薄膜不一定埋藏在深处,因此抗温度变化及抗老化的性能更为重要。使土工薄膜变质或老化的主要因素为热、氧、光、臭氧、湿气、大气中的NO_2和SO_2、溶剂、低温、酶、细菌及高应力等。聚合物土工薄膜一般不会因温变而分解,但工业废水池中衬护的聚合物薄膜会因氧化温升而分解,聚合物薄膜一般能抵抗微生物的破坏。

了解聚合物的基本性质,有助于根据水库水质、坝址大气污染情况及气候条件选择适当的聚合物,并在设计和施工时采取正确结构形式和工艺措施。例如,土工薄膜表面应有一定的土石料或混凝土覆盖,以免紫外线照射、高温低温影响、生物破坏及机械损伤等。

3. 土工格栅的基本特性

土工格栅是一种优良的土工加筋材料,具有较高的抗拉强度,较小的变形和蠕变,在阳光下也有较好的稳定性。土工格栅可以是用聚合物经冲压而成的带空格的板状材料,也可以是将线状构件相互结合而成的网状材料。图9-6所示为奈特龙有限公司生产的几种不同规格的土工格栅。

4. 塑料排水板的基本特性

塑料排水板别名塑料排水带,是由塑料芯板和外包反滤套组成的复合型土工织物,它是

图 9-6　土工格栅

(a)"坦沙"SS_2；(b)"奈特龙"(网状)；(c)"坦沙"SR_2；(d)"坦沙"GM

一种用作竖向排水的理想材料,有波浪形、口琴形等多种形状,参见图 9-7。塑料排水板滤水性好,排水畅通,有良好的强度和延展性,能适合地基变形能力而不影响排水性能,排水板断面尺寸小,施打排水板过程中对地基扰动小等。

图 9-7　塑料排水板

5. 聚苯乙烯泡沫塑料的基本特性

聚苯乙烯泡沫塑料(简称 EPS)是一种超轻型填料。其基本特性如下。

1) 物理力学特性

在岩土工程中使用的 EPS,其物理力学特性如表 9-3 所示。

表 9-3　聚苯乙烯泡沫

项　目	特　性　值	项　目	特　性　值
密度/(kg/m³)	20～40	线膨胀系数/(10^{-6}/℃)	5～7
抗压强度/(kg/cm²)	1～3.5	吸水率/(g/(100cm²))	0.15～0.20
抗弯强度/(kg/cm²)	3～5		

EPS 最突出的特性是密度小,出厂时最低只有 20kg/m^3,只有一般砂土的 $1/100\sim1/50$。即使考虑在运用期充分吸水之后,其设计值也只达 100kg/m^3,仍比其他传统填料轻得多。

2）耐久性

（1）EPS是一种化学稳定性很强的化合物，因此，EPS是不会老化的。从现存的填料取样中尚未发现强度减弱的迹象，反而发现有的填料的抗压强度还有所提高。荷载循环试验显示，只要荷载保持在抗压强度的80%以下，EPS就能承受无限次荷载循环。

（2）EPS可溶解于汽油与其他化学剂。使用EPS时要对此加以防护。

（3）EPS对细菌和酶的生物性破坏具有抗性。EPS没有什么营养，也不会造成动物破坏。

（4）普通的EPS是不耐火的，如果未经处理并暴露在空气中则有燃烧的可能。

9.4　土工合成材料的工程应用

9.4.1　土工合成材料的作用

土工合成材料的作用是多方面的，而且还在发展。现阶段，可将其繁多的作用归纳为以下7种基本作用。

（1）加筋作用。加筋作用可以通过"宏观加筋"与"微观加筋"两种方式获得。一般来说，加筋土中的加筋件也可以是其他的材料，如钢格栅和带肋纹的条钢等。宏观加筋就是在土体中埋入土工合成材料，形成所谓"加筋土"，土工合成材料在其中可以约束土体的拉伸应变，减少土体变形，从而增加土体的模量，改善土体的受力状况，提高土体的稳定性。各类土工织物都可埋入土体起加筋作用，特别是土工格栅效果更好，见图9-8(a)。微观加筋就是在土体中掺和土工合成连续纤维丝，形成所谓"纤维土"（或"织物土"）以提高土体的强度和稳定性，见图9-8(b)。纤维土的加固是三维的，而加筋上的加固一般是一维的，只有经过特殊设计才可成为二维或三维的加筋结构。

（2）隔离作用。隔离是指利用土工织物或土工薄膜将两层性质不同或粒径不等的土石料分开，以免相互掺杂产生不均匀沉陷等不良后果，见图9-8(c)。

（3）排水作用。土工织物能汇集土体中的渗水，并将渗水沿垂直于织物平面或沿平行于织物平面所在方向排出土体。针刺无纺土工织物或复合型土工织物都有这种功能，见图9-8(d)。

图9-8　土工合成材料应用举例

(a)土堤宏观加筋；(b)土堤微观加筋；(c)路基隔离；(d)土坝烟囱式排水；(e)土坝棱体排水反滤；
(f)土坝上游护坡；(g)土坝防渗心墙；(h)涵洞上部回填

1—土工织物；2—合成材料；3—土工薄膜；4—泡沫塑料

（4）反滤作用。在土工建筑物中为了防止管涌破坏,常需设置由经过设计的砂石料所组成的"反滤层"。而土工织物完全可以取代这种常规的砂石料反滤层起到防止渗透破坏的反滤作用。有纺织物和无纺织物都有这种功能。例如,土坝下游堆石棱体上游侧的反滤层即可用土工织物取代,见图 9-8(e)。

（5）防护作用。利用土工合成材料保护堤防、水坝或海塘的边坡,以免因遭到风浪等袭击而破坏,见图 9-8(f)。

（6）防渗作用。主要是利用土工薄膜阻截流过土体的渗透水流,加筋土工薄膜或组合土工织物的防渗效果更好,见图 9-8(g)。

（7）减载作用。这是指利用泡沫塑料取代常规的回填土,以减轻下部结构或土体所承受的荷载,见图 9-8(h)。

此外,土工合成材料还有许多特殊作用,在此不一一列举。在实际应用中,同一种土工合成材料可以同时起到两种或两种以上的作用。

9.4.2 土工合成材料在公路工程的应用

土工合成材料主要应用于公路与水利,其他方面也有涉及,不过不多。下面主要介绍土工合成材料在公路工程中的应用。

1. 路基加筋

当路基稳定性不足、需要构筑陡坡以减少占地,以及对路堤边坡进行修复加固、道路加宽、增强重力式挡土墙的稳定性时,可采用土工合成材料进行加筋。应通过现场调查、地质勘察、室内外试验,获得相关基础资料,根据场地的地质与环境条件、填料特性、材料的耐久性、工程造价等因素,经技术经济比选,确定路基加筋方案。

地基承载力与路基填土压实度应满足现行《公路路基设计规范》(JTG D30—2015)的规定。良好的压实是保证土工合成材料与土之间具有足够的相互作用力、发挥加筋作用的关键。强度、变形、整体性和耐久性是加筋材料选择考虑的主要因素,强度高、变形小的土工合成材料,其模量往往高,对控制加筋土工程的变形是有利的,因此路基加筋材料宜采用整体性和耐久性好、强度高、变形小的土工格栅、高强土工织物、土工格室等。

土工合成材料加筋路基施工前,应清理现场,清除滑动体,平整场地,对场地进行初步碾压。在铺筑加筋材料前,应根据设计要求和现行规范,完成地基的加固处理和地下排水设施的施工。与加筋材料直接接触的填料最大粒径不宜超过 15cm,粒径大于 6cm 的含量不宜超过 30%;填料应分层摊铺、分层碾压、采用大型压路机压实时,压实面与筋材之间应保证有不少于 15cm 厚的填料。

坡面采用反包形式时,卷入路堤填料的加筋材料厚度不得小于 1.0cm,采用土工格栅时,应用细网、草席或土工织物置于坡面格栅内侧,防止填料漏出。

加筋路堤的边坡防护应与路堤的填筑同步进行。防护施工滞后时应及时对坡面采取保护措施,避免土工合成材料长时间暴露和雨水对边坡的冲蚀。

2. 路基防排水

采用土工合成材料进行过滤、防渗和排水时,应根据场地情况,合理选择材料,进行系统设计,与其他相关设施一起共同构成完善的过滤、防渗和排水系统。应根据场地的具体工程地质和水文地质条件、环境条件,确定土工合成材料类型、设置位置、布设方式和数量,保障过滤、防渗和排水结构的有效性。

过滤宜采用无纺土工织物,排水可选用排水板(带)、透水软管、透水硬管、长丝热粘排水体或其他土工合成材料,防渗可选用土工膜、复合土工膜、土工织物膨润土垫及复合防水材料等。

独立用于排水、隔离的无纺土工织物,其强度应符合表9-4的规定,单位面积质量宜为 $300\sim500g/m^2$。通常环境条件下宜采用Ⅱ级,所处环境条件良好时可采用Ⅲ级,遇有冲刷等较恶劣环境条件时应采用Ⅰ级。

表 9-4　无纺土工织物强度的基本要求

测试项目	单位	用途分类					
		Ⅰ级		Ⅱ级		Ⅲ级	
		伸长率< 50%	伸长率≥ 50%	伸长率< 50%	伸长率≥ 50%	伸长率< 50%	伸长率≥ 50%
握持强度	N	≥1400	≥900	≥1100	≥700	≥800	≥500
撕裂强度	N	≥500	≥350	≥400	≥250	≥300	≥175
CBR 顶破强度	N	≥3500	≥1750	≥2750	≥1350	≥2100	≥950

用于过滤的土工织物,应满足挡土、保持水流畅通(透水)和防止淤堵三方面的要求。用于包裹碎石盲沟和渗沟、处治翻浆冒泥和季节性冻土、支挡结构物壁墙、水下坡面防护以及复合排水材料外包的土工织物等,应按过滤设计要求进行选择。

土工复合材料用于挖方路基的路侧排水时,应沿路侧竖向铺设;用于填方路基的路侧排水时,宜铺设在路面底基层或垫层底面以下的适当位置,并伸出边坡坡面,铺设坡度宜与路拱横坡一致;用于填挖结合部排水时,应设置在地下水容易渗出的部位,布置方向应与渗水方向垂直,且应和路基其他排水设施相接,将水有效排出路基外。

土工织物用于治理季节性冻融翻浆时,应埋设在路基冬季最大冻深线以下,并能够与其他排水结构配合形成完善的排水体系,及时排除地下水,保证冻深范围内路基处于干燥或中湿状态。最大冻深线应根据当地气候条件确定。

土工合成材料可用于公路中央分隔带防渗、路肩底部防渗、排水结构防渗、坡面防渗等。用于公路中央分隔带防渗、路肩底部防渗、排水结构防渗的土工合成材料宜为"两布一膜",对分隔带防渗与排水结构防渗,其规格宜为织物质量/膜厚/织物质量 = 200g/(0.5～1mm)/200g;对路肩底部防渗,膜厚可采用0.3mm。必要时,在土工合成材料铺设前,可铺设一层 2～5cm 厚的水泥砂浆找平层。

3.路基防护

土工合成材料坡面防护可采用三维土工网、平面土工网、土工格栅、土工格室、植生袋。沿河和海岸路基冲刷防护可采用土工织物软体沉排、土工膜袋等。土工格栅喷射混凝土坡面防护可用于低等级公路边坡防护。

坡面防护应在边坡稳定的前提下进行,应根据边坡坡率、岩土性质、施工工艺和防护目的,选用合适的土工合成材料。土工合成材料可单独用于坡面生态防护,也可与钢筋混凝土框架或浆砌片石骨架共同进行坡面防护。用于坡面生态防护的土工合成材料可采用三维土工网、平面土工网、土工格栅等。对一般护坡工程,土工格室焊距宜为 $40\sim68$cm,格室高度宜为 $8\sim20$cm,格室壁厚宜为 1.2mm 左右;平面土工网极限抗拉应大于 5kN/m,土工格栅极限抗拉应大于 25kN/m。

土工合成材料坡面生态防护施工应符合以下要求:

(1) 铺设土工合成材料前应整平坡面,清除杂草、石块、树根等。

(2) 土工合成材料应紧贴坡面铺设,在坡上、下端应各留 30cm 以上并采用 U 形钉固定;施工过程中应避免拉断、顶破土工合成材料。土工格室应采用插件式连接,对于平铺式护坡,土工格室应沿坡面自上而下铺设,坡顶应加强锚固;对叠置式护坡,土工格室应沿坡脚自下而上铺设;坡顶、坡脚平铺包边宽度宜为 $0.5\sim1.0$m,并应夯实加固。

(3) 土工格室内回填土应使用振动板使之密实,靠近表面时应用潮湿的黏土回填,并应高出格室面 $1\sim2$cm。

(4) 应将植物种子和附着剂、纸纤维、复合肥、保湿剂及水等按一定比例混合搅拌形成均匀混合液后,再采用专门的液压喷播技术喷播植物。

(5) 雨季施工,应加盖无纺织物或稻草、秸秆编织席,促进植物的发芽生长。覆盖物应在植物长出 $3\sim5$cm 后除去。

(6) 应加强边坡防护的养护管理,保持植物全苗、齐苗,并应注意及时浇水、施肥和防治病虫害。

土工织物软体沉排可用于水下工程及预计可能发生冲刷的路基坡面。可采用单片垫和双片垫两种结构形式。土工织物软体沉排施工前,应平整坡面并压实,保证沉排与坡面接触良好;排体间搭接宽度不宜小于 0.5m,并应按要求缝合;排面压重可采用人工施工或机械施工。

4. 路基不均匀沉降防治

路基填挖交界处、高填方路堤与陡坡路堤、软土地基路堤、软土地基不同处理方式交界处、改扩建公路新老路基结合处,以及路基与桥台构造物结合处等路段,可采用土工合成材料防治路基不均匀沉降。

近年来,我国公路工程中,采用土工合成材料防治路基不均匀沉降主要应用在路基填挖交界处、高填方路堤与陡坡路堤、软土地基不同处理方式交界处、改建公路新老路基结合处,取得了良好效果。

在桥涵、通道等横穿公路的构造物台背的路基填土之间,往往因为刚度悬殊而产生阶梯状不均匀沉降,引起"桥头跳车"等现象发生。研究表明,采用土工网加筋桥涵、通道等过路构造物台背的路基填土,可有效减少构造物台背与路基填土之间的不均匀沉降,故在《公路路基设计规范》(JTG D30—2015)中增加了允许采用土工合成材料防治桥头不均匀沉降的规定。

采用土工合成材料处治后的新建公路路基填挖交界处、改建公路新老路基间的差异沉降应符合现行《公路路基设计规范》(JTG D30—2015)的有关规定。

防治路基不均匀沉降宜采用整体性和耐久性好、强度高、变形小的双向或三向土工格栅、高强土工织物、土工格室等土工合成材料。需要减轻路基自重时,可采用 EPS 块等轻质材料。土工合成材料性能应满足表 9-5 的要求。

表 9-5 防治路基不均匀沉降土工合成材料要求

材 料	要 求
土工格栅、高强土工织物	极限抗拉强度≥50kN/m,2％伸长率时的抗拉强度≥20kN/m
EPS 块	密度在 20～30kg/m³,抗拉强度≥100kPa
土工格室	格室片极限抗拉强度≥20MPa,焊接处极限抗拉强度≥20kN/m,高度≥10cm。宜用于软弱地基顶部形成垫层

路基不均匀沉降形态受地形、地基、路基等多种因素影响,在方向上存在不确定性,因此,宜采用纵横向特性较为一致的土工合成材料,如双向拉伸格栅或三向格栅。

由于碾压施工不便,在路堤内采用土工格室的时间并不多。但土工格室应用于软弱地基上回填砂砾石形成垫层,以构筑施工平台,减少软弱地基上路基不均匀沉降是有效的。故仍推荐土工格室用于路基不均匀沉降防治。

土工合成材料用于高填方路堤横向不均匀沉降防治时,宜铺设在路床及路堤底部,铺设长度与路基同宽,两端回折反包锚固,回折长度不宜小于 1.5m,设置层数应视地表形态、路堤高度、路基填料和施工工艺等确定。当高路堤与陡坡路堤稳定性不足时,应采取必要的支挡加固措施。

处理不同软土地基处理路段交界处路基不均匀沉降时,土工合成材料宜铺设在交界处路基底部,不同处理路段内铺设长度不得小于 10m。必要时,可在路床顶部设置双层土工合成材料。

采用土工合成材料防治软弱地基路堤不均匀沉降时,应根据路基地质条件、路堤高度等情况,与砂垫层预压法、排水固结法、复合地基等地基处理措施相结合,进行综合治理。

5. 防沙固沙

土工合成材料可用于沙漠地区公路路基整体稳定、边坡稳定与防护、线外固沙。当使用风积沙填筑的路堤高度大于 1m 时,可采用将土工合成材料铺设于沙基内或沙质路床顶部的措施,提高路基整体稳定性。对使用风积沙填筑路堤的路段,存在风蚀、水蚀时,可采用土工合成材料稳定路基、防护边坡。当公路周边缺少常规线外固沙材料时,可将土工合成材料用于线外固沙工程。

提高沙漠路基稳定性可采用土工格室表面全铺法、多层土工格室路基全铺法、单层土工织物铺压法等结构形式;土工合成材料用于沙漠地区公路风积沙路堤边坡稳定与防护,可采用边坡堆垛法、边坡侧限法、边坡包裹法等方法;土工合成材料应用于沙漠地区公路边坡防护时,可采用稳定措施与防护措施相结合的方式,也可单独采用三维土工网、土工格室等植物防护措施;土工合成材料应用于沙漠地区公路线外固沙,可采用土工织物袋固沙法、土工网沙障固沙法、土工方格沙障法、土工织物袋阻沙墙法等方法。

在路基施工过程中,推土机、挖掘机、铲运机等施工机械不得直接在土工合成材料上作业。在铺设好的土工合成材料顶面设置的沙质保护层厚度不宜小于 10cm。土工格室在路基横断面方向不得拼接,纵向应平头顺接。上下层的接头应错开 2m 以上。边坡侧限法施工中土工格室的堆筑与沙质路堤的填筑宜同高度进行。

以上是土工合成材料在公路工程中的主要应用。此外,土工合成材料还可用于膨胀土路基处治、盐渍土路基处治与构筑物表面防腐、路面裂缝防治等。

知识归纳

1. 土工合成材料是应用于岩土工程中合成材料的统称,主要有土工织物、土工格栅、土工薄膜、土工带等 20 多种类型。

2. 由拉伸试验所得到的土工织物的应力-应变关系通常是非线性的,因此其拉伸模量往往也是指在某一应力(或应变)范围内的模量值。

3. 水力学特性是指能借以描述土工织物阻止土料颗粒随渗水流失的能力,以及土工织物透水能力的有关指标,包括孔隙率、开孔面积率、孔径和渗透特性等。

4. 土工织物的耐久性包括很多方面,主要是指对紫外线辐射、温度的变化、化学侵蚀、干湿变化、冻融变化和机械磨损等外界因素的抗御能力。这些性能与聚合物的类型及添加剂的性质有关。

5. 土工薄膜的主要作用就是防渗,包括防止水流、水汽、气体以及有害物质的渗透。土工薄膜的渗透特性包括防止水流渗透的特性,以及防止水汽、气体和有害物质渗透的特性。由于这些渗透的机理与影响因素不尽相同,因而测定相应渗透特性的试验方法也不一样。在水利工程中主要是考虑防止水流渗透的问题。

6. 土工合成材料的作用主要有加筋、隔离、排水、防渗、反滤、防护和减载等。

课后习题

1. 土工合成材料的种类有哪些?它们各有什么特点?

2. 土工薄膜的基本特性有哪些?土工薄膜的作用有哪些?

3. 土工合成材料的公路工程应用有哪些?

4. 道路反射裂缝是沥青路面普遍存在的一种病害现象,由道路基层的裂缝引起。某城市某沥青面层裂缝严重、干涩,且结合料粘力不足,致使旧路面全部粗颗粒外露,细颗粒失散、脱皮且碎裂,形成大小密布的坑洞,必须进行补强处理。补强处理的办法是将旧路作为基层,在面上直接辅置土工织物沥青混凝土双层罩面(即在新罩面层和开裂基层面之间加铺土工布-沥青体系),对路面裂缝进行处理,效果良好。请结合该实例分析土工织物的特性。

木　材

【主要内容】

　　本章主要介绍了木材的构造（宏观机构和微观结构）、木材的物理和力学性质、木材的防护等。阐述了木材在装饰工程中的应用及存在的缺点。

【重点难点】

　　本章重点是木材的物理和力学性质及木材的防护处理（防腐、防蛀与防火等）；难点是了解木材的各向异性、湿胀干缩，及其含水率对木材性质的影响。

　　木材是人类最早使用的建筑材料之一，我国现存木结构建筑，如世界闻名的天坛祈年殿、山西应县木塔、故宫太和殿等反映了术材的应用水平。

　　随着钢材和水泥等新型建筑材料的大规模应用，木材在我国已经基本不用于建筑主体建造，而是作为装饰材料广泛应用。

　　木材有很多优点：比强度大，轻质高强；弹性韧性好，能承受冲击和振动荷载的作用；导电性和导热性低，具有较好的绝缘和隔热性能；纹理美观、色调温和、风格典雅，极富装饰性；易于加工成各种形状的产品，且无污染，生产能耗低。它的缺点是：构造不均匀，呈各向异性；湿胀干缩大；耐火性差，易着火燃烧；易腐朽、易虫蛀，易翘曲变形；天然缺陷较多。木材生长周期缓慢，成材不易，所以应节约使用。

10.1　木材的分类和构造

1. 木材的分类

　　木材按树叶的外形分为针叶树和阔叶树两大类。

　　（1）针叶树。针叶树树叶呈针状或鳞片状，树干通直高大，易得大材，其纹理顺直，材质均匀且较软，易于加工，故又称软木材。针叶树强度较高，胀缩变形较小，耐腐蚀性强，建筑上曾广泛用作承重构件和装修材料。常见的树种有杉木、松树、柏树等。

　　（2）阔叶树。阔叶树树叶多数宽大，树干通直部分一般较短，木质较硬，难加工，故阔叶树又称硬木材；其强度高，胀缩变形大，易翘曲开裂。阔叶树材通常较美观，具有较好的装饰性，适用于制作家具、室内装修及制作胶合板等，常见的树种有水曲柳、樟木、榆木、桦木和榉木等。

2. 木材的结构

　　木材的性质取决于木材的构造。由于树种和树木生长环境的不同，其构造差异较大。

通常从宏观构造和微观构造两个方面观察。

1）木材的宏观构造

木材的宏观构造是指用肉眼或放大镜所能观察到的结构特征，与木材的颜色、气味、光泽、纹理等构成区别于其他材料的显著特征。一般可从横切面、径切面、弦切面三个方向进行剖析（图 10-1）。横切面是指与树干主轴垂直的切面；径切面是指与树干平行的切面，与横切面垂直；弦切面是指与树轴心有一定距离且与树干平行的切面。

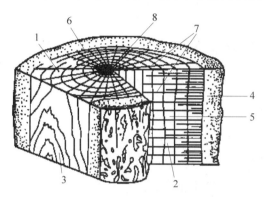

图 10-1　木材的宏观结构

1—横切面；2—径切面；3—弦切面；4—树皮；5—木质部；6—年轮；7—髓线；8—髓心

由横切面可见，木材分为树皮、木质部和髓心三部分。树皮是木材的外表面，起保护树木的作用，由外皮、软木组织和内皮组成。树皮在建筑中用处不大。木质部是树皮和髓心中间的部分，是主要使用的部分，颜色不均匀，靠近髓心部分颜色深，称心材；靠近树皮部分颜色较浅，称边材。心材含水率小，不易翘曲变形，耐腐蚀性强，而边材含水率大，易翘曲变形，耐腐蚀性不如心材，所以心材比边材的利用价值大。髓心即树心，为树木中心的松软部分，易腐朽，强度低。

从横切面可以看出深浅相间的同心圆，称为年轮。同一年轮中春季生长的、靠近髓心方向的木质称为春材或早材，其生长速度快，色浅而质软，强度较低；夏季和秋季生长的，靠近树皮方向的木质称为夏材或晚材，其生长速度慢，色深而质硬，强度较高，长成的夏材越多，木材质量越好。年轮密且均匀的木材质量较好。

在木材横切面上，有许多径向的、从髓心向树皮呈辐射状的细线条，或断或续地穿过数个年轮，称为髓线，是木材中较脆弱的部位，干燥时常沿髓线发生裂纹。

2）木材的微观构造

木材的微观结构是指借助显微镜才能看到的木材组织。在显微镜下观察，可以看到木材是由无数管状细胞紧密结合而成，它们大部分为纵向排列，少数横向排列（如髓线）。每个细胞又由细胞壁和细胞腔两部分组成，细胞壁是由若干层细胞纤维组成，其连接纵向较横向牢固，因而造成细胞壁纵向的强度高，而横向的强度低，在组成细胞壁的纤维之间存在极小的空隙，能吸附和渗透水分。

树种不同其微观构造也不同，针叶树的微观构造较简单而规则，主要由管状细胞和髓线组成。管状细胞为纵向细胞，起支撑和输送养分的作用，其髓线较细；阔叶树的微观构造较复杂，主要由导管、木纤维和髓线组成。导管由壁薄而腔大的细胞组成，木纤维由壁厚而腔小的细胞组成,起支撑作用;其髓线较发达,粗大而明显。有无导管及髓线的粗细是区分针叶树和阔叶树的重要特征。

细胞本身的组织构造在很大程度上决定了木材的性质,如细胞壁越厚,细胞腔越小,木材组织越均匀,则木材越密实,表观密度与强度越大,同时胀缩变形也越大。

10.2　木材的物理和力学性质

10.2.1　木材的物理性质

木材的物理性质主要有密度、表观密度、含水率、湿胀干缩等,其中含水率对木材的湿胀干缩和强度影响很大。

1. 密度与表观密度

由于各木材的分子构造基本相同,因而木材的密度基本相等,平均值为 $1.50\sim1.56\text{g/cm}^3$;木材的表观密度较小,其大小与木材种类及含水率有关,一般为 $0.37\sim0.82\text{g/cm}^3$。

2. 木材的含水率

木材的含水率是指木材中所含水的质量占干燥木材质量的百分率。

1) 木材中的水分

木材中的水分可分为:①自由水:存在于木材细胞腔和细胞间隙中的水分,它影响木材的表观密度、耐腐蚀性、燃烧性和干燥性;②吸附水:吸附在细胞壁内细纤维间的水分,它的变化将影响木材强度和湿胀干缩性能;③化合水:为木材化学成分中的结合水,总含量通常不超过 2%,它在常温下不变化,故其对木材的性质无影响。

2) 木材的纤维饱和点

木材吸水后,首先形成吸附水,吸附水饱和后,多余的水成为自由水,木材干燥时,首先失去自由水,然后才失去吸附水。当吸附水处于饱和状态而又无自由水存在时,木材的含水率称为木材的纤维饱和点。纤维饱和点随树种而异,一般为 25%~35%,平均为 30%。木材的纤维饱和点是含水率影响木材物理性质与力学性能的临界点。

3) 木材的平衡含水率

木材的含水率是随着环境温度和湿度的变化而改变的。当木材长期处于一定温度和湿度的环境中,其含水率会与周围环境相对湿度达到平衡,趋于一个定值,此时的含水率称为平衡含水率。它随周围空气的温湿度变化而变化。

4) 木材的标准含水率

由于木材的物理力学性质会随着含水率的变化而不同,所以在评定和比较木材的体积、表观密度和强度等性能时,需要规定一个含水率标准,称为标准含水率,国家标准规定其为 12%。

3. 木材的湿胀干缩

当木材含水率在纤维饱和点以下时,随着含水率的增大,将引起其体积产生膨胀;随着

含水率的减小,木材体积产生收缩,这分别称为木材的湿
胀和干缩。此时含水率的变化主要是吸附水的变化。

当木材含水率大于纤维饱和点时,表示木材的含水量
除吸附水达到饱和外,还有一定数量的自由水,此时木材
如受潮或变干,只是自由水在改变,它不影响木材的形态。
图 10-2 表示了木材含水率与胀缩变形的关系。

由于木材构造的不均匀性,在不同的方向干缩值不
同。其中弦向最大,径向次之,顺纹方向(纤维方向)干缩
值最小。表观密度大、夏材含量多的木材,胀缩变形大。木
材干燥后,其截面尺寸和形状会发生明显变化,如图 10-3 所
示。板材距髓心越远,干燥收缩越大,致使板材产生背向
髓心的反翘曲。

图 10-2　松木含水率对其膨胀
变形的影响

木材的湿胀干缩严重地影响了木材的正常使用,干缩
会造成木结构拼缝不严、翘曲开裂等,而湿胀又会使木材
产生凸起变形。为了避免这种不利的影响,在木材加工制作前将其进行干燥处理,使木材含
水率接近工作环境湿度相应的平衡含水率。

图 10-3　木材干燥后截面形状的改变

1—弓形变成橄榄核状;2、3、4—成反翘曲;5—通过髓心的径锯板两头缩小成纺锤形;6—圆形变成椭圆形;
7—与年轮成对角线的正方形变成菱形;8—两边与年轮平行的正方形变成长方形;
9、10—长方形板的翘曲;11—边材径向锯板较均匀

10.2.2　木材的力学性质

1. 木材的强度

木材是各向异性材料,不同的作用力方向其强度差异很大。木材强度有抗压、抗拉、抗
弯和抗剪强度。其中抗压、抗拉、抗剪强度又有顺纹和横纹之分。顺纹为作用力方向与木材
纤维方向平行,横纹为作用力方向与木纤维方向垂直。木材强度检验用标准试件按《木材物
理力学试验方法总则》(GB/T 1928—2009)规定制备,各强度检验按《木材顺纹抗压强度试
验方法》(GB/T 1935—2009)、《木材抗弯强度试验方法》(GB/T 1936.1—2009)、《木材抗弯

弹性模量测定方法》(GB/T 1936.2—2009)、《木材顺纹抗剪强度试验方法》(GB/T 1937—2009)、《木材顺纹抗拉强度试验方法》(GB/T 1938—2009)、《木材横纹抗压试验方法》(GB/T 1939—2009)等的规定进行。

1) 抗压强度

木材的抗压强度分为顺纹抗压和横纹抗压。横纹抗压强度比顺纹抗压强度低得多,其比值随木纤维构造和树种而异,一般针叶树的横纹抗压强度约为顺纹抗压强度的 10%;阔叶树为 15%~20%。

顺纹受压破坏主要是木材细胞壁在压力作用下的失稳破坏,而不是纤维的断裂。木材的顺纹抗压强度较高,木材的疵点对顺纹抗压强度影响较小,在建筑工程中常用于柱、桩、斜撑及桁架等承重构件。顺纹抗压强度是确定木材强度等级的依据。

横纹受压破坏是木材横向受力压紧产生显著变形而造成的破坏,相当于将细长的管状细胞压扁。它又分为弦向受压和径向受压两种。

2) 抗拉强度

顺纹抗拉强度即指拉力方向与木材纤维方向一致时的抗拉强度。这种受拉破坏理论上是木纤维被拉断,但实际往往是木纤维未被拉断,而纤维间先被撕裂。

木材顺纹抗拉强度是木材最高的强度指标,大致为顺纹抗压强度的 3~4 倍,可达到 50~200MPa。木材的缺陷(如木节、斜纹、裂缝等)对顺纹抗拉强度影响极为显著,由于存在这些疵点,其实际的顺纹抗拉能力反比顺纹抗压低,使顺纹抗拉强度难以在工程中被充分利用。

横纹抗拉强度是指拉力方向与木纤维垂直时的抗拉强度。由于木材细胞横向间连接很弱,横纹抗拉强度很小,工程中应避免受到横纹拉力作用。

3) 抗弯强度

木材受弯曲时内部应力比较复杂,在梁的上部受到顺纹抗压,下部为顺纹抗拉,而在中部水平面和垂直面则有剪切力。木材受弯破坏时,受压区首先达到强度极限,开始出现细小的皱纹,但并不立即破坏,而是随着外力增大皱纹慢慢地在受压区扩展,产生大量塑性变形,当下部受拉区域达到强度极限时,最后因纤维本身及纤维间联结的断裂而破坏。

木材的抗弯强度很高,仅次于顺纹抗拉强度,在建筑工程中常用于地板、脚手板、梁、桁架等结构中。用于受弯的木构件应尽量避免在受弯区有斜纹和木节等缺陷。

4) 抗剪强度

木材的受剪分为顺纹剪切、横纹剪切和横纹切断三种,如图 10-4 所示。

图 10-4　木材的受剪

(a) 顺纹剪切；(b) 横纹剪切；(c) 横纹切断

顺纹剪切破坏是由于纤维间联结被撕裂产生纵向位移和受横纹拉力作用所致;横纹剪切破坏是因纤维的横向联结被撕裂所致;横纹切断破坏则是木材纤维被切断。木材的横纹切断强度最大,顺纹剪切强度次之,横纹剪切强度最小。木材因各向异性,各种强度差异很大。当以顺纹抗压强度为1时,木材各种强度之间的比例关系见表10-1。

表 10-1 木材各强度之间关系

抗压		抗拉		抗弯	抗剪	
顺纹	横纹	顺纹	横纹		顺纹	横纹切断
1	1/10~1/3	2~3	1/20~1/3	3/2~2	1/7~1/3	1/2~1

2. 影响木材强度的主要因素

1) 纤维组织的影响

木材受力时,主要靠细胞壁承受外力,厚壁细胞数量越多,细胞壁越厚,强度就越高。表观密度越大,夏材含量越高,木材的强度也越高。

2) 含水率的影响

木材的强度受含水率影响较大。当含水率在纤维饱和点以下时,随着含水率的降低,吸附水减少,细胞壁趋于紧密,木材强度增高;当含水率在纤维饱和点以上变化时,主要是自由水的变化,对木材的强度基本无影响。含水率对各强度的影响程度不一样,对顺纹抗压强度和抗弯强度的影响较大,对顺纹抗剪强度影响较小,影响最小的是顺纹抗拉强度,如图10-5所示。

测定木材强度时,以木材含水率为12%(标准含水率)时的强度作为标准强度,其他含水率时的强度值可按下述公式换算(当含水率为8%~23%范围时该公式误差最小):

$$\sigma_{12} = \sigma_w [1 + \alpha(W - 12)] \qquad (10\text{-}1)$$

式中,σ_{12} 为含水率为12%时的木材强度;σ_w 为含水率为 W 时的木材强度;W 为试验时的木材含水率;α 为木材含水率校正系数,顺纹抗压为0.05,顺纹抗拉阔叶树为0.015,针叶树为0,抗弯为0.04,顺纹抗剪为0.03。

图 10-5 含水率对木材强度的影响
1—顺纹受拉;2—弯曲;
3—顺纹受压;4—顺纹受剪

3) 负荷时间的影响

木材在长期荷载作用下,只有当其应力远低于强度极限的某一范围时,才可避免木材因长期负荷而破坏。原因在于较大外力作用下,木材随时间延长将发生蠕变,最后达到较大的变形而破坏。

木材在长期荷载作用下不致引起破坏的最大强度称为持久强度。木材的持久强度一般为极限强度的50%~60%,设计木结构时,应考虑负荷时间对木材强度的影响,通常以持久强度为依据。

4) 环境温度的影响

随环境温度升高,木材中的细胞壁成分会逐渐软化,强度也随之降低。一般气候下的温度升高不会引起化学成分的改变,温度回复时会恢复原来强度。

当温度由 25℃ 升到 50℃ 时,将因木纤维和其间的胶体软化等原因,抗压强度降低 20%~40%,抗拉和抗剪强度下降 12%~20%;长期处于 60~100℃ 温度时,水分和所含挥发物蒸发,强度下降,变形增大;超过 100℃ 时,木材中的纤维素发生热裂解,强度明显下降。因此,环境温度长期超过 50℃ 的建筑物不宜采用木结构。当温度低于 0℃ 时,木质变脆,解冻后木材的各项强度均下降。

5) 木材缺陷的影响

木材在生长、采伐及保存过程中,会产生内部和外部的缺陷,如木节、斜纹、腐朽及虫蛀等,这些缺陷将影响木材的力学性质。

木节分为活节、死节、松软节和腐朽节等几种,活节影响较小。木节会显著降低木材顺纹抗拉强度,对顺纹抗压强度影响较小,增加横纹抗压强度和剪切强度。斜纹为木纤维与树轴成一定夹角,斜纹会严重降低木材顺纹抗拉强度,抗弯强度次之,对顺纹抗压强度影响较小。裂纹、腐朽、虫害等缺陷,会造成木材构造的不连续性或破坏其组织,严重影响木材的力学性质,有时甚至使木材完全失去使用价值。

10.3　木材的防护

木材最大的缺点是易腐蚀、虫蛀和易燃,所以必须采取防腐、防蛀和防火等措施,提高木材的耐久性,延长其使用年限。

1. 木材的腐蚀与虫蛀

木材的腐朽主要是由真菌侵害所致,真菌有三种:霉菌、变色菌和腐朽菌。霉菌只寄生在木材表面,是一种发霉的真菌。变色菌是以细胞腔内含物(如淀粉、糖类等)为养料,不破坏细胞壁,这两种菌对木材的破坏作用很小。腐朽菌是以细胞壁为养料,它能分泌出一种酵素,把细胞壁物质分解成简单的养料,供自身摄取生长,从而因细胞壁遭到破坏,使木材腐朽。

真菌在木材中生存和繁殖必须同时具备三个条件,即适量的水分、空气(氧气)和适宜的温度。温度低于 5℃ 时,真菌停止繁殖,而高于 60℃ 时,真菌则死亡。当木材含水率为 35%~50%,温度为 25~30℃,木材中又存在一定量的空气时,最适宜腐朽菌繁殖,因而木材最易腐朽。

木材除了受真菌腐蚀外,还会受到蛀虫的侵蚀,有的木材外表很完整,但内部已被蛀蚀一空。木材蛀虫主要是白蚁和甲虫,白蚁的危害最广泛,也最严重。木材被昆虫蛀蚀后形成或大或小的虫眼,这些虫眼破坏了木材的完整性,也降低了木材的力学性能。

2. 木材的防腐与防蛀

根据木材产生腐朽的原因,通常采取以下两种防止措施。

(1) 破坏真菌和蛀虫生存繁殖的条件。使木材处于经常通风干燥的状态,使其含水率低于 20%;对木结构和木制品表面进行刷漆或涂料,油漆层或涂料层既能防水防潮,又能隔绝空气。

(2) 将防腐剂涂刷在木材表面或浸渍木材,使木材变成有毒的物质,以起到杀菌杀虫作用。木材防腐剂的种类很多,一般分三类:①水溶性防腐剂,如氟化钠、氯化锌、氟硅酸钠、硼酸等,多用于室内木结构的防腐防蛀处理;②油溶性防腐剂,如蒽油、煤焦油等,这类防腐剂药力持久、毒性大、不易被水冲走、不吸湿,但有刺激性臭味,多用于室外、地下、水下等木构件;③浆膏类防腐剂,如氟砷沥青等,这类防腐剂也有臭味,多用于室外木材的防腐处理。

3. 木材的防火

木材是易燃物质。在热作用下,木材会分解出可燃气体,并放出热量;当温度达到260℃时,木材可在无热源时自燃,因此木结构设计中将 260℃ 称为木材的着火危险温度。木材在火的作用下,外层碳化,结构疏松,内部温度升高,强度降低,当强度低于承载能力时,木结构即被破坏。

对木材进行防火处理,就是使其不易燃烧;或在高温下只碳化,没有火焰,不至于很快波及其他可燃物;或当火源移开后,木材表面的火能立即熄灭。常用的防火处理方法是用防火剂浸渍木材;或将防火涂料涂刷或喷洒在木材表面,以阻止其着火燃烧。

10.4 木材的应用

由于木材生长缓慢,因此应根据其品种、等级、材质等做到合理使用、节约使用和综合利用。

10.4.1 木材的种类和规格

按加工程度和用途,木材可分为原条、原木和锯材等。

(1) 原条:指去根、除皮、修枝,但尚未按尺寸加工成规定长度和直径的木料。主要用于建筑工程的脚手架、建筑用材、家具等。

(2) 原木:指除去树皮、根、树梢后截成规定直径和长度的木材。主要用作屋架、桩木、坑木、电杆。原木经加工后可制作胶合板、船只、车辆、机械模型等。

(3) 锯材:指已经按一定尺寸加工锯解成的木材。其中截面宽度为厚度的三倍或三倍以上的称为板材;截面宽度不足厚度三倍的称为方材。主要用作模板、家具、桥梁、包装箱板等。

10.4.2 木制品及其利用

1. 人造板

对木材进行综合利用就是充分利用木材加工过程中产生的边角碎料制造各种人造板材,有效提高木材的利用率。人造板材主要有以下几种。

1) 胶合板

胶合板是用原木沿年轮旋切成大张薄片,再用胶黏剂按奇数层数,以各层纤维互相垂直的方向,粘合热压而成的人造板材。一般为 3~13 层,比如常用的三合板和五合板就是热压成 3 层和 5 层。

胶合板消除了木材各向异性的不利因素,各向强度均匀且强度较高,吸湿性小,不翘曲变形,无木节和裂纹等缺陷,同时,产品规格化,使用方便,装饰性好。胶合板用途很广,通常用作内隔墙、天花板、护壁板、门面板、家具及室内装修板等。室内装饰装修用人造板大多数存在游离甲醛释放问题。游离甲醛是室内空气环境的主要污染物,对人体危害较大。国家标准《室内装饰装修材料人造板及其制品中甲醛释放限量》(GB 18580—2017)规定了室内装饰装修用人造板及其制品中甲醛释放限量要求、试验方法、判定规则和检验报告等。

2) 纤维板

纤维板也称密度板,是利用木材加工后剩下的碎料、刨花、树枝、树皮等废料或加入其他植物纤维,经破碎浸泡、研磨成木浆,再加入胶料,经热压成型、干燥处理而成的人造板材。按成型时的温度和压力不同,分为硬质纤维板、半硬质纤维板和软质纤维板三种:①硬质纤维板强度高、耐磨、不易变形,可代替木板,用作室内壁板、门板、地板、家具等;②半硬质纤维板表面光滑,材质细密,性能稳定,装饰性好,主要用于室内装饰、高档家具等;③软质纤维板结构松软,强度较低,但吸声性和保温性好,常用作室内吊顶或做绝热、吸声材料。

纤维板的特点是:材质构造均匀,各向强度一致,抗弯强度高,耐磨性好,绝热性好,不易胀缩和翘曲变形,不腐朽,无木节、虫眼等缺陷。

3) 刨花板、木丝板、木屑板

刨花板、木丝板和木屑板是利用木材加工过程中产生的大量刨花碎片、木丝、木屑等为原料,经过干燥、与胶结料拌和、热压而成的板材。所用胶结材料可有动物胶、合成树脂、水泥、菱苦土等。

这类板材表观密度较小,强度低,主要用作吸声和绝热材料,但热压树脂刨花板和木屑板表面粘贴塑料贴面或用胶合板作饰面层后可用作吊顶、隔墙、家具等材料。

2. 木质地板

木质地板是用天然木材加工而成,有天然的纹理和独特的质感,且具有轻质高强、可缓和冲击机、保温性能好等优点。木质地板可分为条木地板、拼花木地板、漆木地板和复合地板等。

1) 条木地板

条木地板是使用最普遍的木质地板。地板面层有单双层之分。单层硬木地板是在木格栅上直接钉企口板,称普通实木企口地板;双层硬木地板是在木格栅上先钉一层毛板,再钉一层实木长条企口地板。木格栅有空铺与实铺两种形式,但多用实铺,即将木格栅直接铺在水泥地坪上,然后在格栅上铺毛板和地板。

条木地板自重小,弹性好,脚感舒适,其导热性小,冬暖夏凉,且易于清洁。适用于办公室、会议室、会客厅、休息室、旅馆客房、住宅起居室、幼儿园及实验室等场所。

2) 复合地板

随着木材加工技术和高分子材料应用的快速发展,复合地板作为一种新型的地面装饰材料得到广泛的开发和应用。在我国木材资源相对缺乏的情况下,用复合地板代替木地板不失为节约天然资源的好方法。复合地板分为两类:实木复合地板和耐磨塑料贴面复合地板。

实木复合地板有三层的、五层的和多层的,其基本的特征是各层板材的纤维纵横交错,抵消木材的内应力,并使地板变成各向同性。实木复合地板继承了实木地板典雅自然、脚感舒适、保温性能好的特点,克服了实木地板因单体收缩而容易翘曲开裂的不足,具有较好的尺寸稳定性,且防虫、不助燃,因而稳定性好。缺点是耐磨性不如强化复合地板高,相对来说价格较高。

耐磨塑料贴面复合地板简称复合地板。它是以防潮薄膜为平衡层,以硬质纤维板、中密度纤维板、刨花板为基层,木纹图案浸汁纸为装饰层,耐磨高分子材料为面层复合而成的新型地面装饰材料。复合地板的装饰层是一种木纹图案浸汁纸,因此复合地板的品种花样很多,色彩丰富,几乎覆盖了所有珍贵树种,如榉木、栎木、樱桃木、橡木等。该地板避免了木材受气候变化而产生的变形、虫蛀,以及防潮和经常性保养等问题,且耐磨、阻燃、防潮、防静电、防滑、耐压、易清理。但其弹性不如实木地板。适用于所有铺设实木地板的场所,但用在湿度加大的场所时应先作防潮处理。

木材是人类社会最早使用的材料之一,是一种广泛使用的生态材料,但在其制造、加工过程中大量使用胶黏剂而破坏了木材原有的绿色生态性能。木材应进行绿色化生产,首先进行木材的生态适应性判断,不应过度开采而导致资源枯竭,尽量做到木材生产能耗低、可持续,生产过程无污染,使用后或解体后可再利用,废料的最终处理不污染环境,对人体健康无害,达到环境负荷较小并保留木材的环境适应性,人类与环境和谐发展。

知识归纳

1. 木材分为针叶树和阔叶树两大类。针叶树树干通直高大,材质均匀且较软,又称软木材;阔叶树树干通直部分一般较短,木质较硬,又称硬木材。

2. 木材呈各向异性,不同方向的强度差异很大。木材的横纹抗压强度比顺纹抗压强度低得多;顺纹抗拉强度是木材最高的强度指标,而横纹抗拉强度很小;木材的抗弯强度很高,仅次于顺纹抗拉强度;木材的抗剪强度中横纹切断强度最大,顺纹剪切强度次之,横纹剪切强度最小。

3. 木材的湿胀干缩和含水率对木材的性质影响较大。干缩会造成木结构拼缝不严、翘曲开裂,而湿胀又会使木材产生凸起变形。含水率对木材的强度影响较大,当含水率在纤维饱和点以下时,随着含水率降低,木材强度增高。含水率对各强度的影响程度不一样,对顺纹抗压强度和抗弯强度的影响较大,对顺纹抗剪强度影响较小,影响最小的是顺纹抗拉强度。

4. 使木材处于经常通风干燥的状态,或是在木结构和木制品表面进行刷漆或涂料,或是将防腐剂涂刷在木材表面或浸渍木材,对木材可起到防腐防蛀作用。用防火剂浸渍木材,或将防火涂料涂刷或喷洒在木材表面,对木材可起到防火效果。

5. 木材生长周期缓慢,成材不易,应充分发展和利用各类人造板材代替天然木材使用,以节省木材资源。

课后习题

1. 木材是如何分类的? 其特点如何?

2. 解释下列名词:

(1) 木材纤维饱和点;

(2) 木材平衡含水率;

(3) 木材标准含水率;

(4) 木材持久强度。

3. 某工人活动室工程铺设木地板,使用一段时间后出现接缝不严,也发现有些木地板起拱。试分析原因。

4. 木材含水率的变化对其性能有什么影响?

5. 试比较木材各向强度高低。木材实际应用中,为什么较多地用于承受顺纹抗压和抗弯?

6. 引起木材腐蚀的主要原因有哪些? 如何防止木材腐蚀?

7. 简述各类木质地板的特点。

建筑功能材料

【主要内容】

本章主要介绍了常用建筑功能材料,如建筑防水材料、建筑绝热材料、建筑吸声隔声材料、建筑防火材料、建筑装饰材料等的品种、性能、技术要求及用途。

【重点难点】

本章重点是建筑防水材料和建筑防火材料的种类、性能及用途,难点是熟悉各类防水材料和防火材料的性能,并正确选用。

建筑功能材料指担负某些建筑功能的、非承重用的材料,它们以材料的力学性能以外的功能为特征,赋予建筑物诸如防水、防火、保温、采光、隔声、装饰等功能,决定着建筑物的使用功能与建筑品质。建筑功能材料种类繁多,本章将主要介绍防水材料、绝热材料、吸声隔声材料、防火材料和装饰材料等建筑功能材料。

11.1 建筑防水材料

防水材料是使建筑物防止雨水、地下水及其他水分的侵蚀、渗透的功能材料,其质量的优劣直接影响人们的居住环境、卫生条件以及建筑物的使用寿命。

传统的建筑防水材料主要是油毡、沥青等,但由于沥青在性能上的先天不足(如延伸率较小、温度敏感性强、抗老化能力较差),致使防水效果不佳。随着现代科技的发展与进步,建筑防水材料的品种越来越多,性能也越来越好,依据其外观形态,可分为防水卷材、防水涂料、密封材料三大类。

11.1.1 防水卷材

防水卷材是一种可以卷曲的片状防水材料,可分为沥青防水卷材、高聚物改性沥青防水卷材和合成高分子防水卷材三大类。后两类卷材综合性能优越,是目前国内大力推广使用的新型防水卷材。

不论何种防水卷材,要满足建筑防水需要,均应有良好的耐水性、温度稳定性和大气稳定性(抗老化性),并应具备必要的机械强度、延伸性、柔韧性和抗断裂能力。

1. 沥青防水卷材

沥青防水卷材是以原纸、纤维织物等为胎基浸涂沥青(石油沥青、煤沥青等),再在表面撒布粉状或片状的隔离材料所制成的可卷曲的片状防水材料。其品种较多,按浸涂的沥青品种可分为石油沥青油毡和煤沥青油毡;按所用的胎基材料又分为沥青纸胎油毡、沥青玻璃布(或沥青玻璃纤维)胎油毡、沥青麻布胎油毡等,其中最具代表性的是石油沥青纸胎油毡。

(1)石油沥青纸胎油毡。石油沥青纸胎油毡是用低软化点石油沥青浸渍原纸,然后用高软化点石油沥青涂盖油纸两面,再撒以隔离材料制成。根据《石油沥青纸胎油毡》(GB 326—2007)规定,按卷重和物理性能分为Ⅰ型、Ⅱ型和Ⅲ型,其中Ⅰ型和Ⅱ型油毡适用于辅助防水、保护隔离层、临时性建筑防水、防潮及包装等;Ⅲ型油毡适用于屋面工程的多层防水。由于沥青材料的温度敏感性大,低温韧性差,易老化,所以此种油毡耐久性差,使用年限较短,使用效果不佳,因此逐渐被淘汰。

(2)石油沥青玻璃布胎油毡。该油毡是用玻璃纤维布为胎基涂盖石油沥青,并在两面撒布粉状隔离材料制成。此油毡的抗拉强度高,胎体不易腐烂,柔韧性好,耐久性比纸胎油毡提高一倍以上。适用于铺设地下防水、防腐层,并用于屋面作防水层及金属管道(热管道除外)的防腐保护层,并可用作纸胎油毡的增强附加层和突出部位的防水。

(3)石油沥青玻璃纤维胎油毡。该油毡是采用玻璃纤维薄毡为胎基,浸涂石油沥青,表面撒以矿物材料或覆盖聚乙烯膜等隔离材料制成。玻璃纤维胎油毡按上表面材料分为 PE 膜面和砂面两个品种,按力学性能分为Ⅰ型和Ⅱ型。其技术指标应符合《石油沥青玻璃纤维胎防水卷材》(GB/T 14686—2008)规定。玻璃纤维胎油毡有良好的耐水性、耐腐性和耐久性,柔韧性也优于纸胎油毡,使用寿命长,常用于屋面或地下防水工程。

(4)石油沥青麻布胎油毡。该油毡是采用麻织品为底胎,先浸渍低软化点石油沥青,然后涂以含有矿物质填充料的高软化点石油沥青,再撒布一层矿物质石粉而制成。该卷材抗拉强度高,耐水性好,但胎体材料易腐烂,常用于屋面增强附加层。

(5)铝箔面石油沥青油毡。铝箔面油毡是用玻璃纤维毡为胎基,浸涂石油沥青,表面用压纹铝箔贴面,底面撒以细颗粒矿物料或覆盖聚乙烯(PE)膜制成的一种具有热反射和装饰功能的防水卷材。其技术指标应符合《铝箔面石油沥青防水卷材》(JC/T 504—2007)规定。由于该卷材能反射热量,从而降低了屋面及室内温度,能阻隔蒸汽的渗透,它用于多层防水的面层和隔气层,且具有一定的抗拉强度。

2. 高聚物改性沥青防水卷材

高聚物改性沥青卷材是以合成高分子聚合物改性沥青为涂盖层,以纤维织物或纤维毡为胎基,粉状、粒状、片状或薄膜材料为覆盖材料制成的防水材料。它克服了传统沥青卷材温度稳定性差、延伸率低的缺点,具有高温不流淌、低温不脆裂、拉伸强度高、延伸率较大等优异性能,且价格适中。

常见的有弹性体改性沥青防水卷材、塑性体改性沥青防水卷材、再生胶改性沥青防水卷材等。

1)弹性体改性沥青防水卷材

弹性体改性沥青防水卷材(SBS 卷材)是以聚酯胎(PY)、玻璃纤维胎(G)或玻璃纤维增强聚酯胎(PYG)为胎基,以苯乙烯-丁二烯-苯乙烯(SBS)热塑性弹性体作石油沥青改性剂,两面覆盖隔离材料制成的卷材,简称 SBS 卷材。上表面隔离材料为聚乙烯膜(PE)、细砂(S)、矿物粒料(M),下表面隔离材料为聚乙烯膜(PE)或细砂(S)。

SBS 防水卷材耐高/低温性能、弹性和耐疲劳性明显优于普通沥青防水卷材,广泛适用于各类建筑防水、防潮工程,尤其适用于寒冷地区和结构变形频繁的建筑物防水,玻璃纤维增强聚酯毡卷材可用于机械固定单层防水,但需要通过抗风荷试验。玻璃纤维毡卷材适用于多层防水中的底层防水。如果外露使用,应采用上表面隔离材料为不透明矿物粒料的 SBS 卷材;地下工程防水应采用表面隔离材料为细砂的 SBS 卷材。

2)塑性体改性沥青防水卷材

塑性体改性沥青防水卷材(APP 卷材)是以聚酯毡、玻璃纤维毡或玻璃纤维增强聚酯毡为胎基,以无规聚丙烯(APP)或聚烯烃类聚合物(APAO、APO)作为沥青改性剂,两面覆以隔离材料制成的防水卷材,简称 APP 卷材。上下表面隔离材料与 SBS 卷材相同。APP 改性沥青防水卷材属塑性体沥青防水卷材。

APP 卷材的技术指标应符合《塑性体改性沥青防水卷材》(GB 18243—2008)规定,其性能与 SBS 改性沥青卷材接近,具有优良的综合性能,尤其是耐热性好、温度适应范围广(-15~130℃),耐紫外线能力比其他改性沥青卷材强,但低温柔韧性略差。广泛用于工业与民用建筑的屋面及地下防水防潮工程,以及道路、桥梁等建筑物的防水,尤其适用于较高气温,或有强烈太阳辐射地区的建筑防水。

3)再生胶改性沥青防水卷材

再生胶改性沥青防水卷材是由再生橡胶粉掺入适量的石油沥青和化学助剂进行高温高压处理后,再掺入一定量的填料,经混炼、压延而制成的无胎体防水卷材。

该卷材具有延伸率大、低温柔韧性好、耐腐蚀性强、耐水性好及热稳定性好等特点,适用于屋面及地下接缝和满铺防水层,尤其适用于有保护层的屋面或基层沉降较大的建筑物变形缝处的防水。

3. 合成高分子防水卷材

合成高分子类防水卷材是以合成橡胶、合成树脂或两者的共混体为基料,加入适量的化学助剂和填充料,经特定工序(混炼、压延或挤出等)制成的片状防水卷材,其中又可分为加筋增强型与非加筋增强型两种。

合成高分子防水卷材具有拉伸强度和抗撕裂强度高、断裂伸长率大、耐热性和低温柔性好、耐腐蚀、耐老化等一系列优异性能,是新型高档防水卷材。常见的有三元乙丙橡胶防水卷材、聚氯乙烯防水卷材、氯化聚乙烯防水卷材、氯化聚乙烯-橡胶共混防水卷材等。

1)三元乙丙橡胶防水卷材

三元乙丙橡胶(EPDM)防水卷材是以乙烯、丙烯和少量双环戊二烯三种单体共聚合成的三元乙丙橡胶为主要原料,掺入适量丁基橡胶、硫化剂、促进剂、软化剂、补强剂和填充料等,经密炼、拉片、过滤、挤出(或压延)成型、硫化等工序加工而成的高弹性防水卷材。

三元乙丙橡胶防水卷材质量轻,耐老化和耐臭氧性好,弹性和抗拉强度大,对基层变形或开裂适应性强,耐高低温性能优良,使用寿命长(20 年以上),能用于严寒和酷热环境。并且可以冷施工,提高了工效,减少了环境污染。适用于防水要求高、耐久年限长的工业与民用建筑防水工程。

2）聚氯乙烯防水卷材

聚氯乙烯（PVC）防水卷材是以聚氯乙烯树脂为主要基料，掺加填充料和适量的改性剂、增塑剂等，经混炼、挤出（或压延）成型等工序加工而成的防水材料。

PVC防水卷材的拉伸强度和断裂伸长率高，对基层的伸缩、开裂、变形适应性强；低温柔韧性好，可在较低的温度下施工和应用；可焊接性好；具有良好的水蒸气扩散性。由于PVC卷材幅面宽，特别适用于大型屋面板、空心板作防水层及旧建筑混凝土构件屋面的修缮，也可用于地下室或地下工程的防水和防潮，以及对耐腐蚀有要求的室内地面工程的防水。

3）氯化聚乙烯防水卷材

氯化聚乙烯（CPE）防水卷材是以含氯量为 30%～40% 的氯化聚乙烯树脂为主要原料，配以大量填充料及适当的稳定剂、增塑剂、颜料等制成的非硫化型防水卷材。氯化聚乙烯不仅具有合成树脂的热塑性，还具有橡胶状的弹性，且具有优良的耐老化、耐腐蚀等性能。

CPE防水卷材有普通型、玻璃纤维网布增强型和装饰防水型三种，适用于屋面作单层外露防水、有保护层的屋面、地下室、水池等工程的防水，也可作室内装饰的施工材料，兼具防水和装饰效果。

4）氯化聚乙烯-橡胶共混防水卷材

氯化聚乙烯-橡胶共混防水卷材是以氯化聚乙烯树脂和合成橡胶为基料，加入各种适量的硫化剂、促进剂、稳定剂、软化剂和填充剂等，经过素炼、混炼、过滤、压延（或挤出）成型、硫化等工序加工而成的高弹性防水卷材。

此类防水卷材兼有塑料和橡胶的特点，不仅具有氯化聚乙烯所特有的高强度和优异的耐臭氧、耐老化性能，而且具有橡胶类材料特有的高弹性、高延伸性以及良好的低温柔性，特别适用于寒冷地区或变形较大的建筑防水工程。

11.1.2　防水涂料

防水涂料是一种流态或半流态物质，可用刷、喷等工艺涂布在基层表面，经溶剂或水分挥发或各组分间的化学反应，形成有一定弹性和一定厚度的连续薄膜，使基层表面与水隔绝，起到防水和防潮作用。防水涂料按液态类型可分为溶剂型、水乳型和反应型三种；按成膜物质的主要成分可分为沥青类、高聚物改性沥青类和合成高分子类。

防水涂料具有诸多优点：①防水涂料在常温下呈液态，特别适宜在立面、阴阳角、穿结构层管道、不规则屋面、节点等细部构造处进行防水施工，固化后能在这些复杂表面处形成完整的防水膜；②涂膜防水层自重轻，特别适宜于轻型、薄壳屋面的防水；③防水涂料施工属于冷施工，可刷涂（刮）也可喷涂，操作简便，施工速度快，环境污染小，劳动强度低；④涂膜防水层可通过加贴增强材料来提高抗拉强度；⑤容易修补，发生渗漏可在原防水涂层的基础上修补。

1. 沥青基防水涂料

沥青基防水涂料是以沥青为基料配制而成的防水涂料，分溶剂型和水乳型两类。

1）溶剂型沥青防水涂料

溶剂型沥青防水涂料是将石油沥青直接溶解于汽油、煤油、柴油等有机溶剂后制得的沥青溶液,俗称冷底子油。冷底子油常随配随用,通常使用30%～40%的石油沥青和60%～70%的溶剂(汽油、煤油或柴油等),首先将沥青加热至180～200℃,脱水后冷却至130～140℃加入约占总溶剂量10%的溶剂,待温度降至约70℃时,再加入余下的溶剂搅拌均匀。若储存时,应使用密闭容器以防溶剂挥发。

冷底子油施工后所形成的涂膜很薄,一般不单独作防水涂料使用,而是先将它涂刷在建筑基层表面,再在其上面用沥青胶(又称沥青玛琦脂)粘贴防水卷材。冷底子油的黏度小,能渗入混凝土、砂浆、木材等材料的毛细孔隙中,待溶剂挥发后,便与基面牢固结合,使基面具有一定的憎水性,为黏结同类防水材料创造有利条件。若在这种冷底子油层上面铺热沥青胶粘贴卷材时,可使防水层与基层粘贴牢固。

2) 水乳型沥青防水涂料

水乳型沥青防水涂料即水性沥青防水涂料,是借助乳化剂的作用,在机械强力搅拌下,将熔化后的沥青微粒均匀地分散于溶剂中,使其形成稳定的悬浮体。目前常用的水乳型沥青防水涂料有石灰乳化沥青、水性石棉沥青防水涂料和膨润土沥青乳液等。

(1) 石灰乳化沥青。石灰乳化沥青是以石油沥青为基料,以石灰膏(氢氧化钙)为分散剂,以石棉绒为填充料加工而成的一种沥青膏浆(冷沥青悬浮液)。石灰乳化沥青生产工艺简单,随配随用;材料来源丰富,生产工艺简单,成本较低,在使用中都做成厚涂层,有较好的耐候性。缺点是涂层的延伸率较低,抗裂性较差,容易因基层变形开裂而导致漏水、渗水;另外在温度较低时易发脆,单位面积的耗用量较大。一般结合嵌缝油膏、胶泥等密封材料用于工业厂房的屋面防水。

(2) 水性石棉沥青防水涂料。水性石棉沥青防水涂料是以石油沥青为基料,以碎石棉纤维为分散剂,在机械搅拌作用下制成的一种水溶性厚质防水涂料。该涂料无毒,无污染,冷施工。由于涂料中含有石棉纤维,涂料的稳定性、耐水性、抗裂性和耐候性较一般的乳化沥青好,且能形成较厚的涂膜,防水效果好,原材料便宜。缺点是施工温度要求高,一般要求在10℃以上,气温过高则易粘脚,影响操作。施工时配以胎体增强材料,可用于工业和民用建筑钢筋混凝土屋面防水,地下室、卫浴间、厨房间的防水以及层间楼板层的防水和旧屋面渗漏水的维修等。

(3) 膨润土沥青乳液。膨润土沥青乳液是以优质石油沥青为基料,膨润土为分散剂,经机械搅拌而成的一种水乳型厚质沥青防水涂料。该涂料可涂在潮湿的基面上形成厚质涂膜,耐久性好。涂层与基面的黏结力强,耐热度高,可达90～120℃,适用于各种沥青基防水层的维修,可涂于屋顶钢筋、板面和油毡表面作保护层,也可用作复杂屋面、一般屋面及平整的保温面层上的防水层。

2. 高聚物改性沥青防水涂料

高聚物改性沥青防水涂料是以沥青为基料,用合成高分子进行改性制成的水乳型或溶剂型防水涂料,其柔韧性、抗裂性、拉伸强度、耐高(低)温性能、使用寿命等都比沥青类涂料有很大改善。品种有水乳型再生橡胶改性沥青防水涂料、水乳型氯丁橡胶沥青防水涂料、SBS改性沥青防水涂料等。

1) 水乳型再生橡胶改性沥青防水涂料

该涂料(简称JG-2防水冷胶料)是水乳型双组分(A液、B液)防水冷胶结料。A液为乳化橡胶,B 液为阴离子型乳化沥青,两液分别包装,现场配制使用。涂料呈黑色,为无光泽黏稠液体,略有橡胶味,无毒。经涂刷或喷涂后形成防水薄膜,涂膜具有橡胶弹性,温度稳定性好,耐老化性能及其他各项技术性能均比纯沥青和玛琋脂好。可以冷操作,加衬中碱玻璃丝布或无纺布作防水层,抗裂性好。适用于屋面、墙体、地面、地下室、冷库的防水防潮,也可用于嵌缝及防腐工程等。

2) 水乳型氯丁橡胶沥青防水涂料

水乳型氯丁橡胶沥青防水涂料可分为溶剂型和水乳型两种。

溶剂型氯丁橡胶沥青防水涂料(又名氯丁橡胶-沥青防水涂料),是氯丁橡胶和石油沥青溶化于甲基苯(或二甲苯)而形成的一种混合胶体溶液,其主要成膜物质是氯丁橡胶和石油沥青。

水乳型氯丁橡胶沥青防水涂料(又名氯丁胶乳沥青防水涂料),是以阳离子型氯丁胶乳与阳离子型沥青乳液混合而成。它的成膜物质也是氯丁橡胶和石油沥青,但与溶剂型涂料不同的是以水代替了甲苯等有机溶剂,使其成本降低并无毒。

3) SBS 改性沥青防水涂料

SBS 改性沥青防水涂料是以沥青、橡胶、合成树脂、SBS 及表面活性剂等高分子材料组成的一种水乳型弹性沥青防水涂料,低温柔韧性好,抗裂性强,黏结性能优良,耐老化性能好,与玻璃纤维布等增强胎体复合能用于任何复杂的基层,防水性能好且可冷施工作业,是较为理想的中档防水涂料。

SBS 改性沥青防水涂料适用于复杂基层的防水施工,如卫浴间、地下室、厨房、水池等屋面防水、防潮工程,特别适合于寒冷地区的防水施工。

3. 合成高分子防水涂料

合成高分子防水涂料是以合成橡胶或合成树脂为主要成膜物质,加入其他辅料制成的单组分或多组分防水涂料。这类涂料具有高弹性、高耐久性及优良的耐高(低)温性能。常见的有聚氨酯、水性丙烯酸酯、聚氯乙烯等防水涂料。

(1) 聚氨酯防水涂料。聚氨酯防水涂料(又称聚氨酯涂膜防水材料)属双组分反应型涂料。甲组分是含有异氰酸基的预聚体,乙组分含有多羟基的固化剂与增塑剂、稀释剂等。甲乙两组分混合后,经固化反应,形成均匀而富有弹性的防水涂膜。聚氨酯涂膜防水材料有透明、彩色、黑色等品种,并兼有耐磨、装饰及阻燃等性能。由于它的防水、延伸及温度适应性能优异,施工简便,故在中高级公用建筑的卫生间、水池等防水工程及地下室和有保护层的屋面防水工程中得到广泛应用。

(2) 水性丙烯酸酯防水涂料。水性丙烯酸酯防水涂料是以高固含量丙烯酸酯共聚乳液为基料,掺加填料、颜料及各种助剂经混炼研磨而成的水性单组分防水涂料。这类涂料最大的优点是具有优良的耐候性、耐热性和耐紫外线性。涂膜柔软,弹性好,能适应基层一定幅度的变形开裂;温度适应性强,在 $-30\sim80℃$ 范围内性能无大的变化,可以调制成各种色彩,兼有装饰和隔热效果。适用于各类建筑工程防水、防水层的维修及防水层的保护层等。

(3) 聚氯乙烯防水涂料。聚氯乙烯防水涂料是以聚氯乙烯和煤焦油为基料,加入适量的防老剂、增塑剂、稳定剂及乳化剂,以水为分散介质所制成的水乳型防水涂料。施工时,一般要铺设玻璃纤维布、聚酯无纺布等胎体进行增强处理。该类防水涂料弹塑性好,耐寒、耐化学腐蚀、耐老化性和成品稳定性好,可在潮湿的基层上冷施工。聚氯乙烯防水涂料可用于地下室、卫浴间、储水池、屋面、桥涵、仓库、路基和金属管道的防水和防腐。

11.1.3 建筑密封材料

建筑密封材料是指嵌入建筑物缝隙中,能承受位移且能达到气密、水密的材料,又称嵌缝材料。它具有良好的黏结性、耐老化性和对高、低温度的适应性,能长期经受被粘构件的收缩与振动而不破坏。

1．密封材料的分类

密封材料分为定型密封材料和不定型密封材料两大类。定型密封材料有密封条和止水带等。不定型密封材料(密封膏或嵌缝膏等)可分为三大类:①塑性密封膏:是以改性沥青和煤焦油为主要原料制成的。其价格低,具有一定弹塑性和耐久性,但弹性、延伸性较差。②弹塑性密封膏:有聚氯乙烯胶泥及各种塑料油膏,其弹性较低,塑性较大,延伸性和黏结性较好。③弹性密封膏:是由聚硫橡胶、有机硅橡胶、氯丁橡胶、聚氨酯和丙烯酸萘为主要原料制成,其综合性能较好。为保证防水密封的效果建筑密封材料应具有高水密性和气密性,良好的黏结性,良好的耐高(低)温性和耐老化性能,一定的弹塑性和拉伸-压缩循环性能。

2．工程中常用的密封材料

1)沥青嵌缝油膏

沥青嵌缝油膏是以石油沥青为基料,加入改性材料(废橡胶粉和硫化鱼油等)、稀释剂(松焦油、松节重油和机油等)及填充料(石棉粉、滑石粉等)混合制成的密封膏。

沥青嵌缝油膏具有良好的耐热性、黏结性和低温柔性,主要用作屋面、墙面、沟和槽的防水嵌缝材料,也可用作混凝土跑道、道路、桥梁及各种构筑物的伸缩缝、施工缝等的嵌缝密封材料。使用时,缝内应洁净干燥,先刷涂一道冷底子油,待其干燥后即嵌填油膏。油膏表面可加石油沥青、油毡、砂浆或塑料为覆盖层。

2)聚氨酯密封膏

聚氨酯密封膏一般用双组分配制,甲组分是含有异氰酸脂基的预聚体,乙组分含有多羟基的固化剂与增塑剂、填充料、稀释剂等。使用时,将甲乙两组分按比例混合,经固化反应成弹性体。

聚氨酯建筑密封膏延伸率大、弹性高、黏结性好、耐低温、耐油、耐酸碱及使用年限长,被广泛用于各种装配式建筑屋面板、墙面、楼地面、阳台、窗框、卫生间等部位的接缝、施工缝的密封,给排水管道、储水池等工程的接缝密封,混凝土裂缝的修补,以及玻璃及金属材料的嵌缝。

3)聚氯乙烯接缝膏和塑料油膏

聚氯乙烯接缝膏是以煤焦油和聚氯乙烯(PVC)树脂粉为基料,按一定比例加入增塑剂(邻苯二甲酸二丁酯、邻苯二甲酸二辛酯)、稳定剂(三盐基硫酸铝、硬脂酸钙)及填充料(滑石粉、石英粉)等,在140℃温度下塑化而成的膏状密封材料,简称 PVC 接缝膏。塑料油膏是用废旧聚氯乙烯(PVC)塑料代替聚氯乙烯树脂粉,其他原料和生产方法同聚氯乙烯接缝膏,其成本较低。

PVC 接缝膏和塑料油膏均有良好的黏结性、防水性、弹塑性,耐热、耐寒、耐腐蚀和抗老化性能,可以热用,也可以冷用。热用时,用文火加热,加热温度不得超过 140℃,达到塑化状态后立即浇灌于清洁干燥的缝隙或接头等部位;冷用时,加溶剂稀释。适用于各种屋面嵌缝或表面涂布作为防水层,也可用于水渠、管道等接缝,工业厂房自防水屋面嵌缝、大型墙板嵌缝等。

4)丙烯酸酯密封膏

丙烯酸酯密封膏是用丙烯酸树脂掺入增塑剂、分散剂、碳酸钙、增量剂等配成,有溶剂型和水乳型两种通常为水乳型。这种密封膏弹性好,能适应一般基层伸缩变形的需要。耐候性能优异,耐高温性能好,在−20～100℃情况下,长期保持柔韧性。黏结强度高,耐水、耐酸碱性好,并有良好的着色性。适用于混凝土、金属、木材、天然石料、砖、瓦、玻璃之间的密封防水。

5)硅酮密封胶

硅酮密封胶是以硅氧烷聚合物为主体,加入硫化剂、硫化促进剂以及增强填料组成的室温固化型密封材料。具有良好的耐热、耐寒和耐候性,与各种材料都有较好的黏结性能,耐水性好,耐拉伸,压缩疲劳性强。

根据《硅酮建筑密封胶》(GB/T 14683—2017)规定,硅酮建筑密封胶按用途分为 F 类和 G 类两种类别。其中,F 类为建筑接缝用密封膏,适用于预制混凝土墙板、水泥板、大理石板的外墙接缝,混凝土和金属框架的黏结,卫生间和公路接缝的防水密封等;G 类为镶装用密封膏,主要用于镶嵌玻璃和建筑门、窗的密封。不适用于建筑幕墙和中空玻璃。

11.2　建筑绝热材料

建筑物在使用中常有保温隔热的要求,在土木工程中,通常把控制室内热量外流的材料叫作保温材料;把防止室外热量进入室内的材料叫作隔热材料。其实保温材料和隔热材料本质和基本特性是一致的,保温材料能隔热,隔热材料也能保温,两者统称为绝热材料。在采暖、空调、冷藏等建筑中合理使用绝热材料,能有效减少热损失,节约能源,提高建筑物的使用功能。

11.2.1　绝热材料的结构及基本性能

绝热材料通常是多孔材料,它们的基本特点是具有较高的孔隙率。其内部结构基本上可分为纤维状结构、多孔结构、粒状结构或层状结构。多孔结构的材料中的孔一般为近似于球形的封闭孔,而纤维状结构、粒状结构和层状结构的材料内部的孔多数为连通孔。具有大量封闭气孔的材料的绝热性能要优于具有大量连通气孔的材料。

表征材料导热性能的一个重要指标是导热系数,导热系数越小,材料的隔热保温性能就越好。

热量的传递方式有 3 种:导热、对流和热辐射。材料的导热系数受其组分、内部结构、孔隙率、表观密度、湿度、温度及热流方向等因素的影响。一般材料自身化学组成和分子结构较复杂的物质具有较小的导热性。大多数均匀构造的保温隔热材料的导热系数与其表观密度几乎呈直线关系。表观密度小、孔隙率较大的材料导热系数比较小。孔隙率一定时,随气孔尺寸增大导热系数增大,孔隙相互连通的程度越高,对流作用加强,导致导热系数增大。由于水的导热系数远远大于空气,冰的导热系数更大,所以多孔的保温隔热材料吸水后导热系数会大幅增加。使用保温隔热材料时必须加防潮层。

工程中使用的绝热材料,通常要求其导热系数不大于 $0.23W/(m \cdot K)$,表观密度不大于 $600kg/m^3$,抗压强度不小于 $0.3MPa$。具体选用时,还应了解材料的耐热性、耐腐蚀性等是否符合要求,此外绝热材料一般强度很低,不适于直接用作承重结构,需与承重材料复合使用。

11.2.2 常用的绝热材料

常用的绝热材料按其成分可分为有机和无机两大类。无机绝热材料是用矿物质原料制成,呈散粒状、纤维状或孔状。例如,膨胀蛭石、膨胀珍珠岩及其制品等。有机绝热材料是用有机原料(如各种树脂、软木、木丝、刨花等)制成。无机绝热材料防腐、防虫、不燃烧、耐高温,但密度大。有机绝热材料耐久性差,易受潮、腐烂,不耐高温,只适用于低温绝热。

1. 无机散粒状绝热材料

1) 膨胀蛭石及其制品

蛭石是一种复杂的镁、铁含水铅硅酸盐矿物,由云母类矿物经风化而成,具有层状结构。膨胀蛭石是将天然蛭石破碎,在 $850\sim1000℃$ 的温度下煅烧而得,蛭石煅烧后体积急剧膨胀,单个颗粒可膨胀 $20\sim30$ 倍。膨胀蛭石的表观密度为 $80\sim200kg/m^3$,导热系数为 $0.046\sim0.07W/(m \cdot K)$,可在 $1000\sim1100℃$ 温度下使用,不蛀、耐腐蚀,但吸水性大。

膨胀蛭石可直接用作填充材料,填充于墙壁、楼板及平屋等夹层中,作绝热、隔声用。使用时应注意防潮。也可与水泥、水玻璃、沥青、树脂等胶结材料配合,制成膨胀蛭石制品,用于墙、楼板和屋面板等构件的绝热。膨胀蛭石制品种类较多,常见的有:

(1) 水泥膨胀蛭石制品。它是以膨胀蛭石为骨料,水泥为胶凝材料,加水搅拌制得蛭石制品,再压制成型,养护而成。可用作房屋建筑及冷库建筑的保温层等。

(2) 水玻璃膨胀蛭石制品。它是以膨胀蛭石为骨料,水玻璃为胶凝材料,氟硅酸钠为促硬剂,按质量比为 1:2:0.7 配料。先把水玻璃与氟硅酸钠拌匀,再加入膨胀蛭石拌匀、成型、养护、焙烧而成。可用于围护结构、管道等绝热。

2) 膨胀珍珠岩及其制品

珍珠岩是由地下喷出的熔岩在地表水中急冷而成,具有类似玉髓的隐晶结构。膨胀珍珠岩由天然珍珠岩煅烧而得,呈蜂窝泡沫状的白色或灰白色颗粒,是一种高性能的绝热材料。将珍珠岩破碎、预热后,快速通过焙烧,可使珍珠岩体积膨胀约 20 倍。

其堆积密度为 $40\sim500kg/m^3$,导热系数为 $0.047\sim0.07W/(m \cdot K)$,最高使用温度为 $800℃$,最低使用温度为 $-200℃$。具有吸湿性小、不燃烧、耐腐蚀、无毒、抗菌及施工方便等特点。建筑上广泛用于围护结构、管道保温、低温和超低温保冷设备、热工设备等处的绝热保温。

膨胀珍珠岩除可用作填充材料外,还可与水泥、水玻璃、沥青、磷酸盐等结合制成膨胀珍珠岩制品,常见的制品有:

（1）膨胀珍珠岩保温混凝土。以水泥为胶凝材料，膨胀珍珠岩粉为骨料，按一定配比配合、搅拌、成型、养护而成。具有表现密度小，导热系数低，承压能力较强，施工方便、经济耐用等特点。主要用于围护结构、管道等需要保温隔热的地方。

（2）水玻璃膨胀珍珠岩制品。将膨胀珍珠岩、水玻璃及其他配料按一定配比经搅拌、成型、干燥、焙烧（650℃）而成。

（3）磷酸盐膨胀珍珠岩制品。以膨胀珍珠岩为骨料，以磷铝酸盐和少量的硫酸铝、纸浆废液作胶黏剂，经过配料、搅拌、成型、焙烧而成。具有耐火度高、表现密度低、绝热性能好的特点。

（4）沥青膨胀珍珠岩制品。通常将表现密度小于 80kg/m³ 的膨胀珍珠岩加热到 60℃左右，与温度为 250℃左右的石油沥青按 1∶1 配比均匀搅拌，然后根据不同规格压制成型。它具有防水性好的特点，常用于屋面保温、冷库保温及地下热水管道。

2. 无机纤维状绝热材料

1）石棉及其制品

石棉是蕴藏在中性或酸性火成岩矿床中的一种非金属矿物，是一类纤维状无机结晶材料。松散石棉的表观密度约为 103kg/m³，导热系数约为 0.049W/(m·K)，最高使用温度 500～800℃。松散的石棉很少单独使用，多以石棉为原料制成保温隔热制品。常见的石棉制品有石棉涂料、石棉板、石棉筒等，也可与水泥混合制成石棉块材等。

2）矿棉及其制品

矿棉一般包括矿渣棉和岩棉。矿渣棉是以工业废料矿渣（高炉矿渣、铜矿渣及其他矿渣等）为主要原料，经熔化，用喷吹法或离心法而制成的棉丝状绝热材料；而岩棉是以天然岩石为原料经熔融后吹制而成的纤维状（棉状）产品。

矿渣棉具有质轻、热导率低、不燃、防蛀、价廉、耐腐蚀、化学稳定性强、吸声性能好等特点。但直接用作保温隔热材料时，会给施工和使用带来困难，因而通常添加适量黏结剂并经固化定型，制成板、毡、管壳等矿渣棉制品。

岩棉的使用温度不超过 700℃。主要被用来制作各种岩棉纤维制品，如纤维带、纤维毡、纤维纸、纤维板和纤维筒等。岩棉还可制成粒状棉用作填充料，也可与沥青、合成树脂、水玻璃等胶凝材料配合制成多种保温隔热制品，如沥青岩棉毡（板）、水玻璃岩棉板壳等。

矿棉（矿渣棉和岩棉）主要用于建筑物墙壁、屋顶、顶棚等处的保温绝热和吸声，也可用于冷热设备及管道工程的保温隔热。

3）玻璃棉及其制品

玻璃棉是用玻璃原料或碎玻璃经熔融后制成的一种纤维状材料。玻璃棉最高使用温度为：普通有碱纤维为 350℃，无碱纤维为 600℃。玻璃棉在 −50℃ 的低温下长期使用性能稳定。

玻璃棉除可用作围护结构和管道绝热外，还可用作低温保冷材料。玻璃棉制品主要有沥青玻璃棉毡（板）和酚醛玻璃棉毡（板），以及各种玻璃毡、玻璃毯等，广泛用作温度较低的热力设备和房屋建筑中的保温材料，也是优质的吸声材料。

3. 无机多孔绝热材料

（1）泡沫混凝土。泡沫混凝土是将水泥、水和松香泡沫剂混合后，经搅拌、成型、养护、硬化而成的一种具有多孔、轻质、保温、绝热、吸声等性能的材料。也可用粉煤灰、石灰、石膏和泡沫剂制成粉煤灰泡沫混凝土，用于建筑物围护结构的保温绝热。

（2）加气混凝土。加气混凝土是由水泥、石灰、粉煤灰和发气剂（铝粉）配制的，经成型、蒸汽养护制成，是一种保温隔热性能良好的材料。加气混凝土表观密度小，导热系数比黏土砖小，因此24cm厚加气混凝土墙体其保温隔热效果优于37cm厚的砖墙。此外，加气混凝土的耐火性能良好。

（3）硅藻土。硅藻土由水生硅藻生物的残骸堆积而成。硅藻土孔隙率为50%～80%，其导热系数约为0.060W/(m·K)，因此它具有很好的绝热性能。最高使用温度可达900℃。硅藻土常用作填充料，或用其制作硅藻土砖等。

（4）微孔硅酸钙。微孔硅酸钙是以石英砂、普通硅石或活性高的硅藻土以及石灰等原料，经配料、搅拌、成型及水热处理制成的绝热材料。以托贝莫来石为主要水化产物的微孔硅酸钙，其表观密度约为200kg/m³，导热系数约为0.047W/(m·K)，最高使用温度约600℃。以硬硅钙石为主要水化产物的微孔硅酸钙，其表观密度约为230kg/m³，导热系数约为0.056W/(m·K)，最高使用温度约1000℃。微孔硅酸钙用于建筑物的围护结构和管道保温。

（5）泡沫玻璃。泡沫玻璃是用玻璃粉和发泡剂等经过混合、装模、煅烧而得到的多孔材料，孔隙率达80%～95%，泡沫玻璃导热系数小、抗压强度高、抗冻性好、耐久性好，且对水分、水蒸气和其他气体具有不渗透性，同时易进行机械加工。泡沫玻璃在建筑工程中主要用于砌筑墙体、地板、顶棚及屋顶的保温，也可用于寒冷地区建造低层建筑物。

4. 有机绝热材料

1）泡沫塑料

泡沫塑料是以各种树脂为基料，加入一定剂量的发泡剂、催化剂、稳定剂等辅助材料，经加热发泡而制成，其整个体积内含有大量均匀分布的气孔。具有轻质、绝热、吸声、耐腐蚀、耐霉变和防震等性能。广泛用于建筑物屋面、墙面保温，冷库绝热和制成夹芯复合板。泡沫塑料有硬质和软质之分，常用的有聚苯乙烯泡沫塑料、聚氯乙烯泡沫塑料、聚氨酯泡沫塑料、脲醛泡沫塑料等。

（1）聚苯乙烯泡沫塑料。聚苯乙烯泡沫塑料是用聚苯乙烯树脂与适量的发泡剂（如碳酸氢钠）经过发泡后，再放在模具中加压成型。聚苯乙烯泡沫塑料含有大量的微细封闭气孔，孔隙率可达98%。具有质轻、保温、吸声、防震、吸水性小、耐低温性能好等特点，并且有较强恢复变形的能力。聚苯乙烯泡沫塑料对水、海水、弱酸、弱碱、植物油、醇类都相当稳定。其缺点是高温下易软化变形，安全使用温度为70℃，最高使用温度为90℃，最低使用温度为−150℃。并且其本身可燃、可溶于苯、酯、酮等有机溶剂。

（2）聚氯乙烯泡沫塑料。聚氯乙烯泡沫塑料是以聚氯乙烯为原料与适量的化学发泡剂、稳定剂、溶剂等，经过捏合、球磨、模塑、发泡而制成的一种闭孔型的泡沫材料。制造方法有发泡分解法、溶剂分散法和气体混入法。聚氯乙烯泡沫塑料具有质轻、保温隔热、吸声、防震性能好、吸水性小、耐酸碱、耐油性好、不燃烧、耐冲击和震动等性能。由于其高温下分解产生的气体不燃烧，可自行熄灭，所以它是一种自熄性材料，适用于防火要求高的地方。由于含有许多完全封闭的孤立气孔，所以吸水性、透水性和透气性都非常小，适用于潮湿环境下使用。聚氯乙烯泡沫塑料的制品一般为板材,常用来作为屋面、楼板、隔板和墙体等的隔热材料,以及夹层墙板的芯材。

（3）聚氨酯泡沫塑料。聚氨酯泡沫塑料是以聚醚树脂或聚酯树脂为基料与适量的甲苯二异氰酸酯、水、催化剂、泡沫稳定剂等混合,发泡成型的泡沫材料。聚氨酯泡沫塑料的使用温度在 $-100 \sim 100 ℃$,$200 ℃$ 左右软化,$250 ℃$ 分解。聚氨酯本身可燃,因而不宜用在防火要求高的地方。其耐蚀能力强,可耐碱和耐稀酸的腐蚀,并且耐油,但不耐浓的强酸腐蚀。聚氨酯泡沫塑料在建筑上可用作保温、隔热、吸声、防震、吸尘、吸油、吸水等材料。

（4）脲醛泡沫塑料。脲醛泡沫塑料是将脲醛树脂（尿素和甲醛聚合而得到的树脂）液与发泡剂混合、发泡、固化而得,又称氨基泡沫塑料。脲醛泡沫塑料耐冷热性能良好,不易燃,在 $100 ℃$ 下可长期使用保持性能不变,但 $120 ℃$ 以上发生显著收缩。可在 $-150 \sim -200 ℃$ 超低温下长期使用。其对大多数有机溶剂有较好的抗蚀能力,但不能抵抗无机酸、碱及有机酸的侵蚀。

2）硬质泡沫橡胶

硬质泡沫橡胶是以天然或合成橡胶为主要成分用化学发泡法制成的泡沫材料。其特点是导热系数小而强度大,抗碱和盐的侵蚀能力较强,但强的无机酸及有机酸对它有侵蚀作用。它不溶于醇等弱溶剂,但易被某些强有机溶剂软化溶解。硬质泡沫橡胶为热塑性材料,耐热性不好。它在 $65 ℃$ 左右开始软化,高于 $100 ℃$ 开始分解,在 $230 ℃$ 熔化。但有良好的低温性能,在低温下强度较高且有较好的体积稳定性,因而是一种较好的保冷材料。

3）植物纤维板

植物纤维板是以植物纤维（如木质纤维、稻草、麦秸、甘蔗渣等）为原料,经物理化学处理后,加入胶结料（水泥、石膏等）和填充料制成的一种轻质、吸声、绝热材料,可用于室内墙壁、地板、顶棚中,也可用于冷藏库、包装箱等。

4）碳化软木板

碳化软木板是以一种软木橡树的外皮为原料,经适当破碎后再在模型中成型,再经 $300 ℃$ 左右热处理而成。由于软木树皮层中含有无数树脂包含的气泡,所以它成为最理想的保温、绝热、吸声材料,且具有不适水、无味、无臭、无毒等特性,并且有弹性,柔和耐用,不起火焰只能阴燃。碳化软木板在低温下长期使用不会引起性能的显著变化,故常用作保冷材料。

5）窗用绝热薄膜

窗用绝热薄膜是以特殊的聚酯薄膜作为基材,镀以各种不同的高反射率的金属或金属氧化物涂层,经特殊工艺复合压制而成。将这种绝热薄膜贴在玻璃上,它能将透过玻璃的大部分阳光反射出去（反射率高达 80%）,减弱了室内温度变化程度。可用于商业、工业、公共建筑、家庭寓所、宾馆等建筑物的窗户内外表面,也可用于博物馆内艺术品和绘画的紫外线防护。

6）蜂窝板

蜂窝板是由两块轻薄的面板牢固地黏结在一层较厚的蜂窝状芯材两面而制成的复合板材,亦称蜂窝夹层结构。蜂窝板具有强度大、导热系数小、抗震性能好等特点,可制成绝热性能良好的隔声材料。常用的面板为浸渍过树脂的牛皮纸或不经树脂浸渍的胶合板、纤维板、石膏板等。

11.3 建筑吸声隔声材料

吸声材料是一种能在较大程度上吸收由空气传递的声波能量的建筑材料。在音乐厅、影剧院、大会堂、播音室等的内部墙面、地面、天棚等部位采用适当的吸声材料,能改善声波在室内的传播质量,保持良好的音响效果。隔声材料是能较大程度隔绝声波传播的材料。当前噪声已成为一种严重的环境污染,建筑物的声环境问题越来越受到人们的关注和重视。选用适当的材料对建筑物进行吸声和隔声处理是建筑物噪声控制过程中最常用、最基本的技术措施之一。吸声材料易于吸湿,安装时应考虑到胀缩的影响。还应考虑防水、防腐、防蛀等问题。

11.3.1 吸声材料

1. 吸声材料的基本特性

吸声材料按吸声机理的不同可分为两类吸声材料。一类是多孔性吸声材料;另一类是吸声柔性材料。

吸声材料的基本特性是多孔、疏松、透气。材料的吸声特性除与材料本身性质、厚度及材料表面的条件(有无空气层及空气层的厚度)有关外,还与声波的入射角及频率有关。一般而言,材料内部的开放连通的气孔越多,吸声性能越好。同一材料,对于高、中、低不同频率的吸声系数不同。为了全面反映材料的吸声性,规定取 125Hz、250Hz、500Hz、1000Hz、2000Hz、4000Hz 等 6 个频率的吸声系数来表示材料的特定吸声频率。

任何材料都能吸收声音,但吸收程度不同,一般吸声系数在 0~1 之间。工程上通常将对上述 6 个频率的平均吸声系数大于 0.2 的材料称为吸声材料。吸声系数越大,吸声效果越好。

2. 吸声材料的类型

1) 多孔吸声材料

多孔吸声材料是比较常用的一种吸声材料。其结构特征与绝热材料并不相同,绝热材料的孔隙一般是封闭的,不连通的,而多孔吸声材料内部的孔隙必须是内外连通的。声波进入材料内部互相贯通的孔隙,空气分子受到摩擦和黏滞阻力,使空气产生振动,从而使声能转化为机械能,最后因摩擦而转变为热能被吸收。这类多孔材料的吸声系数一般从低频到高频逐渐增大,故对中频和高频的声音吸收效果较好。材料中开放的、互相连通的、细致的气孔越多,其吸声性能越好。

多孔吸声材料的吸声效果受以下因素影响。

(1) 表观密度的影响。对于同种多孔吸声材料,当表观密度增大(孔隙率减小)时,对低频声音的吸声效果有所提高,但对高频声音的吸声效果有所降低。

(2) 材料厚度的影响。增加材料的厚度,可提高对低频声音的吸声效果,而对高频声音无多大影响,且材料厚度增加到一定程度后,吸声效果的变化并不明显,所以,为提高材料的吸声效果而一味地增加厚度是不可取的。

（3）孔隙特征的影响。吸声材料表面的空洞和开口孔隙对吸声是有利的。孔隙细小，吸声效果好；孔隙粗大，则吸声效果差。如果孔隙多为单独的不连通封闭孔，则其吸声效果大大降低，从吸声机理看，它已不属于多孔吸声材料。当多孔材料表面涂刷油漆或受潮吸湿时，材料孔隙为水分或涂料所堵塞，其吸声效果也会大大降低。

（4）背后空气层的影响。多数吸声材料都是周边固定在龙骨架上，距墙面 5～15cm，材料背后空气层的作用相当于增加了材料的有效厚度，吸声效果一般随背后空气层厚度的增加而提高，特别能改善对低频声音的吸声效果。当材料背后空气层的厚度等于 1/4 波长的奇数倍时，可获得最大吸声系数。根据这个原理，调整材料背后空气层的厚度，可以提高其吸声效果。

2）薄板振动吸声结构

建筑中常把胶合板、薄木板、纤维板、石膏板、石棉水泥板或金属板等的周边固定在墙或顶棚的龙骨上，并在背后留有空气层，即构成薄板振动吸声结构。这个由薄板和空气层组成的系统可以视为一个由质量块和弹簧组成的振动系统，当入射声波的频率和系统的固有频率接近时，薄板和其背后的空气就会产生振动，振动中由于板内部和龙骨间的摩擦损耗，将声能转化为机械能而消耗掉。薄板振动吸声的频率范围较窄，主要在低频区，通常在 80～300Hz，在此共振频率附近吸声系数最大，为 0.2～0.5，而在其他频率时吸声系数较低，所以该吸声结构主要具有良好的低频吸声效果，可以弥补多孔吸声材料对低频吸声较差的缺陷。

3）共振吸声结构

共振吸声结构由封闭的空腔和较小的开口所组成，很像一个瓶子。当腔内空气受到外力激荡时，会按一定的共振频率振动，此时开口颈部的空气分子在声波的作用下像活塞一样往复运动，因摩擦而消耗了声能。若在腔口蒙一层透气的细布或疏松的棉絮，可加宽吸声频率范围和提高吸声量。为了获得较宽频率带的吸声性能，常采用组合共振吸声结构。

4）穿孔板组合共振吸声结构

穿孔板组合共振吸声结构具有适合中频的吸声特性。这种结构是用穿孔的胶合板、硬质纤维板、石膏板、石棉水泥板、铝合金板、薄钢板等，将其周边固定在龙骨上，并在背后设置空气层而构成。其作用机理与单独的共振吸声器相似，相当于许多单个共振吸声器并联组合，起扩宽吸声频带的作用。穿孔板的厚度、穿孔率、孔径、孔距、背后空气层的厚度以及是否填充多孔吸声材料等，都直接影响吸声结构的吸声性能。此种吸声结构对中频声波的吸声效果较好，在建筑中使用比较普遍。

5）柔性吸声材料

柔性吸声材料是具有密闭气孔和一定弹性的材料，如聚氯乙烯泡沫塑料。当声波入射到材料上时，声波引起的空气振动不易直接传递至材料内部，只能相应地激发材料产生振动，在振动过程中由于克服材料内部的摩擦而消耗了声能，引起声波衰减。这种材料的吸声特性是在一定的频率范围内出现一个或多个吸收频率，其高频的吸声系数很低，中、低频的吸声系数类似共振吸声结构。

6）悬挂空间吸声体

悬挂空间吸声体是一种将吸声材料制作成一定形体，分散悬挂在顶棚下，用以降低室内噪声或改善室内音质的吸声构件。由于声波和吸声体的多个面接触,增加了有效的吸声面积,再加上声波的衍射作用,大大提高了实际的吸声效果。实际使用时,可根据不同的使用地点和要求,设计成各种形状的悬挂吸声体。

7) 帘幕吸声体

帘幕吸声体是用具有通气性能的纺织品,安装在离墙面或窗洞一定距离处,背后设置空气层,通过声波与帘幕气孔的多次摩擦达到吸声的目的,对中、高频都有一定效果。帘幕的吸声效果与所用材料种类和其褶皱有关,具有安装拆卸方便、装饰性强的特点,应用价值较高。

3. 常用的吸声材料及其吸声系数

吸声材料按材质分为无机材料、木质材料、多孔材料和纤维材料四大类,每个类别又有多种吸声材料。常用的吸声材料及其吸声系数见表 11-1,供选用时参考。

表 11-1　常用的吸声材料及其吸声系数

分类及名称		厚度/cm	各种频率(Hz)下的吸声系数						装置情况
			125	250	500	1000	2000	4000	
无机材料	吸声砖	6.5	0.05	0.07	0.10	0.12	0.16	—	贴实
	石膏板(有花纹)	—	0.03	0.05	0.06	0.09	0.04	0.06	
	水泥蛭石板	4.0	—	0.14	0.46	0.78	0.50	0.60	
	石膏砂浆(掺水泥、玻璃纤维)	2.2	0.24	0.12	0.09	0.30	0.32	0.83	墙面抹灰
	水泥膨胀珍珠岩板	5.0	0.16	0.46	0.64	0.48	0.56	0.56	贴实
	水泥砂浆	1.7	0.21	0.16	0.25	0.40	0.42	0.48	墙面抹灰
	砖(清水墙面)	—	0.02	0.03	0.04	0.04	0.05	0.05	贴实
木质材料	软木板	2.5	0.05	0.11	0.25	0.63	0.70	0.70	贴实
	木丝板	3.0	0.10	0.36	0.62	0.53	0.71	0.90	固定在龙骨上,背后留5cm空气层和10cm空气层两种
	三夹板	0.3	0.21	0.73	0.21	0.19	0.08	0.12	
	穿孔五夹板	0.5	0.01	0.25	0.55	0.30	0.16	0.19	
	木花板	0.8	0.03	0.02	0.03	0.03	0.04	—	
	木质纤维板	1.1	0.06	0.15	0.28	0.30	0.33	0.31	
多孔材料	泡沫玻璃	4.4	0.11	0.32	0.52	0.44	0.52	0.33	贴实
	脲醛泡沫塑料	5.0	0.22	0.29	0.40	0.68	0.95	0.94	
	泡沫水泥(外粉刷)	2.0	0.18	0.05	0.22	0.48	0.22	0.32	紧贴墙面
	吸声蜂窝板	—	0.27	0.12	0.42	0.86	0.48	0.30	贴实
	泡沫塑料	1.0	0.03	0.06	0.12	0.41	0.85	0.67	
纤维材料	矿棉板	3.13	0.10	0.21	0.60	0.95	0.85	0.72	贴实
	玻璃棉	5.0	0.06	0.08	0.18	0.44	0.72	0.82	
	酚醛玻璃纤维板	8.0	0.25	0.55	0.80	0.92	0.98	0.95	
	工业毛毡	3.0	0.10	0.28	0.55	0.60	0.60	0.56	紧贴墙面

11.3.2　隔声材料

能减弱或隔断声波传递的材料为隔声材料,按其传播途径有空气声和固体声。空气声是通过空气传播的声音,固体声是通过固体的撞击或振动传播的声音,隔声原理不同。

对空气声的隔绝，主要是依据声学中的"质量定律"，即材料的密度越大，越不易受声波作用而产生振动，因此，其声波通过材料传递的速度迅速减弱，其隔声效果越好。所以，应选用密度大的材料（如钢筋混凝土、实心砖、钢板等）作为隔绝空气声的材料。

对固体声隔绝的最有效措施是断绝其声波继续传递的途径，即在产生和传递固体声波的结构（如梁、框架与楼板、隔墙，以及它们的交接处等）层中加入具有一定弹性的衬垫材料，如软木、橡胶、毛毡、地毯或设置空气隔离层等，以阻止或减弱固体声波的继续传播。

由此可知，材料的隔声原理与材料的吸声（吸收或消耗转化声能）原理不同，因此，吸声效果好的疏松多孔材料（有开口连通而不穿透或穿透的孔形）隔声效果不一定好，不能把吸声材料当隔声材料用。

11.4　建筑防火材料

建筑防火材料是指遇火不燃烧或难以燃烧的建筑材料。防火材料能防止火灾的发生和蔓延，或者即使发生火灾，也能在初期起到延缓燃烧的作用，以争取防止延烧和避难所需的时间。

11.4.1　建筑材料的防火性能

建筑材料的防火性能包括燃烧性能、耐火极限、燃烧时的毒性和发烟性等。

1. 燃烧性能

燃烧性能是指材料燃烧或遇火时所发生的一切物理、化学变化。其中着火的难易程度、火焰传播程度、火焰传播快慢以及燃烧时的发热量，均对火灾的发生和发展具有重要的意义。

根据《建筑材料及制品燃烧性能分级》（GB 8624—2012）的规定，建筑材料按燃烧性能分为不燃性材料（A）、难燃性材料（B_1）、可燃性材料（B_2）和易燃性材料（B_3）四个类别。

（1）不燃性材料。不燃性材料是指在发生火灾时不起火、不微燃、不碳化，即使烧红或熔融也不会发生燃烧现象的材料。例如，砖、瓦、玻璃、灰浆、石材、金属材料等。但是玻璃、普通混凝土、钢材等受火焰炙烤会发生明显的变形而失去使用功能，所以它们虽然是不燃性材料，却是不耐火的。

（2）难燃性材料。难燃性材料是指在火灾发生时，难起火、难微燃、难碳化，可推迟起火时间，缩小火灾蔓延，当火源移走后燃烧会立即停止的材料。难燃材料或以无机质材料为主体在其中加入一定量的有机质的复合材料，如石膏板、石棉板等；或以可燃性材料为基体，用防火剂处理的复合材料，如难燃胶合板、纤维板、塑料板等。

（3）可燃性材料。可燃烧性材料是指在火灾发生时，立即起火或微燃，且当火源移走后仍能继续燃烧或微燃的材料，如木材及大部分有机材料。

（4）易燃性材料。易燃性材料是指在火灾发生时，立即起火，且火焰传播速度很快的材料。例如，有机玻璃、赛璐珞、泡沫塑料等。

2. 耐火极限

耐火极限是指在标准耐火试验条件下,建筑构件、配件或结构从受到火的作用时起,到失去稳定性、完整性或隔热性时止的这段时间,用小时表示。建筑构件的耐火极限决定了建筑物在火灾中的稳定程度及火灾发展的速度。

3. 燃烧时的毒性

燃烧时的毒性包括材料在火灾中受热发生热分解释放出的产物和燃烧产物对人体的毒害作用。

4. 燃烧时的发烟性

燃烧时的发烟性是指材料在燃烧或热解作用下,所产生的悬浮在大气中的可见的固体和液体微粒。固体微粒就是碳粒子,液体微粒主要指一些焦油状的液滴。材料燃烧时的发烟性大小直接影响能见度,从而使人从火场中逃生发生困难,也影响消防人员的扑救工作。

11.4.2　建筑防火材料的防火机理

燃烧必须具备三个条件,即可燃物质、助燃剂(如空气、氧气、氧化剂等)和火源(如火焰或高温作用)。此三个条件同时存在并且互相接触才能发生燃烧。要使燃烧不能进行,必须将燃烧的三个要素中的任何一个要素隔绝开来。例如,①用难燃或不燃的涂料将可燃物表面封闭起来,避免与空气接触,就可使可燃表面变成难燃或不燃的表面;②用难燃或不燃的材料制作防火材料。将难燃或不燃的物质填加到材料中,实现材料自身的难燃性或不燃性。或材料在高温或火焰作用下,形成不燃性的结构致密的无机"釉膜层";或材料剧烈发泡碳化,形成比原材料层厚几十倍甚至几百倍的难燃海绵状炭质层隔绝氧气,阻止热量向底材传导。或利用某些材料在高温下可能脱水、分解等吸热反应或熔融、蒸发等物理吸热过程,所分解放出的气体能冲淡可燃性气体和氧的浓度,不燃的脱水物或熔融体形成的覆盖层可使底材与空气隔绝,以延缓或阻止火势蔓延。建筑防火材料就是根据上述原理,将各种材料的防火、阻燃作用相互配合来实现防火目的。

11.4.3　常用的建筑防火材料

1. 防火涂料

防火涂料是指涂刷于可燃性基材表面,用以降低材料表面燃烧特性、阻滞火灾迅速蔓延,或是涂刷于建筑构件上,用以提高构件的耐火极限的特种涂料。

防火涂料属结构防护材料,它的作用是预防结构在火灾中发生过大变形乃至垮塌。防火涂料本身多为不燃材料,且能改善被涂饰部位耐燃、阻热等性能,延缓结构构件温度升高至临界屈服或破坏温度的时间,提高结构的耐火极限和建筑物的防火等级或减少热损失、节约能源等。

1）防火涂料的组成

防火涂料一般由黏结剂、防火剂、防火隔热填充料及其他添加剂组成,其中防火隔热填充料常为无机隔热材料,如膨胀蛭石、膨胀珍珠岩等,它们是防火涂料重要的填料。添加剂有催化剂、碳化剂、发泡剂和阻燃剂等,掺入添加剂能显著提高防火涂料的防火性能。

2）防火涂料的分类

防火涂料可以从不同角度进行分类,见表 11-2。

表 11-2　防火涂料分类

分类依据	类　型	基　本　特　征
分散介质	水溶性	以水为溶剂和分散介质,节约能源,无污染,生产、施工、储运安全
	溶剂性	以汽油、二甲苯作溶剂,施工温、湿度范围大,利于改善涂层的耐水性和装饰性
基料	无机类	以磷酸盐、硅酸盐或水泥作黏结剂,涂层不易燃,原材料丰富
	有机类	以合成树脂或水乳胶作黏结剂,利于构成膨胀涂料,有较好的理化性能
防火机理	膨胀型	涂层遇火膨胀隔热,并有较好的理化、机械性能和装饰效果
	非膨胀型	涂层较厚,遇火后不膨胀,密度较小,自身有较好的防火隔热效果
涂层厚度	厚涂型（H）	涂层厚 8～50mm,耐火极限 0.5～3h
	薄涂型（B）	涂层厚 3～7mm,遇火膨胀隔热,耐火极限 0.5～1.5h
	超薄型（C）	涂层厚度不超过 3mm,遇火膨胀隔热,耐火极限 0.5～1.5h
应用环境	室内	应用于建筑物室内,包括薄涂型和超薄型
	室外	应用于石化企业等露天钢结构,耐水、耐候、耐化学腐蚀
保护对象	钢结构、混凝土结构	遇火膨胀或不膨胀,耐火极限高
	木材、可燃性材料	遇火膨胀,涂层薄,耐火极限低
	电缆	遇火膨胀,涂层薄

3）几种常用的防火涂料

（1）钢结构防火涂料

钢结构防火涂料主要是以改性无机高温黏结剂或有机复合乳液黏结剂为基料,加入膨胀蛭石、膨胀珍珠岩等吸热、隔热、增强的材料以及化学助剂制成的一种建筑防火特种涂料。

该类防火涂料按构成分为有机和无机两类;按涂层厚度与燃烧特性的不同分为厚涂层型、薄涂层型和超薄涂层型。一般有机膨胀型涂料属于薄涂层型,适用于保护裸露的钢结构;无机防火隔热涂料属于厚涂层型,适用于保护隐蔽的钢结构。

此类涂料黏结强度高,耐水性能好,热导率低,适用于高层、冶金、库房、石油化工、电力、国防、轻纺工业、交通运输等各类建筑物中的承重钢结构防火保护,也可用于防火墙。涂层形成防火隔热层,钢结构不会在火灾的高温下立即导致建筑物的垮塌。

（2）预应力混凝土楼板防火涂料

该涂料喷涂在预应力楼板配筋一面,遭遇火灾时,涂层可以有效地阻隔火焰和热量,降低热量向混凝土及其内部预应力钢筋的传递速度,以推迟其温升和强度变弱的时间,从而提高预应力楼板的耐火极限,达到防火保护的目的。

该涂料有膨胀型和非膨胀型两类。膨胀型涂料一般是以无机和有机复合物作黏结剂,配以膨胀珍珠岩、粉煤灰空心微珠、硅酸铝纤维等多组分功能原料,用水作溶剂和稀释剂,经机械搅拌而成。非膨胀型涂料一般以复合水性树脂作黏结剂,配以含 SiO_2 和 Al_2O_3 较高的无机物作填充料,并加入阻燃材料,用水作溶剂和稀释剂,经混合搅拌而成。

（3）饰面型防火涂料

涂于可燃基材（如木材、塑料、纸板、纤维板）表面,能形成具有防火阻燃保护和装饰作用涂膜的防火涂料,称为饰面型防火涂料。目前,国内饰面型防火涂料有溶剂型和乳液型两大类,建筑物的防火基本上都采用水乳型防火涂料。饰面型防火涂料集装饰性与防火性于一体,又称阻燃涂料,主要针对室内装潢,在可燃基材（如木材）表面进行涂装。从装饰颜色可分为彩色与透明两类。

饰面彩色型防火涂料主要由合成树脂（或乳液）、聚磷酸铵、三聚氰胺、季戊四醇、钛白粉、助剂、颜料组成。其特点是：附着力强,耐火、耐候性好,韧性好；色彩丰富,具有较好的装饰效果；涂料施工简便。适用于各种可燃基材的阻燃防火保护,并具有装饰作用。

饰面型透明型防火涂料主要用于建筑物木材部分的防火处理,为体现木材本色而生产透明防火涂料,它由底涂（膨胀发泡型防火涂料）和面涂（装饰性涂料）组成。该类涂料涂膜光亮、平整,装饰效果较好,涂料具有耐水、耐碱、耐候性。适用于较高档次装潢的可燃基面的阻燃防火保护。

2. 防火板材

建筑防火板材通常是以无机质材料为主体的复合材料。采用高温膨胀蛭石、膨胀珍珠岩、微孔珍珠钙、泡沫玻璃、矿物棉、玻璃棉以及具有遇水能自行灭火性能的聚氯乙烯泡沫塑料等材料与耐热性较好的水玻璃、水泥及其他化学助剂结合制成的防火板材也广泛应用于各类工业与民用建筑。

1）耐火纸面石膏板

耐火纸面石膏板是以建筑石膏为主要原料,掺入适量的无机耐火纤维增强材料构成耐火芯材,并与护面纸牢固地黏结在一起的耐火建筑板材。

耐火纸面石膏板的燃烧性能应符合《建筑材料及制品燃烧性能分级》（GB 8624—2012）中的 B_1 级（难燃性材料）建筑材料的要求,不带护面纸的石膏芯材应符合 A 级（不燃性材料）建筑材料的要求。其遇火稳定性不应小于表 11-3 的规定。

表 11-3　耐火纸面石膏板遇火稳定时间　　　　　　　　min

优等品	一等品	合格品
30	25	20

2）纤维增强水泥平板

纤维增强水泥平板（TK 板和 GRC 板）具有很好的防火性能,参见 8.2.3 节"墙用板材"部分。

3）钢丝网夹芯复合板（泰柏板）

泰柏板是由板块焊接钢丝网笼和泡沫聚苯乙烯芯料组成。其是用一定规格的钢丝（如14 号,$\phi(2.057 \pm 0.025)$ mm）桁架垂直排列组成网片,交点焊接,钢丝中心间隔多为50.8mm。以板的规格要求,网片之间添加不同厚度的泡沫塑料。网片间由横穿网丝连接形成网架。根据芯材厚度和网架构造的不同,又有隔墙板、外墙板、楼板、屋面板之分。适用于高层框架结构建筑的围护墙和内隔墙,大跨度轻型屋面、建筑加层、低层建筑和旧房改造的内外墙以及楼面、屋面和保温墙、吊顶等。

该板是一种多功能轻质复合墙板,具有防火、质轻、强度高、抗震、隔声、隔热等优点。泰柏板的两面均涂以 20mm 厚的水泥砂浆层时,其耐火极限约为 1.3h;涂以 3.15mm 厚的水泥砂浆层时,其耐火极限为 2h,泰柏板之间均涂以 3.15mm 厚的水泥砂浆层再粘贴 30mm 厚的石膏板时,其耐火极限可达 5h。

4) 石棉水泥平板

石棉水泥平板是以石棉纤维与水泥为主要原料,经抄坯、压制、养护而成的薄型建筑平板。具有防火、防潮、防腐、耐热、隔声、绝缘等性能,板面质地均匀,着色力强,并可进行锯、钻、钉等加工,施工简便。可用于现装隔墙、复合隔墙板和复合外墙板等。

5) WJ 型防火装饰板

WJ 型防火装饰板用玻璃纤维增强无机材料制作,具有遇火不燃、不爆、不变形、无烟、无毒、耐腐蚀、耐油、耐火、质轻、强度高、品种多、安装简便、造价低等优点。广泛适用于电力建筑、制造业等行业与部门。

不同型号的 WJ 型防火装饰板的应用范围不同。WJ-A 型板适宜用作电缆防火隔板、电缆贯穿孔洞防火封堵、野外简易房、高层建筑、计算机房、宾馆、影剧院、通信中心、油田区域间防火分隔等建筑物中的防火墙板等。WJ-B 型适用于电缆防火隔板、建筑物中的不燃吊平顶等。WJ-C 型适用于电缆防火隔板、轮船、火车、飞机、高层建筑、计算机房、宾馆、影剧院、通信中心的防火装饰及用作不燃家具的板材。

6) 滞燃型胶合板

滞燃型胶合板在火灾发生时能起到滞燃和自熄的效果。而其他物理力学性能和外观质量均符合国家 Ⅱ 类胶合板的标准。其加工性能与普通胶合板相同,无论是锯、刮、钉均不受影响。

滞燃型胶合板与金属接触不会加速金属在大气中的腐蚀速度。由于采用的阻燃料剂无毒、无臭、无污染,所以滞燃型胶合板对周围环境无任何不良影响。该板适用于有阻燃要求的公共和民用建筑内部顶棚和墙面装修,也可制成阻燃家具或其他物品。其特点是在保留胶合板各种性能的前提下,赋予板材良好的阻燃效果。

3. 阻燃材料

1) 阻燃墙纸

阻燃墙纸是用 $100 \sim 200 \text{g/m}^2$ 的石棉纸作为基材,并在 PVC 涂塑材料中掺有阻燃剂,使墙纸具有一定的防火阻燃性能,适用于有防火要求的建筑物内墙面、顶棚的装饰。

阻燃墙纸主要用于高档宾馆、饭店、酒吧、机场、剧院、住宅以及其他具有防火要求的建筑顶棚、墙面等。

2) 阻燃织物

普通织物经阻燃整理后便成为阻燃织物,阻燃织物具有阻碍火焰的蔓延及燃烧的性能,同时要求具有耐久的洗涤性、可用性,并能体现织物的风格特征,符合卫生要求。织物阻燃整理分两种方式:一种是添加型,即在纺丝原液中添加阻燃剂整理;另一种是后整理型,即在纤维和织物上进行阻燃整理。阻燃整理工艺有轧烘焙法、涂布法、喷雾法、浸渍-烘燥法、有机溶剂法、氨熏法等。

阻燃织物的阻燃原理是利用阻燃剂在高温条件下分解成磷与氮,磷与空气中氧气反应形成 P_2O_5,它具有强烈的脱水作用,将棉纤维中的 H_2O 夺去而形成聚磷醛基聚合物,由于纤维部分形成了炭,而 CO_2 又被覆在表面隔断空气中的氧气,而无法燃烧,织物经碳化后能保持纤维的一定形状,以隔绝、防护火焰直接烧伤人体。

3)阻燃剂

阻燃剂是用以提高材料的抑制、减缓或终止火焰传播特性的物质。阻燃剂之所以具有阻燃效果,是因为其在燃烧过程中会表现出一系列特殊的阻燃性能。

按化合物分,阻燃剂可分为无机阻燃剂和有机阻燃剂两大类。无机阻燃剂具有热稳定性好、不产生腐蚀性气体、不挥发、效果持久、无毒等优点。但无机阻燃剂对材料的加工性、成型性、物理力学性能、电气性能都有所影响,需进行改性研究。

有机阻燃剂主要有磷系阻燃剂和卤系阻燃剂。磷系阻燃剂又可分为含卤和不含卤两类。有机磷系阻燃剂特别适用于纤维素的阻燃,它能促成纤维素的脱水和碳化。有机磷系阻燃剂在室温下多为液态,故有增加材料流动性的倾向,并具有毒性,发烟量大,且易水解和热稳定性差等缺点。在有机卤系阻燃剂中,其阻燃效果随卤素原子量增加而增大,它们依次为:$I>Br>Cl>F$。但碘化物不稳定,易分解,尽管其阻燃效果最好,也很少使用。在实际中使用的是含氯或含溴的有机阻燃剂。由于溴化物产生热分解的腐蚀性比氯化物小,阻燃效果比氯化物高,使用溴类阻燃剂越来越多,但其价格比磷、氯系阻燃剂高。

4)阻火堵料

阻火堵料的外观和使用方法与普通腻子相似,但耐火特性极好,多用于船舶、车辆、电厂、高层建筑以及地下设施等。由于阻火堵料阻火效果好,具有较好的气密性、耐油、耐水(包括海水)、耐酸碱,对电缆等材料无不良影响,使用方便,因而得到广泛应用。阻火堵料通常有三种类型。

(1)可塑性阻火堵料。可塑型阻火堵料又叫非硬化性阻火堵料,它是由无机材料加入适量的有机黏结剂制成的。这种堵料在高温和火焰下会急剧硬化,形成一层坚硬致密的碳化层,起到良好的阻火、堵烟、隔热作用。这种堵料常温下存放不会硬化,仍具有可塑性,能够重复使用。主要用于高层建筑、工厂、船舶等电缆贯穿处的孔洞。

(2)无机封堵料。无机封堵料是由几种无机材料组成的粉料。使用时,先将适量的水加入容器内,在搅拌情况下,慢慢加入粉料,调成均匀的糊状物即可使用。无机封堵料无毒、无气味,施工方便。它即使在纯氧中也不会燃烧,属不燃性材料,具有很好的防火和水密、气密性能。无机封墙料可用作舰船填料盒内的灌注密封填料和建筑物上电缆贯穿处的封堵材料,也可用作防火隔墙、防火板和电缆槽盒等材料。

(3)膨胀型防火堵料。该类堵料是掺入膨胀材料制成的。遇火受热时,这种膨胀材料会定向膨胀成碳化结构,封堵传播火灾的管道或孔洞,阻止火灾蔓延和有毒气体扩散。使用的膨胀材料含有成碳剂、脱水剂和发泡剂等。成碳剂主要是一些含碳量较高的多羟基化合物,是形成泡沫碳化层的物质基础。脱水剂的主要功能是促进含羟基有机化合物的脱水碳化,形成不易燃烧的碳化层。使用时将膨胀型防火堵料内衬在由金属薄板制成的环状隔火圈中,主要用于塑料管道的防火封堵。

11.5　建筑装饰材料

建筑装饰材料一般是指主体结构工程完成后,进行室内外墙面、顶棚、地面的装饰等所需的材料,主要起装饰作用,同时可以满足一定的功能要求。装饰材料的装饰性主要取决于装饰材料的颜色、光泽、质地和纹理,还常兼有隔热保温、防火、防潮、吸声、隔声等功能,并保护主体结构,满足建筑物的使用要求。装饰材料种类繁多,本章仅介绍常用的几种。

11.5.1　装饰材料的分类与基本要求

1．建筑装饰材料的分类

建筑装饰材料通常按其在建筑物中的装饰部位进行分类,主要分以下几类。

(1)地面装饰材料:包括地面、楼面、楼梯等结构的全部装饰材料,如陶瓷地砖、花岗岩、木地板、复合地板、地面涂料等。

(2)外墙装饰材料:包括外墙、阳台、台阶、雨篷等建筑物外部结构装饰所用的材料,如外墙涂料、玻璃制品、外墙面砖、花岗岩等。

(3)内墙装饰材料:包括内墙墙面、墙裙、踢脚线、隔断、花架等全部内部构造装饰所用的材料。

(4)顶棚装饰材料:室内吊顶装饰所用的材料,如石膏吊顶、塑料吊顶等。

若按装饰材料的组成来分类,常用的装饰材料有木材、塑料、石膏、石材、玻璃、金属制品等。

(5)其他装饰材料:包括门窗、龙骨、卫生洁具、建筑五金等。

2．建筑装饰材料的基本要求

(1)颜色。颜色并非材料固有的,而是材料对光谱选择吸收的结果。颜色对建筑物的装饰效果很重要,颜色选择合适、组合协调能创造出优美怡人的工作和生活环境。

(2)光泽。光泽是材料表面方向性反射光线的性质。它对物体形象的清晰度起着决定作用。材料表面越光滑,则光泽度越高。不同的光泽度,可改变材料表面的明暗程度,并可扩大视野或造成不同的虚实对比。

(3)透明性。透明性是光线透过材料的性质。将材料分为透明体(可透光、透视)、半透明体(透光,但不透视)、不透明体(不透光、不透视)。利用不同的透明度可调整光线的明暗,造成不同的光学效果,也可使物像清晰或朦胧。

(4)质感。质感是材料的表面组织结构,是花纹图案、颜色、光泽、透明性等给人的一种综合感觉,组成相同的材料可以有不同的质感,如普通玻璃与压花玻璃、镜面花岗岩板材与剁斧石。相同的表面处理形式往往具有相同或类似的质感,但有时并不完全相同,如人造花岗岩、仿木纹制品,一般均没有天然的花岗岩和木材亲切、真实,而略显单调呆板。

(5)形状与尺寸。对于板材、块材和卷材等装饰材料的形状和尺寸,以及表面的天然花纹、纹理及人造花纹或图案等都有特定的要求和尺寸规格,保证按需裁剪或拼装,获得不同图案或花纹。

(6)耐久性。外部装饰材料经常经受风吹、日晒、雨淋、冰冻、霜雪等侵蚀,内部装饰材料经受摩擦、冲击、洗刷、沾污等作用。因此装饰材料在满足装饰功能的同时还要满足强度、大气稳定性、耐热、抗冻、耐磨、耐侵蚀等耐久性要求。

11.5.2　装饰材料的选用原则

装饰材料用于不同环境、不同部位时,对它的要求也不同。在选用装饰材料时,首先要从建筑物的实用角度出发,不仅要求表面美观,而且要求装饰材料具有多种功能,能长期保持它的特征,并能有效地保护主体结构材料。

选用装饰材料时,应结合建筑物的特点,使之与环境相协调,使材料颜色的深浅合适,色调柔和美观。应运用装饰材料的花纹、图案及材料表面结构特征,拼装成所需要的质感和色彩效果的饰面。一般来讲,装饰材料的选择可从以下几方面来考虑。

(1)外观。装饰材料的外观主要是指形体、质感、色彩和纹理等。块状材料有稳定感,而板状材料则有轻盈的视觉效果。不同的材料质感给人的尺度和冷暖感是不同的,毛面材料有粗犷豪迈的感觉,镜面材料则有细腻的效果。色彩对人的心理作用就更为明显了。各种色彩都能使人产生不同的感觉,因此,建筑内部色彩的选择不仅要从美学的角度考虑,还要考虑到色彩功能的重要性,力求合理运用色彩,以对人们的心理和生理均能产生良好的效果。

(2)功能性。装饰材料的功能应与使用环境结合考虑。对于室外装饰材料,不仅要满足装饰效果,也要考虑其抗风化、绝热、防火、防辐射等性能,以保护墙体和改善建筑物的功能。对于室内装饰材料,要把它的耐磨性、易清洁、隔热保温、吸声、隔声等性能一并考虑。

(3)经济性。装饰材料的价格较高,在装饰投资时,应从长远性、经济性的角度出发,充分利用有限的资金取得最佳的装饰和使用效果,做到既满足了目前的要求,又能有利于以后的装饰变化。

11.5.3　建筑陶瓷

陶瓷自古以来就是主要的建筑材料之一,我国的陶瓷生产有着悠久的历史。

凡用黏土及其他天然矿物原料经配料、制坯、干燥、焙烧制得的成品,统称为陶瓷制品。建筑陶瓷是用于建筑物墙面、地面及卫生设备的陶瓷材料及制品,具有强度高、性能稳定、耐腐蚀性好、耐磨、防水、防火、易清洗以及装饰性好等优点,在建筑工程及装饰工程中应用十分普遍。

1.釉面砖

釉面砖又称瓷砖或内墙砖,它是以黏土、石英、长石、助溶剂、颜料及其他矿物原料,经破碎、研磨、筛分、配料等工序加工成含一定水分的生料,再经模具压制成型、烘干、素烧、施釉和釉烧而成,或坯体施釉一次烧成。

釉面砖正面有釉(釉是一种以玻璃体为主的物质,主要成分为 SiO_2 和 CaO),背面有凹凸纹,便于与基体黏结牢固。主要品种有白色釉面砖、彩色釉面砖、印花釉面砖和图案釉面砖等。所施釉料有白色釉、彩色釉、光亮釉、珠光釉和结晶釉等。釉面砖形状有正方形、长方形和异形配件砖等。

釉面砖色泽柔和典雅,朴实大方,热稳定性好,防潮、防火、耐酸碱,表面光滑易清洗,主要用于厨房、卫生间、浴室、墙裙等室内墙面、台面等,但不宜用于室外,因其多孔坯体层和表面釉层的吸水率、膨胀率相差较大,在室外受到日晒雨淋及温度变化时,易开裂或剥落。釉面砖的技术指标应符合《陶瓷砖》(GB/T 4100—2015)规定。

2. 墙地砖

墙地砖包括陶瓷外墙面砖和室内外陶瓷地面砖。其生产工艺类似于釉面砖,也可不施釉一次烧成无釉墙地砖。该类砖颜色繁多,表面质感多样,通过配料和制作工艺的变化,可制成平面、麻面、毛面、抛光面、纹点面、防滑面、耐磨面、仿花岗岩表面、压光浮雕面等多种制品。其主要品种有以下几种。

(1) 劈裂墙地砖。劈裂砖又称劈离砖或双合砖,其特点是兼有普通机制黏土砖和彩釉砖的特性,其密度大,强度高,吸水率小,耐磨抗冻。由于其表面施加了彩釉,因而具有良好的装饰性和可清洗性。劈裂墙地砖品种有:平面砖,踏步砖,阳、阴角砖,彩色釉面砖及表面压花砖等。它有各种颜色,外形美观,可按需要拼砌成多种图案,以适应建筑物和环境的需要。因其表面不反光、无亮点、外观质感好,所以,用于外场面时,质朴、大方,具有石材的装饰效果。用于室内外地面、台面、踏步、广场及游泳池、浴池等处,因其表面具有黏土质的粗糙感,不易打滑,故其装饰和使用效果均佳。

(2) 麻面砖。麻面砖是采用仿天然岩石的色彩配料,压制成表面凸凹不平的麻面坯体后经焙烧而成的。砖的表面酷似经人工修凿过的天然岩石,纹理自然,有白、黄等多种色调。该类砖的抗折强度大于 20MPa,吸水率小于 1%,防滑耐磨。薄型砖适用于外墙饰面,厚型砖适用于广场、停车场、人行道等地面铺设。

(3) 彩胎砖。彩胎砖是一种本色无釉瓷质饰面砖,富有天然花岗石的纹点,纹点细腻,色调柔和莹润,质朴高雅。彩胎砖表面有平面和浮雕两种,又有无光、磨光、抛光之分,吸水率小于 1%,抗折强度大于 27MPa,耐磨性和耐久性好。可用于住宅厅堂的墙、地面装饰,特别适用于人流量大的商场、剧院、宾馆等公共场所的地面铺贴。

墙地砖具有强度高、耐磨、化学稳定性好、易清洗、吸水率低、不燃、耐久等特点。其技术指标应符合《陶瓷砖》(GB/T 4100—2015)规定。

3. 卫生陶瓷

卫生陶瓷制品主要是指用于浴室、洗漱间、厕所等处的卫生洁具,如洗面器、大小便器、水槽、水箱等。有瓷质和陶质两类,瓷质卫生陶瓷是由黏土或其他无机物质经混炼、成型、高温烧制而成的吸水率不大于 0.5% 的有釉陶瓷制品;陶质卫生陶瓷是由黏土或其他无机物质经混炼、成型、高温烧制而成的吸水率小于 15.0% 且大于或等于 8.0% 的有釉陶瓷制品。卫生陶瓷颜色多样,表面光洁、易于清洗,耐化学腐蚀。其技术指标应符合《卫生陶瓷》(GB 6952—2015)规定。

4．陶瓷马赛克

陶瓷马赛克又称陶瓷锦砖，它是以优质瓷土烧制而成的小块瓷砖，是用于装饰和保护建筑物地面及墙面的由多块小砖（表面积不大于 $55cm^2$）拼粘成联的陶瓷砖。分有釉和无釉两种，按砖联分为单色、混色和拼花三种。为方便铺贴，常把小块砖粘贴在衬材（如牛皮纸）上，形成色彩丰富、图案繁多的装饰砖成联使用。

陶瓷马赛克质地坚实，经久耐用，色泽图案多样，耐酸、耐碱、耐火、耐磨，吸水率小，不渗水，易清洗，热稳定性好。

陶瓷马赛克主要用于室内地面装饰，如浴室、厨房、餐厅等地面，也可用作内、外墙饰面，并可镶拼成风景名胜和花鸟动物图案的壁画，形成别具风格的锦砖壁画艺术。其技术指标应符合《陶瓷马赛克》（JC/T 456—2015）规定。

5．琉璃制品

琉璃属于高级建筑装饰材料，是用难熔黏土制坯，经干燥、上釉后焙烧而成。颜色有绿、黄、蓝、青等。品种可分为三类：瓦类（板瓦、滴水瓦、筒瓦、沟头）、脊类和饰件类（吻、博古、兽）。

琉璃制品色彩绚丽，造型古朴，质地致密，表面光滑，坚实耐久。主要用于具有民族色彩的宫殿式房屋和园林中的亭、台、楼阁等。其技术指标应符合《建筑琉璃制品》（JC/T 765—2015）规定。

玻璃是构成现代建筑的主要材料之一，随着现代建筑的发展玻璃及其制品也由单纯作为采光和装饰材料，逐渐向能控光线、调节热量、节约能源、控制噪声、降低建筑物自重、改善建筑环境、提高建筑艺术水平等方向发展。

11.5.4　建筑玻璃

玻璃是用石英、纯碱、长石和石灰石等原料于 1550～1600℃ 高温下烧至熔融，成型后冷却而制成的固体材料。玻璃除透光、透视、隔声、绝热外，还有很好的装饰作用。按其功能一般分为平板玻璃、安全玻璃、绝热玻璃、装饰玻璃（花纹玻璃、磨砂玻璃、印刷玻璃等）及玻璃空心砖等。

1．平板玻璃

（1）普通平板玻璃。普通平板玻璃是未经加工的钠钙玻璃类平板，其透光率为 85%～90%。它是平板玻璃中产量最大、使用最多的一种，也是进一步加工成其他玻璃及玻璃制品的基础材料。主要用于门、窗，起透光、保温、隔声、挡风雨等作用。

（2）磨砂玻璃。磨砂玻璃又称毛玻璃，是指经研磨、喷砂或氢氟酸溶蚀等加工，使表面（单面或双面）成为均匀粗糙的平板玻璃。制作方法有：用硅砂、金刚砂、石榴石粉等作研磨材料，加水研磨制成磨砂玻璃；用压缩空气将细砂喷射到玻璃表面而制成喷砂玻璃；用酸溶蚀制成酸蚀玻璃。磨砂玻璃透光而不透视，且光线不眩目、不刺眼，一般用于需要隐蔽的卫生间、浴室、办公室等的门窗及隔断。

（3）花纹玻璃。花纹玻璃按加工方法可分为压花玻璃和喷花玻璃两种。压花玻璃又称滚花玻璃,是用带花纹图案的滚筒压制处于可塑状态的玻璃料坯而制成。喷花玻璃又称胶花玻璃,是在平板玻璃表面贴上花纹图案,抹以保护层,再经喷砂处理而成。花纹玻璃表面有花纹图案,有很好的装饰效果,且透光,可遮挡视线,常用于办公室、会议室、浴室以及公共场所的门窗和各种室内隔断。

2. 安全玻璃

安全玻璃的主要功能是力学强度较高,抗冲击性能较好,被击碎时,其碎块不会飞溅伤人并兼有防火功能和装饰效果。常用的品种有钢化玻璃、夹丝玻璃、夹层玻璃。

(1)钢化玻璃。钢化玻璃也称强化玻璃。它是将平板玻璃经物理(淬火)钢化或化学钢化处理而成。钢化处理可使玻璃中形成可缓解外力作用的均匀预应力,因而其产品的强度、抗冲击性、热稳定性大幅提高。主要用于高层建筑的门窗、隔墙和幕墙等。

(2)夹丝玻璃。将编织好的钢丝网压入已软化的红热玻璃中即成夹丝玻璃。这种玻璃的抗折强度、抗冲击能力和耐温度剧变的性能都比普通玻璃好,破碎时其碎片仍附着在钢丝上而不致飞出伤人,适用于公共建筑的走廊、防火门、楼梯间、厂房天窗及各种采光屋顶等。

(3)夹层玻璃。夹层玻璃是由两片或多片平板玻璃之间嵌夹透明塑料薄衬片,经加热、加压、黏合而成的平面或曲面的复合玻璃制品。这种玻璃被击碎后,由于中间有塑料衬片的黏合作用,所以仅产生辐射状的裂纹而不致伤人。夹层玻璃主要用作汽车和飞机的挡风玻璃、防弹玻璃,以及有特殊安全要求的建筑门窗、隔墙、工业厂房的天窗和某些水下工程等。

3. 绝热玻璃

(1)吸热玻璃。吸热玻璃是在普通玻璃中引入有着色作用的氧化物(如氧化铁、氧化镍、氧化钴等),或在玻璃表面喷涂着色氧化物薄膜(如氧化锡、氧化锑等)制成。这种玻璃与相同厚度的普通玻璃相比,其热阻挡率可提高 2.5 倍。它既能吸收全部或部分热射线(红外线),又能保持良好的透光率。吸热玻璃已广泛用于建筑工程门窗或外墙,以及用作车、船挡风玻璃等,起到采光、隔热、防眩等作用。在外部围护结构中用它配制彩色玻璃窗。在室内装饰中,用它镶嵌玻璃隔断,装饰家具,以增加美感。

(2)热反射玻璃。热反射玻璃,又称遮阳镀膜玻璃或镜面玻璃,是在玻璃表面用热解、蒸发、化学处理等方法喷涂金、银、铝、铁等金属及金属氧化物或粘贴有机物的薄膜而制成。

热反射玻璃对太阳辐射热有较高的反射能力,具有良好的隔热性能,又保持良好的透光性能。主要用于避免由于太阳辐射而增热及设置空调的建筑,适用于各种建筑物的门窗、汽车和轮船的玻璃窗、玻璃幕墙以及各种艺术装饰。

(3)中空玻璃。中空玻璃是由两片或多片平板玻璃构成的,中间用边框隔开,四周边部用胶接、焊接或熔接的办法密封,中间充入干燥气体。主要用于需要采暖、空调、防止噪声等的建筑。

4. 玻璃空心砖

玻璃空心砖一般是由两块压铸成的凹形玻璃,经熔接或胶结成的四周封闭的空心砖。砖的内腔可以是空气,也可以填充玻璃棉等。常用于需要透光的墙体,具有绝热、隔声、光线柔和等优点。

11.5.5　建筑装饰板材

1．金属类装饰板材

金属类装饰材料的主要形式为各种板材。金属饰面板是建筑装饰中的中高档装饰材料，主要用于墙面的点缀、柱面的装饰。由于金属装饰板易于成型，能满足造型方面的要求，同时具有防火、耐磨、耐腐蚀等一系列优点，因而应用广泛。

1）铝合金装饰板材

铝合金装饰板材价格便宜，易于成型，表面经阳极氧化和喷漆处理，可以获得不同色彩的氧化膜或漆膜。铝合金装饰板具有质量轻、经久耐用、刚度好、耐大气腐蚀等特点，常用的铝合金装饰板材主要有如下几种。

（1）铝合金花纹板。铝合金花纹板是采用防锈铝合金坯料，用特殊的花纹轧辊轧制而成的。不易磨损，防腐蚀性能强，便于冲洗，通过表面处理可以得到各种美丽的色彩。花纹板板材平整，裁剪尺寸精确，便于安装，广泛用于墙面装饰以及楼梯踏板等处。

（2）铝合金压型板。铝合金压型板质量轻，外形美，耐腐蚀，经久耐用，安装容易，施工快速，经表面处理可得各种优美的色彩，主要用作墙面和屋面。该板也可用于工业与民用建筑的非承重外挂板。

（3）铝合金穿孔板。铝合金穿孔板是采用多种铝合金平板经机械穿孔而成，其特点是轻质、防腐、防水、防火，且具有良好的消声效果。

2）不锈钢装饰板材

装饰用不锈钢板主要是厚度小于 4mm 的薄板，用量最多的是厚度小于 2mm 的板材。有平面钢板和凹凸钢板两类。前者通常是经研磨、抛光等工序制成，后者是在正常的研磨、抛光之后再经辊压、雕刻、特殊研磨等工序而制成。平面钢板又分为镜面板（板面反射率＞90％）、有光板（反射率＞70％）、亚光板（反射率＜50％）三类。凹凸板也有浮雕花纹板、浅浮雕花纹板和网纹板三类。

不锈钢装饰板主要用在柱面、栏杆、扶手等处装饰，通过表面着色处理后，增强了装饰效果，可用于厅堂墙板、顶棚、外墙饰面等。

3）铝塑板

铝塑板由面板、核心、底板三部分组成。面板是在 0.2mm 厚铝片上，以聚酯作双重涂层结构（底漆加面漆）经烤焗程序而成；核心是 2.6mm 无毒低密度聚乙烯材料；底板同样是涂透明保护漆的 0.2mm 厚铝片。通过对芯材进行特殊工艺处理的铝塑板可达到难燃材料等级。

铝塑板具备强度高、隔声、隔热、易成型、荣华美观等诸多优点，适用于高档室内及店面装修、大楼外墙帷幕墙板、天花板及隔间、电梯、阳台包柱、柜台、广告招牌等。

2．有机类装饰板材

1）塑料装饰板材

塑料作为建筑装饰材料具有很多特性，因此能用来代替许多传统的材料。

（1）聚氯乙烯塑料装饰板。聚氯乙烯塑料装饰板是以聚氯乙烯树脂为基料，加入稳定剂、增塑剂、填料、着色剂及润滑剂等,经捏和、混炼、拉片、切粒、挤压或压铸而成。聚氯乙烯塑料装饰板适用于室内墙面、柱面、吊顶、家具台面的装饰和铺设,主要作为装饰和防腐蚀之用。

(2) 塑料贴面板。它是以酚醛树脂的纸质压层为基胎,表面用三聚氰胺树脂浸渍过的花纹纸为面层,经热压制成的一种装饰贴面材料,有镜面型和柔光型两种。塑料贴面板耐磨、耐湿、耐烫、不易燃、平滑光亮、易清洗,装饰效果好,并可代替装饰木材,适用于室内及家具等的表面装饰。

(3) 卡普隆板。卡普隆板材又称阳光板、PC 板,它的主要原料是高分子工程塑料——聚碳酸酯。主要产品有中空板、实心板、波纹板三大系列。它具有轻质、透光、耐冲击、绝热、防红外线和紫外线等优点。卡普隆板适用于车站、机场、通道及商业建筑的顶棚,也可用于工业采光顶、温室、车库等各种透光场合。

2) 有机玻璃板

有机玻璃板是以甲基丙烯酸甲酯为主要材料,加入引发剂、增塑剂等聚合而成。有机玻璃的透光性极好,可透过 99% 的光线,并能透过 73.5% 的紫外线;强度较高;耐热性、抗寒性及耐候性都较好。有机玻璃主要用作室内高级装饰材料及特殊的吸顶灯具或室内隔断及透明防护材料等。

3) 玻璃钢装饰板

玻璃钢装饰板是以玻璃布为增强材料,不饱和聚酯树脂为胶结剂,在固化剂、催化剂的作用下加工而成的,其硬度高、耐磨、耐酸碱、耐高温,适用于粘贴在各种基层、板材表面,作建筑装修和家具饰面。

3. 无机类装饰板材

1) 天然石材饰面板

天然石材饰面板主要有花岗岩饰面板及大理石饰面板,其性能参见 8.1.2 节。

2) 装饰石膏板

装饰石膏板是以建筑石膏为主要原料,掺入适量纤维增强材料和外加剂,与水一起搅拌成均匀的料浆,注入带有花纹的硬质模具内成型,再经硬化干燥而成的无护面纸的装饰板材。

装饰石膏板具有轻质、有一定强度、绝热、防火、吸声、阻燃、抗震、耐老化、变形小、能调节室内湿度等特点,同时加工性能好;可进行锯、刨、钉、粘贴等加工,施工方便,是较理想的顶棚饰面材料和墙面装饰材料,被广泛用于各种建筑物室内的吊顶、墙面等。

11.5.6　建筑用轻钢龙骨

龙骨是指固定装饰板材的骨架材料,起着支撑、承重、固定面层的作用。龙骨的材料有轻钢、铝合金、塑料等。

龙骨按用途分为隔墙龙骨及吊顶龙骨。隔墙龙骨(代号 Q)一般作为室内隔断墙骨架,两面覆以石膏板或塑料板、纤维板、金属板等为墙面,表面用塑料壁纸或贴墙布装饰,内墙用涂料等进行装饰,以组成新型完整的隔断墙。吊顶龙骨(代号 D)用作室内吊顶骨架,面层采用各种吸声材料,以形成新颖美观的室内吊顶。

建筑用轻钢龙骨是以冷轧钢板、镀锌钢板、彩色喷塑钢板或铝合金板材作原料,采用冷加工工艺生产的薄壁型材,经组合装配而成的一种金属骨架。它具有自重轻、刚度大、防火、抗震性能好、加工安装简便等特点,适用于工业与民用建筑等室内隔墙和吊顶所用的骨架。特别适用于防火要求高的室内装饰和隔断面积大的室内墙。

11.5.7　卷材类装饰材料

1. 地面装饰卷材

1) 卷材塑料地板

卷材塑料地板为软质塑料地板材料,一般用压延法加工制成。产品可进行压花、印花、发泡等。该卷材的配料特点是少加填料,而增加增塑剂的成分,因而卷材质地柔软、有弹性、脚感好,易清洗;耐磨性较好,但耐热性和耐燃性较差。主要应用于住宅、办公室、实验室、饭店等的地面装饰,也可用于台面装饰。

2) 地毯

地毯作为地面装饰材料,具有绝热、吸声、缓冲(减轻碰撞)、防止滑倒、使人脚感舒适等优点。

(1) 纯毛地毯。纯毛地毯分手工编织和机织两种。手工编织纯毛地毯具有图案优美、色泽鲜艳、富丽堂皇、质地厚实、富有弹性、柔软舒适、经久耐用等特点,常用于国际性、国家级的大会堂、迎宾馆、高级饭店和高级住宅、会客厅等。机织纯毛地毯具有毯面平整、光泽好、富有弹性、脚感柔软、抗磨耐用等特点,其性能与纯手工地毯相似,但价格远低于手工地毯,适用于宾馆、饭店的客房、楼梯、楼道、宴会厅、会客室,以及体育馆、家庭等满铺使用。

(2) 化纤地毯。化纤地毯又称合成纤维地毯。它是以化学合成纤维为原料,经机织或族绒等方法加工成面层织物后,再与防松层、背衬进行复合处理而成。

化纤地毯具有质轻、耐磨性好、富有弹性、脚感舒适、步履轻便、价格低廉、铺设简便、不易虫蛀和霉变等特点,适用于宾馆、饭店、接待室、餐厅、住宅居室、活动室及船舶、车辆、飞机等的地面装饰。化纤地毯可用于摊铺,也可粘铺在木地板、马赛克、水磨石及水泥混凝土地面上。

(3) 塑料地毯。塑料地毯是用 PVC 树脂或 PP(聚丙烯)树脂、增塑剂等多种辅助材料,经混炼、塑制而成,是一种新型的软质材料,可代替羊毛地毯或化纤地毡使用。

塑料地毯具有质地柔软、色彩鲜艳、自熄、不燃、污染后可用水刷洗等特点,适用于宾馆、商店、舞台、浴室等公共建筑和住宅地面的装饰。

2. 墙面装饰卷材

1) 墙布与壁纸

墙布、壁纸实际属同一类型材料,壁纸也称墙纸,它们是通过黏结剂粘贴在平整基层(如水泥砂浆基层、胶合板基层、石膏板基层)等上的薄型饰面材料。

(1) 棉纺墙布。它是将纯棉平布经过处理、印花、涂层制作而成。该墙布强度大、蠕变性小、静电小、无光、无气味、无毒、吸声、花型繁多、色泽美观大方,适用于基层为砂浆、混凝土、白灰浆墙面以及石膏板、胶合板、纤维板和水泥板等墙面粘贴或浮挂。

（2）无纺墙布。无纺墙布是采用棉、麻等天然纤维或涤纶、腈纶等合成纤维，经过无纺成型、涂树脂、印制彩色花纹而成的一种新型贴墙材料。

这种墙布的特点是富有弹性、不易折断、纤维不易老化、不散失、对皮肤无刺激作用，色彩鲜艳，图案雅致，粘贴方便，具有一定的透气性和防潮性，能擦洗而不褪色，适用于各种建筑物室内墙面装饰。

（3）化纤装饰墙布。化纤装饰墙布是以人造化学纤维织成的单纶（或多纶）布为基材，经一定处理后印花而成。化纤装饰贴墙布具有无毒、无气味、透气、防潮、耐磨、无分层等优点，适用于各级宾馆、旅店、办公室、会议室和居民住宅等室内墙面装饰。

（4）麻草壁纸。麻草壁纸是以纸为底层、编织的麻草为面层，经复合加工而成的一种新型室内装饰材料。麻草壁纸具有阻燃、吸声、不变形等待点，适用于会议室、接待室、影剧院、舞厅以及饭店、宾馆的客房和商店的橱窗设计等。

（5）金属壁纸。金属壁纸是以纸为基材，再粘贴一层电化铝箔，经压合、印花而成。金属壁纸有光亮的金属质感和反光性，无毒、无气味、无静电、耐湿、耐晒、可擦洗、不褪色，多用于高档宾馆、饭店、舞厅的墙面、柱面、顶棚面等处。

2）艺术壁毯

艺术壁毯又称壁毯或挂毯，是室内墙挂艺术品。其图案、花色精美，常用纯羊毛或蚕丝等高级材料精心制作而成。画面多为名家所绘的动物花鸟、山水风光等，显现华贵、典雅、古朴或富有民族艺术特色，给人以美的享受。

知识归纳

1. 防水材料依据外观形态，可分为防水卷材、防水涂料、密封材料和混凝土防水剂四大类。沥青基防水材料是传统的防水材料；高聚物改性沥青防水材料和合成高分子防水材料的综合性能优越，是大力推广使用的新型防水卷材。

2. 绝热材料主要由轻质、多孔、疏松或纤维状材料组成。表征材料导热性能的一个重要指标是导热系数，导热系数越小，材料的隔热保温性能就越好。工程中将导热系数不大于 $0.23W/(m \cdot K)$ 的材料称为绝热材料。

3. 吸声材料是一种能在较大程度上吸收由空气传递的声波能量的建筑材料。材料的吸声性能可用吸声系数评定，通常将对 $125Hz$、$250Hz$、$500Hz$、$1000Hz$、$2000Hz$、$4000Hz$ 等 6 个频率的平均吸声系数大于 0.2 的材料称为吸声材料。吸声系数越大，吸声效果越好。隔声材料是能较大程度隔绝声波传播的材料。材料的隔声原理与材料的吸声（吸收或消耗转化声能）原理不同，吸声效果好的疏松多孔材料（有开口连通而不穿透或穿透的孔形）隔声效果不一定好，不能把吸声材料当隔声材料用。

4. 建筑防火材料是指遇火不燃烧或难以燃烧的建筑材料。建筑材料的防火性能包括燃烧性能、耐火极限、燃烧时的毒性和发烟性等。常用的建筑防火材料有防火涂料、防火板材、阻燃材料等。

5. 建筑装饰材料按装饰部位的不同，主要分为地面装饰材料、外墙装饰材料、内墙装饰材料和顶棚装饰材料。装饰材料既美化了建筑物，又保护了建筑物。

课后习题

1. 防水卷材主要分为几类？说出它们各自的优缺点。

2. 防水涂料有何优点？

3. 某住宅楼屋面于某年 8 月施工，铺贴沥青防水卷材期间全在白天施工，天气晴朗。完工后发现卷材出现鼓泡和渗漏，请分析原因。

4. 列举建筑密封材料的分类和主要用途。

5. 某冷库原采用水玻璃胶结膨胀蛭石而成的膨胀蛭石板作隔热材料，经过一段时间后，隔热效果逐渐变差。采用聚苯乙烯泡沫作为墙体隔热夹芯板、内墙喷涂聚氨酯泡沫层作为绝热材料，取得了良好效果。请分析原因。

6. 何谓吸声材料？吸声材料和绝热材料的内部结构有何异同？

7. 吸声材料能作为隔声材料用吗？为什么？

8. 建筑材料的防火性能有哪些指标？分别解释其含义。

9. 常用防火材料有哪几类？各举例说明。

10. 对装饰材料有哪些要求？选用装饰材料应注意些什么？

11. 常用的建筑装饰材料有哪几类？各举例说明。

12. 用于室内和室外的建筑装饰材料在性能要求上有什么不同？

13. 高层建筑的玻璃幕墙应该选用吸热玻璃，还是选用热反射玻璃？为什么？

<<<

第 12 章

土木工程材料试验

【主要内容】

本章主要介绍土木工程材料的基本性质试验、水泥试验、建筑钢筋试验、混凝土用骨料试验、普通混凝土试验、建筑砂浆试验、沥青及沥青混合料试验、土工合成材料试验。依据国家现行有效的相关标准规范,详细阐述了各个试验的试验目的、试验步骤、仪器操作方法、试验数据处理、结果计算及质量评定。

【重点难点】

本章重点是水泥试验(如标准稠度用水量测定、凝结时间测定、安定性测定及水泥胶砂强度测定等)、建筑钢筋试验(屈服强度、抗拉强度及断后伸长率计算、冷弯试验等)、混凝土用骨料试验(如砂、石的筛分析试验、含水率测定、含泥量测定等)、普通混凝土试验(如混凝土表观密度测定、抗压强度试验等)、建筑砂浆试验(如稠度试验、抗压强度试验等);沥青试验(针入度、延度、软化点等)。难点是钢筋屈服强度测定;混凝土拌和物和易性测定与调整。

12.1 土木工程材料的基本性质试验

12.1.1 密度的测定

1. 试验目的

测定材料密度,用来计算材料的孔隙率和密实度,而材料的吸水性、强度、耐久性等都与其孔隙的多少及孔隙特征有关。

2. 仪器设备

李氏比重瓶(图 12-1)、筛子(孔径 0.20mm 或 900 孔/cm²)、烘箱、干燥器、天平(称量500g,感量 0.01g)、温度计、漏斗、小勺等。

3. 试验步骤

(1)将试样粉碎、研磨、过筛后放入烘箱中,以(100±5)℃的温度烘干至恒重。烘干后的粉料储放在干燥器中冷却至室温,以待取用。

(2)在李氏比重瓶中注入煤油或其他对试样不起反应的液体至突颈下部,将李氏比重瓶放恒温水槽内(水温必须控制在李氏比重瓶标定刻度时的温度,一般为 20℃),使刻度部分浸入水中,恒温 0.5h。记下李氏比重瓶第一次读数 V_1(准确到 0.05mL,下同)。

(3)用感量为 0.01g 的天平准确称取 60～90g 试样 m_1。用小勺和漏斗将试样徐徐送入李氏比重瓶内(不能大量倾倒,会妨碍李氏比重瓶中的空气排出,或在咽喉部位堵塞,妨碍粉末的继续下落),使液面上升至 20mL 左右刻度为止。注意勿使试样黏附于液面以上的瓶颈内壁上(可用瓶内的液体将黏附在瓶颈内壁上的试样洗入瓶内的液体中)。摇动李氏比重瓶,排出其中空气,至液体不再发生气泡为止。

(4)将李氏比重瓶再放入恒温水槽中,在相同温度下恒温 0.5h,记下李氏比重瓶第二次读数 V_2,准确称取剩下的试样质量 m_2。

图 12-1   李氏比重瓶

4. 结果计算

(1)试样密度 ρ 按下式计算,精确至 0.01g/cm³。

$$\rho = \frac{m_1 - m_2}{V_2 - V_1} \tag{12-1}$$

式中,m_1 为试样总质量,g；m_2 为剩余的试样质量,g；V_1 为李氏比重瓶注入液体后的第一次读数,cm³；V_2 为李氏比重瓶加入试样后的第二次读数,cm³。

(2)以两次试验结果的算术平均值作为测定值,如两次试验结果相差大于 0.02g/cm³,应重新取样进行试验。

5. 试验记录

密度试验记录见表 12-1。

表 12-1   密度试验记录

试验次数	试样总质量 m_1/g	剩余试样质量 m_2/g	初始液面读数 V_1/mL	加入试样后液面读数 V_2/mL	密度 ρ/(g/cm³)	密度平均值 $\bar{\rho}$/(g/cm³)

12.1.2   表观密度的测定

1. 试验目的

表观密度是计算材料孔隙率,确定构件自重及材料体积的必要数据。

2. 仪器设备

天平(称量 1000g、感量 0.1g)、游标卡尺(精度 0.1mm)、烘箱等。

3. 试验步骤

(1) 将材料加工成规则几何形状的试件(5 个)后放入烘箱内,以(100±5)℃的温度烘干至恒重,取出放入干燥器内,冷却至室温待用。

(2) 用游标卡尺量其尺寸(精确至 0.01cm),并计算其体积 V_0,然后再用天平称其质量 m(精确至 0.01g)。

(3) 求试件体积 V_0 时,如试件为立方体或长方体,则每边应在上、中、下三个位置分别量测,求其平均值,然后再按下式计算体积:

$$V_0 = \frac{a_1 + a_2 + a_3}{3} \times \frac{b_1 + b_2 + b_3}{3} \times \frac{c_1 + c_2 + c_3}{3} \tag{12-2}$$

式中,a、b、c 分别为试件的长、宽、高,cm。

(4) 求试件体积时,如试件为圆柱体,则在圆柱体上、下两个平行切面上及试件腰部,按两个互相垂直的方向量其直径,求 6 次量测的直径平均值 d,再在互相垂直的两直径与圆周交界的四点上量其高度,求四次量测的平均值 h,最后按下式求其体积:

$$V_0 = \frac{\pi d^2}{4} \times h \tag{12-3}$$

式中,d 为直径平均值,cm;h 为高度平均值,cm。

4. 结果计算

(1) 按下式计算其表观密度 ρ_0,精确至 10kg/m³。

$$\rho_0 = \frac{1000m}{V_0} \tag{12-4}$$

式中,m 为试样质量,g;V_0 为试样体积,cm³。

(2) 以 5 个试件测得结果的平均值为最后结果。

5. 试验记录

表观密度试验记录见表 12-2。

表 12-2　表观密度试验记录

试验次数	质量 m/g	试件长度 a/cm			试件宽度 b/cm			试件高度 c/cm			试件体积 V_0/cm³	表观密度 ρ_0/(kg/m³)	表观密度平均值 $\overline{\rho_0}$/(kg/m³)
		a_1	a_2	a_3	b_1	b_2	b_3	c_1	c_2	c_3			

12.1.3 堆积密度的测定

1. 试验目的

测定堆积密度可以用来估算散粒材料的堆积体积及质量,考虑运输工具,估计材料级配情况。

2. 仪器设备

标准容器(金属容量筒)、天平(感量0.1g)、烘箱、干燥器、漏斗、钢尺等。

3. 试验步骤

(1) 将试样放在(100 ± 5)℃的烘箱中烘至恒量,再放入干燥器中冷却至室温待用。

(2) 称量标准容器的质量m_1,将其放在不受振动的桌上浅盘中,用料斗将试样徐徐装入标准容器内(漏斗出料口距容器口约为50mm),直至试样装满并超出容器口。

(3) 用钢尺将多余的试样沿容器口中心线向两边刮平,称容器和试样总质量m_2。

4. 结果计算

按下式计算其堆积密度ρ'_0,精确至10kg/m^3。

$$\rho'_0 = \frac{m_2 - m_1}{V'_0} \tag{12-5}$$

式中,m_1为标准容器的质量,kg;m_2为标准容器和试样总质量,kg;V'_0为标准容器的体积,m^3。

5. 试验记录

堆积密度试验记录见表12-3。

表 12-3 堆积密度试验记录

试验次数	标准容器质量 m_1/kg	标准容器和试样总质量 m_2/kg	标准容器体积 V'_0/m^3	堆积密度 ρ'_0 /(kg/m^3)	堆积密度平均值 $\overline{\rho'_0}$/(kg/m^3)

12.1.4 吸水率的测定

1. 试验目的

测定吸水率可计算出材料内部开口空隙的体积,进而判定材料隔热保温、抗渗、抗冻等性能。

2．仪器设备

天平(称量 1000g，感量 0.01g)、水槽、烘箱等。

3．试验步骤

(1) 将试件置于烘箱中，在(100±5)℃的温度下烘至恒重，称其质量 m_g。

(2) 将试件放在水槽中，水槽底部可放些垫条(如玻璃棒)，使试件底面与槽底不会紧贴，使水能够自由进入。

(3) 加水至试件高度的 1/3 处；过 2h 后，加水至高度的 2/3 处；再过 2h 加满水并高出试样顶面 20mm 以上，放置 24h。这样逐次加水能使试件孔隙中的空气逐渐逸出。

(4) 取出试件，用拧干的湿布擦去表面水分，称其质量 m_b。

(5) 为了检查试件吸水是否饱和，将试件再次浸入水中，放置 24h 重新称之，如此反复将试件浸水和称量，直至试件浸水至恒重(质量之差不超过 0.05g)。

4．结果计算

(1) 按下列公式计算吸水率，精确到 0.01%。

质量吸水率 $W_质$ 为

$$W_质 = \frac{m_b - m_g}{m_g} \times 100\% \tag{12-6}$$

体积吸水率 $W_体$ 为

$$W_体 = \frac{V_1}{V_0} \times 100\% = \frac{m_b - m_g}{m_g} \cdot \frac{\rho_0}{\rho_水} \times 100\% = W_质 \rho_0 \tag{12-7}$$

式中，m_b 为试件吸水饱和时的质量，g；m_g 为试件干燥时的质量，g；V_1 为试件吸水饱和时水的体积，cm^3；V_0 为干燥试件自然状态时的体积，cm^3；ρ_0 为试件的表观密度，g/cm^3；$\rho_水$ 为水的密度，常温时 $\rho_水 = 1g/cm^3$。

(2) 以三个试件吸水率平均值作为测定结果。

5．试验记录

吸水率试验记录见表 12-4。

表 12-4　吸水率试验记录

试验次数	试件干燥时质量 m_b/g	试件吸水饱和时质量 m_b/g	质量吸水率/%	质量吸水率平均值/%

12.1.5　软化系数的测定

1．试验目的

测定软化系数可判定材料的耐水性能，软化系数越大，材料的耐水性越好。

2．仪器设备

压力试验机(1000kN)、游标卡尺、烘箱等。

3．试验步骤

(1) 将材料加工成规则形状的试样(2 组试样,共 10 块),一组(5 块)试样放置在烘箱中,在(100±5)℃温度下烘干;另一组(5 块)试样浸水至饱和(检查试样是否吸水饱和可参照吸水率试验部分)。

(2) 用游标卡尺量取各试样尺寸(量取尺寸的方法可参照表观密度试验部分),计算出各试样受压面积 A。

(3) 将 2 组试样分别在压力机上压至破坏,记录各试样的破坏荷载 P。

4．结果计算

(1) 计算各试样抗压强度 f,精确至 0.1MPa。

$$f = \frac{P}{A} \tag{12-8}$$

式中,P 为破坏荷载,N;A 为受压面积,mm^2。

(2) 计算软化系数 K,精确到 0.01。

$$K = \frac{\overline{f}_b}{\overline{f}_g} \tag{12-9}$$

式中,$\overline{f}_b$ 为吸水饱和试样抗压强度平均值,MPa;$\overline{f}_g$ 为干燥试样抗压强度平均值,MPa。

5．试验记录

软化系数试验记录见表 12-5。

表 12-5　软化系数试验记录

试样状态	试验次数	破坏荷载/kN	受压面积/mm²	抗压强度/MPa	抗压强度平均值/MPa	软化系数
吸水饱和状态						
干燥状态						

12.2　水泥试验

12.2.1　水泥试验的一般规定

（1）以同一水泥厂、同品种、同强度等级、同一批号且连续进场的水泥为一个取样单位。袋装水泥不超过 200t 为一批，散装水泥不超过 500t 为一批。取样应有代表性，可连续取，也可从 20 个以上不同部位取等量样品，总量至少 12kg。

（2）试样应充分拌匀，并通过 0.9mm 方孔筛，记录筛余百分数及筛余物情况。

（3）实验室温度为（20±2）℃，相对湿度大于 50%；养护箱温度为（20±1）℃，相对湿度大于 90%；养护池水温为（20±1）℃。

（4）水泥试样、标准砂、拌和水及仪器用具的温度应与实验室温度相同。

12.2.2　水泥细度的测定（筛析法）

测定水泥细度的筛析法有负压筛法、水筛法和手工干筛法，当测定的结果发生争议时，以负压筛法为准。

1．试验目的

水泥细度直接影响水泥的水化、凝结硬化、水化热、强度、干缩等性质，是评定水泥品质指标之一。

2．仪器设备

（1）负压筛法。负压筛析仪（筛座见图 12-2）、负压筛（方孔边长 0.08mm 或 0.045mm，图 12-3）、天平（称量 100g，分度值不大于 0.05g）等。

图 12-2　筛座

1—喷气嘴；2—微电机；3—控制板开口；4—负压表接口；
5—负压源及吸尘器接口；6—壳体

图 12-3　负压筛

1—筛网；2—筛框

（2）水筛法。筛子（方孔边长 0.08mm，筛框有效直径 φ125mm，高 80mm）、筛座（用于支承筛子，并能带动筛子转动，转速为 50r/min）、喷头（直径 φ55mm，面上均匀分布 90 个孔,孔径 0.5~0.7mm)、天平(同负压筛法要求)。

(3) 手工干筛法。筛子(方孔边长 0.08mm,筛框有效直径 ϕ150mm,高 50mm)、天平(同负压筛法要求)。

3. 试验步骤

1) 负压筛法

(1) 筛析试验前,把负压筛放在筛座上,盖上筛盖,接通电源,检查控制系统,调节负压至 4000~6000Pa。

(2) 称取试样 25g(0.08mm 负压筛)或 10g(0.045mm 负压筛),置于洁净的负压筛中,盖上筛盖,放在筛座上,开动筛析仪连续筛析 2min,在此期间,如有试样附在筛盖上,可轻轻敲击,使试样落下。筛毕,用天平称量筛余物。

(3) 当工作负压小于 4000Pa 时,应清理吸尘器内水泥,使负压恢复正常。

2) 水筛法

(1) 调整好水压(0.05MPa±0.02MPa)及水筛架的位置(喷头底面和筛网之间距离为 35~75mm),使其能正常运转。

(2) 称取试样 50g,置于洁净的水筛中,立即用清水冲洗至大部分细粉通过后(冲洗时要将筛子倾斜摆动,既要避免放水过大,将水泥溅出筛外,又要防止水泥铺满筛网,使水通不过筛子)放在水筛架上,用水压为(0.05±0.02)MPa 的喷头连续冲洗 3min。

(3) 筛毕,用少量水把筛余物冲至蒸发皿(或烘样盘)中,等水泥颗粒全部沉淀后,小心倒出清水,烘干并用天平称量筛余物。

3) 手工干筛法

(1) 称取试样 50g 倒入手工干筛内,盖上筛盖。

(2) 用一只手持筛往复摇动,另一只手轻轻拍打,拍打速度约 120 次/min,每 40 次向同一方向转动 60°,使试样均匀分布在筛网上,直至每分钟通过试样量不超过 0.05g 为止。

(3) 筛毕,用天平称量筛余物。

4) 试验筛的清洗

试验筛必须保持洁净,筛孔通畅,如筛孔被水泥堵塞影响筛余量时,可用弱酸浸泡,用毛刷轻轻刷洗,用淡水冲净,晾干。

4. 结果计算

(1) 水泥试样筛余百分数 F 按下式计算,精确至 0.1%。

$$F = \frac{R_s}{W} \times 100\% \qquad (12\text{-}10)$$

式中,R_s 为水泥试样筛余物质量,g;W 为水泥试样质量,g。

(2) 筛析法测得的筛余百分数用以表示矿渣硅酸盐水泥、火山灰质硅酸盐水泥、粉煤灰硅酸盐水泥和复合硅酸盐水泥的细度。

5. 试验记录

水泥细度试验记录见表 12-6。

表 12-6 水泥细度试验记录(负压筛法)

试验次数	试样质量/g	筛余量/g	筛余百分数/%	备　注

12.2.3　水泥标准稠度用水量的测定

标准稠度用水量的测定方法有标准法和代用法两种,如结果有矛盾,以标准法为准。

1. 试验目的

水泥的凝结时间和体积安定性都与用水量有关,为消除试验条件带来的差异,测定凝结时间和体积安定性时,必须采用具有标准稠度的净浆。本试验的目的就是为测定水泥凝结时间及安定性时制备标准稠度的水泥净浆确定用水量。

2. 仪器设备

(1) 标准法。水泥净浆搅拌机、标准法维卡仪(图 12-4)、标准稠度测定用试杆(图 12-4(c))、试模(图 12-4(a))、天平(称量 1000g,分度值不大于 1g)、量水器(最小刻度 0.1mL)等。

(2) 代用法。水泥净浆搅拌机、代用法维卡仪、天平(称量 1000g,分度值不大于 1g)、量水器(最小刻度 0.1mL)。

3. 试验步骤

1) 标准法

(1) 试验前,需对仪器进行检查,维卡仪的金属棒应能自由滑动;调至试杆接触玻璃板时指针对准零点;搅拌机运行正常等。

(2) 称取水泥试样 500g。

(3) 用水泥净浆搅拌机搅拌,搅拌锅和搅拌叶片先用湿布擦过,将拌和水(按经验找水)倒入搅拌锅内,然后在 5~10s 内将称好的 500g 水泥加入水中,防止水和水泥溅出。

(4) 拌和时,先将锅放在搅拌机的锅座上,升至搅拌位置,启动搅拌机,低速搅拌 120s,停 15s,同时将叶片和锅壁上的水泥浆刮入锅中间,接着高速搅拌 120s 停机。

(5) 拌和结束后,立即将拌制好的水泥净浆装入已置于玻璃板上的试模中,用小刀插捣,轻轻振动数次,刮去多余的净浆,抹平后迅速将试模和底板移到维卡仪上,并将其中心定在试杆下,降低试杆直至与水泥净浆表面接触,拧紧螺丝 1~2s 后,突然放松,使试杆垂直自由地沉入水泥净浆中。在试杆停止沉入或释放试杆 30s 时记录试杆距底板之间的距离,升起试杆后,立即擦净;整个操作应在搅拌后 1.5min 内完成。

2) 代用法

(1) 试验前,需对仪器进行检查:维卡仪的金属棒应能自由滑、调至试锥接触锥模顶面时指针对准零点、搅拌机运行正常等。

(2) 水泥净浆的拌制同标准法第(2)、(3)、(4)项。

图 12-4　测定水泥标准稠度和凝结时间用的维卡仪（标准法）

(a) 初凝时间测定用试模；(b) 终凝时间测定用反转试模；(c) 标准稠度测定用试杆；

(d) 初凝用试针；(e) 终凝用试针

（3）拌和结束后，立即将拌制好的水泥净浆装入锥模中，用小刀插捣，轻轻振动数次，刮去多余的净浆；抹平后迅速放到试锥下面固定的位置上，将试锥降至净浆表面，拧紧螺丝 1～2s 后，突然放松，让试锥垂直自由地沉入水泥净浆中。到试锥停止下沉或释放试锥 30s 时记录试锥下沉深度。整个操作应在搅拌后 1.5min 内完成。

（4）采用代用法测定水泥标准稠度用水量，有调整水量和不变水量两种方法，任选一种方法测定，如有争议时以调整水量法为准。用调整水量法时拌和水量按经验找水，用不变水量法时拌和水用水量 142.5mL。

4. 结果计算

1）标准法

以试杆沉入净浆并距底板 6mm±1mm 的水泥净浆为标准稠度净浆。其拌和水用量为该水泥的标准稠度用水量 P，以水泥质量的百分比计，按下式计算，精确到 0.1%。

$$P = \frac{拌和水用量}{水泥质量} \times 100\% \qquad (12\text{-}11)$$

2）代用法

（1）调整水量法。以试锥下沉深度 28mm±2mm 时的净浆为标准稠度净浆。其拌和水量为该水泥的标准稠度用水量 P，按水泥质量的百分比计，计算公式同标准法。

如下沉深度超出范围需另称试样，调整水量，重新试验，直至达到 28mm±2mm 为止。

（2）不变水量法。根据测得的试锥下沉深度 S（mm），可从仪器上对应标尺读出标准稠度用水量，也可按下式计算得到标准稠度用水量 P（%），精确到 0.1%。

$$P = 33.4 - 0.185S \qquad (12\text{-}12)$$

当试锥下沉深度小于 13mm 时，应改用调整水量法测定。

5. 试验记录

标准稠度用水量试验记录见表 12-7。

表 12-7　标准稠度用水量试验记录（标准法）

试验次数	水泥质量/g	加水量/g	试杆沉入净浆并距底板距离/mm	结　　论	备　　注
				该水泥的标准稠度用水量为（列出计算式）：	标准稠度指：试杆沉入净浆并距底板距离为 6mm±1mm

12.2.4　水泥凝结时间的测定

1. 试验目的

通过测定水泥的凝结时间，判断水泥的品质是否达到标准要求。

2. 仪器设备

仪器设备包括：凝结时间测定仪（即标准法维卡仪，图 12-4）、水泥净浆搅拌机、湿气养护箱（温度为 20℃±1℃，相对湿度不低于 95%）、天平和量水器等。

3. 试验步骤

（1）测定前的准备工作。将圆模放在玻璃板上，调整凝结时间测定仪的试针，使接触玻璃板时指针对准标尺零点。

（2）试件的制备。以标准稠度用水量加水，按测定标准稠度用水量时制备净浆的方法制成标准稠度净浆，一次装满试模，振动数次刮平，立即放入湿气养护箱内。记录水泥全部加入水中的时间作为凝结时间的起始时间。

（3）初凝时间的测定。试件在湿气养护箱中养护至加水后 30min 时进行第一次测定。

测定时,从湿气养护箱内取出试模放到初凝用试针(图 12-4(d))下,降低试针与水泥净浆表面接触,拧紧螺丝 1~2s 后,突然放松,试针垂直自由地沉入净浆,观察试针停止下沉或释放试针 30s 时指针的读数。当试针沉至距底板 4mm±1mm 时,为水泥达到初凝状态,由水泥全部加入水中至初凝状态的时间为水泥的初凝时间,用 min 表示。

(4) 终凝时间的测定。在完成初凝时间测定后,立即将试模连同浆体以平移的方式从玻璃板取下,翻转 180°,直径大端向上、小端向下放在玻璃板上,再放入湿气养护箱中继续养护。

(5) 取下测初凝时间用的试针,换上测终凝时间用的试针,见图 12-4(e)。

(6) 临近终凝时间时,每隔 15min 测定一次,当试针沉入试体 0.5mm 时,即环形附件开始不能在试体上留下痕迹时,为水泥达到终凝状态,由水泥全部加入水中至终凝状态的时间为水泥的终凝时间,用 min 表示。

(7) 测定时应注意,在最初测定的操作中,应轻轻扶持金属柱,使其徐徐下降,以防试针撞弯,但结果以自由下落为准;在整个测试过程中,试针深入的位置至少要距试模内壁 10mm。临近初凝时,每隔 5min 测定一次;临近终凝时,每隔 15min 测定一次,每次测定,不能让试针落入原针孔,每次测试完毕后,须将试针擦净并将试模放回湿气养护箱内,整个测试过程中要防止试模受振。

4. 结果评定

(1) 当初凝用试针沉至距底板 4mm±1mm 时,为水泥达到初凝状态,由水泥全部加入水中至初凝状态的时间为水泥的初凝时间,用 min 表示。

(2) 当试针沉入试体 0.5mm 时,即环形附件开始不能在试体上留下痕迹时,为水泥达到终凝状态,由水泥全部加入水中至终凝状态的时间为水泥的终凝时间,用 min 表示。

(3) 到达初凝或终凝时应立即重复测一次,当两次结论相同时,才能定为到达初凝状态或终凝状态。

5. 试验记录

凝结时间试验记录见表 12-8。

表 12-8 凝结时间试验记录　　试验开始时间:____时____分

试验次数	初凝时间测定		终凝时间测定	
	测定时间:____时____分	距底板距离/mm	测定时间:____时____分	沉入深度/mm
结论	该水泥初凝时间为:		该水泥终凝时间为:	

12.2.5 水泥安定性的测定

水泥安定性测定方法有雷氏法和试饼法。雷氏法是标准法,饼法是代用法,两者结果有矛盾时,以雷氏法(标准法)为准。

1.试验目的

通过测定安定性,以评定水泥的质量是否符合要求。

2. 仪器设备

仪器设备包括:沸煮箱、雷氏夹膨胀值测定仪(图 12-5)、雷氏夹(图 12-6)、天平、量水器和湿气养护箱(同水泥凝结时间的测定)。

图 12-5 雷氏夹膨胀值测定仪

1—底座;2—模子座;3—测弹性标尺;4—立柱;5—测膨胀值标尺;6—悬臂;7—悬丝

图 12-6 雷氏夹

1—指针;2—环模

3. 试验步骤

(1)测定前的准备工作。若采用雷氏法,每个雷氏夹需配备质量 $75\sim85g$ 的玻璃板两块,若采用饼法,一个样品需准备两块约 $100mm\times100mm$ 的玻璃板。每种方法每个试样需成型两个试件。凡与水泥净浆接触的玻璃板和雷氏夹表面都要稍稍涂上一层油。

(2)水泥标准稠度净浆的制备。以标准稠度用水量加水,按测定标准稠度用水量时制备水泥净浆的操作方法制成水泥标准稠度净浆。

(3)试饼的成型方法。将制好的净浆取出一部分分成两等份,使之呈球形,放在预先准备好的玻璃板上,轻轻振动玻璃板并用湿布擦过的小刀由边缘向中央抹动,做成直径 $70\sim80mm$、中心厚约 $10mm$、边缘渐薄、表面光滑的试饼,接着将试饼放入湿气养护箱内养护 $24h\pm2h$。

（4）雷氏夹试件的制备方法。将预先准备好的雷氏夹放在已稍擦油的玻璃板上，并立刻将已制好的标准稠度净浆装满雷氏夹试模。装模时，一只手轻轻扶持试模，另一只手用宽约 10mm 的小刀插捣数次，然后抹平，盖上稍涂油的玻璃板，接着立刻将试件移至湿气养护箱内养护 24h±2h。

（5）沸煮。① 调整好沸煮箱内的水位，保证在整个过程中都没过试件，不需中途添补试验用水，同时又保证能在 30min±5min 内升至沸腾；② 脱去玻璃板，取下试件。当采用饼法时，先检查试饼是否完整（如已开裂翘曲，要检查原因，确证无外因时，该试饼已属不合格，不必沸煮），在试饼无缺陷的情况下，将试饼放在沸煮箱的水中篦板上，然后在 30min±5min 内加热至沸，并恒沸 3h±5min。

当用雷氏法时，先测量试件指针尖端间的距离 A，精确到 0.5mm，接着将试件放入水中篦板上，指针朝上，试件之间互不交叉，然后在 30min±5min 内加热至沸，并恒沸 3h±5min。

（6）沸煮结束后，放掉箱中的热水，打开箱盖，待箱体冷却至室温，取出试件进行判别。

4. 结果判别

（1）若为试饼，目测未发现裂缝，用钢直尺检查也没有弯曲的试饼，即认为该水泥为安定性合格，反之为不合格。当两个试饼判别结果有矛盾时，该水泥的安定性为不合格。

（2）若为雷氏夹，测量试件指针尖端间的距离 C，准确至 0.5mm，当两个试件煮后增加距离 C-A 的平均值不大于 5.0mm 时，即认为该水泥安定性合格，当两个试件的 C-A 值相差超过 4.0mm 时，应用同一样品立即重做一次试验。再如此，则认为该水泥为安定性不合格。

5. 试验记录

安定性试验记录见表 12-9。

表 12-9　安定性试验记录（雷氏法）

试样编号	针尖距离 A/mm（沸煮前）	针尖距离 C/mm（沸煮后）	膨胀值（C-A）/mm	膨胀值平均值/mm	结　论
					该水泥安定性：

12.2.6　水泥胶砂强度的测定

1. 试验目的

测定水泥各龄期的强度，从而确定或检验水泥的强度等级。

2. 仪器设备

仪器设备包括：胶砂搅拌机、振实台、试模（图 12-7）、播料器及金属刮平直尺（图 12-8）、抗折试验机、抗压试验机。

图 12-7 水泥胶砂试模

1—隔板；2—端板；3—底板

A—160mm；B—40mm；C—40mm

图 12-8 播料器和金属刮平直尺

（a）大播料器；（b）小播料器；（c）金属刮平直尺

H—模套高度

3．试验步骤

1）试模的准备

将试模擦净，模板与底板接触处要涂上黄油，紧密装配，防止漏浆，试模内壁均匀刷一薄层机油，便于脱模。

2）胶砂的组成及制备

（1）标准砂。ISO 基准砂是由德国标准砂公司制备的 SiO_2 含量不低于 98％的天然圆形硅质砂组成。中国产的 ISO 标准砂符合 ISO 679 中的要求，其鉴定、质量验证与质量控制以德国标准砂公司的 ISO 标准为基准材料。

（2）胶砂配合比。胶砂的质量配合比为水泥∶标准砂∶水＝1∶3∶0.5，一锅胶砂成型三条试体。每锅材料需要量为：水泥 450g±2g；水 225mL±1mL；标准砂 1350g±5g。

（3）搅拌。每锅胶砂用搅拌机进行机械搅拌。先使搅拌机处于待工作状态，操作顺序如下：①把水加入锅里，再加入水泥，把锅放在固定架下，上升至固定位置。②立即开动机器，低速搅拌 30s 后，在第二个 30s 开始的同时均匀地将砂子加入。当各级砂分装时，从最粗粒级开始，依次将所需的每级砂量加完。把机器转至高速再拌 30s。③停 90s，在第一个 15s 内用一胶皮刮具将叶片和锅壁上的胶砂刮入锅中间。继续高速搅拌 60s。各个搅拌阶段,时间误差应在 1s 以内。

3) 试件的制备

(1) 胶砂制备后,立即进行成型。将空试模和模套固定在振实台上,用一个适当勺子直接从搅拌锅里将胶砂分两层装入试模,装第一层时,每个槽里约放 300g 胶砂。

(2) 用大播料器(图 12-8)垂直架在模套顶部沿每个模槽来回一次将料层播平,接着振实 60 次。再装入第二层胶砂,用小播料器播平,再振实 60 次。

(3) 移走模套,从振实台上取下试模,用一金属直尺(图 12-8)以近似 90°的角度架在试模模顶一端,然后沿试模长度方向以横向锯割动作慢慢向另一端移动,一次将超过试模部分的胶砂刮去,并用同一直尺以近乎水平的情况下将试体表面抹平。

(4) 在试模上作标记或加字条标明试件编号和试件相对于振实台的位置。

4) 试件的养护

(1) 脱模前的处理和养护。去掉留在模子四周的胶砂。立即将做好标记的试模放入雾室或湿箱的水平架上养护,湿气应能与试模各边接触。养护时,不应将试模放在其他试模上。一直养护到规定的脱模时间取出脱模。脱模前,用防水墨汁或颜料笔对试体进行编号和做其他标记。两个龄期以上的试体,在编号时,应将同一试模中的三条试体分在两个以上龄期内。

(2) 脱模。脱模应非常小心。对于 24h 龄期的,应在破型试验前 20min 内脱模。对于 24h 以上龄期的,应在成型后 20~24h 之间脱模。

已确定作为 24h 龄期试验(或其他不下水直接做试验)的已脱模试体,应用湿布覆盖至做试验时止。

(3) 水中养护。将做好标记的试件立即水平或竖直放在 20℃±1℃水中养护,水平放置时,刮平面应朝上。

试件放在不易腐烂的篦子上,并彼此间保持一定距离,以让水与试件的六个面接触。养护期间,试件之间间隔或试体上表面的水深不得小于 5mm。

每个养护池只养护同类型的水泥试件。最初用自来水装满养护池(或容器),然后随进水保持适当的恒定水位,不允许在养护期间全部换水。除 24h 龄期或延迟至 48h 脱模的试体外,任何到龄期的试件在试验(破型)前 15min 从水中取出。揩去试体表面沉积物,并用湿布覆盖至试验为止。

5) 强度试验

(1) 强度试验试体的龄期。试体龄期是从水泥加水搅拌开始试验时算起。不同龄期的强度试验必须在规定的时间内进行(表 12-10)。

表 12-10 各龄期强度试验时间规定

龄　　期	时　　间	龄　　期	时　　间
24h	24h±15min	7d	7d±2h
48h	48h±30min	>28d	28d±8h
72h	72h±45min		

(2) 抗折强度测定。将试体一个侧面放在试验机支撑圆柱上,试体长轴垂直于支撑圆柱,通过加荷圆柱以 50N/s±10N/s 的速率均匀地将荷载垂直地加在棱柱体相对侧面上,直至折断。保持两个半载棱柱体处于潮湿状态,直至抗压试验。

（3）抗压强度测定。抗压强度试验通过规定的仪器，在经抗折试验断后的半截棱柱体的侧面上进行。半截棱柱体中心与压力机压板受压中心差应在 0.5mm 内，棱柱体露在压板外的部分约有 10mm。在整个加荷过程中，以 2400N/s±200N/s 的速率均匀地加荷直至破坏。

4．结果计算

（1）抗折强度 R_f 以 MPa 表示，按下式进行计算，精确到 0.1MPa。

$$R_f = \frac{1.5F_fL}{b^3} \tag{12-13}$$

式中，F_f 为折断时施加于棱柱体中部的荷载，N；L 为支撑圆柱之间的距离（100mm）；b 为棱柱体正方形截面的边长（40mm）。

（2）抗压强度 R_c 以 MPa 为单位，按下式进行计算，精确到 0.1MPa。

$$R_c = \frac{F_c}{A} \tag{12-14}$$

式中，F_c 破坏时的最大荷载，N；A 为受压部分面积，mm^2（40mm×40mm）。

5．试验结果的确定

（1）抗折强度结果。以一组 3 个棱柱体抗折结果的平均值作为试验结果。当 3 个强度值中有超出平均值±10％时，应剔除后再取平均值作为抗折强度试验结果。

（2）抗压强度结果。以一组 3 个棱体上得到的 6 个抗压强度测定值的算术平均值作为试验结果。如 6 个测定值中有一个超出 6 个平均值的±10％，就应剔除这个结果，而以剩下 5 个测定值的平均数为结果；如果 5 个测定值中再有超过它们平均值±10％的，则此组结果作废。

6．试验记录

水泥胶砂强度试验记录见表 12-11。

表 12-11　水泥胶砂强度试验记录

龄期	抗折强度试验			抗压强度试验		
	破坏荷载/kN	抗折强度/MPa	平均强度/MPa	破坏荷载/kN	抗压强度/MPa	平均强度/MPa
3d						
28d						
结论	该水泥的强度等级为：					

12.3 建筑钢筋试验

12.3.1 验收与取样

（1）钢筋应按批进行检查和验收，每批质量不大于 60t。每批应由同一牌号、同一炉罐号、同一规格、同一交货状态的钢筋组成。

（2）每一验收批中取试样 1 组，其中拉伸试样 2 根，冷弯试样 2 根。

（3）自每批钢筋中任选 2 根切取试样，试样应在每根钢筋距端头 50cm 处截取，每根钢筋上截取 1 根拉伸试样，1 根冷弯试样。

（4）拉伸、冷弯试样不允许进行车削加工。试验一般在室温 10～35℃ 内进行，对温度要求严格的试验，试验温度应控制为 23℃±5℃。

12.3.2 拉伸试验

1. 试验目的

测定钢筋在拉伸过程中应力和应变的关系曲线，以及屈服强度、抗拉强度、断后伸长率 3 个重要指标，用来评定钢筋的质量与等级。

2. 仪器设备

万能材料试验机（示值误差不大于 1％，所有测值应在试验机最大荷载的 20％～80％）、游标卡尺（精度 0.1mm）、钢筋划线机等。

3. 试验步骤

1）试样制备

（1）钢筋试样的长度应合理，试验机两夹头间的钢筋自由长度应足够，钢筋拉伸试件尺寸如图 12-9 所示。

图 12-9 钢筋拉伸试验试件

a—试样原始直径；L—试件长度；l_0—标距长度；h_1—取 $(0.5 \sim 1)a$；h—夹具长度

（2）原始标距 $L_0 = 5a$（或 $10a$），应用小标记、细划线或细墨线标记原始标距，但不得用引起过早断裂的缺口做标记。如果钢筋的自由长度（夹具间非夹持部分的长度）比原始标距长许多，可以标记一系列套叠的原始标距（图 12-9）。

2）试验方法

（1）将试样上端固定在试验机上夹具内，开动试验机，旋开加油阀，将滑塞升起 10mm

左右,关闭加油阀。调节试验机测力盘的主动针回零,拨动从动针,使之与主动针重合。再用下夹具固定试样下端。重新旋开加油阀进行拉伸试验,直到将钢筋拉断。

(2)屈服完成前的加荷速度应保持并恒定在表 12-12 规定的范围内;屈服后,试验机活动夹头在荷载下的移动速率不大于 $0.5L_c/\text{min}(L_c=l_0+2h_1)$。试验时,可安装描绘器,记录力-延伸曲线或力-位移曲线。

表 12-12 应力速率

钢筋的弹性模量 E/MPa	应力速率/(MPa/s)	
	最小	最大
$<1.5\times10^5$	1	10
$\geqslant1.5\times10^5$	3	30

4. 结果计算

1)强度计算

(1)从曲线图或测力盘上读取不计初始瞬时效应时屈服阶段的最小力或屈服平台的恒定力 F_s(N)及试验过程中的最大力 F_b(N)。

(2)按下式分别计算屈服强度 σ_s(精确至 5MPa)、抗拉强度 σ_b(精确至 5MPa)。

$$\begin{cases} \sigma_s = \dfrac{F_s}{A} \\ \sigma_b = \dfrac{F_b}{A} \end{cases} \tag{12-15}$$

式中,A 为钢筋的公称横截面面积(mm²,表 12-13)。

(3)强度值修约按表 12-14 执行。

表 12-13 不同公称直径钢筋的公称横截面面积

公称直径/mm	公称横截面面积/mm²	公称直径/mm	公称横截面面积/mm²
8	50.27	22	380.1
10	78.54	25	490.9
12	113.1	28	615.8
14	153.9	32	804.2
16	201.1	36	1018
18	254.5	40	1257
20	314.2	50	1964

表 12-14 强度修约间隔   MPa

强 度	范 围	修约间隔
σ_s、σ_b	$\leqslant200$	1
	$200\sim1000$	5
	>1000	10

2）断后伸长率计算

（1）将试样断裂的部分仔细地配接在一起,使其轴线处于同一直线上,并确保试样断裂部分适当接触后测量试样断裂后标距 L_1,精确到 0.1mm。

（2）按下式计算断后伸长率 δ（精确至 1%）。

$$\delta_5（或 \delta_{10}）= \frac{L_1 - L_0}{L_0} \times 100\% \tag{12-16}$$

式中,δ_5、δ_{10} 分别为 $L_0 = 5a$ 和 $L_0 = 10a$ 时的断后伸长率。

（3）原则上只有断裂处与最接近的标距标记的距离不小于原始标距的三分之一情况方为有效。

（4）为避免因发生在第（3）项规定的范围之外的断裂而造成试样报废,可以采用移位方法测定断后伸长率,具体方法是:在长段上,从拉断处 O 点取基本等于短段格数,得 B 点;接着取等于长段所余格数（偶数如图 12-10（a)）之半,得 C 点;或者取所余格数（奇数如图 12-10(b)）减 1 与加 1 之半,得 C 与 C_1 点。移位后的 L_1 分别为 $AO + OB + 2BC$ 或者 $AO + OB + BC + BC_1$。如果直接量测所得的伸长率能达到标准值要求,则可不采用移位法。

（5）如试件在标距端点上或标距外断裂,则试验结果无效,应重做试验。

图 12-10　用移位法测量断后标距

(a) $L_1 = AO + OB + 2BC$；(b) $L_1 = AO + OB + BC + BC_1$

5. 试验记录

钢筋拉伸试验记录见表 12-15。

表 12-15　建筑钢筋试验记录

试样编号	钢筋牌号				钢筋直径/mm			横截面面积/mm²		
	拉伸试验							冷弯试验		
	屈服荷载/kN	抗拉荷载/kN	屈服强度/MPa	抗拉强度/MPa	原始标距/mm	断后标距/mm	断后伸长率/%	弯芯直径/mm	弯曲角度/(°)	冷弯结果

12.3.3　冷弯试验

1. 试验目的

检验钢筋在常温下承受规定弯曲程度（一定的弯曲角度和弯芯直径）的弯曲变形能力,

检查钢筋是否存在内部组织的不均匀、内应力和夹杂物等缺陷。

2. 仪器设备

仪器设备包括：万能试验机或压力机，具有两支承辊（图 12-11），支承辊间距离可以调节。具有不同直径的弯芯。

3. 试验步骤

（1）截取钢筋试样的长度 $L \approx 5a + 150\text{mm}$，其中 a 为钢筋直径。

（2）根据热轧钢筋的种类，分别按表 12-16 和表 12-17 确定弯芯直径 d 和弯曲角度 α。

图 12-11　钢筋冷弯试验装置

(a) 冷弯试件和支座；(b) 弯曲 180°；(c) 弯曲 90°

表 12-16　热轧光圆钢筋冷弯试验的弯芯直径和弯曲角度

钢筋牌号	钢筋直径 a/mm	弯芯直径 d/mm	弯曲角度 α/(°)
HPB300	6~22	a	180

表 12-17　热轧带肋钢筋冷弯的弯芯直径和弯曲角度

钢筋牌号	钢筋直径 a/mm	弯芯直径 d/mm	弯曲角度 α/(°)
HRB400 HRBF400 HRB400E HRBF400E	6~25	$4a$	
	28~40	$5a$	
	40~50	$6a$	
HRB500 HRBF500 HRB500E HRBF500E	6~25	$6a$	180
	28~40	$7a$	
	40~50	$8a$	
HRB600	6~25	$6a$	
	28~40	$7a$	
	40~50	$8a$	

（3）调节支辊间距 $L = (d + 2.5a) \pm 0.5a$，此间距在试验期间应保持不变。

（4）将钢筋试样放于两支辊上，试样轴线应与弯曲压头轴线垂直，弯曲压头在两支座之间的中点处对试样连续缓慢地施加压力使其弯曲到规定的角度。如不能直接达到 180°，应将试样置于两平行压板之间，连续施加力，压其两端使其进一步弯曲，直至达到 180°（图 12-12）。

4. 结果评定

检查试样弯曲处外面和侧面,无裂缝、断裂或起层,即评定为冷弯合格。

5. 试验记录

钢筋冷弯试验记录见表 12-15。

图 12-12 连续弯曲至 180°

12.4 混凝土用骨料试验

12.4.1 取样与缩分

1. 取样

(1) 骨料应按同产地、同规格分批取样和检验。用大型工具(如火车、货船、汽车)运输的,以 400m³ 或 600t 为一验收批。用小型工具(如马车等)运输的,以 200m³ 或 300t 为一验收批。不足上述数量者,以一批论。

(2) 在料堆上取样时,取样部位应均匀分布,取样前,应先将取样部位表层铲除。取砂样时,由各部位抽取大致相等的砂共 8 份,组成一组样品;取石子样时,由各部位抽取大致相等的石子 15 份(在料堆的顶部、中部和底部各由均匀分布的 15 个不同部位取得)组成一组样品。

每验收批至少应进行颗粒级配、含泥量、泥块含量检验,对石子还应进行针、片状颗粒含量检验。若检验不合格时,应重新取样。对不合格项,进行加倍复验,若仍有一个试样不能满足标准要求,应按不合格品处理。

(3) 砂石各单项试验的取样数量分别见表 12-18 和表 12-19;需做几项试验时,如确能保证样品经一项试验后不致影响另一项试验的结果。可用同组样品进行几项不同的试验。

表 12-18 各单项砂试验的最少取样量 kg

试验项目	筛分析	表观密度	堆积密度	含水率	含泥量	泥块含量
最少取样量	4.4	2.6	5.0	1.0	4.4	20.0

表 12-19 各单项石子试验的最少取样量 kg

试 验 项 目	石子最大粒径/mm							
	9.5	16.0	19.0	26.5	31.5	37.5	63.0	75.0
筛分析	9.5	16.0	19.0	25.0	31.5	37.5	63.0	80.0
表观密度	8	8	8	8	12	16	24	24
含水率	2	2	2	2	3	3	4	6
堆积密度	40	40	40	40	80	80	120	120
含泥量	8	8	24	24	40	40	80	80
泥块含量	8	8	24	24	40	40	80	80
针片状含量	1.2	4	8	12	20	40	40	40

2．缩分

（1）砂样缩分。①用分料器缩分：将样品在天然状态下拌和均匀，然后将其通过分料器，并将两个接料斗中的一份再次通过分料器。重复上述过程，直至把样品缩分至试验所需数量为止；②人工四分法缩分：将样品放在平整洁净的平板上，在潮湿状态下拌和均匀，摊成厚度约 20mm 的圆饼，在饼上划两条正交直径将其分成大致相等的四份，取其对角的两份按上述方法继续缩分，直至缩分后的样品数量略多于进行试验所需量为止。

（2）石子缩分采用四分法进行。将样品倒在平整洁净的平板上，在自然状态下拌和均匀，堆成圆锥体，然后沿相互垂直的两条直径把圆锥体分成大致相等的四份，取其对角的两份重新拌匀，再堆成圆锥体。重复上述过程，直至把样品缩分至略多于试验所需量为止。

12.4.2　砂的筛分析试验

1．试验目的

测定砂在不同孔径筛上的筛余量，用于评定砂的颗粒级配；计算砂的细度模数，评定砂的粗细程度。

2．仪器设备

（1）标准筛。包括孔径为 9.50mm、4.75mm、2.36mm、1.18mm、0.60mm、0.30mm、0.15mm 的方孔筛，以及筛的底盘和盖各一只。

（2）天平，称量 1000g，感量 1g。

（3）摇筛机。

（4）烘箱，能使温度控制在 105℃±5℃。

（5）浅盘和硬、软毛刷等。

3．试样制备

按规定取样，并将砂试样缩分至约 1100g，放在烘箱中于 105℃±5℃ 的温度下烘干到恒重。待冷却至室温后，筛除大于 9.50mm 的颗粒（并算出筛余百分率，若试样含泥量超过5%，则应先用水洗）。之后分成大致相等的两份备用。

恒重系指试样在烘干 1～3h 的情况下，其前后两次称量之差不大于该项试验所要求的称量精度。

4．试验步骤

（1）准确称取烘干试样 500g。

（2）将孔径为 4.75mm、2.36mm、1.18mm、0.60mm、0.30mm、0.15mm 的筛子按筛孔大小顺序（大孔在上，小孔在下）叠置（若试样为特细砂，应增加 0.080mm 方孔筛一只），加底盘后，将试样倒入最上层 4.75mm 筛内，加盖后，置于摇筛机上摇筛约 10min（如无摇筛机，可改用手筛）。

（3）将整套筛自摇筛机上取下，按孔径从大至小逐个用手于洁净浅盘上进行筛分，直至每分钟的筛出量不超过试样总量的0.1%时为止,通过的颗粒并入下一个筛,并和下一个筛中试样一起过筛,按这样的顺序进行,直到每个筛全部筛完为止。

(4)称出各号筛的筛余量,精确至1g,各号筛上的筛余量不得超过按下式计算出的量。

$$G = \frac{A\sqrt{d}}{200} \tag{12-17}$$

式中,G为在一个筛上的剩余量,g;A为筛面面积,mm^2;d为筛孔尺寸,mm。

超过时按下列方法之一处理:①将该筛余试样分成两份,使其少于按式(12-17)计算出的量,再次分别进行筛分,并以其筛余量之和作为该筛余量;②将该粒级及以下各粒级筛余的试样混合均匀,称出其质量,精确到1g,继续筛分。计算该粒级及以下各粒级的分计筛余量时应根据缩分比例进行修正。

(5)所有各筛的分计筛余量和底盘中剩余量的总和与筛分前的试样总量相比,其相差不得超过1%,若超过1%需重新试验。

5. 结果计算

(1)计算分计筛余量百分率:各号筛上的筛余量除以试样总质量的百分率,精确至0.1%。

(2)累计筛余百分率:该号筛上分计筛余百分率与大于该号筛的各号筛上分计筛余百分率的总和,精确至0.1%。

(3)根据累计筛余百分率的计算结果,绘制筛分曲线,并评定该试样的颗粒级配分布情况。

(4)按下式计算砂的细度模数M_x,精确至0.01。

$$M_x = \frac{(A_2 + A_3 + A_4 + A_5 + A_6) - 5A_1}{100 - A_1} \tag{12-18}$$

式中,A_1、A_2、A_3、A_4、A_5、A_6分别为4.75mm、2.36mm、1.18mm、0.60mm、0.30mm、0.15mm筛上的累计筛余百分率。

(5)筛分析试验应采用两个试样平行试验,并以其试验结果的算术平均值作为测定值,精确至0.1。如两次试验所得的细度模数之差大于0.20,则应重新取样进行试验。

6. 试验记录

砂的筛分析试验记录见表12-20和图12-13。

表 12-20 砂的筛分析试验记录

次数	筛孔尺寸/mm	4.75	2.36	1.18	0.60	0.30	0.15	筛底
1	筛余量/g	m_1	m_2	m_3	m_4	m_5	m_6	$m_底$
	筛分后总质量/g	$M = m_1 + m_2 + m_3 + m_4 + m_5 + m_6 + m_底 =$						
	分计筛余率/%	a_1	a_2	a_3	a_4	a_5	a_6	—
	累计筛余率/%	A_1	A_2	A_3	A_4	A_5	A_6	—
	细度模数 M_{x1}							

续表

次数	筛孔尺寸/mm	4.75	2.36	1.18	0.60	0.30	0.15	筛底
2	筛余量/g	m_1	m_2	m_3	m_4	m_5	m_6	$m_底$
	筛分后总质量/g	$M=m_1+m_2+m_3+m_4+m_5+m_6+m_底=$						
	分计筛余率/%	a_1	a_2	a_3	a_4	a_5	a_6	—
								—
	累计筛余率/%	A_1	A_2	A_3	A_4	A_5	A_6	—
	细度模数 M_{x2}							
	细度模数平均值							
	结 论	粗细程度				级配		

图 12-13 砂的级配曲线

12.4.3 砂的含水率测定

1. 试验目的

测定砂的含水率,用于修正混凝土施工配合比中水和砂的用量。

2. 仪器设备

天平(称量 1kg,感量 0.1g)、烘箱、干燥器、容器(如浅盘、烧杯)等。

3. 试验步骤

(1) 将自然状态下的试样用四分法缩分至约 1100g,拌匀后分成大致相等的两份备用。

(2) 称取一份试样的质量,精确至 0.1g,将试样倒入已知质量为 m_1(g)的干燥容器中称量(精确至 0.1g),记下试样与容器的总质量 m_2(g),将容器连同试样放入温度为(105±

5)℃的烘箱中烘干至恒重,取出置干燥器中冷却至室温。

(3)称量烘干后的试样与容器的总质量 m_3(g),精确至 0.1g。

4. 结果计算

试样的含水率 w_{wc} 应按下式计算,精确至 0.1%。

$$w_{wc} = \frac{m_2 - m_3}{m_3 - m_1} \times 100\% \tag{12-19}$$

以两次试验结果的算术平均值作为测定值。两次试验结果之差大于 0.2% 时,应重新试验。

5. 试验记录

砂的含水率试验记录见表 12-21。

表 12-21 砂的含水率试验记录

试验次数	干燥容器质量 m_1/g	烘干前试样与容器总质量 m_2/g	烘干后试样与容器总质量 m_3/g	含水率/%	含水率平均值/%

12.4.4 砂的含泥量测定

1. 试验目的

测定砂的含泥量,作为评定砂质量的依据之一。

2. 仪器设备

(1)天平。称量 1000g,感量 0.1g。

(2)筛。孔径为 0.075mm 及 1.18mm 筛各 1 个。

(3)烘箱、洗砂用的容器(深度大于 250mm)及烘干用的浅盘等。

3. 试样制备

将样品用四分法缩分至约 1100g,置于温度为 105℃±5℃ 的烘箱中烘干至恒重,冷却至室温后,分成大致相等的两份备用。

4. 试验步骤

(1)称取已烘干试样 500g,精确至 0.1g。将试样倒入淘洗容器中,注入饮用水,使水面高出砂面约 150mm 充分搅拌混合均匀后,浸泡 2h,然后用手在水中淘洗试样,使尘屑、淤泥和黏土与砂粒分离,并使之悬浮或溶于水中。缓缓地将混浊液倒入 1.18mm 及 0.075mm 的套筛(1.18mm 筛放在上面)中,滤去小于 0.075mm 的颗粒。试验前筛子的两面应先用水润湿,在整个试验过程中,应注意避免砂粒丢失。

（2）再次加水于容器中，重复上述过程，直到筒内洗出的水清澈为止。

（3）用水冲洗剩留在筛上的细粒。并将 0.075mm 筛放在水中（使水面略高出筛中砂粒的上表面）来回摇动，以充分洗除小于 0.075mm 的颗粒。然后将两只筛上剩留的颗粒和容器中已经洗净的试样一并装入浅盘，置于温度为 105℃±5℃ 的烘箱中烘干至恒重。取出冷却至室温后，称试样的质量，精确至 0.1g。

5. 结果计算

砂的含泥量 w_c 按下式计算，精确至 0.1%。

$$w_c = \frac{m_0 - m_1}{m_0} \times 100\% \tag{12-20}$$

式中，m_0 为试验前烘干试样质量，g；m_1 为试验后烘干试样质量，g。

以两个试样试验结果的算术平均值作为测定值。两次结果的差值超过 0.5% 时，应重新取样进行试验。

6. 试验记录

砂的含泥量试验记录见表 12-22。

表 12-22　砂的含泥量试验记录

试验次数	试验前烘干试样质量 m_0/g	试验后烘干试样质量 m_1/g	含泥量/%	含泥量平均值/%

12.4.5　碎石或卵石的筛分析试验

1. 试验目的

测定石子在不同孔径筛上的筛余量，评定石子的颗粒级配。

2. 仪器设备

（1）筛孔径为 2.36mm、4.75mm、9.50mm、16.0mm、19.0mm、26.5mm、31.5mm、37.5mm、53.0mm、63.0mm、75.0mm 及 90.0mm 的方孔筛各 1 只，并附有筛底和筛盖（筛框内径均为 300mm）。

（2）天平或台秤。称量 10kg，感量 1g。

（3）摇筛机、烘箱、容器、浅盘等。

3. 试样制备

从取回试样中用四分法将样品缩分至略多于表 12-23 所规定的试样数量，烘干或风干后备用。

表 12-23 筛分析所需试样的最少用量

最大粒径/mm	9.5	16.0	19.0	26.5	31.5	37.5	63.0	75.0
最少试样用量/kg	1.9	3.2	3.8	5.0	6.3	7.5	12.6	16.0

4. 试验步骤

（1）按表 12-23 规定称取试样一份，精确到 1g。

（2）将试样倒入按孔径大小从上到下组合的套筛（附筛底）上，然后进行筛分。

（3）将套筛置于摇筛机上，摇 10min，取下套筛，按孔径大小顺序逐个在清洁的浅盘上用手筛筛至每分钟通过量小于试样总量 0.1% 为止。通过的颗粒并入下一号筛中，并和下一号筛中的试样一起过筛，这样顺序进行，直至各号筛全部筛完为止，当筛余颗粒的粒径大于 19.0mm 时，在筛分过程中允许用手指拨动颗粒。

（4）称取各筛筛余的质量。精确至 1g。各筛上的所有分计筛余量和筛底剩余量之和与筛分前的试样的总量相差不得超过 1%，若超过需重新试验。

5. 结果计算

（1）计算分计筛余百分率和累计筛余百分率，分别精确至 0.1% 和 1%。

（2）根据各筛的累计筛余百分率评定该试样的颗粒级配。

6. 试验记录

石子的筛分析试验记录见表 12-24。

表 12-24 石子的筛分析试验记录

筛孔尺寸/mm	分计筛余量/kg	分计筛余率/%	累计筛余率/%
90.0			
75.0			
63.0			
53.0			
37.5			
31.5			
26.5			
19.0			
16.0			
9.50			
4.75			
2.36			
筛底		—	—
结论	该石子的颗粒级配为：①_____ 连续级配或②_____ 间断级配。最大粒径为：_____ mm		
备注	各筛上所有分计筛余量和筛底剩余量之和为：_____ kg		

12.4.6 碎石和卵石的含水率测定

1．试验目的

测定石子的含水率，用于修正混凝土施工配合比中水和石子的用量。

2．仪器设备

(1) 天平。称量 10kg，感量 1g。
(2) 烘箱、浅盘、小铲等。

3．试验步骤

(1) 按规定取样，将试样缩分至约 4kg，拌匀后分成大致相等的两份备用。
(2) 将一份试样装入干净的容器中，称取试样和容器的总质量，精确至 1g，放在
(105±5)℃的烘箱中烘干至恒重。
(3) 取出试样，冷却至室温后称取试样与容器的总质量，精确至 1g。

4．结果计算

试样的含水率 w_{wc} 按下式计算，精确至 0.1%。

$$w_{wc} = \frac{m_1 - m_2}{m_2 - m_3} \times 100\% \tag{12-21}$$

式中，m_1 为烘干前试样与容器总质量，g；m_2 为烘干后试样与容器总质量，g；m_3 为容器质量，g。

以两次试验结果的算术平均值作为测定值。

5．试验记录

石子的含水率试验记录见表 12-25。

表 12-25 石子的含水率试验记录

试验次数	烘干前试样与容器总质量 m_1/g	烘干后试样与容器总质量 m_2/g	干燥容器质量 m_3/g	含水率/%	含水率平均值/%

12.4.7 碎石或卵石的含泥量试验

1．试验目的

测定石子的含泥量，作为评定石子质量的依据之一。

2. 仪器设备

(1) 台秤。称量 10kg,感量 1g。

(2) 方孔筛。孔径为 0.075mm 及 1.18mm 筛各一个。

(3) 淘洗容器。容积约 10L 的瓷盘或金属盒。

(4) 烘箱、浅盘。

3. 试样制备

试验前,将来样用四分法缩分至略大于表 12-26 规定的二倍数量,置于温度为 105℃±5℃ 的烘箱内烘干至恒重,冷却至室温后分成大致相等的两份备用。

表 12-26 含泥量试验所需的试样量

最大粒径/mm	9.5	16.0	19.0	26.5	31.5	37.5	63.0	75.0
最少试样量/kg	2	2	6	6	10	10	20	20

4. 试验步骤

(1) 根据试样最大粒径,准确称取按表 12-26 规定数量试样一份,精确至 1g,将试样装入淘洗容器中摊平,并注入饮用水,使水面高出石子表面 150mm;充分搅拌均匀后,浸泡 2h,用手在水中淘洗颗粒,使尘屑、淤泥和黏土与较粗颗粒分离,并使之悬浮或溶解于水。缓缓地将混浊液倒入 1.18mm 及 0.075mm 的套筛(1.18mm 筛放置上面)上,滤去小于 0.075mm 的颗粒。试验前筛子的两面应先用水润湿,在整个试验过程中应注意避免大于 0.075mm 的颗粒丢失。

(2) 再次加水于容器中,重复上述过程,直至洗出的水清澈为止。

(3) 用水冲洗剩留在筛上的细粒,并将 0.075mm 筛放在水中(使水面略高出筛内颗粒)来回摇动,以充分洗除小于 0.075mm 的颗粒。然后将两只筛上剩留的颗粒和容器中已洗净的试样一并装入浅盘,置于温度为 105℃±5℃ 的烘箱烘干至恒重,取出冷却至室温后称其质量,精确至 1g。

5. 结果计算

碎石或卵石的含泥量 Q_a 应按下式计算,精确至 0.1%。

$$Q_a = \frac{G_0 - G_1}{G_0} \times 100\% \tag{12-22}$$

式中,G_0 为试验前烘干试样的量,g;G_1 为试验后烘干试样的量,g。

以两个试样试验结果的算术平均值作为测定值。如两次结果的差值超过 0.2%,应重新取样进行试验。

6. 试验记录

石子含泥量试验记录见表 12-27。

表 12-27 石子含泥量试验记录

试验次数	试验前烘干试样质量 G_0/g	试验后烘干试样质量 G_1/g	含泥量/%	含泥量平均值/%

12.5 普通混凝土试验

12.5.1 混凝土拌和物取样和制备

1. 混凝土拌和物取样

(1) 混凝土施工过程中取样进行混凝土试验时,应从同一盘或同一车混凝土中取样。取样量应多于试验所需量的 1.5 倍,且不宜小于 20L。

(2) 取样应具有代表性,一般在同一盘或同一车混凝土中约 1/4 处、1/2 处和 3/4 处分别取样,从第一次取样到最后一次取样不宜超过 15min,然后人工拌和均匀。从取样完毕到开始做各项性能试验不宜超过 5min。

2. 混凝土拌和物制备

1) 一般规定

(1) 若在实验室制备混凝土拌和物时,试验环境相对湿度不宜小于 50%,所用原材料和实验室的温度应保持在 20℃±5℃,使用原材料应与实际工程使用的材料相同。

(2) 材料用量以质量计。称量的精确度:砂、石骨料为 ±0.5%,水、水泥、外加剂及混合材料均为 ±0.2%。

(3) 混凝土拌和物应采用搅拌机搅拌,宜搅拌 2min 以上,直至搅拌均匀。

(4) 机械搅拌时,搅拌量不应小于搅拌机公称容量的 1/4;也不应大于搅拌机公称容量,且不应少于 20L。

2) 仪器设备

(1) 混凝土搅拌机。容量 50~100L,转速为 18~22r/min。

(2) 电子台秤。称量 50kg 或 100kg,感量 10g。

(3) 电子台秤。称量 10kg,感量 5g。

(4) 天平(称量 1kg,感量 0.5g)、量筒(200mL,1000mL)、拌板(1.5m×2m 左右)、拌铲、盛料容器等。

3) 拌和方法

(1) 按配合比称量各材料。

(2) 按配合比先预拌适量混凝土对搅拌机进行挂浆,以免正式拌和时浆体的损失。

(3) 开动搅拌机,向搅拌机内依次加入石子、水泥和掺和料、砂,干拌均匀,再将水徐徐加入(外加剂一般先溶于水),全部加料时间不超过 2min,水全部加入后,继续拌和 2min。

(4) 将拌和物自搅拌机中卸出,倾倒在拌板上,再经人工拌和 1~2min,使其均匀。

12.5.2 稠度试验

1. 坍落度与扩展度法

1）试验目的

测定混凝土坍落度或扩展度,评定混凝土拌和物的流动性。本方法适用于骨料最大粒径不大于 40mm、坍落度不小于 10mm 的混凝土拌和物的稠度测定。

2）仪器设备

（1）坍落度筒。由金属制成的圆台形筒,内壁光滑。在筒外上端有手把,下端有踏板。筒的内部尺寸为:底部直径 200mm、顶部直径 100mm、高度 300mm(图 12-14)。

（2）捣棒:直径 16mm、长 650mm 的圆钢棒,端部磨圆(图 12-14)。

（3）小铲、木尺、钢尺、拌板、镘刀等。

3）试验步骤

（1）润湿坍落度筒及底板,在坍落度筒内壁和底板上应无明显水析出。底板放置在坚实的平面上,并把筒放在底板中心,然后用脚踩住两边的踏板,使坍落度筒在装料时保持固定位置。

（2）把取样或实验室制备的混凝土拌和物试样用小铲分三层均匀地装入筒内,使捣实后每层高度为筒高的 1/3 左右。每层用捣棒插捣 25 次,插捣应沿螺旋方向由外向中心进行,各次插捣应在截面上均匀分布。插捣筒边混凝土时,捣棒可以稍倾斜。插捣底层时,捣棒应贯穿整个深度,插捣第二层和顶层时,捣棒应插透本层达下一层的表面。浇灌顶层时,混凝土应灌到高出筒口。插捣过程中,如混凝土沉落到低于筒口,则应随时添加。顶层插捣完后,刮去多余的混凝土并用抹刀抹平。

（3）清除筒边底板上的混凝土后,垂直平稳地提起坍落度筒。提离过程应在 3～7s 内完成。从开始装料到提起坍落度筒的整个进程应不间断进行,并应在 150s 内完成。

（4）提起坍落度筒后,轻放于试样旁边;当试样不再继续坍落或坍落时间达 30s 时,用钢尺量测筒高与坍落后混凝土试体最高点之间的高度差即为该混凝土拌和物的坍落度值(图 12-15)。

图 12-14 坍落度筒及捣棒

图 12-15 坍落度试验

坍落度筒提离后,如试件发生崩坍或一边剪坏现象,则应重新取样进行测定。如第二次仍出现这种现象,则表示该拌和物和易性不好,应予以记录备查。

(5)观察坍落后的混凝土试体的黏聚性及保水性。①黏聚性的检查。用捣棒在已坍落的混凝土锥体侧面轻轻敲打,如果锥体逐渐下沉,则表示黏聚性良好,如果锥体倒塌、部分崩裂或出现离析现象,则表示黏聚性不好;②保水性检查。坍落度筒提起后,如有较多的稀浆从底部析出,锥体部分的混凝土也因失浆而骨料外露,则表明此混凝土拌和物的保水性能不好;如坍落度筒提起后无稀浆或仅有少量稀浆自底部析出,则表明混凝土拌和物保水性良好。

(6)当混凝土拌和物坍落度不小于 160mm 时,应使用钢尺测量混凝土拌和物展开扩展面的最大直径以及与最大直径呈垂直方向的直径;在两者之差小于 50mm 的条件下,用其算术平均值作为扩展度值;否则,此次试验无效。

(7)坍落度、扩展度以 mm 为单位,测量精确至 1mm,结果修约至 5mm。

4)试验记录

混凝土拌和物稠度试验记录见表 12-28。

表 12-28　普通混凝土试拌与稠度、表观密度试验记录

试拌调整次数	各材料用量/kg				和易性			混凝土拌和物表观密度 r_h			
	水泥	水	砂子	石子	坍落度/mm	黏聚性	保水性	容量筒容积 V/L	容量筒质量 W_1/kg	容量筒及试样总质量 W_2/kg	表观密度/(kg/m³)
备注	1. 坍落度应满足要求(如要求坍落度为 35～50mm,55～70mm 等),黏聚性和保水性良好,若不能满足要求,则必须调整配合比,并重新试拌、检测,直至和易性良好。 2. 对于和易性良好的混凝土拌和物,需测定其表观密度										

2.维勃稠度法

1)试验目的

测定混凝土的维勃稠度,评定混凝土的流动性。本方法适用于骨料最大粒径不大于 40mm、维勃稠度在 5～30s 的混凝土拌和物的稠度测定。

2)仪器设备

(1)维勃稠度仪:由振动台、容器、旋转架、透明圆盘、坍落度筒等部分组成(图 12-16)。

(2)秒表、其他用具与坍落度试验相同。

3)试验步骤

(1)把维勃稠度仪放置在坚实水平的地面上,用湿布将容器、坍落度筒、喂料斗内壁及其他用具润湿。将喂料斗提到坍落度筒上方扣紧,校正容器位置,使其中心与喂料中心重

图 12-16　维勃稠度仪

1—容器；2—坍落度筒；3—透明圆盘；4—喂料斗；5—套筒；6—定位螺丝；7—振动台；8—荷重；
9—支柱；10—旋转架；11—测杆螺丝；12—测杆；13—固定螺丝

合，拧紧固定螺丝。

（2）将拌和物用小铲分三层经喂料斗均匀装入坍落度筒，装料及插捣方法与坍落度试验相同。

（3）将喂料斗转离，垂直提起坍落度筒，此时应注意不使用混凝土试体产生横向的扭动。

（4）把透明圆盘转到混凝土圆台体顶面，放松测杆螺丝，降下圆盘，使其轻轻接触到混凝土顶面。拧紧定位螺丝，同时开启振动台和秒表，当透明圆盘的底面被水泥浆布满的瞬间停止计时，关闭振动台。由秒表读出的时间即为该混凝土拌和物的维勃稠度值，精确至 1s。

12.5.3　拌和物表观密度试验

1. 试验目的

测定混凝土拌和物的表观密度，用于校正混凝土配合比中各材料的用量。

2. 仪器设备

（1）容量筒。金属制圆筒，两旁装有手把。骨料最大粒径不大于 40mm 时，宜采用容积不小于 5L 的容量筒，筒壁厚不应小于 3mm；骨料最大粒径大于 40mm 时，容量筒的内径与内高均应大于骨料最大粒径的四倍。

（2）台秤（称量 50kg，感量不应大于 10g）、振动台、捣棒。

3. 试验步骤

（1）用湿布将容量筒内外擦干净，称出筒重，精确至 10g。

（2）将混凝土拌和物装入容量筒。装料和捣实方法根据其稠度而定。①坍落度大于 90mm 时，宜用捣棒捣实。采用捣棒捣实时，应根据容量筒的大小决定分层与捣实的次数。若用 5L 的容量筒，混凝土拌和物应分两层装入，每层的插捣次数应为 25 次。若用大于 5L 的容量筒，每层混凝土的高度不应大于 100mm，每层插捣次数应按每 10000mm² 截面不小于 12 次计算。各层均应由边缘向中心均匀插捣，插捣底层时，捣棒应贯穿整个深度，插捣第二层时,捣棒应插透本层至下一层的表面。每一层捣完后,用橡皮锤轻轻沿容器外壁敲打 5～10 次,直至拌和物表面插捣孔消失且不见大气泡为止;②坍落度不大于 90mm 时,用振动台振实。一次将混凝土拌和物灌到高出容量筒口,装料时,用捣棒稍加插捣,振动过程中,如混凝土低于筒口,应随时添加混凝土,振动至表面出浆为止。

（3）自密实混凝土应一次性填满,且不应进行振动和插捣。

（4）用刮尺或镘刀齐筒口将多余的混凝土拌和物刮去,表面如有凹陷,应予填平。将容量筒外壁擦净,称出混凝土与容量筒总质量。精确至 10g。

4. 结果计算

混凝土拌和物表观密度 γ_h 按下式计算,精确至 $10kg/m^3$。

$$\gamma_h = \frac{W_2 - W_1}{V} \times 1000 \tag{12-23}$$

式中,W_1 为容量筒质量,kg；W_2 为容量筒及试样总质量,kg；V 为容量筒容积,L。

5. 试验记录

混凝土拌和物表观密度试验记录见表 12-28。

12.5.4　立方体抗压强度试验

1. 试验目的

测定混凝土立方体抗压强度,作为评定混凝土强度等级的依据,或检验混凝土的强度能否满足设计要求。

2. 仪器设备

（1）压力试验机。测量精度为 1%,试件的预期破坏荷载值应大于全量程的 20%,且小于全量程的 80%,应具有加荷指示装置。

（2）试模。由铸铁或钢制成,应有足够的刚度,组装后内部尺寸的误差不应大于公称尺寸的 0.2%,且不应大于 1mm。组装后各相邻面的不垂直度应不超过 0.5°。

（3）振动台、捣棒、小铁铲、金属直尺、镘刀等。

3. 试件的制作

（1）混凝土抗压强度以三个试件为一组,每一组试件应从同一盘搅拌或同一车运送的混凝土拌和物中取样,或为实验室同一次制备的混凝土拌和物,并同样养护。

（2）应在拌和后尽可能短的时间内成型,一般不宜超过 15min。

（3）150mm×150mm×150mm 的试件为标准试件。试件尺寸应根据骨料最大粒径按表 12-29 选定,当混凝土强度等级≥C60 时,宜采用标准试件。制作前,应将试模洗干净并在试模的内表面涂一薄层矿物油。

表 12-29 试件尺寸及抗压强度换算系数

试件尺寸/(mm×mm×mm)	骨料最大粒径/mm	每层插捣次数/次	抗压强度换算系数
100×100×100	31.5	12	0.95
150×150×150	40	25	1.00
200×200×200	63	50	1.05

(4) 混凝土试件的成型方法应根据拌和物稠度确定。①坍落度不大于 70mm 的混凝土宜用振动台振实。将拌和物一次装入试模,装料时,应用抹刀沿试模内壁插捣并使混凝土拌和物高出试模上口。振动时,试模不得有任何自由跳动。振动应持续到拌和物表面出浆为止,应避免过度振动。振动结束后,刮去多余的混凝土,并用镘刀抹平。②坍落度大于 70mm 的混凝土宜用捣棒人工捣实。将混凝土拌和物分两层装入试模,每层厚度大致相等。插捣应按螺旋方面从边缘向中心均匀进行。插捣底层时,捣棒应达到试模底面,插捣上层时,捣棒应穿入下层 20～30mm。插捣时,捣棒应保持垂直,不得倾斜。然后用抹刀沿试模内壁插拔数次。每层的插捣次数见表 12-29。插捣后,应用橡皮锤轻轻敲击试模四周,直至捣棒留下的孔洞消失为止,刮除多余的混凝土,并用镘刀抹平。

4. 试件的养护

(1) 试件成型后应立即用不透水的薄膜覆盖表面,以防水分蒸发。采用标准养护的试件应在温度为 20℃±5℃ 环境下静置一至两昼夜,然后编号拆模。

(2) 拆模后的试件应立即放在温度为 20℃±2℃、相对湿度为 95% 以上的标准养护室中养护,在标准养护室内,试件应放在架上,彼此间隔为 10～20mm,试件表面应保持潮湿,并应避免用水直接冲淋试件。无标准养护室时,试件可在温度为 20℃±2℃ 的不流动的水中养护,水的 pH 不应小于 7。标准养护龄期为 28d(从搅拌加水时开始计时)。

(3) 与结构构件同条件养护的试件,其拆模时间可与实际构件的拆模时间相同。拆模后,试件仍需保持与构件同条件养护。

5. 抗压强度试验

(1) 试件自养护地点取出后,应及时进行试验,用干毛巾将试件表面和上、下承压板面擦干净,并测量其尺寸,精确至 1mm,据此计算试件的承压面积。若试件实测尺寸与公称尺寸之差不超过 1mm,可按公称尺寸计算承压面积。

(2) 将试件安放在压力机的下承压板上,试件的承压面应与成型时的顶面垂直。试件的中心应与试验机下压板中心对准。开动试验机,当上压板与试件接近时,调整球座,使接触面均衡受压。

(3) 在试验过程中,应持续均匀地加荷,加荷速度为:混凝土强度等级小于 C30 时,取 0.3～0.5MPa/s;混凝土强度等级大于或等于 C30 且小于 C60 时,取 0.5～0.8MPa/s;混凝土强度等级大于或等于 C60 时,取 0.8～1.0MPa/s。

(4) 当试件接近破坏开始急速变形时,应停止调整试验机油门,直至试件破坏,记录破坏荷载。

6. 结果计算

（1）按下式计算试件的抗压强度 f_{ce}，精确至 0.1MPa。

$$f_{ce} = \frac{F}{A} \tag{12-24}$$

式中，F 为试件破坏荷载，N；A 为试件承压面面积，mm^2。

（2）抗压强度值的确定应符合下列规定：①以三个试件测值的算术平均值作为该组试件的抗压强度值；②三个测值中的最大值或最小值中，如有一个与中间值的差超过中间值的 15％时，则将最大值及最小值一并舍去，取中间值作为该组试件的抗压强度值；③如最大值和最小值与中间值的差值均超过中间值的 15％，则该组试验无效。

（3）混凝土的抗压强度值以 150mm×150mm×150mm 试件的抗压强度值为标准值，其他尺寸试件的测定结果应进行换算，换算时，乘以表 12-29 中的换算系数。当混凝土强度等级大于或等于 C60 时，宜采用标准试件；若使用非标准试件，其尺寸换算系数应由试验确定。

7. 试验记录

混凝土抗压强度试验记录见表 12-30。

表 12-30　混凝土抗压强度试验记录

试样编号	受压面积/mm^2	破坏荷载/kN	抗压强度/MPa		备　　注
			单块值	代表值	
					1. 标准养护。
					2. 龄期为____ d

12.6　建筑砂浆试验

12.6.1　砂浆拌和物取样和制备

1. 砂浆拌和物取样

（1）建筑砂浆试验用料应从同一盘搅拌或同一车运送的砂浆中取出。取样量不应少于试验所需量的 4 倍。

（2）施工过程中进行砂浆试验时，其取样方法和原则应按现行有关施工验收规范执行。并宜在现场搅拌点或预拌砂浆卸料点的至少三个不同部位及时取样。

（3）对于现场取得的试样，试验前应经人工再翻拌均匀，从取样完毕到开始进行各项性能试验，不宜超过 15min。

2.砂浆拌和物制备

1）一般规定

（1）拌制砂浆所用的原材料应符合质量标准，并提前 24h 运入实验室内，使砂子风干，拌和时实验室的温度应保持在 20℃±5℃，材料的温度应与实验室的温度相同。砂也应以 4.75mm 筛过筛。

（2）拌制砂浆时，材料应以质量计。称量精度：水泥、外加剂、掺和料等为±0.5%；砂为±1%。

（3）用搅拌机搅拌砂浆时，搅拌量宜为搅拌机容量的 30%～70%。搅拌时间不应小于 120s，掺有掺和料和外加剂的砂浆，其搅拌时间不应小于 180s。

（4）拌制前应将搅拌机、拌和铁板、拌铲、抹刀等工具表面用水润湿，拌和铁板上不得有积水。

2）仪器设备

仪器设备包括：砂浆搅拌机、拌和铁板（尺寸约 1.5m×2m，厚约 3mm）、磅秤（称量 50kg，感量 50g）、台秤（称量 10kg，感量 5g）、拌铲、抹刀、量筒、盛料容器等。

3）拌和方法

（1）人工拌和。①将称量好的砂子（风干砂）倒在拌板上，然后加入水泥，用拌铲拌和至混合物颜色均匀为止；②将混合物堆成堆，在中间作一凹槽，将称好的石灰膏（或黏土膏）倒入凹槽中（若为水泥砂浆，则将称好的水的一半倒入凹槽中），再加入适量的水将石灰膏（或黏土膏）调稀，然后与水泥、砂共同拌和，用量筒逐次加水并拌和，直至拌和物色泽一致，和易性凭经验调整到符合要求为止；③水泥砂浆每翻拌一次，需用铲将全部砂浆压切一次，一般需拌和 3～5min（从加水完毕时算起）。

（2）机械拌和。①先拌适量砂浆（应与正式拌和的砂浆配合比相同），使搅拌机内壁黏附一薄层水泥砂浆，使正式拌和时的砂浆配合比成分准确；②称出各材料用量，再将砂、水泥装入搅拌机内；③开动搅拌机，将水徐徐加入（混合砂浆需将石灰膏或黏土膏用水稀释至浆状），搅拌约 3min；④将砂浆拌和物倒入拌和铁板上，用拌铲翻拌约两次，使之均匀。

12.6.2 砂浆稠度试验

1.试验目的

测定砂浆的稠度，用于控制配合比或确定满足施工稠度的砂浆用水量。

2.仪器设备

（1）砂浆稠度仪。由试锥、容器和支座三部分组成（图 12-17）。试锥高度为 145mm，锥底直径为 75mm，试锥连同滑杆的质量为 300g±2g；盛砂浆容器应由钢板制成，高为 180mm，锥底内径为 150mm；支座分底座、支架及稠度显示三个部分。

（2）钢制捣棒。直径 10mm，长 350mm，端部磨圆。

（3）秒表、铁铲等。

3．试验步骤

（1）将盛浆容器和试锥表面用湿布擦干净，检查滑杆能否自由滑动。

（2）将砂浆拌和物一次装入容器，砂浆表面低于容器口约 10mm，用捣棒自容器中心向边缘插捣 25 次，然后轻轻地将容器摇动或敲击 5～6 下，使砂浆表面平整，随后将容器置于稠度测定仪的底座上。

（3）放松试锥滑杆的制动螺丝，向下移动滑杆，使试锥尖端与砂浆表面刚好接触，拧紧制动螺丝，使齿条侧杆下端刚好接触滑杆上端，并将指针对准零点。

（4）突然松开制动螺丝，使试锥自由沉入砂浆中，待 10s，立即拧紧螺丝，将齿条测杆下端接触滑杆上端，从刻度盘上读出下沉深度（精确至 1mm），即为砂浆的稠度值。

（5）圆锥形容器内的砂浆只允许测定一次稠度，重复测定时，应重新取样测定。

图 12-17　砂浆稠度测定仪
1—齿条指针；2—指针；
3—刻度盘；4—滑杆；
5—制动螺丝；6—试锥；
7—盛浆容器；8—底座；
9—支架

4．结果评定

取两次试验结果的算术平均值作为砂浆稠度的测定结果，精确至 1mm。若两次试验值之差大于 10mm，应重新取样或重新配制砂浆后再测定。

5．试验记录

砂浆稠度试验记录见表 12-31。

表 12-31　砂浆试拌及稠度、分层度试验记录

试拌及调整次数	各材料用量/kg				稠度/mm			分层度/mm				
	水泥	水	砂子	石灰膏	单次测定值	两次差值	稠度平均值	静置前稠度	静置后稠度单次测定值	分层度值	两次差值	分层度平均值

12.6.3　砂浆分层度试验

1．试验目的

测定砂浆分层度，评定砂浆的保水性。

2．仪器设备

（1）分层度仪。由钢板制成，其内径为 150mm，上节高度为 200mm，下节带底净高 100mm，两节的连接处应加宽 3～5mm（图 12-18），连接时，上、下层之间加设橡胶垫圈。

（2）砂浆稠度仪、木槌等。

3．试验步骤

1）标准法

（1）按砂浆稠度试验方法测定拌和物的稠度。

（2）将砂浆拌和物一次装入分层度筒内，待装满后，用木槌在容器周围距离大致相等的四个不同地方轻轻敲击 1～2 次，如砂浆沉落到低于筒口，则应随时添加，然后刮去多余的砂浆，并用抹刀抹平。

图 12-18　砂浆分层度测定仪
1—无底圆筒；2—连接螺栓；
3—有底圆筒

（3）静置 30min，去掉上节 200mm 砂浆，然后将剩余的 100mm 砂浆倒入拌和锅内重新拌 2min，再按稠度试验方法测定其稠度。前后测得的稠度之差即为该砂浆的分层度值，精确至 1mm。

2）快速法

（1）按砂浆稠度试验方法测定拌和物的稠度。

（2）将分层度筒预先固定在振动台上，砂浆一次装入分层度筒内，振动 20s。

（3）去掉上节 200mm 砂浆，剩余的 100mm 砂浆倒入拌和锅内重新拌 2min，再按稠度试验方法测定其稠度。前后测得的稠度之差即为该砂浆的分层度值，精确至 1mm。

4．结果评定

取两次试验结果的算术平均值作为该砂浆的分层度值，精确至 1mm。两次分层度试验值之差若大于 10mm，应重新取样或重新配制砂浆后再测定。

5．试验记录

砂浆分层度试验记录见表 12-31。

12.6.4　砂浆抗压强度试验

1．试验目的

测定砂浆抗压强度，作为评定砂浆强度等级的依据，或检验砂浆的强度能否满足设计要求。

2．仪器设备

（1）试模。内壁边长为 70.7mm×70.7mm×70.7mm 带底立方体金属试模，应有足够的刚度，试模内表面的不平度应为每 100mm 不超过 0.05mm，组装后各相邻面的不垂直度不应超过±0.05°。

（2）压力试验机。试验机精度（示值的相对误差）为 1%，其量程应能使试件的预期破坏荷载值不小于全量程的 20%，也不大于全量程的 80%。

（3）振动台、捣棒（直径 10mm，长 350mm，一端呈半圆形钢筋）、刮刀等。

3．试件制作

（1）应采用立方体试件，每组试件为 3 个。

（2）采用黄油等密封材料涂抹试模的外接缝，试模内壁涂刷薄层机油或脱模剂。向试模内一次性注满砂浆。

（3）成型方法视稠度而定。①当稠度大于 50mm 时，宜采用人工插捣成型。用捣棒均匀由边缘向中心按螺旋方向插捣 25 次，插捣过程中当砂浆沉落低于试模口时，应随时添加砂浆，可用油灰刀插捣数次，并用手将试模一边抬高 5～10mm 各振动 5 次，砂浆应高出试模顶面 6～8mm。②当稠度不大于 50mm 时，宜采用振动台振实成型。将砂浆一次性装满试模，放置在振动台上，振动 5～10s 或持续到表面泛浆为止，不得过振。振动时试模不得跳动。

（4）待表面水分稍干后，再将高出试模部分的砂浆沿试模顶面刮去并抹平。

4．试件的养护

（1）试件制作后，应在 20℃±5℃环境下静置 24h±2h，当气温较低时，可适当延长时间，但不应超过 2d，然后对试件进行编号、拆模。

（2）试件拆模后应立即放入温度为 20℃±2℃，相对湿度为 90% 以上的标准养护室中养护，试件彼此间隔不小于 10mm。混合砂浆、湿拌砂浆试件上面应覆盖，防止有水滴在试件上。

（3）从搅拌加水开始计时，标准养护龄期为 28d，也可根据相关标准要求增加 7d 或 14d。

5．抗压强度试验

（1）试件从养护地点取出后，应尽快进行试验，以免试件内部的温度和湿度发生显著变化。先将试件擦干净，并检查其外观，测量尺寸（精确至 1mm），据此计算试件的承压面面积。若实测尺寸与公称尺寸之差不超过 1mm，可按公称尺寸进行计算。

（2）将试件置于压力机的下压板上，试件的承压面应与成型时的顶面垂直，试件中心应与下压板中心对准。

（3）开动压力机，当上压板与试件接近时，调整球座，使接触面均衡受压。加荷应均匀而连续，加荷速度应为 0.25～1.5kN/s（砂浆强度不大于 2.5MPa 时，取下限为宜），当试件接近破坏而开始迅速变形时，停止调整压力机油门，直到试件破坏，记录破坏荷载。

6．结果计算

（1）砂浆立方体抗压强度按下式计算，精确至 0.1MPa。

$$f_{m,cu} = K\frac{N_u}{A} \tag{12-25}$$

式中，$f_{m,cu}$ 为砂浆立方体抗压强度，MPa；N_u 为试件破坏荷载，N；A 为试件承压面面积，mm^2，K 为换算系数，取 1.35。

（2）抗压强度值试验结果应按下列要求确定。①取三个试件测值的算术平均值作为该组试件的抗压强度值，精确至 0.1MPa；②当 3 个测值中的最大值或最小值有一个与中间值的差超过中间值的 15% 时，应把最大值和最小值一并舍去，取中间值为该组试件的抗压强度值；③当最大值和最小值与中间值的差均超过中间值的 15% 时，该组试验结果无效。

7. 试验记录

砂浆抗压强度试验记录见表 12-32。

表 12-32　砂浆抗压强度试验记录

试样编号	受压面积 /mm^2	破坏荷载/kN	抗压强度/MPa		备　　注
			单块值	代表值	
					1. 标准养护。
					2. 龄期为＿＿d

12.7　沥青及沥青混合料试验

12.7.1　沥青试验

1. 沥青取样方法与取样数量

1）半固体或未破碎固体沥青的取样

（1）从桶、袋、箱中取样应在样品表面以下及容器侧面以内至少 75mm 处采取。若沥青是能够打碎的，则用干净的适当工具打碎后取样；若沥青是软的，则用干净的适当工具切割取样。

（2）当能确认是同一批生产的产品时，应随机取出一件按上述取样方法取 4kg 供检验用；当不能确认是同一批生产的产品或按同批产品要求取出的样品经检验不符合规范要求时，则应按随机取样原则选出若干件，再按上述规定取样，其件数等于总件数的立方根。当取样件数超过一件，每个样品质量应不少于 0.1kg，这样取出的样品，经充分混合均匀后取出 4kg 供检验用。

2）块或粉末状沥青的取样

（1）散装储存的碎块或粉末状固体沥青取样，应按 SH/T 0229"从散装不溶性固体石油产品中采取试样的方法"操作。总样量不少于 25kg，再从中取出 1～2kg 供检验用。

（2）装在桶、袋、箱中的碎块或粉末状固体沥青，按第 1 条第 2）项所述随机取样原则选出若干件，从每一件接近中心处取至少 5kg 样品，这样采集的总样量应不少于 25kg，然后按 SH/T 0229"从散装不溶性固体石油产品中采取试样的方法"执行四分法操作，从中取出 1～2kg 供检验用。

3）流体状沥青取样

对于流体状沥青的取样，按 GB/T 11147—2010 之相关规定操作。

2．针入度测定

1）试验目的

测定针入度，用以评定沥青的黏滞性和沥青牌号。

2）仪器设备

（1）针入度仪（图 12-19）。针连杆的质量为(47.5 ± 0.05)g，针和针连杆总质量为(50 ± 0.05)g，另外仪器附有(50 ± 0.05)g 和(100 ± 0.05)g 的砝码各一个，可以组成(100 ± 0.05)g 和(200 ± 0.05)g 的载荷，以满足试验所需的载荷条件。

图 12-19 针入度仪

1—底座；2—小镜；3—圆形平台；4—调平螺丝；5—保温皿；6—试样；7—刻度盘；
8—指针；9—活杆；10—标准针；11—针连杆；12—按钮；13—砝码

（2）标准针。由硬化回火的不锈钢制造，针长约 50mm，针的直径为 $1.00\sim1.02$mm。

（3）试样皿。金属或玻璃的圆柱形平底容器。针入度小于 40 时，其内径为 $33\sim55$mm，深度为 $8\sim16$mm；针入度小于 200 时，其内径为 55mm，深度为 35mm；针入度 $200\sim350$ 时，其内径为 $55\sim75$mm，深度为 $45\sim70$mm；针入度 $350\sim500$ 时，其内径为 55mm，深度为 70mm。

（4）恒温水浴。容量不小于 10L，能保持温度在试验温度的 ±0.1℃内。

（5）平底玻璃皿。容量不小于 350mL，深度要没过最大的样品皿。内设一个不锈钢支架，能使试样皿稳定。

（6）秒表（精度 0.1s）、温度计（分度 0.1℃，范围 $0\sim50$℃）。

3）试样制备

（1）小心加热样品，不断搅拌以防局部过热，加热到试样能够易于流动。焦油沥青的加热温度不超过软化点的 60℃，石油沥青的加热温度不超过软化点的 90℃。加热时间在保证样品充分流动的基础上尽量少。加热、搅拌过程中避免试样中进入气泡。

（2）将试样倒入预先选好的试样皿中，其深度至少是预计针入深度的120%。如果试样皿的直径小于65mm，而预期针入度大于200mm，每个试验条件都要用三个样品。如果样品足够，浇筑的样品要达到试样皿边缘。

（3）松松地盖住试样皿以防灰尘落入。在15～30℃的室温下，小的试样皿（ϕ33mm×16mm）中的样品冷却45min～1.5h，中等试样皿（ϕ55mm×35mm）中的样品冷却1～1.5h，较大的试样皿中的样品冷却1.5～2.0h，冷却结束后将试样皿和平底玻璃皿一起放入测试温度下的水浴中，水面应没过试样表面10mm以上，在规定的温度下恒温，小的试样皿恒温45min～1.5h，中等试样皿恒温1～1.5h，更大试样皿恒温1.5～2.0h。

4）试验步骤

（1）调节针入度仪的水平，检查连杆和导轨，确保水面没水和其他物质。如果预测针入度超过350应选择长针，否则用标准针。用合适的溶剂把针擦净，再用干净的布把针擦干，然后将针插入针连杆中固定。按试验条件（除非另行规定，标准针、针连杆与附加砝码的总质量为100g±0.05g，温度为25℃±0.1℃，时间为5s）选择合适的砝码并放好砝码。

（2）将已恒温到试验温度的试样皿从恒温水浴中取出，放在平底玻璃皿中的三脚架上，用与水浴相同温度的水完全覆盖样品，将平底玻璃皿放在针入度仪的平台上，慢慢放下针连杆，使针尖与试样表面恰好接触。必要时用放置在合适位置的光源观察针头位置，使针尖与水中针头的投影刚刚接触为止。轻轻拉下活杆，使其与针连杆顶端接触，调节针入度仪上的刻度盘指针为零。

（3）用手紧压按钮，释放针连杆，同时开动秒表，使标准针自由地穿入沥青试样中，到规定的时间（5s），停压按钮，使标准针停止下沉。

（4）拉下活杆，与针连杆顶部接触，此时刻度盘指针读数即为试样针入度，用1/10mm表示。

（5）同一试样至少重复测定3次，每次穿入点相互距离及与盛样皿边缘距离都不得小于10mm。在每次测定前，都应将试样和平底皿玻璃皿放入恒温水浴中，每次测定都要用干净的针。当针入度小于200时，可将针取下用合适的溶剂擦净后继续使用；当针入度超过200时，每个试样皿中扎一针，三个试样皿得到三个数据。或者每个试样至少用三根针，每次试验用的针留在试样中，直至三根针扎完时再将针取出。但这样测得的针入度最高值和最低值之差不得超过平均值的4%。

5）结果评定

取三次测定针入度的平均值作为试验结果，取至整数。三次测定的针入度值相差不应大于表12-33中的数值，如果误差超过表中的数值，则利用第3条第2）项中的第二个样品重复试验。如果结果再次超过允许值，则取消所有的试验结果，重新进行试验。

表 12-33　针入度测定最大允许差值　　　　　1/10mm

针入度	0～49	50～149	150～249	250～349	350～500
最大差值	2	4	6	8	20

3．延度测定

1）试验目的

测得沥青延度,用以评定沥青的塑性,延度也是评定沥青牌号的依据之一。

2）仪器设备

（1）延度仪（图 12-20）是一个带标尺的长方形水槽,内装有移动速度为(5 ± 0.25)cm/min的拉伸滑板。

图 12-20　沥青延度仪

1—试模；2—试样；3—电机；4—水槽；5—泻水孔；6—开关；7—指针；8—标尺

（2）延度仪模具。用黄铜制造,由两个端模和两个侧模组成,其形状和尺寸如图 12-21所示。

图 12-21　延度仪模具

（3）恒温水浴。能保持试验温度变化不大于 0.1℃,容量不小于 10L,试件浸水深度不得小于 10cm。

（4）温度计。0～50℃,分度为 0.1℃和 0.5℃各一支。

（5）隔离剂。两份甘油和一份滑石粉调制而成（以质量计）。

（6）支撑板。即黄铜板,一面应磨光。

3）试样制备

（1）将模具组装在支撑板上,将隔离剂涂于支撑板表面及侧模内表面以防沥青沾在模具上。

（2）与针入度测定相同的方法加热沥青试样，将熔化后的样品充分搅拌后倒入模具，在倒样时使试样呈细流状，自模的一端至另一端往返多次倒入试样，使试样略高出模具。

（3）浇筑好的试件在空气中冷却 $30\sim40$min，然后放在规定温度 $25℃\pm0.5℃$ 的水浴中保持 30min 取出，用热刀将高出模具部分的沥青刮去，使试样与模具齐平。

（4）恒温。将支撑板、模具和试件一起放入恒温水浴中，在试验温度 $25℃\pm0.5℃$ 下保持 $85\sim95$min，然后从支撑板上取下试件，拆掉侧模，立即进行拉伸试验。

4）试验步骤

（1）检查延度仪拉伸速度是否满足要求，一般为 (5 ± 0.25)cm/min，然后移动滑板使其指针正对标尺的零点，将延度仪的水槽中注水，并保持水温达到试验温度 $25℃\pm0.5℃$。

（2）试件移至延度仪水槽中，然后将模具两端的孔分别套在滑板及槽端的金属柱上，试件距水面和水底的距离不小于 25mm。

（3）测得水槽中的水温满足试验温度 $25℃\pm0.5℃$ 时，开动延度仪，此时，仪器不得有振动，观察沥青的拉伸情况。在测定时，如发现沥青浮于水面或沉于槽底时，则试验不正常，应使用乙醇或氯化钠调整水的密度，使沥青材料既不浮于水面，又不沉入槽低。

（4）试件拉断时指针所指标尺上的读数即为试样的延度（以 cm 表示），正常的试验应将试样拉成锥形或线形或柱形，直至断裂时实际横截面面积接近零或一均匀断面。如果三次试验得不到正常结果，则报告在该条件下延度无法测定。

5）结果评定

（1）若三个试件测定值在其平均值的 5% 以内，取平行测定的三个结果的平均值作为测定结果。

（2）若三个试件测定值不在其平均值的 5% 以内，但其中两个较高值在平均值的 5% 之内，则弃去最低测定值，取两个较高值的平均值作为测定结果，否则重新测定。

4. 软化点测定

1）试验目的

测定沥青软化点，评定沥青的温度稳定性，软化点也是评定沥青牌号的依据之一。

2）仪器设备

（1）沥青软化点测定仪（图 12-22）。包括温度计（测温范围 $30\sim180℃$，分度值 0.5℃）、浴槽（可加热的玻璃容器，内径不小于 85mm，离加热底部的深度不小于 120mm）、环支撑架和支架、黄铜环（两只黄铜肩或锥环）、球（两只直径为 9.5mm 的钢球，每只质量为 3.50g±0.05g）、钢球定位器等。

（2）电炉或其他加热器、隔离剂（同延度测定）。

3）试样制备

（1）将黄铜环置于涂有隔离剂的支撑板上（如估计软化点在 120℃ 以上时，应将黄铜环与支撑板预热至 $80\sim100℃$），将熔化后的沥青样品（准备方法同针入度测定）注入黄铜环内至略高于环面为止。

（2）将浇筑好的试件在室温下至少冷却 30min，对于在室温下较软的样品，应将试件在低于预计软化点 10℃ 以上的环境中冷却 30min，从开始倒试样时起至完成试验的时间不得超过 240min。

图 12-22 软化点测定仪

(a) 组合装置；(b) 肩环；(c) 钢球定位器；(d) 支架

（3）试样冷却后，用热刀刮去高出环面的沥青，使每一个圆片饱满且和环的顶面齐平。

4）试验步骤

（1）选择加热介质。软化点不高于 80℃的沥青在水浴中测定，高于 80℃的沥青在甘油中测定。

（2）把软化点测定仪放在通风橱内并配置两个样品环、钢球定位器，将温度计插入合适位置，浴槽装满加热介质（水或甘油），用镊子将钢球置于浴槽底部，使其同支架的其他部位达到相同的起始温度（如有必要，将浴槽置于冰水中，或小心加热并维持适当的起始浴温达 15min）。

（3）再次用镊子从浴槽将钢球夹住并置于定位器中。

（4）从浴槽底部加热使温度以恒定的速率（5℃/min）上升。3min 后升温速度应达到 5℃/min±0.5℃/min，若温度上升速率超过此限定范围，则此次试验失败。

（5）当两个试样环的球刚触及下支撑板时，分别记录温度计所显示的温度，即为试样的软化点。

5）结果评定

（1）取平行测定两个结果的平均值作为测定结果。如果两个温度的差值超过 1℃，则重新试验。

（2）如果水浴中两次测定的平均值大于或等于 85.0℃，则应在甘油浴中重复试验。

5.试验记录

沥青试验记录见表 12-34。

表 12-34　沥青试验记录

试验次数	针入度/(1/10mm)	延度/cm	软化点/℃	结　　论
				该沥青牌号为:
			——	
平均值				

12.7.2　沥青混合料试验

1.沥青混合料的制备和试件成型(击实法)

1)试验目的

制备沥青混合料及成型试件,供测定其物理力学性能用。

2)仪器设备

(1)实验室用沥青混合料拌和机(图 12-23)。

图 12-23　实验室用沥青混合料拌和机

1—电机;2—联轴器;3—变速箱;4—弹簧;5—拌和叶片;6—升降手柄;7—底座;
8—加热拌和锅;9—温度时间控制仪

(2)标准击实仪。由击实锤、ϕ98.5mm±0.5mm 平圆形压实头及带手柄的导向棒组成。用机械将压实锤提升,至 457.2mm±1.5mm 高度沿导向棒自由落下连续击实,标准击实锤质量 4536g±9g。

(3)试模。由高碳钢或工具钢制成,试模内径为 101.6mm±0.2mm,圆柱形金属筒高 87mm,底座直径约 120.6mm,套筒内径 104.8mm,高 70mm。

(4)脱模器。电动或手动,应能无破损地推出圆柱体试件,备有标准试件尺寸的推出环。

（5）天平或电子秤。用于称量沥青的,感量不大于 0.1g,用于称量矿料的,感量不大于 0.5g。

（6）布洛克菲尔德黏度计(图 12-24)。

图 12-24　布洛克菲尔德黏度计

（7）温度计。分度值 1℃,宜采用有金属插杆的插入式数显温度计,金属插杆的长度不小于 150mm,量程 0～300℃。

（8）其他:烘箱、插刀或大螺丝刀、电炉或煤气炉、沥青熔化锅、拌和铲、标准筛、滤纸(或普通纸)、胶布、卡尺、秒表、粉笔、棉纱等。

3）准备工作

（1）确定制作沥青混合料试件的拌和温度与压实温度。①按 T 0625 要求测定沥青的黏度,绘制黏温曲线。按表 12-35 的要求确定适宜于沥青混合料拌和及压实的沥青等黏度。②当缺乏沥青黏度测定条件时,试件的拌和与压实温度可按表 12-36 选用,并根据沥青品种和强度等级作适当调整。针入度小、稠度大的沥青取高限;针入度大、稠度小的沥青取低限;一般取中值。③对于改性沥青,应根据实践经验、改性剂的品种和用量,适当提高混合料的拌和和压实温度;对大部分聚合物改性沥青,通常在普通沥青的基础上提高 10～20℃;掺加纤维时,尚需再提高 10℃左右。④常温沥青混合料的拌和与压实在常温下进行。

表 12-35　沥青混合料拌和及压实的沥青等黏度

沥青混合料种类	黏度与测定方法	适宜于拌和的沥青结合料黏度	适宜于压实的沥青结合料黏度
石油沥青	表观黏度,T0625 方法测定	0.17Pa・s±0.02Pa・s	0.28Pa・s±0.03Pa・s

注:液体沥青混合料的压实成型温度按石油沥青要求执行。

表 12-36　沥青混合料拌和及压实温度　　　　　　　　℃

沥青种类	拌和温度	压实温度
石油沥青	140～160	120～150
改性沥青	160～175	140～170

（2）沥青混合料试件的制作条件。①在拌和厂或施工现场采取沥青混合料制作试样时,按 JTG E20—2011 规程中 T0701 的方法取样,将试样置于烘箱中加热或保温,在混合料中插入温度计测量温度,待混合料温度符合要求后成型。需要拌和时可倒入已加热的室内沥青混合料拌和机中适当拌和,时间不超过 1min。不得在电炉或明火上加热炒拌。②在实

验室人工配制沥青混合料时,试件的制作按下列步骤进行:将各种规格的矿料置于(105±5)℃的烘箱中烘干至恒重(一般不少于4～6h);将烘干分级的粗细骨料,按每个试件设计级配要求称其质量,在一金属盘中混合均匀,矿粉单独放入小盆里,然后置烘箱中加热至沥青拌和温度以上约15℃(采用石油沥青时通常为163℃,采用改性沥青时通常需180℃)备用。一般按一组试件(每组4～6个)备料,但进行配合比设计时宜对每个试件分别备料。常温沥青混合料的矿料不应加热;将按JTG E20—2011规程中T 0601方法取的沥青试样,用烘箱加热至规定的沥青混合料拌和温度,但不得超过175℃。当不得已采用燃气炉或电炉直接加热进行脱水时,必须使用石棉垫隔开。

4) 拌制沥青混合料

(1) 黏稠石油沥青混合料。①用蘸有少许黄油的棉纱擦净试模、套筒及击实座,至100℃左右的烘箱中加热1h备用。常温沥青混合料用试模不加热;②将沥青混合料拌和机提前预热至拌和温度10℃左右备用;③将加热的粗细骨料置于拌和机中,用小铲适当混合,然后再加入需要数量的已加热至拌和温度的沥青(如沥青已称量在一个专用容器内时,可在倒掉沥青后用一部分热矿粉将粘在容器壁上的沥青擦拭掉并一起倒入拌和锅中),开动拌和机,一边搅拌,一边使拌和叶片插入混合料中拌和1～1.5min,然后暂停拌和,加入加热的矿粉,继续拌和至均匀为止,并使沥青混合料保持在要求的拌和温度范围内。标准的总拌和时间为3min。

(2) 液体石油沥青混合料。将每组(或每个)试件的矿料置于已加热至55～100℃的沥青混合料拌和机中,注入要求数量的液体沥青,并将混合料边加热边拌和,使液体沥青中的溶剂挥发至50%以下。拌和时间应事先试拌决定。

(3) 乳化沥青混合料。将每个试件的粗细骨料,置于沥青混合料拌和机(不加热,也可用人工炒拌)中,注入计算的用水量(阴离子乳化沥青不加水)后,拌和均匀并使矿料表面完全湿润;再注入设计的沥青乳液用量,在1min内使混合料拌匀;然后加入矿粉,迅速拌和,拌至褐色为止。

5) 试件成型(击实法)

(1) 将拌好的沥青混合料,用小铲适当拌和均匀,称取一个试件所需的用量(标准马歇尔试件约1200g)。当已知沥青混合料密度时,可根据试件的标准尺寸计算并乘以1.03得到要求的混合料数量。当一次拌和几个试件时,宜将其倒入经预热的金属盘中,用小铲适当拌和均匀分成几份,分别取用。在试件制作过程中,为防止混合料温度下降,应连盘放在烘箱中保温。

(2) 从烘箱中取出预热的试模及套筒,用蘸有少许黄油的棉纱擦拭套筒、底座及击实锤底面。将试模装在底座上,放一张圆形的吸油性小的纸,用小铲将混合料铲入试模中,用插刀或大螺丝刀沿周边插捣15次,中间10次。插捣后将沥青混合料表面整平。

(3) 插入温度计至混合料中心附近,检查混合料温度。

(4) 待混合料温度符合要求的压实温度后,将试模连同底座一起放在击实台上固定,在装好的混合料上面垫一张吸油性小的圆纸,再将装有击实锤及导向棒的压实头放入试模中。然后开启电机(或人工击实),使击实锤在457mm的高度自由落下到击实规定的次数(75次或50次)。

(5) 试件击实一面后,取下套筒,将试模翻面,装上套筒,然后以同样的方式和次数击实另一面。乳化沥青混合料试件在两面击实后,将一组试件在室温下横向放置 24h,另一组试件置于温度为(105±5)℃的烘箱中养生 24h。将养生试件取出后再立即两面锤击 25 次。

(6) 试件击实结束后,立即用镊子取掉上下面垫的纸,用卡尺量取试件离试模上口的高度,并由此计算试件高度。高度不符合要求时,试件应作废,并按式(12-26)调整试件的混合料质量,以保证高度符合 63.5mm±1.3mm(标准试件)的要求。

$$调整后混合料质量 = \frac{要求试件高度 \times 原始混合料质量}{所得试件的高度} \tag{12-26}$$

(7) 卸去套筒和底座,将装有试件的试模横向放置冷却至室温后(不少于 12h),置脱模机上脱出试件。用于现场马歇尔指标检验的试件,在施工质量检验时如急需试验,允许采用电风扇吹冷 1h 或浸水冷却 3min 以上的方法脱模。但浸水脱模法不能用于测量密度、空隙率等物理指标。

(8) 将试件仔细置于干燥洁净的平面上,供试验用。

2. 沥青混合料马歇尔稳定度试验

1) 试验目的

测定沥青混合料马歇尔稳定度,用于沥青混合料的配合比设计及沥青路面施工质量检验(标准马歇尔稳定度试验);或用于检验沥青混合料受水损害时抵抗剥落的能力,通过测试其水稳定性检验配合比设计的可行性(浸水马歇尔稳定度试验)。本方法适用于标准马歇尔稳定度试验和浸水马歇尔稳定度试验。

2) 仪器设备

(1) 沥青混合料马歇尔试验仪分为自动式和手动式。自动马歇尔试验仪应具备控制装置、记录荷载-位移曲线、自动测定荷载与试件的垂直变形,能自动显示和存储或打印试验结果等功能。手动式由人工操作,试验数据通过操作者目测后读取数据。对用于高速公路和一级公路的沥青混合料宜采用自动马歇尔试验仪。

当骨料公称最大粒径小于等于 26.5mm 时,宜采用 ϕ101.6mm×63.5mm 的标准马歇尔试件,试验仪最大荷载不得小于 25kN,读数准确至 0.1kN,加载速率应能保持 50mm/min±5mm/min。钢球直径 16mm±0.05mm,上下压头曲率半径为 50.8mm±0.08mm。

当骨料公称最大粒径大于 26.5mm 时,宜采用 ϕ152.4mm×95.3mm 大型马歇尔试件,试验仪最大荷载不得小于 50kN,读数准确至 0.1kN。上下压头的曲率内径为 ϕ152.4mm±0.2mm,上下压头间距 19.05mm±0.1mm。

(2) 恒温水槽(控温准确至 0.1℃),深度不小于 150mm。

(3) 真空饱水容器,包括真空泵及真空干燥器。

(4) 烘箱、天平(感量不大于 0.1g)、温度计(分度值 1℃)、卡尺、棉纱、黄油等。

3) 标准马歇尔试验方法

(1) 准备工作。①按 JTG E20—2011 规程中 T 0702 标准击实法成型马歇尔试件,标准马歇尔试件尺寸应符合直径 101.6mm±0.2mm、高 63.5mm±1.3mm 的要求。对大型马歇尔试件,尺寸应符合直径 152.4mm±0.2mm、高 95.3mm±2.5mm 的要求。一组试件的数量不得少于 4 个,并符合 JTG E20—2011 规程中 T 0702 的规定。②量测试件的直径及高度。用卡尺测量试件中部的直径,用马歇尔试件高度测定器或用卡尺在十字对称的 4 个方向量测离试件边缘 10mm 处的高度,准确至 0.1mm,并以其平均值作为试件的高度。如试件高度不符合 63.5mm±1.3mm 或 95.3mm±2.5mm 要求或两侧高度差大于 2mm,此试件应作废。③按 JTG E20—2011 规程中规定的方法测定试件的密度,并计算空隙率、沥青体积百分率、沥青饱和度、矿料间隙率等体积指标。④将恒温水槽调节至要求的试验温度,对黏稠石油沥青或烘箱养生过的乳化沥青混合料为 60℃±1℃,对煤沥青混合料为 33.8℃±1℃,对空气养生的乳化沥青或液体沥青混合料为 25℃±1℃。

(2)试验步骤。①将试件置于已达规定温度的恒温水槽中保温,保温时间对标准马歇尔试件需 30~40min,对大型马歇尔试件需 45~60min。试件之间应有间隔,底下应垫起,距水槽底部不小于 5cm。②将马歇尔试验仪的上下压头放入水槽或烘箱中达到同样温度。将上下压头从水槽或烘箱中取出擦拭干净内面。为使上下压头滑动自如,可在下压头的导棒上涂少量黄油。再将试件取出置于下压头上,盖上上压头,然后装在加载设备上。③在上压头的球座上放妥钢球,并对准荷载测定装置的压头。④当采用自动马歇尔试验仪时,将自动马歇尔试验仪的压力传感器、位移传感器与计算机或 X-Y 记录仪正确连接,调整好适宜的放大比例,压力和位移传感器调零。⑤当采用压力环和流值计时,将流值计安装在导棒上,使导向套管轻轻压住上压头,同时将流值计读数调零。调整压力环中百分表,对零。⑥启动加载设备,使试件承受荷载,加载速度为 50mm/min±5mm/min。计算机或 X-Y 记录仪自动记录传感器压力和试件变形曲线,并将数据自动存入计算机。⑦当试验荷载达到最大值的瞬间,取下流值计,同时读取压力环中百分表读数及流值计的流值读数。⑧从恒温水槽中取出试件至测出最大荷载值的时间,不得超过 30s。

4)浸水马歇尔试验方法

浸水马歇尔试验方法与标准马歇尔试验方法的不同之处在于,试件在已达规定温度恒温水槽中的保温时间为 48h,其余步骤均与标准马歇尔试验方法相同。

5)真空饱水马歇尔试验方法

试件先放入真空干燥器中,关闭进水胶管,开动真空泵,使干燥器的真空度达到 97.3kPa(730mmHg)以上,维持 15min;然后打开进水胶管,靠负压进入冷水流使试件全部浸入水中,浸水 15min 后恢复常压,取出试件再放入已达规定温度的恒温水槽中保温 48h。其余均与标准马歇尔试验方法相同。

6)结果计算

(1)稳定度及流值。①当采用自动马歇尔试验仪时,将计算机采集的数据绘制成压力和试件变形曲线,或由 X-Y 记录仪自动记录的荷载-变形曲线,按图 12-25 所示的方法在切线方向延长曲线与横坐标相交于 O_1,将 O_1 作为修正原点,从 O_1 起量取相应于荷载最大值时的变形作为流值 FL,以 mm 计,准确至 0.1mm。最大荷载即为稳定度 MS,以 kN 计,准确至 0.01kN。②采用压力环和流值计测定时,根据压力环标定曲线,将压力环中百分表的读数换算为荷载值,或者由荷载测定装置读取的最大值即为试样的稳定度 MS,以 kN 计,准确至 0.01kN。由流值计及位移传感器测定装置读取的试件垂直变形,即为试件的流值 FL,以 mm 计,准确至 0.1mm。

(2)马歇尔模数。试件的马歇尔模数按下式计算。

$$T = \frac{MS}{FL} \tag{12-27}$$

图 12-25 马歇尔试验结果的修正方法

式中,T 为试件的马歇尔模数,kN/mm;MS 为试件的稳定度,kN;FL 为试件的流值,mm。

（3）试件的浸水残留稳定度按下式计算。

$$MS_0 = \frac{MS_1}{MS} \times 100 \qquad (12-28)$$

式中,MS_0 为试件的浸水残留稳定度,%;MS_1 为试件浸水 48h 后的稳定度,kN。

（4）试件的真空饱水残留稳定度按下式计算。

$$MS_0' = \frac{MS_2}{MS} \times 100 \qquad (12-29)$$

式中,MS_0' 为试件的真空饱水残留稳定度,%;MS_2 为试件真空饱水后浸水 48h 后的稳定度,kN。

7）试验报告

（1）当一组测定值中某值与平均值之差大于标准差 k 倍时,该测定值应舍弃,并以其余测定值的平均值作为试验结果。当试验项目 n 为 3、4、5、6 个时,k 值分别为 1.15、1.46、1.67、1.82。

（2）试验报告中需列出马歇尔稳定度、流值、马歇尔模数,以及试件尺寸、试件密度、空隙率、沥青用量、沥青体积百分率、沥青饱和度、矿料间隙率等各项物理指标。当采用自动马歇尔试验时,试验结果应附上荷载-变形曲线原件或自动打印结果。

8）试验记录

沥青混合料马歇尔稳定度试验记录见表 12-37。

表 12-37 沥青混合料马歇尔稳定度试验记录（压力环与流值计法）

拌和温度/℃		骨料最大粒径/mm				
击实温度/℃		试件尺寸/mm				
击实次数		压力环换算系数/(kN/0.01mm)				

试件编号	压力环百分表读数/(0.01mm)	稳定度 MS/kN	流值 FL/mm	马歇尔模数 T	试件编号	压力环百分表读数/(0.01mm)	稳定度 MS/kN	流值 FL/mm	马歇尔模数 T

12.8 土工合成材料试验

12.8.1 土工织物(土工布)试验

1. 单位面积质量测定

1)试验目的

测定土工织物单位面积质量,用以评定其物理性能。本方法也适用于土工膜单位面积质量测定。

2)仪器设备

天平(感量 0.01g,并应满足称量值 1‰准确度)、钢尺(最小分度值为 1mm)、裁刀或剪刀。

3)试样制备

(1)剪取试样。试样剪取距样品边缘应不小于 100mm;试样应具代表性,不同试样应避免位于同一纵向和横向位置上,即采用梯形取样法,如果不可避免(如卷装、幅宽较窄),应在测试报告中注明情况。剪取试样时应满足准确度要求。应先有剪裁计划,然后再剪裁。对每项测试所用全部试样,应予以编号。

(2)试样状态调节。试样置于温度为(20±2)℃,相对湿度为 60%±10%的环境中状态调节 24h。如果确认试样不受环境影响,则可省去状态调节处理,但应在记录中注明测试时的温度和湿度。

(3)每组试样数量应不少于 10 个,试样面积应为 100cm²,试样的裁剪和测量应准确至 1mm。

4)试验步骤

(1)确认天平的最大称量满足要求。

(2)试样逐一在天平上称量,读数应准确至 0.01g。称量小于 1g 的材料应使用感量更小的天平来称量(满足称量值 1‰准确度要求)。

5)结果计算

(1)单位面积质量按下式计算,精确至 1g/m²。

$$G = \frac{m}{A} \times 10^4$$ (12-30)

式中,G 为单位面积质量,g/m²;m 为试样质量,g,A 为试样面积,cm²。

(2)计算土工织物单位面积质量平均值、标准差和变异系数(标准差与平均值之比)。

6)试验记录

土工织物单位面积质量试验记录见表 12-38。

表 12-38 土工织物单位面积质量试验记录

试样编号	1	2	3	4	5	6	7	8	9	10	平均值	标准差	变异系数
质量/g												—	—
长度/mm											—	—	—

续表

试样编号	1	2	3	4	5	6	7	8	9	10	平均值	标准差	变异系数
宽度/mm											—	—	—
面积/cm²											—	—	—
单位面积质量/(g/m²)													

2. 条带拉伸试验

1) 试样目的

通过试验测定土工织物的拉伸强度和伸长率,以评定其力学性能。

2) 仪器设备

(1) 试验机。应具有等速拉伸功能。

(2) 夹具。钳口面应能防止试样在钳口内打滑,并应能防止试样在钳口内被夹损伤。两个夹具的夹持面应在一个平面内。宽条试样有效宽度 200mm,夹具实际宽度应不小于 210mm;窄条试样有效宽度 50mm,夹具实际宽度应不小于 60mm。

(3) 测量设备。荷载指示值或记录值应准确至 1%;伸长量的测量读数应准确至 1mm;应能自动记录拉力-伸长量曲线。

3) 试样制备

(1) 裁剪试样。试样剪取按"单位面积质量测定"中"剪取试样"的方法进行。纵横向每组试样数量不少于 5 个。试样尺寸:对于宽条法拉伸试验的试样裁剪宽度为 200mm,长度不小于 200mm,实际长度视夹具而定,应有足够的长度使试样伸出夹具,试样计量长度为 100mm。对于有纺土工织物,裁剪试样宽度为 210mm,在两边抽去大约相同数量的边纱,使试样宽度达到 200mm;对于窄条法拉伸试验的试样裁剪宽度为 50mm,长度应不小于 200mm。且应有足够长度的试样伸出夹具,试样计量长度为 100mm。对于有纺土工织物,裁剪试样宽度为 60mm,在两边抽去大约相同数量的边纱,使试样宽度达到 50mm。

(2) 如进行干态与湿态两种拉伸强度试验,应裁剪两倍的试样长度,然后一剪为二,一组测干强度,另一组测湿强度。

(3) 试样状态调节。按"单位面积质量测定"中"试样状态调节"的规定进行。

4) 试验步骤

(1) 准备好干湿试样。对湿态试样从水中取出至上机拉伸的时间间隔应不大于 10min。

(2) 选择合适的试验机量程。设定拉伸速率为 20mm/min。将两夹具的初始间距调至 100mm。

(3) 将试样对中放入夹具内夹紧。开启试验机,同时启动记录装置,记录拉力-伸长量曲线,连续运转直至试样破坏、停机。

(4) 若试样在钳口内打滑,或在钳口边缘或钳口内被夹坏,且该测值小于平均值的 80%,则该试验结果应予剔除,并增补试样。当试样在钳口内打滑或大多数试样被钳口夹坏,宜采取下列改进措施:①钳口内加衬垫;②钳口内的试样用涂料加强;③改进钳口面。

（5）重复以上步骤，对其余试样进行试验。

5）结果计算

（1）拉伸强度按下式计算。

$$T_1 = \frac{F}{B} \tag{12-31}$$

式中，T_1 为拉伸强度，kN/m；F 为最大荷载，kN；B 为试样宽度，m。

以至少 10 个试样拉伸强度的平均值作为最后结果。

（2）伸长率按下式计算。

$$\varepsilon = \frac{\Delta L}{L_0} \times 100\% \tag{12-32}$$

式中，ε 为伸长率，%；L_0 为试样计量长度，mm，ΔL 为最大荷载时试样计量长度的伸长量，mm。

（3）计算拉伸强度及伸长率的平均值、标准差和变异系数。

（4）拉伸模量计算。①初始拉伸模量 E_1。如果应力-应变曲线在初始阶段是线性的，取初始切线斜率为初始拉伸模量。②偏移拉伸模量 E_0。当应力-应变曲线开始段坡度小，中间部分接近线性，取中间直线的斜率为偏移拉伸模量。③割线拉伸模量 E_s。当应力-应变曲线始终呈非线性时，可采用割线法。从原点到曲线上某一点连一直线，此直线斜率即为该点对应的割线拉伸模量。

6）试验记录

条带拉伸试验记录见表 12-39。

表 12-39 条带拉伸试验记录

试样编号	纵向				横向			
	拉力 /kN	强度 /(kN/m)	伸长量 ΔL/mm	伸长率 /%	拉力 /kN	强度 /(kN/m)	伸长量 ΔL/mm	伸长率 /%
1								
2								
3								
4								
5								
平均值	—	—	—	—	—	—	—	—
标准差	—	—	—	—	—	—	—	—
变异系数	—	—	—	—	—	—	—	—
备注	试样计量长度 L_0=				试样宽度 B=			

3. 垂直渗透试验

1）试验目的

通过测定土工织物垂直渗透系数和透水率，以评定其透水性能。

2）仪器设备

（1）垂直渗透试验仪。包括安装试样装置、供水装置、恒水位装置与水位测量装置，垂直渗透试验原理如图 12-26 所示。

（2）安装试样装置。试样有效过水面积应不小于 20cm^2，应能装单片和多片土工织物试样；试样密封应良好，不应有渗漏。

（3）供水装置。管路宜短而粗，减少水头损失。

（4）恒水位装置。容器应有溢流装置，在试验过程中保持常水头。并且容器应能调节水位，水头变化范围为 1～150mm。

（5）水位测量装置。水位测量应准确至 1mm。

（6）其他。计时器、量筒、水桶、温度计等。计时器准确至 0.1s，量筒准确至 1%，温度计准确至 0.5℃。

（7）对新安装的系统应做空态（无试样）率定，以确定设备自身的水头损失，在进行试样渗透系数计算时予以修正。

图 12-26　垂直渗透试验原理
1—安装试样装置；2—试样；
3—溢水口；4—水位差

3）试验准备

（1）试样裁剪。试样剪取按"单位面积质量测定"中"剪取试样"的方法进行。

（2）试样状态调节。按"单位面积质量测定"中"试样状态调节"的规定进行。

（3）试样数量。单片试样应不少于 5 个，多片试样应不少于 5 组。

（4）试验用水应为无杂质脱气水或蒸馏水。

4）试验步骤

（1）试样应充分饱和。试样安装操作过程中应防止空气进入试样，有条件的宜在水下装样。

（2）调节上游水位，应使其高出下游水位，水从上游流向下游，并溢出。

（3）待上下游水位差 Δh 稳定后，测读 Δh，开启计时器，用量筒接取一定时段内的渗透水量，并测量水量与时间，测量时间应不少于 105s，测量水量应不少于 100mL。

（4）调节上游水位，改变水力梯度，重复第（2）、（3）条。作渗透流速与水力梯度的关系曲线，取其线性范围内的试验结果，计算平均渗透系数。

（5）重复上述过程，对其余试样进行试验。

5）结果计算

（1）垂直渗透系数按下式计算。

$$k_{20} = \frac{V\delta}{A \Delta h t}\eta \qquad (12-33)$$

式中，k_{20} 为 20℃时垂直渗透系数，cm/s；V 为渗透水量，cm^3；δ 为试样厚度，cm；A 为试样过水面积，cm^2；Δh 为上下游水位差，cm；t 为通过水量 V 的历时，s；η 为水温修正系数，见表 12-40。

表 12-40　水温修正系数

温度/℃	水温修正系数 η	温度/℃	水温修正系数 η	温度/℃	水温修正系数 η
5.0	1.501	6.5	1.434	8.0	1.373
5.5	1.478	7.0	1.413	8.5	1.353
6.0	1.456	7.5	1.393	9.0	1.334

温度/℃	水温修正系数 η	温度/℃	水温修正系数 η	温度/℃	水温修正系数 η
9.5	1.315	18.5	1.037	27.0	0.851
10.0	1.297	19.0	1.025	27.5	0.842
10.5	1.279	19.5	1.012	28.0	0.833
11.0	1.261	20.0	1.000	28.5	0.824
11.5	1.244	20.5	0.988	29.0	0.815
12.0	1.227	21.0	0.976	29.5	0.806
12.5	1.210	21.5	0.965	30.0	0.798
13.0	1.194	22.0	0.954	30.5	0.789
13.5	1.179	22.5	0.942	31.0	0.781
14.0	1.163	23.0	0.932	31.5	0.773
14.5	1.148	23.5	0.919	32.0	0.765
15.0	1.133	24.0	0.910	32.5	0.757
15.5	1.119	24.5	0.900	33.0	0.749
16.0	1.104	25.0	0.890	34.0	0.734
17.0	1.077	25.5	0.880	35.0	0.719
17.5	1.063	26.0	0.870	—	—
18.0	1.050	26.5	0.861	—	—

（2）透水率按下式计算。

$$\varphi_{20} = \frac{V}{A \Delta h t} \eta$$ (12-34)

式中，φ_{20} 为试样 20℃时的透水率，s^{-1}。

（3）计算垂直渗透系数和透水率的平均值、标准差及变异系数。

6）试验记录

垂直渗透试验记录见表 12-41。

表 12-41 垂直渗透试验记录

试样编号	厚度/cm	时间 t/s	水位/cm 上游	水位/cm 下游	渗透水量 V/cm³	垂直渗透系数 k_{20}/(cm/s)	垂直渗透系数 k_{20}/(cm/s)	透水率 φ_{20}/s⁻¹	透水率 φ_{20}/s⁻¹
	试样过水面积 A/cm²		水温/℃			水温修正系数 η			
1									
2									

续表

试样过水面积 A/cm^2			水温/℃			水温修正系数 η			
试样编号	厚度 /cm	时间 t/s	水位/cm		渗透水量 V/cm^3	垂直渗透系数 k_{20}/(cm/s)	垂直渗透系数 k_{20}/(cm/s)	透水率 φ_{20}/s^{-1}	透水率 φ_{20}/s^{-1}
			上游	下游					
3									
4									
5									
备注						平均值		平均值	
						标准差		标准差	
						变异系数		变异系数	

4. 水平渗透试验

1) 试样目的

通过试验测定土工织物水平渗透系数和导水率,以评定其排水性能。

2) 仪器设备

(1) 水平渗透试验仪,包括安装试样装置、供水装置、恒水位装置、加荷装置与水位测量装置。水平渗透试验原理如图 12-27 所示。

(2) 安装试样装置。应密封不漏水。

(3) 恒水位装置。应能调节水位,满足水力梯度 1.0 时试验过程中水位差保持不变。

(4) 加荷装置。施加于试样的法向压力范围宜为 $10\sim250$kPa,并在试验过程中应保持恒压,对于直接加荷型,在试样上下面应放置橡胶垫层,使荷载均匀施加于整个宽度和长度上,且橡胶垫层应无水流通道。

(5) 水位测量装置。水位测量准确至 1mm。

(6) 其他。计时器、量筒、温度计、压力表、水桶等。计时器应准确至 0.1s,量筒准确至 1%,温度计准确至 0.5℃,压力表宜准确至满量程的 0.4%。

3) 试验准备

(1) 试样裁剪。试样剪取按"单位面积质量测定"中"剪取试样"的方法进行。

图 12-27　水平渗透试验原理

(a) 直接加荷；(b) 气压加荷

1—试样；2—加荷板；3—水位差；4—压力表；5—压力进口；6—试样密封

(2) 试样状态调节。按"单位面积质量测定"中"试样状态调节"的规定进行。

(3) 试样数量应不少于 2 个。

(4) 试样尺寸。试样宽度应不小于 100mm，长度应大于 2 倍宽度；如果试样宽度不小于 200mm，长度应不小于 1 倍宽度。

(5) 多层试样的厚度，有 n 层时应以单层试样厚度的 n 倍计算。

(6) 试验用水应为无杂质脱气水或蒸馏水。

4) 试验步骤

(1) 将试样包封在乳胶膜或橡皮套内，试样应平整无褶皱，周边应无渗漏，对于直接加荷型，应仔细安装试样上下垫层，使试样承受均匀法向压力。

(2) 施加 2～5kPa 的压力，应使试样就位，随即向水位容器内注入试验用水，排出试样内的气泡。试验过程中试样应饱和。

(3) 按现场条件选用水力梯度，当情况不明时，选用水力梯度不应大于 1.0。

(4) 应按现场条件或设计要求选择法向压力。如果需要确定一定压力范围的渗透系数，则应至少进行 3 种压力的试验，分布在所需要范围内。

(5) 对试样施加最小一级法向压力，应持续 15min。

(6) 抬高上游水位，应使其达到要求的水力梯度。

(7) 测量初始读数，测量通过水量应不小于 100cm³，或记录 5min 内通过的水量。

(8) 初始读数后，应每隔 2h 测量一次。

(9) 前后两次测量的差小于 2% 时应作为水流稳定的标准。以后一次测量值作为测试值。

(10) 如需进行另一种水力梯度下试验，应在调整好水力梯度后，待稳定 15min 后进行测量。

(11) 调整法向压力，重复上述第(5)～第(10)条步骤进行其余法向压力下的试验。

5) 结果计算

(1) 水平渗透系数按下式计算。

$$k_{h20} = \frac{VL}{\delta B \Delta h t} \eta \tag{12-35}$$

式中，k_{h20} 为试样 20℃时水平渗透系数，cm/s；V 为透水量，cm³；L、B、δ 分别为试样长度、

宽度和厚度,cm;Δh 为上下游水位差,cm;t 为通过水量 V 的历时,s;η 为水温修正系数,见表 12-40。

（2）单宽流量应按下式计算。

$$Q_{h20} = \frac{V}{Bt} \eta \qquad (12\text{-}36)$$

式中,Q_{h20} 为试样在一定压力与一定水力梯度下 20℃时单宽流量,cm^2/s。

（3）导水率按下式计算。

$$\theta_{20} = k_{h20} \delta \qquad (12\text{-}37)$$

式中,θ_{20} 为试样 20℃时导水率,cm^2/s。

（4）分别计算各法向压力下的水平渗透系数及导水率的平均值。

6）试验记录

水平渗透试验记录见表 12-42。

表 12-42　水平渗透试验记录

侧压力 /kPa	水温/℃			水位 /cm		水温修正系数 η		水平渗透系数 k_{h20}/(cm/s)		导水率 θ_{20}/ (cm^2/s)	
	试样长度 L/cm	试样宽度 B/cm	试样厚度 δ/cm	上游	下游	历时 t/s	透水量 V/cm³	单值	均值	单值	均值
备注											

12.8.2　土工膜试验

1.单位面积质量测定

土工膜的单位面积质量测定方法与土工织物的单位面积质量测定方法完全相同,参见 12.8.1 节中的相关内容。

2.耐静水压力试验

1）试验目的

通过试验测定土工膜的耐静水压力值,以评定其抗渗性能。

2）仪器设备

（1）耐静水压力仪(图 12-28)。

（2）夹具。内径为 30.5mm 的环形夹具,试验过程中夹具内的试样不应滑移或被夹坏。

（3）选择合适的压力表量程。

（4）液压系统。应能逐步增大液压直至试样破坏或试样渗漏，液体压入速率为 100mL/min。

3）试样制备

（1）试样裁剪。试样剪取按土工织物试验"单位面积质量测定"中"剪取试样"的方法进行。

图 12-28　耐静水压力仪
1—试样；2—环形夹具；3—液压

（2）试样状态调节。按土工织物试验"单位面积质量测定"中"试样状态调节"的规定进行。

（3）每组试样数量应不少于 10 个，每个试样直径应不小于 55mm。

4）试验步骤

（1）试验前应检查仪器各部分确保正常，需要时应用刚性且不渗透材料对耐静水压力仪做综合性能校验，保证仪器不渗漏。

（2）安装试样，用环形夹具将试样夹紧。

（3）设定液体压入速率为 100mL/min，开启机器，使试样凸起变形，直至试样破坏或试样渗漏时应立即停止加压，并及时记录使试样破坏或试样渗漏时的最大压力。

（4）重复第（2）条和第（3）条对其余试样进行试验。

5）结果计算

计算每组试样耐静水压力平均值（kPa）、标准差和变异系数。

6）试验记录

土工膜耐静水压力试验记录见表 12-43。

表 12-43　土工膜耐静水压力试验记录

试样编号	最大压力/kPa	试样编号	最大压力/kPa
平均值	标准差		变异系数

3. 渗透试验

1）试验目的

通过试验测定土工膜在水压作用下的渗透系数，以评定其抗渗性能。

2）仪器设备

（1）渗透试验原理与主要部件如图 12-29 所示。

（2）试样容器。过水面积应大于 20cm^2，膜一侧承受水压力，另一侧为透水石。

（3）体变管。测量透过试样水量的装置。体变管内的测变管读数应准确至 0.1cm^2，可采用更小读数的设备。

（4）管路系统。体变管与试样之间的连接管路系统应充满水，在试验压力下各管路及

图 12-29　土工膜渗透试验原理

1—透水石与压环；2—试样；3—试样容器；4—油；5—测变管；6—体变管；7—水；
8—压力表；9—调压阀；10—气源

接头应不渗漏。

（5）恒压系统。恒压系统包括气源、调压阀、压力表等，应在试验过程中保持恒压。压力表宜准确至满量程的 0.4%。

（6）其他。计时器、温度计等。温度计准确至 0.5℃。

3）试样制备

（1）试样裁剪。试样剪取按土工织物试验"单位面积质量测定"中"剪取试样"的方法进行。

（2）每组试样不少于 3 块，尺寸与试样容器应匹配。

4）试验步骤

（1）对体变管、试样容器及管路系统进行排气，并充满水。

（2）打开试样容器，注满水，依次放密封圈、试样、透水石与压力环，夹紧试样。

（3）试验前将体变管内油面调至较高位置。

（4）调压阀渐渐加压，无特殊要求应加压至 100kPa。

（5）加压时注意油水界面，同时检查管路和各接头是否有渗漏。

（6）压力加至规定值 10min 后记录首次读数，同时测记水温。

（7）读数时间间隔宜视渗水量快慢而定，开始时可每隔 60min 读数一次；当渗水量逐渐减小后可延长间隔时间。

（8）试验持续时间，可按前后两次间隔时间内渗水量的差小于 2% 时作为稳定标准，应以后一次间隔时间内渗水量作为测试值。

5）结果计算

渗透系数按下式计算：

$$k_{m20} = \frac{V\delta}{A\,\Delta h\,t}\eta \tag{12-38}$$

式中，k_{m20} 为试样 20℃时渗透系数，cm/s；V 为渗透水量，m³；δ 为试样厚度，cm；A 为试样过水面积，cm²；Δh 为上下面水位差（试样上所加的水压力，以水柱高度计），cm；t 为通过水量 V 的历时，s；η 为水温修正系数，见表 12-40。计算出全部试样的渗透系数平均值。

6）试验记录

土工膜渗透试验记录见表 12-44。

表 12-44 土工膜渗透试验记录

| 试样编号 | 试样过水面积 A/cm^2 | | 水温/℃ | | | | 水温修正系数 η | |
| | 厚度 δ /cm | 时间 t /s | 水位/cm | | | 渗透水量 V/cm^3 | 渗透系数 $k_{m20}/(cm/s)$ | 渗透系数平均值 $k_{m20}/(cm/s)$ |
			上游	下游	水位差 Δh			
1								
2								
3								
4								
5								
备注								

12.8.3 土工格栅拉伸试验

1. 试验目的

通过试验测定土工格栅的拉伸强度和伸长率,以评定其力学性能。

2. 仪器设备

(1)试验机、夹具、测量和记录装置等应符合土工织物条带拉伸试验设备的规定,参见12.8.1节内容。

(2)对于高强土工格栅,如钢塑土工格栅,应采用专用夹具。

3. 试样制备

(1)试样裁剪。试样剪取按土工织物试验"单位面积质量测定"中"剪取试样"的方法进行。

(2)试样状态调节。按土工织物试验"单位面积质量测定"中"试样状态调节"的规定进行。

(3)每组试样数量不少于 5 个。

（4）试样宽度根据土工格栅类型的不同选择单肋法、多肋法，土工格栅试样如图 12-30 所示。长度方向宜包含 2 个完整单元，并且试样长度应不小于 100mm。

图 12-30 土工格栅试样

(a) 单向土工格栅；(b) 双向土工格栅

4. 试验步骤

（1）选择合适的试验机量程，应使试样的最大破坏荷载在满量程的 20%～80% 范围内。

（2）按试样的计量长度调整试验机上、下夹具的间距。

（3）设定拉伸速率为土工格栅计量长度 20%/min（适用于平口式夹具且不用引伸计的情况）。

（4）将试样放入夹具内夹紧。

（5）开启试验机，同时启动记录装置，连续运转直至试样破坏为止，停机。在拉伸过程中，同时记录拉力-伸长量曲线。

（6）如果试样打滑或被钳口夹坏，应按土工织物条带拉伸试验的相关方法处理。

（7）重复第（4）～（6）条，对其余试样进行试验。

5. 结果计算

（1）拉伸强度按下式计算：

$$T_1 = \frac{FN}{n} \tag{12-39}$$

式中，T_1 为土工格栅拉伸强度，kN/m；F 为试样最大拉力，kN；N 为样品每米宽度上肋数，肋/m；n 为试样肋数（单肋法时 $n=1$ 肋；多肋法时 n 为试样实际肋数）。

（2）2%、5% 伸长率时拉伸强度计算。先在拉力-伸长量曲线上查得 2% 与 5% 伸长率相应伸长量时的拉力，再按式（12-39）计算。

（3）伸长率按式（12-32）计算。标称强度下的伸长率计算：先按式（12-39）反算标称强度对应的拉力值，然后在拉力-伸长量曲线上查得该拉力值时试样的伸长量，再按式（12-32）计算标称强度下的伸长率。

（4）计算每组试样拉伸强度和伸长率的平均值、标准差与变异系数。

6. 试验记录

土工格栅拉伸试验记录见表 12-45。

表 12-45 土工格栅拉伸试验记录

方向				每米宽度肋数 N			
试样肋数 n				试样计量长度 L_0			
试样编号	拉力 F /kN	拉伸强度 T_1/(kN/m)	伸长量 ΔL/mm	伸长率 %	2%伸长率时拉力 /kN	2%伸长率时强度 /(kN/m)	5%伸长率时拉力 /kN	5%伸长率时强度 /(kN/m)
平均值	—		—		—		—	
标准差	—		—		—		—	
变异系数	—		—		—		—	

参 考 文 献

[1] 杜红秀,周梅. 土木工程材料[M]. 北京:机械工业出版社,2012.

[2] 倪修全,殷和平,陈德鹏. 土木工程材料[M]. 武汉:武汉大学出版社,2014.

[3] 柯国军. 土木工程材料[M]. 北京:北京大学出版社,2006.

[4] 赵方冉. 土木工程材料[M]. 上海:同济大学出版社,2004.

[5] 苏达根. 土木工程材料[M]. 2版. 北京:高等教育出版社,2008.

[6] 刘正武. 土木工程材料[M]. 上海:同济大学出版社,2005.

[7] 白宪臣. 土木工程材料[M]. 北京:中国建筑工业出版社,2011.

[8] 董梦臣. 土木工程材料[M]. 北京:中国电力出版社,2008.

[9] 高琼英. 建筑材料[M]. 3版. 武汉:武汉理工大学出版社,2006.

[10] 林祖宏,陈莲姝,裴利剑,等. 建筑材料[M]. 北京:北京大学出版社,2008.

[11] 土工合成材料测试规程编写组. 土工合成材料测试规程:SL 235—2012[S]. 北京:中国水利水电出版社,2012.

[12] 刘斌,许汉明. 土木工程材料[M]. 武汉:武汉理工大学出版社,2009.

[13] 柳俊哲,宋少民,赵志曼. 土木工程材料[M]. 北京:科学出版社,2005.

[14] 张雄,李旭峰,韩继红. 建筑功能材料[M]. 北京:中国建筑工业出版社,2000.

[15] 马保国,刘军. 建筑功能材料[M]. 武汉:武汉理工大学出版社,2004.

[16] 朱诗鳌. 土工合成材料的应用[M]. 北京:北京科学技术出版社,1994.

[17] 中华人民共和国水利部. 土工合成技术规范:GB 50290—1998[S]. 北京:中国计划出版社,1999.

[18] 招商局重庆交通科研设计院有限公司. 公路工程土工合成材料应用技术规范:JTG/T D32—2012[S]. 北京:人民交通出版社,2007.

[19] 交通部公路司科学研究院,北京城达交通科技有限公司,山东泰峰塑料土工材料有限公司等. 公路工程土工合成材料 防水材料:JT/T 664—2006[S]. 北京:人民交通出版社,2007.

[20] 交通部公路司科学研究院,北京城达交通科技有限公司,山东泰峰塑料土工材料有限公司等. 公路工程土工合成材料 排水材料:JT/T 665—2006[S]. 北京:人民交通出版社,2007.

[21] 交通部公路司科学研究院,北京城达交通科技有限公司,山东泰峰塑料土工材料有限公司等. 公路工程土工合成材料 轻型硬质泡沫材料:JT/T 666—2006[S]. 北京:人民交通出版社,2007.

[22] 交通部公路司科学研究院,北京城达交通科技有限公司,山东泰峰塑料土工材料有限公司等. 公路工程土工合成材料 无纺土工织物:JT/T 667—2006[S]. 北京:人民交通出版社,2007.

[23] 湖南大学等四院校. 土木工程材料[M]. 北京:中国建筑工业出版社,2011.

[24] 张爱勤,朱霞. 土木工程材料[M]. 北京:人民交通出版社,2009.

[25] 黄晓明,吴少鹏,赵永利. 沥青与沥青混合料[M]. 南京:东南大学出版社,2002.

[26] 交通部公路科学研究所. 公路沥青路面施工技术规范:JTG F 40—2004[S]. 北京:人民交通出版社,2005.

[27] 交通运输部公路科学研究院. 公路工程沥青及沥青混合料试验规程:JTG E 20—2011[S]. 北京:人民交通出版社,2011.

[28] 李战慧,何志勇. 改性沥青及其乳化技术[M]. 北京:人民交通出版社,2009.

[29] 李立寒,张南鹭,孙大权,等. 道路工程材料[M]. 北京:人民交通出版社,2010.

[30] 张志国,曾光廷. 土木工程材料[M]. 武汉:武汉大学出版社,2013.

[31] 中华人民共和国住房和城乡建设部. 砌筑砂浆配合比设计规程：JGJ/T 98—2010[S]. 北京：中国建筑工业出版社,2011.

[32] 中华人民共和国住房和城乡建设部. 抹灰砂浆技术规程：JGJ/T 220—2010[S]. 北京：中国建筑工业出版社,2011.

[33] 中华人民共和国住房和城乡建设部. 建筑砂浆基本性能试验方法标准：JGJ/T 70—2009[S]. 北京：中国建筑工业出版社,2009.

[34] 中华人民共和国住房和城乡建设部. 预拌砂浆：GB/T 25181—2019[S]. 北京：中国建筑工业出版社,2020.

[35] 中华人民共和国国家治理监督检验检疫总局,中国国家标准化管理委员会用于水泥和混凝土中的粉煤灰：GB/T 1596—2017[S]. 北京：中国标准出版社,2017.

[36] 中华人民共和国住房和城乡建设部. 预拌砂浆应用技术规程：JGJ/T 223—2010[S]. 北京：中国建筑工业出版社,2011.

[37] 刘娟红,宋少民. 绿色高性能混凝土技术与工程应用[M]. 北京：中国电力出版社,2011.

[38] 孙道胜,王爱国,胡普华. 地聚合物的研究与应用发展前景[J]. 材料导报,2009,23(4)：61-65.

[39] 倪文,王恩,周佳. 地聚合物——21世纪的绿色胶凝材料[J]. 新材料产业,2003(6)：24-28.

[40] 杨南如. 一类新的胶凝材料[J]. 水泥技术,2004(3)：11-17.

[41] 余丽武. 土木工程材料[M]. 北京：中国建筑工业出版社,2017.

[42] 中华人民共和国国家质量监督检验检疫总局,中国国家标准化管理委员会. 室内装饰装修材料人造板及其制品中甲醛释放限量：GB 18580—2017[S]. 北京：中国标准出版社,2017.